LES SCIENCES NATURELLES

DU BREVET SUPÉRIEUR

Deuxième et Troisième Années : ZOOLOGIE

Tout exemplaire de cet ouvrage non revêtu de ma signature sera réputé contrefait.

Fernand Nathan

ÉCOLES NORMALES — BREVET SUPÉRIEUR
(PROGRAMME DU 18 AOUT 1920)

LES
SCIENCES NATURELLES
DU BREVET SUPÉRIEUR
(Garçons et Filles)

PAR

G. PERRIN   ET   **H. COUPIN**

Docteur ès sciences, Docteur en médecine
Ancien élève de l'École normale supérieure
de Saint-Cloud
Professeur à l'École normale de Clermont-Fᵈ

Docteur ès sciences
Lauréat de l'Institut
Chef de travaux d'Histoire naturelle
à l'Université de Paris

DEUXIÈME ET TROISIÈME ANNÉES : ZOOLOGIE

ANATOMIE ET PHYSIOLOGIE ANIMALES
ÉTUDE DES ANIMAUX

ONZIÈME ÉDITION ENTIÈREMENT REFONDUE
CONFORME AUX NOUVEAUX PROGRAMMES (1920)

PARIS
LIBRAIRIE CLASSIQUE FERNAND NATHAN
16, RUE DES FOSSÉS-SAINT-JACQUES, 16
(Place du Panthéon, Vᵉ)

—

1926

Envoi franco contre mandat ou timbres-poste

PRÉPARATION AU BREVET SUPÉRIEUR

(Ouvrages conformes aux programmes de 1920)

JACQUET et LACLEF. — **Cours d'Arithmétique théorique et pratique**, à l'usage des Écoles normales et des Écoles primaires supérieures. 1 vol. in-12, relié, couverture bleue . **10 25**

— **Solutions raisonnées** (méthodes et solutions) **des exercices et problèmes contenus dans le Cours d'Arithmétique théorique et pratique.** 1 vol. in-12, broché. **13 75**

— **Géométrie théorique et pratique**, à l'usage des Écoles normales, des Écoles primaires supérieures et professionnelles, des candidats au Brevet supérieur. 1 vol. in-12, relié. **14 40**

— **Eléments d'Algèbre.** Exercices et problèmes à l'usage des Écoles primaires supérieures, des Écoles professionnelles et des Écoles normales. 1 vol. in-12, broché, **7 40**; relié. **9 40**

— **Solutions des problèmes et exercices proposés dans les éléments d'algèbre :** 1 volume broché. **3 75**

— **Compléments d'Arithmétique, de Géométrie, d'Algèbre,** à l'usage des candidats aux Écoles d'Arts et Métiers. 1 vol. in-12, relié. **13 75**

Mᵐᵉ B. GAUTHIER-ÉCHARD. — *Écoles normales de garçons et de filles.* — **Leçons de Chimie** : 1ʳᵉ *année.* 1 vol. in-8, **11 25**; 2ᵉ et 3ᵉ *année.* 1 vol. in-8, **11 25**; les 2 vol. en 1 seul. **17 75**

BÉCHET, Mᵐᵉ B. GAUTHIER-ÉCHARD et PERSEIL. — **Leçons de Physique.** Progr. de 1920. 1ʳᵉ année, br. **11 25**; rel. **12 75**; 2ᵉ année, br. **12 »**; rel. **13 75**; 3ᵉ année, br. **12 »**; rel. **13 75**

L. FOURNEL. — **Notions de Pédagogie Générale.** 1ʳᵉ année des Écoles normales. 1 vol. broché. Prix. **8 50**

M. SOURIAU. — **Notions de Sociologie appliquée à la morale et à l'éducation.** 2ᵉ année des Écoles normales. 1 vol. broché. Prix **10 25**

CHALLAYE. — **Principes généraux de la Science et de la Morale,** 3ᵉ année des Écoles normales. 1 vol. broché. **10 25**

U. V. CHATELAIN. — **La composition Française.** Conseils et exemples (Brevet supérieur. Baccalauréat. Concours divers). 1 volume broché. **12 75**

PERRIN et COUPIN. — **Les Sciences Naturelles du Brevet Supérieur.**
Première année. — **Botanique et Géologie.** Broché, **22 25**; relié, **23 75**
    La Première année se vend également en deux parties :
1ʳᵉ partie. — **Botanique.** Broché, **14 40**; relié. **16 25**
2ᵉ — . — **Géologie.** Broché, **9 90**; relié. **11 25**
Deuxième année. — **Zoologie.** Broché, **16 25**; relié. **17 75**

Ces volumes subissent la majoration syndicale.

PRÉFACE

Dans cette nouvelle édition de notre **Zoologie**, nous avons suivi le même plan que dans la **Botanique**, c'est-à-dire que, pour nous conformer à l'esprit des nouveaux programmes, à chaque chapitre nous avons annexé des travaux pratiques, qui, peu à peu, au fur et à mesure que l'outillage des Écoles normales se complètera, prendront, certainement, une place prépondérante sur l'enseignement livresque et les cours purement verbaux.

Ces travaux pratiques sont de nature très variée; nous en avons énuméré un nombre certainement beaucoup plus grand que les Élèves ne pourraient en faire dans une seule année; mais, dans cette multiplicité, le Professeur pourra choisir ceux qui se prêtent le mieux aux ressources locales et au matériel dont il dispose.

On peut grouper ces Travaux pratiques en un certain nombre de catégories.

1° *Dissection de petits animaux.* Nous y reviendrons plus loin. Exemple : Écrevisse, Grenouille.

2° *Examen d'organes d'animaux de boucherie.* Exemples Estomac de bœuf. OEil de veau. Cerveau de mouton.

3° *Examen de tissus au microscope,* soit qu'on les prépare soi-même (fibres striées), soit qu'on les examine sur des préparations toutes faites achetées dans le commerce (coupe de rétine, etc.). Il faut, souvent, une longue pratique pour interpréter ces dernières. Quant à faire des coupes, soi-même, il ne faut pas y songer, à moins d'avoir fait un stage d'au moins une année dans un laboratoire d'histologie. Ces coupes ne peuvent se faire que par une technique très spéciale et exigeant, à la fois, une grande expérience et un matériel coûteux. Les tissus des animaux sont très mous et ne peuvent être coupés comme les organes végétaux; de plus, ils s'altèrent très vite. Après les avoir isolés, il faut immédiatement, les *fixer* en les plongeant dans un réactif fixateur, lequel varie avec le tissu considéré (picro-formol, acide chromique, acide osmique, liqueur de Flemming, liquide de Müller, etc.). Les fragments sont ensuite déshydratés, puis, après passage dans le xylol, mis à baigner dans de la paraffine à environ 45° à 50° (étuves). En faisant refroidir, le tissu est *inclus* dans un bloc de paraffine solide, que l'on débite en coupes très fines avec des *microtomes* spéciaux (ils coûtent plusieurs centaines de francs). Coller ensuite des coupes, les débarrasser de la paraffine, les *colorer* en choisissant les *innombrables* matières colorantes créées spécialement pour cela (hématoxyline, carmin, safranine, brun de Bismarck, fuschine, Picrocarmin, éosine, etc.). Enfin monter définitivement. On voit que toute cette technique n'est guère en rapport avec les ressources des Écoles normales.

4° *Examens anatomiques faits sur soi-même.* Exemple : répartition de nos os et de nos muscles.

5° *Expériences physiologiques* faites sur soi-même (mouvements respiratoires) ou sur des animaux. Ces dernières nécessitent un matériel que les Écoles normales ne possèdent pas à l'heure actuelle et qui sont, d'ailleurs, très délicates (appareils inscripteurs), ce qui fait que nous n'en signalerons que quelques-uns sans y insister.

6° *Manipulations de chimie biologique*, qui se font à l'aide du même matériel que celles du programme de chimie. Exemple : digestions artificielles.

7° *Examen des caractères extérieurs des animaux.*

8° *Étude des mœurs des animaux.* Exemple : ver à soie.

9º *Collections*[1], soit pour soi-même, soit pour enrichir celles de l'École.

Dans la majorité des cas, il ne pourra y avoir concordance absolue entre la nature de ces manipulations et le cours magistral, celui-ci étant réglé d'une manière logique et celles-là dépendant des animaux que l'on pourra se procurer, suivant la saison et les disponibilités. Mais l'Élève consignera ses observations et ses dessins sur des feuilles de papier libre, ce qui, à la fin de l'année, lui permettra de les classer méthodiquement et de les ranger dans le même ordre que le cours du Professeur.

MATÉRIEL INDISPENSABLE POUR LES DISSECTIONS

Les instruments indispensables pour les dissections des petits animaux (grenouille, écrevisse, etc.) sont :

1º Une paire de ciseaux droits forts ;

---

1. On conserve, généralement, les animaux (Poissons, etc.) ou les pièces anatomiques (tubes digestifs, cœurs, etc.) dans des *bocaux* de verre contenant un liquide approprié. Les bocaux les plus pratiques sont en forme d'éprouvette à pied avec l'orifice supérieur à bords rodés. Sur ce bord, on place un disque de verre de même diamètre que l'on fixe avec un *lut* ne permettant pas l'évaporation du liquide contenu dans le bocal. Pour fabriquer ce lut on fait bouillir de la graisse et on y jette des rognures de caoutchouc (par exemple des fragments hors d'usage de tubes à gaz) jusqu'à saturation (la graisse dissout environ 15 fois son poids de caoutchouc). On applique ce lut, à chaud, avec un pinceau ; il est bon d'y ajouter un peu de talc pour lui donner plus de « consistance ». Si le liquide n'est pas alcoolique on peut remplacer le mélange graisse-caoutchouc par de la térébenthine de Venise.

Comme liquide conservateur, on emploie, surtout, l'*alcool* et le *formol*.

L'*alcool* est de l'alcool *éthylique* et doit avoir environ 70° (plutôt plus que moins).

Le *formol* du commerce est de l'*aldéhyde formique* à environ 40 pour 100. Il est beaucoup moins cher que l'alcool et a, sur lui, l'avantage de ne pas prendre feu lors d'un incendie. Il a, par contre, sur l'alcool, l'inconvénient — lorsqu'on l'emploie à dose faible, en solution dans l'eau — de donner un mélange qui, sous l'influence d'un froid assez intense, se dilate et fait éclater les flacons. On peut obvier à cet inconvénient, comme M. H. Neuville l'a montré, en le diluant, non avec de l'eau, mais avec une dissolution de 10 à 20 grammes de sel marin dans 100 grammes d'eau. Pour que le formol soit bien « pénétrant », condition essentielle d'une bonne conservation, il faut l'employer en solution faible — par exemple 3 pour 100 (c'est-à dire faire un mélange de 3 centimètres cubes de formol et de 100 centimètres cubes de la solution salée indiquée ci-dessus) Ce liquide, à la longue, se trouble par polymérisation de l'aldéhyde formique ; lorsque cet accident arrive, il faut vider le flacon et le remplir à nouveau d'une solution fraîche.

2° Une paire de ciseaux droits fins (*fig.* 1) ;

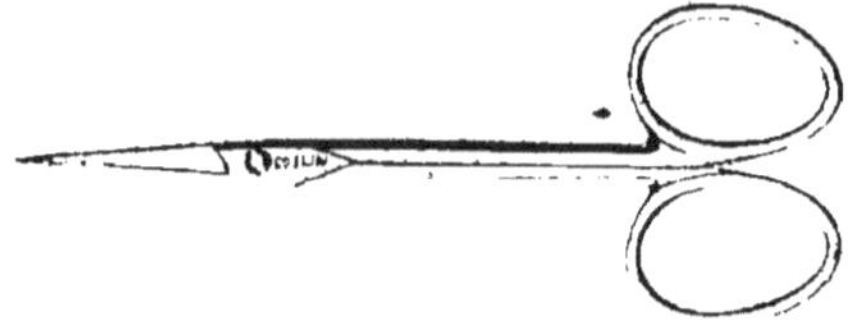

FIG. 1. — Ciseaux droits fins.

3° Une aiguille lancéolée (dite « aiguille à cataracte ») (*fig.* 2) ou non lancéolée (dite « aiguille à dilacérer ») (*fig.* 3) ;

FIG. 2. — Aiguille lancéolée.

FIG. 3. — Aiguille à dilacérer.

4° Une pince fine (*fig.* 4) ;

FIG. 4. — Pince fine.

5° Une pince forte (*fig.* 5) ;

FIG. 5. — Pince forte.

6° Un scalpel (*fig.* 6 à 8), à manche en bois ou en métal ;

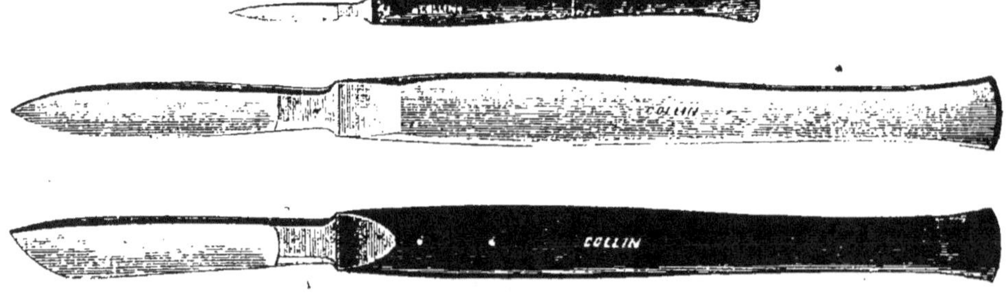

FIG. 6 à 8. — Divers scalpels.

·7° Des épingles ;

8° Un petit pinceau mou semblable à ceux des boîtes d'aquarelle.

9° Une cuvette à fond liégé (*fig. 9*), soit en verre, soit en zinc. Dans le premier de ces modèles — qui est le plus ré-

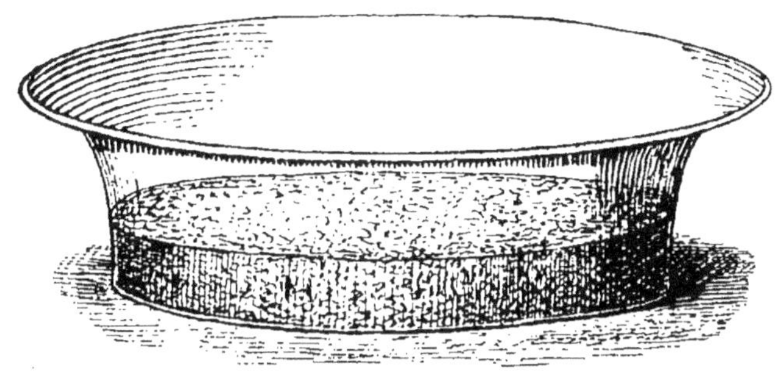

FIG. 9. — Cuvette à dissection à fond liégé.

pandu — le liège, à la longue, se détache du fond, ce qui le rend presque inutilisable. Cet inconvénient ne se présente pas dans le second, le liège étant maintenu en place — même quand il s'est rétracté en se desséchant — par de petites lames également en zinc soudées à la paroi interne de la cuve. Par contre, l'intérieur reçoit un peu mieux la lumière dans les cuvettes en verre que dans les cuvettes en zinc.

Après emploi, les instruments doivent être essuyés avec soin (pour éviter la rouille), puis un peu vaselinés ; on les conserve, tels quels, dans une boîte, ou, ce qui est préférable, dans une des trousses que l'on trouve dans le commerce et dont certaines sont disposées de manière à contenir, outre les instruments de dissection, d'autres servant pour l'anatomie humaine, la chirurgie ou la vivisection.

La cuvette étant remplie d'eau [1], on place l'animal sur le fond liégé et on l'y fixe avec des épingles piquées obliquement et de telle sorte qu'elles ne lèsent pas les organes que

---

1. La dissection dans l'eau a cet avantage que les organes isolés y flottent plus ou moins et s'isolent ainsi assez facilement. De plus, dans l'eau, il n'y a pas de reflets à la surface des organes, reflets qui sont bien gênants dans les dissections à l'air.

l'on veut isoler. On fend ensuite la peau et on étale les lambeaux à droite et à gauche, en les fixant, au fur et à mesure, avec des épingles. Les parties internes étant ainsi mises à nu, on isole peu à peu, *tout en le laissant en place*, l'organe que l'on veut montrer; on se sert pour cela des ciseaux, du scalpel, et, surtout, de l'aiguille lancéolée, qu'arrivent à employer seule ceux qui ont déjà acquis quelque habitude. Lorsque la région que l'on dissèque devient trop nébuleuse, par suite de la présence de mucus ou du contenu d'organes voisins, on la nettoie avec le pinceau passé doucement à sa surface, de manière à chasser le nuage dans une partie de la cuvette ou il ne gêne plus. Bien entendu, si l'eau devient trop trouble, on la vide (sans toucher à l'animal) et on la remplace par de l'eau bien claire. Si l'organe isolé est long, on l'étale en le fixant avec des épingles, tout en le laissant en connexion par quelques points (surtout les deux extrémités) avec le reste du corps de l'animal.

Avec *un seul* exemplaire d'une espèce, il est presque impossible de disséquer tous les organes ayant de l'intérêt. Aussi, dans la majorité des cas, est-on obligé de disséquer *plusieurs* exemplaires; à l'un on isole, par exemple, le système nerveux; à l'autre, le tube digestif, etc.

Ces dissections se font en se plaçant tout près d'une fenêtre, face à la lumière (exposition Nord si possible, pour éviter que les rayons du soleil ne tombent sur l'eau de la cuvette). S'asseoir comme à une table de travail, les bras reposant sur celle-ci.

Les animaux volumineux (lapin, chat, etc.) ne se dissèquent pas généralement, comme les précédents, dans de l'eau (à moins de disposer d'une cuvette en zinc de grandes dimensions), mais, directement sur une table ou mieux sur une planchette spéciale percée de trous au milieu ou au pourtour (*fig.* 10). On maintient l'animal étalé en attachant un lien à chacun de ses membres et en fixant l'autre extrémité de celui-ci dans un des trous de la planchette, après l'avoir tendu au maximum.

Les organes volumineux (estomac de bœuf) se dissèquent,
directement, sur la table à dissection, laquelle devra, autant
que possible, être en ardoise (ou en porcelaine) pour pouvoir

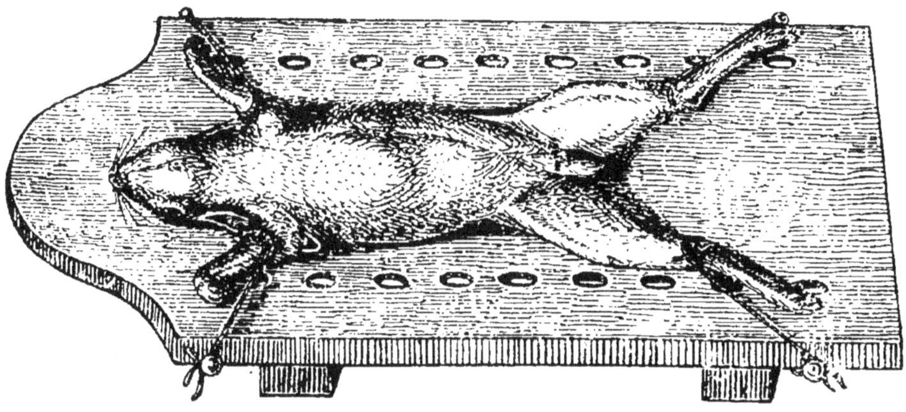

Fig. 10. — Planchette pour la dissection des animaux de moyenne taille,
notamment des Mammifères et des Oiseaux.

être lavée facilement et posséder, vers le milieu, une gouttière permettant aux liquides surabondants de s'écouler [1].

Injections. — Les Élèves les plus habiles pourront, dans
quelques cas, pratiquer la dissection des organes circula-
toires — qui sont difficilement visibles dans les pratiques
habituelles — en les injectant, au préalable, avec une matière
colorante. En principe, on se sert d'une *seringue* (*fig.* 11 et 12)
spéciale en cuivre, que l'on tient entre l'index et le médius de
la main droite et dont on pousse le piston *doucement* avec le
pouce de la même main. On introduit la canule dans le cœur
ou dans une artère appropriée et on effectue l'injection jusqu'à
ce que l'on juge que le système circulatoire est rempli. A ce
moment on renouvelle l'eau de la cuvette — où l'animal est
généralement fixé — et on continue la dissection. Comme

1. On trouvera de nombreux dessins relatifs aux animaux les plus fréquemment
disséqués dans : H. COUPIN, *Atlas de dissections zoologiques* (VIGOT, édit., place de
l'École-de-Médecine, Paris).

masse à injection, on emploie le plus souvent le précipité jaune que l'on obtient en versant une solution saturée de bichromate de potasse dans une solution saturée de sous-acétate de plomb. On peut aussi employer une matière grasse teintée [1] de rouge ou de bleu [2], mais, dans ce cas, il

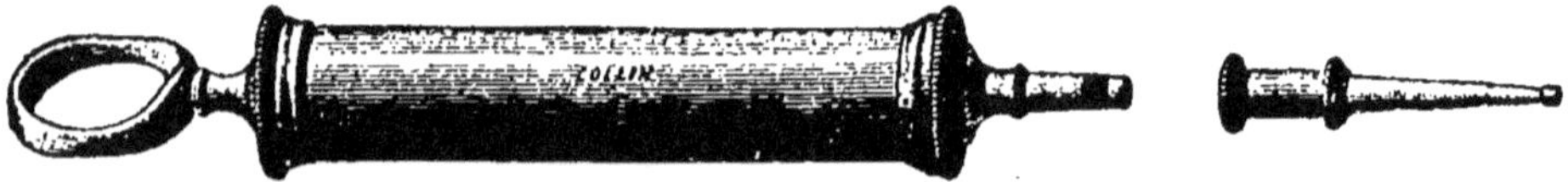

FIG. 11 et 12. — Seringue à injections et l'une de ses canules.

faut opérer à chaud, c'est-à-dire avec de la cire fondue par la chaleur et dans de l'eau chaude. L'injection achevée, on remplace celle-ci par de l'eau froide ; aussitôt, la cire se fige et les vaisseaux peuvent alors être disséqués [3] sans qu'il y ait à craindre d'en voir sortir le contenu, ce qui arrive quelquefois avec le chromate de plomb.

Nous n'insisterons pas sur cette pratique que, seuls, les Professeurs pourront expliquer dans chaque cas particulier et qui, d'ailleurs, il ne faut pas se le dissimuler, est un peu délicate.

1. Par exemple, l'un des deux mélanges ci-dessous fondus à la chaleur, de préférence au bain-marie, dans une casserole :

Suif	420 grammes
Cire jaune	300 —
Térébenthine	20 —
Suif	500 grammes
Cire blanche	100 —
Térébenthine de Venise	100 —

On n'ajoute la térébenthine que lorsque le suif et la cire forment un mélange homogène.

Le suif seul peut être employé, mais il est trop cassant une fois refroidi.

2. Par exemple avec le bleu des blanchisseuses broyé dans de l'essence de térébenthine.

3. Ces injections avec des masses solides ont l'avantage de pouvoir être conservées en collection dans des bocaux remplis d'alcool ou de formol.

On peut aussi se servir de gélatine colorée par du carmin. Opérer à chaud.

LIVRE I

ANATOMIE ET PHYSIOLOGIE ANIMALES

GÉNÉRALITÉS. — LA CELLULE ANIMALE. — LES TISSUS

La **zoologie** est la partie des sciences naturelles qui a pour objet l'étude des animaux. Cette é ude comprend la description des organes et leur mode de disposition ou **anatomie**; leur structure intime ou **histologie** et leur fonctionnement ou **physiologie.**

Notions d'organes. — Il suffit de disséquer un animal quelconque — par exemple un rat, un pigeon, une grenouille, un poisson, un insecte — pour constater que son corps contient des parties tout à fait distinctes les unes des autres par leur aspect. Ces parties ou **organes,** si on les examine au microscope, se montrent, constitués d'une façon différente. Enfin, lorsqu'on cherche à se rendre compte de leur fonctionnement, on ne tarde pas à constater qu'il varie avec le rôle qu'ils ont à remplir. Ainsi n'importe qui sait qu'en ouvrant le corps d'un animal, on y distingue sans difficulté l'*estomac*, le *foie*, le *cœur*, les *reins*, l'*intestin*, etc. C'est à l'homme de sciences qu'il appartient de dire comment ces organes se raccordent entre eux, quelle est leur structure et en quoi consiste leur fonctionnement. Le « cours » du professeur est là pour l'exposer aux élèves.

Cellule. — En étudiant au microscope la structure des organes, on y distingue des parties ou *cellules*[1] qui, au premier abord, semblent assez différentes les unes des autres, mais qui, examinées plus attentivement, se montrent, *fondamentalement*, constituées de la même façon.

Toute cellule animale présente trois parties : 1° le protoplasma ; 2° le noyau ; 3° la membrane.

Protoplasma. — Le *protoplasma* est une matière granuleuse, plus ou moins fluide, un peu analogue à du blanc d'œuf ; comme lui il est composé essentiellement de **matières albuminoïdes** et se

---

1. Autrefois, les *cellules* étaient appelées *éléments anatomiques*, mot qui prête à confusion avec celui d' « *Anatomie* » dans le sens qu'on y attache aujourd'hui, et qui, en général, est relatif à des détails visibles à l'œil nu, du moins en *Anatomie animale*. A noter, qu'en Botanique, le mot *Anatomie* s'applique, surtout à des détails *microscopiques* (coupes, etc.) tandis qu'on réserve à l'étude des organes végétaux (fleurs, graines, feuilles, etc.) visibles à l'œil nu ou à la loupe, le mot de *Morphologie*

coagule par la chaleur. Vu à un très fort grossissement, le protoplasma a une structure réticulée ; les filaments imperceptibles qu'il renferme ou *hyaloplasma* contiennent entre leurs mailles une substance liquide ou *paraplasma*.

Noyau. — Le *noyau* est un corps généralement arrondi situé dans le protoplasma. Il est formé de quatre parties : 1° une fine *membrane nucléaire* qui le sépare du protoplasma ; 2° un long peloton enroulé sur lui-même, qui, en raison de la coloration intense qu'il prend au contact de certaines matières colorantes, a reçu le nom de *filament chromatique ;* 3° un liquide, le *suc nucléaire*, qui remplit tout le contenu limité par la membrane nucléaire ; 4° un ou deux corps arrondis très réfringents, les *nucléoles*, qui flottent avec le filament chromatique dans le suc cellulaire. En dehors du noyau se trouvent souvent, accolés à sa membrane, deux petits corps arrondis appelés *sphères directrices*, contenant chacun, en son centre, une granulation opaque ou *centrosome*.

Membrane. — Tandis que, chez les végétaux, la membrane est d'une extrême netteté, chez les animaux elle est rarement bien visible. Au point de vue chimique, elle n'est **jamais de nature cellulosique,** comme c'est le cas général chez les végétaux. Elle n'est constituée, en somme, que par la surface du protoplasma qui, dans la majorité des cas, s'en différencie à peine au point de vue chimique ou physique ; sa substance, bien souvent, se continue insensiblement avec celle du protoplasma, ce qui revient presque à dire que, dans ces cas, elle n'existe pas.

Multiplication de la cellule. — A part les Protozoaires, les animaux sont toujours formés d'un très grand nombre de cellules et, cependant, dans presque tous les cas, une seule cellule — l'œuf — leur a donné naissance. Cette cellule originelle a donc dû se multiplier. La *multiplication* en question se fait généralement, par bipartition. Le noyau se divise d'abord en deux noyaux, puis on voit se former dans le protoplasma même une membrane qui divise la cellule primitive en deux parties, de façon que chaque partie renferme un noyau et une moitié du protoplasma de la cellule primitive. On a ainsi deux cellules distinctes qui s'accroîtront et pourront se diviser à leur tour pour donner d'autres cellules.

Diverses phases de la division du noyau : karyokinèse[1]. — Lorsque le noyau se divise en deux, il est, généralement, le siège (*fig.* 13 à 19) d'une série de phénomènes auxquels on a donné le

1. La karyokinèse est identique chez les végétaux et les animaux.

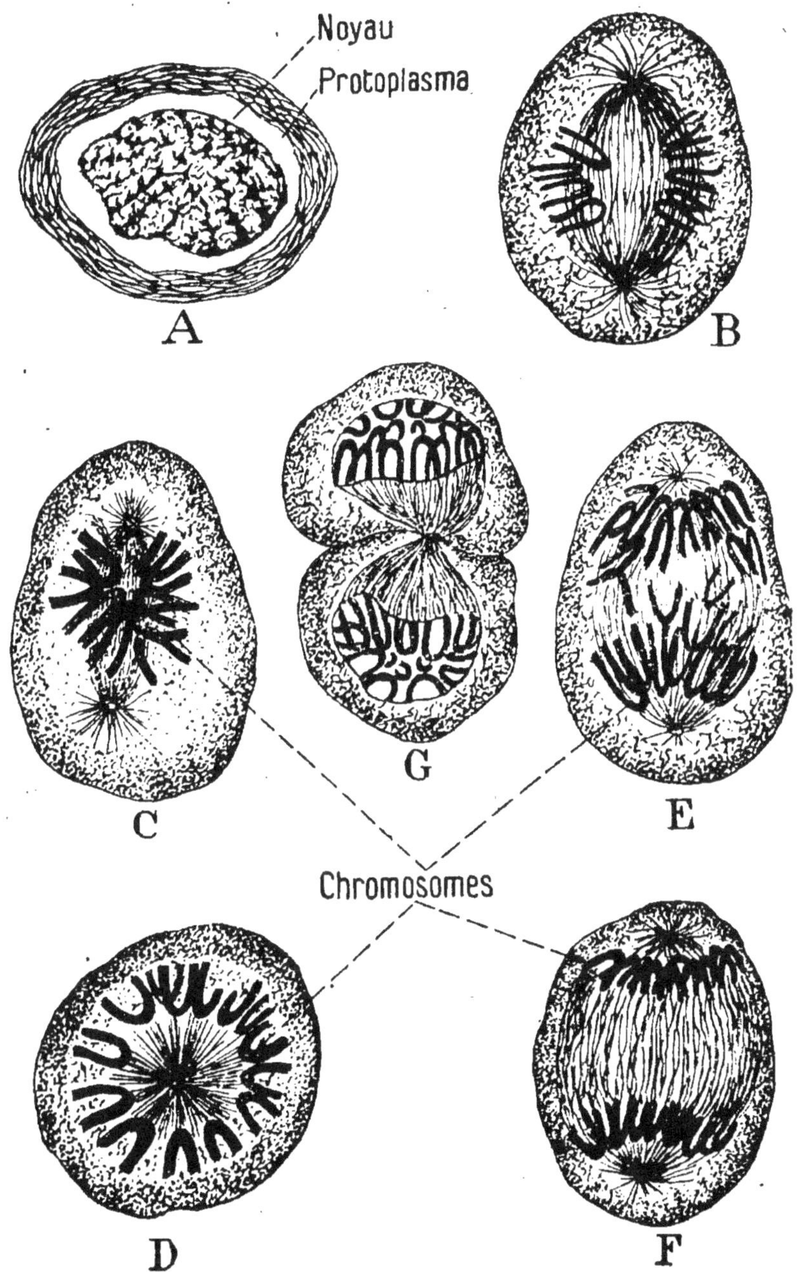

Fig. 13 à 19. — Divers aspects de cellules d'une Salamandre en voie de karyokinèse grossies 1.500 fois).

nom de *karyokinèse* (*fig.* 20 à 26). Voici, brièvement[1], comment celle-ci s'opère :

1° Lorsque la bipartition va commencer les deux *sphères directrices* s'éloignent, en sens contraire, loin du noyau, vers les pôles de la cellule ; en même temps elles s'entourent de granulations en forme d'étoile (*aster*).

2° La membrane nucléaire se dissout et disparaît.

3° Le *filament chromatique* diminue de longueur et augmente d'épaisseur ; il se dispose de manière à former une *rosace* dans le plan médian, laquelle est perpendiculaire à la ligne des centres des sphères directrices : c'est la *plaque nucléaire*.

4° Cette rosace se scinde en un certain nombre de fragments ayant, chacun, la forme d'un V ou

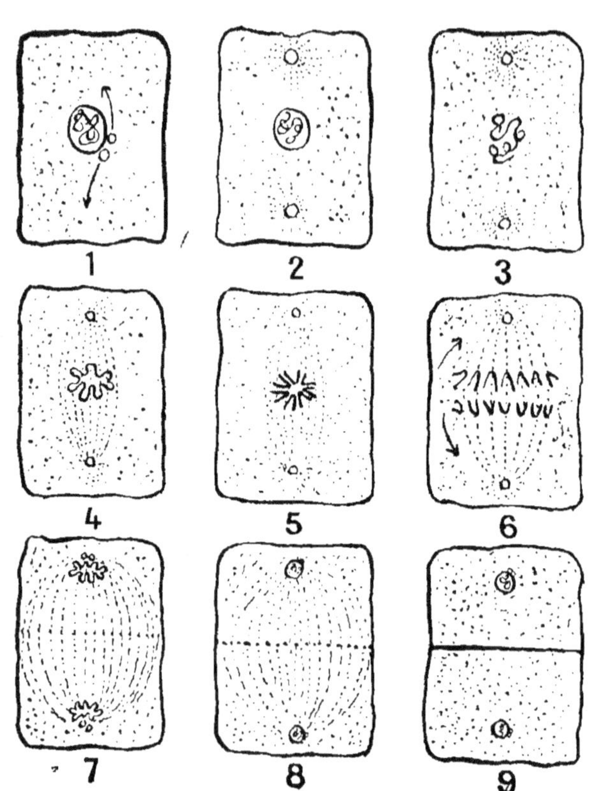

FIG. 20 à 26. — Schémas des phases successives de la division d'une cellule et de son noyau (karyokinèse).

d'un U (parfois d'un J) ; on les appelle les *V chromatiques* ou *chromosomes*. Ceux-ci sont en **nombre constant**[1] dans chaque tissu et chaque animal considéré.

5° Les granulations du protoplasma se disposent en un certain nombre de filaments très déliés, qui joignent les deux

1. Ce nombre est, *en général*, par cellule, de 12 chez l'Amphioxus, 16 chez les Mollusques, 6 chez les Nématodes, 18 chez les Echinodermes, 7 chez les Hémiptères, 10 chez les Coléoptères, 6 chez les Diptères, 31 chez les Lépidoptères D'après les dernières recherches de M. Win-Water, il y en aurait 47 chez l'homme et 48 chez la femme.

sphères directrices et dont l'ensemble a la forme d'un tonnelet : c'est l'*amphiaster*.

6° Les *chromosomes* se fendent chacun en deux, dans le sens de leur longueur (*fig.* 27), de manière à donner deux autres chromosomes superposés.

7° Les *chromosomes* s'éloignent les uns des autres comme s'ils glissaient le long des filaments de l'*amphiaster*. Les unes se dirigent vers une *sphère directrice*, les autres vers l'autre *sphère directrice*.

8° Arrivés au voisinage des *sphères directrices*, les *chromosomes* se soudent en une rosace.

9° La rosace s'agrandit, se pelotonne et s'enveloppe d'une *membrane nucléaire;* elle est devenue un *noyau* analogue à celui duquel nous sommes partis et au voisinage duquel, entre temps, la *sphère directrice* s'est, elle-même dédoublée en deux autres *sphères directrices*. Dans la cellule, il y a donc, maintenant, deux *noyaux* au lieu d'un.

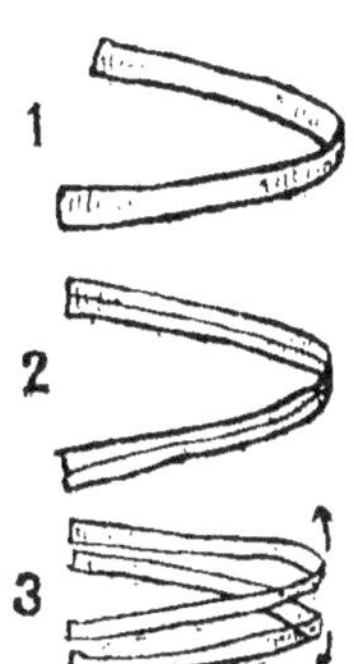

FIG. 27. — Schémas montrant comment se dédoublent les chromosomes durant la karyokinèse.

10° Les filaments de l'*amphiaster* s'amincissent, sauf dans la région moyenne où, au contraire, ils s'épaississent de plus en plus.

11° Ces épaisissements se soudent les uns aux autres, et, finalement, constituent une *membrane transversale* de nature albuminoïde.

A ce moment, nous avons deux cellules complètes, avec chacune un *noyau*. La division est terminée et, dès lors, chaque nouvelle cellule peut se multiplier à son tour ou se différencier suivant le tissu dont elle formera un des éléments et le rôle qui lui est dévolu.

Chez les animaux inférieurs, les cellules sont toutes semblables et doivent assurer au même degré l'ensemble des fonctions vitales; chacun a sa vie propre et se suffit à lui-même, la division du travail n'existe pas ; il n'y a aucune solidarité entre les diverses cellules qui peuvent se séparer sans mourir. Ainsi, en coupant une **Hydre** en morceaux, les fragments continuent à vivre isolément.

Mais le plus souvent ces cellules, par suite de leur association, sont plus ou moins solidaires les unes des autres ; c'est ce qui arrive chez les animaux supérieurs où il y a **division du travail.** Chaque groupe de cellules se spécialise pour une fonction déterminée dans laquelle il se cantonne exclusivement. C'est ainsi que certaines cellules s'adaptent à la digestion, d'autres à la respiration, etc. Cette adaptation particulière fait naître une solidarité intime entre les diverses parties constitutives du corps ; ces parties ne peuvent être séparées sans être exposées à mourir. La spécialisation entraîne naturellement des changements de forme et de structure des cellules qui se *différencient*.

Les cellules sont, le plus souvent, réunies entre elles par une *matière amorphe* ou de remplissage : cette matière maintient les cellules dans un rapport fixe : elle est dite *intercellulaire* ou *interfibrillaire* suivant la nature des éléments qu'elle unit.

Cette matière peut être solide, dure et résistante (*os*), élastique et flexible (*cartilage*), ou même simplement liquide (*sang*).

Tissus. — La combinaison de cellules de même forme et de même fonction, réunies ou non par une matière amorphe, constitue un **tissu**.

Classification des tissus. — De même que les cellules, les tissus présentent un certain nombre de caractères qui ont permis de les classer en sept groupes.

Tissus simples formés de cellules d'une même espèce : *Tissu épithélial.*

Tissus composés formés de cellules d'espèces différentes réunies par une substance amorphe :
- Matière amorphe abondante :
  - demi-molle : *Tissu conjonctif.*
  - solide : *Tissu cartilagineux.* / *Tissu osseux.*
  - liquide : *Tissu sanguin ou sang.*
- Matière amorphe peu abondante : *Tissu musculaire.* / *Tissu nerveux.*

Nous nous contenterons d'étudier, pour l'instant, le *tissu épithélial*, le *tissu conjonctif* et le *tissu cartilagineux*, rejetant l'étude des autres tissus avec celle des organes qu'ils constituent, c'est-à-dire l'étude du *tissu osseux* avec le squelette, celle du *sang* avec l'appareil circulatoire, celle du *tissu musculaire* avec les muscles et enfin celle du *tissu nerveux* avec le système nerveux.

Tissu épithélial. — Le tissu épithélial ou **épithélium** est un *tissu de revêtement ;* il est formé par des cellules semblables, juxtaposées, recouvrant la surface du corps ou tapissant les cavités des organes.

L'*épithélium* peut être **simple,** c'est-à-dire formé par une seule couche de cellules, ou **stratifié,** c'est-à-dire formé par plusieurs couches de cellules.

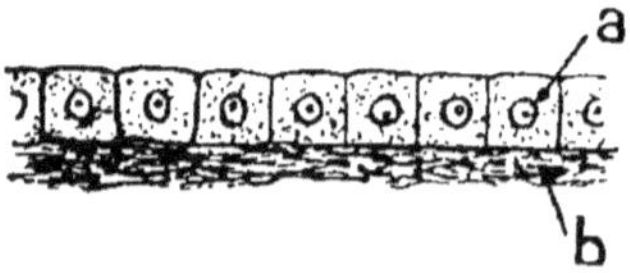

FIG. 28. — Epithélium cubique.

Épithélium simple. — L'*épithélium simple* tire son nom de la forme des cellules qui le constituent. Ainsi, il est dit *cubique* (*fig.* 28), lorsque les cellules affectent la forme de *cubes*, ou mieux de *prismes* à cinq ou six pans ; il est dit *pavimenteux* (*fig.* 29 et 30) lorsque les cellules sont aplaties parallèlement à leur surface, ressemblant à des pavés (en latin, *pavimentum*) dont le diamètre transversal est supérieur au diamètre vertical ; il est dit, indifféremment,

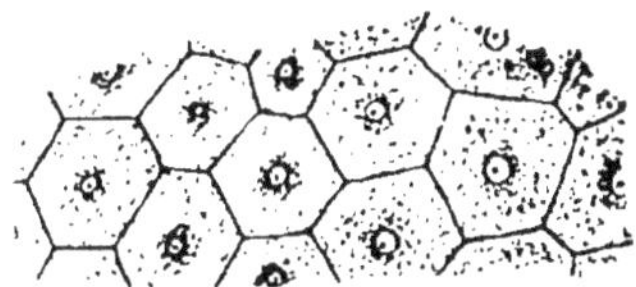

FIG. 29. — Epithélium pavimenteux
vu en coupe.

FIG. 30. — Epithélium
pavimenteux vu de face.

cylindrique ou *prismatique* (*fig.* 31), lorsque les cellules épithéliales ont la hauteur plus grande que la largeur. Dans certains cas, ces cellules prismatiques ont leur face libre couverte de cils animés de mouvements vibratoires ; leur ensemble constitue l'*épithélium à cils vibratiles* (*fig.* 32).

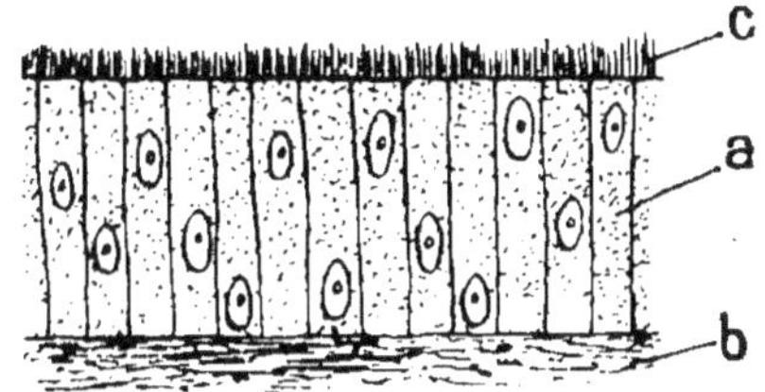

FIG. 31. — Epithélium
prismatique.

FIG. 32. — Epithélium vibratile.

Les cellules épithéliales, qui tapissent la face interne des vaisseaux, sont larges, plates, lamelleuses ; on leur donne le nom de *cellules endothéliales*, et leur ensemble constitue l'*endothélium*.

Épithélium stratifié. — L'*épithélium est stratifié* lorsqu'il est formé d'un nombre variable de couches de cellules épithéliales superposées. Cet épithélium comprend deux types, suivant que l'assise superficielle est représentée par des *cellules pavimenteuses* ou, au contraire, par des *cellules prismatiques* ; on dit dans le premier cas que l'*épithélium est pavimenteux stratifié* (*fig.* 33), et dans le second, qu'il est *prismatique stratifié.*

FIG. 33. — Epithélium pavimenteux
stratifié.

Rôle physiologique du tissu épithélial. — Le rôle physiologique des cellules épithéliales paraît essentiellement variable, en raison de la forme même de ces éléments, en raison de la place qu'ils occupent, en raison surtout de leur composition chimique.

En certains points, les cellules épithéliales semblent ne remplir qu'une fonction toute physique, et n'être que des **organes de**

protection, comme dans les épithéliums pavimenteux stratifiés
(Ex. : épiderme de la peau).

En d'autres points, elles représentent une membrane osmotique qui, en raison de sa minceur, se prête admirablement aux **échanges liquides et gazeux entre le sang et le milieu ambiant,** comme la transsudation du plasma à travers les parois des capillaires sanguins, l'absorption et l'exhalation de gaz carbonique par la surface pulmonaire, etc.

Ailleurs encore, au niveau des glandes, elles élaborent, au moyen de matériaux empruntés au sang, des substances nouvelles qui sont ensuite reprises par le sang ou déversées à l'extérieur.

Enfin les *épithéliums ciliés,* grâce aux mouvements de leurs cils vibratiles, déterminent la progression des particules étrangères introduites accidentellement dans l'organisme, et provoquent leur expulsion avec le mucus, comme cela se produit dans les fosses nasales.

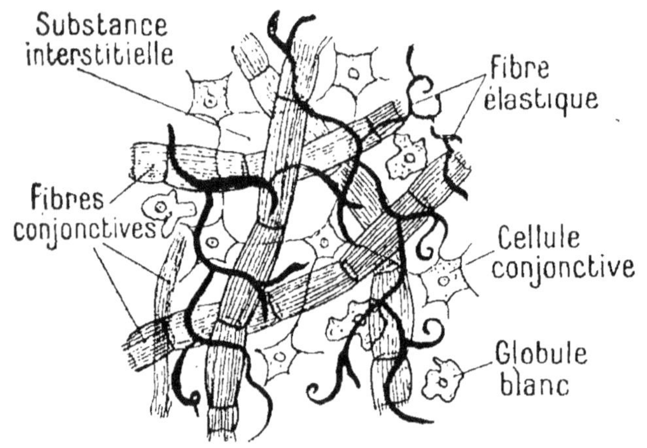

FIG. 34. — Tissu conjonctif, vu au microscope.

Tissu conjonctif. — Le **tissu conjonctif** (*fig.* 34) est constitué par un ensemble de *cellules* (*fig.* 35) réunies par une *matière amorphe semi-fluide.*

Les *cellules conjonctives* sont généralement fusiformes ou étoilées, et dans la plupart des cas, la matière interstitielle, qui est un produit d'élimination des cellules conjonctives, se partage en longs filaments qui sont des *fibres conjonctives.* Ces fibres sont, les unes (*fibres conjonctives proprement dites*) réunies en faisceaux comme des mèches de cheveux ; les autres (*fibres élastiques*) sont isolées et s'entrecroisent dans tous les sens (*fig.* 35).

Les principales variétés de tissu conjonctif sont le **tissu fibreux** qui constitue les *tendons,* et le **tissu adipeux** qui constitue la *graisse.*

Le *tissu fibreux* est caractérisé par la *prédominance des fibres conjonctives,* ce qui le rend très résistant.

Le *tissu adipeux* (*fig.* 36) ou graisseux est au contraire caractérisé par la *prédominance des cellules conjonctives*, dont un grand nombre sont chargées de *globules graisseux*. Ces globules apparaissent (*fig.* 36 *bis*) dans le protoplasma des cellules conjonctives, refoulent le noyau contre la paroi, et finissent le plus souvent par en occuper tout l'espace : dans ce cas, la cellule est morte. Le tissu adipeux est abondant sous la peau chez les personnes obèses.

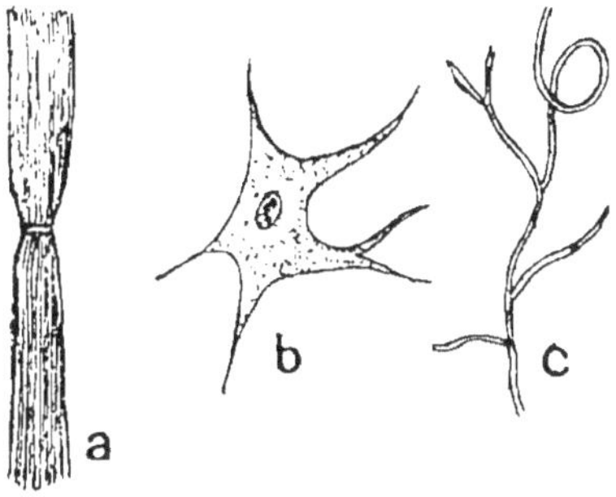

Rôle physiologique du tissu conjonctif. — Le tissu conjonctif sert à relier les organes entre eux (*tendons*), à les protéger (*aponévroses ou enveloppes musculaires*), ou à les isoler (*graisse*); c'est, dans ce dernier cas, une espèce de

FIG. 35. — Les trois éléments du tissu conjonctif, vus au microscope *a*, fibres conjonctives; *b*, cellule conjonctive; *c*, fibre élastique.

matière d'emballage qui, outre son rôle isolateur et protecteur, peut être digérée, si besoin est, par les organes essentiels, et devenir un aliment accessoire; c'est donc en même temps une *substance de réserve.*

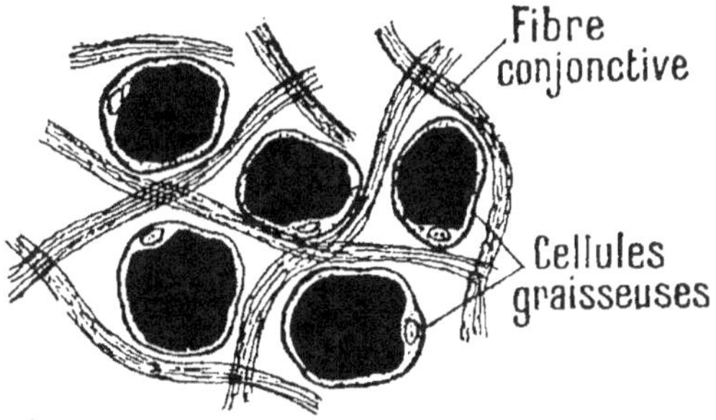

FIG. 36. — Tissus adipeux, vu au microscope.

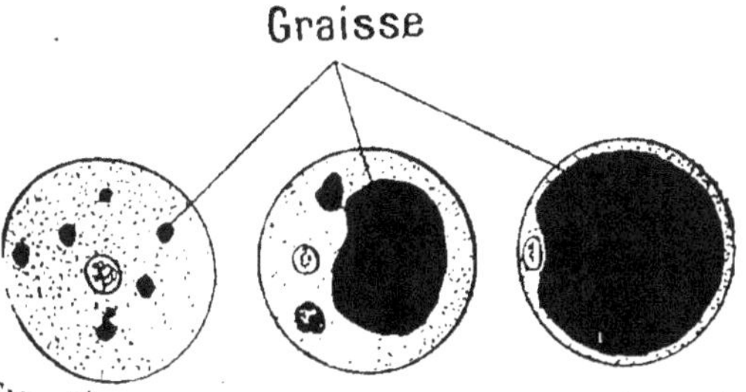

FIG. 36 *bis*. — Phases successives de la formation d'une cellule adipeuse.

Muqueuses et séreuses. — Le tissu conjonctif et le tissu épithélial, associés de différentes manières, forment les *muqueuses* et les *séreuses.*

Muqueuses. — Les *muqueuses* sont constituées par une trame conjonctive surmontée d'un *épithélium* généralement *stratifié;* elles tapissent des cavités en communication avec l'extérieur, comme le tube digestif, les fosses nasales, l'appareil respiratoire, etc.

Les muqueuses présentent généralement dans leur épaisseur des glandes, qui sécrètent soit du *mucus* destiné à lubréfier la surface de ces muqueuses, soit des *liquides utiles à l'organisme.*

Séreuses. — Les *séreuses* sont également formées d'une trame conjonctive lâche revêtue de cellules épithéliales larges et aplaties.

Les séreuses se distinguent des muqueuses parce qu'elles ne tapissent que des *cavités closes.* Ainsi la *plèvre* qui tapisse la cavité thoracique et entoure les poumons, le *péritoine* qui s'étend sur la cavité abdominale et sur l'intestin sont des *séreuses.*

Les séreuses facilitent le glissement des organes sur les parois des cavités qui les renferment, grâce à la *sérosité* sécrétée par leurs cellules épithéliales.

Tissu cartilagineux. — Le **tissu cartilagineux** comprend des *cellules cartilagineuses* communes à tous les cartilages et une *substance intermédiaire solide*, de nature variable.

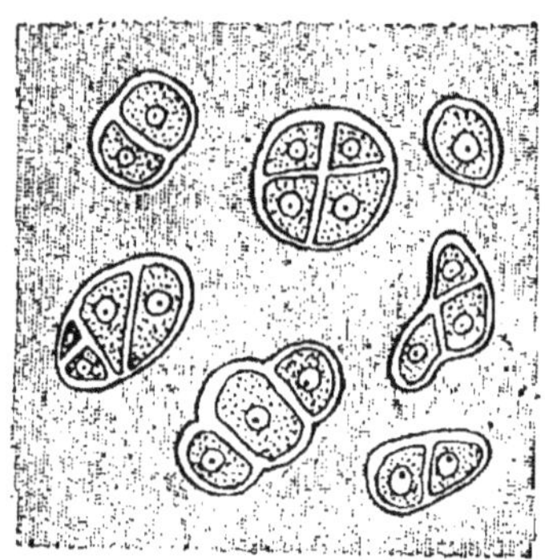

FIG. 37. — Cellules cartilagineuses, vues au microscope.

Les *cellules cartilagineuses (fig.* 37) ont une forme arrondie ou ovoïde, elles sont situées dans des cavités régulières appelées *capsules.*

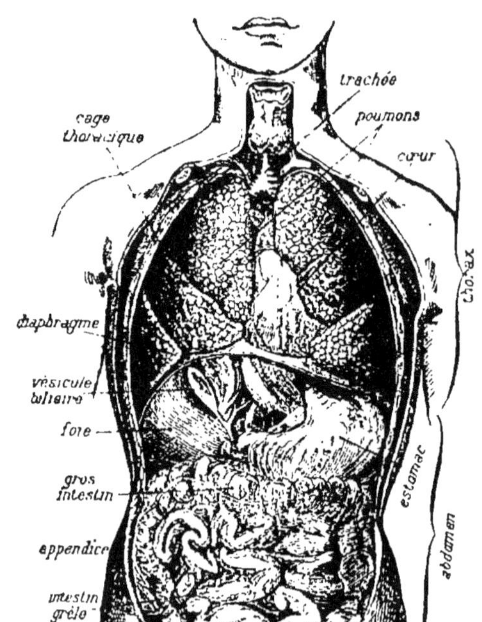

FIG. 38. — Ensemble des organes contenus dans le tronc humain (thorax et abdomen).

La *substance intermédiaire solide* est un produit d'élaboration des cellules cartilagineuses. Elle est formée par une matière qui, soumise à l'ébullition, se dissout dans l'eau et par refroidissement donne une espèce de gelée qui rappelle la gélatine et qu'on nomme *chondrine.*

Le tissu cartilagineux durcit et se calcifie avec l'âge, c'est-à-dire que des sels calcaires se déposent dans la substance intermédiaire. Ce cartilage perd sa transparence et devient **cassant** ;

c'est ce qui explique la perte de mobilité des articulations chez les vieillards.

Groupement des tissus en organes. — Appareils et fonctions. — Les tissus se groupent et s'associent pour former des *organes* (*fig.* 38) : ainsi une muqueuse, formée de tissu conjonctif et épithélial, recouvrant du tissu musculaire, forme l'*estomac*, qui est un organe du tube digestif.

Lorsque plusieurs organes se groupent pour remplir une même fonction, la digestion, par exemple, ils constituent un *appareil*. Ainsi l'appareil digestif comprend non seulement les organes qui composent le tube digestif (*bouche, pharynx, œsophage, estomac, intestin*), mais encore les organes annexes, *glandes salivaires, foie, pancréas*. A chaque appareil correspond donc une fonction bien déterminée.

Division des fonctions. — Les fonctions se divisent en deux grands groupes : les *fonctions de la vie végétative*, ainsi nommées parce qu'elles sont propres à tous les êtres vivants, végétaux et animaux (*nutrition* et *reproduction*) et les *fonctions de la vie animale*, spéciale aux animaux (*sensibilité* et *locomotion*). Ces dernières, permettant les relations des animaux avec le monde extérieur, sont encore appelées *fonctions de relation*.

A chaque groupe de fonctions correspondent un certain nombre d'*appareils* par lesquels elles s'exercent exclusivement : ainsi aux **fonctions de nutrition** correspondent l'appareil digestif, l'appareil respiratoire, l'appareil circulatoire, l'appareil excréteur, aux **fonctions de relation**, l'appareil nerveux (*encéphale, moelle épinière* et *nerfs*), les organes des sens et l'appareil locomoteur (*squelette et muscles*).

TABLEAU SYNOPTIQUE DES TISSUS

Définition du tissu : Réunion de cellules de même forme et de même fonction.

Classification des tissus :

Tissus simples : formés d'éléments de même espèce...................... : *Tissu épithélial.*

Tissus composés formés d'éléments d'espèces différentes réunis par une substance amorphe.

- Matière amorphe abondante
  - demi-molle : *Tissu conjonctif.*
  - solide
    - *Tissu cartilagineux.*
    - *Tissu osseux.*
  - liquide : *Tissu sanguin ou sang.*
- Matière amorphe peu abondante
  - *Tissu musculaire.*
  - *Tissu nerveux.*

Tissu épithélial ou Epithélium

Simple
- cubique.
- pavimenteux.
- cylindrique ou prismatique.
- Epithélium à cils vibratiles.
- Endothélium.

Stratifié
- Epithélium pavimenteux stratifié.
- — prismatique —

Son rôle physiologique
- Protège les organes en les recouvrant (*Epiderme de la peau*).
- Préside aux échanges liquides et gazeux (*Membrane pulmonaire*).
- Elabore les substances sécrétées par les glandes (*Epithélium des glandes*).

Tissu conjonctif

Constitution
- Cellules conjonctives.
- Matière amorphe filamenteuse composée de fibres conjonctives et de fibres élastiques.

Son rôle physiologique
- Relie les organes entre eux (*tendons*).
- Les isole et les protège (*aponévroses*).
- Forme une matière de réserve (*graisse*).

Muqueuses et Séreuses

Caractère
- **Muqueuses :** tapissent des cavités en communication avec l'extérieur (Ex. : *muqueuse du tube digestif*).
- **Séreuses :** tapissent des cavités closes (Ex. : *plèvre ou séreuse des poumons*).

Tissu cartilagineux

Constitution
- Cellules cartilagineuses à l'intérieur de cavités appelées *capsules.*
- Matière interstitielle dure.

Son rôle : Donne de la solidité aux organes.

Groupement des tissus en organes et des organes en appareils

Appareils de nutrition
- Appareil digestif.
- — respiratoire.
- — circulatoire.
- — sécréteur.

Appareils de relation
- Système nerveux.
- Organes des sens.
- Appareil locomoteur.

TRAVAUX PRATIQUES RELATIFS AUX ORGANES EN GÉNÉRAL, A LA CELLULE ET AUX TISSUS

Dissections. — Disséquer (*fig.* 39) grossièrement un animal quelconque (rat, chien, chat, lapin, pigeon, grenouille, poisson, etc.), sans chercher à en isoler les organes, de manière à voir ceux-ci en place ; il suffit pour cela de mettre l'animal sur le dos et de fendre l'abdomen et le thorax suivant la ligne médiane ventrale ; on distingue ainsi, au premier coup d'œil : les poumons, le cœur, l'estomac, l'intestin, le foie, les reins, etc. En retournant l'animal et en ouvrant le crâne, on voit le cerveau et les nerfs qui en partent.

Microscope. — Les cellules, chez les animaux, sont beaucoup moins nettes et moins faciles à voir que chez les végétaux. On pourra en avoir une assez bonne idée en examinant diverses préparations toutes faites, comme, par exemple, une coupe d'intestin, de foie, de la peau du pouce, etc., ou telle autre dont on dispose.

Si l'on veut faire des préparations par soi-même, en voici trois qui sont assez faciles à obtenir :

a) Conserver vivante dans un cristallisoir (*fig.* 40) une grenouille en n'y mettant que peu d'eau (de manière qu'elle puisse respirer dans l'air). Ne pas renouveler l'eau : au bout de quelques jours, il y a des chances pour que l'on y voit flotter des lambeaux de peau qui se sont détachés de la grenouille et qui sont plus ou moins transparents. Mettre une des ces » mues » bien à plat et bien étalée dans une goutte d'eau, entre lame et lamelle.

Examinée au microscope, cette préparation montre des cellules polygonales presque analogues à celles qui sont si fréquentes chez les végétaux. Y constater la présence du protoplasma et d'un noyau dans chaque cellule (*fig.* 30).

b) Prélever un peu de salive avec la palette de l'aiguille lancéolée, en grattant un peu (cela n'est pas indispensable) la surface de la langue ou celle de l'intérieur des joues. Mettre entre lame et lamelle la goutte obtenue. Le microscope y montre des cellules plates, où le noyau est très visible.

c) Mettre une grenouille sur le dos. Fendre la peau entre les deux pattes de devant. Dans cette région, il y a un os plat, le sternum, dont la partie inférieure (appendice xyphoïde) est cartilagineuse. Détacher un fragment de ce cartilage. Le mettre,

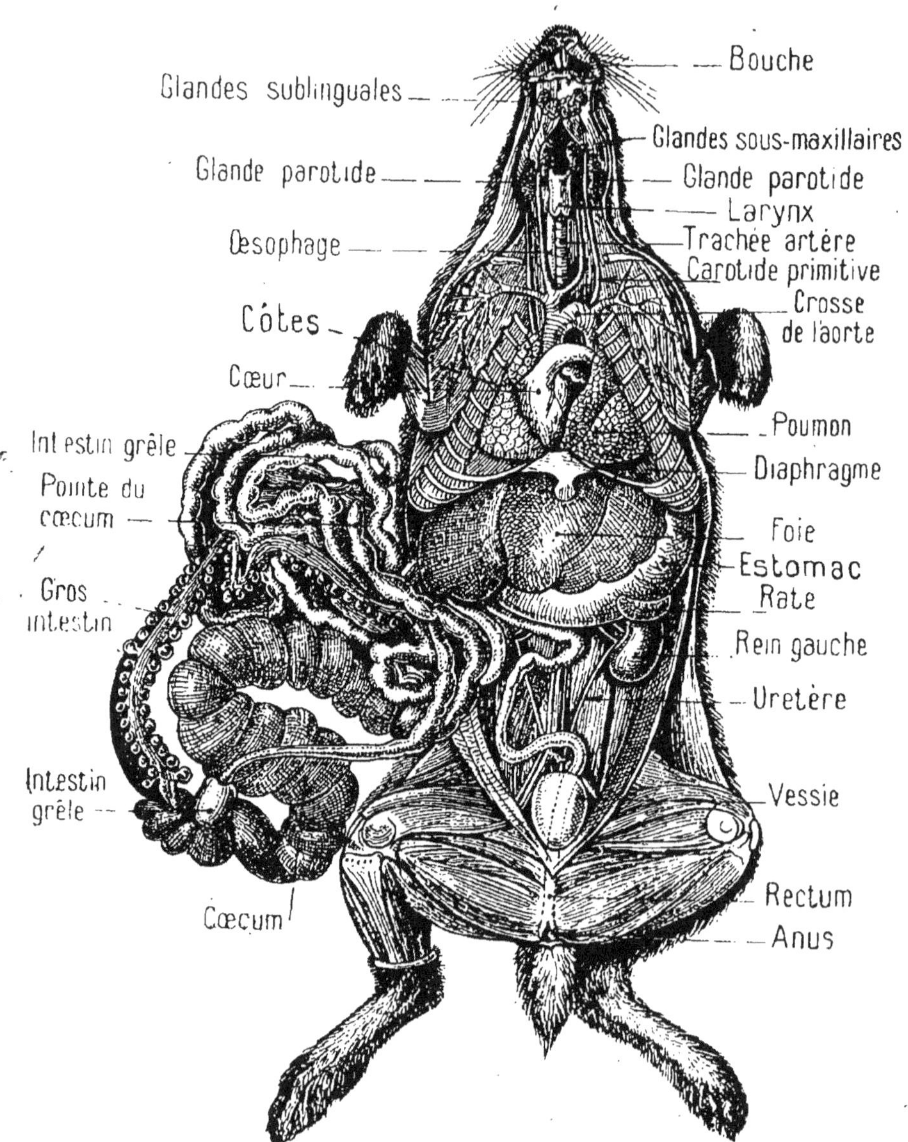

Fig. 39. — Dissection d'un Lapin (face ventrale).

comme s'il s'agissait d'une coupe végétale [1], dans un cylindre de moelle de sureau et y pratiquer des coupes fines. Mettre ces coupes — elles sont transparentes — entre lame et lamelle, dans une goutte d'eau. Au microscope, on y voit des cellules cartilagineuses d'une parfaite netteté, les unes arrondies ou ovalaires, les autres demi-circulaires ou demi-ovalaires ; chacune d'elles possède un noyau (*fig.* 37).

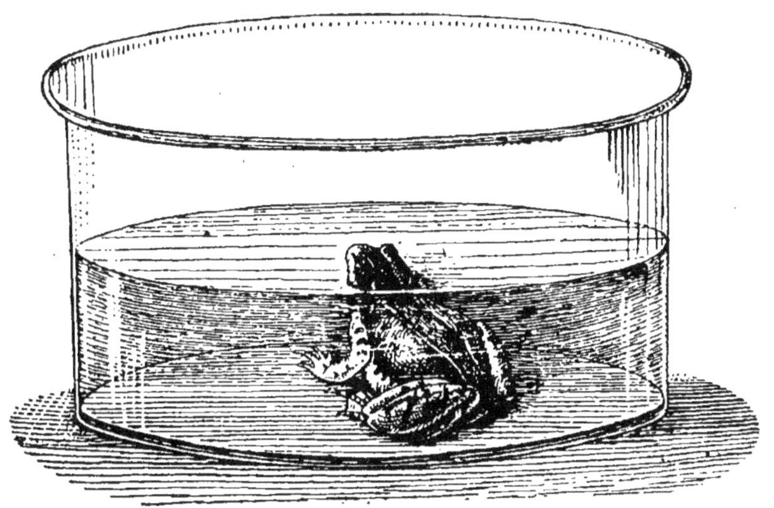

FIG. 40. — Dispositif pour obtenir des « mues de Grenouille ».

Karyokinèse. — Il ne faut pas espérer voir la karyokinèse dans les préparations ordinaires, où elle est absolument invisible, même dans les cas les plus favorablement choisis. On n'y parvient que, par une technique très spéciale et très compliquée qui est très loin des ressources actuelles des Ecoles normales et demande des études très particulières. Peut-être trouvera-t-on, dans le commerce, des préparations toutes faites où les diverses phases de la karyokinèse ou, tout au moins, la présence des chromosomes, sont plus ou moins nettes. Des karyokinèses assez nettes se montrent dans des coupes de sommets de racines et d'ovules de plantes. Pour les animaux, les plus classiques sont celles des œufs de l'*Ascaris megalocephala* par ce que, chez eux, les chromosomes sont très gros ; par contre, dans chaque cellule, il n'y en a que quatre (voire même deux dans une variété), ce qui est tout

1. Voir notre *Botanique*.

à fait anormal, car, dans la presque totalité des autres cas — c'est-à-dire dans le cas le plus normal — les chromosomes sont en nombre plus grand que quatre. A ce point de vue, donc, l'exemple est mal choisi et de nature à créer des idées fausses.

L'*Ascaris megalocephala* est un ver du groupe des Nématodes qui est très commun dans l'intestin du cheval ; on pourra s'en procurer de grandes quantités dans les abattoirs hippophagiques en fendant les intestins des animaux abattus et en examinant leur contenu. Il est assez analogue, comme aspect, à un fragment de tube de macaroni. En le disséquant, on trouve facilement le sac à œufs, qui occupe une bonne partie de la cavité générale et qui est bifurqué dès la base. Pour voir la karyokinèse dans les œufs, il faut les soumettre à toute la technique habituelle de l'histologie fine [1].

Cils vibratiles. — Il est extrêmement facile de voir les cils vibratiles de certains épithéliums. Ouvrir une moule en écartant les deux valves et récolter dans un verre de montre l'eau de mer qui s'en écoule. Se rendre compte de la présence, à droite et à gauche, de *branchies,* lesquelles sont un peu jaunâtres. Prendre avec une pince quelques-uns des filaments qui les constituent et les placer sur une lame en les recouvrant d'une goutte d'eau de mer. Examiner, au microscope, la préparation telle qu'elle est en la recouvrant d'une lamelle (pour éviter l'écrasement possible, faire reposer cette lamelle sur des graines de sable ou des débris d'une lamelle brisée). On distingue très nettement le mouvement des cils vibratiles qui provoque des tourbillons dans l'eau. Peu à peu le mouvement se ralentit et, finalement, cesse : avec un assez fort grossissement, on distingue alors les cils eux-mêmes qui, tout à l'heure, battaient l'eau avec une telle violence qu'ils étaient confus et se laissaient seulement « deviner ».

On peut aussi constater, mais non voir, la présence de cils vibratiles en fendant en long l'œsophage d'une grenouille et en étalant ce lambeau (avec des épingles) sur une plaque de liège, *face interne en haut.* Déposer sur cette face quelques grains de sable ou un petit plomb de chasse : ces objets ne tardent pas à cheminer entraînés qu'ils sont par les battements des cils vibratiles dont la muqueuse est hérissée.

---

1. Fixation. Déshydratation par l'alcool absolu. Immersion dans le xylol, le xylol-paraffine, la paraffine. Coupes en série avec un microtome spécial. Collage des coupes. Coloration. Montage.

LE SQUELETTE

Les organes de locomotion comprennent le **squelette** et les **muscles**

Le squelette est un *organe passif*, formé par un certain nombre de leviers qui constituent les *os*. Les corps qui mettent ces leviers en mouvement sont les *muscles*, que nous étudierons plus loin.

A. — LES OS

Forme générale des os. — Les os se divisent en *os longs* (*fig.* 41), tels que ceux du bras, de la jambe, de la cuisse, et en *os courts* qui comprennent eux-mêmes : les *os plats*, tels que ceux du crâne, et les *os ronds*, tels que ceux du poignet ou du cou-de-pied.

La surface de ces os présente quelquefois des saillies pointues ou des proéminences arrondies que l'on désigne sous le nom général d'*apophyses* ou de *tubérosités*.

Les extrémités renflées des os longs s'appellent les *épiphyses ;* le milieu, plus aminci, est la *diaphyse* (*fig.* 44).

Structure. — Il convient d'étudier séparément la structure des **os secs ou creux** et des **os frais** ou pleins.

a) *Os secs ou creux.* — Un os sec ou creux comprend d'abord :

1° De petits tubes microscopiques qui, dans les os longs, cheminent parallèlement les uns aux autres d'une épiphyse à l'autre, en même temps qu'ils émettent de nombreuses anastomoses latérales : ce sont les **canaux de Havers** (*fig.* 42) : ils sont parcourus par des vaisseaux sanguins et des filets nerveux ;

2° De fines lamelles, dites **lamelles osseuses,** formant des couches concentriques à la périphérie (*système périphérique*), autour de chaque canal de Havers (*système intermédiaire*) et autour de la moelle (*système périmédullaire*). Ces lamelles donnent de la consistance à l'os ;

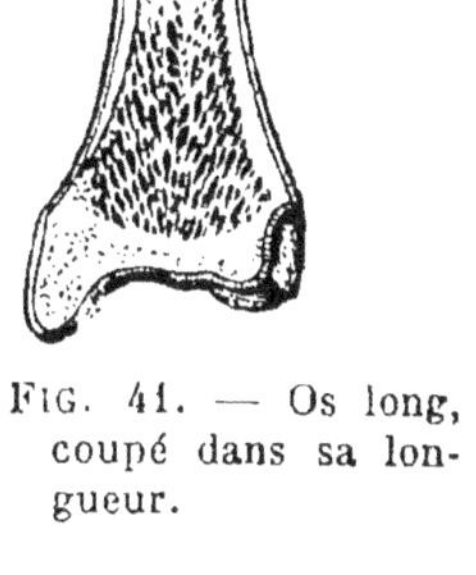

FIG. 41. — Os long, coupé dans sa longueur.

3° De petites cavités irrégulières creusées dans les lamelles osseuses et appelées **corpuscules osseux** ou **ostéoplastes** (du grec *ostéon*, os, et *plastos*, formé) ;

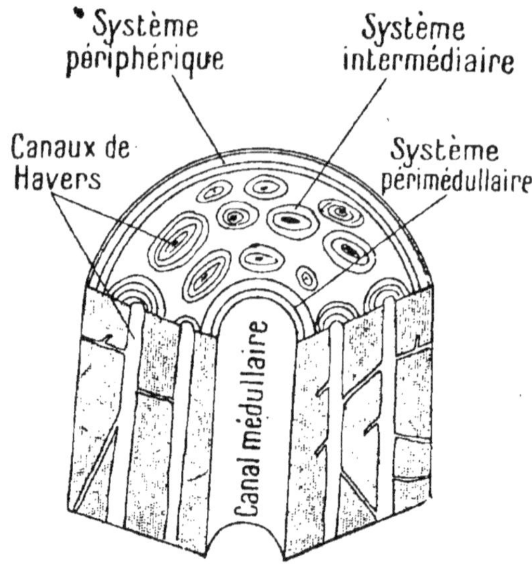

FIG. 42. — Coupe schématique d'un os en partie en long et en partie en travers.

4° Enfin de petits canaux appelés **canalicules osseux,** creusés dans la substance *interstitielle* de l'os et qui font communiquer les ostéoplastes entre eux. Beaucoup de ces canalicules s'ouvrent dans les canaux de Havers, ce qui permet au plasma sanguin qui circule dans ces derniers de se répandre dans tous les corpuscules et d'imprégner pour ainsi dire toute la masse de l'os.

b) *Os frais ou pleins.*

— Les os frais ou pleins comprennent en outre :

1° Des **cellules osseuses** (*fig.* 43) ou **ostéoblastes** (du grec *ostéon*, os, et *blastos*, germe), caractérisées par l'absence de membrane. Chacune d'elles se trouve dans un ostéoplaste et possède de nombreux prolongements protoplasmiques, qui pénètrent dans les canalicules osseux et se relient à deux cellules voisines ;

2° De la **moelle,** une substance molle, composée surtout de cellules conjonctives, au milieu desquelles se trouvent des vaisseaux sanguins et des nerfs. Rouge chez les jeunes sujets, elle devient jaune chez les adultes, à cause de la graisse qu'elle renferme.

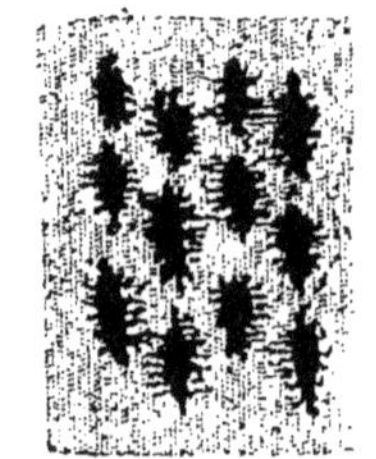

FIG. 43. — Cellules osseuses, vues au microscope.

Son rôle est triple : 1° elle allège l'os ; 2° elle joue un rôle dans l'ossification en détruisant les vieilles cellules osseuses qui l'entourent et en fournissant les éléments de cellules nouvelles ; 3° elle aide enfin à la formation des globules rouges : c'est en quelque sorte une succursale de la rate ;

3° Le **périoste.** C'est une mince membrane conjonctive de 2 millimètres d'épaisseur qui recouvre la diaphyse de l'os ; elle lui est entièrement adhérente, grâce à des fibres particulières (*fibres de Sharpey*), qui partent de la face interne de cette membrane et s'enfoncent obliquement dans la matière osseuse.

Le périoste a une importance considérable ; il assure la nutrition de l'os par les nombreux vaisseaux sanguins qu'il lui envoie et sécrète lui-même une nouvelle matière osseuse par sa face interne. Dans une amputation, on ne néglige jamais de relever une manchette de périoste que l'on rabat sur la partie sectionnée, de manière que, par sa sécrétion, elle forme à l'extrémité du membre un bourrelet osseux non tranchant.

Composition chimique. — Lorsqu'on brûle un os frais, sa matière organique, c'est-à-dire son périoste et sa moelle, disparaît ; s'il est brûlé à l'air libre, l'os devient blanc et est réduit à sa matière minérale ; s'il est brûlé en vase clos, il devient noir et constitue le *noir animal*, sa matière organique carbonisée n'ayant pu disparaître faute d'oxygène.

Les os comprennent donc :

1º Une matière minérale qui forme les $\frac{2}{3}$ de leur poids et leur donne la dureté. Cette matière se compose de *phosphate tricalcique* (85 0/0), de *carbonate* (10 0/0), de *fluorure de calcium* (3 0/0) et enfin de *phosphate de magnésium* (2 0/0). Tous ces corps existent en proportion variable dans les aliments et servent à la formation du tissu osseux ;

2º Une *matière organique* que l'on peut obtenir en plongeant l'os dans l'acide chlorhydrique qui dissout les sels minéraux, calcaire, phosphate, etc. Elle est formée d'une matière albuminoïde : l'*osséine*, qui se dissout dans l'eau lorsqu'on soumet l'os à l'ébullition et donne la *gélatine.*

Accroissement des os. — Les os s'accroissent en *longueur* et en *épaisseur*.

a) *Accroissement en longueur.* — La croissance de l'os en longueur est insensible dans les parties tout à fait osseuses. Ainsi deux clous étant plantés vers le milieu d'un os long, restent toujours à la même distance ; si l'un d'eux, au contraire, est planté à la tête de l'os et l'autre au milieu, on constate qu'ils s'éloignent chaque année de plus en plus l'un de l'autre. C'est qu'aux deux extrémités de la diaphyse existe une zone cartilagineuse, dite **cartilage de conjugaison** (*fig.* 44), par laquelle se fait l'accroissement

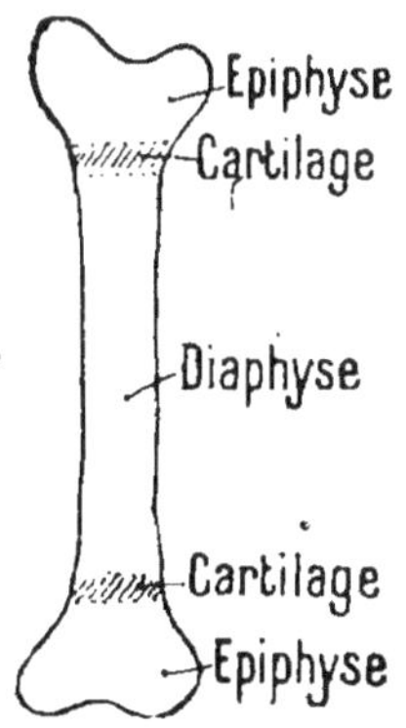

FIG. 44. — Accroissement en longueur d'un os.

en longueur ; cette zone s'allonge du côté des épiphyses pendant qu'aux extrémités de la diaphyse les cellules cartilagineuses sont remplacées peu à peu par de la substance osseuse.

Lorsque les cartilages de conjugaison ne s'accroissent plus, ce qui arrive vers la vingtième année, ils ne tardent pas à être complètement ossifiés ; la croissance des os est terminée et la taille de l'individu a atteint son maximum.

b) *Accroissement en épaisseur.* — L'accroissement de l'os en épaisseur, qui se fait pendant presque toute la vie, est dû à la végétation du périoste. Le périoste engendre à sa face interne de nouvelles cellules conjonctives douées de la propriété de sécréter de la matière osseuse, tandis que les cellules plus anciennes se détruisent et sont résorbées par la moelle.

Pour prouver que cet accroissement se fait ainsi, **Flourens** introduisit une aiguille de platine (*fig.* 45) sous le périoste d'un humérus d'animal ; quelque temps après, l'aiguille se trouvait dans la moelle. La couche osseuse située primitivement en dedans de l'aiguille s'était donc détruite, et avait peu à peu été remplacée par de la matière osseuse sécrétée par le périoste. **Duhamel** l'avait déjà montré auparavant d'une autre façon, en mélangeant par intervalles de la garance aux aliments d'un porc ; il obtint des couches osseuses alternativement blanches et rouges à partir du périoste et en nombre égal à celui des additions de matière colorante à la nourriture.

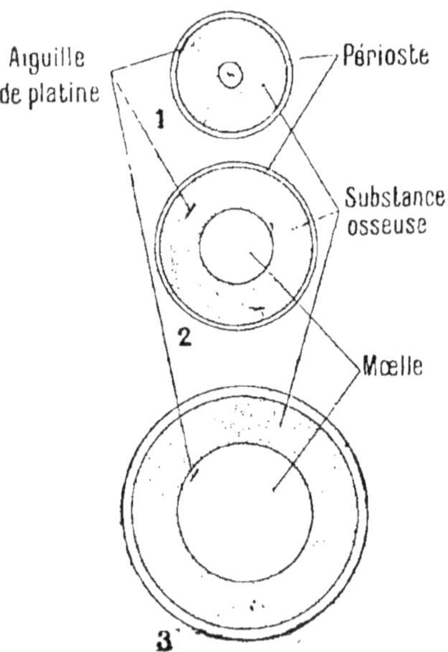

Fig. 45. — Accroissement en épaisseur d'un os (expérience de Flourens).

Fig. 46. — Os (fémur) fracturé qui s'est ressoudé.

L'épaississement de l'os provient donc bien de la végétation interne du périoste ; c'est ce qui explique le rôle considérable

joué par le périoste dans la consolidation de fractures (*fig*. 46).
Il a une part prépondérante dans la formation du tissu d'abord
fibro-cartilagineux, puis osseux, qui empâte et réunit les surfaces
fracturées voisines, et constitue le *cal*.

Toutefois le périoste, devenant dur et fibreux avec l'âge, perd
peu à peu la faculté d'engendrer du tissu osseux ; c'est ce qui
explique la difficulté et même l'impossibilité où l'on est d'obtenir la consolidation des fractures chez les personnes âgées.

Formation des os. — Les os se développent aux dépens du cartilage. Il ne se produit pas un simple *durcissement*, transformant le cartilage en tissu osseux, il y a
remplacement ; l'os envahit le cartilage et se substitue à lui.

L'*ossification des os longs* commence par trois points, dits *points d'ossification* ; un
à chaque extrémité (**points épiphysaires**) et un dans la région moyenne (**point diaphy-
saire**).

Les portions de cartilages en forme d'anneaux, plus ou moins allongés, qui ne sont
pas encore ossifiées prennent, comme nous l'avons vu, le nom de *cartilages de conjugaison* ; elles s'allongent rapidement ainsi qu'on peut le constater en enfonçant deux
clous dans les deux noyaux osseux qui sont à leur extrémité. Les cartilages grandissant, le squelette augmente de taille jusqu'à leur complète ossification.

L'existence de ces anneaux cartilagineux, qui séparent la diaphyse des épiphyses
explique la facilité avec laquelle les fractures des membres se produisent chez les
enfants ; c'est à leur niveau que se fait la rupture. Mais, comme ce cartilage présente
une vitalité très grande, la consolidation se fait beaucoup plus vite que chez l'adulte.

De ce qui précède, il résulte que, pour que l'ossification se produise normalement,
une alimentation riche en sels calcaires est indispensable, sinon le squelette reste
mou, très déformable : c'est ce qui constitue le *rachitisme*.

B. — LE SQUELETTE

Le squelette de l'homme (*fig*. 47) comprend 208 os et peut se
décomposer en trois grandes régions : le *tronc*, la *tête* et les
membres.

Squelette du tronc

Le squelette du tronc se compose lui-même de trois parties : la
colonne vertébrale, les *côtes* et le *sternum*.

Colonne vertébrale. — La colonne vertébrale (*fig*. 48) ou
rachis est une tige osseuse de 75 centimètres de longueur environ, s'étendant depuis la base de la tête jusqu'à l'extrémité du
tronc.

Elle est formée de 33 pièces osseuses, empilées les unes sur les
autres comme des pièces de monnaie : ce sont les *vertèbres*.

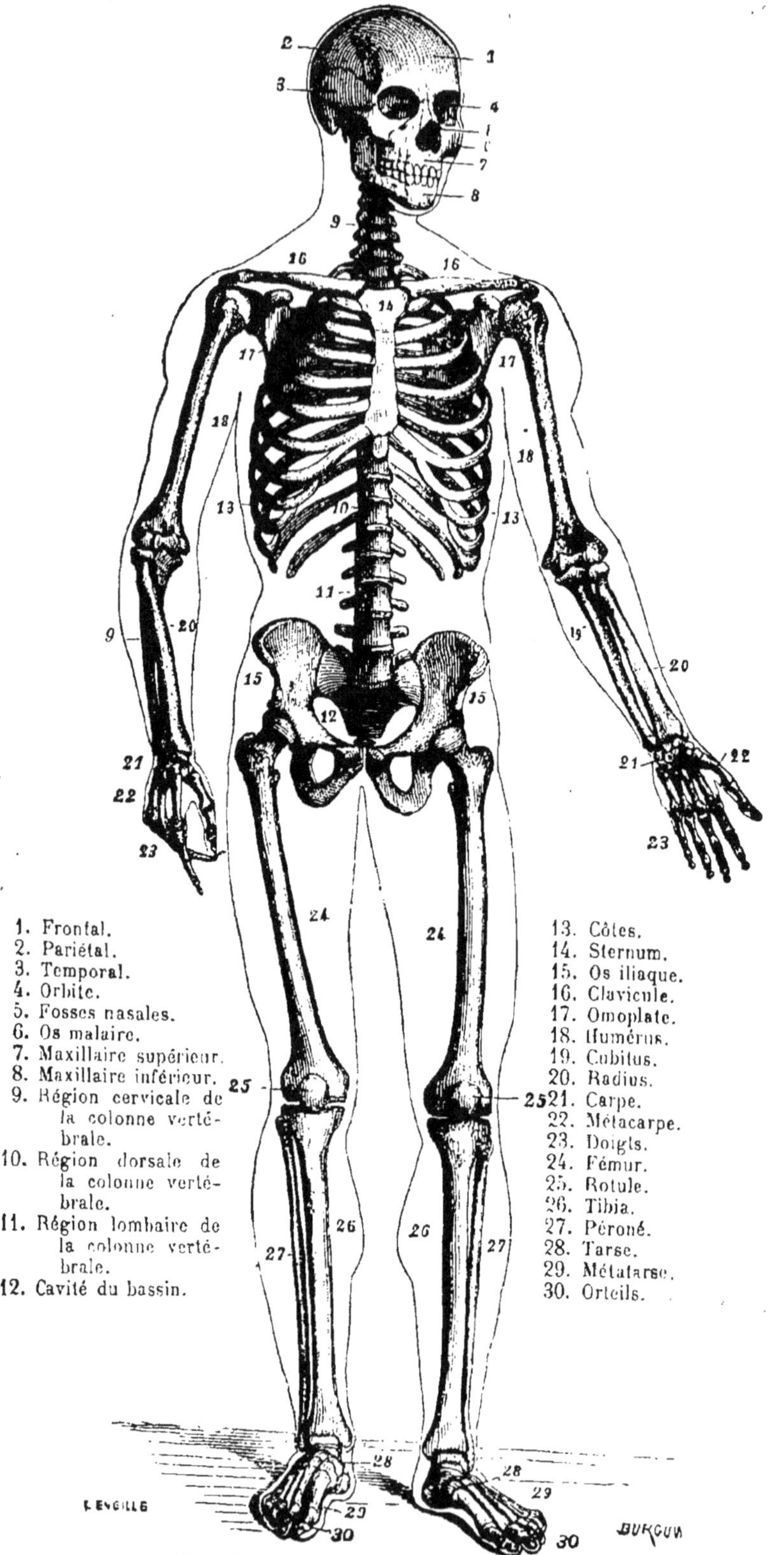

1. Frontal.
2. Pariétal.
3. Temporal.
4. Orbite.
5. Fosses nasales.
6. Os malaire.
7. Maxillaire supérieur.
8. Maxillaire inférieur.
9. Région cervicale de la colonne vertébrale.
10. Région dorsale de la colonne vertébrale.
11. Région lombaire de la colonne vertébrale.
12. Cavité du bassin.

13. Côtes.
14. Sternum.
15. Os iliaque.
16. Clavicule.
17. Omoplate.
18. Humérus.
19. Cubitus.
20. Radius.
21. Carpe.
22. Métacarpe.
23. Doigts.
24. Fémur.
25. Rotule.
26. Tibia.
27. Péroné.
28. Tarse.
29. Métatarse.
30. Orteils.

FIG. 47. — Squelette de l'Homme,

a) **Forme des vertèbres.** — La forme des vertèbres varie avec leur position dans la colonne vertébrale. Les vertèbres dorsales sont les plus complètes et peuvent être prises comme types ; chacune d'elles comprend trois parties (*fig.* 49) : 1º une partie pleine en forme de disque cylindrique qui constitue le **corps de la vertèbre ;** 2º un arc osseux, ou anneau vertébral qui entoure une ouverture à peu près circulaire : le *trou vertébral.* Dans la superposition des vertèbres, les trous vertébraux se correspondent et constituent un canal continu, le *canal vertébral* appelé encore **canal rachidien** dans lequel est logée la *moelle épinière ;* 3º trois prolongements principaux émis par l'anneau vertébral, qui constituent des **apophyses ;** deux de ces prolongements sont disposés latéralement : ce sont les *apophyses transverses ;* le troisième est disposé en arrière et prend le nom d'*apophyse épineuse.* L'ensemble des apophyses épineuses forme, le long de la colonne vertébrale, une sorte de *crête osseuse* qu'on appelle *épine dorsale.*

Deux vertèbres consécutives reposent l'une sur l'autre par leurs corps vertébraux, entre lesquels se trouve une lame de tissu conjonctif constituant le *disque intervertébral ;* elles sont en outre réunies par des *apophyses articulaires.*

Les échancrures que l'on observe sur l'arc vertébral forment avec les échancrures des vertèbres contiguës de véritables trous *(trous de conjugaison)*, qui

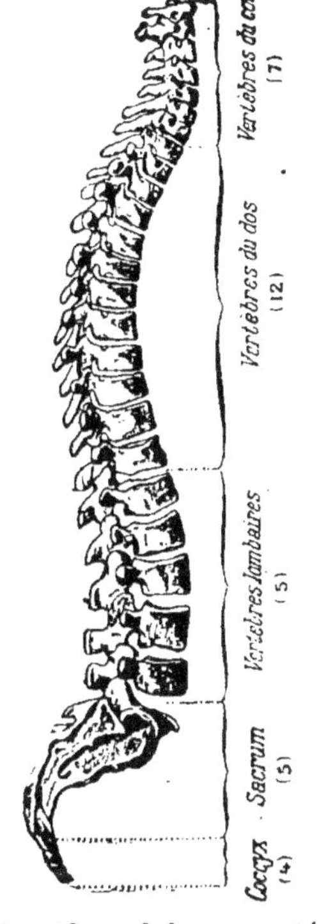

FIG. 48. — Colonne vertébrale, vue de côté.

donnent passage aux nerfs émis par la moelle épinière.

b) **Division de la colonne vertébrale en cinq régions.** — Les trente-trois vertèbres de la colonne vertébrale sont réparties en cinq régions, savoir : *cervicale, dorsale, lombaire, sacrée* et *coccygienne.*

1º Les **vertèbres cervicales** sont au nombre de sept ; elles constituent la région du cou. La première vertèbre s'appelle l'**atlas.**

La deuxième vertèbre cervicale est l'**axis ;** son corps vertébral, plus large, se prolonge en une saillie verticale ayant la forme d'une dent ; on la nomme pour cela *apophyse odontoïde.* Cette saillie pénètre dans le trou de la vertèbre atlas et constitue une espèce de pivot autour duquel tourne l'atlas et, par suite, la tête qui repose sur celui-ci.

2° Les **vertèbres dorsales** (*fig.* 49) sont au nombre de douze ; elles occupent la région du dos. Leurs apophyses épineuses sont plus ou moins obliques de haut en bas. Chaque vertèbre dorsale porte une paire de côtes, fixées de chaque côté du corps vertébral sur deux facettes articulaires.

3° Les **vertèbres lombaires,** au nombre de cinq, occupent la région des lombes ou des reins ; elles sont beaucoup plus volumineuses. Leurs corps et leurs apophyses épineuses sont très développés ; ces dernières sont horizontales. Les apophyses transverses sont longues et semblent continuer la série des côtes.

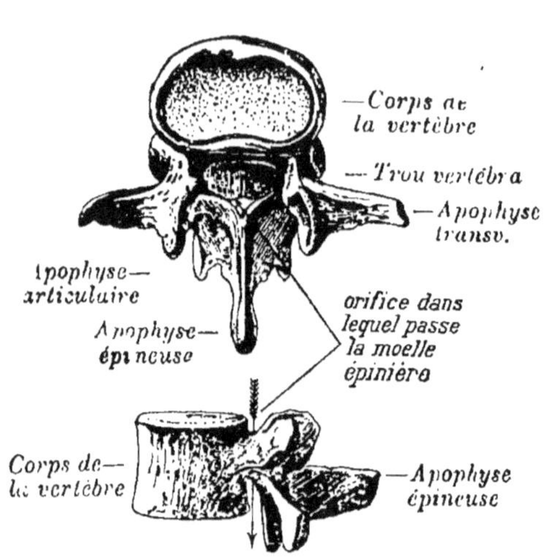

Fig. 49. — Une vertèbre dorsale, vue par-dessus et sur le côté.

4° Les **cinq vertèbres sacrées** qui suivent sont soudées en un seul os appelé *sacrum ;* mais les traces de soudure sont encore très nettes. Elles possèdent toujours leur canal central (*canal sacré*) qui n'est que la continuation du canal vertébral et leurs trous de conjugaison (*trous sacrés*), d'où s'échappent également des nerfs venant de l'extrémité de la moelle épinière.

5° Les **quatre vertèbres coccygiennes** qui terminent la colonne vertébrale sont presque complètement atrophiées ; au lieu d'être libres et mobiles comme chez la plupart des mammifères dont elles constituent l'appendice caudal, elles se recourbent chez l'homme vers l'intérieur du bassin, pour contribuer à fermer partiellement l'orifice inférieur, le poids des viscères abdominaux portant sur le bassin dans la station verticale. La dernière vertèbre prend le nom de *coccyx*.

La colonne vertébrale, vue de côté, présente trois courbures très marquées (*fig.* 48). D'abord concave en arrière, dans la région du cou, elle devient ensuite concave en avant dans la région dorsale pour agrandir la cage thoracique, puis redevient concave en arrière dans la région lombaire, courbure qui est une conséquence de la station verticale, puisqu'elle ne se retrouve pas chez les Mammifères quadrupèdes.

Enfin, surtout chez les écoliers, la colonne vertébrale est souvent déformée latéralement, ce qui constitue la **scoliose**, causée en partie par des positions vicieuses dans la manière de s'asseoir et d'écrire.

Sternum. — Le sternum (*fig.* 50) est un os plat et allongé situé en avant de la poitrine. On l'a comparé à une épée de gladiateur présentant une *poignée*, un *corps*, et une *pointe* nommée *appendice xyphoïde*.

Côtes. — Les côtes (*fig.* 50) sont au nombre de douze paires et forment par leur ensemble les parois latérales du thorax. Elles ont la forme d'arcs s'articulant tous en arrière sur la colonne vertébrale. En avant les sept premières paires de côtes se rattachent par l'intermédiaire d'une partie cartilagineuse avec le

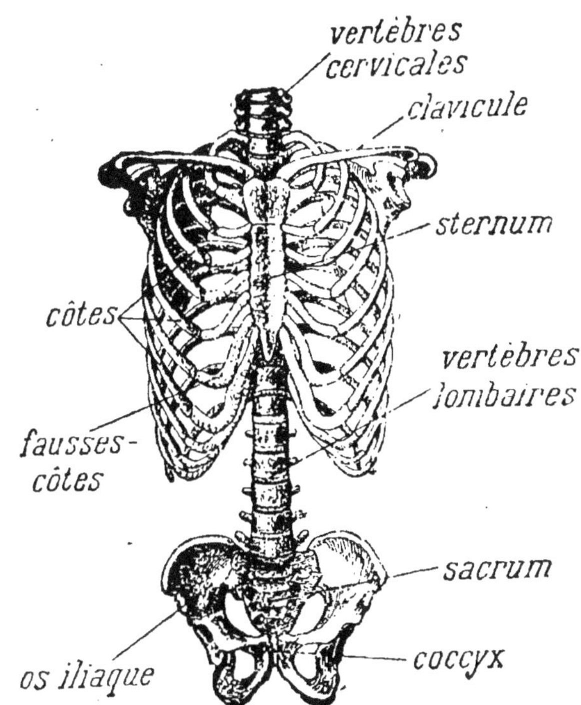

Fig. 50. — Cage thoracique, colonne vertébrale et bassin.

sternum (**vraies côtes**) ; les cinq dernières paires ne se rattachent pas à cet os, du moins directement (**fausses côtes**) ; leurs cartilages s'attachent les uns aux autres, et même les deux dernières paires (**côtes flottantes**) sont complètement libres en avant.

Les cartilages étant très élastiques et les côtes très flexibles, les déformations thoraciques dues aux mouvements respiratoires, ne sont donc nullement gênées.

Squelette de la tête

La tête comprend deux parties : le *crâne* et la *face*.

Crâne. — Le crâne (*fig.* 51) est constitué par une boîte osseuse très résistante qui sert à loger le cerveau ; il est formé par la réunion de huit os plats, convexes extérieurement et reliés entre eux par des dentelures très sinueuses appelées *sutures*. Ces os sont :

1° En avant, le **frontal,** qui présente de chaque côté une bosse (*bosse frontale*), au-dessous de laquelle est une saillie en arcade (*arcade sourcilière*) ;

2° En arrière, l'**occipital,** qui rattache la tête à la colonne vertébrale et présente un trou (*trou occipital*), faisant communiquer la cavité du crâne avec celle de la colonne vertébrale. Deux surfaces articulaires allongées d'avant en arrière (*condyles occipitaux*) sont situées de

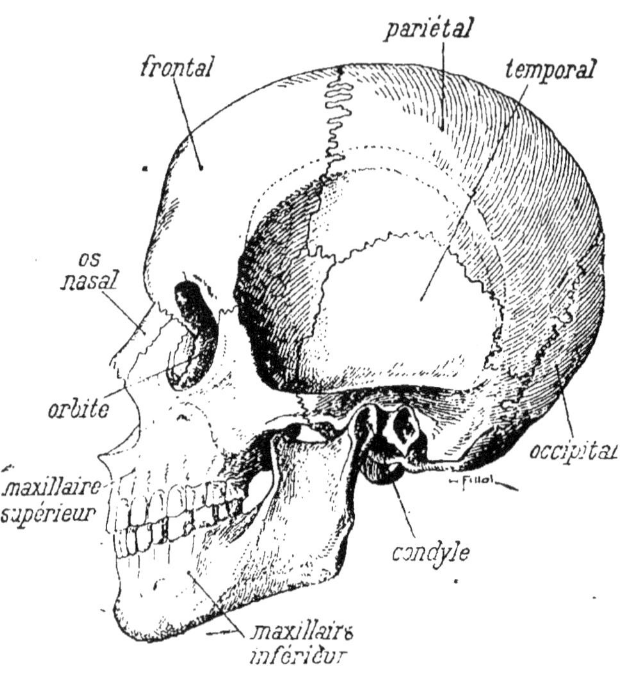

Fig. 51. — Squelette de la tête, vu de côté.

part et d'autre de ce trou et s'articulent avec deux surfaces correspondantes de l'atlas ;

3° Les **pariétaux,** au nombre de deux, forment les parties supérieures et latérales du crâne ;

4° Les **temporaux,** pairs également, sont situés latéralement dans la région des tempes. Chaque temporal loge l'organe de l'ouïe et est formé d'une *portion écailleuse,* qui présente en avant une pointe, l'*apophyse zygomatique,* qui s'articule avec l'os des pommettes. En arrière, le temporal forme une saillie, l'*apophyse mastoïde* très visible derrière le pavillon de l'oreille ; en son milieu, il présente un renflement interne qui loge les parties délicates de l'oreille et qu'on appelle *rocher,* à cause de sa dureté ;

5° L'ethmoïde (*fig.* 52), qui est situé au-dessous du frontal, forme la partie antérieure du fond de la boîte crânienne. Il présente sur la face supérieure l'*apophyse crista-galli* et, de chaque côté de cette crête, une lame, la *lame criblée*, percée de trous pour le passage des filets du nerf olfactif ;

6° Le **sphénoïde** est la clef de voûte du crâne ; il va d'un temporal à l'autre et s'articule avec presque tous les os du crâne. Il est formé d'une partie centrale, le *corps* portant de chaque côté deux *ailes* faisant ressembler l'ensemble à une chauve-souris qui aurait ses ailes déployées.

Face. — Les os de la face sont au nombre de quatorze, dont treize sont soudés au crâne. La plupart constituent des cavités qui servent à loger les organes des sens. Le quatorzième os ou **maxillaire inférieur** forme à lui seul la *mâchoire inférieure*.

Le *maxillaire inférieur* a la forme d'un fer à cheval dont le bord supérieur est percé dans sa

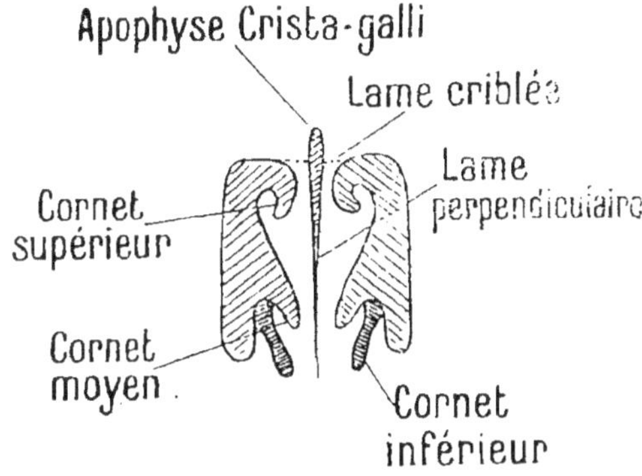

Fig. 52. — Schéma de l'ethmoïde, en coupe (réduit de moitié).

partie antérieure de cavités ou *alvéoles*, qui sont comblées par les racines des dents.

Cet os comprend un *corps* et *deux branches montantes*, qui vont s'articuler avec le temporal.

Les autres os de la face les plus importants sont : les deux *maxillaires supérieurs*, dans lesquels sont implantées les dents supérieures, les deux os *malaires* ou jugaux qui forment les pommettes ; les deux *os unguis* ou lacrymaux situés sur la paroi interne de l'orbite, les deux *palatins* qui forment avec les maxillaires supérieurs la voûte du palais et enfin les deux *os nasaux* qui forment le squelette du nez.

Squelette des membres

Les membres de l'homme sont au nombre de deux paires, les *membres supérieurs* ou thoraciques, les *membres inférieurs* ou abdominaux.

Membres supérieurs. — En examinant l'ensemble des membres supérieurs, on voit que leurs parties mobiles sont attachées au tronc par l'épaule.

Épaule. — Le squelette de l'épaule est formé de deux os : l'*omoplate* en arrière, la *clavicule* en avant.

L'**omoplate** (*fig.* 53) est un os pair, de forme triangulaire large et aplatie, s'appliquant par sa face antérieure, légèrement concave, contre les côtes du sommet de la cage thoracique.

La face postérieure est divisée en deux parties par une forte éminence, l'*épine de l'omoplate*, dont l'extrémité libre (*acromion*) s'articule avec la clavicule. A son angle externe et supérieur, l'omoplate est creusée d'une cavité arrondie peu profonde (*cavité glénoïde*), qui fait partie de l'articulation de l'épaule et reçoit la tête de l'humérus, os du bras.

En dedans de cette cavité se détache une apophyse (*apophyse coracoïde*), ainsi nommée parce qu'on a comparé sa forme à celle d'un bec de corbeau.

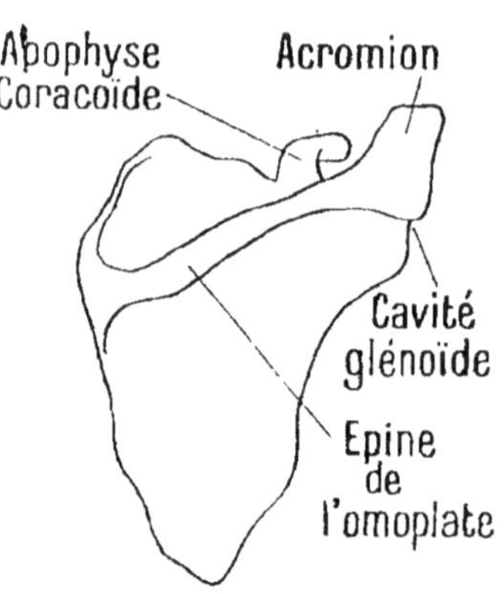

Fig. 53. — Omoplate, vue postérieure (réduit au quart).

La **clavicule** est un os long, en forme d'S, qui s'articule par son extrémité interne avec la poignée du sternum et par son extrémité externe avec l'omoplate (*fig.* 50).

La **partie mobile** de chaque membre supérieur comprend trois régions : le *bras*, l'*avant-bras* et la *main*.

Le **bras** est constitué par un os unique, l'**humérus.** Son extrémité supérieure est renflée en une sorte de tête qui s'articule dans la cavité glénoïde de l'omoplate. Son extrémité inférieure, également renflée, ressemble à une poulie et s'appelle la *trochlée.*

L'**avant-bras** est formé de deux os longs parallèles : le **cubitus** en dedans ; le **radius** en dehors.

Le *cubitus*, plus volumineux en haut qu'en bas, présente à sa partie supérieure une cavité articulaire pour la trochlée de l'humérus.

Le *radius*, à l'inverse du cubitus, est plus volumineux en bas qu'en haut ; son extrémité supérieure creusée en cupule s'articule avec le condyle de l'humérus, ce qui lui permet de tourner librement autour du cubitus ; son extrémité inférieure est articulée avec les os du poignet.

Le squelette de la **main** comprend trois parties : le *poignet ou carpe*, la *paume* ou *métacarpe* et les *doigts.*

Le **carpe** est formé de huit petits os courts disposés sur deux rangs. Le premier rang comprend de dehors en dedans : le *scaphoïde*, le *semi-lunaire*, le *pyramidal* et le *pisiforme* ; le second comprend le *trapèze*, le *trapézoïde*, le *grand os* et l'*os crochu* ; ces os tirent leur nom de leur forme générale.

Le *métacarpe* comprend cinq os désignés sous le nom des métacarpiens et disposés parallèlement.

Chacun des cinq *doigts*, à l'exception du pouce, est formé par trois os ou phalanges de grandeur successivement décroissante : la *phalange*, la *phalangine* et la *phalangette*, sur laquelle se fixe l'ongle. Le pouce seul n'a pas de phalangette. Les articulations des phalanges sont telles que, chez l'homme, le pouce est opposable à tous les autres doigts.

Membres inférieurs. — Les parties mobiles des membres inférieurs sont attachées à la base de la colonne vertébrale par le bassin.

Le **bassin** est formé par deux os (**os iliaques**) qui sont réunis en avant et articulés en arrière avec le sacrum (*fig.* 50).

Chaque os iliaque est en réalité formé de trois os complètement soudés à l'âge adulte. A la partie supérieure, il comprend un os aplati qui forme la saillie de la hanche, c'est l'**ilion** ; en bas une partie épaisse et résistante, c'est l'**ischion** ; en avant, un prolongement plus mince qui rejoint celui du côté opposé, c'est le **pubis**. Ces trois os participent à la formation d'une cavité externe (*cavité cotyloïde*), dans laquelle vient s'emboîter la tête sphérique du fémur.

La **partie mobile** de chaque membre inférieur comprend trois régions : la *cuisse*, la *jambe* et le *pied*.

La **cuisse** est formée par un seul os, le plus volumineux de tout le squelette : le **fémur**. Son extrémité supérieure se termine par un gros renflement sphérique qui s'emboîte dans la cavité cotyloïde de l'os iliaque. L'extrémité inférieure se termine par deux grosses tubérosités arrondies ou *condyles*, qui s'articulent avec la face supérieure du tibia.

La jambe comprend deux os, le **tibia** en dedans, le **péroné** en dehors. Le tibia présente une section triangulaire à base postérieure ; il est terminé à sa partie supérieure par un large plateau creusé de deux cavités, sur lesquelles viennent appuyer les deux condyles articulaires du fémur ; l'extrémité inférieure présente un renflement, la *malléole interne*, appelée encore *cheville interne*.

Le *péroné* est plus petit et ne s'articule pas avec le fémur ; son extrémité inférieure constitue la *malléole* externe ou *cheville externe*.

En avant de l'articulation du genou, se trouve un petit os rond : la *rotule*, dont le rôle est d'empêcher la jambe de se replier en avant sur la cuisse.

Le squelette du **pied** comprend trois parties : le *cou-de-pied* ou *tarse*, le *métatarse* et les *orteils*.

Le tarse est un assemblage de sept os disposés sur deux rangs ; le premier rang comprend d'arrière en avant : le *calcanéum*, l'*astragale* et le *scaphoïde* ; le deuxième renferme les trois *cunéiformes* et le *cuboïde*.

Le *métatarse* comprend cinq os longs et parallèles appelés *métatarsiens*.

Chaque *orteil*, le gros excepté, est formé de trois phalanges qui ont reçu les mêmes noms que pour la main : il faut toutefois remarquer que le premier doigt de pied n'est pas opposable aux quatre autres, ce qui constitue une différence essentielle entre la main et le pied de l'homme.

Remarquons, en terminant, que les membres inférieurs et supérieurs sont construits sur le même plan ; ils sont constitués par des parties homologues, comme le montre le tableau récapitulatif suivant :

Membre supérieur		**Membre inférieur**	
Bras................	*Humérus.*	Cuisse.............	*Fémur*
Avant-bras..........	*Cubitus.* / *Radius.*	Jambe..........	*Tibia.* / *Péroné.*
Poignet.............	*Carpe.*	Cou-de-pied........	*Tarse.*
Paume..............	*Métacarpe.*	Plante du pied.......	*Métatarse.*
Doigts	*Phalange.* / *Phalangine.* / *Phalangette.*	Orteils...........	*Phalange.* / *Phalangine.* / *Phalangette.*

ARTICULATIONS

Les os sont réunis entre eux par des **articulations** (*fig.* 54). Ces articulations sont de trois sortes : ou bien elles interdisent aux os articulés toute espèce de mouvement (*articulation des os du crâne*), ou bien elles leur permettent des mouvements très limités (*articulation des os de la colonne vertébrale*), ou bien enfin elles laissent aux mouvements toute liberté de se produire (*articulation de l'épaule*).

Les *articulations fixes* se nomment **sutures** ou *synarthroses ;* les *articulations semi-mobiles*, **symphyses** ou *amphiarthroses ;* les *articulations mobiles*, **diarthroses**.

Les **sutures** ont pour type l'articulation des os du crâne (*fig.* 40) ; tantôt ces os, comme les pariétaux, s'unissent par des dentelures (*suture dentée*), tantôt, au contraire, comme le temporal et le pariétal, ils se réunissent par deux biseaux (*suture en biseaux ou écailleuse*).

Les **symphyses** sont déjà organisées pour la production de mouvements limités ; les os, au lieu d'être complètement soudés, sont réunis par de forts ligaments peu élastiques : telles sont les articulations de la colonne vertébrale, des deux pubis (*symphyse pubienne*).

Les **diarthroses** (*fig.* 54) sont les articulations les plus nombreuses ; elles permettent des mouvements plus ou moins étendus. Chaque diarthrose offre à considérer *deux surfaces articulaires* qui sont recouvertes par une couche lisse, polie et très élastique constituée par le *cartilage articulaire*, dont la couleur est blanc mat. Privé de vaisseaux, ce cartilage se nourrit par simple imbibition des liquides. Outre son élasticité, le cartilage articulaire est résistant ; aussi joue-t-il un grand rôle dans le mécanisme des mouvements en amortissant les chocs que les os peuvent éprouver.

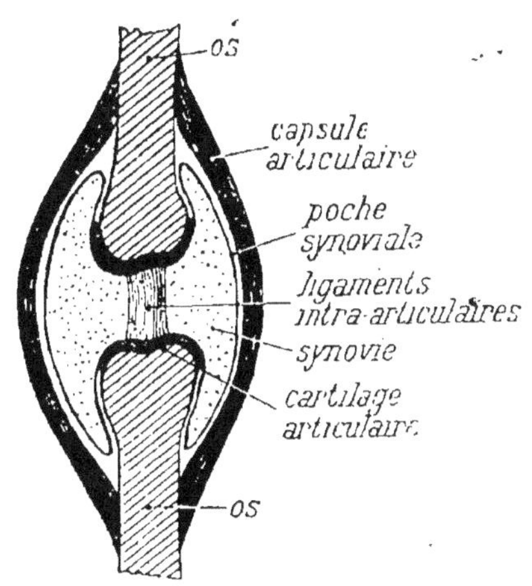

Fig. 54. — Coupe en long d'une articulation (diarthrose)

Les os en présence sont réunis par une *capsule articulaire*, doublée intérieurement par une **synoviale,** membrane mince qui s'attache aux limites de l'articulation et produit un liquide filant, la *synovie*. Le rôle de ce liquide est de faciliter les glissements des surfaces articulaires ; aussi a-t-on souvent comparé la synovie aux corps gras que l'on introduit dans les machines afin de faciliter les mouvements des organes.

La capsule articulaire est souvent renforcée par des **ligaments,** véritables attaches qui donnent de la solidité à l'articulation en empêchant les os de se séparer ; parfois, mais rarement (*fig.* 54) des *ligaments intra-articulaires* se trouvent à l'intérieur de l'articulation.

Malgré ces divers moyens de rapprochement, les surfaces osseuses ne resteraient pas toujours en contact, si une force tout extérieure, la **pression atmosphérique,** ne venait exercer son action pour les maintenir appliquées.

Le fait a été démontré sur le cadavre par une expérience due aux frères **Weber,** et qui consiste à couper toutes les parties molles autour de l'articulation de la hanche ; le membre inférieur ne tombe pas, bien que le cadavre soit dans une position verticale. Vient-on à percer d'un petit trou le fond de la cavité de l'os du bassin, immédiatement la tête du fémur quitte cette cavité et le membre inférieur s'abaisse. C'est que l'air extérieur s'est introduit par cette ouverture et que la pression extérieure équilibrée par cet air ne peut plus maintenir la tête fémorale appliquée dans la cavité de l'os iliaque.

Si on replace la tête du fémur dans la cavité, on chasse de nouveau l'air de l'articulation ; mettant alors le doigt sur le trou fait à la cavité, le membre reste en place pour retomber dès qu'on retire le doigt, c'est-à-dire dès qu'on permet à l'air extérieur de pénétrer de nouveau.

On voit donc que le *vide* existe dans les articulations et que la pression atmosphérique joue un rôle considérable dans le rapprochement des pièces articulaires.

Les articulations de l'épaule, de la hanche, du bras, du genou, du poignet, du cou-de-pied sont les diarthroses les plus typiques.

TABLEAU SYNOPTIQUE DES OS ET DES ARTICULATIONS

Tissu osseux

Forme générale des os	os longs	épiphyses aux extrémités. / diaphyse au milieu.
	os courts / os plats	
Structure des os	**Os sec** présente	canaux de Havers avec un vaisseau sanguin à l'intérieur ; lamelles osseuses autour des canaux de Havers ; corpuscules osseux ou ostéoplastes ; canalicules osseux réunissant les ostéoplastes
	Os frais comprend en outre	cellules osseuses ou *ostéoblastes* ; moelle forme de cellules conjonctives ; périoste ou membrane nutritive de l'os.
Composition chimique des os	**Os brûlé**	à l'air libre donne l'*os blanc* formé de matière minérale. / en vase clos donne le *noir animal* : matière minérale et matière organique carbonisée.
	Matière minérale forme les 2/3 du poids de l'os et comprend	Phosphate tricalcique. Carbonate de calcium. Fluorure de calcium.
	Matière organique ou *osséine* s'obtient en plaçant un os dans un acide.	
Accroissement des os	en longueur par les cartilages de conjugaison.	
	en épaisseur par le périoste. Expériences de	Flourens. Duhamel.
Formation des os	Ossification du cartilage par pénétration de vaisseaux dans son intérieur et formation d'ostéoblastes.	
	Points d'ossification	os longs { épiphyses / diaphyse } cartilages de conjugaison. / os courts : variables.

Squelette

du tronc	7 vertèbres cervicales	1re atlas. 2e axis.
	12 vertèbres dorsales	7 portant des côtes directement attachées au sternum (*vraies côtes*). / 5 portant des fausses côtes { 3 rattachées au sternum par le 7e cartilage. 2 côtes flottantes. }
	5 vertèbres lombaires.	
	5 — sacrées soudées entre elles pour former le *sacrum*.	
	4 — coccygiennes — — le *coccyx*.	
de la tête	os du crâne	Frontal. Occipital. 2 pariétaux. 2 temporaux. ethmoïde et sphénoïde.
	os de la face	2 os malaires. 2 os du nez. 2 maxillaires supérieurs soudés. 1 maxillaire inférieur.

Squelette (Suite.) — **des membres**

- **membre supérieur**
  - Epaule { omoplate. / clavicule.
  - Humérus (bras).
  - Radius et cubitus (avant-bras).
  - Carpe : 8 os (paume de la main).
  - Phalanges : 3 os (doigts).
- **membre inférieur**
  - Bassin : os iliaque { ilion. / ischion. / pubis.
  - Fémur (cuisse).
  - Rotule (genou).
  - Tibia et péroné (jambe).
  - Tarse : 7 os dont le calcanéum ou os du talon
  - Métatarse : 5 os.
  - Phalanges : 3 os (orteils).

Articulité

- immobiles ou synarthroses ou sutures { dentées. / écailleuses.
- Semi-mobiles ou amphiarthroses ou symphyses (symphyse pubienne).
- mobiles ou diarthroses
  - Cartilages articulaires.
  - Capsule réunissant les surfaces articulaires.
  - Membrane synoviale à l'intérieur.
  - Ligaments de renforcement pour la capsule.

TRAVAUX PRATIQUES RELATIFS
AU SQUELETTE

Os. — *a*) Étudier les squelettes qui font partie de la collection de l'École normale (homme ou animaux).

b) Enterrer un mammifère quelconque dans un sol assez meuble (par exemple le sable) et, au bout de quelques mois, le déterrer. Récolter le squelette, qui est, parfois, entier, ou les os s'ils se sont séparés.

Pour les petits vertébrés (souris, grenouilles), on peut obtenir de bons squelettes en plaçant leur cadavre près de fourmilières ; les fourmis en enlèvent les chairs rapidement ; il est seulement à craindre qu'elles emportent aussi les petits os (os hyoïde, rotule).

On peut aussi préparer les squelettes en faisant bouillir l'animal dans de l'eau, puis en enlevant les chairs jusqu'à ce que les os soient isolés. Si l'on estime que ces os ont un aspect déplaisant, on peut les « blanchir » en les mettant, *à la lumière*, sous une cloche à côté d'un flacon débouché d'essence de térébenthine ; au bout de quelques jours, le résultat est obtenu et, dès lors, on peut placer les os dans la collection, soit isolés, soit réunis par de petits crochets, ainsi que le font les ostéologistes, suivant une technique qu'il serait trop long d'expliquer ici.

c) Examiner des os provenant d'achats chez le boucher.

d) Se rendre compte, sur soi-même, par la palpation, de la répartition des os.

e) Examiner des préparations microscopiques de coupes d'os, de cartilages, de régions en voie d'ossification.

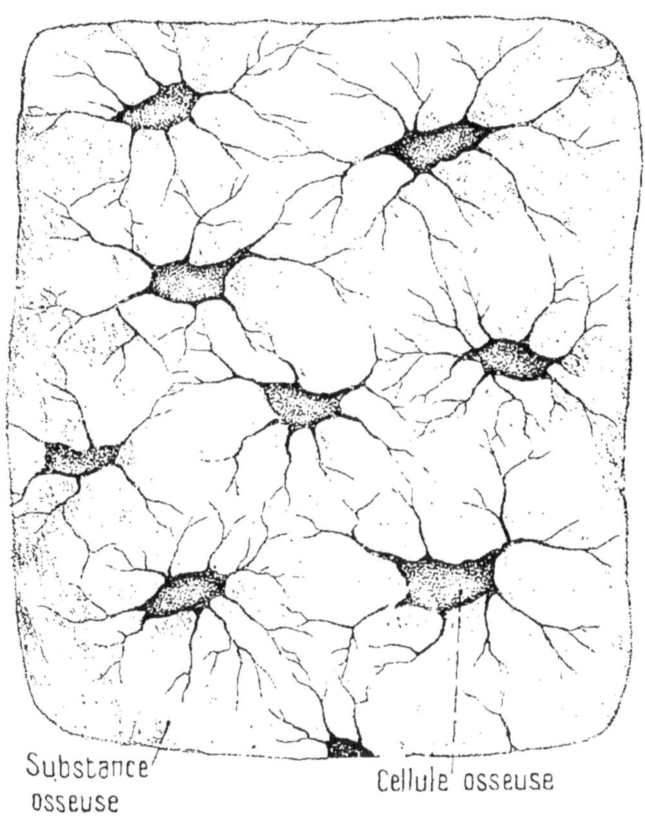

Fig. 55. — Cellules osseuses de l'opercule d'une Tanche (grossies 800 fois).

f) A un poisson rouge (*Cyprin doré*) ou à n'importe quel poisson, la *Tanche* (*fig.* 55), par exemple, détacher, avec une paire de ciseaux, le bord d'un des opercules, ces volets qui recouvrent les « ouïes ». Mettre le fragment transparent obtenu (1 ou 2 millimètres carrés), entre lame et lamelle, dans une goutte d'eau. Le microscope y montre des cellules un peu rameuses qui sont autant de *cellules osseuses*.

Articulations. — *a*) Isoler une articulation, par exemple le coude, sur un des mammifères que l'on dissèque (lapin, par exemple), de manière à bien montrer la *gaine synoviale*. Fendre, ensuite, celle-ci pour montrer la manière dont les os s'articulent entre eux.

b) Ces mêmes constatations peuvent être faites aussi sur divers morceaux de boucherie (épaule de mouton, épaule de veau, pied de mouton, pied de porc, etc.).

L'APPAREIL DIGESTIF ET LA DIGESTION

L'appareil digestif de l'homme (*fig.* 56) comprend le **tube digestif** proprement dit, dans lequel circulent les aliments, et les **glandes digestives** qui fournissent les sucs assurant l'absorption et l'assimilation des aliments.

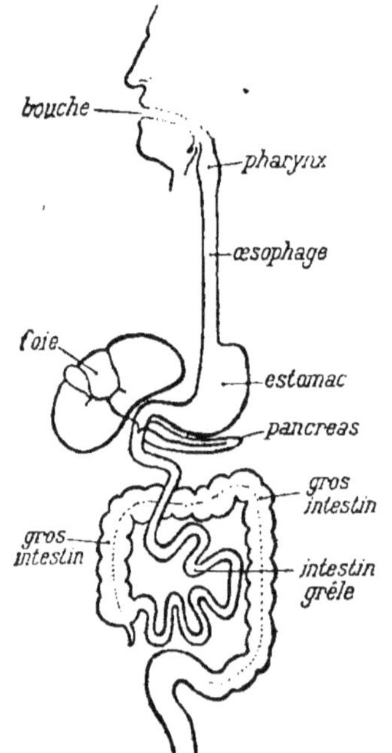

Fig. 56. — Schéma de l'ensemble de l'appareil digestif de l'homme.

I. — Le tube digestif

Le tube digestif de l'homme (*fig.* 56) affecte la forme d'un conduit irrégulier, présentant des régions bien déterminées : la *bouche*, le *pharynx*, l'*œsophage*, l'*estomac* et l'*intestin*, lequel est nettement divisé en *intestin grêle* et *gros intestin*.

LA BOUCHE

La **bouche** est une cavité dans laquelle sont introduits les aliments ; elle est limitée en avant par les **lèvres** ; en haut, par la voûte osseuse du palais ; en arrière, par le **voile du palais**, sorte de rideau musculeux qui se détache de la voûte buccale pour donner, dans sa partie médiane, la **luette**, que l'on peut voir aisément pendante au fond de la bouche ; en bas, par le plancher buccal, auquel s'attache la **langue** ; enfin, de chaque côté, par les **joues**.

La bouche contient des organes masticateurs, les **dents**, disposées sur le bord libre de chaque maxillaire.

Les dents. — Les dents (*fig.* 57 et 58) sont des organes durs, implantés dans des dépressions osseuses appelées *alvéoles*.

a) *Conformation générale.* — Une dent présente trois parties principales : l'une, visible entièrement, la **couronne** est blanche, brillante et libre au-dessus de la gencive ; l'autre, la **racine,** s'enfonce dans l'alvéole et présente un aspect extérieur jaunâtre ; entre ces deux parties se trouve une région un peu étranglée : le **collet.**

b) *Différentes sortes de dents.* — Suivant la dent considérée, ces différentes parties ont des formes différentes et à ce point de vue on peut classer les dents en trois catégories (*fig.* 59 à 66) :

1° Les **incisives,** qui présentent une *racine simple* et ont une *couronne tranchante* en forme de ciseau ; elles servent à inciser, c'est-à-dire à couper les aliments ;

2° Les **canines,** qui ont également une *racine simple,* mais *leur couronne a la forme d'un coin* plus ou moins effilé ; elles servent à déchirer la viande. Elles tirent leur nom du fait qu'elles sont très développées dans le genre *canis* (chien) ;

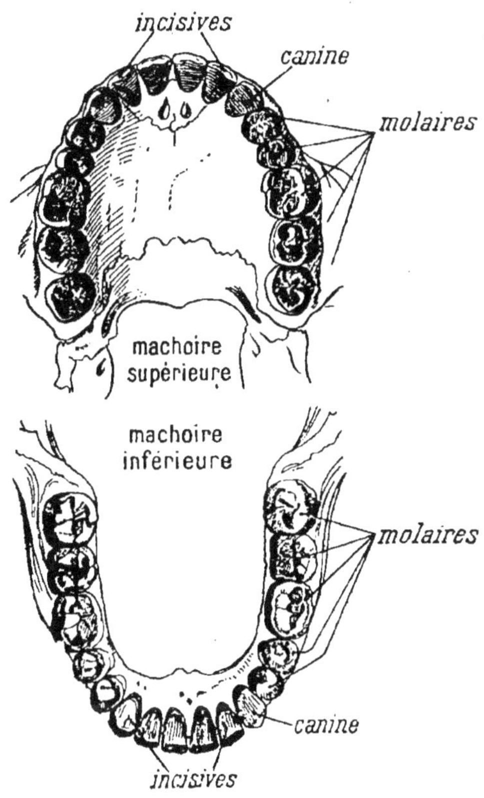

Fig. 57 et 58. — Mâchoires supérieure et inférieure, vues par-dessus.

3° Les **molaires** ont la *couronne aplatie en forme de meule,* et elles fonctionnent comme telle, en broyant les aliments. On peut en distinguer deux sortes : les *petites molaires* qui présentent généralement *deux racines,* et les *grosses molaires,* plus volumineuses que les précédentes et ayant *trois* et même *quatre racines.*

c) *Leurs positions respectives et leur nombre.* — Ces différentes dents sont également caractérisées par la place qu'elles occupent sur les maxillaires. Si l'on observe une mâchoire adulte, on voit : 1° les *incisives,* au nombre de *quatre* par mâchoire, qu occupent la région antérieure de la bouche ; 2° les *canines,* au nombre de *deux* par mâchoire, qui se placent chacune de part et d'autre des incisives, en faisant un peu saillie à l'extérieur de la gencive ; enfin les *petites molaires* au nombre de *quatre* et les *grosses molaires* au nombre de *six* à chaque mâchoire, se disposent à la suite de chaque canine sur la partie postérieure des maxillaires.

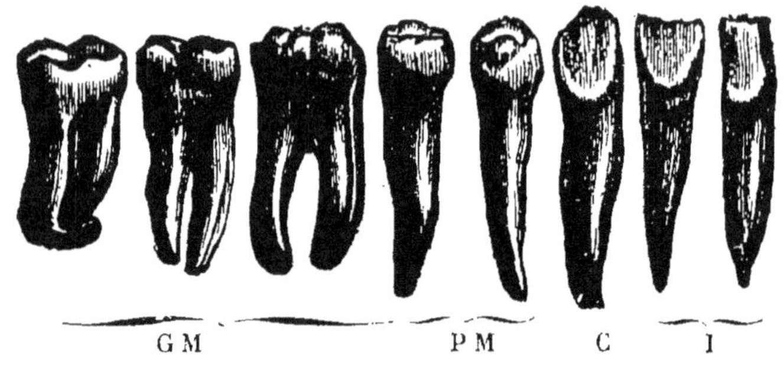

FIG. 59 à 66. — Différentes formes des dents de l'homme.
G. M., grosses molaires ; — P. M, petites molaires ; — C, canine ; — I, incisives.

Les dents sont ainsi *au nombre de* 32 chez l'adulte : 8 *incisives,* 4 *canines,* 8 *petites molaires* et 12 *grosses molaires* se répartissant respectivement par moitié sur chaque mâchoire.

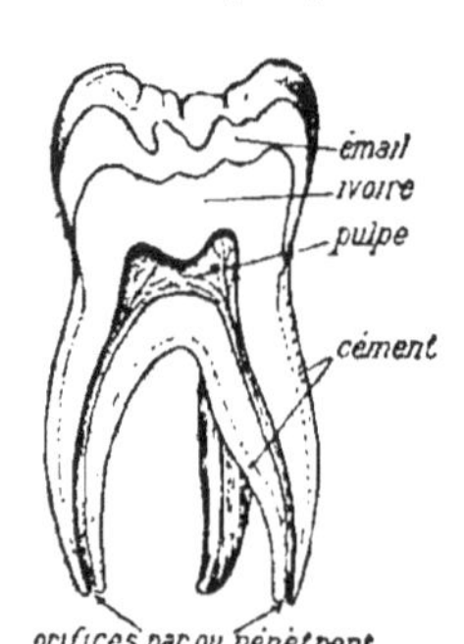

FIG. 67. — Une dent (molaire) coupée en long.

d) *Structure.* — Quelle que soit la forme des dents, elles présentent toutes la même structure.

Si l'on coupe une dent longitudinalement (*fig.* 67), on observe *trois assises, formant la couronne :* 1° une couche mince, la **cuticule ;** 2° un coussinet assez épais, l'**émail ;** 3° enfin l'**ivoire.**

La *racine* a une constitution différente : elle est formée seulement d'**ivoire** qui présente un revêtement particulier : le **cément.** L'ivoire est creusé d'une cavité, ouverte à l'extérieur par un trou situé à l'extrémité de chaque racine, et nommé *trou dentaire ;* cette cavité est remplie d'une substance molle : la **pulpe dentaire.**

La **pulpe dentaire** est la seule partie vivante de la dent ; elle est formée d'un tissu conjonctif dont les cellules de la périphérie envoient de fins prolongements dans l'ivoire environnant. Ce tissu conjonctif est irrigué par une *artère* et une *veine* entrant par le trou dentaire ; ces deux canaux sont toujours accompagnés d'un *filet nerveux*.

L'**ivoire** est la partie fondamentale de la dent ; d'aspect un peu jaunâtre, il a une composition chimique analogue à la matière osseuse. Il est formé, en effet, de **sels minéraux** (*phosphates et carbonate de calcium*) imprégnant une substance organique semblable à l'osséine : la **dentine.** C'est un tissu mort ; cependant il présente dans toute sa masse des canalicules microscopiques (*fig.* 67) qui se terminent à sa surface externe par des renflements irréguliers : les *globules de l'ivoire ;* ce sont ces canalicules qui sont occupés par les ramifications des cellules conjonctives de la pulpe dentaire.

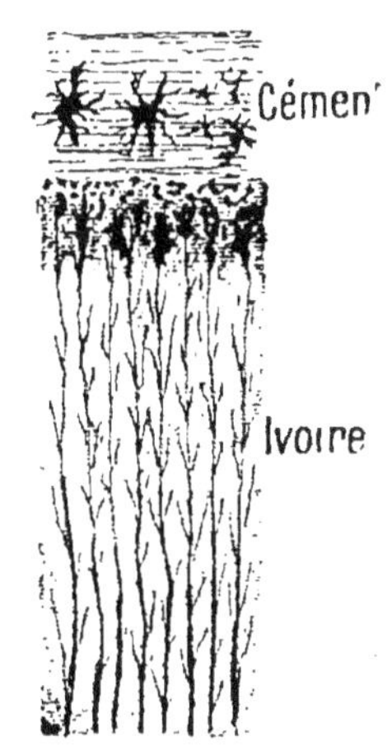

FIG. 67. — Coupe de l'ivoire et du cément, vue au microscope.

On conçoit que l'ivoire formé de plus d'un quart de substance organique n'est pas très dur ; aussi la couronne qui sert à la mastication est-elle revêtue d'une deuxième assise beaucoup plus résistante, l'**émail.**

L'**émail** ne renferme que très peu de *dentine ;* il est donc presque complètement de nature minérale. D'autre part, sa structure est cristalline ; il est formé de petits prismes hexagonaux (*fig.* 68 et 69) très serrés et disposés normalement à la surface de l'ivoire ; ainsi constitué, il est donc très résistant à l'usure.

Pourtant, de nature essentiellement *minérale*, il serait attaqué par les acides que renferment souvent les aliments, s'il n'était entouré d'une enveloppe appelée **cuticule,** particulièrement résistante aux actions chimiques. Cette cuticule joue le rôle d'un *vernis protecteur*, qui couvre toute la couronne. Lorsque la cuticule est détruite, les acides peuvent attaquer l'émail, le désagréger, atteindre l'ivoire, y creuser des cavités et produire la *carie dentaire* (*fig.* 70), très douloureuse.

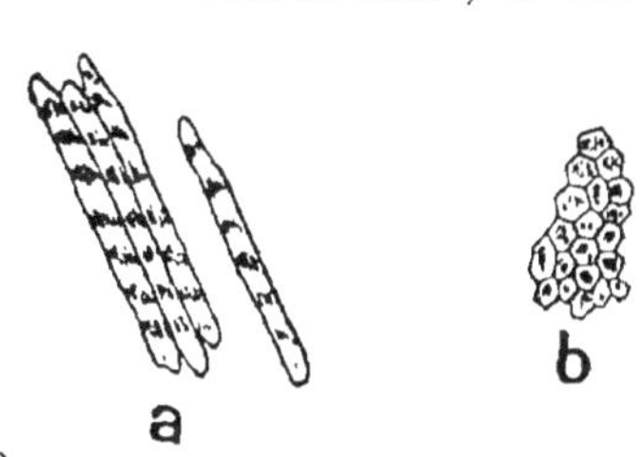

FIG. 68 et 69. — Prismes de l'émail, isolés (*a*) et coupés en travers (*b*) (grossis 400 fois).

Enfin la **racine,** qui ne sert pas à la mastication et qui n'est pas exposée aux actions des acides, a son ivoire simplement recouvert par du **cément.** C'est une substance jaune, de nature osseuse, qui est produite par le *périoste* tapissant l'alvéole.

c) *Les deux dentitions. Formules dentaires.* — Les premières dents ou **dents de lait** sont condamnées à disparaître chez l'homme ; comme sur la mâchoire il n'y a pas place pour la deuxième série de dents **(dents permanentes),** qui effectuent leur développement aux dépens d'un deuxième bourgeon dentaire, celles-ci prennent la place des premières.

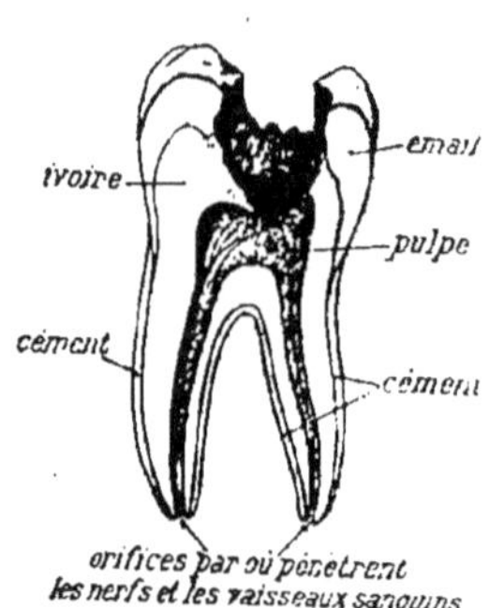

Fig. 70. — Coupe en long d'une dent cariée (molaire).

Aussi, lorsque le sac dentaire des dents permanentes arrive au contact des racines des dents de lait, il les digère, et les dents de lait tombent puisqu'elles ne sont plus fixées dans la mâchoire.

Les *dents permanentes* diffèrent des dents de lait par leur *structure* plus forte et aussi par leur *nombre ;* les grosses molaires que nous avons trouvées dans une mâchoire adulte sont absentes dans la dentition de lait.

Si nous écrivons le nombre des dents que contient chaque demi-mâchoire, supérieure et inférieure, les dents étant disposées sur chaque maxillaire symétriquement par rapport au plan médian du corps, mais n'étant pas toujours en même nombre sur les deux mâchoires, on peut, au moyen d'une fraction pour chaque espèce de dents, exprimer la *formule dentaire* de l'homme et des animaux ; le numérateur de la fraction représente le nombre de dents de la demi-mâchoire supérieure et le dénominateur celui des dents de la demi-mâchoire inférieure.

La formule de la *dentition de lait* sera :

$$\frac{2}{2} \text{ incisives} + \frac{1}{1} \text{ canine} + \frac{2}{2} \text{ petites molaires}$$

ce que l'on écrit plus simplement :

$$\frac{2}{2} \text{ I.} + \frac{1}{1} \text{ C.} + \frac{2}{2} \text{ P. M.}$$

et la formule dentaire de la *dentition permanente* sera :

$$\frac{2}{2} \text{ I.} + \frac{1}{1} \text{ C.} + \frac{2}{2} \text{ P. M.} + \frac{3}{3} \text{ G. M.}$$

f) *Ordre d'apparition des dents* (*fig.* 71 et 72). — La dentition définitive commence à remplacer la dentition de lait lorsque l'enfant a sept ou huit ans. Les dents de lait n'ont pas fait simultanément leur apparition et elles ne disparaissent pas non plus toutes ensemble ; toutefois l'ordre de sortie des dents paraît constant et suit le même ordre dans chaque mâchoire, chaque série de dents effectuant leur sortie en commençant par la mâchoire inférieure. C'est ainsi que les *incisives du milieu* paraissent les premières, vers *six mois* environ (*fig.* 72) puis ce sont les *incisives latérales*, ensuite les *premières petites molaires*, les *canines* et enfin les *secondes petites molaires*.

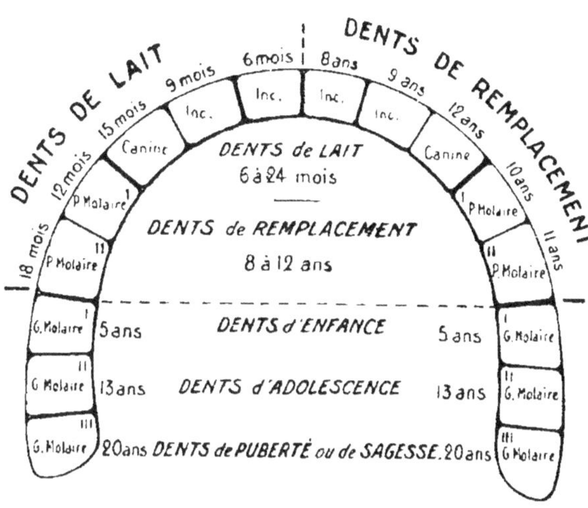

FIG. 71. — Schéma de l'éruption dentaire.

On ne saurait fixer de dates précises à l'apparition de chaque espèce de dents, car ces dates sont très variables suivant les enfants, mais, en règle générale, les dents sortent par séries, tous les trois mois, de sorte que vers deux ans et demi ou trois ans, les **20 dents de lait** sont sorties (*fig.* 71).

La *dentition permanente* apparaît dans le *même ordre* que la dentition de lait, et ce remplacement dure en général de sept à douze ans. Deux des trois grosses molaires apparaissent aussi pendant cet intervalle, mais la troisième, la *dent de sagesse*, ne fait sa sortie que vers la vingtième année.

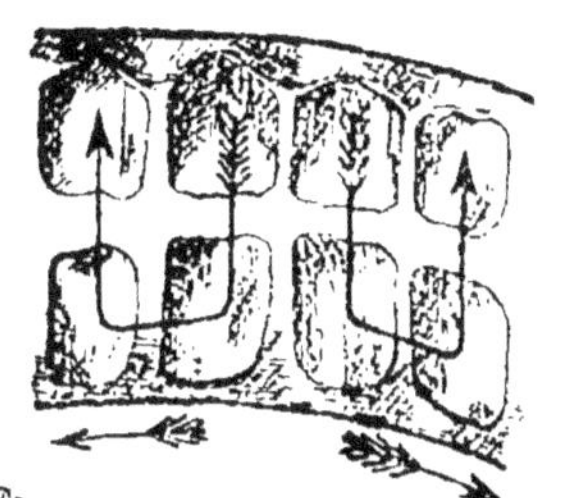

FIG. 72. — Ordre d'éruption des huit incisives (dents de lait).

LE PHARYNX

Le pharynx est un véritable carrefour (*fig.* 73) qui fait suite à la bouche. Il communique :

1° **En avant, avec la bouche,** par l'*isthme du gosier*, qui peut être fermé par la base de la langue et par deux replis musculeux latéraux, dépendances du voile du palais : les *piliers antérieurs ;*

2° En haut, avec les **fosses nasales,** par l'isthme naso-pharyngien. Cette ouverture peut être obstruée par le voile du palais dont nous avons déjà signalé l'existence et rétrécie par la contraction d'une deuxième paire de replis musculeux latéraux : les *piliers postérieurs.*

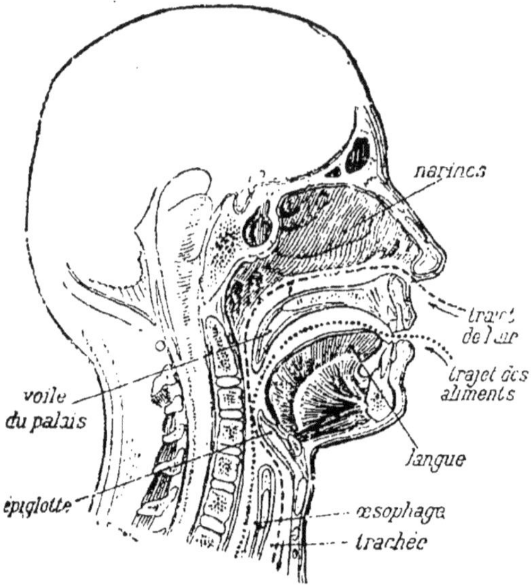

De chaque côté, entre les piliers antérieurs et postérieurs, sont logées les **amygdales ;**

3° En arrière avec l'**œsophage ;**

4° En bas avec la **trachée-artère,** dont l'ouverture peut être fermée par une sorte de soupape cartilagineuse, l'*épiglotte ;*

5° Enfin de chaque côté et en haut viennent déboucher les *trompes d'Eustache,* conduits qui font communiquer l'oreille moyenne avec le pharynx.

Fig. 73. — Tête coupée en long pour montrer qu'au niveau du pharynx le chemin suivi par les aliments dans la déglutition croise celui suivi par l'air dans la respiration.

L'ŒSOPHAGE

L'œsophage est un conduit de 20 à 25 centimètres de longueur ; son diamètre ne dépasse pas 3 centimètres ; il descend dans le thorax ayant au-devant de lui la trachée-artère, et en arrière la colonne vertébrale. A sa sortie du thorax, il traverse le diaphragme, muscle en forme de dôme, qui sépare la cavité thoracique de la cavité abdominale et arrive dans l'estomac.

Une coupe transversale de l'œsophage (*fig.* 74) montre que sa paroi est constituée par trois tuniques :

1° Une tunique externe, **fibreuse,** de nature conjonctive ;

2° Une tunique moyenne, **musculeuse,** qui présente des fibres blanchâtres, orientées de deux façons : en dehors, ce sont des *fibres longitudinales* et, en dedans, des *fibres circulaires ;*

3° Enfin une tunique interne, qui est une **muqueuse** présentant comme la bouche une assise de tissu conjonctif revêtue d'un *épithélium stratifié*.

La tunique interne est riche en glandes produisant en abondance du mucus qui lubrifie la surface de l'œsophage et facilite le glissement des aliments.

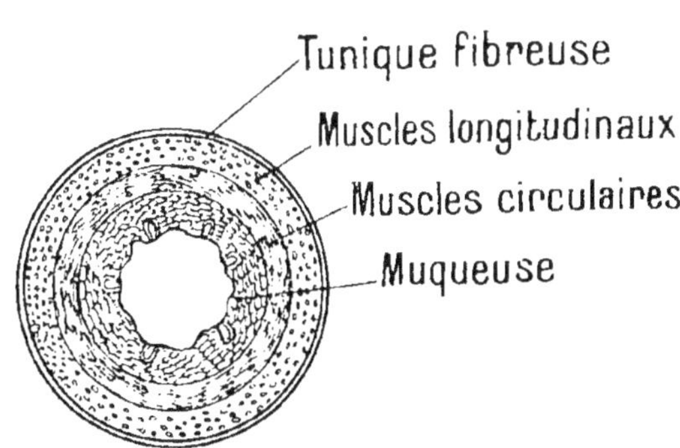

FIG. 74. — Coupe transversale de l'œsophage (réduit de moitié).

L'ESTOMAC

Lorsque l'œsophage a passé le diaphragme, il se renfle presque aussitôt et donne l'estomac.

a) *Conformation générale*. — Dans sa position naturelle (*fig.* 75), l'estomac semble être une poche latérale de l'œsophage ; il conserve donc une direction presque verticale, avec légère inclinaison vers la gauche.

L'estomac a la forme d'une cornemuse de 2 litres de capacité environ. On donne parfois le nom de **grande courbure** à sa face gauche convexe, et le nom de **petite courbure** à sa face droite peu développée et légèrement concave ; sa face supérieure, très dilatée, est appelée **grosse tubérosité,** et sa face inférieure, **petite tubérosité.**

L'œsophage s'ouvre largement dans l'estomac par le **cardia ;** cet orifice est entièrement libre ; il n'a ni sphincter, ni valvule. Le

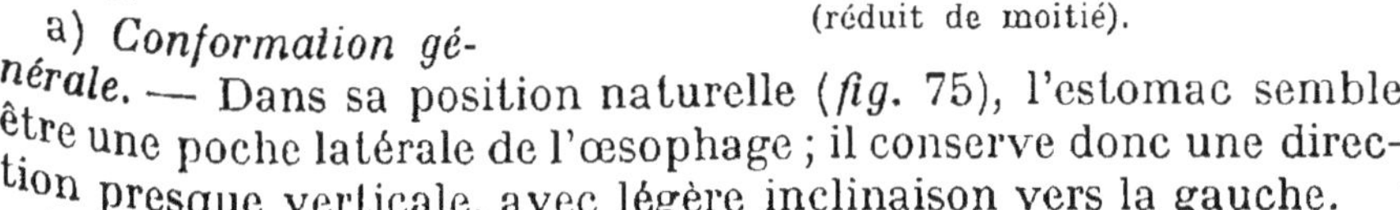

FIG. 75. — L'estomac dans sa position naturelle.

nom de cardia provient de ce que cette ouverture se trouve du côté du cœur.

Le **pylore** (du latin, *pylorus*, porte) fait communiquer l'estomac et l'intestin ; mais il est normalement fermé par une valvule, qui empêche le retour des aliments dans l'estomac.

b) *Structure*. — La paroi de l'estomac est épaisse et formée par un grand nombre de **fibres musculaires,** doublées intérieurement par une **muqueuse** présentant un grand nombre de glandes.

La première tunique que l'on observe sur une coupe de la paroi stomacale est le feuillet d'une séreuse que nous retrouverons enveloppant aussi l'intestin : c'est le péritoine. Le péritoine est une vaste membrane qui entoure tous les viscères de la cavité abdominale, et les rattache, pour les soutenir, à la colonne vertébrale.

Donc la paroi de l'estomac comprend :

1° Une tunique externe **séreuse** constituée par le *péritoine* ;

2° Une tunique moyenne **musculeuse** formée de fibres blanchâtres qui affectent trois orientations principales : on trouve d'abord des *fibres longitudinales externes*, puis des *fibres circulaires internes* ; ces deux groupes de fibres ne sont que la continuation des fibres musculaires de l'œsophage ; enfin, plus intérieurement, des *fibres obliques*, surtout nombreuses au voisinage de la grosse tubérosité ; on donne à l'ensemble de ces fibres obliques le nom de **cravate de Suisse** (*fig.* 76).

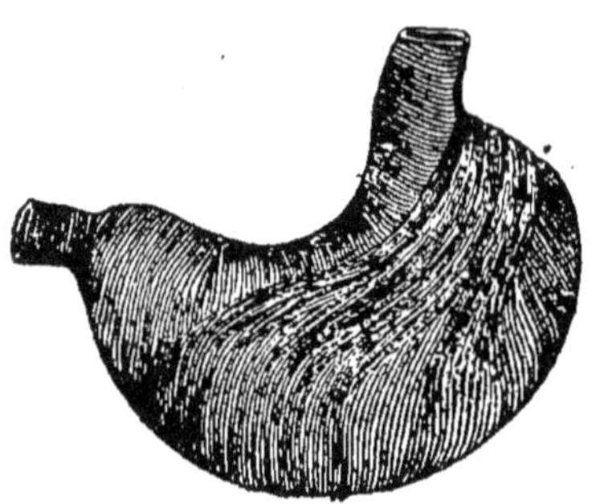

FIG. 76. — Fibres en anse de l'estomac : cravate de Suisse (réduit au cinquième).

3° Une **muqueuse** interne, formée d'une assise de tissu conjonctif, très riche en vaisseaux sanguins et recouverte d'un *épithélium simple* d'aspect cylindrique.

La muqueuse stomacale contient des glandes nombreuses (*fig.* 79) que nous etudierons avec les glandes digestives.

L'INTESTIN

L'intestin est un tube, d'une longueur de 10 mètres environ, qui commence au pylore et se termine à l'anus. Il se divise nettement en deux parties :

1° L'**intestin grêle,** qui fait suite à l'estomac ; sa longueur est approximativement de 8 mètres et son diamètre de 3 centimètres ;

2° Le **gros intestin,** dans lequel se jette l'intestin grêle. Il est relativement court ; sa longueur est de 2 mètres et son diamètre de 6 centimètres.

L'intestin grêle. — *a) Conformation générale.* — L'intestin grêle présente de nombreux replis pour pouvoir se loger plus aisément dans la cavité abdominale. Il se divise assez naturellement en deux régions :

1° Une *région fixe*, qui fait suite à l'estomac, assez bien maintenue en place par le péritoine et l'estomac lui-même : on lui donne le nom de **duodénum.** Le duodénum se présente sous la forme d'une anse tournée à droite, et ayant 12 à 15 centimètres de longueur, soit approximativement douze travers de doigts ; d'où son nom, *douze* se disant *duodeni* en latin ;

2° Une *région flottante*, suspendue.simplement par des replis du péritoine ; on la divise en deux parties assez mal définies : le **jéjunum** (de *jejunus*, à jeun), qui est généralement vide, et l'**iléon** (du grec *eilein*, tortiller), lequel, après de nombreuses circonvolutions, rejoint le gros intestin.

b) *Structure*. — Une coupe dans la paroi de l'intestin grêle (*fig.* 77) nous montre une constitution à peu près identique à celle de la paroi stomacale.

Nous retrouvons, en effet, les trois tuniques que nous avons déjà signalées.

1° Une tunique séreuse externe : le *péritoine* ;

2° Une tunique **musculeuse** moyenne, comprenant deux sortes de fibres, comme l'œsophage, des *fibres longitudinales* externes et des *fibres circulaires* internes ; les fibres obliques, qui existaient dans l'estomac et qui avaient pour but de brasser les aliments, ont ici disparu, n'ayant plus leur raison d'être ;

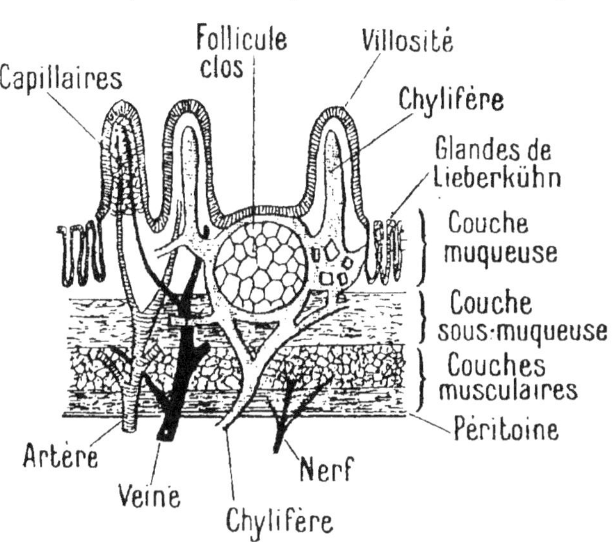

FIG. 77 — Coupe schématique de la paroi intestinale (grossie 250 fois).

3° Enfin une tunique **muqueuse**, identique à la muqueuse stomacale, formée par conséquent d'une assise de tissu conjonctif revêtu d'un *épithélium simple cylindrique*. L'assise conjonctive est très développée dans l'intestin, à tel point qu'on en fait parfois une tunique distincte de la muqueuse, à laquelle on donne le nom de *sous-muqueuse*.

Dans cette assise conjonctive cheminent de *nombreux vaisseaux* pleins d'un liquide blanchâtre appelé *lymphe*, d'où le nom de *vaisseaux lymphatiques* qu'on leur donne, lesquels présentent sur leur parcours des ganglions, ayant la grosseur de têtes d'épingles, que l'on appelle **follicules clos**. Ces follicules clos se groupent parfois, particulièrement dans l'iléon, et forment ainsi des plaques, longues de 1 à 2 centimètres, appelées **plaques de Peyer**. On verra plus loin que dans les vaisseaux lymphatiques, follicules clos et plaques de Peyer, circulent avec la lymphe des globules blancs dont le principal rôle est de détruire les microbes (*phagocytose*), qui, introduits avec les aliments, tendraient à pénétrer dans l'organisme.

La fièvre typhoïde est causée par l'inflammation des plaques de Peyer sous l'influence d'un bacille (*bacille d'Eberth*), introduit par l'eau de boisson dans le tube digestif.

En ouvrant l'intestin grêle en longueur, on aperçoit des replis de la muqueuse, excessivement nombreux, destinés à augmenter la surface interne de l'intestin : on donne à ces replis le nom de **valvules conniventes.**

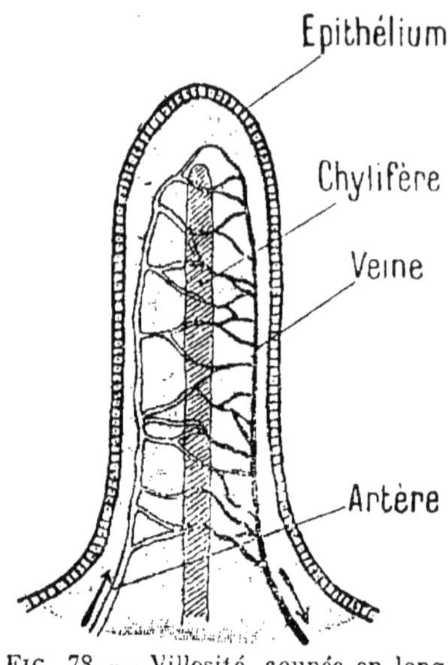

Fig .78. — Villosité, coupée en long (grossie 400 fois).

En outre, toute la surface interne de l'intestin présente un aspect finement velouté, ce qui est dû à d'innombrables petites saillies (4 à 5 millions) ayant moins d'un millimètre de hauteur et qu'on appelle **villosités.**

Une villosité (*fig.* 78) est formée par une saillie de la paroi intestinale ; au centre se trouve un canal fermé à son extrémité : c'est un **canal lymphatique** allant rejoindre les canaux de même nature qui circulent au-dessous de la muqueuse, on lui donne le nom particulier de **chylifère.** Enfin on observe, autour du chylifère, un réseau sanguin formé de très nombreuses ramifications provenant d'une petite artère amenant du sang rouge ; les capillaires formés se réunissent ensuite en une petite veine qui emporte le sang noir.

De même que l'on voit la muqueuse intestinale présenter des saillies, pour produire les **villosités,** on la voit aussi se déprimer en doigt de gant pour produire les **glandes intestinales** que nous étudierons un peu plus loin avec les glandes digestives (*fig.* 79).

Le gros intestin. — a) *Conformation générale.* — Le gros intestin présente une surface bosselée ; sa disposition d'ensemble a la forme d'un **U** renversé, entourant la masse pelotonnée de l'intestin grêle (*fig.* 56).

Il se divise assez nettement en trois parties :

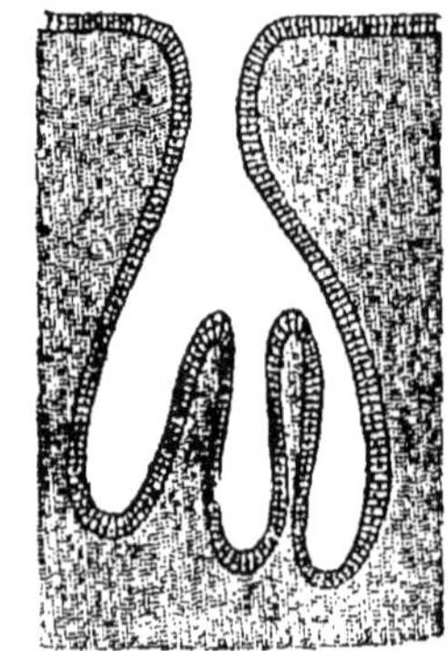

Fig. 79. — Glande stomacale à pepsine (grossie 500 fois).

1° Le **cæcum** (de *cœcus*, aveugle), cul-de-sac qui présente en bas un petit prolongement creux, de dimension variable (4 à

15 *centimètres*), appelé *appendice vermiculaire* (*fig.* 80) ; l'inflammation de cet organe produit une maladie assez grave : l'*appendicite*.

Le cæcum reçoit latéralement l'*iléon* ; une valvule (*fig.* 80), appelée *valvule iléocæcale* ou barrière des apothicaires, empêche les matières contenues dans le gros intestin de retourner dans l'intestin grêle, sans s'opposer au passage inverse ;

2° Le **côlon,** dans lequel séjourne longtemps la masse alimentaire, présente trois parties : une *partie ascendante*, une *partie transverse* et une *partie descendante*.

Le côlon descendant fait quelques circonvolutions formant un S à son extrémité : c'est l'*S iliaque* ;

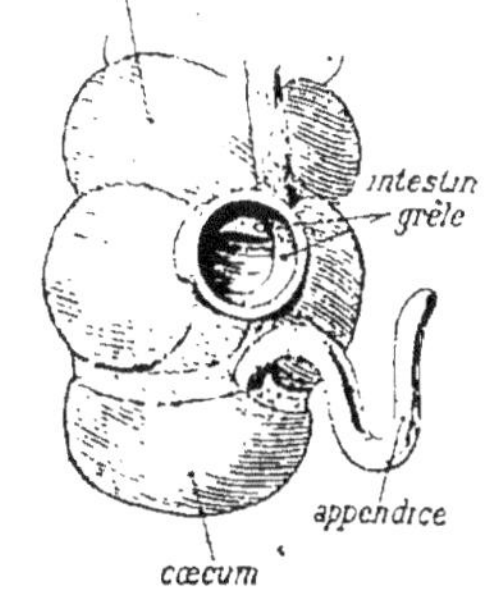

Fig. 80. — Région où l'intestin grêle se réunit au gros intestin (réduit au tiers).

3° Enfin le **rectum** (de *rectum*, droit) termine le gros intestin ; il débouche à l'anus. Cet orifice est muni d'un muscle annulaire appelé *sphincter*, qui est contracté à l'état normal et s'oppose à la sortie des matières fécales.

b) *Structure*. — La paroi du gros intestin présente sensiblement la même structure que la paroi de l'intestin grêle ; cependant la muqueuse du rectum s'en différencie nettement, car elle possède un *épithélium stratifié* comme celui de la cavité buccale et de l'œsophage.

La paroi interne du gros intestin présente des *valvules conniventes* très développées, mais elle est totalement dépourvue de *villosités*.

La muqueuse reste lisse et possède simplement de petites glandes à mucus dont la sécrétion favorise le glissement des matières fécales.

PÉRITOINE

Nous avons déjà défini le péritoine : c'est une *séreuse*, vaste membrane à deux feuillets qui entoure le plus grand nombre des viscères abdominaux.

L'un des feuillets est accolé aux parois de la cavité abdominale et prend son insertion dans la région de la colonne vertébrale : c'est le *feuillet pariétal* ; l'autre feuillet entourant les organes est le *feuillet viscéral*. Les viscères ainsi suspendus peuvent se déplacer et se dilater, car les deux feuillets péritonéaux peuvent glisser l'un sur l'autre, grâce au liquide qui se trouve dans la cavité restée libre entre les deux feuillets, cavité qui prend le nom de *cavité péritonéale*.

On se représentera facilement la disposition du péritoine sur chaque viscère en supposant que la cavité abdominale est vide d'organes et qu'elle est tapissée intérieurement d'une membrane, le **péritoine,** qui affecte par conséquent la forme d'un sac fermé, rempli de liquide. Les viscères, apparaissant entre la paroi et la membrane, repoussent en se developpant la membrane du sac, qui reste constamment adhérente à la surface de chacun d'eux : ainsi la cavité péritonéale diminue, sans qu'aucun organe y pénètre intérieurement (*fig.* 81).

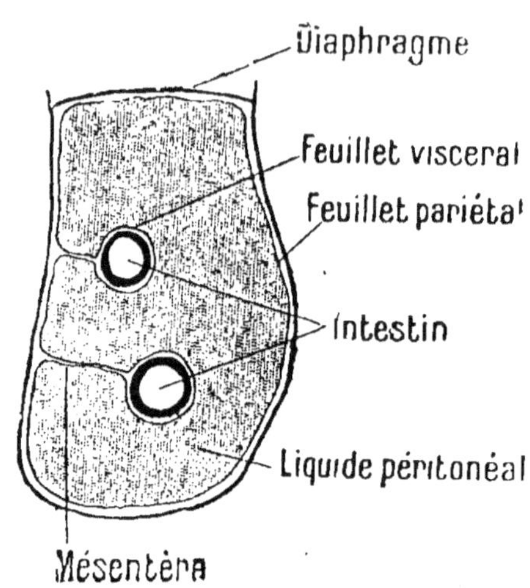

FIG. 81. — Coupe longitudinale schématique de l'abdomen montrant la disposition du péritoine.

11. — Les glandes digestives

Les glandes digestives produisent des sucs dont le rôle est de rendre *absorbables* et *assimilables* les substances alimentaires introduites dans le tube digestif.

Ces glandes sont distribuées sur tout le parcours du tube. Ce sont :

1º Les *glandes salivaires,* dont les canaux excréteurs arrivent dans la bouche ;

2º Les *glandes stomacales,* situées dans l'estomac ;

3º Le *pancréas ;*

4º Le *foie.* Le foie et le pancréas sont deux glandes volumineuses qui déversent leur contenu au même point dans le duodénum ;

5º Enfin les *glandes intestinales.*

Les glandes salivaires. — Les glandes salivaires sont de petites masses glandulaires situées autour de la bouche.

Elles sont au nombre de trois paires (*fig.* 82).

1º Les *parotides* (*para,* auprès ; *otos,* oreille) entourent la partie inférieure des oreilles ; ce sont les glandes salivaires les plus volumineuses, leur poids est d'environ 20 grammes.

Chacune se déverse dans la bouche par un conduit appelé *canal de Sténon,* qui s'ouvre au niveau de la deuxième petite molaire supérieure. Les « oreillons » constituent une inflammation douloureuse des parotides causée par une infection microbienne ;

2° Les *sous-maxillaires* sont logées dans une fossette interne du maxillaire inférieur ; leur poids n'est que de 5 à 6 grammes. Elles ont chacune un canal excréteur appelé *canal de Warthon*, qui débouche de chaque côté du frein de la langue ;

3° Les *sublinguales* sont, comme leur nom l'indique, placées sous la langue. Elles sont encore plus petites que les précédentes et leur masse est divisée en de nombreux lobules possédant chacun un canal excréteur ; l'ensemble de ces canaux, appelés *canaux de Rivinus*, s'ouvre à côté des canaux de Warthon, au voisinage du frein de la langue.

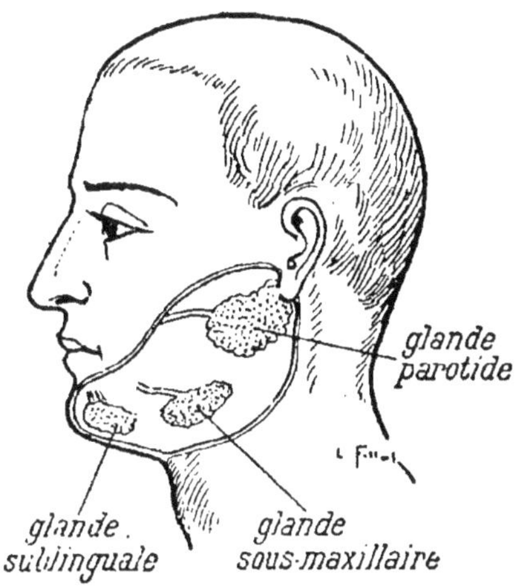

FIG. 82. — Les glandes salivaires (représentées isolées par la dissection).

Notons enfin qu'il existe de très nombreuses petites glandes éparses dans la muqueuse de la bouche ; ce sont les glandes buccales.

Les glandes salivaires sont des *glandes en grappe* (*fig.* 83) ; le canal excréteur présente à l'intérieur de la glande d'innombrables ramifications qui aboutissent finalement à de petits sacs microscopiques appelés acinus, dont la paroi est formée par les cellules sécrétrices, qui produisent la salive.

FIG. 83. — Portion d'une glande salivaire (grossie 7 fois).

Les glandes stomacales. — Les glandes stomacales sont des glandes microscopiques contenues dans la muqueuse de l'estomac. Elles sont en très grand nombre (*plusieurs millions*).

On en distingue deux sortes :

1° Les **glandes à pepsine** (*fig.* 79), qui sont les plus importantes, car elles sécrètent le suc gastrique ; elles sont surtout distribuées à la partie supérieure, c'est-à-dire dans la région du cardia ou région cardiaque. Les aliments sont ainsi imprégnés de suc gastrique dès leur arrivée dans l'estomac. Ces glandes à pepsine sont de simples petits tubes, parfois légèrement ramifiés, en forme de doigt de gant ; on les appelle pour cela *glandes en tube*.

Elles présentent des cellules de deux sortes : les unes *superficielles*, nombreuses, sécrètent le ferment actif du suc gastrique : la **pepsine ;** les autres, *isolées* çà et là sur le *pourtour* de la glande, paraissent donner de l'**acide chlorhydrique ;**

2° Les **glandes muqueuses,** qui sont des *glandes en grappe*, sécrètent simplement un mucus humectant la paroi stomacale ; elles occupent particulièrement la région inférieure ou pylorique.

Le pancréas. — Le pancréas (*fig.* 84) est une grosse glande alongée et aplatie qui peut mesurer 15 centimètres de longueur, 5 centimètres de largeur et 1 centimètre d'épaisseur.

Cette glande est logée en arrière de l'estomac, sa tête occupant en partie l'anse duodénale. Le suc sécrété ou *suc pancréatique* est conduit dans l'intestin par un gros canal, le canal de **Wirsung,** qui s'accole près de son embouchure au **canal cholédoque** venant du foie ; les deux conduits

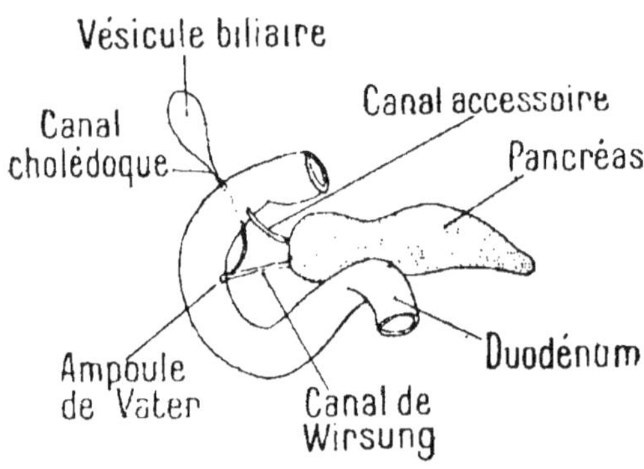

Fig 84. — Pancréas et ses canaux (réduit au cinquième).

débouchent ainsi très près l'un de l'autre dans le duodénum, en produisant une petite saillie interne : l'**ampoule de Vater.** Il existe également un second canal qui prend naissance sur le canal de Wirsung, et qui s'ouvre dans l'intestin un peu plus haut que ce dernier ; on l'appelle **canal accessoire.**

Le pancréas est une glande en grappe, de structure identique à celle des glandes salivaires, aussi l'appelle-t-on parfois **glande salivaire abdominale.**

Le foie. — Le foie n'est pas à proprement parler une glande digestive, car son rôle est multiple. Le foie, en effet, comme nous le verrons plus tard, *épure le sang de l'organisme, sécrète du sucre, détruit les poisons,* toutes fonctions qui n'ont rien de commun avec la digestion.

Cependant le produit qu'il déverse dans l'intestin, la **bile,** joue un rôle important dans l'absorption des matières grasses ; c'est la raison qui nous fait étudier cet organe avec les glandes essentiellement digestives.

a) *Conformation générale.* — Le foie est la plus volumineuse des glandes abdominales. Son poids est d'environ 1.500 grammes ; il peut contenir jusqu'à 500 grammes de sang. Sa couleur est rouge brun. Le foie est situé en haut de la cavité abdominale, immédiatement sous le diaphragme.

Sa forme générale est assez irrégulière ; la face supérieure est lisse et convexe, la face inférieure (*fig.* 85) est au contraire concave et, de plus, présente *trois sillons*, formant assez nettement un H et divisant ainsi superficiellement le foie en quatre lobes qui sont : le *lobe droit*, le *lobe gauche*, le *lobe carré* en avant et le *lobe de Spiegel* en arrière.

Le *sillon droit*, de direction antéro-postérieure, est rempli en avant par la **vésicule biliaire,** en arrière par la **veine cave ;** le *sillon gauche* est produit par la *veine ombilicale* qui nourrissait le fœtus et qui s'est transformée en un cordon fibreux ; enfin le *sillon transversal* est rempli par le tronc d'un gros vaisseau appelé **veine porte.** On donne généralement à la région du sillon transverse le nom de **hile,** car c'est par là qu'entrent ou sortent la plupart des canaux ou vaisseaux du foie.

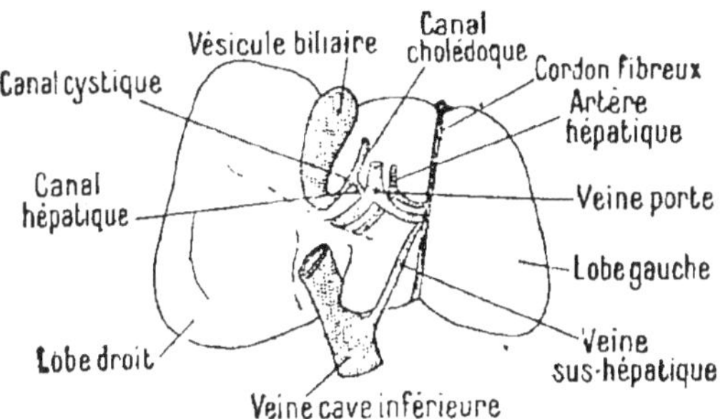

FIG. 85. — Schéma du foie vu par la face inférieure.

b) *Vaisseaux et canaux du foie.* — Le foie est abondamment irrigué : nous avons déjà indiqué qu'il pouvait contenir 500 grammes de sang : cela s'explique par ce fait, que le foie est un organe essentiellement dépurateur de l'organisme par l'intermédiaire du liquide sanguin. Comme tous les organes, il est nourri par une artère : **l'artère hépatique,** mais en plus il reçoit la **veine porte** qui amène au foie une énorme quantité de sang provenant de l'estomac, de l'intestin, du pancréas et de la rate, en même temps que des liquides nutritifs provenant de la digestion. Les **veines sus-hépatiques** ramènent à la veine cave inférieure et de là au cœur tout le sang qui a circulé dans le foie.

En outre des vaisseaux sanguins, il existe dans le foie un certain nombre de *canaux excréteurs de la bile.*

La bile, élaborée par les cellules hépatiques, est dirigée à l'extérieur par le **canal hépatique,** qui se subdivise à sa sortie du foie en deux canaux : le **canal cystique** qui conduit, au fur et à mesure de sa production, la bile dans la vésicule biliaire, et le **canal cholédoque** qui, au moment des digestions, amène la bile dans le duodénum. Ce dernier canal s'ouvre, comme nous le savons déjà, dans l'*ampoule de Vater* (*fig.* 86).

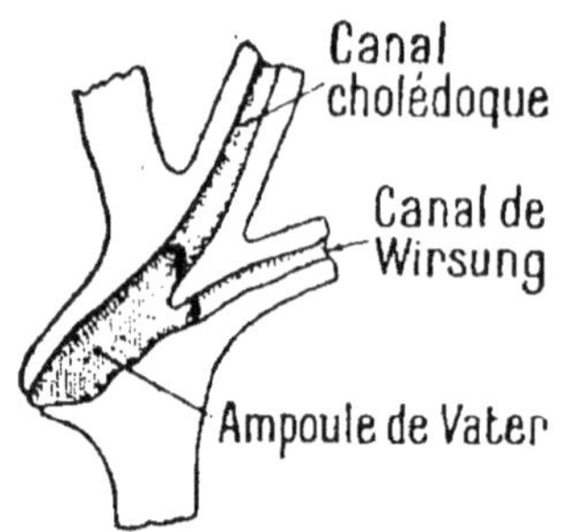

Fig. 86. — Coupe de l'ampoule de Vater.

c) *Structure du foie.* — Comme la plupart des organes abdominaux, le foie est entouré par le *péritoine*.

Au-dessous se trouve une membrane conjonctive fibreuse très mince : la *capsule de Glisson*. De la capsule de Glisson partent de fines cloisons, qui fragmentent toute la masse du foie en une multitude de parties distinctes que l'on nomme des **lobules hépatiques.** C'est cette disposition qui donne au foie son aspect granulé.

Le **lobule hépatique** (*fig.* 87) affecte généralement une forme polyédrique et a environ 2 millimètres de diamètre.

Chaque lobule est séparé de son voisin par une très légère trame de tissu conjonctif, surtout développé aux angles des lobules. Dans ce tissu conjonctif cheminent les vaisseaux sanguins, ramifications de l'*artère hépatique* et de la *veine porte*. En arrivant à chaque sommet des polyèdres, dans les espaces situés par conséquent entre plusieurs lobules, et appelés espaces **portes** ou de **Kiernan**, du nom de celui qui les a décrits le premier, ces ramifications des vaisseaux sanguins se divisent encore et forment deux réseaux vasculaires sur chaque face du polyèdre. Chacun de ces réseaux, l'*un artériel*, l'*autre veineux*, envoie d'innombrables canalicules

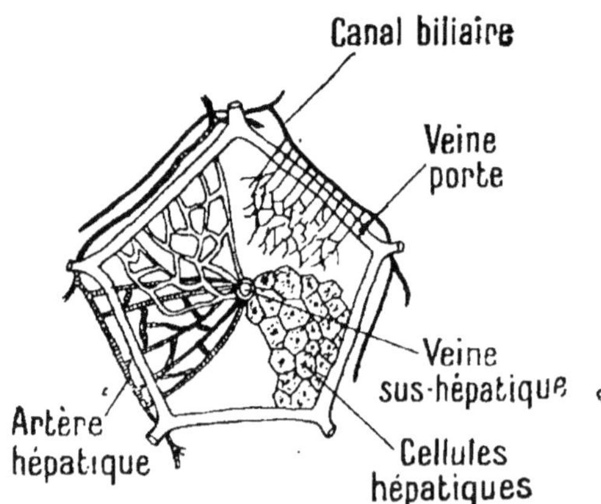

Fig. 87. — Schéma d'un lobule hépatique.

dans la masse du lobule, et les deux réseaux internes ainsi formés unissent ensuite peu à peu leurs canaux pour constituer un seul réseau veineux qui se concentre et donne naissance au milieu du lobule à une petite *veine sus-hépatique.* Tel est le parcours suivi par le sang dans chaque lobule hépatique, parcours d'abord *périphérique*, avant d'être *intra-lobulaire*.

Les **cellules hépatiques,** disposées en files rayonnantes à l'intérieur des lobules, occupent les mailles des petits vaisseaux sanguins qui forment un réseau serré dans le lobule ; ainsi imprégnées de sang, elles peuvent accomplir leurs multiples fonctions et en particulier *sécréter la bile.*

La **bile** produite par chaque cellule est rejetée dans de petits intervalles en forme de canaux situés entre deux cellules voisines ; ces canaux, qui sont au début simplement lacunaires, prennent peu à peu une paroi propre et drainent la bile vers la périphérie du lobule. Ces petits canaux ou *canalicules biliaires* s'assemblent ensuite et finalement forment le **canal hépatique.**

Les **cellules hépatiques** sont donc les éléments actifs du foie.

Chaque **cellule hépatique** (*fig.* 88) a une forme polyédrique ; des petits vaisseaux sanguins l'irriguent abondamment et ses parois sont creusées plus ou moins uniformément pour donner avec la cellule voisine le commencement d'un canalicule biliaire.

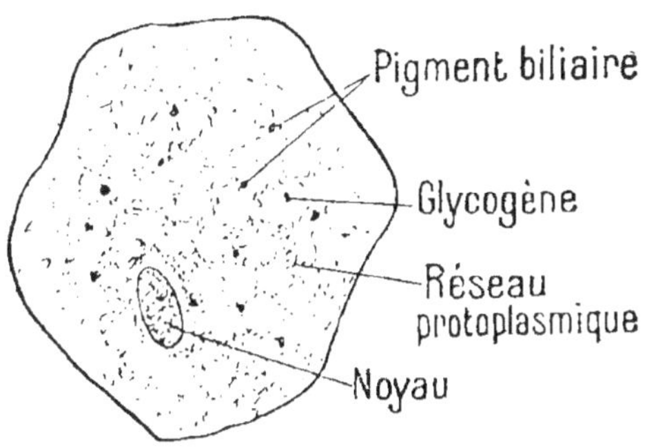

FIG. 88. — Une cellule hépatique, isolée et grossie 300 fois.

La cellule hépatique n'a pas de membrane ; elle possède en général plusieurs noyaux ; son protoplasma présente constamment trois sortes de granulations principales :

1° Des petits grains rouge verdâtre, dus à des matières colorantes : la *bilirubine* et la *biliverdine,* que l'on retrouve dans la bile ;

2° De fines gouttelettes de *glycogène* ou amidon animal $C^6H^{10}O^5$ résultant de la fonction glycogénique, par laquelle le glucose est mis ainsi en réserve après avoir été déshydraté en partie :

$$\text{Glucose } C^6H^{12}O^6 - H^2O = C^6H^{10}O^5 \text{ Glycogène ;}$$

3° Enfin des gouttelettes graisseuses qui peuvent l'envahir tout entier dans certaines maladies où le foie devient gras.

Les glandes intestinales. — Les glandes intestinales sont contenues dans la muqueuse de l'intestin ; elles existent en nombre considérable.

On en distingue nettement deux groupes :

1° Les *glandes de Lieberkühn,* qui sont des glandes en tubes (*fig.* 177) presque microscopiques ; elles sécrètent le *suc intestinal* et se trouvent répandues sur toute la surface de l'intestin grêle, sauf sur les villosités ;

2° Les *glandes de Brunner*, plus grosses, sont des glandes en grappe, localisées dans le duodénum ; elles sécrètent un suc alcalin. Par leur nature et leur volume, elles ne sont que la continuation des glandes en grappe que nous avons signalées dans la région pylorique de l'estomac.

III. — LA DIGESTION

La digestion a pour but de dissoudre les aliments et de les transformer en substances **absorbables** et **assimilables,** c'est-à-dire capables de se transformer en sang.

La plupart des aliments auxquels nous avons recours se présentent sous la forme solide et sont des combinaisons chimiques diverses : *graisses, hydrates de carbone, matières albuminoïdes,* etc. Pour que ces substances parviennent jusqu'aux cellules les plus profondes des organes, il faut déjà qu'elles puissent passer de l'extérieur à l'intérieur de l'organisme : après ce fait d'**absorption,** elles seront distribuées à toutes les cellules par la circulation.

Mais cette condition n'est pas suffisante ; il faut encore que l'aliment, en arrivant à la cellule, puisse être utilisé. Or la cellule ne prend, n'**assimile** les substances étrangères que sous des formes bien déterminées : ainsi le *sucre de canne* ou de saccharose $C^{12}H^{22}O^{11}$, qui est *absorbable*, ne peut pas servir sous cette forme à la nutrition de la cellule ; il faut qu'il soit modifié, transformé en *glucose* $C^6H^{12}O^6$ pour être *assimilable*.

La **digestion** est donc l'ensemble des modifications subies par les aliments pour être transformés en substances **absorbables et assimilables.**

Les sucs digestifs étant de nature variable, et agissant de façon différente d'après la composition chimique des aliments, il est donc indispensable d'étudier, avant la digestion, la nature des principales substances qui servent à notre alimentation.

I. — Les aliments

Les aliments sont d'origine *minérale* ou d'origine *organique.*

a) Les **aliments minéraux** comprennent l'*eau* et différents sels comme le *chlorure de sodium* qui se trouve dans le sérum sanguin, les *phosphates* et les *carbonates de calcium* qui forment la partie calcaire des *os*, le *fer* qui entre dans la composition des globules rouges. Bien que ces aliments entrent en petite quantité dans l'alimentation, il n'en est pas moins vrai que leur absence peut amener des troubles dans l'organisme. Ainsi les végétariens, qui ne trouvent pas en assez grande quantité le *chlorure de sodium* dans les végétaux, doivent saler fortement leur nourriture, ce qui faisait dire qu'autrefois la gabelle, ou impôt sur le sel, pesait surtout sur les paysans, qui se nourrissaient principalement des produits du sol et mangeaient peu de viande, substance riche en sel. On sait combien les Ruminants, les bœufs surtout, sont avides de sel, qu'ils ne trouvent pas en quantité suffisante dans les fourrages.

Lorsque l'alimentation des enfants n'est pas assez riche en *carbonate et phosphate de calcium*, les os se développent mal, ne s'imprègnent pas de calcaire, restent flexibles, et ceux des jambes ne pouvant supporter le poids du corps se déforment, d'où **rachitisme.**

Enfin, chacun sait que l'*absence de fer* amène, aussi bien chez les végétaux que chez les animaux, la maladie connue sous le nom de **chlorose** ou **anémie,** combattue par les eaux ferrugineuses.

b) Les **aliments organiques** se divisent en *aliments ternaires,* ou non azotés, composés de carbone, hydrogène, oxygène, et *aliments quaternaires* ou azotés, formés principalement de carbone, hydrogène, oxygène et azote, auxquels s'unissent quelques autres éléments accessoires, tels que le soufre et le phosphore.

Les **aliments ternaires** sont constitués par les **graisses** qui sont des éthers de la glycérine, formés par la combinaison d'un acide gras (acide oléique, stéarique ou margarique) avec la glycérine qui est un alcool, et les **hydrates de carbone** qui sont des composés naturels, renfermant l'oxygène et l'hydrogène en proportions convenables pour former de l'eau ; leurs formules comportent toujours six atomes de carbone ou un multiple de six, et cinq ou six molécules d'eau ou un multiple de ces deux nombres. Ainsi l'*amidon*, qui est un hydrate de carbone, a pour formule $C^6H^{10}O^5$. Cette composition explique le nom (*hydro-carbonés*) qui a été communément donné à ces corps, bien qu'ils ne puissent se décomposer régulièrement en carbone et en eau.

Les **hydrates de carbone** comprennent, comme matières alimentaires, les *substances amylacées* (amidon, fécule) de formule générale $C^6H^{10}O^5$, les *glucoses* de formule $C^6H^{12}O^6$ et les *saccharoses* ou sucre de canne de formule $C^{12}H^{22}O^{11}$.

Les **aliments quaternaires** comprennent les aliments albuminoïdes, blanc d'œuf, caséine, gluten, etc.

Alimentation mixte. — Les aliments ternaires, pas plus que les aliments quaternaires, employés seuls, ne sauraient entretenir la vie ; on ne pourrait supporter sans dépérir un régime exclusif d'hydrates de carbone ou de graisses. Ainsi, un chien de taille moyenne, nourri exclusivement avec de la viande, succombe au bout de deux mois ; mis au régime exclusif des graisses, il succombe en trois semaines.

Les substances qui servent à notre alimentation doivent contenir en proportions convenables des matières azotées et des matières non azotées. Certaines d'entre elles, comme le lait qui renferme du *beurre* (matière grasse) et de la *caséine* (matière albuminoide), remplissent ces conditions et constituent des *aliments complets*, mais la plupart doivent être mélangées en proportions déterminées pour assurer une bonne nutrition.

Les *aliments ternaires*, comme nous le verrons plus tard, servent surtout à être oxydés et brûlés pour produire de la chaleur ; ce sont, comme on les appelait autrefois, des **aliments respiratoires ;** les *aliments quaternaires*, au contraire, servent principalement à la réparation des tissus au fur et à mesure de leur usure ; ils sont oxydés moins rapidement et par suite leur action se manifeste plus longtemps ; on les appelait autrefois **aliments plastiques.** Ces dénominations, basées sur le rôle des aliments, sont aujourd'hui abandonnées, mais il n'en est pas moins vrai que ces rôles étant différents, il faut une *alimentation mixte* pour se bien porter.

II. — Phénomènes mécaniques et chimiques de la digestion

Les aliments introduits dans la bouche doivent subir un certain nombre de *modifications mécaniques et chimiques* pour être rendus **fluides, solubles** et **assimilables ;** ces modifications sont dues à la présence des organes masticateurs et des sucs sécrétés par les glandes de l'appareil digestif. D'autre part, au fur et à mesure de leur transformation, ces aliments doivent progresser dans le tube digestif pour le parcourir en entier ; ils progressent par une action mécanique due à la constitution de ce tube lui-même. Nous allons étudier successivement les modifications mécaniques et chimiques subies par les aliments à partir de la bouche, en même temps que les causes de leur progression.

Mastication. — Dans la bouche, les aliments sont broyés par les dents, réduits en bouillie et imprégnés de salive.

Insalivation. — La salive est sécrétée par les trois paires de glandes salivaires : *parotides, sous-maxillaires* et *sublinguales.*

La **salive parotidienne** est très **fluide.** En considérant qu'elle s'écoule dans la bouche juste au-dessus des petites molaires, on a admis qu'elle avait surtout pour but de rendre les aliments plus liquides. En effet, on a constaté que chez les herbivores (bœufs, chevaux, moutons), qui se nourrissent de matières sèches, ces glandes sont plus développées que chez les carnivores.

Les *glandes* **sous-maxillaires,** au contraire, donnent un liquide *épais* et **visqueux.** La salive sous-maxillaire est surtout produite par les aliments sapides, aussi est-elle liée à l'acte de la gustation ; sans elle on apprécie mal le goût des aliments.

La **salive sublinguale** est encore *plus épaisse ;* elle est **siru- peuse** et même *filante ;* en raison de sa viscosité, elle enrobe les parcelles alimentaires et facilite la déglutition, c'est-à-dire le passage des aliments de la bouche dans l'estomac.

La *salive parotidienne est donc la salive de la mastication, la salive sous-maxillaire celle de la gustation, et enfin la salive sublin guale celle de la déglutition.*

Le mélange de ces salives donne la *salive mixte* qui renferme un ferment spécial, le **ptyaline ou diastase animale.** Ce ferment est semblable à celui qui se produit dans l'orge germée, *amylase ou diastase végétale ;* il **transforme l'amidon cuit** en dextrine, puis **en glucose.** Pour le montrer, il suffit de mâcher une bou lette de pain ou simplement de l'empois d'amidon ; au bout de peu de temps, le pain ou l'amidon se sont *fluidifiés* et transformés en *sucre.* La salive n'agit que très lentement sur l'amidon cru, et son action sur l'amidon cuit n'est surtout active qu'à la température du corps humain, c'est-à-dire 37°, ce qui distingue la diastase animale de la diastase végétale, celle de l'orge germée n'agissant qu'à 60°.

La sécrétion salivaire est fort variable ; elle varie de 300 à 1.500 grammes en 24 heures et renferme par litre 5 grammes de parties solides, 3 de *ptyaline* et 2 de sels *minéraux,* chlorures et phosphates qui parfois se déposent à la surface des dents, où ils forment des enduits connus sous le nom de *tartre dentaire.*

La réaction de la salive est *alcaline ;* c'est à la suite de fermentations anormales qu'elle devient *acide* ou encore sous l'action d'un champignon du groupe des Levures, le *Saccharomyces albicans,* qui envahit les gencives des enfants, produisant la maladie connue sous le nom de *muguet.*

Déglutition. — Les aliments imprégnés de salive sont réduits dans la bouche en une **masse** semi-fluide, enrobée d'une matière visqueuse qui constitue le **bol alimentaire**. Le bol alimentaire doit descendre dans l'œsophage en passant par le pharynx. Pour cela la langue se soulève en avant et s'appuie contre la voûte du palais ; le bol alimentaire ainsi pressé glisse peu à peu dans l'arrière-bouche. Mais là se trouve un passage difficile. Il existe, en effet, trois orifices : vers le haut est un conduit menant dans la cavité nasale, en bas un autre conduit béant, la *trachée-artère*, qui conduit l'air aux poumons, et en arrière l'*œsophage*, tube dont les parois se touchent à l'état de vacuité ; le bol alimentaire doit traverser ce confluent ou pharynx pour arriver dans l'œsophage. A cet effet, lorsque, poussé par la langue, il se présente à l'entrée, le voile du palais se soulève, devient horizontal et ferme l'ouverture du canal nasal : la masse alimentaire ne peut donc remonter que si un violent courant d'air s'échappe à ce moment du poumon, ce qui arrive parfois dans le rire inattendu. Quant à la trachée-artère, elle est évitée, parce que sa partie supérieure ou *larynx* est soulevée par des muscles, ce que l'on peut vérifier en portant le doigt sur la *pomme d'Adam* en même temps qu'on avale. Or, au-dessus de l'ouverture du larynx, est une languette cartilagineuse, appelée *épiglotte*, qui, venant buter à la suite de ce soulèvement contre la base de la langue, se rabat comme un clapet et ferme l'ouverture de la trachée (*fig.* 73).

La masse alimentaire n'a donc qu'à glisser sur ce clapet pour tomber en arrière dans l'œsophage, seul conduit dont l'ouverture n'est pas fermée ; c'est ce qui constitue la **déglutition**.

Tous ces mouvements compliqués s'exécutent d'une manière régulière, *sans que la volonté intervienne*. Dès que le bol alimentaire a quitté le pharynx, l'appareil buccal et l'appareil laryngé entrent en repos, mais alors les muscles circulaires et longitudinaux de l'œsophage se contractent progressivement de haut en bas et repoussent le bol qui se trouve au-dessous de la partie contractée, le chassant dans l'estomac à la façon d'un noyau de cerise que l'on presse entre les doigts. L'*action de la pesanteur* facilite d'ailleurs la traversée de l'œsophage par le bol alimentaire, mais elle n'est pas indispensable, puisqu'il est possible d'avaler la tête en bas.

Digestion stomacale. — *Action du suc gastrique.* — Les aliments s'accumulent dans l'estomac et y séjournent un certain temps. On croyait autrefois que l'estomac avait pour but de réduire les aliments en bouillie, c'est-à-dire de compléter l'action des mâchoires. **Réaumur**, en 1750, montra que son rôle était surtout chimique et consistait à dissoudre la viande. Il fit avaler à des chiens de petits tubes métalliques pleins de viande et ouverts aux deux extrémités ; il constata, en sacrifiant au bout de deux ou trois heures les animaux soumis à l'expérience, que les tubes n'étaient *pas déformés*, ce qui prouvait que l'estomac n'avait aucune action masticatrice, mais qu'ils étaient *vides*, c'est-à-dire que la viande avait été dissoute.

Le suc sécrété par l'estomac ou *suc gastrique* avait donc la propriété de *digérer la viande*.

L'illustre physiologiste italien, **Spallanzani,** le montra d'une façon plus nette encore, en 1780. Il faisait avaler à des chiens des éponges attachées au bout d'une ficelle, et il les retirait après quelques instants pour en exprimer le jus ; en plaçant de la viande dans ce suc à 37°, la viande ne tardait pas à être digérée.

D'ailleurs, vers 1825, on put observer ce phénomène dans l'estomac d'un malade qui avait reçu un coup de feu lui ouvrant la paroi abdominale et l'estomac. La blessure avait guéri, mais un orifice de communication avait persisté entre la paroi stomacale et l'extérieur; on pouvait ainsi voir ce qui se passait dans l'estomac et recueillir les aliments à un état de digestion plus ou moins avancé. Cet orifice de communication constituait une *fistule gastrique ;* avec les progrès de la chirurgie, ces fistules s'établissent aujourd'hui sans danger et, dans la plupart des laboratoires de physiologie, on les pratique sur les chiens (*fig.* 89) pour avoir du suc gastrique.

FIG. 89. — Chien auquel on a pratiqué une « fistule gastrique » pour recueillir son suc gastrique.

Le **suc gastrique** est un liquide incolore ayant une saveur aigrelette et l'odeur des matières vomies. Très **acide,** ce suc rougit fortement le papier de tournesol ; il est *imputrescible* et *antiseptique*.

Il renferme 10 pour 1.000 de matières solides, dont 4 *de matières organiques* (une de *pepsine* et trois de *présure*) et 6 *d'acides ou de sels minéraux*, parmi lesquels dominent l'*acide chlorhydrique* et le chlorure de sodium.

Au contact du suc gastrique, on voit les albuminoïdes, et la viande en particulier, se gonfler, se ramollir, puis se diviser en petits fragments et finalement se réduire en un liquide appelé

peptone. Le principe actif de cette transformation est la **pepsine,** ferment soluble comme la ptyaline.

La **présure** ou **lab** a surtout pour but de coaguler le lait et les matières albuminoïdes solubles avant l'action de la pepsine. Ce ferment se trouve en assez grande quantité dans l'estomac des jeunes animaux et principalement dans la *caillette des Ruminants* que l'on utilise dans les fromageries pour faire cailler le lait.

L'**acide chlorhydrique** de l'estomac *facilite l'action de la pepsine,* qui n'agit qu'en *milieu acide.* Remarquons que le suc gastrique de la région pylorique est moins acide que celui de la région cardiaque, car des glandes analogues à celles de Brünner existent dans cette région et sécrètent un suc alcalin.

Quelle différence y a-t-il entre les *peptones* produites par l'action du suc gastrique sur les albuminoïdes et ces corps euxmêmes? D'abord *au point de vue physique,* les peptones sont *solubles* dans l'eau et *dialysables,* c'est-à-dire susceptibles de traverser les membranes minces, ce qui constitue une propriété favorable pour l'absorption ; *au point de vue chimique,* elles ne sont *pas coagulables* par les acides comme la plupart des albuminoïdes, tel le blanc d'œuf, et enfin, *au point de vue physiologique,* elles sont directement *assimilables,* c'est-à-dire peuvent rapidement se transformer en sang, ce que ne sont pas les albuminoïdes.

Les aliments réduits en bouillie, imprégnés de salive et de suc gastrique, forment dans l'estomac une pâte fluide nommée **chyme.** Ce chyme renferme déjà des aliments digérés en partie, comme les *féculents cuits* et les *viandes,* d'autres seulement imprégnés des sucs qui vont agir ultérieurement sur eux, d'autres comme les *graisses* et les *saccharoses* encore intacts. Cette bouillie est vidée par petits jets dans le duodénum, grâce aux mouvements de l'estomac produits par ses fibres longitudinales et circulaires qui compriment ou relâchent constamment ses parois : ces mouvements sont dits *péristaltiques* lorsqu'ils poussent les aliments du cardia vers le pylore et *antipéristaltiques* dans le cas contraire : leur rôle est de remuer la masse alimentaire pour faciliter son imprégnation de suc gastrique et finalement la pousser dans le duodénum.

On peut se demander pourquoi le suc gastrique ne digère pas les parois de l'estomac lui-même, puisqu'il digère les viandes. Pour les uns, c'est le *mucus* qui se trouve à la surface de la muqueuse stomacale qui la protège de l'action du suc gastrique ; pour d'autres, cette action protectrice revient au sang. La pepsine n'agissant qu'en milieu acide, le sang de réaction alcaline, qui circule dans la paroi stomacale, neutralise constamment. l'acide du liquide qui y pénètre. Ce qui prouve qu'il en est ainsi, c'est que si la circulation est interrompue dans une partie de l'estomac, celle-ci se digère ; après la mort, cette *autodigestion* se produit généralement.

Remarquons que l'estomac fonctionne souvent mal parce que le liquide qu'il sécrète est trop acide (*hyperchlorhydrie*) ou pas assez acide (*hypochlorhydrie*) ; dans les deux cas, l'action de la pepsine est incomplète. D'autres fois c'est la pepsine qui n'est pas sécrétée en assez grande quantité, d'où l'emploi de *pepsine animale* ou de *papaïne*, matière végétale qui dissout les albuminoïdes et aide ainsi à la digestion des viandes.

Digestion intestinale. — a) *Action du suc pancréatique.* — Le chyme arrive dans l'intestin grêle. A son arrivée, il est soumis à l'action du suc pancréatique et de la bile qui se déversent par le même orifice (*ampoule de Vater*) dans le duodénum.

Le **suc pancréatique** est un liquide sirupeux, gluant, qui s'écoule en gouttes perlées ; il est riche en matières solides (100 grammes pour 1.000 dont 90 de matières organiques). Sa réaction est **alcaline** et, contrairement au suc gastrique, **il n'agit qu'en milieu alcalin.** La masse alimentaire acide de l'estomac est devenue alcaline par suite de son passage dans le duodénum, grâce aux glandes de Brünner, nombreuses au voisinage du pylore, lesquelles sécrètent un suc très nettement *alcalin.*

Lorsque le suc pancréatique est mélangé à des **féculents cuits ou crus,** ceux-ci sont rapidement transformés en glucose ; ce *liquide complète donc l'action de la salive.*

Mélangé à des **albuminoïdes,** on constate rapidement leur dissolution et leur transformation en *peptones ;* il y a donc *continuation de l'action du suc gastrique.*

Enfin, mélangé à des **graisses,** il les *émulsionne* et les *saponifie.* Une **émulsion** est constituée par l'état de divisions infiniment ténues d'un corps gras dans un liquide ; ainsi le *lait* est une émulsion de *beurre.* Or, si on agite de l'huile avec du suc pancréatique, on obtient un liquide laiteux constitué par de fines gouttelettes qui ne peuvent plus se réunir pour reformer l'huile ; c'est ce qui constitue une *émulsion persistante.* Lorsqu'on sacrifie un animal en pleine digestion, on remarque que les vaisseaux qui rampent sur l'intestin, et qu'on appelle *chylifères,* sont d'un blanc laiteux, ce qui s'explique par la présence à leur intérieur de fins globules graisseux.

En outre, le suc pancréatique **saponifie les graisses,** c'est-à-dire les dédouble en glycérine et acides gras ; une partie des acides gras est *émulsionnée*, l'autre se combine avec les alcalis du suc pancréatique et de la bile pour former des *savons* qui favorisent l'action émulsionnante du suc pancréatique.

Ces trois propriétés du suc pancréatique sont dues non à un ferment unique, la *pancréatine*, comme on le croyait autrefois, mais à *trois ferments distincts*.

Le premier qui agit sur les albuminoïdes est la **trypsine,** qui se distingue de la pepsine en ce que celle-ci agit en milieu acide, tandis qu'elle-même n'agit qu'en *milieu alcalin ;* le deuxième, qui porte son action sur les matières amylacées, est l'**amylopsine,** qui se distingue de la ptyaline en ce qu'elle agit sur ces matières, même *crues*, et enfin la troisième, qui agit sur les graisses, prend le nom de **saponase** ou **lipase.**

Par sa **triple action,** le pancréas est l'agent essentiel de la digestion ; sa *suppression* amène des selles graisseuses et la *mort* à bref délai.

b) *Action de la bile.* — La **bile** est sécrétée par le *foie* et déversée par le *canal cholédoque* dans le duodénum avec le suc pancréatique. C'est un liquide jaune brunâtre, clair et limpide ; il devient vert et filant après exposition à l'air ou après avoir séjourné dans la vésicule biliaire.

La bile renferme environ 150 grammes de matières solides pour 1.000; les *sels biliaires* (taurocholates et glycocholates) y entrent pour 80 grammes et les *pigments biliaires* pour 20 grammes seulement. Ces pigments sont au nombre de deux, la **bilirubine** (de *bilis*, et *rubia*, rouge), qui est brune, et la **biliverdine**, qui résulte de l'oxydation de la bilirubine et qui est verte. A côté de ces substances essentielles, on en trouve quelques autres accessoires comme la **cholestérine**, qui, peu soluble, forme les *calculs biliaires* (par leur cheminement dans les canaliculés biliaires ils provoquent les coliques hépatiques), et des **sels minéraux**, *chlorures* et *phosphates* principalement.

La bile n'a aucune action sur les hydrates de carbone et sur les matières albuminoïdes. Avec les **graisses,** au contraire, elle forme des **émulsions** qui favorisent leur absorption ; elle peut même partiellement les dissoudre, ce qui explique l'emploi de la bile de bœuf par les dégraisseurs, pour nettoyer les étoffes imprégnées de matières grasses.

Outre son rôle dans la digestion, la bile a encore une **action antiseptique ;** elle retarde la putréfaction des matières alimentaires dans l'intestin grêle. De plus, elle *augmente les mouvements péristaltiques* et empêche ainsi le séjour trop prolongé de la masse alimentaire dans l'intestin. Enfin elle *débarrasse la muqueuse intestinale des vieilles cellules épithéliales*, qui sont remplacées par des cellules plus jeunes se formant sous les anciennes.

Dans certaines maladies, la bile est sécrétée en trop grande quantité, et lorsque son écoulement est empêché par suite d'une obstruction partielle du canal cholédoque, elle passe dans le sang et lui communique sa couleur jaune, ce qui explique le teint des malades atteints de jaunisse ou *ictère hépatique*.

Dans d'autres cas, au contraire, lorsque le foie est petit ou malade, la bile n'est pas sécrétée en assez grande abondance ; les matières grasses sont mal digérées ; les selles ont une odeur fétide, sont décolorées, grises et riches en graisse ; la nutrition se fait mal, le malade dépérit à vue d'œil.

c) *Action du suc intestinal.* — Les glandes de Lieberkühn, répandues sur toute la longueur de l'intestin grêle, sécrètent le **suc intestinal** ou *suc entérique*. Ce suc est jaunâtre, alcalin et renferme environ 25 p. 1.000 de matières solides. Il possède la propriété **d'intervertir le sucre ordinaire,** c'est-à-dire de le transformer en glucose d'après la formule :

$$C^{12}H^{22}O^{11} + H^2O = 2C^6H^{12}O^6.$$

Le sucre de canne, bien que soluble, n'est pas assimilable ; grâce à l'action du suc intestinal, il est transformé en glucose assimilable. Le ferment qui semble agir a reçu le nom d'**invertine.**

Ainsi se trouve close la série des transformations chimiques subies par les aliments. La masse alimentaire qui remplit l'intestin grêle comprend donc avec des **glucoses** provenant des **hydrates** de carbone (amidon ou sucre), des **peptones** provenant des matières albuminoïdes, des **graisses,** en solution ou en émulsion, et enfin des *déchets* sur lesquels les sucs digestifs n'ont pu agir ; toute cette masse blanchâtre prend le nom de **chyle.**

Les parties nutritives seront absorbées et passeront dans le sang ; les déchets, par suite des mouvements péristaltiques de l'intestin, seront refoulés par la valvule iléo-cæcale dans le gros intestin et, après un séjour plus ou moins prolongé pendant lequel ils subissent des fermentations diverses et dégagent des produits gazeux, seront rejetés au dehors par la **défécation.**

TABLEAU SYNOPTIQUE DE L'APPAREIL DIGESTIF ET DE LA DIGESTION

Appareil digestif

Tube digestif

Bouche, ses limites :
- Lèvres.
- Voûte palatine.
- Voile du palais.
- Joues.
- Langue.

Dents

Conformation générale :
- Couronne.
- Racine.
- Collet.

Différentes sortes :
- Incisives : Couronne tranchante, racine simple.
- Canines : — pointue, —
- Molaires : — aplatie, racines multiples (2 ou 3)

Positions respectives :
- Incisives en avant (4 par mâchoire).
- Canines à la suite (2 —).
- Molaires après les canines (10 —).

Structure :
- couronne : cuticule, émail, ivoire
- racine : cément, ivoire
- pulpe dentaire au centre de la dent.

Formules dentaires :
- Dentition de lait $\frac{2}{2}$ I. $\frac{1}{1}$ C. $\frac{2}{2}$ P. M.
- Dentition permanente $\frac{2}{2}$ I. $\frac{1}{1}$ C. $\frac{2}{2}$ P. M. $\frac{3}{3}$ M.

Ordre d'apparition des dents :
- Dents de lait : incisives, premières petites molaires, canines, deuxièmes petites molaires.
- Dents permanentes : même ordre. La sortie des dents est complète à 12 ans, les dents de sagesse exceptées.

Pharynx. Carrefour commun aux voies digestives et respiratoires.

I
Tube digestif
(Suite)

Œsophage

Tube situé en arrière de la trachée.

Structure — Tunique externe, fibreuse (fibres longitudinales en dehors.
— moyenne, musculeuse (— circulaires en dedans.
— interne : muqueuse.

Estomac

Forme d'une cornemuse (grande et petite courbure, grosse et petite tubérosité).

Structure — Tunique externe : séreuse péritonéale.
— moyenne, musculeuse (fibres longitudinales en dehors.
(— circulaires au-dessous.
(— en anses (cravate de Suisse) en dedans.
Tunique interne : muqueuse avec nombreuses glandes.

Intestin grêle

Région — fixe : *duodénum.*
flottante (*Jéjunum.*
(*Iléon.*

Structure — Tunique externe : séreuse péritonéale.
— moyenne : (fibres longitudinales en dehors.
— musculeuse (— circulaires en dedans.
— interne : muqueuse avec nombreuses glandes.
Présence — de *villosités* et de *valvules conniventes* sur la muqueuse.
de follicules clos et de plaques de Peyer dans la sous-muqueuse.

Gros intestin

Région — *Cœcum* terminé par appendice vermiculaire.
Côlon (ascendant, transverse, descendant).
Rectum terminé par anus.
Structure générale presque semblable à celle de l'intestin grêle.

Péritoine

Séreuse à deux feuillets — feuillet pariétal étalé sur l'abdomen.
— viscéral étalé sur la partie intra-abdominale du tube digestif.

II
Glandes digestives

Glandes salivaires

Parotides (canal excréteur de Stenon).
Sous-maxillaires (canal excréteur de Warthon).
Sublinguales (canaux excréteurs de Rivinus).

Glandes stomacales

Glandes en tubes, à pepsine, dans la région cardiaque.
— en grappes, à mucus — pylorique.

Pancréas

Canal excréteur de Wirsung aboutissant à l'ampoule de Vater, qui reçoit également le canal cholédoque venant du foie.
Canal accessoire.

Appareil digestif (*suite*)

II Glandes digestives (*suite*)

Foie

Glande volumineuse de 1.500 grammes.

Forme irrégulière — Face supérieure, lisse et concave. Face inférieure divisée en 4 lobes par 3 sillons en H : *Lobe droit* et *lobe gauche. Lobe carré* en avant et *lobe de Spiegel* en arrière.

Vaisseaux — Artère hépatique et veine sus-hépatique. Veine porte.

Canaux — Canalicules biliaires forment canal hépatique. Division du canal hépatique en : *canal cystique* qui se rend à la vésicule biliaire. *canal cholédoque* qui se rend à l'ampoule de Vater.

Constitution du lobule hépatique — *Espaces de Kierman* dans le tissu conjonctif séparant plusieurs lobules, renferment les ramifications de l'artère hépatique, de la veine porte et les canalicules biliaires. *Réseau vasculaire*, artériel et veineux, et *canalicules biliaires* autour des lobules. Cellules hépatiques en files rayonnantes à l'intérieur. Veinule sus-hépatique au centre.

Glandes intestinales — Glandes en tubes de Lieberkühn sur toute la surface de l'intestin grêle. — en grappes de Brünner localisées dans le duodénum.

Digestion

I Aliments

Aliments minéraux — Eau. Chlorures. Phosphates et carbonates. Fer.

Aliments organiques — aliments ternaires C, H, O, : Graisses : éthers. Hydrates de carbone : Amidon $C^6H^{10}O^5$. Glucose $C^6H^{12}O^6$. Saccharose $C^{12}H^{22}O^{11}$. aliments quaternaires : Matières albuminoïdes. C, H, O, Az.

Nécessité d'une alimentation mixte : graisse ou hydrates de carbone (*aliments respiratoires*). matières albuminoïdes (*aliments plastiques*).

II Phénomènes mécaniques et chimiques de la digestion

Mastication par les dents.

Insalivation
- Salive parotidienne : fluide (aide à la mastication).
- Salive sous-maxillaire : visqueuse (aide à la gustation).
- Salive sublinguale : sirupeuse (aide à la déglutition).

Salive mixte, par sa *ptyaline*, transforme l'amidon cuit en *glucose*.

Déglutition : Passage du bol alimentaire à travers le pharynx pour descendre dans l'œsophage et l'estomac.

Digestion stomacale — Suc gastrique agit par
- sa *pepsine* sur les viandes qu'il transforme en *pepto nes* soluble et assimilables.
- sa *présure* ou lab sur le lait qu'il coagule.
- son, HCl, qui facilite l'action de la pepsine et de plus est antiseptique.

Digestion intestinale

Suc pancréatique agit par
- sa *trypsine*, qui continue et complète l'action de la pepsine.
- son *amylopsine*, qui continue l'action de la ptyaline.
- sa *saponase* ou *lipase*, qui saponifie et émulsionne les corps gras.

Bile agit par
- sa réaction alcaline qui favorise l'action du suc pancréatique.
- son action émulsionnante sur les corps gras.
- — antiseptique.

Suc intestinal agit par son *invertine*, qui intervertit les saccharoses et les transform en glucoses.

Composition du chyle
- Substances nutritives seront absorbées.
  - Glucoses provenant des hydrates de carbone.
  - Peptones — matières albuminoïdes.
  - Graisses émulsionnées ou dissoutes.
- Déchets non nutritifs seront rejetés au dehors.

L'ABSORPTION ALIMENTAIRE

L'absorption a pour but le passage des produits nutritifs solubles et assimilables à travers la muqueuse du tube digestif jusque dans le sang.

Par où se fait l'absorption? — Les différentes parties du tube digestif sont loin de posséder les mêmes propriétés d'absorption. Sans insiter sur l'absorption par la muqueuse buccale, puisque les aliments ne séjournent pas en son contact, on peut se demander si l'absorption peut se faire par l'estomac.

Les expériences faites sur les animaux semblent montrer que cette absorption est peu active. Ainsi, si l'on introduit dans l'estomac d'un cheval, après ligature du pylore, une solution de *strychnine*, poison très violent, le cheval n'est pas incommodé, ce qui prouve que la strychnine ne passe pas dans le sang, c'est-à-dire que la muqueuse stomacale n'absorbe pas. Dès qu'on enlève la ligature, le cheval, au contraire, a des mouvements convulsifs et ne tarde pas à périr ; l'absorption est donc active dans l'intestin grêle.

La muqueuse intestinale est hérissée de petites saillies ou villosités qui lui donnent un aspect velouté, au centre desquelles, comme nous l'avons vu, existe un tube fermé, véritable poil absorbant qui se continue avec de fins vaisseaux appelés *vaisseaux chylifères*, lesquels cheminent à la surface de l'intestin grêle. Tout autour sont des vaisseaux sanguins, également organes d'absorption, qui se réunissent à la sortie en un gros tronc appelé *veine porte*.

Les villosités intestinales (*fig.* 77) sont recouvertes par un épithélium formé d'une seule couche de cellules cylindriques pouvant émettre par leur surface libre de fins prolongements protoplasmiques qui se comportent comme des pseudopodes d'amibe ; on évalue le nombre de ces villosités à dix millions.

L'absorption de l'eau, des sels, des glucoses et des peptones se fait par les capillaires sanguins de l'intestin.

L'eau et les **sels solubles**, les **glucoses** provenant des hydrates de carbone et les **peptones** provenant des matières albuminoïdes sont facilement et rapidement absorbés. Cette absorption se fait par les capillaires sanguins qui sont dans les villosités. On constate, en effet, une augmentation notable de ces substances dans le sang de la veine porte pendant la digestion.

Le mécanisme de cette absorption s'explique facilement par le phénomène que l'on appelle **osmose.**

On peut en avoir une très brève idée à l'aide de l'appareil, — facile à construire —, représenté par la figure 99 et connu sous le nom d'*osmomètre de Dutrochet*. Il se compose d'un tube élargi dans le bas et dont l'ouverture inférieure a été obturée par une **membrane de parchemin**. A l'intérieur, on verse de l'eau albumineuse, eau dans laquelle on a battu du blanc d'œuf pour rappeler le protoplasma cellulaire, puis on plonge la partie inférieure du tube dans l'eau sucrée. Au bout de peu de temps l'eau sucrée traverse par **osmose** la membrane et pénètre dans le tube, ce qu'il est facile de constater par le niveau de l'eau albumineuse, qui s'élève peu à peu dans son intérieur.

De cette expérience nous concluons que le liquide visqueux interne (*matière colloïde*) traverse moins vite la membrane que ne le fait le liquide plus fluide extérieur (*matière cristalloïde*). De même, le sang plus épais, de nature colloïde, s'enrichit aux dépens des liquides plus fluides, de nature cristalloïde, contenus dans l'intestin (purgation saline).

Les corps, qui, comme l'alcool, rendent plus fluide le liquide intestinal, favorisent son absorption ; ceux au contraire qui, comme les purgatifs salins (sels de magnésie, de sodium), le rendent plus visqueux, attirent l'eau du sang, lorsqu'ils sont pris en assez grande quantité, et provoquent une évacuation générale (purgation saline).

L'absorption des graisses se fait par les chylifères. — Les **graisses** sont absorbées par une autre voie. Si l'on ouvre, en effet, le ventre d'un animal en pleine digestion, on voit que la muqueuse intestinale est blanche, opaque et gonflée au niveau des villosités qui sont bourrées de corpuscules graisseux ; ces corpuscules ont été absorbés par les prolongements protoplasmiques émis par les cellules épithéliales de l'intestin à la façon des pseudopodes d'une amibe ; de là, ils vont passer dans les **chylifères centraux** et gagner peu à peu leurs ramifications qui courent à la surface de l'intestin.

Les chylifères constituent donc la voie principale d'absorption des graisses.

Voies suivies par les matières absorbées pour arriver au cœur. — Les substances absorbées arrivent au cœur, soit par la *veine porte*, soit par les *chylifères* (*fig.* 90).

La **veine porte** est formée par la réunion des *capillaires de l'estomac*, *de l'intestin*, de la *rate* et du *pancréas* et, au lieu de se rendre directement au cœur ou dans un vaisseau plus important comme les autres veines, elle **se ramifie de nouveau dans le foie ;** elle **constitue** donc un tube présentant des ramifications à ses deux extrémités ; c'est ce qu'on appelle en anatomie un **sys tème porte,** d'où le nom donné à cette veine.

L'eau, les sels, le glucose et les peptones absorbés par les racines de la veine porte traversent donc le foie avant d'être livrés à la circulation générale ; après un séjour variable dans cette glande où ils subissent des transformations que nous étudierons ultérieurement, ces matières sont déversées par les *veines sus-hépatiques* dans la **veine cave inférieure** et de là conduites au **cœur.**

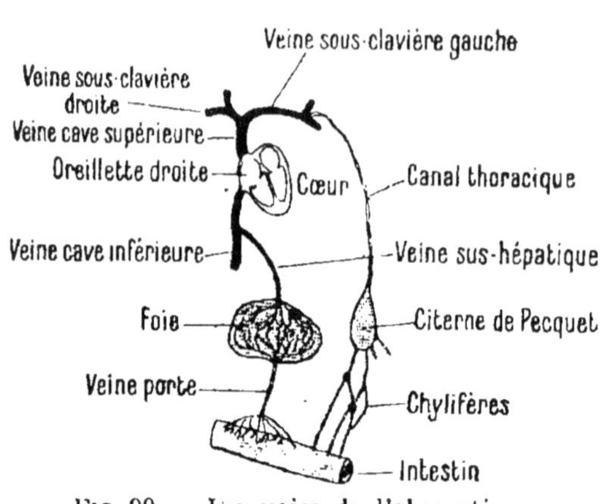

Fig. 90. — Les voies de l'absorption.

Les graisses absorbées par les chylifères sont au contraire déversées directement dans la circulation générale ; les chylifères se réunissent en quelques troncs qui vont porter le contenu dans un canal qui court le long de la colonne vertébrale et qui s'appelle **canal thoracique.** Ce canal est terminé à la partie inférieure par une ampoule appelée *citerne de Pecquet* ; il déverse directement son contenu dans la *veine sous-clavière gauche,* qui se rend au *cœur* par l'intermédiaire de la **veine cave supérieure.**

Les deux veines caves, en même temps qu'elles amènent au cœur le sang noir des différentes parties du corps, y apportent donc encore les éléments nutritifs fournis par les aliments.

TABLEAU SYNOPTIQUE DE L'ABSORPTION ALIMENTAIRE

L'absorption alimentaire se fait surtout par
- les ramifications de la veine porte.
- les vaisseaux chylifères.

Substances absorbées par la veine porte
- Eau.
- Sels solubles.
- Glucoses.
- Peptones.

Mécanisme de cette absorption basé sur l'expérience de Dutrochet.

Substances absorbées par les chylifères : graisses.

Voies suivies par les matières absorbées pour arriver au cœur
- Les *substances absorbées par la veine porte* passent dans le foie et de là sont transportées au cœur par les veines sus-hépatiques et la veine cave inférieure.
- Les *graisses* sont amenées par les chylifères dans le canal thoracique qui se déverse dans la veine sous-clavière gauche, et sont transportées au cœur par la veine cave supérieure.

TRAVAUX PRATIQUES RELATIFS
A L'APPAREIL DIGESTIF ET A LA DIGESTION

Appareil digestif. — *a*) Disséquer le tube digestif d'un lapin

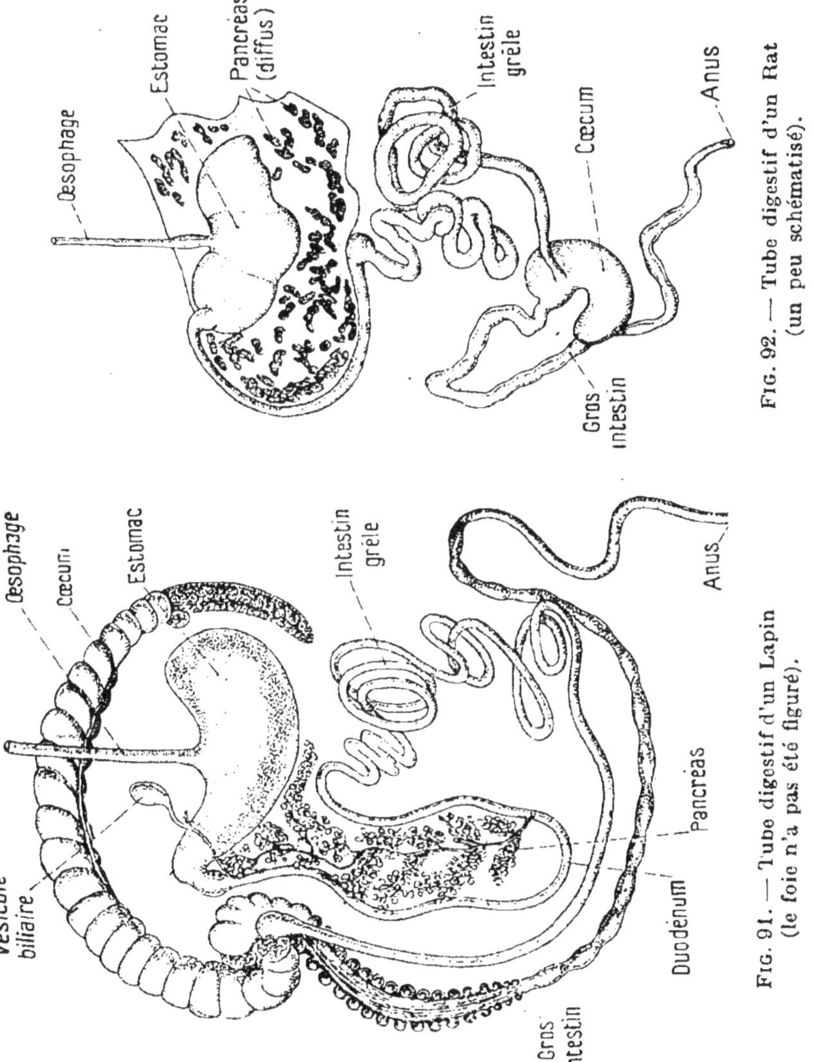

FIG. 92. — Tube digestif d'un Rat (un peu schématisé).

FIG. 91. — Tube digestif d'un Lapin (le foie n'a pas été figuré).

(*fig.* 91), d'un chat, d'un chien, d'un rat (*fig.* 92), pour en voir la constitution.

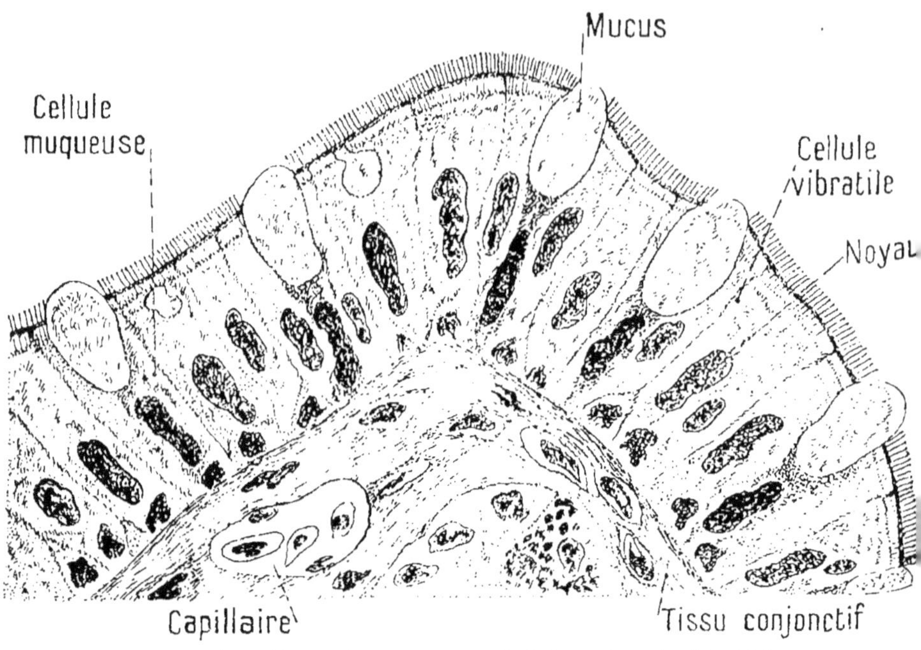

FIG. 93. — Coupe d'un œsophage de Triton (grossie 700 fois).

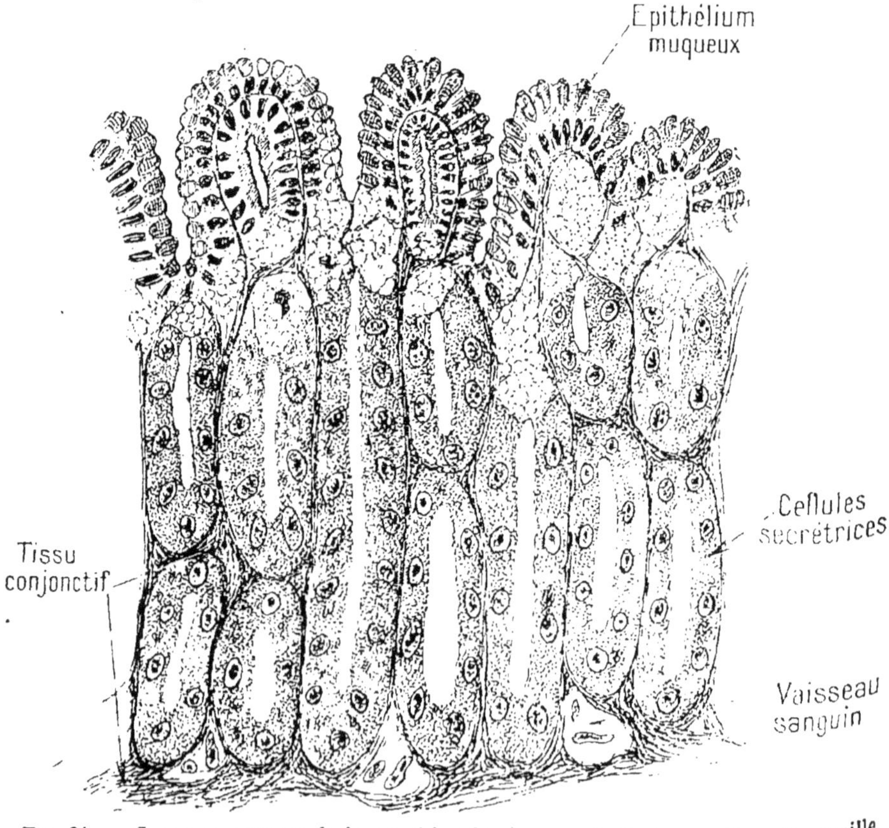

FIG. 94. — Coupe en travers de la paroi la plus interne de l'estomac d'une Grenouille du genre *Alytes* (grossie 400 fois).

b) Examiner les dents sur les squelettes de la collection de l'Ecole normale.

c) Examiner les dents sur soi-même ou sur un camarade.

e) Examiner un estomac de porc, que l'on se procure dans les abattoirs[1] et qui est très analogue à celui de l'homme.

f) Examiner, au microscope, des coupes toutes faites d'œsophage (*fig.* 93), d'estomac (*fig.* 94), d'intestin (*fig.* 95), de foie (*fig.* 96), de pancréas, de glandes salivaires (*fig.* 97), de dents.

g) Examiner, au microscope, des coupes toutes faites des gencives d'un embryon de mammifère pour voir les diverses stades de la formation des dents (*fig.* 98).

h) Examiner les diverses parties d'un foie acheté dans une boucherie.

i) Examiner la dentition de divers animaux sur les crânes de la collection.

Digestion. —
a) Ouvrir les estomacs des animaux disséqués, en examiner le contenu et constater, avec du papier de tournesol bleu, qu'il est acide (le papier rougit).

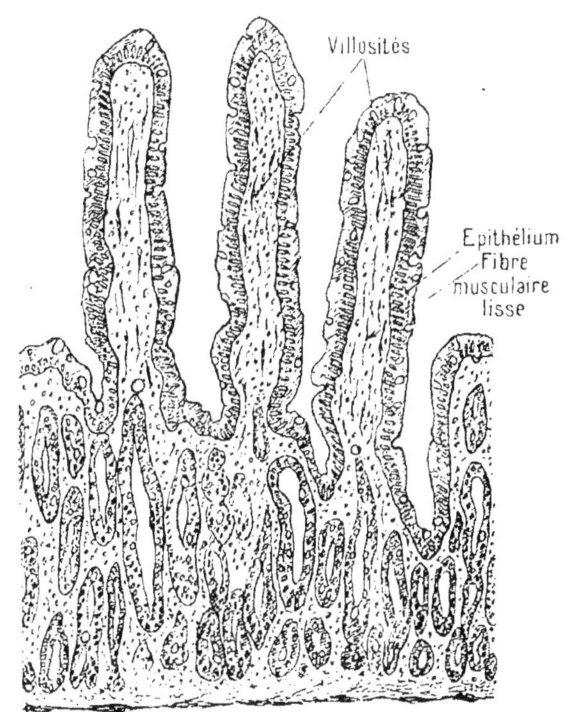

FIG. 95. — Coupe en travers de la couche la plus interne (muqueuse) de l'intestin grêle d'un Chien (grossie 250 fois).

b) Faire de l'empois d'amidon presque liquide avec de la fécule de pomme de terre et de l'eau. Laisser refroidir. En prélever une partie et constater : 1° qu'additionné de quelques gouttes d'eau iodée, le liquide se colore en bleu (ce qui indique

---

1. Les estomacs de ruminants sont trop différents du nôtre pour être examinés ici. Leur étude est, au contraire, intéressante à propos du groupe des Ruminants.

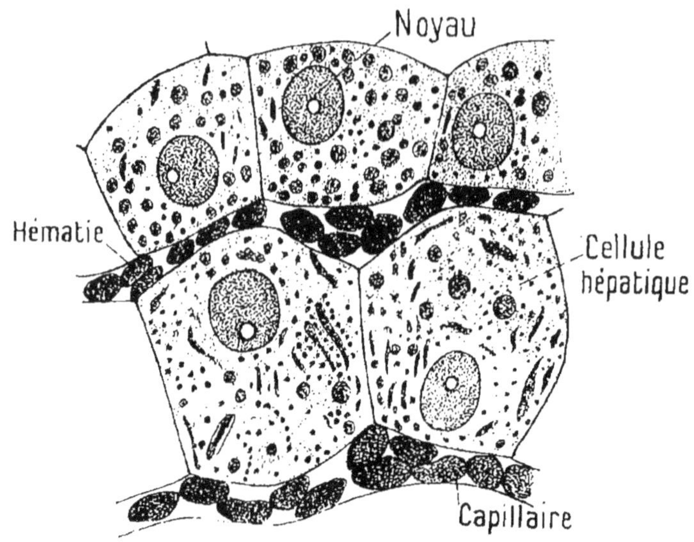

Fig. 96. — Fragment d'une coupe dans un foie de Chien (grossi 1.500 fois).

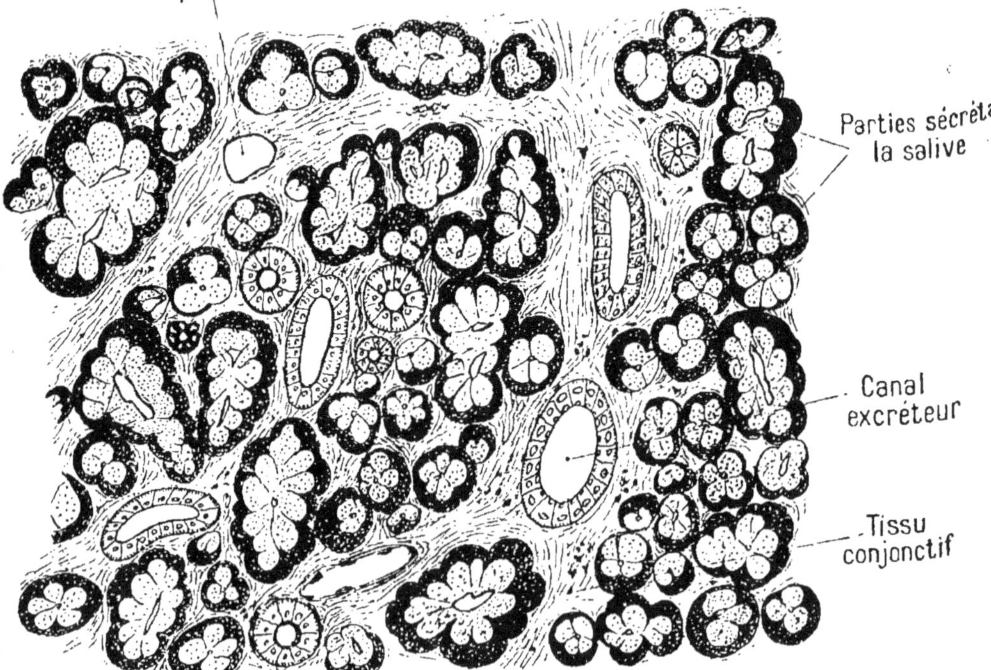

Fig. 97. — Coupe en travers d'une glande salivaire (glande sous-maxillaire
d'un Mouton) (grossie 125 fois).

qu'il contient de l'amidon) ; 2° que, bouilli, dans un tube à essai, avec un peu de liqueur cupro-potassique (*liqueur de Fehling*), il ne donne pas un précipité rouge, ce qui indique qu'il ne renferme pas de sucre réducteur. — Ajouter au liquide restant de *l'amylase*. De temps en temps, en prélever et faire les essais par l'iode et la liqueur de Fehling. Finalement, le liquide ne se colore plus en bleu par l'iode, ce qui indique qu'il ne renferme plus d'amidon, et donne un précipité rouge avec la liqueur de Fehling, ce qui indique qu'il contient un sucre réducteur (maltose). Conclusion : sous l'influence de l'amylase, diastase identique à celle de la salive, l'amidon a été transformé en sucre.

A noter que cette expérience peut être faite à la température du laboratoire, mais alors les résultats sont longs à se manifester. En mettant les vases à expériences dans une étuve à 40° ou, ce qui est plus simple, au bain-marie à environ 40°, les résultats peuvent se constater au bout d'une demi-heure ou même moins.

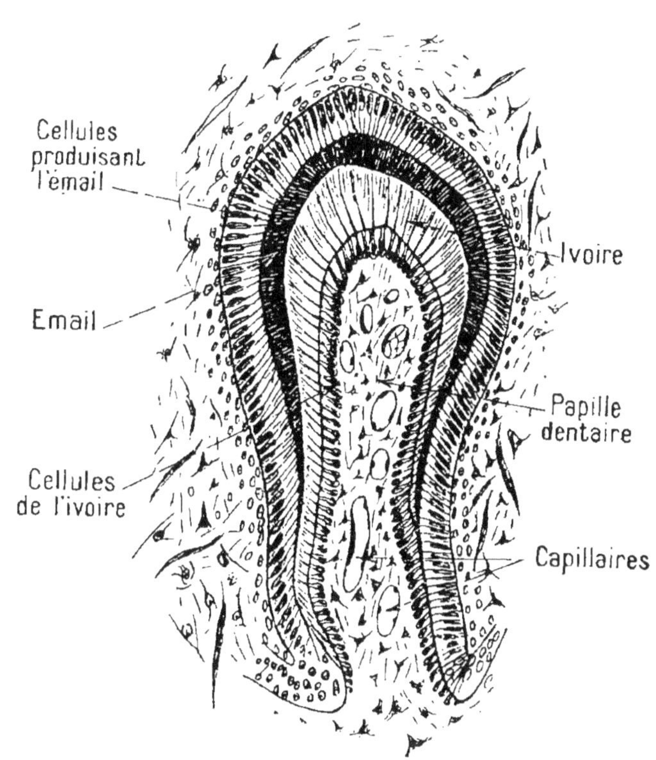

Fig. 98. — Coupe d'une jeune dent en voie de formation d'un Cochon d'Inde (grossie 450 fois).

c) Ajouter un peu de présure à du lait et constater qu'il se coagule ;

d) Dans le blanc d'un œuf dur, découper, au rasoir, de petits cubes aux arêtes bien nettes. Les mettre dans de l'eau, légèrement acidulée avec de l'acide chlorhydrique et ajouter un peu de *pepsine*. Constater qu'au bout de quelques heures (mettre, autant que possible, à l'étuve réglée entre 35° et 40°

ou au bain-marie) les arêtes des cubes se sont émoussées, ce qui indique qu'elles ont été attaquées par la pepsine.

e) Faire des expériences avec l'*osmomètre de Dutrochet* (*fig.* 99), la partie évasée du tube étant obturée avec un morceau de vessie de porc. Procéder comme il est dit page 99 ou, plus simplement, mettre dans l'osmomètre, de l'eau sucrée et le plonger dans de l'eau pure ; le niveau du liquide dans le tube ne tarde pas à s'élever.

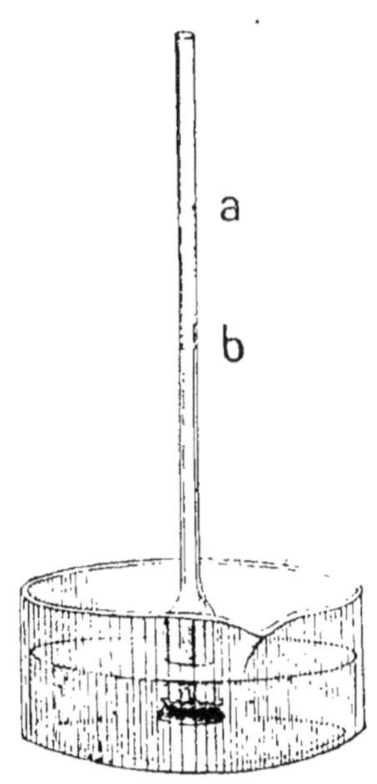

FIG. 99. — Osmomètre de Dutrochet.
Le liquide, d'abord en *b*, monte ensuite en *a*.

L'APPAREIL RESPIRATOIRE ET LA RESPIRATION

Évolution de l'appareil respiratoire dans la série animale

Tous les êtres vivants respirent, c'est-à-dire absorbent de l'oxygène et exhalent du gaz carbonique. La **respiration** comprend l'ensemble des *échanges gazeux* qui se produisent entre les êtres vivants et le milieu extérieur.

Chez les animaux inférieurs, *Protozoaires, Spongiaires, Cœlentérés, Échinodermes,* les tissus puisent directement l'oxygène dans le milieu où ils sont plongés ; il n'y a donc pas d'organes spéciaux pour la respiration. Mais chez les animaux plus élevés, *Vers, Arthropodes, Mollusques* et *Vertébrés,* les échanges gazeux se font par l'intermédiaire du sang, qui porte l'oxygène pris au dehors dans tous les tissus et qui reçoit le gaz carbonique produit par les combustions. L'absorption d'oxygène par le sang et le rejet du gaz carbonique se produisent au niveau d'organes spéciaux, qui constituent l'**appareil respiratoire**.

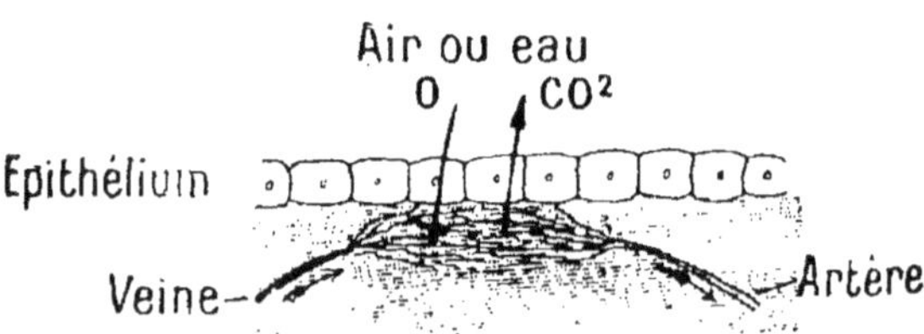

FIG. 100. — Schéma de la respiration cutanée.

Respiration cutanée. — L'appareil respiratoire le plus simple (*fig.* 100) est constitué par une membrane de nature épithéliale, séparant le milieu extérieur (air ou eau) qui contient l'oxygène, du sang qui va absorber cet oxygène et rejeter le gaz carbonique. Tantôt le sang baigne directement cette membrane, comme c'est le cas lorsque la *circulation est lacunaire*, c'est-à-dire lorsque le sang envoyé par l'aorte se distribue dans toutes les cavités du corps sans y être conduit par des vaisseaux ; tantôt il en est séparé par des cellules minces et aplaties qui constituent les parois des capillaires sanguins (*circulation fermée*). Dans les deux cas, la membrane épithéliale se laisse facilement traverser par les gaz, d'autant plus facilement qu'elle est moins épaisse ; de la sorte, le sang, plus riche en gaz carbonique que le milieu extérieur, laisse échapper une partie de ce gaz au dehors, tandis que, par compensation, il prend de l'oxygène à l'air ou à l'eau, qui en renferme davantage que lui et se transforme ainsi en sang rouge ou artériel.

Ce mode de respiration, le plus simple de tous, peut se faire à travers la peau et cela d'autant mieux que celle-ci est nue et peu épaisse ; c'est la **respiration cutanée.**

Cette respiration cutanée est la seule qui existe chez les *Vers parasites* ; elle est d'une importance capitale chez la Grenouille et les *Batraciens* en général qui

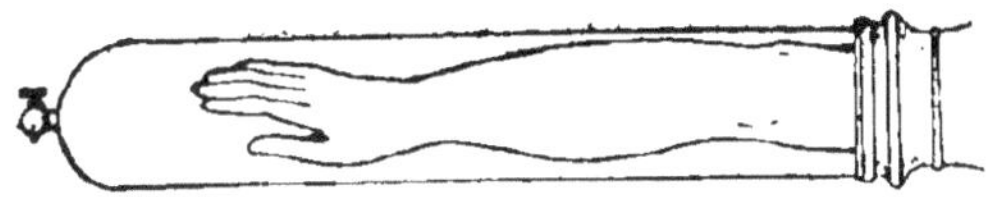

FIG. 101. — Dispositif pour étudier les échanges gazeux d'une partie du corps.

peuvent vivre plusieurs heures avec la bouche fermée, c'est-à-dire sans respiration pulmonaire ; elle n'est pas non plus négligeable chez l'*Homme*, ni chez les *Mammifères* en général. Pour le constater, il suffit d'enfermer le bras dans un manchon en caoutchouc (*fig.* 101) et d'analyser l'air qu'il contient après quelques heures ; il manque de l'oxygène et il y a en excès de l'acide carbonique. C'est ce qui explique la mort causée par les *brûlures* étendues à la presque totalité du corps ; la peau ayant disparu, la respiration cutanée ne peut plus s'effectuer.

Mais si la respiration cutanée joue un rôle qui n'est pas à négliger chez certains animaux, elle ne saurait suffire, à elle seule, à fournir tout l'oxygène nécessaire à transformer le sang noir en sang rouge ; d'ailleurs, chez les animaux qui ont le corps protégé par des écailles (*Poissons*, *Reptiles*) ou par un vernis chitineux (*Arthropodes*), elle ne peut pas s'effectuer ; il faut donc, en plus de la respiration cutanée, une respiration supplémentaire s'effectuant au moyen d'un appareil plus spécialement adapté à cette fonction.

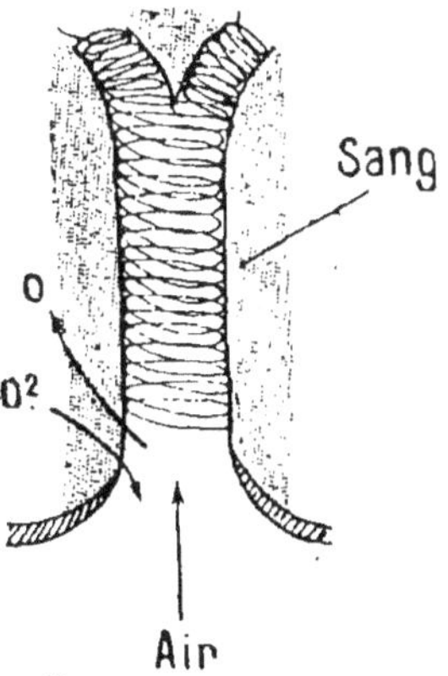

Respiration trachéenne. — Chez les *Insectes* qui sont entourés d'une carapace protectrice chitineuse, l'appareil respiratoire est constitué par des **trachées** qui ne sont autre chose que des dépressions de l'épiderme, constituant des tubes qui amènent l'air dans le corps de l'animal. Les échanges gazeux, ne pouvant se faire à travers la carapace chitineuse, se feront à travers ces tubes autour desquels se trouve le sang, la circulation étant ici lacunaire ; c'est en somme une adaptation spéciale de la respiration cutanée. Une trachée se compose de deux enveloppes : une mince, qui constitue le tube séparant l'air du sang, et une plus forte de nature chitineuse non continue, enroulée en spirale, qui maintient la trachée béante pour que l'air puisse y pénétrer (*fig.* 102).

FIG. 102. — Schéma de la respiration trachéenne.

On peut comparer la trachée à un tube de baudruche, qui représenterait la membrane externe ; une spirale en fil de fer donnant à la baudruche sa forme cylindrique représenterait la membrane chitineuse interne.

De la sorte, les échanges gazeux peuvent se faire entre les spirales de chitine, là où l'air et le sang ne sont séparés que par une membrane mince.

Ces trachées s'ouvrent à l'extérieur par des *stigmates* entourées de cadres chitineux, et se ramifient de diverses façons à l'intérieur de l'animal ; elles sont distribuées sur tout le corps mais principalement sur les anneaux de l'abdomen. Elles constituent, en somme, une adaptation particulière de la respiration cutanée.

Respiration branchiale. — Chez les *animaux aquatiques* dont le corps est recouvert d'une carapace calcaire (*Crustacés*) ou protégé par des écailles (*Poissons*), l'appareil respiratoire doit être différent.

Au lieu d'être généralisé et d'être distribué sur toutes les parties du corps, il sera localisé en des points déterminés. On le trouvera le plus souvent autour de la tête, comme chez les Poissons ; dans tous les cas, *il sera très rapproché du cœur*. Sa localisation entraîne la disparition des lacunes, et la présence d'un *appareil circulatoire clos ;* le sang lui sera amené par des vaisseaux capillaires à travers la membrane desquels pourront se faire les échanges gazeux (*fig.* 103). Mais cet appareil respiratoire localisé occupera une place forcément limitée ; pour que la *surface respiratoire* soit néanmoins assez étendue, il faudra que la membrane se plisse de différentes façons : lorsque la membrane fait saillie extérieurement avant de se plisser, elle constitue une **branchie**.

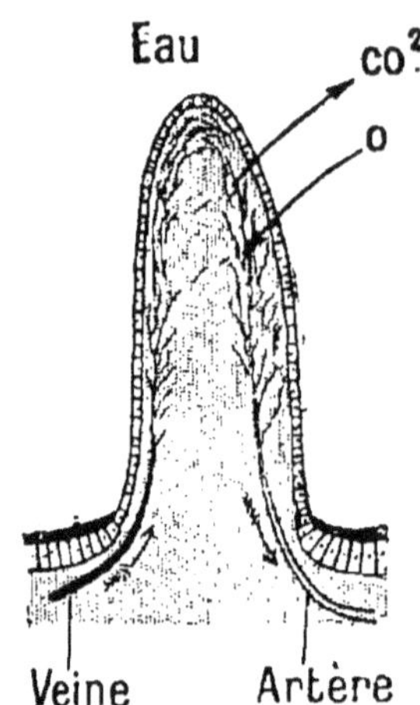

Fig. 103. — Schéma de la respiration à l'aide d'une branchie.

Les branchies peuvent avoir la forme de **houppes** situées autour de la tête comme chez les *Vers tubicoles*, qui ont le corps enfermé dans des tubes calcaires, comme chez les jeunes grenouilles ou *Têtards ;* ou encore la forme de **plumes**, comme chez les *Vers* (*fig.* 104), l'axe étant occupé par les vaisseaux sanguins (artère et veine branchiales), ou

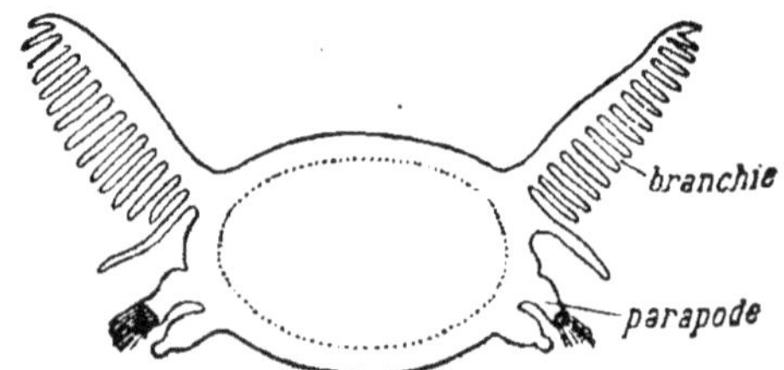

Fig. 104. — Coupe transversale d'un Annélide marin (grossi 10 fois).

encore la forme **lamelleuse**, comme chez les *Poissons* (*fig.* 561).

Chez ces derniers animaux, les branchies sont portées par des arcs osseux (*arcs branchiaux*), qui limitent des fentes s'ouvrant dans l'œsophage (*fig.* 105). Chaque arc branchial porte une double série de lamelles, à l'intérieur desquelles se ramifie l'artère branchiale qui amène le sang noir du cœur ; ce sang, en contact avec l'oxygène dissous dans l'eau, devient rouge et revient à l'aorte par la veine branchiale.

Le renouvellement de l'eau au contact des branchies se fait par des *mouvements de déglutition* ; l'eau entre par la bouche et sort par les *ouïes* situées en arrière de l'*opercule* ou plaque qui recouvre les branchies.

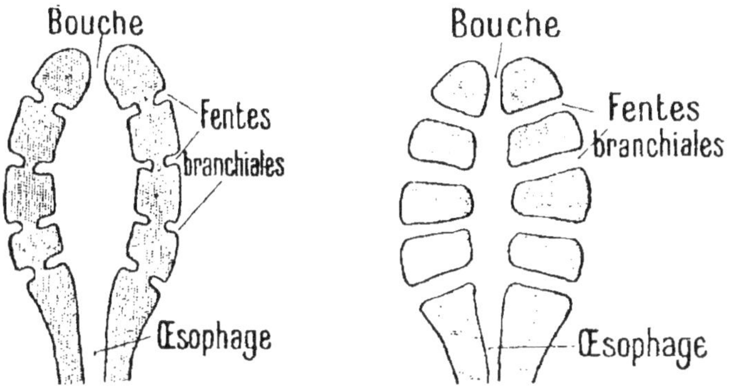

Fig. 105. — Développement des fentes branchiales chez les Poissons.

Respiration pulmonaire. — Lorsque la membrane respiratoire forme une poche dans le corps, elle constitue une cavité appelée **poumon** (*fig.* 106 et 107), adaptée spécialement à la respiration aérienne. Par suite, tandis que la branchie est extérieure et flotte dans l'eau, le poumon est intérieur et reçoit l'air par des tubes ramifiés (*trachées et bronches*).

On conçoit sans peine qu'il doit en être ainsi chez les animaux aériens, car, pour que la membrane respiratoire laisse traverser les gaz, il faut qu'elle soit humide ; or, une poche extérieure plongeant dans l'air serait vite desséchée et très rapidement ne pourrait plus remplir ses fonctions.

D'autre part, le sang, au contact de cette poche parcheminée, perdrait de l'eau et sa concentration deviendrait bientôt si considérable que la circulation en serait gênée.

Les membranes respiratoires internes ou **Poumons** sont donc indispensables à la respiration aérienne. Comme les branchies, les poumons sont localisés et supposent un *appareil circulatoire clos*. Les poches pulmonaires, étant relativement petites, doivent naturellement *se plisser* et se *gaufrer* pour augmenter la surface respiratoire, cela d'autant plus que le sang absorbe l'oxygène en quantité plus considérable. Ainsi chez les *Batraciens* et les *Reptiles*, animaux à sang froid, les oxydations étant des plus réduites, les *poumons sont de simples sacs* (*fig.* 604) ; chez les *Oiseaux*, ceux-ci portent des prolongements extérieurs appelés *sacs aériens* (*fig.* 624), et chez les *Mammifères*, à respiration plus active encore, les poumons sont constitués par une

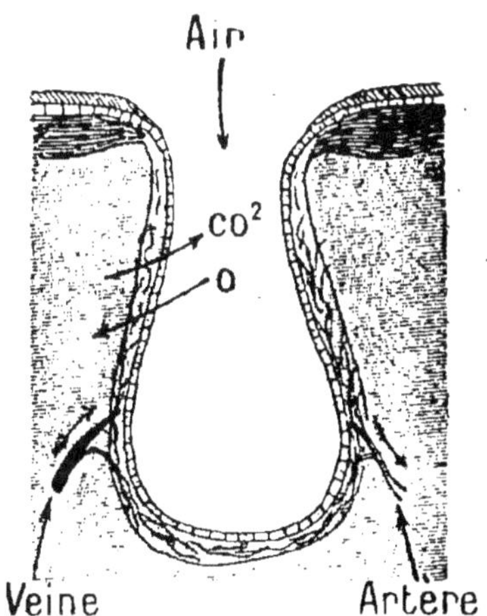

Fig. 106. — Schéma de la respiration à l'aide d'un poumon.

infinité de petits **sacs ou lobules pulmonaires** (*fig.* 108), dont chacun d'eux est analogue au poumon entier de la grenouille ; ce lobule pulmonaire communique avec une division bronchique qui lui amène l'air, et sa cavité est elle-même divisée en petits compartiments ou *alvéoles* ; sa surface est tapissée par un épithélium plat au-dessous duquel se trouve un riche réseau de capillaires sanguins.

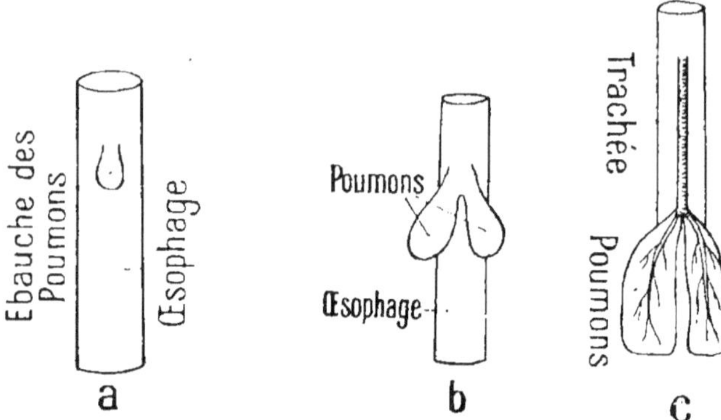

Fig. 107. — Développement des poumons.

De la sorte le poumon réalise une vaste surface où l'air extérieur vient se mettre en contact avec une nappe sanguine très mince, mais très étendue. On évalue, chez l'homme, le développement de la surface respiratoire à 200 mètres carrés ; la nappe sanguine en occupe les trois quarts, soit 150 mètres carrés, ce qui correspond environ à 1 litre de sang. On voit dans ces conditions, eu égard à la grande vitesse du sang dans les capillaires, quelle est l'intensité des oxydations.

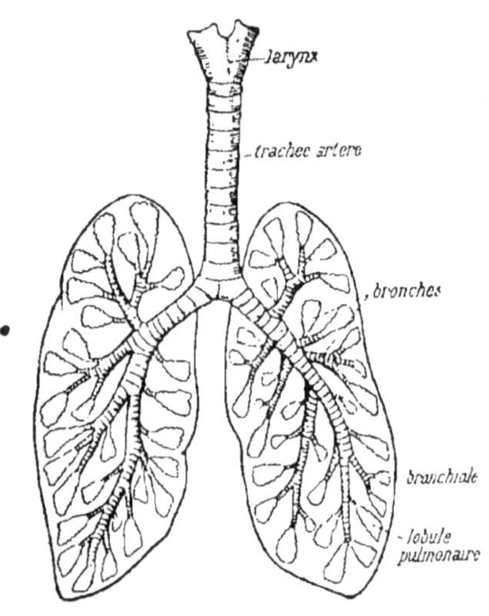

Fig. 108. — Schéma d'ensemble de l'appareil respiratoire de l'homme.

En résumé, dans la *respiration cutanée* et la *respiration trachéenne*, qui n'en est en somme qu'une modification, la membrane respiratoire plonge dans l'air ; dans la *respiration branchiale*, le sang va dans les branchies au-devant de l'air dissous dans l'eau ambiante, tandis que, dans la *respiration pulmonaire*, l'air et le sang vont au-devant l'un de l'autre, jusque dans les poumons.

Mais si le mécanisme de la respiration varie avec les animaux, cela tient à une constitution et à un genre de vie différents ; la respiration, elle, ne **varie pas** et, dans tous les cas, consiste, aussi bien chez les végétaux que chez les animaux, en une absorption d'oxygène et un rejet de gaz carbonique, qui se produit constamment et qui caractérise la vie.

L'appareil respiratoire de l'homme

L'appareil respiratoire de l'homme (*fig.* 65) a pour organes essentiels deux **poumons** recevant l'air extérieur par un long conduit connu sous le nom de **conduit aérifère.**

Le **conduit aérifère** comprend à son origine les *fosses nasales* et accessoirement la *bouche;* plus loin, il est formé successivement par le *pharynx,* le *larynx,* la *trachée* et les *branches.*

De ces différents segments du conduit aérifère, la *bouche* et le *pharynx* nous sont déjà connus ; les *fosses nasales* seront étudiées plus loin ; nous n'avons donc pour l'instant qu'à décrire le *larynx,* la *trachée* et les *bronches.*

Larynx. — Le larynx ou *organe de la voix* est constitué par la partie supérieure de la trachée-artère dilatée. Il est formé par le *cartilage thyroïde* ou *pomme d'Adam* qui repose sur le *cartilage cricoïde,* lequel porte en arrière les *cartilages aryténoïdes* (*fig.* 109). Le larynx est fermé par l'*épiglotte* pendant la déglutition.

Trachée-artère. — La trachée-artère (*fig.* 109) ou plus simplement *trachée* est un conduit béant qui se trouve compris entre l'extrémité inférieure du larynx et l'origine des bronches. Ce

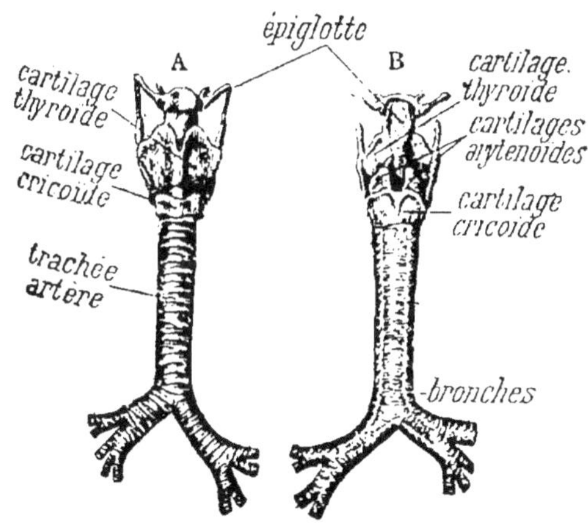

FIG. 109. — Trachée-artère.
A, face antérieure ; — B, face postérieure.

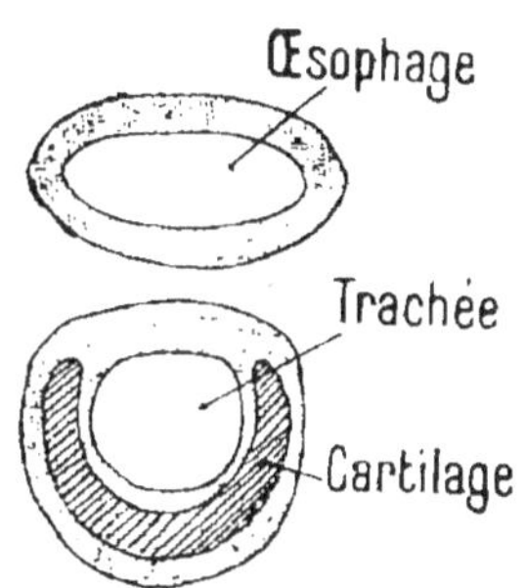

FIG. 110. — Coupe en travers passant à la fois par l'œsophage et la trachée pour montrer leur position relative.

conduit, d'une longueur de 12 centimètres environ, descend verticalement le long du cou, en avant de l'œsophage ; depuis son origine jusqu'à sa bifurcation, il suit un trajet assez régulièrement rectiligne

a) *Constitution.* — La trachée est formée par une série **d'anneaux cartilagineux,** incomplets en arrière (*fig.* 110), destinés à maintenir ce conduit béant. Ces anneaux sont au nombre de 16 ; le dernier a une disposition spéciale : son bord inférieur se porte en bas et en arrière en forme d'*éperon*, de sorte que son bord supérieur forme le dernier anneau de la trachée, tandis que ses bords latéraux constituent le premier anneau des bronches.

b) *Structure.* — La paroi de la trachée (*fig.* 111) est constituée par une **enveloppe fibreuse** qui s'étend sur toute la longueur de la trachée et se *dédouble* au niveau des anneaux cartilagineux pour les recevoir, ce qui naturellement augmente son épaisseur en ces points.

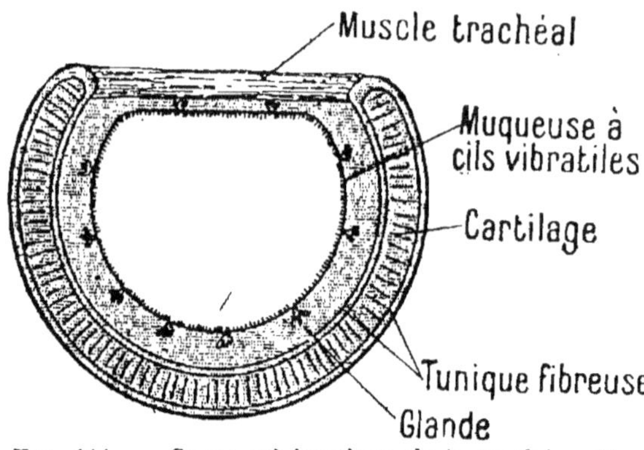

FIG. 111. — Coupe schématique de la trachée-artère (grandeur presque naturelle).

Les **anneaux cartilagineux**, incomplets en arrière, n'entourent pas la trachée d'une façon complète ; ils occupent seulement sa face antérieure et ses faces latérales. La face postérieure est aplatie et uniquement formée par la membrane fibreuse, doublée intérieurement par des *fibres musculaires blanchâtres*, qui réunissent en arrière les bords des cartilages. Ces fibres, qui constituent le *muscle trachéal*, peuvent par leur contraction rétrécir transversalement le canal aérien et, d'autre part, ne s'opposent pas, comme le feraient des cartilages, à la descente du bol alimentaire dans l'œsophage.

Toute la trachée est revêtue intérieurement par une **muqueuse** à *épithélium stratifié*, dont les cellules superficielles, semblables à celles qui tapissent les fosses nasales, sont *cylindriques* et pourvues de *cils vibratiles* destinés à rejeter vers l'extérieur les poussières introduites dans les voies respiratoires. Dans l'épaisseur de la muqueuse se trouvent des *glandes en grappes* sécrétant un *mucus*.

Bronches. — Les bronches sont deux tubes étendus de la bifurcation de la trachée aux poumons ; elles sont obliques en bas et en dehors. La longueur de la bronche gauche est de 5 à 6 centimètres ; celle du côté droit est un peu plus courte, elle n'a que 2 à 3 centimètres, mais par contre son diamètre est plus grand.

Comme la trachée, les bronches sont cylindriques en avant et aplaties en arrière ; elles ont exactement la même *structure* que la trachée.

L'endroit où elles pénètrent dans le poumon prend le nom de **hile** : il est situé à égale distance du sommet et de la base et donne attache au *pédicule pulmonaire* formé par les vaisseaux bronchiques.

En pénétrant dans le hile, la bronche gauche se divise en deux branches qui pénètrent dans les deux lobes situés du même côté, tandis que la bronche droite se divise en trois, pour les trois lobes du poumon droit. Chaque division bronchique s'enfonce dans le lobe correspondant et se subdivise en un grand nombre de rameaux appelés **bronches secondaires.** Ces bronches secondaires deviennent.de plus en plus étroites et se terminent dans de petites masses appelées **lobules pulmonaires.**

Les bronches se-condaires sont cylin-driques et offrent une structure (*fig.* 112) assez voisine de celle de la trachée. Toute-fois les *cartilages,* au lieu de former des an-neaux incomplets, comme à la trachée et aux bronches, forment ici des *segments d'an-neaux,* plus longs que larges, et même finis-sent par disparaître

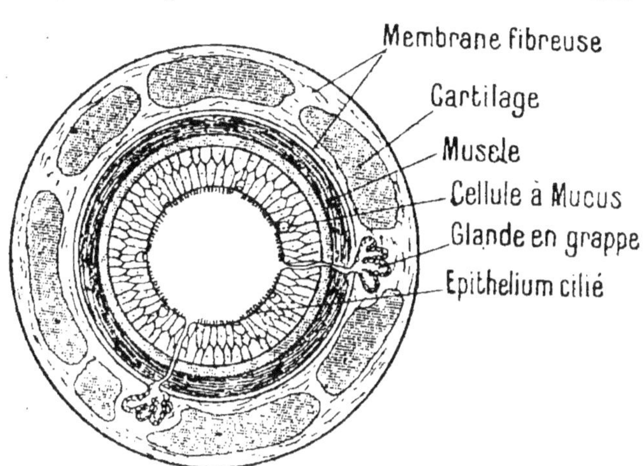

FIG. 112. — Coupe schématique d'une bronchiole (vue au microscope).

au voisinage des lobules pulmonaires. Par contre, au niveau des ramifications ter-minales des bronchioles, les *fibres musculaires* sont plus abondantes. Les cartilages sont enfermés dans une **tunique fibreuse élastique,** qui continue celle des bronches et de la trachée et se termine sur les parois des lobules pulmonaires.

Les bronches intra-pulmonaires sont tapissées intérieurement par une **muqueuse** de même constitution que dans la trachée pour les grosses divisions bronchiques ; mais, au fur et à mesure que leur calibre diminue, les cils vibratiles disparaissent et, dans les bronchioles terminales, l'*épithélium stratifié* a fait place à un *épithélium simple,* d'abord *cubique,* puis *pavimenteux,* qui se continue à l'intérieur des lobules pulmonaires.

Poumons. — Les poumons sont les organes essentiels de l'appa-reil respiratoire C'est dans leur épaisseur que s'accomplit, sous l'action de l'air apporté par les bronches, le phénomène de l'**hé-matose,** c'est-à-dire la transformation du sang veineux en sang artériel.

Les poumons (*fig.* 113) sont situés dans la cage thoracique, de chaque côté du cœur. Ils sont au nombre de deux : l'un, le *pou-mon droit,* est partagé en **trois lobes** ; l'autre, le *poumon gauche,* moins volumineux à cause du cœur qui repose sur lui, ne pré-sente que **deux lobes** seulement,

Les poumons sont formés par un tissu *mou, spongieux* et *élastique.* On démontre l'**élasticité pulmonaire** en insufflant fortement de l'air dans un poumon ; ce poumon étant alors livré à lui-même, on le voit revenir à son volume primitif par la seule élasticité de son tissu, qui chasse l'air contenu dans l'organe.

L'expiration, comme on le verra, est basée uniquement sur l'élasticité du tissu pulmonaire.

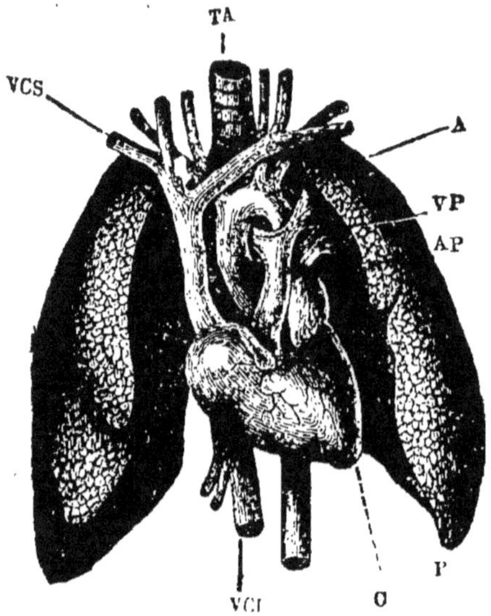

Les poumons sont décomposables en une série de petits sacs membraneux, appelés **lobules pulmonaires,** dont la cavité se remplit d'air à chaque inspiration. En se réunissant pour constituer le tissu pulmonaire, ils se tassent les uns contre les autres sans ordre apparent. Leur *volume* est en moyenne de 1 centimètre cube ; leur *forme* est des plus variables.

On peut les diviser, à cet égard, en deux groupes : les *lobules périphériques* et les *lobules centraux.*

Les *lobules périphériques* occupent la partie la plus superficielle du poumon; ils ont une forme pyramidale, leur base formant ces petites surfaces polygonales que l'on voit se dessiner à l'extérieur du tissu pulmonaire. Les *lobules centraux,* fortement tassés les uns contre les autres, affectent les formes les plus diverses. Tous ces lobules sont suspendus chacun à une bronchiole, comme des poires à leur tige ; ils sont formés par une série d'ampoules (*acini*) présentant sur leurs parois des logettes ou *alvéoles ;* le plus souvent ils sont séparés les uns des autres par une légère trame de tissu conjonctif.

FIG. 113. — Cœur et poumons.

P,P, poumons ; — C, cœur ; — TA, trachée-artère ; — A, aorte ; — AP, artère pulmonaire ; — VP, veine pulmonaire ; — VCS, veine cave supérieure ; — VCI, veine cave inférieure.

Constitution du lobule pulmonaire. — Le lobule pulmonaire (*fig.* 114) est un poumon en miniature ; la bronchiole à laquelle il est suspendu prend le nom de *bronche sus-lobulaire.* Celle-ci pénètre dans son intérieur, devient *bronche intra-lobulaire,* abandonne de chaque côté un certain nombre de branches collatérales, et finit par se bifurquer, donnant ainsi deux branches terminales. Toutes ces branches se ramifient à leur tour; les dernières divisions aboutissent à des *acini* et prennent le nom de *bronchioles acineuses*. Chaque lobule peut renfermer jusqu'à cent de ces bronchioles.

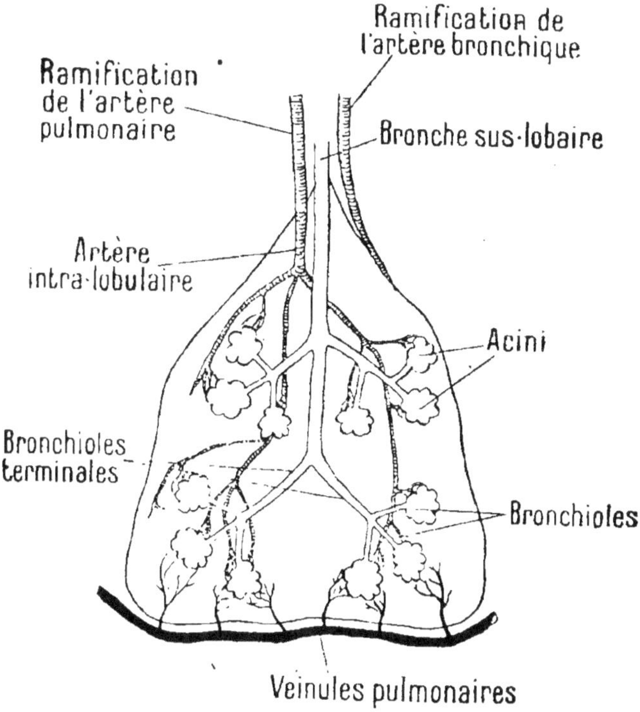

Les acini (*fig.* 115) sont de petites masses de 1 à 2 millimètres de largeur suspendues à la bronchiole acineuse comme le lobule pulmonaire l'est à la bronche sus-lobulaire. A l'entrée se trouve un petit renflement qui sert de *vestibule*; de ce vestibule partent trois ou quatre conduits, dits *conduits alvéolaires*, lesquels se terminent dans des cavités plus vastes et fermées en cul-de-sac, les *infundibula*.

La bronchiole acineuse et le renflement vestibulaire qui lui fait suite sont généralement lisses; il n'en est pas de même des conduits alvéolaires et des infundibula, qui sont bosselés et présentent une série de logettes disposées en nid d'abeilles, d'où le nom d'alvéoles qu'on leur donne ordinairement.

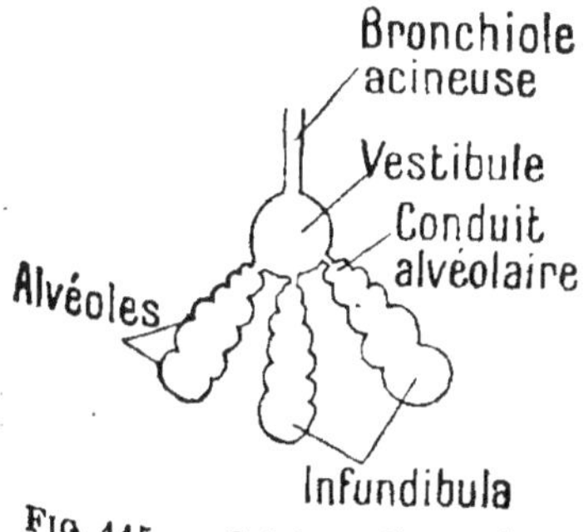

Le nombre des alvéoles pulmonaires est considérable; 1 millimètre cube de poumon en renferme jusqu'à 250.

La paroi alvéolaire est une membrane très mince, presque transparente, doublée extérieurement par des *fibres élastiques*. L'*épithélium* (*fig.* 116) qui recouvre cette paroi ou **épithélium respiratoire** est formé par une seule rangée de cellules, larges, aplaties, envoyant un mince prolongement au-dessus des capillaires qui cheminent entre elles, de sorte que le sang n'est séparé de l'air, contenu dans l'alvéole, que par une mince membrane, ce qui facilite d'autant l'*hématose*.

FIG. 114. — Schéma d'un lobule pulmonaire.

FIG. 115. — Schéma d'un acinus pulmonaire.

Vaisseaux du lobule. — Les lobules pulmonaires renferment, comme tous les organes, deux sortes de vaisseaux sanguins : des *artères* et des *veines*.

Chaque lobule reçoit d'abord des **vaisseaux nourriciers** provenant des ramifications dès **artères bronchiques,** qui se détachent de l'aorte thoracique ; ces artères au nombre de deux, une pour chaque poumon, se ramifient dans le tissu pulmonaire en suivant les ramifications des bronches et arrivent ainsi jusqu'aux *lobules,* qu'elles contournent sans pénétrer à l'intérieur.

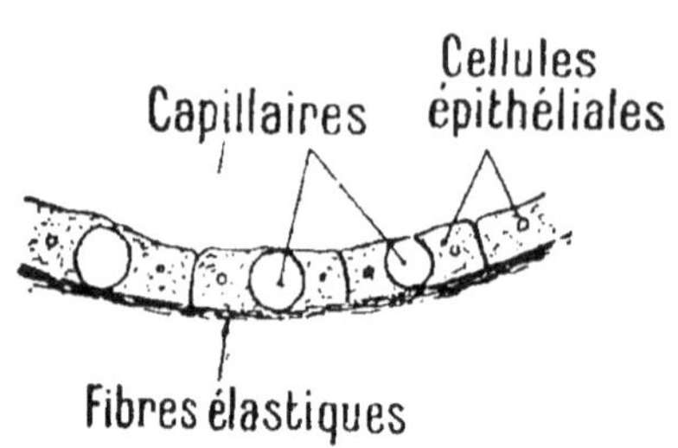

Fig. 116. — Coupe schématique de la paroi d'une alvéole pulmonaire.

Les lobules pulmonaires sont irrigués uniquement par des ramifications de l'**artère pulmonaire** qui amène le sang noir aux poumons. Cette artère entre dans le poumon avec l'artère bronchique et se ramifie comme elle dans le tissu pulmonaire ; mais, en arrivant au lobule, elle pénètre dans son intérieur, prend le nom d'*artère intra-lobulaire* et se divise comme la bronche sus-lobulaire correspondante. Arrivées aux acini, les ramifications de cette *artère intra-lobulaire* se résolvent en un *riche réseau capillaire,* qui couvre de ses mailles la surface des alvéoles.

Les **veines** du lobule proviennent de ce réseau capillaire et en même temps des dernières ramifications de l'artère bronchique. Suivant un parcours inverse de celui des artères, elles se portent vers la périphérie du lobule, s'y réunissent les unes aux autres pour former des vaisseaux de plus en plus volumineux, lesquels aboutissent aux **veines pulmonaires,** qui ramènent le sang rouge au cœur.

Le sang subit donc l'hématose au niveau des capillaires pulmonaires ; ceux-ci sont tellement serrés qu'ils occupent les trois quarts de la surface des alvéoles. La surface respiratoire des alvéoles étant évaluée à 200 mètres carrés, la surface des capillaires et par suite celle de la nappe sanguine pulmonaire est approximativement de 150 mètres carrés, ce qui correspond à un volume de sang de près d'un litre.

Les plèvres. — Les plèvres (*fig.* 117) sont des membranes séreuses, des *sacs sans ouverture* par conséquent, de même nature que le péritoine, qui enveloppent les poumons et favorisent leur glissement sur la paroi thoracique. Il existe *deux plèvres,* l'une pour le poumon gauche, l'autre pour le poumon droit. Les deux séreuses, gauche et droite, quoique se trouvant en contact sur la ligne médiane du corps, sont complètement indépendantes l'une de l'autre.

Chacune d'elles comprend *deux feuillets :* un *feuillet viscéral* qui recouvre le poumon, un *feuillet pariétal* qui tapisse la cavité thoracique qui le renferme. Entre ces deux feuillets, se trouve une cavité (*cavité pleurale*) légèrement humide et presque virtuelle à l'état normal. Toutefois, lorsque la séreuse est enflammée, cette cavité peut se remplir partiellement de liquide, ce qui

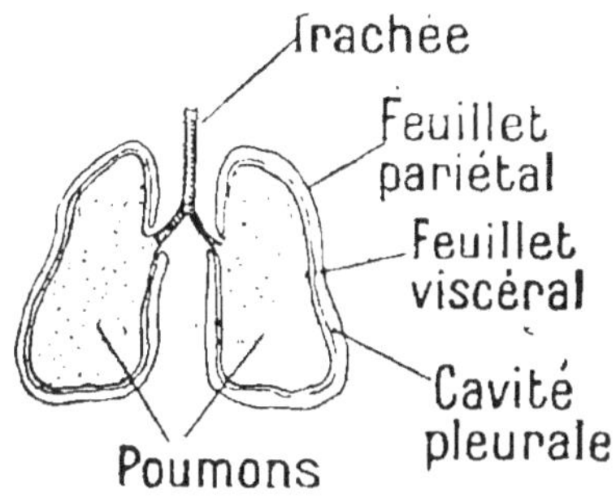

FIG. 117. — Schéma des plèvres.

comprime le poumon par en haut et occasionne la maladie connue sous le nom de **pleurésie**. Les deux cavités pleurales étant indépendantes, la pleurésie peut n'exister que d'un seul côté.

La respiration

L'étude de la respiration comprend trois parties :

1° Les **phénomènes mécaniques,** qui expliquent par quel mécanisme l'air est mis en rapport avec la surface pulmonaire ; 2° les **phénomènes chimiques,** qui concernent les modifications subies d'une part par l'air respiré, et d'autre part par le sang, au niveau du poumon et des tissus ; 3° les *troubles de la respiration* produits par le séjour dans un air de composition ou de pression anormales et en particulier l'*asphyxie*.

I. — Phénomènes mécaniques de la respiration

Mouvements respiratoires. — L'air est successivement attiré dans les poumons, puis refoulé à l'extérieur par un mouvement de *dilatation et de contraction du thorax*, analogue aux mouvements d'un soufflet.

Le mouvement par lequel le thorax se dilate et aspire l'air dans les poumons porte le nom d'**inspiration**, le mouvement inverse qui refoule l'air à l'extérieur est l'**expiration**; une inspiration suivie d'une expiration constitue un **mouvement respiratoire.**

Inspiration. — La dilatation de la cage thoracique (*fig.* 50), est facile à comprendre, si l'on connaît la constitution du thorax. Le thorax forme, en effet, une *cage osseuse* limitée en arrière par la *colonne vertébrale*, sur les côtés par les *côtes* et en avant par le *sternum*. La paroi est complétée latéralement par les *muscles intercostaux*, qui relient le bord des côtes voisines, et est fermée à la partie inférieure par un muscle en forme de dôme, convexe par en haut, appelé *diaphragme*.

Au moment de l'**inspiration,** la cage thoracique augmente de volume, par suite de l'agrandissement de tous ses diamètres.

a) *Augmentation du diamètre vertical.* — L'augmentation du diamètre vertical (*fig.* 118) del a cage thoracique se fait par l'abaissement du diaphragme. Les fibres de ce muscle s'insèrent sur tout le pourtour du thorax et convergent vers un centre tendineux (*centre phrénique*). Lorsque les fibres se contractent, le centre tendineux est attiré vers le bas et la cavité thoracique augmente de hauteur ; l'intestin est par suite refoulé, ce qu'on peut constater en appuyant la main sur la cavité abdominale. On sait d'ailleurs que les médecins font tousser les malades qui ont des *hernies* pour bien mettre celles-ci en évidence, la toux exigeant une forte inspiration, et par suite un abaissement prononcé du diaphragme qui refoule fortement l'intestin dans la cavité abdominale et provoque sa sortie à l'extérieur, s'il y a hernie.

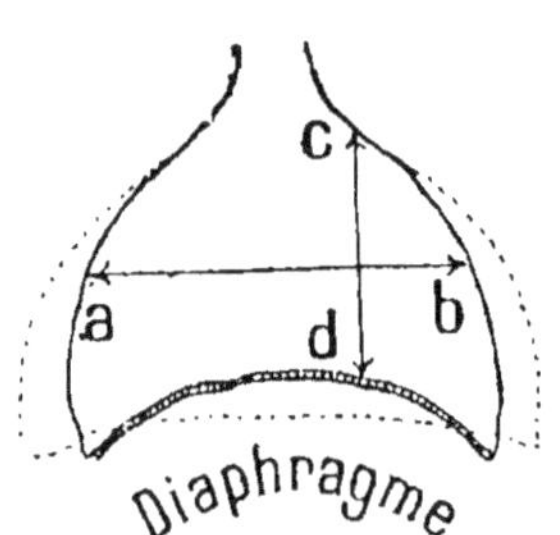

FIG. 118. — Augmentation du diamètre vertical *cd* et du diamètre transversal *ab* du thorax.

b) *Augmentation du diamètre antéro-postérieur.* — La colonne vertébrale étant fixe, l'augmentation de ce diamètre résulte de la projection du sternum en avant (*fig.* 119), laquelle est réalisée par le soulèvement des côtes. Les côtes sont, en effet, obliques de haut en bas, et d'arrière en avant. Lorsqu'elles s'élèvent (*fig.* 120), grâce à la contraction des *muscles intercostaux* et principalement des *muscles scalènes*, qui s'attachent en haut sur les vertèbres

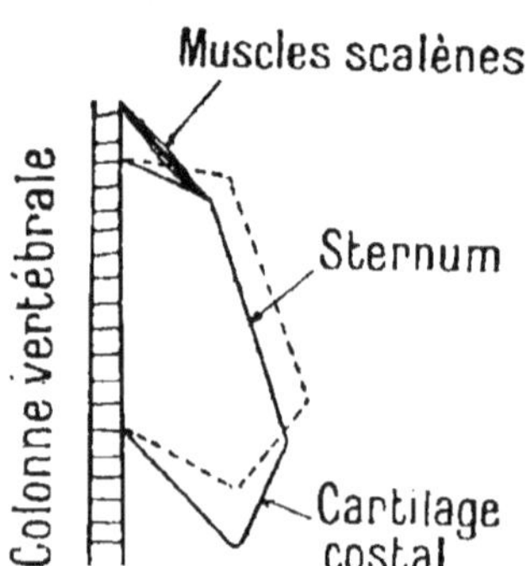

FIG. 119. — Augmentation du diamètre antéro-postérieur du thorax.

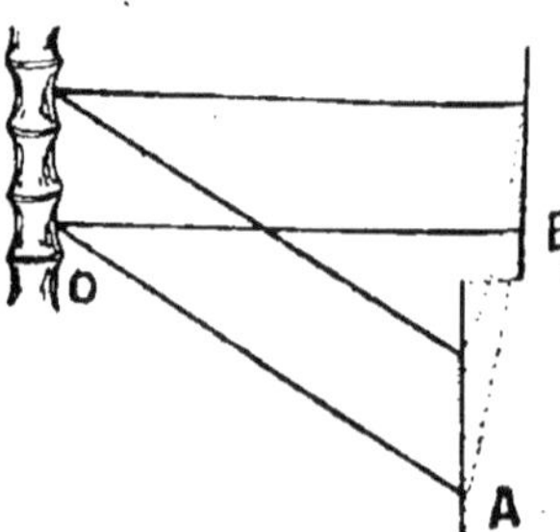

FIG. 120. — Schéma montrant l'augmentation du diamètre antéro-postérieur du thorax pendant l'inspiration.

OA, côte qui se redresse pour occuper la position OB.

du cou, et en bas sur les premières côtes, leur obliquité diminue, et elles tendent à devenir horizontales en tournant autour de leur point d'insertion fixe. Il en résulte que l'extrémité antérieure mobile, articulée avec le sternum, s'éloigne de la colonne vertébrale, projetant la base du sternum en avant, et augmentant ainsi le diamètre antéro-postérieur de la cage thoracique.

c) *Augmentation du diamètre transversal.* — L'augmentation de ce diamètre provient aussi de l'élévation des côtes (*fig.* 121). En effet toute côte qui s'élève se porte en dehors et augmente latéralement la courbure de la cage thoracique, comme le montre le schéma de la figure 122.

La *cage thoracique* augmente donc suivant ses trois diamètres, grâce à l'abaissement du diaphragme et au soulèvement des côtes; par suite son volume devient plus grand.

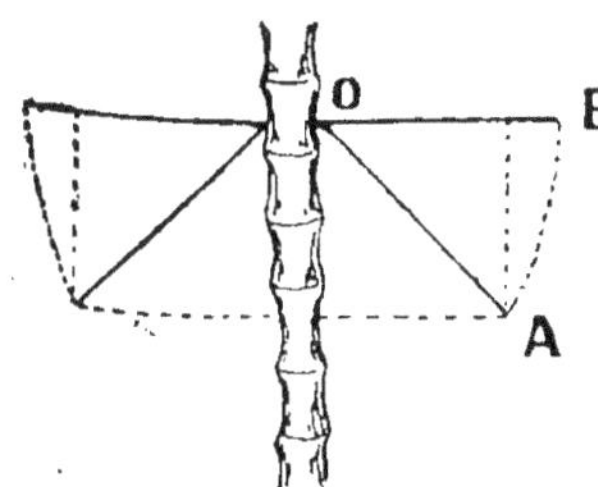

FIG. 121. — Schéma montrant l'augmentation du diamètre transversal du thorax pendant l'inspiration.
OA, côte qui se redresse pour occuper la position OB.

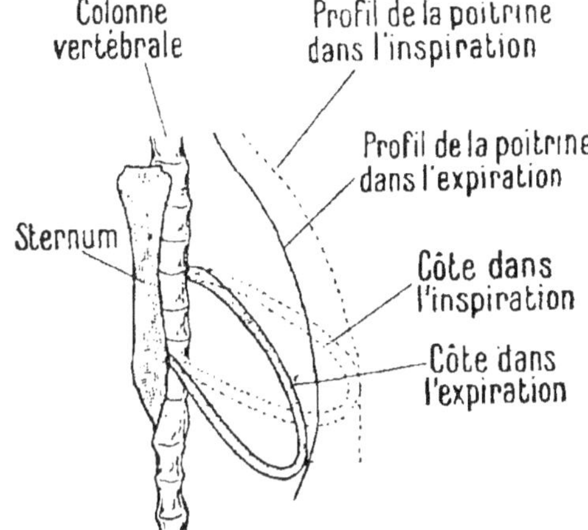

FIG. 122. — Augmentation du diamètre transversal du thorax.

Or, les poumons appliqués au feuillet viscéral de la plèvre doivent suivre le feuillet pariétal attaché à la paroi thoracique, et cela d'autant plus facilement que le tissu pulmonaire est des plus **élastique.** De la sorte, le volume de la cavité pulmonaire augmente, et d'après la *loi de Mariotte*, la pression de l'air qu'elle renferme diminue ; il y a donc appel d'air de l'extérieur par les voies respiratoires jusqu'à ce que la pression soit la même à l'intérieur du poumon qu'à l'extérieur.

L'expérience suivante (*fig.* 123) permet de se rendre compte de ce fait. On prend une cloche munie à sa partie supérieure d'une tubulure, fermée par un bouchon traversé par un tube qui porte à sa partie inférieure deux ballonnets élastiques en baudruche. La partie inférieure de la cloche est fermée par une lame de caoutchouc que l'on peut abaisser ou relever ; deux autres

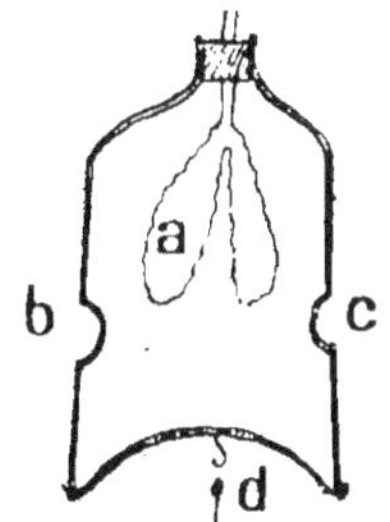

FIG. 123. — Expérience de la ventilation pulmonaire.

lames semblables *b*, *c*, existent aussi latéralement. En portant simultanément ces lames en dehors, la cavité du flacon augmente et on voit les ballonnets intérieurs se gonfler pour la même raison que les poumons se gonflent dans l'inspiration.

En même temps que l'air extérieur, le sang arrive dans les poumons. La même force qui aspire l'air dans les alvéoles pulmonaires y attire aussi le sang, qui se précipite au-devant de l'air pour l'aider à combler le vide produit par l'inspiration.

Expiration. — L'*inspiration* exige pour se produire l'intervention de muscles, dits *muscles inspirateurs*, qui accroissent le volume de la cavité thoracique par l'augmentation de tous ses diamètres ; elle est donc essentiellement **active**. L'*expiration*, au contraire, qui consiste dans le rejet d'une partie de l'air contenu dans les poumons, est purement **passive**.

Le poumon, dès l'inspiration terminée, revient sur lui-même en vertu de son élasticité, entraînant avec lui la paroi thoracique.

Le tissu pulmonaire est, en effet, serré et compact à l'état normal ; on peut s'en convaincre en ouvrant la poitrine d'un animal ; le poumon s'affaisse aussitôt, ne renfermant plus que très peu d'air. C'est sous une forme encore plus compacte que se trouvent les poumons des animaux et des enfants morts avant d'avoir respiré ; ils ne contiennent pas d'air et sont plus denses que l'eau.

Nombre des mouvements respiratoires. — Le mouvement respiratoire est constitué par une inspiration suivie d'une expiration, l'inspiration étant, à l'état normal, légèrement plus longue que l'expiration.

Le nombre des mouvements respiratoires est de **16 par minute** chez l'homme adulte et au repos ; autrement dit, comme on le verra plus tard, *on respire une fois, pendant que le cœur bat quatre fois*. La fréquence de ces mouvements s'accroît pendant l'exercice musculaire (la course produit l'essoufflement) et diminue pendant le sommeil.

Rôle des mouvements respiratoires. — Les mouvements respiratoires se traduisent par l'entrée et la sortie d'une certaine quantité d'air dans les poumons. On a calculé que nous introduisons en moyenne un demi-litre d'air à chaque inspiration et que nous restituons approximativement le même volume gazeux à chaque expiration. Si nous admettons que le nombre des inspirations est de 16 par minute, la quantité d'air qui entre dans les poumons en 24 heures sera donc de :

$$0^l,5 \times 16 \times 60 \times 24 = 11.520 \text{ litres},$$

soit 10 mètres cubes environ.

Capacité pulmonaire (*fig.* 124). — Remarquons qu'après une inspiration ordinaire on peut encore faire entrer de l'air dans les poumons ; la quantité qui vient s'ajouter de la sorte à l'air inspiré normalement, à la suite d'une large inspiration ou **inspiration forcée**, est de 1 litre et demi environ : c'est l'**air complémentaire**. De même, après une expiration ordinaire, on peut expulser encore une certaine quantité d'air par une **expiration forcée**. Cette quantité d'air ou **air de réserve** s'élève aussi à 1 litre et demi.

Enfin il reste dans les poumons, même après une expiration forcée, une certaine quantité d'air, 1 litre environ, appelé **air résiduel**, que l'on ne peut expulser. De sorte que la capacité totale du poumon après une inspiration forcée peut s'évaluer comme suit :

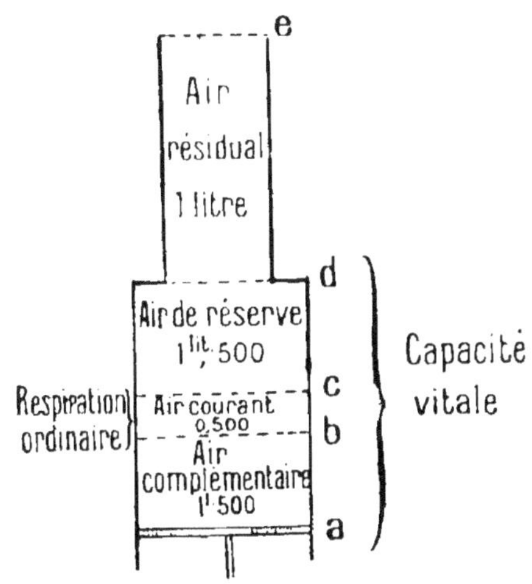

Fig. 124. — Schéma de la pompe respiratoire indiquant les différentes capacités des poumons suivant la nature de l'inspiration ou de l'expiration.

```
Air résiduel...............................   1ˡ
Air de réserve.............................   1 ,5
Air courant................................   0 ,5
Air complémentaire.........................   1 ,5
                                            ──────
        TOTAL..............................   4ˡ,5
```

L'air de réserve, l'air courant et l'air complémentaire constituent ce qu'on appelle la *capacité vitale* du poumon, c'est-à-dire l'air que l'on peut faire pénétrer dans le poumon entre une forte expiration et une inspiration forcée ; la capacité vitale est donc chez l'adulte de 3 litres et demi environ.

Rôle du système nerveux dans la respiration. — Le système nerveux règle les mouvements respiratoires.

D'après Flourens, le centre nerveux qui commande à ces mouvements se trouve dans le bulbe rachidien, juste au-dessous du cerveau en un endroit appelé le **nœud vital**. Si l'on pique le bulbe en ce point, la mort est instantanée par arrêt des mouvements respiratoires ; d'où l'usage de tuer les lapins en les frappant sur la tête pour léser le nœud vital ; d'où également le danger qu'il y a à soulever des enfants par la tête, le bulbe rachidien étant inextensible et pouvant se rompre juste au nœud vital, pour suivre l'allongement de la colonne vertébrale.

II. — Phénomènes chimiques de la respiration

Historique. — L'historique de la respiration rappelle celui des phénomènes de la combustion, puisque la respiration n'est qu'une combustion lente. Chez les anciens, les *phénomènes chimiques* étaient inconnus ; on cherchait alors à expliquer la respiration par des *phénomènes physiques :* ainsi, pour Aristote, la respiration avait pour but de rafraîchir le sang.

Ce ne fut qu'après la découverte du gaz **carbonique** par Van Helmont, en 1648, et après celle de l'**oxygène** par Priestley, en 1775, que la véritable nature des combustions fut expliquée. **Lavoisier,** le premier, montra que le gaz carbonique est un composé de carbone et d'oxygène ; il prouva, en outre, que la **respiration était une combustion lente,** qui prenait de l'oxygène à l'air inspiré, pour provoquer des oxydations au niveau des poumons ; ces oxydations produisaient le gaz *carbonique* et la *vapeur d'eau,* exhalés avec l'air expiré, et étaient l'origine de la **chaleur animale.**

Lavoisier, dans sa théorie, n'avait commis qu'une erreur : c'était de placer le *siège de la combustion dans les poumons.* Ce siège se trouve, comme nous le verrons plus loin, **dans les tissus,** au niveau de tous les éléments anatomiques qui consomment l'oxygène et produisent le gaz carbonique ; ce sont eux qui respirent, et le sang n'est que le véhicule chargé de leur porter l'oxygène pris aux poumons et d'en rapporter le gaz carbonique.

L'étude des phénomènes chimiques de la respiration comprendra donc l'*étude des échanges gazeux subis par l'air inspiré et le sang veineux au niveau des poumons, et celle des modifications subies par le sang artériel au niveau des tissus,* véritables sièges de la combustion.

A. — *Échanges gazeux au niveau des poumons*

A. **Modifications subies par l'air inspiré.** — L'air inspiré est modifié dans ses *propriétés physiques* et dans ses *propriétés chimiques.*

Au point de vue physique: 1° il est plus **chaud;** sa température est de 36° environ, ce qui explique, sans la justifier, l'opinion d'Aristote ; 2° il est plus **humide ;** l'air que nous expirons est saturé de vapeur d'eau ; aussi éliminons-nous journellement en moyenne 500 grammes d'eau par les voies respiratoires. On peut facilement montrer ce rejet de vapeur d'eau pendant l'expiration, en soufflant sur une vitre ; elle ne tarde pas à se recouvrir de buée. D'ailleurs, quand il fait froid, la vapeur d'eau exhalée forme un brouillard devant la bouche.

Au point de vue chimique, les modifications sont plus importantes. On sait que l'air atmosphérique se compose en chiffres ronds de 21 0/0 d'oxygène et 79 0/0 d'azote ; l'acide carbonique n'y figure que dans une proportion négligeable de $\dfrac{2}{10.000}$, ce qui signifie que, sur 10.000 litres d'air, il y a, au plus, 2 litres de gaz carbonique.

Or, l'air que nous expirons, outre la vapeur d'eau qu'il renferme, contient *de l'acide carbonique* en assez grande quantité, puisqu'en soufflant dans de l'eau de chaux (*fig.* 125), on voit celle-ci se troubler par suite de la formation de carbonate de calcium.

FIG. 125. — Quand on souffle dans de l'eau de chaux, celle-ci se trouble, ce qui prouve qu'il y a du gaz carbonique dans l'air expiré.

Si on fait l'analyse de cet air, on constate d'abord que, sur 100 volumes inspirés 99 et demi seulement sont expirés, et la composition de cet air expiré est loin d'être la même que celle de l'air inspiré, comme le montrent les chiffres ci-dessous :

	Air	Az	O	CO²
Composition de l'air inspiré...	100 vol.	79	21	traces
— — expiré..	99 vol. $\frac{1}{2}$	79	16	4,5

On voit par l'examen de ces chiffres que tout l'azote inspiré est rejeté ; c'est donc un *gaz inerte* qui ne sert pas directement à la respiration ; d'autre part, 5 volumes d'oxygène sont absorbés (21 — 16 = 5) et remplacés par 4 volumes 5 de gaz carbonique dans l'air expiré. Or, on sait qu'un volume de gaz carbonique renferme un volume d'oxygène égal au sien, c'est-à-dire que, *dans un litre de gaz carbonique, il y a un litre d'oxygène;* il en résulte donc que la formation de ces quatre volumes et demi de gaz carbonique a demandé 4 volumes et demi d'oxygène. Par conséquent c'est la différence entre les 5 volumes d'oxygène absorbés et les 4 volumes 5 rendus sous forme de gaz carbonique, soit un demi-volume, qui a été *retenue* par l'organisme, non pour produire de l'acide carbonique, mais d'autres produits d'oxydations, *urée, acide urique*, etc., éliminés par le rein.

Cherchons, en nous basant sur ces chiffres, la quantité d'oxygène absorbé et de gaz carbonique rejeté par un homme adulte pendant vingt-quatre heures.

On sait que la quantité d'air introduite dans les poumons à chaque inspiration ou *air courant* est de 500 centimètres cubes. Pour connaître la quantité d'oxygène absorbée à chaque mouvement respiratoire, il suffit donc de multiplier 5 centimètres cubes (volume d'oxygène absorbé par 100 centimètres cubes d'air inspiré) par 5 ; de même la quantité de gaz carbonique contenue dans l'air rejeté par une expiration est de $4^{cm3},5 \times 5$.

Le nombre des mouvements respiratoires étant de 16 par minute, il suffira de multiplier par 16 le produit obtenu, puis par 60, puis par 24, pour connaître la quantité d'oxygène absorbé et de gaz carbonique exhalé par minute, par heure et par jour.

On trouve ainsi que le volume de l'oxygène absorbé par heure s'élève à :

$$5^{cm3} \times 5 \times 16 \times 60 = 24 \text{ litres},$$

et celui de gaz carbonique rejeté pendant le même temps à :

$$4^{cm3},5 \times 5 \times 16 \times 60 = 21^l,60.$$

La différence, soit $2^l,4$, est fixée par l'organisme pour produire des oxydations diverses dont les produits s'éliminent ailleurs que par les voies respiratoires.

B. **Modifications subies par le sang veineux au niveau des poumons.** — Le sang veineux, en arrivant aux poumons, laisse échapper son gaz carbonique et se charge d'oxygène, qu'il porte ensuite aux tissus.

En comparant, en effet, la composition des gaz du sang veineux et du sang artériel, on trouve que :

	O	CO^2	Az
100^{cm3} de sang veineux renferment..	10^{cm3}	50^{cm3}	1^{cm3}
— — artériel — ...	25	40	1

On voit par là que les deux sortes de sang artériel et veineux contiennent de l'oxygène et du gaz carbonique ; mais le premier de ces gaz prédomine dans le sang artériel, tandis que le second est plus abondant dans le sang veineux. Quant à l'azote, il est en faible quantité et dans la même proportion dans les deux espèces de sang. Cette transformation du sang noir en sang rouge se fait au niveau des alvéoles pulmonaires.

Le *sang veineux* arrivant dans les capillaires pulmonaires est mis, par une surface évaluée à 150 mètres carrés, en présence de l'air ; les échanges gazeux se font à travers la mince paroi des capillaires et des alvéoles ; le sang prend à l'air pulmonaire de l'oxygène qui se combine à l'**hémoglobine** de couleur noirâtre qui se trouve dans les globules sanguins pour former de l'**oxyhé-**

moglobine, de couleur rouge, composé très instable qui cédera cet oxygène aux tissus ; en même temps le sang laisse échapper partiellement le gaz carbonique qu'il renferme et qui s'est formé au moment des oxydations des tissus. Le sang, de noir qu'il était en arrivant dans les alvéoles pulmonaires, devient donc rouge à la sortie ; il est à ce moment artériel et va porter l'oxygène dans toutes les parties du corps.

B. — *Échanges gazeux au niveau des tissus*

C'est au niveau des tissus que l'oxygène du sang artériel va être employé, c'est là, par suite, que se produit le gaz carbonique.

La **respiration des tissus,** c'est-à-dire leurs oxydations, est démontrée par les expériences de Spallanzani, reprises plus tard par Paul Bert.

En plaçant dans une éprouvette pleine d'air et renversée dans une cuve à mercure des morceaux de muscles, tendons, nerfs, etc., on constate, au bout de peu de temps, que l'air de l'éprouvette s'est appauvri en oxygène et enrichi en gaz carbonique ; en retournant l'éprouvette et en versant de l'eau de chaux à l'intérieur, on obtient un trouble très prononcé, ce qui prouve que le tissu a respiré.

Remarquons, d'ailleurs, que si l'on place dans du sang rouge les morceaux de tissus précédents, ce sang devient rapidement noir par perte de son oxygène : l'oxyhémoglobine réduite, c'est-à-dire dépourvue d'oxygène, se transforme en hémoglobine.

Il résulte donc de ces expériences que le **siège des combustions se trouve dans les tissus,** au niveau des éléments anatomiques. Chaque élément, pour vivre, doit respirer, c'est-à-dire absorber de l'oxygène et rejeter de l'acide carbonique. L'oxygène est pris à l'air des poumons par le sang qui le transporte sous forme d'oxyhémoglobine aux éléments anatomiques ; ceux-ci le consomment et le rendent partiellement sous forme de gaz carbonique ; la transformation du sang rouge en sang noir a donc lieu au niveau des *capillaires généraux*, tandis que la transformation inverse a lieu au niveau des *capillaires pulmonaires*. Les **globules rouges** du sang ont donc, grâce à leur hémoglobine, un rôle des plus importants, puisque ce sont eux qui sont chargés de distribuer l'oxygène pris aux poumons dans toutes les parties du corps ; c'est donc avec raison qu'on leur a donné le nom de **commis voyageurs en oxygène.**

Troubles de la respiration

Les **troubles de la respiration** peuvent avoir lieu par *viciation de l'air respirable* ou par des *changements de pression* de l'air inspiré.

I. — TROUBLES OCCASIONNÉS PAR VICIATION DE L'AIR RESPIRABLE : ASPHYXIE

Lorsque l'air que nous respirons n'a pas sa composition normale, soit qu'il soit pauvre en oxygène, ou trop riche en gaz carbonique, l'hématose ou absorption d'oxygène se fait mal au niveau des alvéoles pulmonaires, et les mouvements respiratoires s'accélèrent de façon à produire une ventilation pulmonaire plus énergique. Si le phénomène persiste, les mouvements respiratoires deviennent rapides et convulsifs pour finalement s'arrêter ; il y a mort par **asphyxie.**

L'*asphyxie* peut donc provenir du manque d'oxygène ou de l'accumulation de gaz carbonique dans le sang, et le plus souvent des deux causes, dont les effets sont simultanés.

a) **Asphyxie par manque d'oxygène.** — L'asphyxie par manque d'oxygène se produit **rapidement** dans la *submersion,* la *pendaison* ou encore dans l'*obstruction de la trachée* et la *compression du thorax ;* elle se produit **lentement,** au contraire, lorsque le gaz respiré n'a pas sa proportion normale d'oxygène. Dans les deux cas, les phénomènes observés sont approximativement les mêmes.

L'**asphyxie** s'annonce par une accélération notable des mouvements respiratoires, un ralentissement des battements du cœur, une sécrétion abondante de salive et de sueur.

La *durée de l'asphyxie brusque* est très variable suivant les animaux et dépend évidemment de l'intensité des échanges gazeux. Elle est très courte chez les *Mammifères* et les *Oiseaux ;* la privation de l'air pendant *trois à cinq minutes* suffit pour les tuer. Elle est notablement accrue chez l'homme par l'habitude ; ainsi les plongeurs, les pêcheurs de perles, peuvent rester sans danger plus de deux minutes sous l'eau.

Les *animaux hibernants* résistent d'une façon remarquable à la privation d'oxygène pendant le sommeil hibernal ; la nutrition de leurs tissus étant moins active qu'en temps normal, la consommation d'oxygène est aussi moins considérable.

C'est pour cette raison qu'il faut toujours essayer de rappeler à la vie un homme (noyé ou pendu) que l'on croit mort par asphyxie, parce qu'il peut n'y avoir qu'un arrêt momentané des mouvements respiratoires. Dans ces cas, en effet, il a pu se produire, dès le début de l'asphyxie, une syncope cardiaque (arrêt partiel et momentané du cœur) qui, en ralentissant la circulation, a restreint notablement la consommation d'oxygène, de sorte que par la respiration artificielle (*insufflations, tractions rythmées de la langue*), on peut arriver quelquefois à ramener à la vie une personne que l'on croyait morte asphyxiée.

b) **Asphyxie par accumulation de gaz carbonique.** — Ce mode d'asphyxie ne devrait pas être, en fait, séparé du précédent, car il est clair qu'un noyé se trouve dans des conditions à peu près semblables à celles d'un homme que l'on placerait dans un espace confiné très restreint ; toutefois, dans le premier cas, *l'asphyxie est rapide*, tandis que, dans le deuxième, l'air étant vicié progressivement, *l'asphyxie est lente*. Les phénomènes observés sont à peu près les mêmes.

Ainsi, si on enferme un Oiseau dans une cloche hermétiquement close, l'animal s'agite, ses mouvements respiratoires s'accélèrent et, après un temps variable, mais assez court, l'oiseau tombe paralysé et s'endort jusqu'à la mort qui ne tarde pas à arriver.

Il est à remarquer que l'air de la cloche est impropre à la combustion d'une bougie, bien avant que l'animal ait succombé, ce qui permet d'admettre le criterium bien connu : partout où la bougie peut brûler, la respiration n'offre aucun danger. La quantité d'oxygène que contient cet air à la mort de l'animal est cependant encore suffisante à entretenir la vie lorsque le gaz carbonique en est séparé. En enlevant ce gaz par l'eau de chaux au fur et à mesure de sa production, les animaux survivent beaucoup plus longtemps ; ainsi les petits mammifères (rats, taupes) ne succombent que lorsque l'air de la cloche ne renferme plus que 2 0/0 d'oxygène.

Causes de viciation de l'air confiné ; hygiène de la respiration — Les causes de viciation de l'air confiné, dans lequel séjournent un certain nombre de personnes, sont multiples. D'abord : 1° quantité d'oxygène diminue ; 2° la quantité de gaz carbonique et de vapeur d'eau augmente ; 3° des substances organiques toxiques provenant de la peau et de la sueur sont rejetées en même temps que des produits volatils, mal définis, mais fort délétères. Ces derniers produits ont une odeur spéciale, variable avec les individus ; on la perçoit facilement dans les écoles après les classes ou dans les théâtres.

L'air confiné débilite les organismes et peut même les tuer si la viciation est trop grande ; dans tous les cas, il prépare le terrain à la **tuberculose.**

Pour éviter ses effets dans les salles de classe et dans les locaux qui reçoivent un grand nombre de personnes, il faut donc que chaque individu ait un cube d'air suffisant. On sait que l'homme respire environ 10 mètres cubes d'air par jour ; mais comme une proportion de 4 0/00 de gaz carbonique dans l'air est déjà nuisible, en tenant compte de l'acide carbonique exhalé par la respiration ou par les combustions diverses, c'est **10 mètres cubes d'air pur par heure** et non par jour, qui sont nécessaires à un adulte pour que la respiration soit normale.

Or il est évident que bien peu de locaux ont des dimensions suffisantes pour contenir cette réserve d'air, surtout lorsque ces locaux, comme les classes, doivent recevoir des enfants en grand nombre, d'où la nécessité de renouveler fréquemment l'air par **aération** ou **ventilation.** A défaut d'appareils spéciaux (*ventilateurs*), ne pas négliger d'**ouvrir les fenêtres des classes à toutes les récréations** ; on devrait même les laisser constamment ouvertes toutes les fois que le temps le permet. L'air pur est indispensable à la santé des enfants.

II. — Troubles occasionnés par des changements de pression de l'air respirable

a) *Augmentation de pression.* — L'augmentation de pression n'apporte des troubles respiratoires qu'autant qu'elle se compte par atmosphères ; c'est dire que ces troubles ne seront jamais causés par les faibles variations de la pression atmosphérique. Mais on sait que dans certains cas des ouvriers doivent séjourner dans l'air comprimé, pour effectuer certains travaux, comme les piles de pont où l'on emploie des *caissons pneumatiques*, la pêche des éponges et du corail où l'on emploie des *scaphandres*, etc.

Tant que la pression n'atteint pas 10 atmosphères, il n'y a pas d'accidents ; mais, à partir de 15 atmosphères, la mort se produit au milieu de convulsions atroces.

La mort est-elle produite par action mécanique ou par empoisonnement par le gaz carbonique ? Ni l'un, ni l'autre ; il y a **empoisonnement par l'oxygène,** et ce qui le prouve, c'est que les accidents arrivent d'autant plus vite que l'air est plus riche en oxygène. Le gaz vivifiant par excellence est devenu poison, et c'est lui qui tue.

Ce n'est pas là, d'ailleurs, le seul danger de l'augmentation de pression ; il en est un autre, qui, toutefois, ne se manifeste que lors du retour à la pression normale. Ainsi, dans une cloche renfermant un oiseau, on ne constate aucun trouble si on élève graduellement la pression de l'air jusqu'à 10 atmosphères, mais si brusquement on rétablit la communication avec l'air extérieur, l'animal meurt en quelques secondes. C'est qu'en effet le sang, qui, sous l'influence d'une pression plus forte, avait dissous une proportion plus grande d'O, de CO_3 et surtout d'Az, restitue, lors de la décompression, ces gaz à l'atmosphère ; ils se dégagent brusquement, et ne pouvant instantanément traverser les tissus, forment des bulles dans les vaisseaux, lesquelles s'opposent à la marche du sang, arrêtent la circulation et causent rapidement la mort.

Pour éviter ces accidents bien connus des scaphandriers et de tous les ouvriers qui travaillent dans l'air comprimé, il faut opérer la décompression de façon lente et graduelle ; les gaz se dégagent alors lentement lors du passage du sang dans le poumon, et les choses reviennent peu à peu à l'état normal. Ces ouvriers ont même une expression fort pittoresque pour indiquer les dangers de la compression de l'air : *On ne paye qu'en sortant*, disent-ils. Mais c'est parce que l'on sort trop vite que l'on paye ; en sortant lentement, c'est-à-dire en passant graduellement de la pression forte à la pression normale, on n'a rien à craindre. On peut donc dire que les véritables dangers de l'augmentation de pression, dans la mesure où l'homme y est soumis, sont tout entiers dans la décompression.

b) *Diminution de pression.* — Dans les montagnes, la pression diminue à mesure que l'altutide s'élève. Jusqu'à 2.000 mètres on n'observe pas d'accidents ; entre 3 et 4.000 mètres, la respiration s'accélère, l'oxygène devient rare par suite de sa faible tension, des signes de faiblesse, parfois des vertiges apparaissent, c'est le **mal de montagne.** Pourtant, il y a des populations qui vivent normalement dans les Alpes à ces altitudes. Ces populations échappent au mal de montagne, parce que leur sang semble plus riche en hémoglobine, de sorte que l'abondance de cette matière supplée à l'insuffisance d'oxygène. Il y a là une adaptation spéciale d'organismes vivant dans un milieu pauvre en oxygène chez lesquels la capacité d'absorption pour ce gaz s'accroit d'autant plus qu'il abonde moins. C'est ce qui explique l'influence bienfaisante des altitudes : sous l'influence d'un séjour à la montagne, l'hémoglobine augmente dans le sang et l'état général de l'organisme s'améliore, en particulier l'*anémie* disparaît.

L'adaptation dont il s'agit ne peut toutefois pas s'opérer instantanément, et lorsque l'homme gravit une montagne élevée, il se produit chez lui, à partir de 3 à 4.000 mètres, des accidents qui n'ont pas lieu chez des individus adaptés. Ces accidents, connus sous le nom de *mal de montagne*, se traduisent par une fatigue excessive, une accélération marquée des battements cardiaques et des mouvements respiratoires, des éblouissements, des vertiges et même parfois des hémorragies (*écoulement de sang*) par la muqueuse nasale. Durant les ascensions en ballon, ils ne se présentent qu'à des altitudes plus élevées, 6.000 mètres environ ; la fatigue de l'ascension à pied en hâte donc l'apparition.

Ces accidents sont dus à la diminution de pression de l'oxygène et par suite à la moindre quantité de ce gaz dans le sang ; ils ne se présentent plus vite lors d'une ascension à pied, parce que celle-ci demande des efforts musculaires qui exigent une plus forte consommation d'oxygène. Il en résulte que ces accidents peuvent être évités, comme l'a montré Paul Bert, par des inhalations d'oxygène. Ainsi, lors de l'ascension mémorable de Crocé-Spinelli, Sivel et Gaston Tissandier, en 1875, les deux premiers perdirent la vie, parce qu'ils ne purent atteindre les sacs d'oxygène qu'ils avaient emportés et dont ils connaissaient l'utilité. Ce qui montre, une fois de plus, combien la composition et la pression d'un gaz peuvent être substituées l'une à l'autre : une grande quantité d'un gaz à faible pression peut produire le même effet qu'une petite quantité de ce même gaz à une pression plus élevée.

Empoisonnement par les gaz

Lorsqu'on respire un mélange de gaz et d'air, trois cas peuvent se présenter :

1° Les *gaz sont inoffensifs*, comme l'azote, l'hydrogène. Dans ce cas, une proportion assez forte de ces gaz est tolérable sans altération grave de la santé, à condition que le temps passé dans cette atmosphère soit d'autant plus court que la proportion de ces gaz est plus grande et que la proportion d'oxygène reste supérieure à 16 0/0. Lorsque, par respiration dans ce milieu, la mort arrive, c'est par manque d'oxygène; il y a donc **asphyxie;**

2° Les *gaz sont anesthésiques*, comme l'éther, le chloroforme, l'oxyde azoteux, etc. Ces gaz provoquent le sommeil et suppriment la sensibilité, aussi sont-ils très employés pour les opérations chirurgicales. Malheureusement, absorbés en trop grande quantité, ils provoquent l'arrêt des mouvements respiratoires et peuvent amener la mort.

3° Les *gaz sont toxiques*, comme l'oxyde de carbone, le gaz d'éclairage, l'hydrogène sulfuré.

L'oxyde de carbone agit en se combinant à l'hémoglobine pour former un produit stable que ni l'oxygène des poumons, ni les cellules des tissus ne décomposent ; en définitive, ce gaz chasse l'oxygène des globules du sang et s'y fixe à sa place d'une façon définitive en les rendant inaptes à absorber désormais l'oxygène; ce sont des globules morts.

Tous les globules atteints circulent dans les capillaires sans porter de l'oxygène aux tissus; si leur nombre est trop grand, il y a **asphyxie-intoxication**: asphyxie, parce que les tissus meurent faute d'oxygène, intoxication, parce que les globules sont empoisonnés par l'oxyde de carbone qui les paralyse et les empêche d'accomplir leur fonction.

L'affinité des globules sanguins pour l'oxyde de carbone est telle que ce *gaz* n'étant dans l'air qu'à la dose de $\dfrac{1}{5.000}$, il détruit un nombre de globules assez grand pour provoquer des vertiges. Contrairement à la croyance populaire, l'oxyde de carbone n'a ni odeur, ni saveur ; rien par suite n'annonce son existence dans l'air, si ce n'est les accidents qu'il occasionne. Si la dose est faible, ce sont des maux de tête, des bourdonnements d'oreille, des vertiges ; le visage devient pâle et souvent des vomissements apparaissent. Ces troubles sont fréquents chez les repasseuses qui vivent toute la journée auprès de foyers à combustion lente, dégageant en quantité de l'oxyde de carbone.

Lorsque la dose est massive, si la personne est endormie, elle passe parfois de la vie à la mort sans reprendre connaissance ; si la douleur la réveille, elle n'a souvent pas la force d'appeler, ni de faire aucun mouvement ; c'est ce qui rend si dangereux l'emploi des poêles à combustion lente dans les chambres à coucher.

Le **gaz d'éclairage** agit à peu près de la même manière que l'oxyde de carbone ; c'est d'ailleurs sa richesse en CO (8 à 9 0/0) qui le rend dangereux à respirer.

L'**hydrogène sulfuré** se trouve dans les fosses d'aisance où il est connu sous le nom de *plomb*. C'est un gaz toxique, qui empoisonne rapidement le sang, à tel point qu'après quelques respirations seulement, un homme peut tomber foudroyé. Fatalement, si l'accident arrive dans une fosse, tous ceux qui y pénètrent pour porter secours subissent le même sort.

Dans tous ces cas d'**asphyxie-intoxication**, il faut agir au plus vite, placer le malade au grand air, lui faire respirer de l'oxygène, pratiquer la respiration artificielle par des insufflations, des tractions rythmées de la langue ; peut-être, si l'intervention n'est pas trop tardive, pourra-t-on ramener le malade à la vie. A ce traitement général, il convient d'ajouter qu'il est indispensable de faire respirer un peu de chlore, sous forme d'eau de javelle, aux malades intoxiqués par le *plomb* ; le chlore s'empare de l'hydrogène du gaz sulfuré et neutralise son action.

TABLEAU SYNOPTIQUE DE L'APPAREIL RESPIRATOIRE ET LA RESPIRATION

Appareil respiratoire

Conduit aérifère

Fosses nasales ou bouche.
Pharynx.
Larynx.

Trachée-artère
- Constitution
  - Conduit demi-cylindrique.
  - Formé de 16 anneaux cartilagineux incomplets en arrière.
- Structure
  - Enveloppe fibreuse.
  - Anneaux cartilagineux en avant.
  - Muscle trachéal en arrière.
  - Muqueuse à épithélium à cils vibratiles.

Bronches
- Longueur
  - bronche gauche : 5 centimètres.
  - — droite : 3 —
- Constitution
  - Division de bronche gauche en 2 branches. / — droite en 3 — (une pour chaque lobe pulmonaire.)
  - Ramifications nombreuses à l'intérieur des lobes pulmonaires.
- Structure
  - Enveloppe fibreuse.
  - Segments d'anneaux cartilagineux, d'autant plus nombreux que la bronche est plus petite.
  - Muqueuse à épithélium aplati dans les petites bronches.

Poumons

Organes de l'hématose au nombre de deux
- Poumon gauche à 2 lobes.
- — droit à 3 lobes.

Tissu mou, spongieux, élastique (Importance de l'élasticité pour l'expiration).

Formés par un assemblage de lobules
- Constitution
  - du lobule
    - Sac recevant l'air par une bronche intra-lobulaire.
    - Ramifications de cette bronche en bronchioles acineuses.
    - Acini formés par
      - vestibule.
      - conduits alvéolaires présentant des logettes ou alvéoles.
      - Infundibula.
  - de la paroi des alvéoles
    - Membrane mince à fibres élastiques.
    - Epithélium mince et perméable.
- Vaisseaux du lobule
  - Vaisseaux nourriciers : Ramifications de l'artère bronchique.
  - Vaisseaux de l'hématose — Ramifications
    - de l'artère pulmonaire et des veines pulmonaires.

Plèvres
- Membrane séreuse entourant chaque poumon.
- Feuillets
  - pariétal sur paroi thoracique.
  - viscéral sur poumon.
- Cavité pleurale virtuelle à l'état normal.

Respiration

Phénomènes mécaniques

Mouvements respiratoires :
- *Inspiration* est active et produite par l'agrandissement du thorax suivant tous ses diamètres.
- *Expiration* est passive et a pour cause l'élasticité pulmonaire.

Nombre des mouvements respiratoires : 16 par minute.

Rôle des mouvements respiratoires :
- Faire entrer 1/2 litre d'air dans les poumons à chaque inspiration.
- Capacité pulmonaire :
  - Air résiduel........ $1^l,0$
  - — de réserve...... $1^l,5$
  - — courant .... $0^l,5$
  - — complémentaire. $1^l,5$
  - Total : $4^l,5$.

Rôle du système nerveux dans la respiration : Nœud vital du bulbe commande aux mouvements respiratoires.

Phénomènes chimiques

Historique :
- Hypothèse des anciens : Air entre dans les poumons pour rafraîchir le sang.
- Théorie de Lavoisier : Respiration est une combustion lente.

Echanges gazeux au niveau des poumons :
- Modifications subies par l'air inspiré :
  - Physiques : air expiré est plus chaud. plus humide.
  - Chimiques : air expiré a 5 pour 100 de O en moins. 4,5 pour 100 de CO^2 en plus.
- Modifications subies par le sang veineux au niveau des poumons :
  - Composition des gaz de 100^{cm3} de :

	O	CO^2	Az
sang veineux	10^{cm3}	50^{cm3}	1^{cm3}
— artériel...........	25^{cm3}	40^{cm3}	1^{cm3}

  - Absorption de O se fait par l'*hémoglobine* au contact de l'air des alvéoles.

Echanges gazeux au niveau des tissus :
- Les tissus respirent, c'est-à-dire absorbent O et dégagent CO^2 : Expérience de P. Bert.
- Transformation du sang rouge en sang noir se fait au niveau des capillaires.

Troubles de la Respiration

Troubles par viciation de l'air

Respiration pénible : Asphyxie
- par manque de O.
- par accumulation de CO^2.

Causes de viciation de l'air confiné
- Quantité de O diminue.
- — de CO^2 augmente.
- Présence de produits organiques délétères et toxiques.

Hygiène de la respiration : Quantité d'air nécessaire par heure et par personne : 10^{m3} ; Aération et ventilation.

Troubles par changements de pression

Augmentation de pression
- Au delà de 15 atmosphères, empoisonnement par O.
- Danger de la décompression rapide qui peut arrêter la circulation.

Diminution de pression
- Adaptation rapide pour les faibles altitudes : Action bienfaisante du climat de montagne.
- Mal de montagne pour les grandes altitudes, dû à la diminution de pression de O.

Empoisonnement par les gaz

Gaz inoffensifs (H. Az) produisent l'asphyxie par manque de O.

— **anesthésiques** produisent le sommeil, mais, absorbés en trop grande quantité, peuvent amener la mort.

Gaz toxiques
- CO produit une asphyxie-intoxication lente.
- Gaz d'éclairage agit par CO qu'il renferme.
- H^2S produit une asphyxie-intoxication rapide.

Soins généraux à donner dans ces cas d'empoisonnement : Faire respirer O. — Pratiquer la respiration artificielle.

TRAVAUX PRATIQUES RELATIFS
A LA RESPIRATION

Dissection. — *a*) Disséquer divers vertébrés à respiration aérienne (lapin, chat, chien, poulet, grenouille) pour se rendre compte de la disposition de l'appareil respiratoire (trachée-artère, bronches, poumons, etc.).

b) Examiner des poumons (mou) achetés dans une boucherie

c) Examiner la disposition du sternum et des côtes sur un squelette humain de la collection.

Microscope. — Examiner, au microscope, des coupes, toutes faites, de poumon, de bronches, de trachée-artère (*fig.* 126).

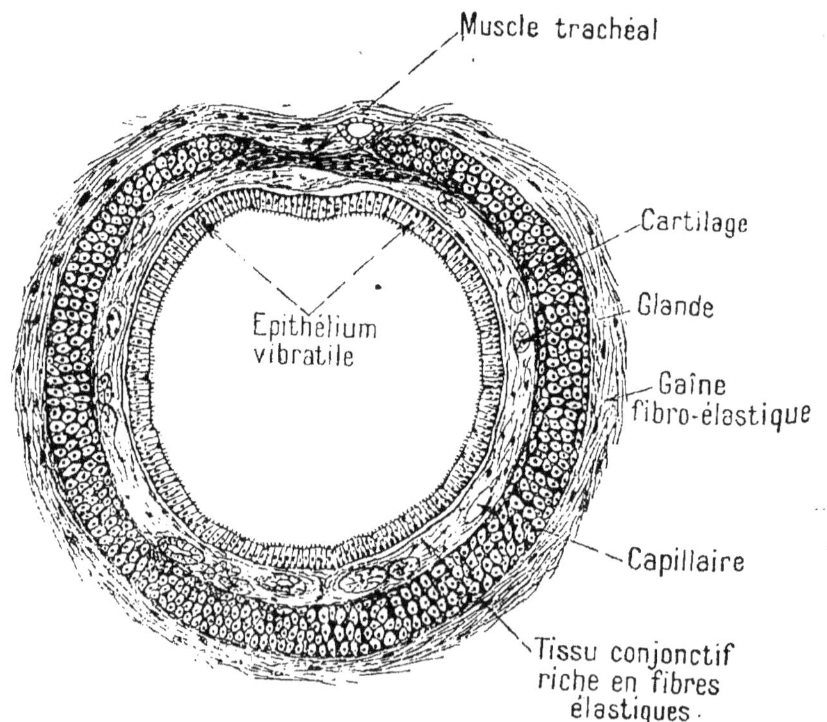

Fig. 126. — Coupe en travers de la trachée d'un Cochon d'Inde (grossie 70 fois).

Physiologie. — *a*) Observer, sur soi-même, le rythme de la respiration et les mouvements respiratoires ;

b) Par l'intermédiaire d'un tube (*fig.* 125), souffler dans de l'eau de chaux ou de baryte : elle se trouble par suite de formation de carbonate de calcium dû à la présence de gaz carbonique dans l'air expiré ;

c) Gonfler, avec un soufflet, un poumon et constater qu'ensuite il reprend sa forme primitive par sa seule élasticité quand on permet à l'air intérieur de sortir.

d) Si l'on est outillé pour cela, inscrire les mouvements respiratoires avec un appareil enregistreur ;

e) Mettre une souris sous une cloche de verre dont l'orifice s'applique bien sur le support. Elle finit par mourir, l'oxygène y faisant, peu à peu, défaut ;

f) Mettre une souris sous une cloche de verre que l'on a en partie remplie de gaz d'éclairage : elle y succombe très vite, asphyxiée par l'oxyde de carbone du gaz ;

g) Projeter l'air expiré sur une glace ou une surface métallique polie et constater qu'il se produit de la buée, laquelle est due à la vapeur d'eau expirée ;

h) S'ingénier, suivant l'outillage dont on dispose, à répondre à ces trois points indiqués dans le programme : « montage d'un spiromètre simple [1]. Détermination des capacités pulmonaires. Calcul de l'air inspiré par jour ».

i) Remplir une éprouvette graduée d'eau. Oblitérer l'orifice avec la main et retourner l'éprouvette — qui reste ainsi pleine d'eau — sur une cuvette contenant de l'eau. Faire passer un tube de caoutchouc jusque dans l'éprouvette et, par lui, après avoir fait une large inspiration, souffler complètement tout l'air contenu dans les poumons. Le volume de cet air (capacité pulmonaire) est donné par la graduation de celui qui est passé dans l'éprouvette.

---

1. Un spiromètre est un appareil permettant de déterminer la quantité d'air inspiré et la quantité d'air expiré. Il est essentiellement constitué par des réservoirs flottant sur l'eau (à la manière d'un gazomètre), d'où l'on retire l'air d'inspiration ou dans lequel on fait parvenir l'air d'expiration. Ces réservoirs doivent être jaugés pour qu'on puisse apprécier les volumes d'air inspiré ou expiré.

LE SANG ET LA CIRCULATION

Le sang

Le sang, encore appelé « fluide nourricier », est le liquide qui entretient la vie dans les organes et fournit aux tissus les matériaux de leur formation et de leur réparation.

Chez les Vertébrés, le sang est *rouge, visqueux, alcalin* et a une densité plus grande que celle de l'eau (D = 1,050) ; les Invertébrés ont généralement le sang incolore, à quelques exceptions près, la sangsue par exemple.

COMPOSITION DU SANG

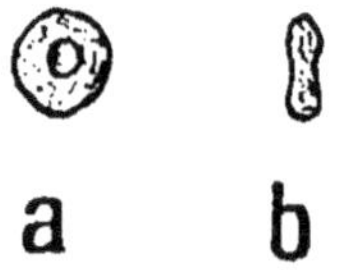

Le sang se compose d'un liquide incolore, transparent (*plasma*) tenant en suspension des *globules* de deux sortes, les uns colorés en rouge (*globules rouges* ou *hématies*), les autres incolores (*globules blancs* ou *leucocytes*).

Fig. 127. — Globule rouge de l'homme vu de face (*a*) et de profil (*b*).

Fig. 128. — Globules rouges d'un oiseau.

Globules rouges. — a) *Forme.* — Les globules rouges ou hématies ont chez les **Mammifères** la forme d'une *lentille biconcave* (*fig.* 127); ils sont *circulaires*, aplatis, un peu renflés sur les bords et ne possèdent *ni membrane, ni noyau*. Chez les **Oiseaux,** (*fig.* 128), **Reptiles, Batraciens** (*fig.* 129), ils sont *elliptiques*, renflés au milieu comme les lentilles biconvexes et possèdent un *noyau*.

b) *Dimensions.* — Leurs *dimensions* sont variables, mais nullement en rapport avec la taille; chez l'homme, leur diamètre est de 6 à 7 μ et leur épaisseur de 2 μ (on sait que le μ ou *micron* vaut $\frac{1}{1.000}$ de millimètre); même chez les plus gros **Mammifères,** le diamètre des globules atteint rarement 10 μ.

Fig. 129. — Globule rouge d'une Grenouille vu de face (*a*) et de profil (*b*).

Chez les **Reptiles** et les **Poissons,** les globules ont des dimensions relativement plus grandes ; mais ce sont les Batraciens qui possèdent les globules les plus volumineux, puisque chez certains d'entre eux leur diamètre peut atteindre 170 µ.

c) *Nombre*. — Le nombre des globules rouges est considérable, on en trouve plus de 5 millions par millimètre cube de sang. L'homme adulte, ayant environ 5 litres de sang, possède suffisamment de globules pour constituer, ajoutés les uns à la suite des autres, une chaîne de 175.000 kilomètres, c'est-à-dire pour faire 5 fois le tour de la Terre.

Ensemble, tous les globules de l'organisme couvriraient une surface de près de 3.000 mètres carrés.

Le poids de ces globules est variable. Chez l'homme, 1.000 grammes de sang en contiennent 250 grammes et chez la femme 220 grammes seulement.

Lorsque le poids de ces globules descend à 150 grammes, c'est l'indice d'une maladie assez commune chez les jeunes filles, maladie qui constitue l'*anémie* et qui est caractérisée extérieurement par la pâleur du teint.

d) *Composition*. — Les globules rouges sont formés d'une matière molle, malléable et élastique, qui permet leur déformation lorsqu'ils ont à cheminer dans des vaisseaux de diamètre plus petit que le leur. Cette matière comprend un *stroma* ou réseau protoplasmique incolore, dont les mailles sont remplies par un liquide coloré appelé **hémoglobine**.

Pour montrer que la coloration rouge n'appartient pas au protoplasma, mais au liquide qui l'imprègne, on peut faire l'expérience suivante : en agitant du sang avec de l'eau, on constate que les globules existent encore après l'opération, mais ils sont devenus incolores ; l'*hémoglobine*, matière colorante, s'est diffusée dans l'eau, qui a pris une teinte jaune rougeâtre.

Au point de vue chimique, l'**hémoglobine** est une matière albuminoïde renfermant du **fer**; lorsque sa richesse en fer est insuffisante, le teint devient pâle, comme dans l'anémie : c'est la **chlorose** que l'on combat efficacement par les ferrugineux.

L'**hémoglobine** possède la remarquable propriété d'*absorber l'oxygène* pour former avec ce gaz une combinaison très lâche et très instable, appelée **oxyhémoglobine**; 100 grammes d'hémoglobine peuvent absorber 150 centimètres cubes d'oxygène.

Or, nous savons que le sang se présente sous deux états entraînant des colorations différentes : à *l'état artériel, il est rouge vif* ; à *l'état veineux, brun noir*. En analysant ces deux sangs, on trouve, comme nous le verrons plus loin, que le premier est surtout riche en *oxygène*, le second, au contraire, riche en *gaz carbonique*.

L'expérience montre que c'est à la présence de ces gaz, qu'il faut attribuer la cause de ces couleurs différentes, car on peut transformer le sang rouge en sang noir, en l'agitant dans un ballon plein de gaz carbonique, et inversement, le sang noir en sang rouge en le plaçant au contact de l'oxygène.

Il en résulte donc que ces différences de coloration reviennent à l'hémoglobine, qui peut se trouver dans le sang sous deux états, à l'état *oxydé* (**oxyhémoglobine**) dans le sang rouge ou artériel, à l'état *réduit*, c'est-à-dire dépourvu d'oxygène (**hémoglobine réduite**), dans le sang noir ou veineux.

Grâce à cette propriété de l'hémoglobine de pouvoir se combiner à l'oxygène pour donner un composé très instable, le sang prend de l'oxygène aux poumons et le porte par les artères, sous forme d'*oxyhémoglobine*, aux tissus qui vont consommer cet oxygène et rendre du gaz carbonique ; le sang change alors de couleur, ne renferme plus que de l'hémoglobine réduite, et par les veines revient aux poumons abandonner son gaz carbonique et reprendre de l'oxygène.

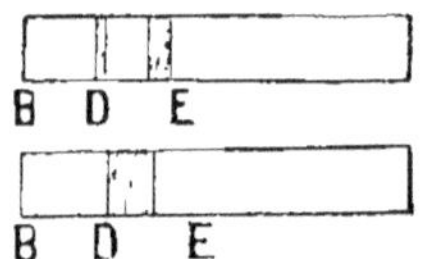

FIG. 130. — Spectre d'absorption du sang artériel (en haut) et du sang veineux (en bas).

Le changement de couleur du sang se traduit, d'ailleurs, par des bandes d'absorption différentes lorsqu'on examine le sang au spectroscope (*fig.* 130). Le *sang artériel* présente deux bandes grises entre les raies D et E du spectre ; ces bandes disparaissent et sont remplacées par une bande unique (*bande de Stoker*) lorsqu'on examine du sang veineux.

De tout ce qui précède, il résulte que le rôle des globules rouges est capital ; ils servent, grâce à leur hémoglobine, de véhicule à l'oxygène, gaz absolument indispensable à la respiration des tissus : c'est ce qui explique qu'on leur ait donné le nom bien justifié de *commis voyageurs en oxygène*.

Ils se forment surtout dans la rate et la moelle des os.

Globules blancs. — Les globules blancs ou **leucocytes** sont *plus grands* que les hématies : leur diamètre est de 10 à 15 µ ; par contre, ils sont beaucoup *moins nombreux:* on trouve

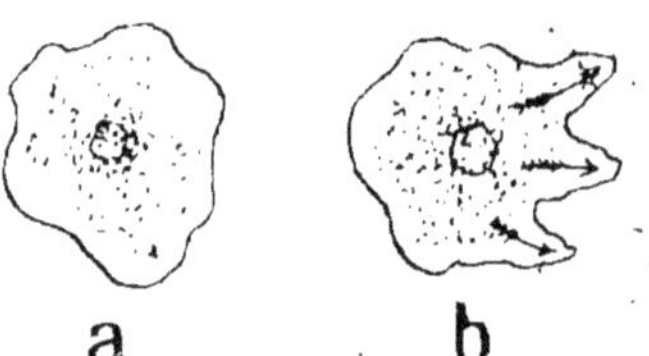

FIG. 131 et 132. — Globule blanc au repos (*a*) et en train de se déplacer (*b*).

environ 1 globule blanc pour 500 globules rouges. Lorsque cette proportion augmente, on dit que l'individu est *lymphatique*.

La forme des leucocytes est des plus variables ; elle change

d'ailleurs à chaque instant, la plupart émettant des prolongements ou *pseudopodes* qui leur permettent de ramper (*fig.* 131
et 132) à la façon des amibes (*mouvements amiboïdes*) sur les
parois des vaisseaux, et
même de traverser les parois
minces des capillaires, pour
aller émigrer dans les tissus ;
ce phénomène est connu
sous le nom de **diapédèse**
(*fig.* 133).

Lorsque ces leucocytes
sont dans les tissus, ils constituent des cellules migratrices qui vont faire la
police de l'organisme relativement aux microbes. En

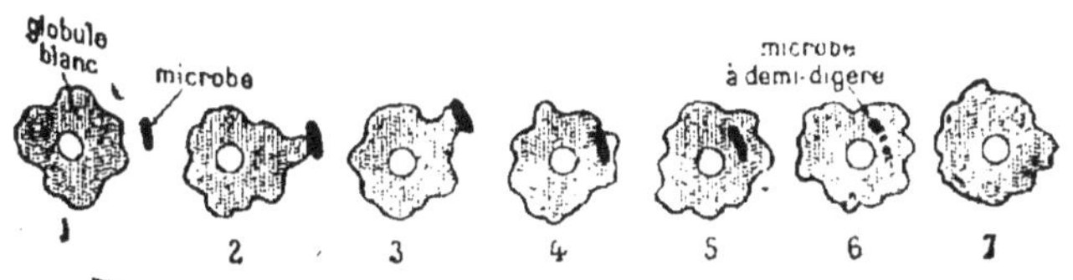

FIG. 133. — Globules blancs passant à travers
la paroi d'un capillaire (diapédèse).

effet, si un microbe vient à s'introduire dans le corps, ils rampent
jusqu'à lui, se déforment de façon à l'englober dans leur masse et
à le digérer ;
ce phénomène
est connu sous
le nom de **pha-
gocytose** (*fig.*
134 à 140).

C'est donc,
à l'intérieur de

FIG. 134 à 140. — Capture et digestion d'un microbe
par un globule blanc (très grossi) (phagocytose).

notre organisme, une lutte constante entre les microbes et les
leucocytes qui cherchent à les détruire ; le plus souvent ces derniers ont le dessus ; cependant quel-
quefois il n'en est pas ainsi ; c'est
alors qu'éclate la maladie causée par
l'invasion microbienne.

Les globules blancs sont donc des
auxiliaires précieux pour la défense
de l'organisme contre les maladies
microbiennes ; ils se forment surtout dans les ganglions lymphatiques.

Le plasma. — Le plasma est la
partie liquide du sang dans laquelle
nagent les globules.

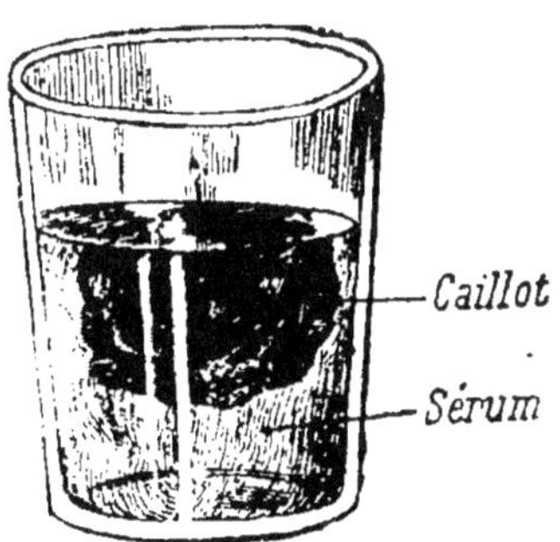

FIG 141. — Sang coagulé.

A sa sortie des vaisseaux, le sang abandonné à lui même dans
un vase se prend bientôt en une masse rouge (**caillot**), qui ne

tarde pas à se rétracter (*fig.* 141) en laissant transsuder un li
quide jaunâtre qui n'est autre que le **sérum** : on dit que le sang
s'est *coagulé*. Le caillot est formé par de nombreux filaments
désignés sous le nom de **fibrine,** qui ont emprisonné les hématies
et les leucocytes dans leur intérieur ; le sérum est un liquide salé
de composition complexe et variable.

Le tableau suivant résume la constitution du sang fluide et du
sang coagulé :

$$
\text{Sang fluide}
\begin{cases}
\text{plasma} & \begin{cases} \text{sérum} \\ \text{fibrinogène, fibrine} \end{cases} \\
\text{globules} & \begin{cases} \text{rouges} \\ \text{blancs} \end{cases}
\end{cases}
\text{caillot}
\begin{cases} \text{sang coagulé} \end{cases}
$$

Lorsqu'on bat le sang, à la sortie des vaisseaux, avec une
baguette, on voit se former des filaments blanchâtres de fibrine
qu'on peut enlever facilement ; le liquide qui reste est du *sang
défibriné* et *ne se coagule plus*.

La **fibrine** semble provenir de la coagulation d'une matière albuminoïde (*fibrino-
gène*), qui est dissoute dans le plasma et qui, sous l'influence d'un ferment spécial,
sécrété par les globules lorsqu'ils sont exposés à l'air, se coagule ; en battant le sang
frais avec un petit balai, on isole la fibrine et on empêche la coagulation.

Ce phénomène de la coagulation du sang à la sortie des vaisseaux est d'une grande importance pour **arrêter les hémorragies,** car lorsque, à la suite d'une plaie, un vaisseau est ouvert,
il se forme, par suite du contact de l'air, un caillot qui obstrue
l'ouverture et arrête l'écoulement du sang au dehors. On
aide pour les gros vaisseaux la formation du caillot en comprimant les artères du côté du cœur, les veines du côté inverse,
c'est-à-dire vers la périphérie.

Rôle du sang. — En résumé, le sang, comme nous l'avons vu,
a pour *rôle général et essentiel* de porter aux tissus la vie, avec
les matériaux de nutrition ; mais en plus, chacun de ses éléments a un rôle plus spécial qui contribue également à l'entretien de l'organisme.

Par sa *masse liquide,* le sang maintient dans les vaisseaux une
pression favorable au bon fonctionnement du cœur ; si cette
pression vient à diminuer à la suite d'hémorragie, il y a nécessité absolue de la rétablir au plus vite par injection d'eau salée
(*sérum artificiel*) dans le torrent circulatoire.

Par ses **hématies,** le sang porte aux tissus l'oxygène nécessaire à leur respiration.

Par ses **leucocytes,** il détruit les microbes introduits dans l'organisme par le phénomène de la phagocytose.

Enfin, le sang, par son plasma, est le *véhicule des produits de déchets*, qui seront éliminés au niveau des organes excréteurs.

Ce rôle multiple du sang explique assez que, sans lui, la vie soit impossible, et que toute hémorragie un peu abondante doive entraîner fatalement la mort.

TABLEAU SYNOPTIQUE DU SANG

Sang : formé de *globules* (rouges ou blancs) flottant dans un liquide (*plasma*).

Globules

- **Rouges ou hématies**
  - Forme
    - Lentille circulaire biconcave chez les Mammifères.
    - Lentille elliptique biconvexe chez les autres Vertébrés.
  - Dimensions : 7 μ chez l'homme.
  - Nombre :
    - 5 millions par millimètre cube de sang.
    - Leur ensemble ferait une longueur de 175.000 kilomètres et couvrirait une surface de 3.000 mètres carrés.
  - Composition
    - Stroma : réseau protoplasmique.
    - Hémoglobine donnant avec l'oxygène de l'oxyhémoglobine instable.
  - Rôle
    - Respiration des tissus, se fait aux dépens de l'oxygène de l'oxyhémoglobine.
- **blancs ou leucocytes**
  - Forme mal définie. — Mouvements amiboïdes.
  - Dimensions : 10 à 15 μ.
  - Nombre : 1 globule blanc pour 500 globules rouges.
  - Rôle : Défense de l'organisme contre les microbes : *phagocytose.*

Plasma : sang frais

- plasma
  - Sérum.
  - Fibrinogène-fibrine } caillot } sang coagulé
- globules
  - rouges.
  - blancs. } caillot } sang coagulé

Rôle du sang

- Rôle général. Liquide nourricier du corps.
- Rôle spécial à chaque élément
  - Masse sanguine, maintient une pression favorable au bon fonctionnement du cœur.
  - Hématies portent aux tissus O nécessaire à leur respiration.
  - Leucocytes défendent l'organisme contre les microbes.
  - Plasma est le véhicule des produits de déchets éliminés par les organes excréteurs.

L'appareil circulatoire et la circulation

ÉVOLUTION DE L'APPAREIL CIRCULATOIRE
DANS LA SÉRIE ANIMALE

L'appareil circulatoire, destiné à assurer la distribution du sang dans tous les organes, subit, en partant des animaux inférieurs pour arriver jusqu'à l'homme, une évolution progressive en rapport constant avec l'organisation générale de l'animal et en particulier avec son **appareil respiratoire**.

Tout d'abord, les animaux inférieurs, **Protozoaires**, **Spongiaires**, **Cœlentérés**, **Echinodermes**, dont les tissus baignent dans l'eau, liquide nourricier, n'ont pas d'**appareil circulatoire** proprement dit : quelques poches contractiles assurent le mouvement de ce liquide.

Appareil circulatoire lacunaire. — Chez les **Arthropodes** et les **Mollusques**, un appareil circulatoire incomplet apparaît ; le sang est canalisé partiellement et mis en mouvement par un organe pulsatile appelé **cœur**.

Chez les **Insectes**, cet organe est réduit à un **vaisseau dorsal** (*fig.* 424) s'étendant à peu près d'un bout du corps à l'autre. Ce vaisseau est formé d'une dizaine de petites chambres ou *ventricules*, séparées par des *valvules* disposées de telle façon que le sang ne peut circuler que d'arrière en avant. Ce tube est contractile comme un véritable cœur, et c'est par les contractions successives des différentes chambres que le sang, pénétrant dans chacune d'elles par des orifices latéraux, munis également de valvules, progresse jusqu'au voisinage de la tête. à l'extrémité d'une **aorte** largement ouverte chez les Insectes, il n'y a donc ni sang artériel, ni sang veineux, le liquide nourricier étant en contact presque immédiat avec l'air qui pénètre dans les trachées répandues dans toutes les parties du corps; l'appareil circulatoire est donc caractérisé par l'*absence* de vaisseaux, le sang séjournant dans des lacunes situées autour des organes : la **circulation est lacunaire.**

Chez les **Mollusques** (*fig.* 142), la circulation reste lacunaire, mais des **vaisseaux** apparaissent et le cœur se simplifie.

Il se compose d'une oreillette, qui reçoit le sang venant des branchies (*Mollusques branchiaux*) ou du poumon (*Mollusques pulmonés*) et d'un **ventricule**, duquel part une **aorte** qui distribue le sang dans toutes les parties du corps.

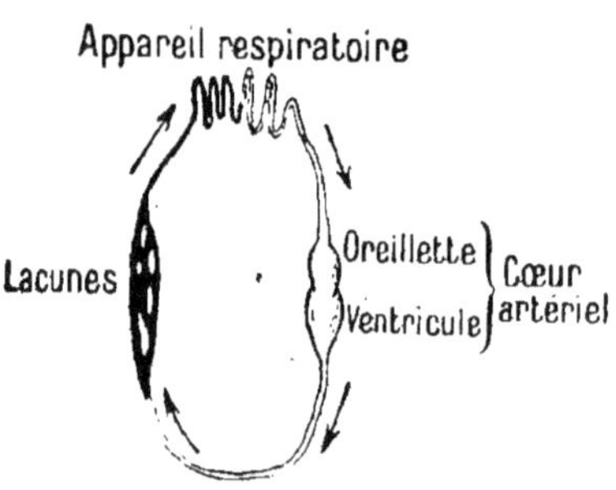

FIG. 142. — Schéma de l'appareil circulatoire d'un mollusque.

L'*appareil respiratoire étant localisé*, il en résulte que le sang ne peut s'oxygéner que dans cet organe ; aussi trouve-t-on chez les Mollusques deux sortes de sang : du sang **artériel** et du **sang veineux**. Le sang qui a nourri les tissus se rassemble dans des lacunes ou **sinus**, et de là est conduit par des **veines** à l'appareil respiratoire, d'où il retourne au cœur, qui est par suite un **cœur artériel**.

Appareil circulatoire clos. — Avec les **Vers** (*fig.* 143), l'appareil circulatoire clos apparaît. Cet appareil est des plus simples : il comprend **deux vaisseaux longitudi-naux**, l'un dorsal, l'autre ventral, qui se rejoignent aux deux extrémités.

Ces deux vaisseaux sont réunis dans chaque segment par des **anses latérales contractiles**, constituant de véritables **cœurs latéraux**, qui mettent le sang en mou-vement.

Chez les **Vertébrés**, l'appareil circulatoire est clos et plus compliqué. Il comprend **deux séries de capillaires**, fins vaisseaux se distribuant les uns à l'appareil respiratoire (**capillaires branchiaux ou pulmonaires**), les autres dans les organes (**capillaires généraux**).

Le **cœur**, ou organe pulsatile, est tantôt simple comme chez les **Poissons**, c'est-à-dire *formé d'une oreillette et d'un ventricule* (*fig.* 144), situés sur le trajet du sang veineux et comparable à une pompe qui aspire le sang venant du corps, et le refoule dans les **bran-chies**, tantôt **double** comme chez les **Oiseaux** et les **Mammifères** (*fig.* 145) c'est-à-dire comprenant **deux oreillettes** et **deux ventricules**, en résumé **deux cœurs simples accolés** : l'un, le **cœur droit**, est par-

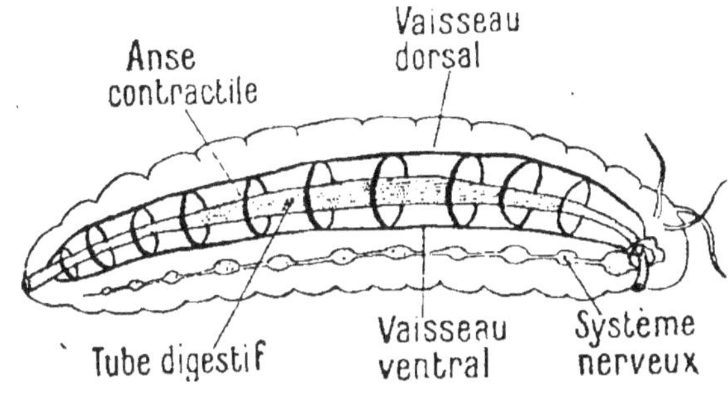

FIG. 143. — Appareil circulatoire d'un ver.

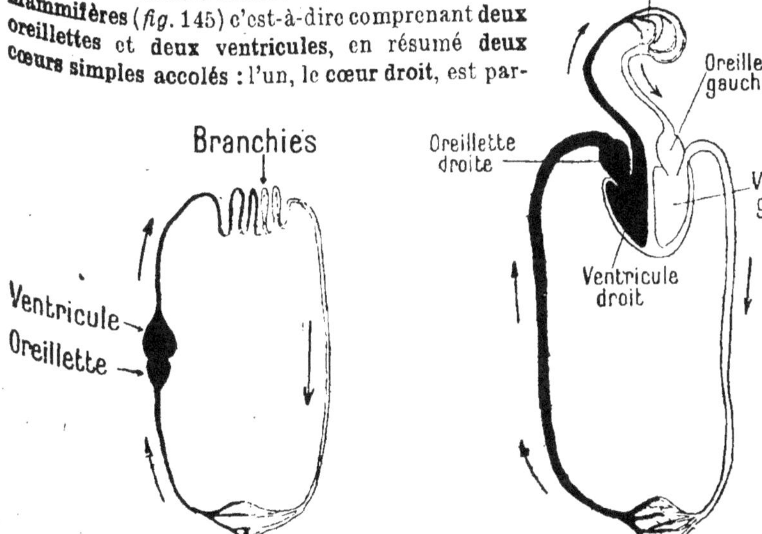

FIG. 144. — Schéma de l'appareil circulatoire d'un poisson.

FIG. 145. — Schéma de l'appareil circulatoire d'un mammifère.

couru par le **sang veineux** ; l'autre, le **cœur gauche**, par le **sang artériel**. Le cœur ressemble donc, dans ce cas, à deux corps de pompe fonctionnant simultanément, et refoulant à droite du sang dans les poumons, et à gauche du sang artériel dans les organes.

Entre le **cœur simple des Poissons** et le cœur double **des Oiseaux et des Mammifères** se placent une série de **formes intermédiaires**, comme chez les **Batraciens et les Reptiles** (*fig.* 619), où le cœur comprend **deux oreillettes pour un seul ventricule.**

Telle est l'organisation sommaire de l'appareil circulatoire dans la série animale. Nous renvoyons le lecteur, pour l'étude plus détaillée de ces différents appareils, au livre II, où ils sont décrits avec les caractères généraux de chaque classe d'animaux.

Mais nous devons ajouter que l'évolution que nous venons de constater, en prenant pour types des animaux placés à des degrés divers de l'échelle animale, se retrouve, si on étudie l'**embryogénie**, c'est-à-dire le développement embryonnaire d'une espèce élevée, l'homme par exemple. Au cours de sa formation embryonnaire, l'appareil circulatoire de l'homme passe plus ou moins rapidement par les états persistants qui s'observent chez les animaux inférieurs ; d'abord **simple vaisseau contractile,** puis **cœur à deux cavités,** ensuite à **trois** et finalement **cœur double.** Et le parallélisme frappant de l'**ontogénie** (développement de l'individu) et de la **philogénie** (développement de l'espèce), qui se retrouve dans tous les autres organes comme dans l'appareil circulatoire, est un des arguments les plus importants en faveur de la **théorie de l'évolution.**

L'appareil circulatoire de l'homme

L'évolution du système circulatoire dans la série animale résume assez bien, comme nous venons de le voir, le développement de ce même système, chez l'homme en particulier (*fig.* 146). Ainsi nous savons dès maintenant que les organes, destinés à assurer la marche continue et la distribution du sang dans toutes les parties de notre corps sont les suivants :

1° Le *cœur*, organe de propulsion, dont le bon fonctionnement est indispensable pour assurer la circulation du sang dans tout l'organisme ;

2° Les *artères*, vaisseaux qui prennent le sang au cœur pour le transporter dans les différentes parties du corps ;

3° Les *capillaires*, vaisseaux très étroits, provenant des ramifications des artères. Ils pénètrent dans l'épaisseur des organes pour en assurer la nutrition, s'anastomosent entre eux et finissent par se réunir pour former les veines ;

4° Les *veines* ramènent au cœur le sang ayant circulé dans les organes.

Nous étudierons successivement chacune de ces quatre parties de l'appareil circulatoire, au double point de vue de la conformation générale et de la structure.

I. — LE CŒUR

Conformation générale. — Le cœur est situé dans la cavité thoracique, entre les deux poumons (*fig.* 113). Il a sensiblement la forme d'un cône (*fig.* 147) dont la pointe, tournée en bas et à gauche, repose directement sur le diaphragme. Sa grosseur est celle du poing ; il pèse environ 300 grammes.

Le cœur est creusé de quatre cavités (*fig.* 148) : deux occupent la partie supérieure, ce sont les **oreillettes,** et deux autres, dites **ventricules,** occupent la partie inférieure. Extérieurement, les limites de ces quatre cavités sont marquées par des sillons dans lesquels circulent les vaisseaux nourriciers du cœur : *sillon transversal* ou circulaire qui sépare la région des oreillettes du cœur de la région ventriculaire, *sillon longitudinal* qui sépare le cœur droit du cœur gauche. L'extrême pointe du cœur appartient tout entière au ventricule gauche.

Les ventricules ne communiquent pas entre eux (*fig.* 149) ; il en est de même des oreillettes.

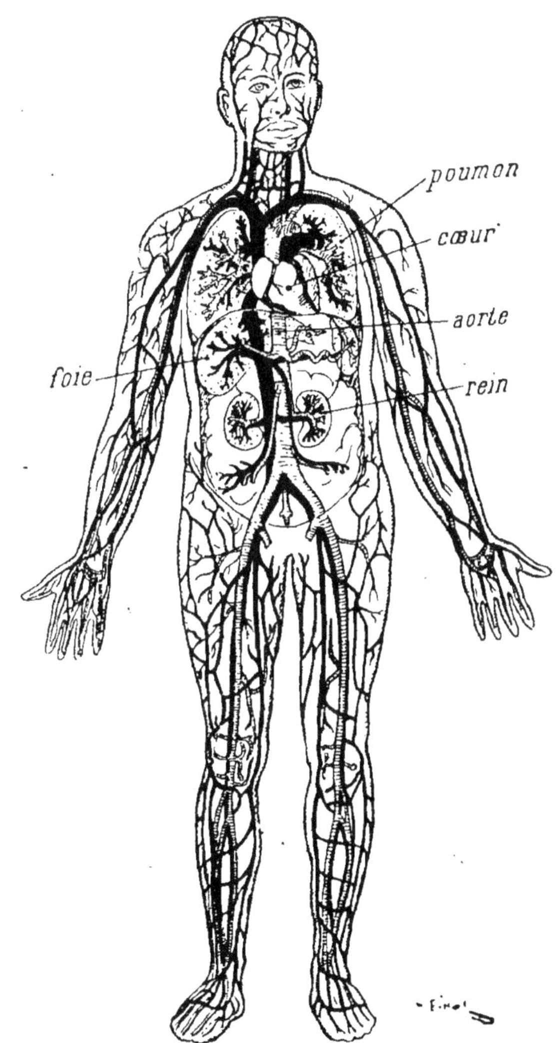

FIG. 146. — Ensemble de l'appareil circulatoire de l'homme.

Chaque oreillette communique avec le ventricule du même côté par un orifice percé dans la cloison de séparation. Il y a donc deux **orifices auriculo-ventriculaires.** Leur pourtour (*fig.* 150) est garni de lames élastiques qui pendent dans l'intérieur du ventricule et forment des *valvules*. Celle de droite, formée par trois de ces membranes, est appelée **valvule tricuspide**, tandis que celle de gauche, qui n'est formée que par deux membranes

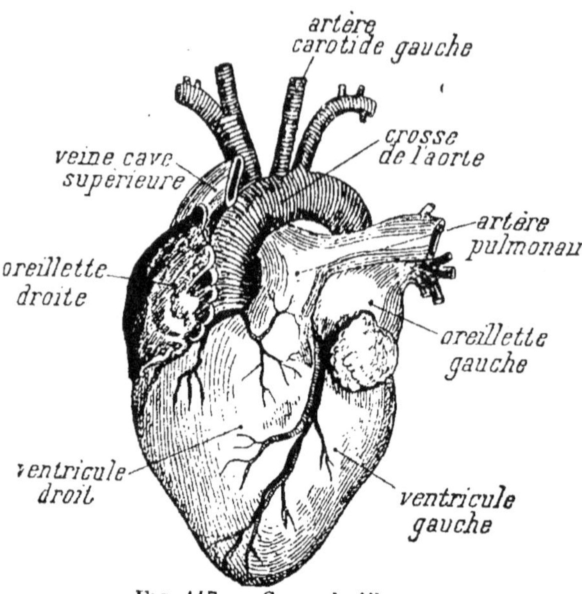

Fig. 147. — Cœur de l'homme.

adossées l'une à l'autre, comme les parties d'un bonnet d'évêque, est désignée sous le nom de **valvule mitrale.** Les pointes de chaque valvule sont retenues en place par de petites cordelettes élastiques, de même nature que les tendons, qui

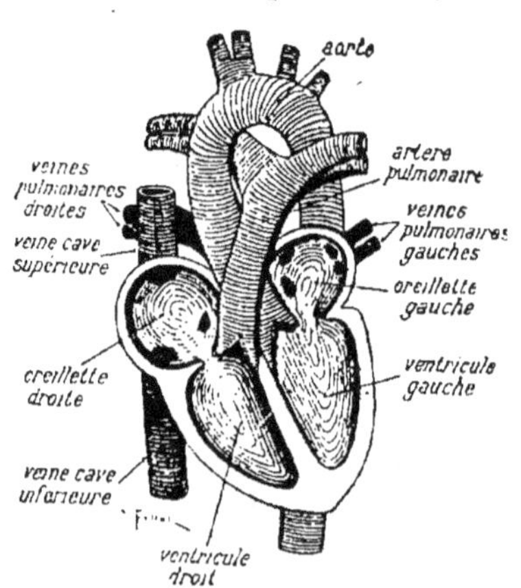

Fig. 148. — Cœur coupé en long et les gros vaisseaux qui en partent.
Nota : Pour plus de clarté, on n'a pas figuré les valvules.

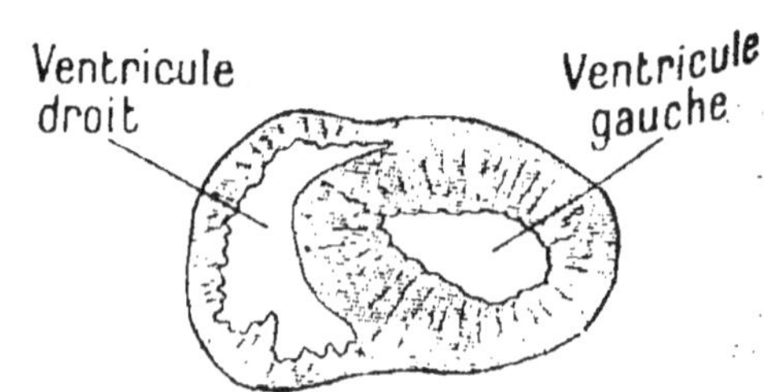

Fig. 149. — Les deux ventricules coupés en travers.

vont s'insérer sur la paroi interne des ventricules.

Tandis que les parois des oreillettes sont relativement minces et leur surface interne peu ondulée, celles des ventricules du ventricule gauche surtout dont les contractions doivent être plus énergiques, car il envoie du sang dans les parties du corps les plus éloignées — sont épaisses, charnues ; leur surface interne est tapissée par de nombreuses saillies enchevêtrées, dites **colonnes charnues,** ou *muscles papillaires.* Quelques-unes servent de points d'attache aux *cordes tendineuses,* qui retiennent en place les pointes des valvules mitrale et tricuspide.

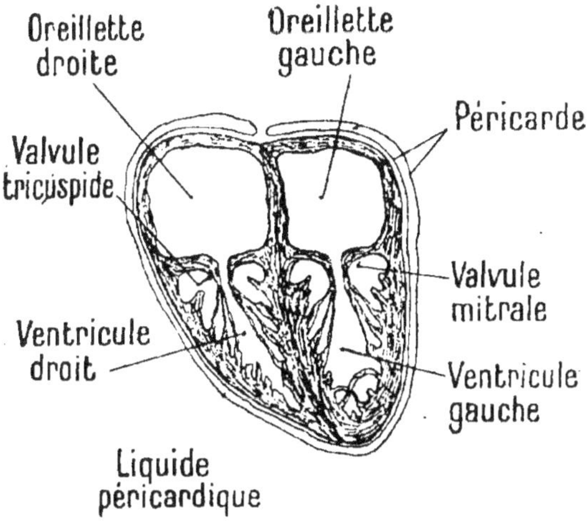

Enfin, les parois des cavités du cœur présentent un certain nombre d'orifices communiquant avec les vaisseaux sanguins du cœur lui-même.

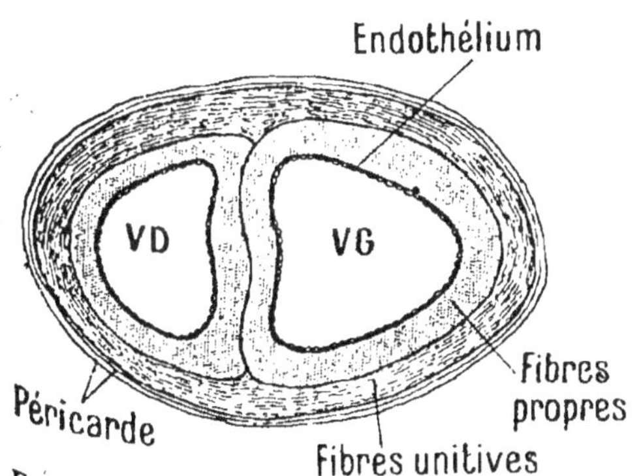

FIG. 150. — Cœur d'un mammifère coupé en long.

Des ventricules partent les *artères,* **aorte** à gauche, **pulmonaire** à droite ; aux oreillettes aboutissent les *veines,* **veines caves** au nombre de deux à droite, et **veines pulmonaires** au nombre de quatre à gauche.

FIG. 151. — Coupe schématique des deux ventricules pour montrer la structure du myocarpe.
VD, ventricule droit ; — VG, ventricule gauche

Structure. — Les parois du cœur sont formées par trois parties bien distinctes, qui sont en allant de l'extérieur à l'intérieur :

a) Le **péricarde** (*fig.* 150), membrane séreuse qui enveloppe complètement le cœur à la façon d'un manchon. Son feuillet interne (*feuillet viscéral*) est accolé au cœur, tandis que le feuillet externe (*feuillet pariétal*) est adjacent à la plèvre sur les côtés, et en bas au diaphragme. Ces feuillets sont humectés par le *liquide péricardique,* destiné à faciliter les mouvements du cœur en favorisant le glissement des deux feuillets l'un sur l'autre.

b) Le **myocarde** (*fig.* 151), masse de fibres musculaires rouges qui constitue la presque totalité de la substance du cœur ; le **cœur,** comme on dit souvent, est un muscle creux. Les fibres, striées et ramifiées (*fig.* 152), sont de deux sortes : 1° les *fibres propres* à chaque oreillette et à chaque ventricule qui les parcourent transversalement ; 2° les *fibres unitives*, communes aux deux oreillettes et aux deux ventricules qui relient les cœurs droit et gauche entre eux. Les fibres unitives, entourant les fibres propres, forment au cœur des parois musculaires épaisses et résistantes.

c) **L'endocarde**, membrane extrêmement délicate, présentant une seule assise de cellules aplaties qui forment l'*endothélium*. Cet endothélium, qui recouvre les différentes cavités du cœur, se continue dans l'intérieur de tout l'appareil circulatoire.

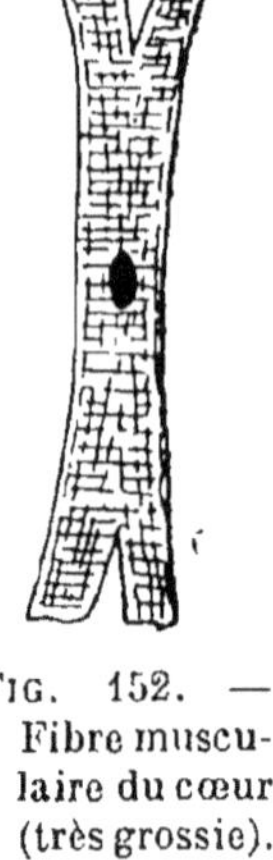

Fig. 152. — Fibre musculaire du cœur (très grossie).

II. — LES ARTÈRES

Système artériel. — Les artères sont les vaisseaux qui partent du cœur, pour aller distribuer le sang dans toutes les parties du corps (*fig.* 153).

A l'origine, il n'y a que deux artères : **l'artère aorte** et **l'artère pulmonaire;** elles partent toutes deux des *ventricules*. L'aorte et ses ramifications contiennent du *sang artériel*, qui va nourrir tous nos organes, tandis que l'artère pulmonaire et les petites artères qui en dérivent, renferment du *sang veineux* qui va dans les vésicules pulmonaires s'oxygéner et se revivifier.

Ces derniers vaisseaux sont bien des artères,

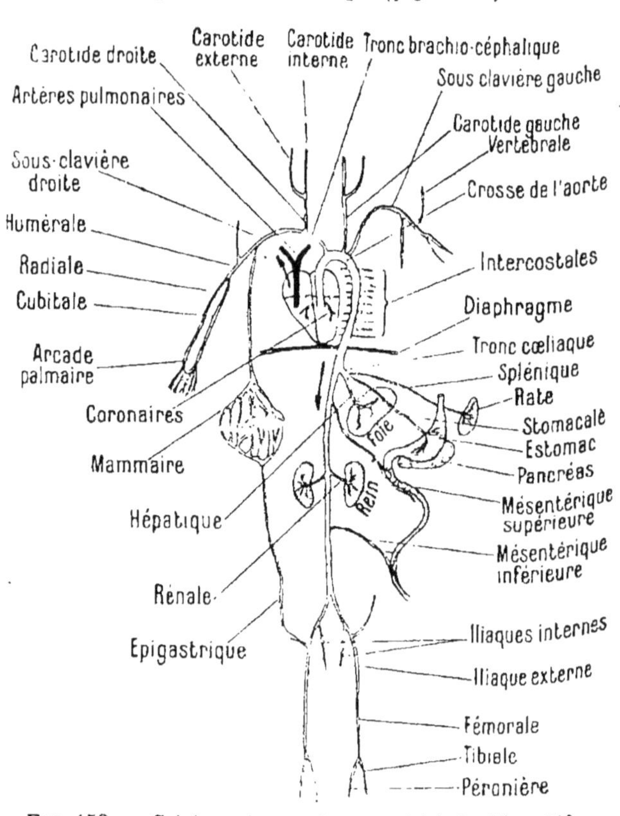

Fig. 153. — Schéma du système artériel de l'homme.

car leur courant est de direction centrifuge comme celui des autres artères, et leurs parois présentent la même structure, très différente, comme on le verra, de celle des veines.

Aorte et artère pulmonaire présentent, à leur origine, trois godets en forme de nid de pigeon (*fig.* 154), désignés sous le nom de *valvules sigmoïdes* qui, ayant leur convexité du côté du cœur, empêchent le sang des artères de revenir en arrière.

L'aorte sort du ventricule gauche en arrière, près de la paroi interventriculaire, remonte vers le haut, se courbe à gauche suivant une **crosse,** qui va gagner la colonne vertébrale pour suivre ensuite cette dernière jusqu'au bas des vertèbres lombaires.

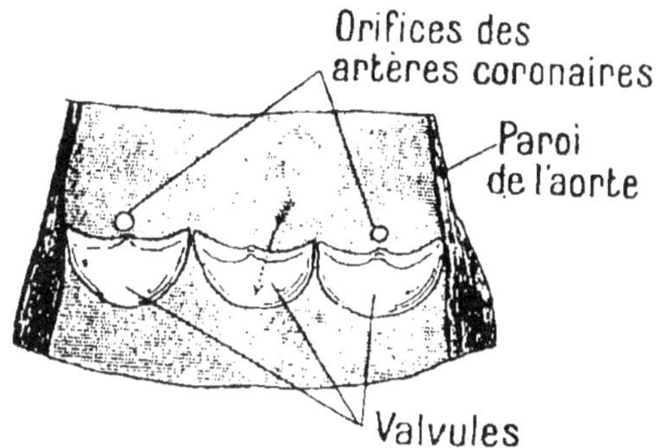

FIG. 154. — Partie inférieure de l'aorte ouverte pour montrer les valvules sigmoïdes.

Sur tout son parcours, elle envoie des ramifications qui se rendent aux divers organes. C'est ainsi qu'un peu au-dessus de son origine se détachent les *artères coronaires* qui vont irriguer les tissus du cœur. De la **crosse de l'aorte** partent les artères du cou, de la tête et des membres, savoir :

A *droite*, le **tronc brachio-céphalique,** qui se divise en deux branches ;

a) L'**artère carotide droite,** qui va nourrir la moitié droite de la tête : elle monte le long du cou, donne naissance à la *carotide interne* qui pénètre dans le crâne, irrigue le cerveau et les organes des sens, et à la *carotide externe,* qui envoie ses ramifications à la face et aux parties superficielles de la tête ;

b) L'**artère sous-clavière droite,** qui va dans le bras droit ; après avoir envoyé l'*artère vertébrale* vers le cou et la base du crâne, elle passe sous la clavicule, longe l'humérus sous le nom d'*artère humérale,* se divise au coude en *artères radiale et cubitale* suivant chacune l'un des os de l'avant-bras, puis s'anastomosant pour former les arcades palmaires de la main d'où partent les ramifications des doigts.

A *gauche*, la **carotide** et la **sous-clavière** naissent séparément, quoique très près l'une de l'autre. Elles parcourent chacune le même trajet et présentent les mêmes ramifications que la carotide et la sous-clavière droites.

De la branche descendante de l'aorte se détachent les *artères* du tronc et des organes qu'il renferme (estomac, foie, rate, reins, etc.), comme l'indique la figure 153.

A l'extrémité inférieure de la colonne vertébrale, l'aorte se divise en deux grosses branches, les *artères iliaques*, qui se rendent dans les parties inférieures du corps.

A cet effet, chacune d'elles se divise en deux autres : l'*iliaque interne* qui va nourrir les organes du bassin, et l'*iliaque externe* pour le membre inférieur. Cette dernière longe le fémur sous le nom d'*artère fémorale*, se divise au genou pour donner les *artères tibiale et péronière*, qui s'anastomosent vers le pied et se subdivisent en donnant les *artères pédieuses*.

Fig. 155. — Comparaison d'une artère et d'une veine.

Toutes les artères sont situées *profondément*, protégées par d'épaisses couches musculaires ; celles des membres courent le long des os. Il n'y a guère que l'*artère radiale* (qui suit le radius) et l'*artère temporale*, branche de la carotide, qui arrivent assez à fleur de peau pour qu'on puisse en sentir les battements.

Structure des artères. — Les parois des artères (*fig.* 155) sont formées par trois enveloppes ou tuniques dont la plus importante est la tunique moyenne, qui est élastique et contractile comme du caoutchouc.

Ces tuniques comprennent :

a) *Une tunique externe*, formée surtout de *tissu conjonctif ;* c'est elle qui donne à l'artère son aspect généralement jaunâtre.

b) *Une tunique moyenne*, formée par des *fibres élastiques* anastomosées et des *fibres musculaires lisses* transversales.

Cette tunique, de beaucoup la plus épaisse, est aussi la plus importante.

c) *Une tunique interne*, de nature endothéliale, formée d'une seule assise de cellules aplaties, prolongement de l'endocarde du cœur.

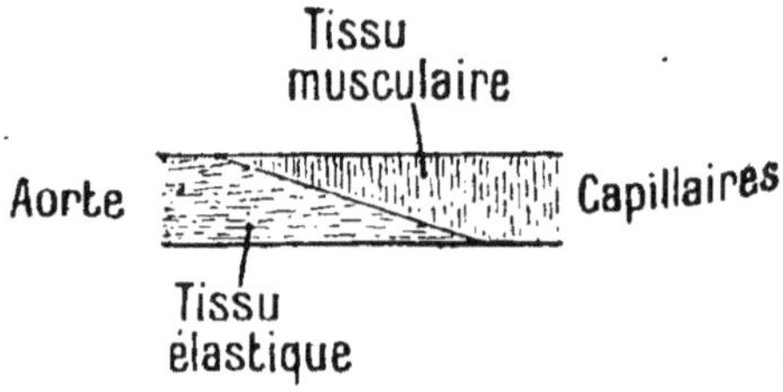

Quand on sectionne une artère principale, le sang s'en échappe par jets et l'ouverture reste béante, comme celle d'un tube de caoutchouc. Cela tient à la présence d'un nombre considérable de *fibres élastiques* dans la tunique moyenne. Mais, au fur et à mesure que les artères s'éloignent du cœur et se ramifient, la proportion des fibres élastiques diminue et celle des fibres musculaires augmente (*fig.* 156), si bien que les parois d'une *artériole*

Fig. 156. — Schéma de la répartition des fibres élastiques et musculaires dans les artères.

sectionnée s'affaissant, le sang se coagule et bouche l'orifice. La section d'une *grosse
artère* est au contraire *mortelle*, si l'hémorragie n'est pas arrêtée assez à temps par
une ligature faite entre la section et le cœur.

III. — LES CAPILLAIRES

Après avoir pénétré dans les organes, les artérioles se subdivisent elles-mêmes en vaisseaux de plus en plus fins dont les derniers n'ont pas plus de 5 *à* 12 μ *de diamètre*, c'est-à-dire que leur calibre est à peine suffisant pour laisser passer un globule rouge. A cause de leur extrême finesse, on les désigne sous le nom de *vaisseaux capillaires* (du latin *capillus*, cheveu) (*fig.* 157).

Ces capillaires communiquent entre eux, s'anastomosent, forment de très riches réseaux sanguins, si serrés qu'on ne peut se piquer en un point quelconque du corps, sans en percer quelques-uns et provoquer par suite une légère hémorragie.

Ils se réunissent ensuite et sortent de l'organe en formant de petites *veines*, puis des grosses, qui ramènent le sang au cœur.

Leur *structure* est simple. Les tuniques externe et moyenne qui allaient en s'amincissant progressivement des artères aux artérioles finissent par disparaître, et il ne reste plus que la *tunique interne* ou endothéliale, prolongement de celle des artères et de l'endocarde du cœur, qui tapisse tout l'intérieur de l'appareil circulatoire et qui forme à elle seule la paroi des vaisseaux capillaires.

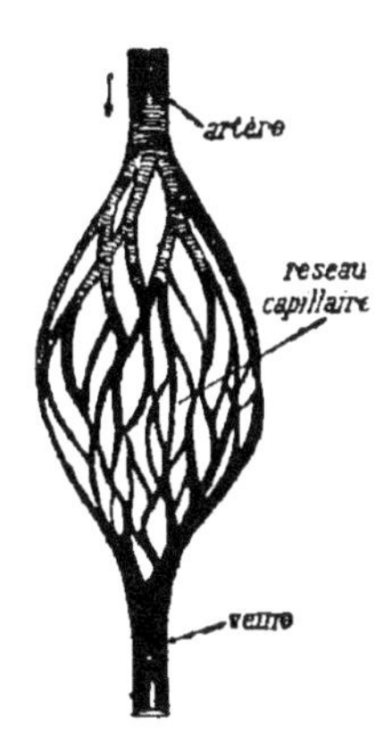

FIG. 157. — Les vaisseaux capillaires.

On conçoit aisément que leur membrane — formée de cellules très aplaties et disposées sur une seule assise — soit extrêmement délicate, et qu'elle se laisse facilement traverser par le *liquide sanguin*, qui se répand par osmose dans les tissus voisins pour les nourrir, et même par les *globules blancs* qui, grâce à leurs mouvements amiboïdes, émigrent dans les espaces intercellulaires (*fig.* 133).

IV. — LES VEINES

1° **Système veineux.** — Les veines (*fig.* 158) sont les vaisseaux qui ramènent au cœur le sang qui a circulé dans tous les organes. Contrairement aux artères qui partent des ventricules, les veines arrivent toutes dans les *oreillettes*.

Il y a lieu de distinguer, au double point de vue de l'importance et de la situation, deux systèmes de veines : les **veines superficielles** et les **veines profondes.**

Les *veines superficielles* ou **sous-cutanées** sont toujours des petites veines, ou des veines de grosseur moyenne. Elles courent plus ou moins profondément au-dessous de la peau, s'anastomosant parfois et formant ainsi de riches réseaux que l'on peut apercevoir sous forme de traces bleuâtres à la surface du corps. Les plus grosses de ces veines vont déboucher dans les veines profondes.

Les *veines profondes* (*fig.* 158) viennent des viscères et des membres. Elles accompagnent généralement les artères et il y a même habituellement **deux veines pour une artère.**

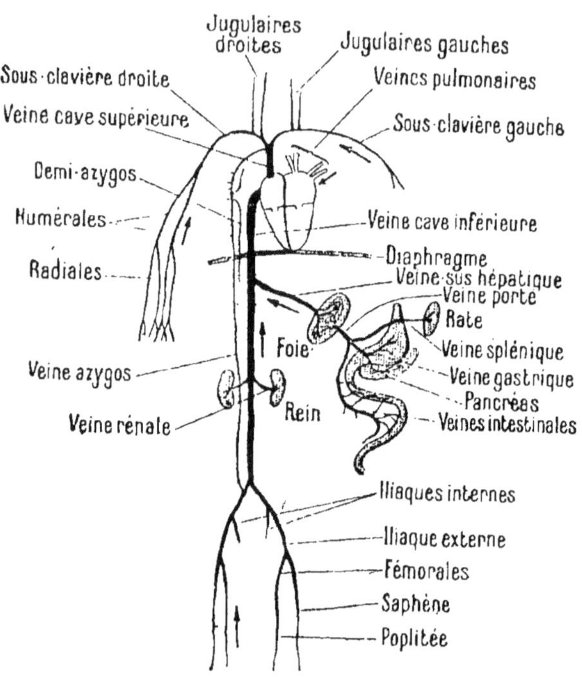

FIG. 158. — Schéma du système veineux de l'homme.

Dans ce cas, l'artère et ses deux veines *satellites* sont enveloppées dans une seule gaine protectrice et on donne aux trois vaisseaux le même nom.

Parmi les veines profondes, il y a lieu de distinguer tout d'abord les **veines pulmonaires** au nombre de quatre, soit deux pour chaque poumon. Elles apportent à l'oreillette gauche le sang qui s'est revivifié dans les vésicules pulmonaires ; malgré leur nom, elles renferment donc du sang artériel.

Dans l'oreillette droite arrivent :

1° La *grande veine coronaire*, qui ramène le sang qui a nourri les parois du cœur ; son orifice est muni de valvules, qui s'opposent au retour du sang en arrière ;

2° La **veine cave supérieure,** qui apporte le sang de la tête, du cou et des bras. Débouchant à peu près verticalement dans l'oreillette, elle ne présente pas de valvules à son orifice. La veine cave supérieure est formée par la réunion des deux *troncs brachio-céphaliques* qui ont reçu chacun deux *jugulaires* venant de la tête et du cou et une *sous-clavière* venant du bras. Dans chaque bras, il y a deux *humérales*, deux *radiales* et deux *cubitales*.

3° La **veine cave inférieure** ramène le sang des membres inférieurs et de l'abdomen. Elle monte tout le long de la colonne vertébrale, parallèlement à l'aorte, traverse le diaphragme et vient se jeter dans l'oreillette droite. Pour empêcher le retour du sang en arrière, son orifice est bordé par de fortes valvules.

Sur son trajet, la veine cave inférieure a reçu :

Les deux *iliaques*, formées chacune par une *iliaque externe* ramenant le sang des jambes et une *iliaque interne* venant du bassin ;

Les deux *veines rénales*, qui sortent chacune d'un rein ;

Les veines *sus-hépatiques* qui viennent du foie.

Outre toutes ces veines, il y a lieu de distinguer la **veine porte hépatique.** On appelle *veine porte* une veine intercalée entre deux systèmes de capillaires. Dans le système porte hépatique, les veines qui viennent de la rate (*veine splénique*), de l'estomac et du pancréas (*veine gastrique*) et de l'intestin (*veines intestinales*) se réunissent en une veine unique, la *veine porte hépatique*, qui va s'épanouir dans le foie en un réseau de capillaires. De cette façon, le foie reçoit à la fois le sang que lui apportent l'artère hépatique et la veine porte ; les veines sus-hépatiques remportent le tout.

Structure des veines. — Comme celles des artères, les parois des veines présentent trois tuniques ; mais ici le nombre des fibres élastiques a beaucoup diminué, de sorte que les veines s'aplatissent sur elles-mêmes lorsqu'elles sont vides (*fig.* 155).

FIG. 159. — Une veine coupée en long. La flèche indique la direction du sang.

a) La *tunique externe* conjonctive est devenue la plus épaisse ; de nombreux capillaires nourriciers la sillonnent.

b) La *tunique moyenne* a perdu de son importance ; les fibres élastiques sont en bien moins grand nombre que dans les artères ; ce sont les *fibres musculaires lisses* qui prédominent, ce qui a pour conséquence l'affaissement des parois des veines quand on les sectionne.

c) La *tunique interne* est toujours formée par un *endothélium*, qui est le même que celui des artères et des capillaires.

Sur leur parcours, les veines portent intérieurement des replis

membraneux, des **valvules** en nid de pigeon (*fig.* 159), généralement au nombre de deux au même niveau. Leur concavité est
tournée du côté du cœur, de sorte que, lorsque le sang tend à
refluer en arrière, il presse sur ces valvules qui ferment d'autant
mieux l'orifice que la pression est plus forte. Ces valvules, espacées de 5 à 10 millimètres, ne sont utiles que dans les veines où
le sang circule en sens contraire de l'action de la pesanteur ; aussi
n'y en a-t-il pas dans les veines du cou et de la tête, dans les
veines pulmonaires et dans la veine cave supérieure.

LA CIRCULATION

Considérations générales sur la circulation

Historique de la circulation. — La découverte de la circulation
est relativement récente, elle date de 1628 et est due à **Harvey,**
médecin anglais. Les anciens ignoraient totalement son mécanisme. D'après eux, les veines seules contenaient du sang, les
artères étaient des canaux aérifères (*aer*, air ; *ferre*, porter), ce
qui explique leur nom plutôt bizarre, en égard à nos connais-
sances actuelles. Cette erreur s'expliquait par ce fait, que les
anciens n'étudiaient que des cadavres d'animaux, et qu'après
la mort les artères, en vertu de leur contractilité, se vident de
sang et se remplissent d'air dès qu'on les ouvre. C'est **Galien,**
qui, au IIe siècle de notre ère, reconnut le premier que les artères
contenaient du sang comme les veines. Plus tard, les dissections
étant autorisées, les idées sur la circulation commencèrent à se
préciser.

En 1553, **Michel Servet** décrivit exactement le trajet du sang
allant du ventricule droit à l'oreillette gauche, en passant par
les poumons, ce qui constitue la circulation pulmonaire ou petite
circulation.

Enfin, en 1628, **Harvey** découvrit la grande circulation, montrant par des ligatures, que le sang va de la périphérie au cœur
dans les veines et suit un trajet inverse dans les artères : la compression d'une veine du bras la fait, en effet, gonfler au-dessous,
tandis qu'au-dessus, la même veine devient flasque et se vide ;
la compression d'une artère produit le phénomène inverse. Cette
expérience si simple indiquait le sens du courant sanguin dans
les vaisseaux et permettait à Harvey d'établir que le sang

s'échappe du ventricule gauche du cœur par l'aorte pour être distribué par les artères dans toutes les parties du corps et de là être ramené à l'oreillette droite par les veines.

Une seule chose restait à expliquer : c'était le passage du sang des artères dans les veines. Cette explication fut donnée par *Malpighi*, quelques années après la mort d'Harvey. Cet anatomiste d'origine italienne découvrit, en effet, les capillaires, en examinant au microscope des pattes de grenouille ; dès lors le trajet complet du sang était connu.

Mécanisme de la circulation. — La circulation du sang à travers l'organisme comprend deux phases : dans la première ou **petite circulation,** le sang va du ventricule droit aux poumons par l'artère pulmonaire pour revenir ensuite à l'oreillette gauche par les veines pulmonaires ; dans la deuxième ou **grande circulation,** le sang va du ventricule gauche aux organes par l'aorte et ses ramifications et revient des organes à l'oreillette droite par les veines. Le sang circule donc dans un système de vaisseaux absolument clos : artères et veines réunies par des capillaires ; le cœur est l'organe propulseur, la pompe aspirante et foulante qui met en mouvement la nappe sanguine à l'intérieur de ces vaisseaux. La figure 160 qui schématise la marche du sang dans l'organisme montre que la **circulation est double,** puisque le sang revient deux fois au cœur, et *complètement fermée*, puisque nulle part il n'y a mélange des deux sortes de sang.

Répartition du sang dans les vaisseaux. — La capacité totale du système circulatoire est d'environ 5 à 6 litres chez l'homme

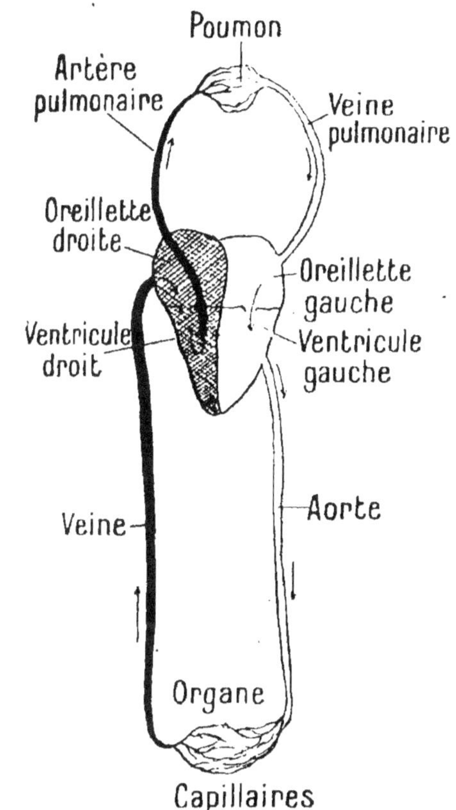

FIG. 160. — Schéma de l'ensemble de la double circulation de l'homme.

adulte ; cette quantité de sang est répartie inégalement dans les artères et dans les veines. Chaque artère est généralement accompagnée de deux veines ; par suite le *rapport du sang artériel au sang veineux est donc de 1 à 2*, c'est-à-dire que sur les 6 litres de sang contenus dans le corps, il y en a 2 litres dans les artères et 4 dans les veines.

Si l'on compare maintenant la quantité de sang de la petite circulation à celle de la grande, on trouve que le rapport est de 1 à 5 environ, ce qui signifie qu'il y a 1 litre de sang dans la petite circulation (artère pulmonaire, poumons, veines pulmonaires), quand il y en a 5 dans la grande circulation (artères et veines). C'est cette nappe sanguine qui doit être mise en mouvement par le cœur ; il nous faut donc étudier successivement comment se fait la circulation dans le cœur et dans les vaisseaux.

I. — Circulation dans le cœur

Mécanisme de la circulation dans le cœur. — Le cœur est un *muscle creux* composé de quatre cavités : deux oreillettes et deux ventricules. Chaque oreillette communique avec le ventricule du même côté par un orifice auriculo-ventriculaire, mais est complètement séparée de sa voisine ; il en est de même pour les ventricules.

Le sang arrivant par les *deux veines caves* dans l'oreillette droite est chassé par la contraction de celle-ci dans le *ventricule droit* qui à son tour se contracte et le pousse dans l'*artère pulmonaire* ; après avoir traversé les *capillaires du poumon*, le sang revient par les *veines pulmonaires* dans l'*oreillette gauche*, qui par sa contraction l'envoie dans le *ventricule gauche*, tandis que ce dernier le chasse dans l'*aorte* ; on peut comparer l'action du cœur à celle d'**une pompe aspirante et foulante, envoyant par les artères le sang qu'elle recevrait par les veines.** La contraction des cavités du cœur prend le nom de **systole** (du grec *sustellein*, contracter), la dilatation prend le nom de **diastole** (du grec *diastolle*, distension).

On peut suivre ces mouvements sur le cœur d'une grenouille ou d'un chien, après avoir ouvert la cavité thoracique. Il est alors facile de voir que le cœur se *contracte* ou *bat* régulièrement, d'une façon rythmique, comme on peut d'ailleurs le constater en plaçant la main sur la poitrine, un peu au-dessous du sein gauche, où l'on sent un léger choc à chaque systole ventriculaire.

D'autre part, un examen plus attentif montre que les deux oreillettes se contractent simultanément et que peu après les deux ventricules se contractent également ensemble, de telle sorte qu'un mouvement ou **révolution cardiaque** comprend trois temps : 1° la contraction ou *systole des oreillettes* ; 2° la contraction ou *systole des ventricules* ; et 3° le *repos général du cœur*, pendant lequel s'opère sa dilatation ou *diastole*.

La systole des oreillettes ou des ventricules fait toujours cheminer le sang dans le même sens. En effet, au moment de la systole auriculaire, le sang n'a aucune tendance à refluer dans les veines caves, car celles-ci sont pleines de sang, tandis que les ventricules sont vides et n'opposent qu'une résistance insignifiante à la distension ; d'autre part, au moment de la systole ventriculaire, le sang n'a d'autre issue que les *orifices artériels* (aortique et pulmonaire), car les orifices auriculo-ventriculaires se trouvent complètement fermés par le jeu des *valvules mitrale et tricuspide* dont les bords flottants sont juxtaposés et d'autant mieux appliqués les uns contre les autres, que la pression du sang est plus grande à l'intérieur des ventricules. Pour la même raison, le sang poussé dans les artères ne pourra pas revenir dans les ventricules au moment de leur diastole, car les *valvules sigmoïdes* qui sont à l'entrée ferment hermétiquement à ce moment la communication entre les artères et les ventricules.

Dès que la systole ventriculaire est terminée, toutes les cavités du cœur sont en diastole, la diastole de l'oreillette ayant déjà commencé dès la fin de sa systole : c'est le *repos du cœur*. Le sang arrive par les veines caves et pulmonaires, remplit les oreillettes, pour être de nouveau lancé dans la circulation générale.

Cardiographe. — L'analyse complète des mouvements cardiaques se fait avec un appareil imaginé par Marey, et connu sous le nom de car-diographe (de *cardia*, cœur, et *graphein*, écrire). Cet appareil (*fig.* 161 et 162) se compose d'un levier enregistreur (*fig.* 162), qui reçoit l'impression par un tube

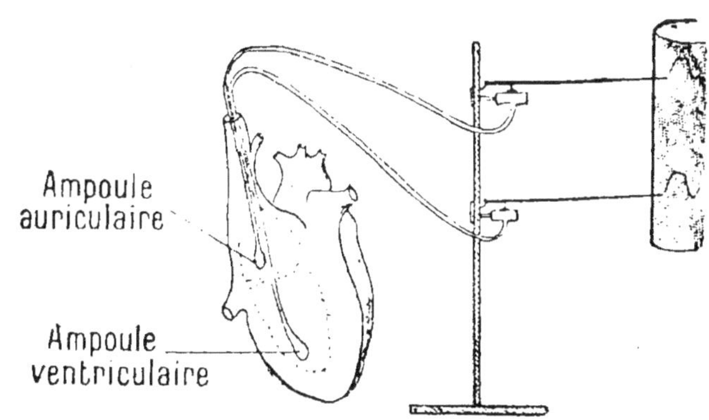

FIG. 161. — Cardiographes placés de manière à inscrire en même temps la contraction de l'oreillette et celle du ventricule.

de caoutchouc ; il se termine par une ampoule élastique qu'on introduit dans les cavités cardiaques du cheval, par exemple, par les vaisseaux du cou. Au moyen de deux leviers et de deux ampoules, on peut obtenir simultanément le tracé donné par les oreillettes et les ventricules ; ces tracés prennent le nom de *cardiogrammes* (*fig.* 163).

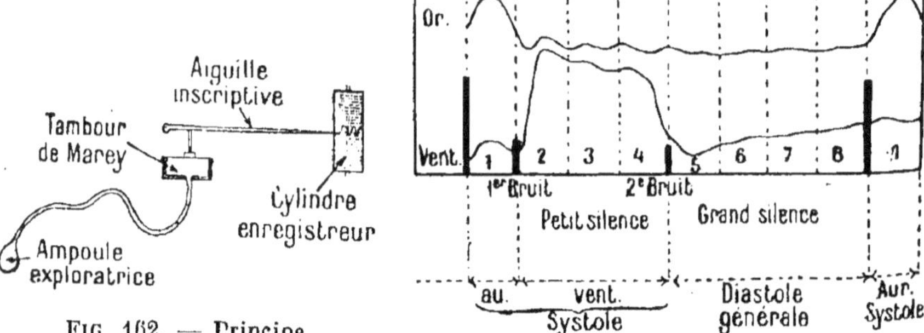

Fig 162. — Principe du cardiographe.

Fig. 163. — Analyse de la révolution cardiaque

Analyse de la révolution cardiaque. — Au moyen du cardiographe, on a pu constater que, chez l'homme, les **mouvements cardiaques sont au nombre de 70 environ par minute**, c'est-à-dire que chacun d'eux a une durée de $\frac{8}{10}$ de seconde environ. Sur ce temps, le cœur en emploie la moitié, soit $\frac{4}{10}$ de seconde, pour sa diastole, c'est-à-dire pour son repos qui correspond à l'arrivée du sang dans les oreillettes, les $\frac{4}{10}$ de seconde restant étant employés à faire mouvoir le sang des oreillettes dans les ventricules et des ventricules dans les artères par la systole successive de ces cavités, ce qu'on exprime d'une façon paradoxale, en disant que *le cœur se repose douze heures sur vingt-quatre*. La systole auriculaire demande $\frac{1}{10}$ de seconde, tandis que la **systole** ventriculaire, plus longue, en exige $\frac{3}{10}$.

Signes extérieurs de la révolution cardiaque. — a) *Bruits du cœur.* — Les mouvements cardiaques se traduisent également par des signes extérieurs qui permettent de les analyser (*fig.* 163). Lorsqu'on applique l'oreille sur la poitrine, au niveau du sein gauche, on perçoit nettement deux bruits comparables au tic-tac d'une montre : le **premier bruit** est sourd, grave et prolongé, il correspond au claquement des valvules auriculo-ventriculaires qui se ferment et par suite est synchronique du début de la systole ventriculaire, c'est-à-dire se produit en même temps ; le **deuxième bruit** est clair, sec et court ; il correspond à la fermeture des valvules sigmoïdes et indique le début de la diastole ventriculaire, moment où le sang tend à revenir dans le ventricule et en est empêché par l'étalement de ces valvules.

Les deux bruits sont séparés d'abord par un court intervalle, appelé **petit silence,** qui correspond à la systole ventriculaire, et ensuite par un intervalle plus long, ou **grand silence,** qui correspond au repos du cœur et à la systole auriculaire.

Dans les maladies de cœur, ces bruits sont peu nets ; ils sont remplacés par des souffles semblables à des jets de vapeur, ce qui permet au médecin de reconnaître les lésions de cet organe et d'établir, par le degré et la position du souffle, la nature de la lésion. Ainsi un souffle qui remplace le premier bruit indique une lésion des valvules auriculo-ventriculaires, un souffle qui remplace le deuxième bruit, indique, au contraire, une lésion des valvules sigmoïdes.

b) *Choc du cœur.* — Lorsqu'on place la main à plat au-dessous du sein gauche, il semble que le cœur vienne, à chaque contraction, frapper contre la paroi : c'est ce qui constitue le **choc du cœur.** Le choc du cœur n'est pas dû à un mouvement de déplacement de la pointe qui, écartée de la paroi thoracique à l'état normal, viendrait frapper celle-ci au moment de la systole, car, si le cœur est tenu dans la main, il ne peut y avoir choc, et pourtant on en a la sensation. L'illusion du choc provient donc du durcissement brusque des ventricules pendant la contraction ; il correspond par suite à la systole ventriculaire.

II. — Circulation dans les artères

Les artères sont **élastiques et contractiles,** car la tunique moyenne renferme des fibres élastiques et des fibres musculaires, qui donnent aux parois ces deux qualités essentielles. On sait que les fibres élastiques se trouvent surtout dans les *grosses artères,* l'aorte, les sous-clavières, etc., tandis que les fibres musculaires dominent dans les *petites.*

Rôle de l'élasticité. — Lorsque le ventricule gauche se contracte, il se vide et envoie son contenu dans l'aorte. Si l'on coupe une grosse artère, la fémorale par exemple, on constate que le jet de sang qui s'en échappe est *saccadé,* tandis que si l'on ouvre une artériole de la main, le sang s'échappe régulièrement, sans intermittence. Cette différence s'explique par l'**élasticité des grosses artères.** Lorsque le sang arrive dans l'aorte, les parois élastiques de ce vaisseau se laissent distendre par l'ondée sanguine ; elles se gonflent, emmagasinant une partie de la force déployée par la systole ventriculaire, puis arrivent à un maximum d'extension qui correspond à la diastole ventriculaire ; ces parois reviennent sur elles-mêmes, comme le ferait une lame de caoutchouc, poussant l'ondée sanguine plus avant. Comme cette action se manifeste tout le long des artères, il en résulte que le **jet intermittent du cœur sera transformé en jet continu,** au fur et à mesure que le sang progresse dans les vaisseaux.

Mais en plus, **l'élasticité des artères facilite l'écoulement du sang.** C'est ce que l'expérience suivante, due à Marey, permet de démontrer :

Si deux tubes de même diamètre (*fig.* 164), mais dont l'un est rigide (tube de verre) et l'autre élastique (tube de caoutchouc) sont reliés an moyen d'un branchement en **Y** à un vase contenant de l'eau, on constate que l'écoulement se fait d'une façon uniforme pour chacun d'eux ; si l'on rend l'écoulement du vase **intermittent,**

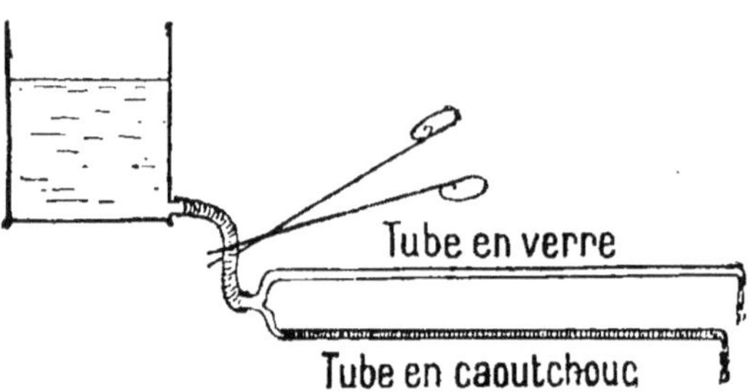

FIG. 164. — Expérience disposée pour montrer le rôle de l'élasticité des artères.

en comprimant d'une façon rythmique le tuyau qui relie le vase aux tubes, on voit que le jet donné par le tube rigide devient saccadé, tandis que celui du tube élastique reste régulier. Si de plus, on recueille le liquide qui s'écoule à ce moment dans les deux tubes, pendant une minute par exemple, on constate que le débit du tube élastique est plus considérable que celui du tube de verre. On peut donc conclure de cette expérience que l'élasticité artérielle transforme le jet intermittent du cœur en jet continu, et par suite facilite l'écoulement du sang, favorisant ainsi le travail du cœur. C'est ce qui explique que lorsque les artères deviennent dures, se sclérosent comme l'on dit, provoquant la maladie connue sous le nom d'**artério-sclérose,** elles peuvent facilement se rompre, comme les vieux tubes de caoutchouc, et provoquer des hémorragies souvent mortelles. D'autre part, la perte de leur élasticité gêne la circulation ; le ventricule gauche, astreint à un plus grand effort, augmente de volume et, malgré tout, le sang arrive difficilement dans les artérioles cérébrales ; le travail intellectuel est impossible et les syncopes deviennent **fréquentes.**

Bien plus, la tunique élastique des artères étant la tunique résistante, lorsque celle-ci, par suite de sclérose, se fendille, le sang repousse la tunique interne endothéliale et arrive jusqu'à la tunique externe qu'il distend, formant une poche qui va en augmentant peu à peu de volume et constituant ce qu'on appelle un **anévrisme** (*fig.* 165). La paroi de l'anévrisme devient de plus en plus mince à mesure que son volume croît, finit par se rompre, provoquant une hémorragie le plus souvent foudroyante.

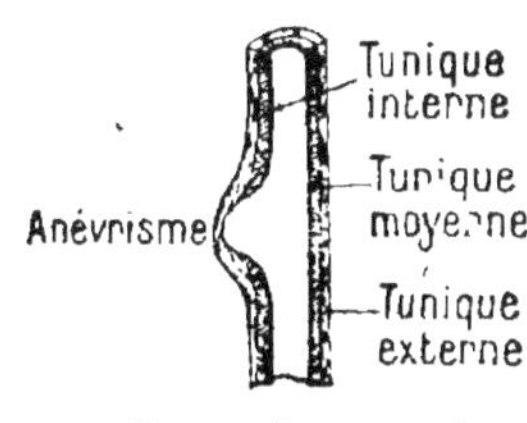

FIG. 165. — Coupe en long d'une artère présentant un anévrisme.

D'ordinaire ces poches se forment dans la crosse de l'aorte, qui oppose une résistance considérable au sang chassé par le cœur pour l'obliger à changer de direction.

Rôle de la contractilité. — La contractilité des artères est due à la présence des *fibres musculaires lisses* dans leur paroi ; elle est donc surtout importante pour les artérioles plus riches en fibres musculaires que les grosses artères. Ainsi, si l'on gratte avec une épingle la surface d'une petite artère mise à nu, on la voit se contracter ; c'est cette contraction qui produit une raie blanche sur la peau, lorsqu'on passe la pointe d'un canif à sa surface ; c'est elle également qui, sous l'action du froid, chasse le sang des vaisseaux de la périphérie pour l'envoyer aux poumons ou au cerveau où il produit des congestions parfois mortelles.

On comprend pourquoi les parois des artérioles ne sont pas constituées comme les parois des grosses artères. Les fibres élastiques dominent chez ces dernières, parce qu'elles ont à résister à la poussée sanguine et à transformer le jet saccadé du sang sortant du cœur, en jet régulier. Au contraire, les artérioles sont peu élastiques, car l'ondée sanguine leur arrive régulière et affaiblie, mais elles sont bien placées pour régler par leurs contractions la circulation dans les organes et cela suivant leurs besoins.

Vitesse du sang dans les artères. — La vitesse du sang dans les artères est excessivement variable ; l'expérience a montré qu'elle est de 20 centimètres par seconde dans la carotide du cheval, qu'elle tombe à 8 centimètres dans la fémorale, et à 5 centimètres dans la radiale ; la vitesse du sang diminue donc au fur et à mesure que l'on s'éloigne du cœur, ce qui est facile à comprendre, puisque le sang se répartit sur une plus grande surface.

La vitesse du sang dans les artères rappelle celle d'une rivière dont le lit va en s'élargissant ; le cours est rapide au début et va sans cesse en diminuant au fur et à mesure que la nappe d'eau va en s'étalant.

Signes extérieurs de la circulation dans les artères. — De même que nous avons des signes extérieurs de la circulation dans le cœur (*bruits du cœur, choc du cœur*), de même nous en avons qui rendent manifeste la circulation dans les artères.

Le premier est l'**allongement des artères,** signe peu visible à l'œil nu, mais qui s'explique facilement. Lorsque les artères reçoivent l'ondée sanguine, elles se dilatent, et cette dilatation se traduit par une sorte de reptation à la surface des tissus. A force de se dilater, les artères s'allongent quelque peu à la longue, ce qui explique le trajet sinueux des artères terminales chez les vieillards.

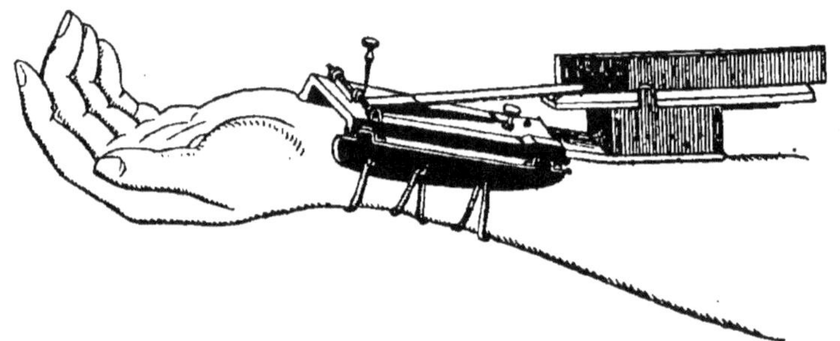

Fig. 166. — Sphygmographe disposé pour inscrire les battements du pouls.

Mais le signe extérieur le plus sensible de la circulation dans les artères est le **pouls.** On entend par pouls la sensation de choc éprouvé par le doigt qui comprime une artère reposant sur une surface osseuse. Le phénomène s'explique par un changement brusque de pression dans l'intérieur de l'artère. A chaque contraction ventriculaire, le sang refoulé dans l'aorte élève la pression dans ce vaisseau ; cette augmentation de pression se communique de proche en proche par ondulation jusqu'aux capillaires avec une *vitesse de 9 mètres par seconde.* Lorsqu'une artère est déprimée sur une surface dure, le passage de l'ondée produit donc un gonflement qui se traduit par un choc constituant le pouls.

Le pouls est presque *synchronique de la systole ventriculaire* eu égard à la vitesse des ondulations sanguines. Il ne faut pas, en effet, confondre la vitesse de l'onde (9 mètres par seconde) avec la vitesse du sang qui est, nous l'avons vu, beaucoup plus faible (20 centimètres, par exemple, dans les carotides).

En général, c'est par les battements du pouls que l'on compte ceux du cœur. Pour cela on choisit une artère superficielle, la radiale, par exemple, au niveau du poignet, et on l'appuie avec l'index contre le radius ; on a ainsi un moyen très simple pour connaître le nombre des battements cardiaques en un temps donné.

Ce nombre, qui est de 70 chez l'adulte, présente des écarts considérables aux différents âges : chez l'enfant, il est parfois supérieur à 100, chez le vieillard inférieur à 65. En règle générale il croît avec la fièvre, c'est-à-dire avec la température du corps. Chez l'adulte, par exemple, une fièvre de 38° correspondra à 80 pulsations, une de 39° à 90, etc. L'examen du pouls peut donc d'une façon simple et rapide nous déceler la fièvre chez un malade à défaut de thermomètre.

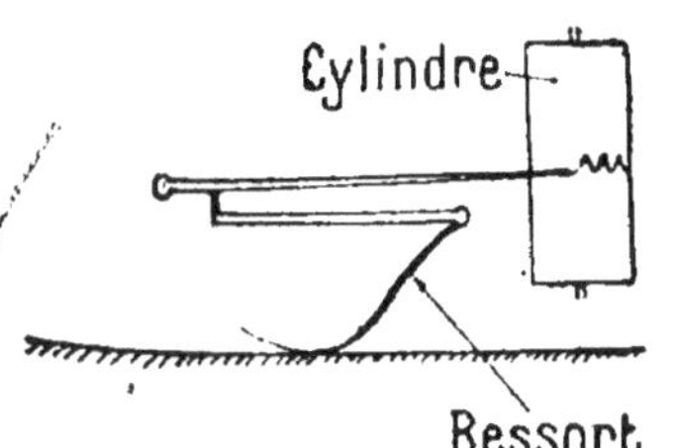

Fig. 167. — Schéma du sphygmographe.

Fig. 168. — Courbe tracée par un sphygmographe.

Lorsqu'on veut étudier le pouls avec plus de précision, on se sert d'un appareil appelé *sphygmographe* (*fig.* 166).

Le but de cet instrument est d'amplifier au moyen d'un levier (*fig.* 167) le mouvement de la paroi artérielle au passage de l'ondée sanguine ; le tracé obtenu prend le nom de *sphygmogramme* (*fig.* 168).

III. — Circulation dans les capillaires

Les capillaires réunissent les artérioles aux veinules par des anastomoses nombreuses. Leur calibre est petit ; il varie en moyenne de 5 μ à 12 μ.

La paroi des capillaires est réduite à sa plus simple expression : elle ne comprend plus que la mince assise de cellules endothéliales des artères : les échanges nutritifs avec les tissus peuvent donc se faire très facilement à travers cette légère membrane ; c'est à ce niveau que le sang artériel devient veineux.

La circulation est continue dans les capillaires ; dans l'axe, le courant est rapide et comprend en majorité des *globules rouges* ; sur les côtés, il y a surtout des *leucocytes* qui roulent plus lentement sur la paroi.

De place en place quelques globules blancs semblent cramponnés à la paroi ; ils émettent des prolongements qui tendent à s'insinuer entre les cellules endothéliales des capillaires ; peu à peu ils finissent par traverser la paroi et émigrer dans les tissus. Ce phénomène constitue la **diapédèse des globules blancs** (*fig.* 133); ceux-ci vont dans l'organisme comme des gardes vigilants à la recherche de nos ennemis, les microbes, pour essayer de les détruire, ce qui justifie le nom de **phagocytes** (de *phagein*, manger ; *kulos*, cellule) qu'on leur a donné (*fig.* 134).

Lorsque le sang a parcouru les capillaires, il a changé de couleur ; de rouge qu'il était, il est devenu noir ; il va être repris par de petits vaisseaux ou veinules, qui par leur réunion vont former des vaisseaux plus gros ou **veines.**

IV. — Circulation dans les veines

Les veines ont une paroi mince, très dilatable, mais peu contractile, ce qui explique que sur le cadavre elles sont pleines de sang, tandis que les artères sont pleines d'air. Elles présentent dans leur intérieur, comme nous l'avons vu (*fig.* 159), des *valvules en nid de pigeon* dont la concavité est dirigée du côté du cœur.

Le sang circule dans les veines en vertu de la *vis a tergo*, c'est-à-dire de « la poussée par derrière » ; si l'**impulsion du cœur** ne s'y fait guère sentir directement, c'est elle néanmoins la cause initiale de la circulation veineuse. Par suite de la présence des valvules, *le sang ne peut revenir en arrière*, de sorte que toujours, poussé en avant par la masse sanguine qui filtre au niveau des capillaires, il finit par arriver à l'oreillette droite du cœur.

La circulation veineuse est d'ailleurs favorisée par l'action de la *contraction musculaire*. L'impulsion cardiaque, amortie par le passage à travers les capillaires, serait souvent à elle seule impuissante à faire remonter le sang des extrémités inférieures au cœur pendant la station verticale ; cette ascension est facilitée par les contractions de nos muscles.

Les mouvements du corps ont pour effet de comprimer les vaisseaux, soit entre deux muscles, soit entre un muscle et un os, ou entre un muscle et la peau ; le sang est alors chassé de la partie comprimée du vaisseau, et comme les valvules l'empêchent de refluer, il remonte forcément vers le cœur. Chez les personnes dont la profession exige la station verticale sans exercice, comme les repasseuses par exemple, la circulation veineuse se fait mal dans les membres inférieurs, le sang s'y accumule par l'effet de la pesanteur, les veines se distendent et présentent au niveau des valvules des renflements comparables à ceux d'un chapelet. Ces renflements peuvent devenir volumineux et atteindre la grosseur d'un œuf de poule : ils constituent les **varices** (*fig.* 169).

La *pesanteur* suffit à elle seule à assurer la circulation dans la veine cave supérieure, les valvules disparaissent même en partie à l'intérieur des veines de la tête où leur présence devient inutile. Par contre, elles se multiplient dans les grosses veines des membres inférieurs pour fragmenter la colonne sanguine et l'empêcher d'appuyer de tout son poids sur les veines terminales.

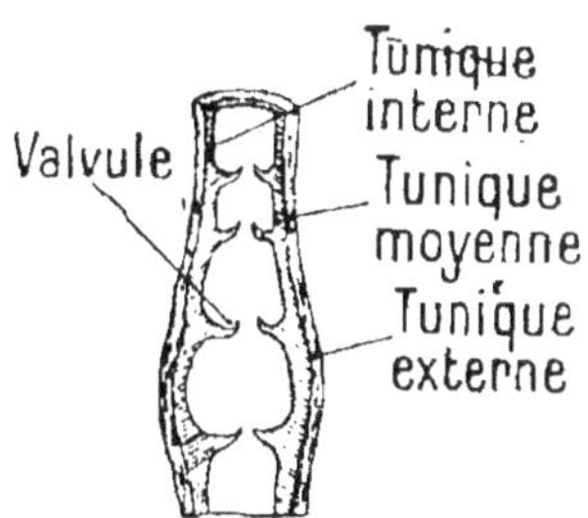

FIG. 169. — Coupe en long d'une veine avec varice.

En résumé, la circulation veineuse a donc pour cause essentielle et générale l'**impulsion cardiaque** et pour causes accessoires les *contractions musculaires* pour les veines des membres et la *pesanteur* pour les veines de la tête et la veine cave supérieure.

V. — Durée de la circulation

La durée de la circulation chez l'homme est d'environ 27 secondes correspondant approximativement à 30 pulsations ; la durée de la grande circulation est de vingt-deux secondes et celle de la petite, de cinq secondes.

La quantité du sang étant chez l'homme $\frac{1}{13}$ de son poids est donc évaluée, chez un adulte de 78 kilogrammes, à 6 litres environ. Chaque rythme cardiaque met donc en mouvement le $\frac{1}{30}$ de 6 litres de sang, soit 20 centilitres, ce qui fait, à raison de 70 battements par minute, 840 litres à l'heure ou, en chiffres ronds, 20.000 litres mis en mouvement par le cœur en une seule journée.

CIRCULATION LYMPHATIQUE

La lymphe

La lymphe est une humeur qui a des rapports étroits avec le sang. On admet qu'elle provient du *plasma* transsudé au niveau des capillaires, lequel imprègne les cellules, assure leur nutrition et élimine leurs déchets. L'excès de ce plasma, c'est-à-dire la partie non utilisée par les éléments anatomiques, est repris par les vaisseaux lymphatiques avec les produits de déchets, et constitue la **lymphe.** En raison de ce mode d'origine, la composition de la lymphe se rapproche beaucoup de celle du sang.

La lymphe est une humeur limpide et opaline, de couleur ambrée, de réaction alcaline, de densité voisine de 1,020. Elle est constituée par une substance liquide (*plasma lymphatique*), tenant en suspension des *globules blancs* analogues aux leucocytes du sang.

Le **plasma lymphatique,** extrait des vaisseaux lymphatiques, se coagule comme le plasma sanguin et laisse exsuder du *sérum,* mais la coagulation exige un temps plus long, et la quantité de *fibrine* déposée est moins abondante. Le *sérum lymphatique* renferme les mêmes substances en dissolution que le sérum sanguin, mais en proportion moins considérable ; on a pu ainsi le comparer à du sérum sanguin dilué.

Les **globules blancs** ou *leucocytes,* au nombre de 8.000 par millimètre cube de lymphe, offrent les mêmes caractères que ceux du sang.

Pendant la digestion, les lymphatiques de l'intestin charrient une lymphe blanchâtre à laquelle on a donné le nom de **chyle.** La couleur blanchâtre du chyle est due à la présence de nombreuses gouttelettes de graisse émulsionnée, provenant de l'absorption des substances grasses. Le chyle transporte donc au sang une partie des produits de la digestion.

Appareil lymphatique

L'appareil lymphatique comprend l'ensemble des vaisseaux et des ganglions lymphatiques.

Vaisseaux lymphatiques. — Les vaisseaux lymphatiques sont des vaisseaux très fins et très nombreux qui naissent dans l'épaisseur des tissus, suivent la direction des vaisseaux sanguins, traversent les ganglions et finalement aboutissent à deux gros troncs lymphatiques (*fig.* 170), qui sont le **canal thoracique** et la **grande veine lymphatique.** Celle-ci, longue au plus de 2 centimètres, reçoit les lymphatiques de la moitié droite de la tête, du cou et du thorax et ceux du membre supérieur droit ; elle se termine dans la *veine sous-clavière droite ;* le canal thoracique reçoit tous les autres et se termine dans la *veine sous-clavière gauche* (*fig.* 170).

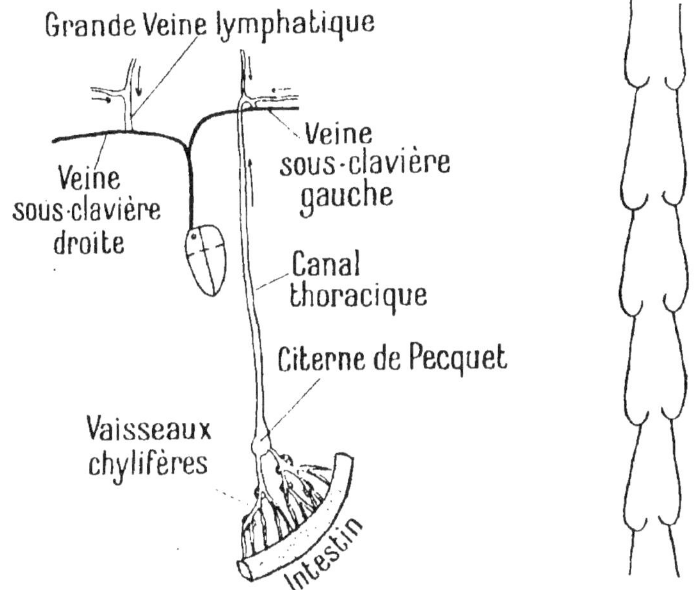

FIG. 170. — Les deux grands vaisseaux lymphatiques.

FIG. 171. — Vaisseau lymphatique, coupé en long.

Les vaisseaux lymphatiques tirent leur origine des lacunes situées à l'intérieur du tissu conjonctif ; ils présentent au début des ampoules tapissées par une couche endothéliale, lesquelles sont continuées par de petits vaisseaux irréguliers et bosselés, qui s'anastomosent entre eux, formant un **réseau lymphatique.**

Les vaisseaux lymphatiques ont une *structure* analogue à celle des veines ; ils présentent donc *trois tuniques* et des *valvules nombreuses* (*fig.* 171), disposées par paires, en nid de pigeon. Ces valvules règlent le mouvement de la lymphe comme celles des veines règlent celui du sang.

Ganglions lymphatiques. — Les ganglions ou glandes lymphatiques (*fig.* 172) sont traversés par les vaisseaux lymphatiques. Leur dimension varie depuis la grosseur d'une tête d'épingle jusqu'à celle d'un pois ; ils semblent fabriquer les globules blancs, car les vaisseaux qui s'en échappent en renferment un plus grand nombre que ceux qui y arrivent.

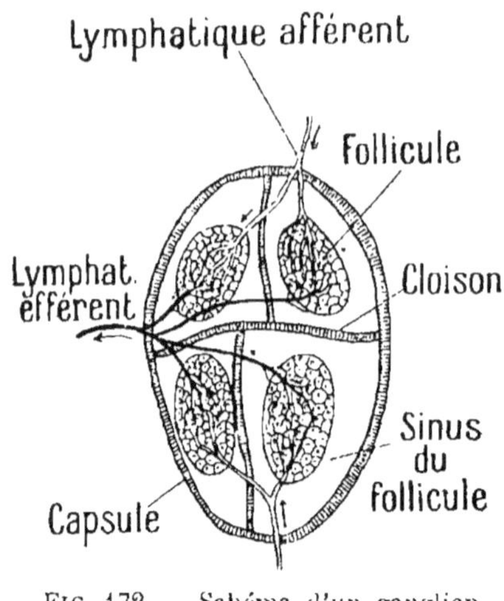

Fig. 172. — Schéma d'un ganglion lymphatique (grossi 400 fois).

Circulation lymphatique

La circulation de la lymphe est soumise aux mêmes lois que celles qui président à la circulation du sang dans les veines. C'est sous l'influence de la pression sanguine que la lymphe filtre à travers les parois des capillaires et pénètre dans les vaisseaux lymphatiques où elle chemine, poussée sans cesse par un afflux continu. La présence de valvules à l'intérieur de ces vaisseaux favorise la circulation de la lymphe, puisqu'elles empêchent son retour en arrière ; d'ailleurs, en général, les causes qui viennent en aide à la circulation veineuse favorisent aussi la circulation lymphatique.

L'appareil lymphatique et les maladies microbiennes

L'appareil lymphatique joue un très grand rôle dans la défense de l'organisme contre les maladies microbiennes.

Grâce aux nombreux globules blancs contenus dans la lymphe, la **phagocytose,** c'est-à-dire la destruction des microbes par les globules blancs ou **phagocytes,** peut s'exercer activement.

Ceux-ci, en effet, ne peuvent s'introduire dans l'organisme que par des excoriations de la peau ou des muqueuses, mais aussitôt ils sont en contact avec la lymphe répandue un peu partout dans les tissus. Une véritable lutte s'engage alors entre eux et les leucocytes ; ceux-ci, accourus de toutes parts vers la région envahie, y déterminent ce qu'on appelle une **inflammation** et si cette première ligne de résistance est vaincue, les microbes pénètrent **dans les vaisseaux lymphatiques et le combat continue** dans les ganglions. Ces derniers grossissent rapidement, élaborent en grand nombre des globules blancs pour lutter contre l'envahisseur, et généralement finissent par triompher ; alors, au bout de quelques jours, tout rentre dans l'ordre : les ganglions reprennent leur volume primitif et l'inflammation disparaît. Dans le cas contraire, si les microbes ont le dessus, les ganglions suppurent et les *globules blancs morts*, vaincus, *constituent le pus*.

Il en résulte que lorsque des animaux sont **réfractaires à une maladie microbienne,** c'est que leurs globules blancs ou phagocytes sont vivement attirés par les microbes qui engendrent cette maladie, microbes qui sont par suite détruits ; si, au contraire, ils y sont sensibles, c'est que leurs globules blancs sont impuissants à triompher de ces microbes, qui ne tardent pas à pulluler. Toutefois, même dans ce cas, les leucocytes sont mieux entraînés pour une nouvelle lutte, et une seconde infection de l'organisme par la même espèce microbienne est le plus souvent rendue impossible ; c'est ce qui explique que la plupart des *maladies infectieuses*, comme la rougeole, la variole, la fièvre typhoïde ne récidivent pas, au moins pendant un certain laps de temps : on dit que l'organisme a acquis l'**immunité.** C'est cette immunité que l'on cherche à donner, en ce qui concerne la variole, par la pratique de la **vaccination.**

TABLEAU SYNOPTIQUE DE L'APPAREIL CIRCULATOIRE ET LA CIRCULATION

Appareil circulatoire

Cœur

Conformation générale
- *Cœur droit veineux* reçoit le sang des veines caves et l'envoie aux poumons par l'artère pulmonaire. — Oreillette, Ventricule, séparés par la valvule tricuspide.
- *Cœur gauche artériel* reçoit le sang des veines pulmonaires et l'envoie dans le corps par l'aorte. — Oreillette, Ventricule, séparés par la valvule mitrale.

Structure
- *Péricarde* à l'extérieur. Séreuse à deux feuillets. — Feuillet pariétal. — viscéral.
- *Myocarde* formé de fibres musculaires rouges. — *Fibres propres* à chaque cavité. *Fibres unitives* communes, entourant les fibres propres.
- *Endocarde* à l'intérieur formé de cellules endothéliales s'étendant dans tout l'appareil circulatoire.

Artères : Vaisseaux partant du cœur par le ventricule et renfermant par suite du sang à direction centrifuge.

Distribution
- *Artère pulmonaire* porte le sang veineux au poumon.
- *Aorte* distribue par ses ramifications le sang rouge à toutes les parties du corps — *Artères carotides* pour la tête. — sous-clavières pour les membres supérieurs. — iliaques pour les membres inférieurs.

Structure
- *Tunique externe* de nature conjonctive *fibreuse*.
- *Tunique moyenne*, la plus importante, formée de fibres élastiques et de fibres musculaires — Fibres élastiques nombreuses dans les grosses artères.
- *Tunique interne* endothéliale, comme dans le cœur.

Capillaires : Vaisseaux très fins, réduits à leur tunique endothéliale faisant communiquer le système artériel avec le système veineux.

Veines : Vaisseaux arrivant au cœur par les oreillettes et renfermant par suite du sang à direction centripète.

Distribution
- *Veines pulmonaires*, au nombre de 4, ramènent le sang artériel des poumons à l'oreillette gauche du cœur.
- *Veines caves* ramènent le sang veineux du corps à l'oreillette droite. — *Veine cave supérieure* correspond à la tête et aux membres supérieurs. *Veine cave inférieure* correspond au tronc et aux membres inférieurs.

Structure identique à celle des artères, sauf la *tunique moyenne*, qui est surtout *musculaire*, par suite peu élastique et la présence de *valvules* à l'intérieur de certaines veines.

Mécanisme général : circulation est double.

Circulation générale

Circulation

dans le cœur
- *Révolution cardiaque* comprend la contraction simultanée : d'abord des oreillettes puis des ventricules
  - Circulation pulmonaire ou petite circulation.
  - — générale ou grande.
  - *Systole* $\left(\dfrac{4}{10}\ \text{de seconde}\right)$ suivie du repos général du cœur.
  - *Diastole* $\left(\dfrac{4}{10}\ \text{de seconde}\right)$.
- *Signes extérieurs de la révolution cardiaque*
  - Bruits du cœur
    - 1° Bruit sourd suivi d'un *petit silence*.
    - 2° Bruit clair — *grand silence*.
  - Choc du cœur correspond à la systole ventriculaire.

dans les artères
- Le sang chemine dans les artères par suite : 1° de l'*impulsion cardiaque*.
- 2° de l'*élasticité* et de la *contractilité des artères*
  - *Elasticité* transforme le courant intermittent du sang en courant continu et augmente le débit (Expérience de Marey).
  - *Contractilité* règle de la circulation dans les organes.
- Signes extérieurs de la circulation dans les artères
  - *Allongement* des artères.
  - *Pouls* (70 pulsations à la minute).

dans les capillaires
- Circulation lente. *Diapédèse* des globules blancs.
- Echanges nutritifs entre le sang et les tissus.

dans les veines
- Le sang chemine dans les veines :
- 1° Par suite de l'*impulsion cardiaque*.
- 2° Par la *contraction musculaire*.
- 3° Par l'action des *valvules*, qui empêchent le sang de retourner en arrière.

Durée de la circulation : 27 secondes
- Grande circulation : 22 secondes.
- Petite — 5 —

Circulation lymphatique

Lymphe formée de
- Plasma et globules blancs.

Appareil lymphatique
- *Vaisseaux lymphatiques* nombreux (*réseau lymphatique*) aboutissant
  - au *canal thoracique* qui se déverse dans la veine sous-clavière gauche.
  - ou à la *grande veine lymphatique*, qui se déverse dans la veine sous-clavière droite.

Circulation lymphatique soumise aux mêmes actions que celle des veines, les vaisseaux lymphatique sayant une structure semblale.

Importance de l'appareil lymphatique pour la défense de l'organisme contre les maladies microbiennes. *Phagocytose.*

TRAVAUX PRATIQUES RELATIFS
AU SANG ET A L'APPAREIL CIRCULATOIRE

Sang. — *a*) Recueillir — dans un abattoir — du sang et le conserver dans un verre. Constater la formation du *caillot* et sa séparation du *sérum* (*fig.* 141).

b) Recueillir — dans un abattoir — du sang et le mettre dans un saladier. Le battre fortement avec un petit balai : la *fibrine* s'attache à ses brins.

c) Recueillir — dans un abattoir — au moment même où on saigne l'animal, 10 volumes de sang dans 1 volume d'une solution d'un oxalate neutre d'un alcali quelconque à 1 0/0. Ce sang « oxalaté » ne se coagule pas. On peut remplacer la solution oxalatée par une solution à 2 ou 3 0/00 d'un citrate neutre d'alcali. Le sang « citraté » ne se coagule pas ;

d) Chercher à obtenir de l'oxyhémoglobine, de l'hémoglobine réduite et de l'hémoglobine oxycarbonée.

e) Examiner ces pigments au spectroscope ;

f) Constater que, sur un animal fraîchement tué, le sang qui sort des artères est d'un beau rouge et que celui qui sort des veines est noir ou, mieux, d'un rouge très foncé ;

g) Examiner, au microscope, le sang humain (*fig.* 173). Pour cela, il suffit de piquer, d'un coup sec, avec une fine aiguille (la flamber, au préalable, par mesure de prudence) la peau mince qui recouvre la partie inférieure de nos ongles, par exemple celui de l'index de la main gauche. Diluer le sang qui apparaît à la suite de cette piqûre dans du sérum physiologique (solution de chlorure de sodium à 70/0) et en placer une goutte entre lame et lamelle. En examinant au microscope, on y voit une quantité prodigieuse de *globules sanguins*, la plupart empilés les uns sur les autres à la manière de pièces de monnaie. Entre eux, rechercher les *leucocytes*, qui sont beaucoup moins abondants. Si l'on tarde trop à faire cet examen, les globules s'altèrent rapidement et deviennent informes.

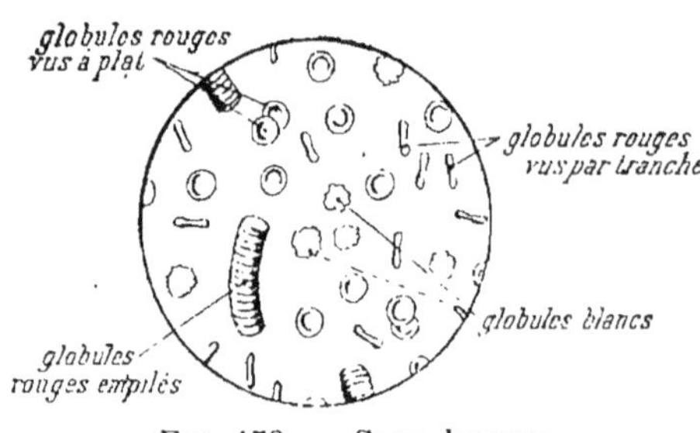

FIG. 173. — Sang humain vu au microscope.

h) Examiner de la même façon le sang des autres animaux en le prélevant, par exemple, dans le cœur en y plongeant la palette d'une aiguille lancéolée. Ne faire cet examen qu'avec des animaux fraîchement tués.

i) Examiner, au microscope, diverses préparations toutes faites du sang d'un animal atteint de certaines maladies où les parasites résident dans les globules sanguins (malaria, etc.), ou dans le plasma (bactéries, nématodes, trypanosomes, etc.) ;

i) Demander à un médecin de prendre la pression sanguine.

Circulation du sang. — *a*) Percer une petite fenêtre (de la largeur d'une pièce de 1 franc), dans une plaque de liège analogue à celle dont on fait des semelles ou dont on garnit le fond des boîtes à insectes. Mettre sur la plaque une grenouille *vivante* appliquée sur le ventre et maintenue en place par des épingles transperçant ses deux bras et l'une de ses deux pattes. Tendre l'autre patte de telle sorte que la région palmée soit juste au-dessus de la fenêtre du liège. Tendre les palmures en fixant les doigts avec des épingles. Mettre la plaque sur la platine du microscope de telle sorte que la partie la plus transparente des palmures soit comprise entre l'objectif et l'orifice de la platine. Après avoir bien éclairé cette région (avec le miroir), regarder au microscope et mettre au point avec la vis à crémaillère. On voit très nettement les capillaires et le sang qui y circule comme un véritable torrent.

On peut de la même façon observer la circulation du sang dans la langue et le poumon de la grenouille ou son mésentère, où elle est encore plus démonstrative, mais il serait trop long d'indiquer ici le mode opératoire, qui, cependant, n'est pas extrêmement compliqué. La circulation peut se voir aussi dans la queue et les branchies des jeunes têtards; ainsi que chez certaines larves aquatiques d'insectes ;

b) Observer les battements du cœur sur soi-même ;

c) Ausculter le cœur d'un camarade ;

d) Observer les battements du pouls sur soi-même ou sur une autre personne ;

e) Observer, au microscope, sur des préparations toutes faites, les fibres musculaires du cœur ;

f) Observer les battements du cœur chez une grenouille fraîchement tuée (par exemple, par section de la moelle) en le mettant à nu ; il continue à battre pendant longtemps ; faire de même avec une tortue, chez laquelle les battements du cœur peuvent continuer pendant plusieurs heures.

g) Construire l'appareil de la figure 164, qui montre l'utilité de l'élasticité des artères ;

h) Observer, au microscope, des coupes toutes faites d'artères et de veines ;

i) Comparer la consistance des veines et des artères sur un animal disséqué ;

j) Observer que les veines du dos de la main se gonflent quand on tient les bras pendants et, qu'au contraire, elles se vident si l'on tient les bras plus ou moins levés ;

k) Pratiquer des injections (voir p. xi) dans l'appareil circulatoire de divers animaux (*grenouille*, etc.) ;

l) Si l'on est outillé pour cela, inscrire les battements du cœur et ceux du pouls ;

m) Examiner extérieurement un cœur de mouton acheté dans une boucherie. Se rendre compte, par leur consistance, de la place des *ventricules* (droit et gauche) et des *oreillettes*. Reconnaître les vaisseaux qui partent ou arrivent dans chaque cavité ; faire pénétrer des bâtonnets dans leur intérieur. Ouvrir ces cavités pour se rendre compte de la disposition des *valvules auriculo-ventriculaires*. — Observer l'*aorte* avec ses valvules sigmoïdes en nid de pigeon. — Constater que la paroi du ventricule gauche est beaucoup plus épaisse que celle du ventricule droit.

n) Disséquer le cœur d'un *Lapin*, d'un *Poulet*, d'un *Lézard*, d'une *Grenouille*, d'un *Poisson* et les comparer.

L'EXCRÉTION

L'appareil urinaire et l'urination chez l'homme

Chez l'homme, l'appareil de la sécrétion urinaire (*fig.* 174) se compose de deux glandes (**reins**) et d'un **système excréteur complexe** comprenant les *uretères*, la *vessie* et le *canal* de l'*urèthre*.

REINS

Conformation générale. — Les reins sont au nombre de deux, situés de chaque côté de la colonne vertébrale, dans la partie supérieure de l'abdomen et en dehors du péritoine. Ils ont la forme d'un haricot, dont le bord externe est convexe; le bord interne présente une concavité appelée **hile** par où arrive l'**artère rénale** et s'échappe la **veine** de même nom, ainsi que l'**uretère** ou canal excréteur. Le bord supérieur est recouvert par une masse grisâtre appelée **capsule surrénale.**

La surface des reins est lisse chez l'homme, et leur teinte rappelle celle appelée lie de vin. Leurs dimensions sont les suivantes : longueur, 12 centimètres ; largeur, 7 cen-

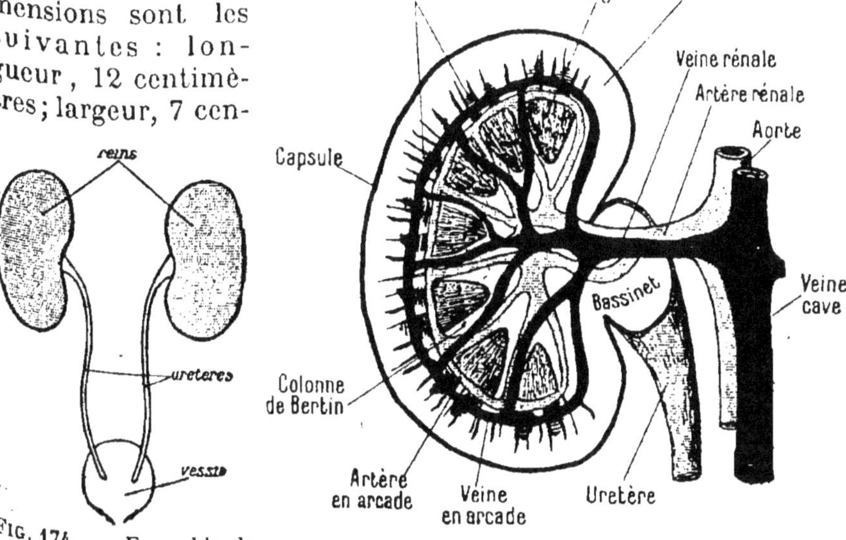

FIG. 174. — Ensemble de l'appareil urinaire chez l'homme.

FIG. 175. — Coupe schématique en long d'un rein.

timètres ; leur poids est d'environ 150 grammes par rein.

Structure. — Une coupe verticale du rein (*fig.* 175) le montre constitué par une *membrane fibreuse* (**capsule rénale**) plongeant dans du tissu graisseux et entourant deux substances d'aspect bien différent : l'une *claire*, *périphérique* appelée **substance corticale,** l'autre en dedans, plus foncée, appelée **substance médullaire ;** enfin, tout à fait au centre, existe une poche pour recevoir l'urine : c'est le **bassinet.**

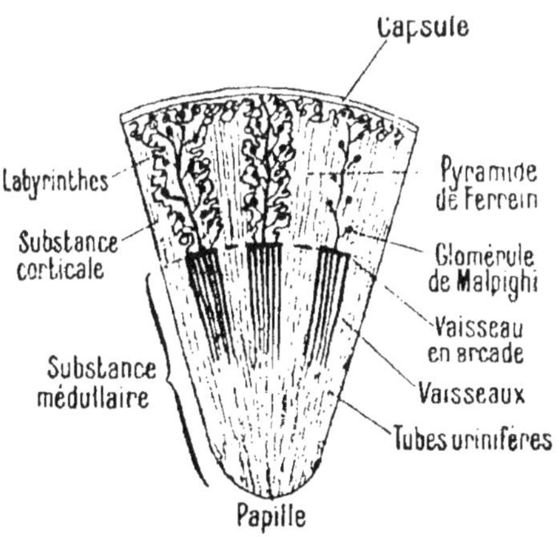

FIG. 176. — Schéma de la structure d'une pyramide de Malpighi.

La substance médullaire est divisée en un certain nombre de pyramides (dix à douze pour chaque rein), qui portent le nom de **pyramides de Malpighi** (*fig.* 176). Toutes ces pyramides sont orientées de telle façon qu'elles ont leur sommet libre vers le centre, tandis que leur base s'appuie sur la substance corticale. Le sommet de chaque pyramide, ou **papille,** présente de même qu'une pomme d'arrosoir (*fig.* 176), un certain nombre d'orifices, par lesquels l'urine s'écoule goutte à goutte dans le bassinet.

La **substance corticale,** qui tranche par sa coloration plus ou moins jaunâtre, sur la coloration rouge foncé des pyramides, se dispose autour de la substance médullaire, et s'insinue entre les pyramides de Malphigi, descendant avec elles jusqu'au bassinet. Ces prolongements de la substance corticale entre les pyramides sont connus sous le nom de **colonnes de Bertin.**

La substance corticale proprement dite, c'est-à-dire celle qui est en dehors des pyramides, se compose de pyramides plus petites à base intérieure et sommet extérieur, qui constituent les **pyramides de Ferrein.** Ces petites pyramides sont au nombre de quatre ou cinq cents par pyramide de Malpighi ; comme chacune d'elles renferme de 50 à 100 **tubes urinifères** (*tubes sécrétant l'urine*), on voit quel est, par rein, le nombre considérable de ces tubes.

Entre le sommet des pyramides de Ferrein se trouve une substance rosée, connue sous le nom de **labyrinthe.** Le labyrinthe est constitué par un semis de petites granulations rougeâtres (**corpuscules de Malpighi**) qui sont l'origine des tubes urinifères constituant les pyramides de Ferrein et les pyramides de Malpighi.

Tube urinifère. — Chaque tube urinifère, considéré à l'état d'isolement, prend naissance au niveau d'un corpuscule de Malpighi et se termine après avoir formé une anse, à l'un des orifices de la papille.

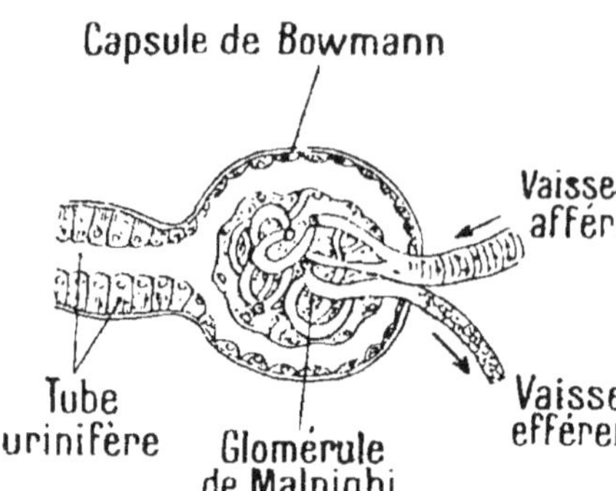

FIG. 177. — Corpuscule de Malpighi (très grossi).

Chaque **corpuscule de Malpighi** (*fig.* 177) se compose de deux parties, une enveloppe ou **capsule de Bowman,** et un contenu formé par un paquet de capillaires sanguins, le **glomérule.** A la suite du corpuscule se trouve un tube sinueux (**tube de Ferrein ou tube contourné**), qui bientôt se rétrécit, devient rectiligne, descend dans la substance médullaire, puis remonte en s'élargissant dans la substance corticale, formant ainsi une anse, connue sous le nom de **anse de Henle**, après laquelle il redevient sinueux. Plusieurs de ces tubes finissent par se réunir dans un canal rectiligne

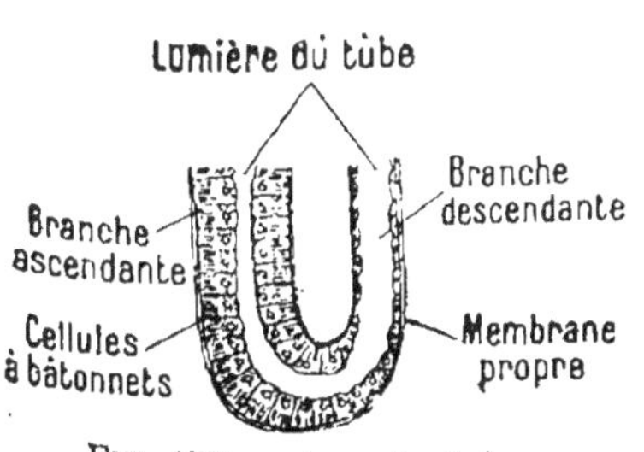

FIG. 178. — Anse des tubes urinifères coupée en long.

(canal de Bellini) qui chemine dans les pyramides, jusqu'à la papille terminale, à la surface de laquelle il s'ouvre (*fig.* 180).

La paroi des canalicules urinifères (*fig.* 178 et 179) comprend

FIG. 179. — Coupe transversale d'un tube urinifère.
a, branche ascendante; *b*, branche descendante.

une membrane conjonctive tapissée intérieurement d'un épithélium ; les cellules qui constituent cet épithélium offrent un caractère particulier dans la branche ascendante de l'anse des tubes urinifères ; elles sont claires à la partie supérieure et sombres et striées à la partie inférieure, ce qui leur a valu le nom de **cellules à bâtonnets.** Ce sont vraisemblablement ces cellules qui sécrètent les principes solides de l'urine, le glomérule ne laissant filtrer que la portion aqueuse.

Vaisseaux du rein. — Le rein est irrigué (*fig.* 180) par les ramifications de l'artère rénale, qui vient de l'aorte ; cette artère pénètre par le

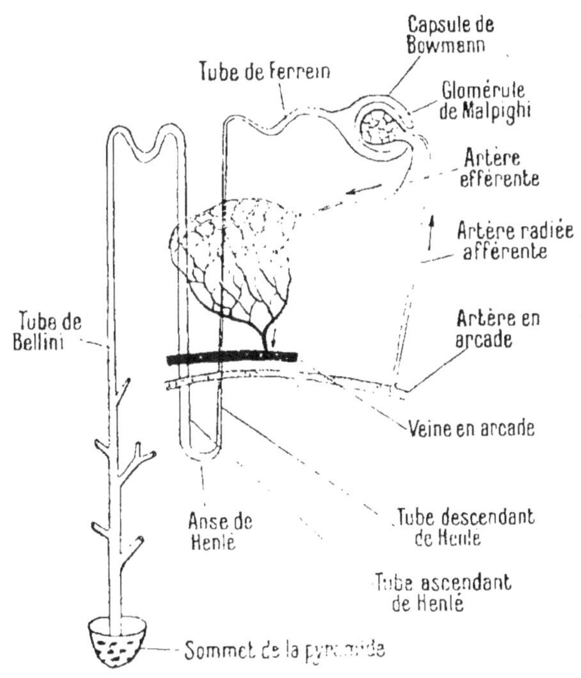

FIG. 180. — Schéma d'un tube urinifère.

hile et se ramifie en plusieurs branches qui passent entre les pyramides et arrivent à la surface d'union de la substance corticale et de la substance médullaire, où elles forment une arcade de cette arcade partent des *branches externes*, qui finalement se terminent dans les glomérules et constituent, à leur sortie, un fin réseau de capillaires autour des anses, des tubes urinifères et des *branches internes* qui descendent dans les pyramides de Malpighi.

La disposition des veines est la même que celle des artères ; elles forment, comme celles-ci, une arcade entre la substance corticale et la substance médullaire, et après leur réunion constituent la **veine rénale** qui sort du rein au niveau du hile et va se jeter dans la veine cave inférieure.

En résumé, ce qu'il y a surtout à retenir de l'irrigation du rein, c'est que le sang artériel qui se rend aux glomérules, passe par deux systèmes de capillaires, ceux du glomérule et ceux qui entourent l'anse des tubes urinifères, avant d'être repris par les veines pour être ramené au cœur.

URETÈRES

Les uretères sont des canaux longs de 25 à 30 centimètres, qui font suite au bassinet et aboutissent à la vessie. Ils y débouchent très obliquement, de façon à cheminer dans son épaisseur sur une longueur de 1 à 2 centimètres avant de s'ouvrir sur la face interne. Cette disposition a pour but d'empêcher le reflux de l'urine vers les reins lorsque la vessie est pleine, car plus l'urine est abondante dans la vessie plus la fermeture de l'orifice vésical des uretères est complète.

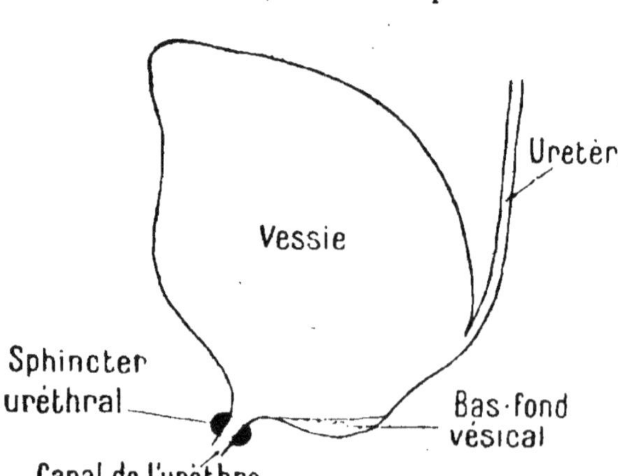

Fig. 181. — Coupe en long de la vessie.

VESSIE

La vessie (*fig. 181*) est le réservoir urinaire ; elle est recouverte par le péritoine sur les côtés et en arrière, mais pas en avant, de sorte qu'une aiguille creuse, enfoncée exactement au-dessus du pubis, arriverait dans la vessie lorsque celle-ci est pleine et la viderait, sans léser le péritoine.

On remarque à l'intérieur de la vessie **trois orifices** : deux latéraux par où débochent les uretères, et un inférieur, situé au col de la vessie qui est l'ouverture du **canal de l'urèthre,** lequel conduit l'urine au dehors. Ce canal est entouré à la sortie de la vessie par un muscle circulaire **(sphincter uréthral),** qui s'oppose en temps normal à la sortie de l'urine. Entre ces trois orifices, qui sont les sommets d'un triangle qu'on appelle *triangle de Lieulaud,* se trouve une dépression qui constitue le bas-fond vésical (*fig.* 182).

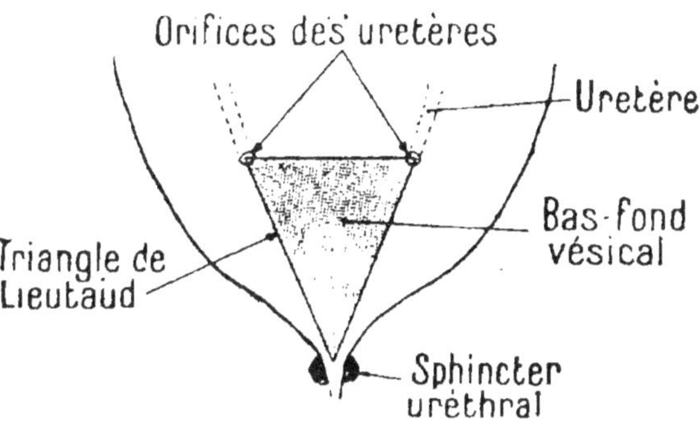

FIG. 182. — Schéma de la partie inférieure de la vessie.

Les **parois de la vessie** sont très extensibles et non perméables ; elles sont formées d'une **tunique musculaire** à fibres lisses, longitudinales et circulaires, laquelle est doublée intérieurement d'une muqueuse à **épithélium stratifié.**

MÉCANISME DE LA SÉCRÉTION URINAIRE

La sécrétion urinaire comprend **deux phases à considérer** : la **première** s'accomplit dans les **corpuscules de Malpighi** ; elle paraît consister en l'**exosmose** d'un liquide composé essentiellement d'**eau salée** ; la **deuxième** se passe dans les **parties larges des canalicules** où les cellules épithéliales affectent la forme de **cellules à bâtonnets** ; ces cellules tirent des capillaires sanguins ramifiés autour d'elles, les éléments caractéristiques de l'urine, notamment l'**urée** et l'**acide urique.**

La première phase est facile à expliquer. On sait qu'une **quantité énorme de sang passe par les corpuscules de Malpighi,** puisque *l'artère rénale est du calibre de l'artère humérale.* De plus, *la pression du sang* dans ces glomérules est plus grande que dans les capillaires ordinaires, puisque, au sortir du glomérule, l'artériole se subdivise autour des anses des tubes urinifères pour former un nouveau réseau de capillaires auxquels, cette fois, font suite des veinules. Par suite, sous l'influence de cette pression la partie aqueuse du sang doit filtrer en abondance et s'écouler dans la capsule qui entoure le glomérule, pour aller de là dans le tube urinifère.

La **deuxième phase** est une **fonction d'excrétion**. L'urée, en effet, préexiste dans le sang, le rein n'a qu'à l'excréter ; on le constate facilement en enlevant le rein à un animal ; on voit très rapidement la quantité d'urée augmenter dans le sang dans de notables proportions. D'ailleurs, en comparant la quantité d'urée qui entre dans le rein par les artères, à celle qui en sort par les veines, on constate que le **sang de la veine rénale contient beaucoup moins d'urée que celui de l'artère de même nom.**

On montre que l'excrétion de l'urée se fait par les parties larges des tubes urinifères, et non par le glomérule en injectant dans le sang une solution d'urée colorée par du carmin d'indigo ; on constate d'abord que le sang de la veine rénale contient moins de matière colorante et, comme nous l'avons vu, moins d'urée que celui de l'artère, et en examinant les tubes urinifères, on les voit colorés dans les parties larges, tandis que les glomérules ne présentent pas trace de matière colorante. Il faut donc admettre que l'urée, à la suite du carmin d'indigo, a été retenue, excrétée par les cellules à bâtonnets et s'est diffusée ensuite dans l'eau salée qui coule à l'intérieur des tubes urinifères, venant des glomérules.

D'ailleurs, chez les Oiseaux dont l'urine contient beaucoup d'urates, on trouve des cristaux de ces sels dans les tubes urinifères et non dans les glomérules.

En résumé, il y a **deux actes dans l'élaboration de l'urine:** 1° un **acte glomérulaire,** qui correspond à une fonction d'**exsudation** et 2° un **acte tubulaire** qui correspond à une fonction d'**excrétion.** A chacun de ces actes semble répondre un réseau capillaire spécial : à l'acte glomérulaire correspond le système capillaire artériel; à l'acte tubulaire, le système capillaire général du rein.

URINE

L'urine se compose d'eau et de substances dissoutes : on peut la définir, une dissolution des sels du sang avec concentration particulière de l'**urée** ou plus simplement une **dissolution d'urée dans l'eau salée.**

A l'état normal, l'homme sécrète $1^l,5$ d'urine par jour, renfermant les $\dfrac{9}{10}$ de son poids d'eau. Bien entendu, ce volume n'est pas fixe ; il varie en raison directe des boissons absorbées, et en raison inverse de l'abondance des liquides excrétés par d'autres voies (glandes sudoripares, poumons, etc.).

Mais, malgré que l'urine peut être plus ou moins abondante, la quantité de matière dissoute ne varie pas sensiblement.

Les principales substances contenues en dissolution dans l'urine sont : l'**urée**, l'**acide urique**, les **sels minéraux** (chlorure de sodium, phosphates alcalins) et les **pigments** colorés ; leur poids total est d'environ 60 grammes par vingt-quatre heures, soit approximativement 1 gramme par kilogramme pour un homme de taille moyenne ; ce poids se répartit comme suit :

Urée....................	30 gr.		
Acide urique............	1 —		
Sels minéraux...........	20 —	Chlorure de sodium.....	10 gr.
		Phosphates	6 —
		Sels divers	4 —
Pigments..............	9 —		

Parfois, il y a, en outre, des produits anormaux, par exemple, du **glucose** ; si celui-ci excède la proportion de 2 p. 1000 dans le sang, l'urine devient sucrée (**glycosurie**). D'autres fois, l'**albumine** du sérum sanguin traverse l'épithélium malade des tubes urinifères et passe dans l'urine, ce qui constitue l'**albuminurie.** L'excès des **urates** produit des *calculs urinaires*, la *gravelle*, la *pierre*, etc.

Il est à remarquer que la plupart de ces produits anormaux de l'urine n'indiquent pas forcément des reins malades, mais traduisent le plus souvent un mauvais fonctionnement de la nutrition, dont la composition anormale de l'urine montre l'existence.

L'appareil urinaire est donc une des grandes voies par lesquelles l'organisme se débarrasse des substances inutiles ou nuisibles qu'il renferme ; mais ce n'est pas la seule, les glandes de la peau et notamment les glandes sudoripares contribuent pour une bonne part à leur élimination.

Les glandes sudoripares et la sueur

Les **glandes sudoripares** (*fig.* 190) sont des **glandes en tubes** dont le canal excréteur, long d'environ 2 millimètres, traverse la peau, puis se pelotonne et forme un **glomérule,** soit à la base du derme, soit dans le tissu adipeux sous-jacent. On en compte de 120 à 300 par centimètre carré ; leur nombre total varie de deux à trois millions.

La partie pelotonnée est la partie sécrétrice : elle ne comprend qu'une couche de cellules épithéliales analogues aux cellules à bâtonnets de la partie large des tubes urinifères.

Le produit de sécrétion de ces glandes est appelé **sueur**; il a une composition presque analogue à celle de l'urine. L'un des rôles de la sueur comme celui de l'urine est donc de débarrasser l'organisme de ses déchets et de ses toxines ; les glandes sudoripares sont en somme une **succursale du rein.**

TABLEAU SYNOPTIQUE DE L'EXCRÉTION

Sécrétion urinaire

Appareil urinaire

Reins — Situés dans l'abdomen en dehors du péritoine.

- **Structure générale**
  - Substance corticale
    - Pyramides de Ferrein.
    - Labyrinthe.
  - — médullaire
    - Pyramides de Malpighi.
    - Colonnes de Bertin.
  - Bassinet.
- **Tube urinifère**
  - Corpuscule de Malpighi
    - Capsule de Bowman.
    - Glomérule.
  - Tube contourné.
  - Anse de Henle.
  - Canal de Bellini.
- **Vaisseaux**
  - Artère rénale formant une *arcade vasculaire* entre les substances corticale et médullaire, d'où partent des branches internes et externes.
  - Capillaires du glomérule se ramifient de nouveau autour de l'anse de Henle (*Système porte rénal*).
  - Veine rénale naît de l'arcade vasculaire veineuse.

Voies urinaires
- Uretères amènent l'urine du rein à la vessie.
- Vessie : Réservoir urinaire.
- Urèthre : Canal déversant l'urine au dehors.

Mécanisme de la sécrétion urinaire
- Exosmose d'*eau salée* dans les corpuscules de Malpighi.
- Sécrétion de l'*urée* et de l'*acide urique* par les cellules à bâtonnets de l'anse de Henle.

Urine

Dissolution d'urée dans l'eau salée.

- **Composition de l'urine de 24 heures**
  - Eau...................... 1 litre 1/2.
  - Urée.................... 30 gr.
  - Acide urique............:. 1 —
  - Sels minéraux............ 20 —
  - Pigments................ 9 —

  } 60 grammes.

- **Produits anormaux**
  - Sucre (glycosurie).
  - Albumine (albuminurie).
  - Urates (calculs urinaires, gravelle, pierre).

Sécrétion sudoripare
- *Glandes sudoripares* en tubes, sont situées dans la peau.
- *Sueur* sécrétée a une composition voisine de l'urine.
- Glandes sudoripares sont des succursales du rein.

TRAVAUX PRATIQUES RELATIFS
A L'EXCRÉTION

Reins. — *a*) Examiner extérieurement un rein ou « rognon » de mouton ou de porc. Faire trouver l'uretère, l'artère et la veine rénale en faisant pénétrer des bâtonnets dans leur intérieur. Couper le rein en long pour mettre en évidence la substance corticale et la substance médullaire ; compter les pyramides de Malpighi visibles sur la coupe.

Constater avec un rognon de veau que les pyramides de Malpighi correspondent à la lobulation externe.

b) Observer une vessie de porc ;

c) Disséquer un lapin, un chat, un chien, ou tout autre mammifère que l'on voudra, en portant son attention sur la disposition de l'appareil excréteur (reins, uretères, vessie, etc.) ;

d) Examiner, au microscope, des préparations toutes faites de coupes de reins ;

e) Évaluer la quantité d'urine rejetée en une journée et ses variations dans la même journée (courbe facile à tracer) ;

f) Constater que, chez les personnes dont l'alimentation est mixte (animale et végétale), l'urine est acide (au tournesol) et que chez les personnes végétariennes, l'urine est neutre ou alcaline ;

g) Faire des analyses d'urines : rechercher, en particulier, l'albumine et le sucre ;

Pour l'albumine mettre un peu d'urine filtrée dans un tube à essai et chauffer à la lampe à alcool. S'il y a un précipité, ajouter quelques gouttes d'acide acétique ; si l'urine redevient limpide, pas d'albumine ; dans le cas contraire, présence d'albumine.

Pour le sucre, ajouter à l'urine un peu de liqueur de Fehling et chauffer. Si l'urine renferme du sucre, elle devient rouge cuivre.

h) Examiner des calculs urinaires, si l'on peut s'en procurer (par exemple, chez les vétérinaires).

Ces calculs sont constitués par des *urates* (gravelle urique) ou par des *oxalates* (gravelle oxalique) ou par des *phosphates* (gravelle phosphatique).

Glandes sudoripares. — *a*) Examiner à la loupe la surface de la pulpe des doigts pour y voir les orifices des glandes sudoripares ;

b) Examiner, au microscope, des coupes, toutes faites, de peaux montrant les glandes sudoripares (*fig.* 190) ;

c) Constater, avec du papier de tournesol, que la sueur est acide.

LE BILAN MATÉRIEL

La nutrition (*fig.* 183) consiste dans les échanges qui s'établissent entre le sang et les cellules, d'où l'apport de « matériaux » à l'organisme. Les cellules sont le siège d'un double travail qui entretient leur vitalité. D'une part, les substances nutritives, introduites par les aliments dans le torrent circulatoire sont utilisées par les tissus pour leur fonctionnement et leur croissance (**assimilation**) et, d'autre part, les produits d'usure et les matériaux inutiles sont déversés dans le sang pour être rejetés au dehors (**désassimilation**).

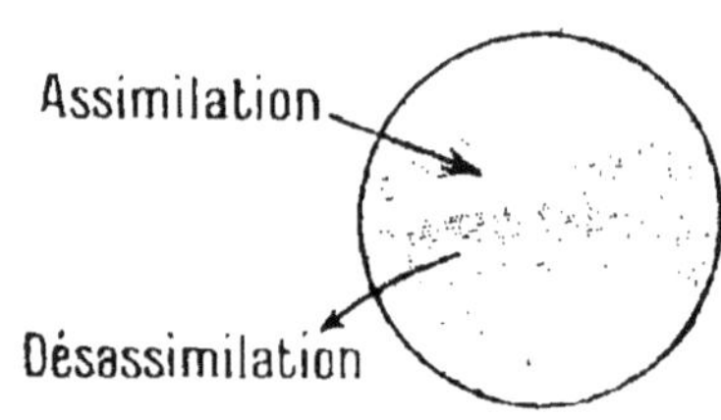

Fig. 183. — Schéma de la nutrition.

Assimilation et désassimilation

Assimilation. — L'*assimilation* a pour but l'absorption par les éléments anatomiques des matériaux alimentaires rendus solubles et assimilables par les sucs digestifs.

L'eau et les sels solubles semblent servir directement à la nutrition : ils sont assimilés en nature.

Les **hydrates de carbone** arrivent dans le sang de la veine porte sous forme de glucose, après avoir subi l'action de la *plyaline* de la salive et de l'*amylase* du suc pancréatique, mais ce glucose n'est pas utilisé directement par les tissus. Il est, comme nous le verrons plus loin, transformé par le foie en **glycogène** ou *amidon animal* et mis en réserve, de même que l'amidon végétal est fixé dans certaines parties des plantes, comme les bulbes et les tubercules, avant de servir à la nutrition des végétaux. Le glycogène est ensuite transformé, selon les besoins de l'organisme, en glucose assimilable.

Les **graisses** sont formées dans les tissus, aux dépens de toutes

les catégories d'aliments, corps gras, hydrates de carbone, matières albuminoïdes, etc. ; le mécanisme de leur synthèse est
encore inconnu. Tout ce que l'on sait, c'est qu'on engraisse aussi
bien des animaux en les nourrissant avec des *féculents* (pommes
de terre, haricots) qu'avec des *corps gras* ou des *albuminoïdes*.

Les **albuminoïdes** de l'organisme, au contraire, ne proviennent
que des *peptones*, c'est-à-dire des aliments azotés qui ont subi
l'action de la *pepsine* du suc gastrique et de la *trypsine* du suc
pancréatique ; la cellule animale ne peut les fabriquer comme la
cellule végétale. Celle-ci, grâce à sa chlorophylle, peut, par fixation de carbone, faire la synthèse des matières organiques : elle
peut composer de toutes pièces la molécule d'albumine que les
animaux lui empruntent. C'est aux dépens de cette albumine
végétale, que les éléments anatomiques fabriquent les différentes albumines renfermées dans l'organisme.

Désassimilation. — Les matières assimilées servent à la nutrition des tissus et pour cela subissent certaines modifications.

Les **hydrates de carbone,** assimilés sous forme de glucose, sont
brûlés et transformés en *gaz carbonique* éliminé en grande partie
par les poumons, d'où le nom d'**aliments respiratoires** qu'on leur
donnait autrefois, ainsi qu'aux **graisses.** Celles-ci sont, en effet,
oxydées et transformées également en eau et acide carbonique,
mais leur combustion dégage beaucoup plus de *chaleur* que celle
des hydrates de carbone, deux fois plus environ à égalité de
poids. C'est ce qui explique pourquoi les Lapons se nourrissent
de graisse de phoque, tandis que les nègres, au contraire, repoussent les corps gras de leur alimentation.

Les **albuminoïdes** servent principalement à la réparation des
tissus, d'où le nom d'**aliments plastiques** qu'on leur donnait an-
ciennement.

Les produits de désassimilation des albuminoïdes sont fort
nombreux. Le carbone et l'hydrogène sont éliminés en partie
par la *voie pulmonaire* sous forme de gaz carbonique et de vapeur d'eau, tandis que l'azote et le soufre sont éliminés par le
rein sous forme d'urée, d'acide urique et de produits sulfurés
divers.

Matières de réserve

Leur utilité. — Les animaux comme les végétaux mettent en
réserve dans certains organes des matériaux qui seront employés
ultérieurement. Ainsi toute la **graisse** fabriquée par les éléments
anatomiques n'est pas immédiatement con ommée ; une partie

se dépose dans les cellules du tissu conjonctif, pour être utilisée plus tard en cas de besoin. De même le glucose qui arrive au foie par la veine porte, est fixé par cet organe sous forme de **glycogène** ou **amidon animal,** qui, selon les exigences de l'organisme, sera ensuite rendu au sang des veines sus-hépatiques sous forme de sucre nutritif.

Ces matières, ainsi mises de côté et fixées, sont dites **matières de réserve ;** *elles serviront à la nutrition des tissus lorsque l'alimentation sera insuffisante.* C'est ce qui explique l'amaigrissement qui survient pendant le jeûne ; l'organisme devant se suffire à lui-même, ces matières disparaissent en partie.

D'autre part, les *fonctions digestives sont intermittentes*, tandis que la *nutrition cellulaire est continue ;* il faut donc que les matières indispensables à la vie soient mises en réserve, pour être constamment à la disposition des éléments anatomiques.

Les substances de réserve les plus importantes sont la *graisse* et le *glycogène.*

Graisse. — La graisse de l'organisme se présente soit à l'*état libre* sous forme de fines gouttelettes, comme dans le lait, le chyle, soit à l'*état de tissu* (**tissu adipeux),** sous forme massive à l'intérieur de certaines cellules conjonctives (*fig. 36*) : c'est cette graisse à l'état de tissu qui constitue la **graisse de réserve.**

Sous l'influence d'une *bonne alimentation*, on voit le *tissu adipeux se développer* partout où existe du tissu conjonctif lâche : sous la *peau, autour du cœur*, des *reins*, etc. Des globules graisseux se forment même dans les *cellules hépatiques ;* on sait, en effet, que l'on obtient le *foie gras* des oies par le gavage de ces animaux.

Le rôle du tissu adipeux est multiple. D'abord la graisse représente pour l'organisme une réserve de **combustible.** A la suite d'une fièvre typhoïde, par exemple, où la température du corps se maintient pendant un mois à 39° ou 40°, un amaigrissement considérable se produit ; la graisse ayant été brûlée, le tissu adipeux a disparu. C'est ce qui explique encore que les *animaux hibernants* accumulent de la graisse dans leurs tissus pendant l'été pour la consommer pendant l'hiver sous forme de combustible.

D'autre part, la graisse est encore utile comme **matière de remplissage** entre les organes, qu'elle contribue à protéger et à fixer.

Enfin, étant une **substance mauvaise conductrice,** elle empêche la déperdition de la chaleur du corps. Les personnes grasses souffrent moins du froid pendant l'hiver que les personnes maigres, car leur tissu adipeux sous-cutané leur sert d'isolateur.

Glycogène. — Nous avons vu que le glucose, produit aux dépens des hydrates de carbone, n'était pas directement utilisé par l'organisme, qu'il était transformé par le foie en **glycogène ou amidon animal** mis en réserve dans cet organe.

Cette découverte est due à Claude Bernard. Il constata d'abord **la présence du glucose dans le sang,** et montra que, en tout temps, lorsque le foie fonctionne normalement, *le sang en renferme environ* 1^{gr},5 p. 1000. Or si le sucre, produit dans la digestion par transformation des hydrates de carbone, passait directement dans le sang, il en résulterait qu'après les repas, la quantité de sucre devrait augmenter pour diminuer au fur et à mesure de sa consommation. Il est heureux qu'il n'en soit pas ainsi, car, dès que le sang renferme plus de 2 grammes p. 1000 de glucose, comme cela se produit dans certaines maladies où le foie fonctionne mal, le **diabète** par exemple, le rein élimine ce surplus de sucre, l'urine devient sucrée (**glycosurie**).

Dans ces conditions, les hydrates de carbone absorbés ne serviraient presque en rien à la nutrition, puisqu'une bonne partie serait éliminée avec l'urine ; c'est ce qui se passe chez les diabétiques. Certains de ces malades éliminent jusqu'à 500 grammes de sucre en vingt-quatre heures, ce qui explique leur appétit exagéré, une partie seulement des aliments absorbés servant à la nutrition.

Mais nous savons que le glucose produit dans l'intestin est absorbé par les capillaires de la veine porte, qui va le déverser dans le foie. C'est là que s'opère sa transformation en **glycogène.** On constate, en effet, que le *sang de la veine porte est plus ou moins riche en sucre, suivant les heures de la journée ; il n'en est pas de même de celui des veines sus-hépatiques qui partent du foie.* Ce sucre, amené en quantité par la veine porte au moment de la digestion, se transforme donc dans le foie en glycogène, lequel, suivant les besoins de l'organisme, régénère le sucre, autrement dit le **foie est un régulateur de la quantité de sucre renfermée dans le sang.**

Fonction glycogénique du foie. — Pour le montrer, Claude Bernard prouva d'abord que la **cellule hépatique peut produire du sucre.** Il broya un morceau de *foie dans de l'eau tiède* et constata, au bout de peu de temps, que l'*eau obtenue* après filtration *était sucrée et présentait toutes les réactions du glucose ;* elle réduisait la liqueur cupro-potassique ou liqueur de Fehling, brunissait la potasse et pouvait fermenter directement avec la levure de bière. La même expérience faite avec d'autres organes ne donne pas trace de sucre.

Le foie peut donc fabriquer du glucose, mais aux dépens de quels éléments? Lorsqu'on traite par l'eau bouillante des fragments de foie bien frais, on obtient un liquide opalescent semblable à l'eau chaude dans laquelle on aurait fait dissoudre de l'amidon. Si l'on ajoute de l'alcool à ce liquide, on voit se précipiter des flocons blancs que l'analyse démontre de constitution semblable à celle de l'amidon végétal ; c'est donc de l'*amidon animal* ou *glycogène*.

Le **glycogène** est une poudre blanche, amorphe, soluble dans l'eau, à laquelle elle donne une teinte opaline, insoluble dans l'alcool, de même composition chimique que l'amidon $C^6H^{10}O^5$.

Dès lors il était facile de comprendre la **fonction glycogénique du foie.** Cet organe fabrique du sucre, mais aux dépens du glycogène seulement.

Les matières sucrées apportées par la veine porte sont transformées par **déshydratation du glucose** en glycogène, d'après l'équation chimique :

$$C^6H^{12}O^6 - H^2O = C^6H^{10}O^5.$$

Ce glycogène est mis en réserve dans les cellules hépatiques et transformé ensuite en sucre, par **hydratation,** selon les besoins de l'organisme.

Le glycogène se produit donc normalement aux dépens des féculents et des sucres; toutefois les albuminoïdes sont aussi aptes à en former. Ainsi le foie des animaux nourris exclusivement avec de la viande en renferme une certaine quantité.

Le glycogène n'existe pas seulement dans le foie; il se répartit dans presque toutes les cellules du corps. On le trouve dans les muscles où, par sa combustion, il développe de la chaleur et du travail ; on admet que l'*organisme en renferme* $\dfrac{1}{100}$ *de son poids,* dont la moitié se trouve dans les cellules hépatiques. Cette quantité peut augmenter avec une alimentation hydrocarbonée et diminuer pendant le jeûne ou par un travail musculaire excessif.

La fonction glycogénique du foie peut donc se résumer ainsi : le sucre arrive au foie en grande quantité pendant la digestion ; il est arrêté à son passage et mis en réserve après avoir été transformé en glycogène par déshydratation. En même temps, la cellule hépatique sécrète une diastase qui a le pouvoir d'hydrater cette réserve pour régénérer le glucose. Tel est le mécanisme qui permet au foie de régulariser la production du sucre nécessaire à l'organisme.

Toutefois, si le sucre absorbé par la veine porte est en trop grande quantité, par suite d'une alimentation féculente trop abondante et si, d'autre part, la cellule hépatique fonctionne mal, si son pouvoir déshydratant diminue, le foie ne peut transformer tout le sucre qui lui arrive en glycogène ; une partie passe dans le sang et est éliminée par l'urine, ce qui engendre la **glycosurie.** Lorsque la cellule hépatique est malade, comme dans le **diabète,** il y a donc intérêt à éliminer l'alimentation hydrocarbonée et à lui substituer un régime albuminoïde.

A noter enfin que le *système nerveux a une action très marquée sur la fonction glycogénique.* On sait que la piqûre en un point déterminé du bulbe rachidien **(piqûre diabétique)** déterminé d'une façon temporaire l'augmentation du sucre dans le sang et son passage dans l'urine. La piqûre du bulbe au-dessus du point diabétique provoque une abondante sécrétion d'urine (*polyurie*) et, plus haut encore, la présence de l'albumine dans l'urine (*albuminurie*).

RATION ALIMENTAIRE

L'alimentation mixte étant indispensable à une bonne nutrition, les proportions suivant lesquelles doivent être mélangées les différentes espèces d'aliments pour qu'il y ait équilibre entre les recettes et les dépenses, représentent ce qu'on appelle la **ration d'entretien.** Le calcul de cette ration peut se faire en déterminant les pertes journalières de l'organisme ; de cette manière on évalue que, pour les compenser, un homme du poids moyen de 60 kilogrammes doit absorber en chiffres ronds **20 grammes d'azote, 300 grammes de carbone** et **2 litres d'eau,** soit approximativement $0^{gr},3$ d'azote et 5 grammes de carbone par kilogramme de son poids.

L'eau est absorbée en nature ; mais comment se procurer l'azote et le carbone? Combien faudrait-il manger de pain pour absorber ces deux éléments en quantité suffisante ?

On sait que **100 grammes de pain** renferment **30 grammes de carbone et 1 gramme d'azote.** Pour avoir les 300 grammes de carbone indispensables, il faudrait donc manger 1 kilogramme de pain ; mais cette quantité de pain ne renferme que 10 grammes d'azote. Pour avoir les 20 grammes d'azote, il faudrait manger 2 kilogrammes de pain, et très peu d'estomacs pourraient arriver à digérer journellement cette ration, d'autant qu'il y aurait trop de carbone, puisque au lieu de 300 grammes, il y en aurait le double, soit 600 grammes.

Un régime uniquement carnivore convendrait-il mieux? La

viande renferme **par hectogramme 10 grammes de carbone et 3 grammes d'azote.** Par suite, pour avoir les 20 grammes d'azote, il faudrait manger environ 650 grammes de viande, qui ne donneraient que 65 grammes de carbone, quantité tout à fait insuffisante. Et si, en se nourrissant exclusivement de viande, on voulait obtenir les 300 grammes de carbone exigés, il faudrait alors en consommer journellement 3 kilogrammes !

Tout cela montre donc bien la **nécessité d'une alimentation mixte,** *pain* et *viande* ou matières similaires.

Dans ces conditions, avec une consommation journalière, évaluée en pain, à 800 grammes, et en viande à 400 grammes, on a une bonne **ration d'entretien,** puisque

800 grammes de pain donnent 240 grammes de C et 8 grammes d'Az.
400   —   de viande —   40   —   12   —

soit au total approximativement les 300 grammes de carbone et les 20 grammes d'azote indispensables. Il va sans dire que cette ration d'entretien est celle d'un adulte et qu'en général la ration de pain et de viande sont bien au-dessous de ces chiffres, parce que la nourriture ne se compose pas uniquement de pain et de viande, mais d'une foule d'autres substances plus ou moins riches en carbone et en azote, lesquelles viennent diminuer d'autant la ration de ces deux denrées de première nécessité.

L'expérience a montré que la meilleure combinaison des principes alimentaires était celle qui est réalisée dans la formule suivante :

Eau...	2 litres.
Sel marin..	20 gr.
Albumine...	200 —
Graisse..	50 —
Hydrates de carbone..............................	500 —

En évaluant en **calories** (*la calorie est la chaleur nécessaire pour élever de 1° la température de 1 kilogramme d'eau*), la quantité de chaleur dégagée par ces aliments, on arrive à raison de 4 calories par gramme de substance albuminoïde ou hydrocarbonée, et de 9 calories par gramme de substance grasse, à un total de plus de 3.000 calories, chiffre qui répond approximativement à la chaleur dégagée journellement par un homme adulte.

Il est bien entendu que ces chiffres répondent à des moyennes et qu'il sera toujours nécessaire de tenir compte des besoins individuels, tel sujet réclamant pour assurer l'équilibre entre ses recettes et ses dépenses une quantité d'aliments supérieure à celle qui suffit à son voisin.

En ce qui concerne les enfants, il faut bien se souvenir que chez eux les combustions sont plus intenses que chez l'adulte, qu'ils dépensent une plus grande somme de chaleur ; il leur faut donc une ration relativement plus abondante ; c'est ce qu'on appelle une **ration de croissance.**

D'un autre côté. le travail nécessite une grande dépense de calorique, si bien que la ration ordinaire d'entretien ne saurait suffire à un homme qui dépense beaucoup d'activité ; il lui faut une **ration** plus forte, **dite de travail.** Aussi, en temps ordinaire, en ce qui concerne le soldat, la *ration de garnison est la ration normale d'entretien* et, en campagne, cette ration est augmentée du cinquième : c'est la *ration de travail.*

UTILITÉ DE CERTAINES SUBSTANCES PEU RÉPANDUES DANS LES ALIMENTS

Les Vitamines. — Depuis longtemps, on avait remarqué que certaines maladies comme le scorbut, le béribéri, qui sévissent chez les marins, les explorateurs et en général chez toute personne privée pendant un certain temps d'aliments frais, disparaissent rapidement dès qu'une quantité même faible d'aliments frais intervient (*maladies par carence*). Donc les aliments frais renferment des substances qui nous sont nécessaires et que ne possèdent plus les mêmes aliments en conserves.

Expérimentalement, on a pu reproduire ces maladies en nourrissant des poules et des pigeons avec du riz *décortiqué*, ce qui prouve que la pellicule du riz renferme une substance utile dont on ne saurait priver l'organisme. Cette substance, que l'on a pu extraire, a reçu le nom de *vitamine.* On a vu des animaux dépérir et mourir bien qu'abondamment nourris de substances stérilisées (qui, par conséquent, n'avaient rien perdu de leur pouvoir énergétique) ; la stérilisation avait détruit sans doute une vitamine.

Les recherches récentes des physiologistes ont fait connaître une série de vitamines auxquelles ils ont donné le nom de « facteurs accessoires de la croissance et de l'équilibre ». On admet aujourd'hui que tous les besoins alimentaires nécessaires à la croissance sont satisfaits par l'apport d'une quantité suffisante : 1° d'air et d'eau ; 2° de calorique sous forme d'hydrates de carbone et de graisse ; 3° d'aliments azotés contenant les acides aminés nécessaires ; 4° de sels minéraux ; 5° de vitamines. Si ces conditions ne sont pas remplies, il y a troubles dans la nutrition, dépérissement de l'organisme et

174   ANATOMIE ET PHYSIOLOGIE ANIMALES

apparition de toute une série de maladies rangées maintenant sous la dénomination générale d'*avitaminoses*.

Ces notions nouvelles ont des conséquences importantes : 1° *Chez les enfants, une nourriture trop exclusivement stérilisée peut amener des troubles graves ;* c'est ce qu'on observerait par l'usage exclusif des *laits concentrés* et des *farines lactées* si répandus aujourd'hui.

2° *Pour les adultes, il faut éviter l'abus des conserves, pâtes alimentaires, graines décortiquées, farines fortement blutées,* etc. Il est bon de manger, même en petite quantité, des aliments crus, des fruits et des salades en particulier.

3° *La nécessité de varier l'alimentation devient impérieuse à un nouveau titre ;* nous n'avons pas d'autre moyen d'assurer à notre organisme les minima indispensables des substances dont nous ne pouvons être privés.

TABLEAU SYNOPTIQUE DU BILAN MATÉRIEL

Assimilation et désassimilation	**Assimilation**	de l'eau et des sels solubles. des hydrates de carbone. des graisses. des albuminoïdes.	
	Désassimilation	Hydrates de carbone Graisses	Servent à produire de la chaleur : *aliments respiratoires.*
		Albuminoïdes	Servent à la réparation des tissus : *aliments plastiques.*
Matières de réserve	**Graisses**	Formation du *tissu adipeux* par le dépôt de corps gras à l'intérieur des cellules conjonctives.	
		Rôle de la graisse	Réserve de combustible. Matière de remplissage qui protège et fixe les organes. Corps mauvais conducteur qui empêche la déperdition de la chaleur.
	Glycogène	Glycogène ou amidon animal se dépose dans les cellules du foie. Le foie est un régulateur de la quantité de sucre renfermée dans le sang (1,5 pour 1.000).	
		Fonction glycogénique du foie	La cellule hépatique déshydrate le glucose qui lui arrive par la veine porte pour en faire du glycogène. $C^6H^{12}O^6 - H^2O = C^6H^{10}O^5$ Le glycogène formé est mis en réserve dans le foie et transformé par hydratation en glucose, selon les besoins de l'organisme. Action du système nerveux sur la fonction glycogénique : piqûre diabétique.

Ration ali- mentaire	Ration d'entretien doit corres-pondre pour un adulte à	20 gr. d'Az. 300 gr. de C. 2 litres d'eau.
	Nécessité d'une alimentation mixte composée de	Sel, 20 gr. Albumine, 200 gr. Graisse, 50 gr. Hydrates de carbone, 500 gr. Eau, 2 litres.

Ration de croissance et *ration de travail* doivent être relativement plus abondantes que la *ration d'entretien*.

Utilité des substances peu répandues dans les aliments. Les *vitamines*.

TRAVAUX PRATIQUES RELATIFS
AU BILAN MATÉRIEL

a) Broyer un fragment de foie dans de l'eau distillée. Filtrer. Le liquide est opalescent (il contient du *glycogène*). Additionner d'alcool : le glycogène se précipite sous forme d'une poudre blanche.

b) Broyer un morceau de foie dans de l'eau tiède. Constater que le liquide, qui, au début, ne réduisait pas la *liqueur de Fehling*, donne, au bout de peu de temps, avec celle-ci (à l'ébullition), un précipité rouge, indice de la formation d'un sucre réducteur (*glucose*).

c) Examiner, au microscope, une goutte de lait (*fig.* 184) et un fragment, dilacéré, de tissu adipeux pris chez n'importe quel animal ou dans de la viande de boucherie (*fig.* 36).

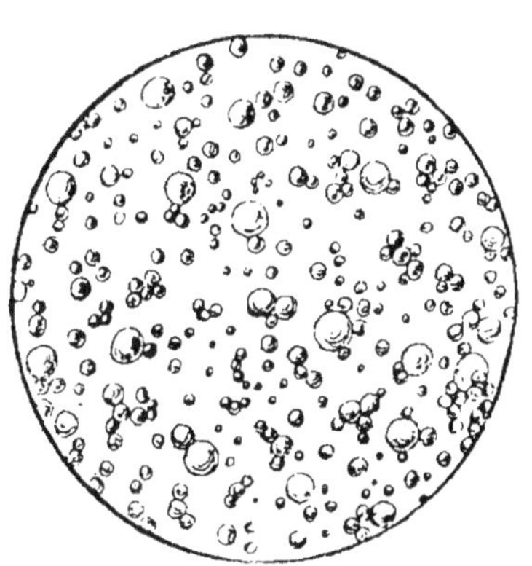

FIG. 184. — Goutte de lait, vue au microscope.

LE BILAN ÉNERGÉTIQUE

La chaleur animale

Les échanges nutritifs qui se passent à l'intérieur de l'organisme dégagent une certaine quantité d'énergie[1] qui est l'origine de la **chaleur animale.** Cette chaleur élève chez l'homme la température du corps au-dessus de celle de l'air ambiant ; cette température reste constante à l'état normal et se montre indépendante des variations extérieures.

Pour l'évaluer, on introduit un thermomètre dans une cavité naturelle, le rectum plus généralement, et après quelques minutes on n'a qu'à lire sur la tige, le chiffre correspondant au niveau du mercure. On emploie pour cela des thermomètres connus sous le nom de **thermomètres médicaux ;** ces thermomètres spéciaux servent surtout à déterminer la température du corps en cas de fièvre, ce qui permet de suivre l'évolution de certaines maladies.

La température du corps humain à l'état normal est approximativement de 37° ; en cas de forte fièvre, elle peut monter jusqu'à 41 et même 42° ; au delà il y a danger de mort.

Origine de la chaleur animale. — La chaleur animale a été attribuée pendant longtemps à l'influence mystérieuse d'un *principe vital ;* pour la première fois, **Lavoisier,** en 1777, chercha à en déterminer scientifiquement la nature. Ce savant montra qu'il fallait chercher la cause de cette chaleur dans les phénomènes chimiques qui s'accomplissent à l'intérieur du corps. De concert avec Laplace, il constata que la quantité de chaleur perdue en un temps donné, par un animal, n'était que de très peu supérieure à la *chaleur de combustion* d'un poids de *carbone,* correspondant à la quantité d'acide carbonique éliminé dans le même temps par les poumons. Ainsi un lapin cédait au milieu ambiant, pendant un certain temps, une quantité de chaleur susceptible de fondre 350 grammes de glace à 0°, tandis que ce même lapin brûlait par la respiration environ 5 grammes et demi de carbone, c'est-à-dire un poids de carbone dont la chaleur de transformation en acide carbonique est suffisante pour

---

1. Une partie de cet apport d'énergie est utilisée à faire du *travail mécanique* (mouvements) et des *réactions chimiques endothermiques.*

fondre 330 grammes de glace environ ; le rapport $\frac{350}{330}$ étant voisin de l'unité. Lavoisier mit au compte d'une erreur d'expérience cette légère différence et admit son principe comme vrai.

En réalité, il n'y avait pas erreur ; la chaleur animale ne dépend pas, en effet, complètement des **combustions respiratoires** qui n'en donnent guère que les neuf dixièmes. Par suite, si dans son ensemble l'expérience de Lavoisier reste vraie, en établissant un lien de cause à effet entre la réaction chimique de l'organisme et la chaleur que cet organisme libère, le problème est beaucoup plus compliqué.

On se ferait une idée fausse de la chaleur animale, si on l'attribuait à une combustion du carbone, de tous points comparable à celle de nos foyers. **Le corps humain ne brûle pas du charbon, mais des substances organiques** dont la chaleur de combustion n'est pas du tout la même que celle du carbone pur. Ainsi, tandis qu'un gramme de carbone dégage en brûlant environ 7 calories, 1 gramme de substance grasse en dégage 9 et 1 gramme de matière albuminoïde ou hydrocarbonée en dégage 4 seulement. Mais combien y a-t-il de graisse, d'hydrate de carbone, de substance albuminoïde dans les aliments complexes que nous absorbons ? C'est une question difficile à résoudre.

Même à supposer ce point résolu, pour avoir exactement la chaleur produite par la combustion de nos aliments, il faudrait connaître toutes les transformations subies par ceux-ci avant d'être brûlés dans les tissus, car à chacune de ces transformations (*hydratation, dédoublement, fermentation*) correspond un dégagement de chaleur dont il faudrait connaître la valeur exacte.

Il résulte donc de ces considérations que, si l'on peut déterminer nettement l'origine de la chaleur animale, il n'est pas si facile de la mesurer que le croyait Lavoisier ; cette mesure, en partant des aliments, c'est-à-dire de la masse combustible, est un problème complexe qui sera difficilement résolu.

Déperdition de la chaleur. — La chaleur dégagée est soumise à deux causes de déperdition constante : le **rayonnement** et l'**évaporation** de l'eau rejetée par l'organisme.

Le *rayonnement* augmente avec **l'étendue de la surface du corps.** Il est en outre en relation avec la **température extérieure** : plus il fait froid, plus il est intense. Il peut avoir une valeur nulle et même négative, si la température extérieure est égale ou supérieure à celle du corps.

Enfin le rayonnement varie suivant la nature du **revêtement**

cutané. Si ce revêtement est mauvais conducteur, comme les poils des Mammifères, les plumes des Oiseaux, le rayonnement est faible, et la température de l'animal est constante et le plus souvent supérieure à celle du milieu ambiant : c'est ce qui explique qu'on désigne ces animaux sous le nom d'*animaux à température constante* ou encore d'**animaux à sang chaud.**

Les écailles, au contraire, sont assez bonnes conductrices, de sorte que les Reptiles, les Batraciens et les Poissons prennent la température extérieure ; ils sont actifs et chauds en été et à demi paralysés et froids en hiver ; on leur donne pour cela le nom d'*animaux à température variable* et quelquefois, par opposition aux premiers, celui d'**animaux à sang froid.**

L'*évaporation* a pour siège la **peau** où l'eau se dégage sous forme de *sueur*, et les **alvéoles pulmonaires** par lesquelles l'eau s'échappe à l'état de vapeur ; cette double évaporation contribue pour une large part à la déperdition de la chaleur animale.

Lutte contre la chaleur. — La lutte contre l'excès de chaleur se manifeste d'abord par une **nutrition peu abondante,** c'est-à-dire par une faible production de chaleur interne. Aussi, dans les pays chauds, mange-t-on peu et absorbe-t-on principalement des hydrates de carbone dont la combustion dégage peu de chaleur. En outre, elle se manifeste par une **abondante émission de sueurs** entraînant avec elle une grande perte de chaleur qui rétablit l'équilibre. Ainsi l'homme qui travaille dépense, par l'évaporation de sa sueur, le surplus du calorique dégagé par ses muscles ; d'autre part, une respiration plus rapide active l'évaporation pulmonaire, ce qui rafraîchit d'autant la masse sanguine des poumons.

Lutte contre le froid. — La lutte contre le froid se manifeste par des phénomènes inverses. La nourriture est absorbée en plus grande abondance; les **graisses,** qui dégagent beaucoup de chaleur, sont particulièrement recherchées. Ainsi les habitants des régions polaires ont un goût très prononcé pour l'huile de phoque.

L'élimination de la sueur est en outre des plus réduites, donc aucune perte de chaleur par évaporation. Aucune perte non plus par rayonnement, car en général des plumes ou des poils protègent les animaux, dans les pays froids, contre la déperdition de chaleur par la peau, et les hommes se couvrent de **chauds vêtements,** qui conservent au corps sa chaleur propre.

Vêtements. — Le but des vêtements est d'abord de maintenir dans l'organisme la température normale de 37° en le protégeant contre la perte de chaleur en hiver et l'excès de la chaleur extérieure en été, ensuite de le protéger contre les poussières et les objets du dehors.

Un bon vêtement doit remplir les conditions suivantes :

1° Être *ample* pour rendre faciles les mouvements et permettre sans difficulté la respiration. La couche d'air interposée entre le vêtement et la peau, étant mauvaise conductrice de la chaleur, est protectrice de la chaleur du corps. Cette ampleur ne doit cependant pas être excessive en hiver, car elle permettrait alors un trop rapide renouvellement de l'air interposé, ce qui amènerait un refroidissement continu de la peau ;

2° Être *perméable*, de façon à laisser s'effectuer la respiration de la peau et l'évaporation de la sueur ;

3° Être *moelleux* et *léger*, c'est-à-dire contenir une assez grande quantité d'air, qui facilite les échanges gazeux dus à la respiration, et en même temps être suffisamment *épais*, surtout en hiver, pour limiter la circulation de l'air et empêcher le refroidissement.

La nature des étoffes, leur conductibilité, leur couleur, leur propriété hygroscopique sont naturellement à considérer dans le choix des vêtements, ceux-ci devant servir, suivant les climats et les saisons, à des buts tout à fait différents.

TABLEAU SYNOPTIQUE DE LA CHALEUR ANIMALE

Température	du corps humain est de 37° : on la mesure avec les thermomètres médicaux.
Origine de la chaleur animale	Théorie de Lavoisier : combustion du carbone fourni par les aliments. Théorie actuelle : combustion des substances organiques alimentaires.
Déperdition de la chaleur par	*rayonnement* variable avec : l'étendue de surface du corps, la température extérieure, le revêtement cutané. *évaporation* : cutanée, pulmonaire.
Lutte contre la chaleur	Nutrition peu active. Transpiration abondante.
Lutte contre le froid	Nutrition active ; absorption abondante de graisses. Transpiration presque nulle. Revêtement cutané (poils, plumes, vêtements).
Vêtements doivent être	amples. perméables. mous et légers, d'épaisseur et de nature variables avec les climats et les saisons.

TRAVAUX PRATIQUES RELATIFS
AU BILAN ÉNERGÉTIQUE

a) Avec un thermomètre médical (*fig.* 185) placé sous l'aisselle pendant 15 minutes, prendre la température du corps dans diverses conditions (par la gelée, pendant les chaleurs, après une longue course, après un bain froid, etc.) et constater qu'elle est constante. A noter que cette température est un peu inférieure (de 1° à 2°) à ce qu'elle eût été (37°) si l'on eût placé le thermomètre dans une cavité naturelle du corps, parce que, dans l'aisselle, le thermomètre n'est pas rigoureusement appliqué contre le corps.

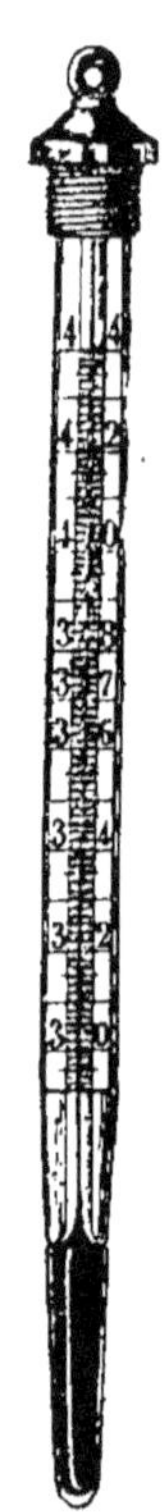

Fig. 185.
Thermomètre
médical.

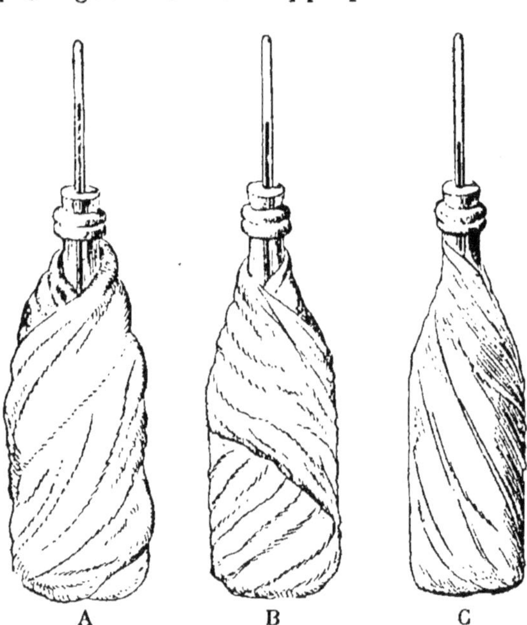

Fig. 186 à 188. — Bouteilles d'eau chaude
enveloppées dans différents tissus.
A, laine ; — B, coton ; — C. toile.

b) Établir la feuille de température d'un malade fiévreux.

c) Mettre de l'eau chaude dans des bouteilles dont le bouchon est traversé par un thermomètre. Envelopper ces bouteilles (*fig.* 186 à 188) de divers tissus (laine, coton, soie, etc.) et, en regardant les degrés du thermomètre, constater que le refroidissement ne s'y fait pas avec la même vitesse ; comparer avec nos vêtements d'hiver ou d'été.

d) Mesurer la température de divers animaux (mettre le thermomètre dans le rectum) et vérifier, par exemple, les chiffres ci-dessous :

Ane	37°,4	Bœuf	39°,5
Cheval	37°,7	Mouton	39°,6
Chat	38°,8	Porc	39°,7
Chien	39°,2	Loup	40°,5
Cobaye	39°,2	Pigeon	42°
Chèvre	39°,3	Canard	42°,2
Lapin	39°,5	Poule	42°,5

e) Prendre la température d'animaux dits à *sang froid* (tortue, etc.) et constater qu'elle est, en réalité, variable avec la température extérieure.

LES ORGANES DES SENS

Les organes des sens sont des appareils spéciaux qui ont pour fonction de mettre l'homme et les animaux qui les possèdent en relation avec le monde extérieur. Ils sont au nombre de cinq : la peau, la langue, le nez, l'œil et l'oreille, correspondant aux cinq sens, le *toucher*, le *goût*, l'*odorat*, la *vue* et l'*ouïe*.

Chacun de ces organes se compose de trois parties (*fig.* 189) :

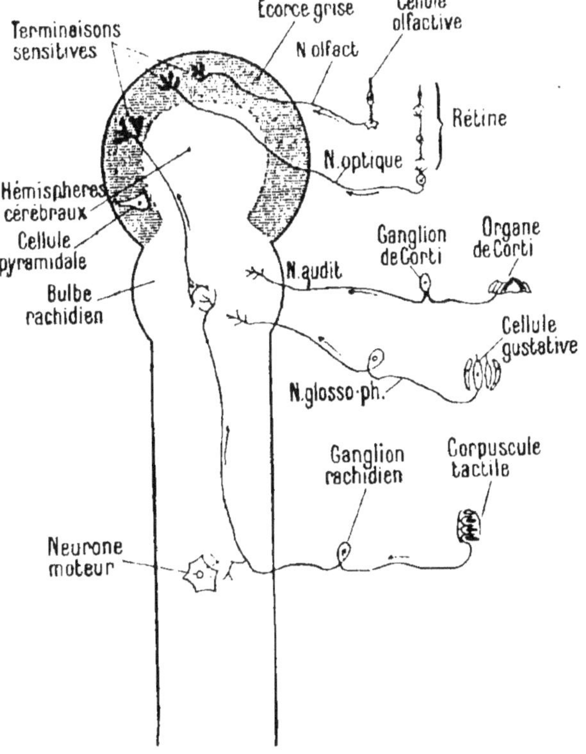

FIG. 189. — Schéma des relations du cerveau avec les organes des sens.

1º un *appareil périphérique récepteur* destiné à être impressionné par les corps extérieurs ;

2º Un *appareil de transmission* constitué par des fibres nerveuses sensorielles ;

3º Un *appareil central de perception*, représenté par des éléments nerveux du cerveau.

C'est l'appareil périphérique récepteur qui constitue l'organe sensoriel proprement dit.

LA PEAU ET LE TOUCHER

La peau est l'organe du toucher. Elle se présente chez l'homme sous la forme d'une vaste membrane enveloppant le corps tout entier, et renfermant dans son épaisseur toute une série de petits appareils nerveux destinés à recueillir les impressions dites *tactiles*.

Structure de la peau. — La peau (*fig.* 190) est formée de deux couches : une couche profonde appelée **derme** ou *chorion* et une couche superficielle appelée **épiderme**.

Le **derme** est la partie fondamentale de la peau, puisque c'est dans le derme que sont disséminés les appareils du tact. Il est constitué par du *tissu conjonctif*, très riche en fibres élastiques, formant une espèce de feutrage beaucoup plus serré dans les couches superficielles que dans les couches profondes. Au milieu du feutrage conjonctif des couches profondes se trouvent de nombreux pelotons adipeux. L'ensemble constitue un *tissu lâche, mobile*, formant le *tissu cellulaire sous-cutané* qui relie la peau aux organes sous-jacents, os ou muscles, et dans lequel cheminent les *vaisseaux* et les *nerfs superficiels*.

La couche superficielle du derme répond à l'épiderme, et est hérissée d'une multitude de petites éminences coniques connues sous le nom de **papilles** ; dans ces papilles (*fig.* 191) viennent se terminer, soit des vaisseaux, soit des appareils tactiles, d'où leur division en *papilles vasculaires* et *papilles nerveuses* ; les papilles

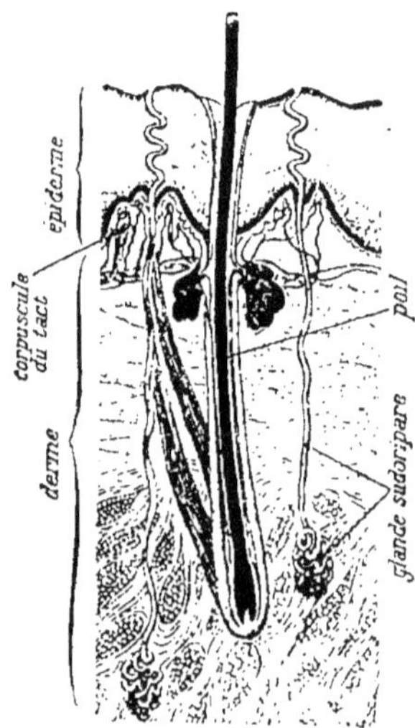

FIG. 190. — Coupe de la peau (vue au microscope).

nerveuses sont surtout nombreuses à la face palmaire de la main.

L'**épiderme** (*fig.* 192) forme la couche superficielle de la peau ; il s'étale à la manière d'une membrane protectrice à la surface externe du derme. Il comprend deux couches : la couche profonde ou couche de Malpighi, et la couche superficielle ou *couche cornée*.

La *couche de Malpighi* est constituée à sa base par une rangée de cellules (*a*) se divisant continuellement et régénérant les cellules de l'épiderme au fur et à mesure de leur desquamation ; on

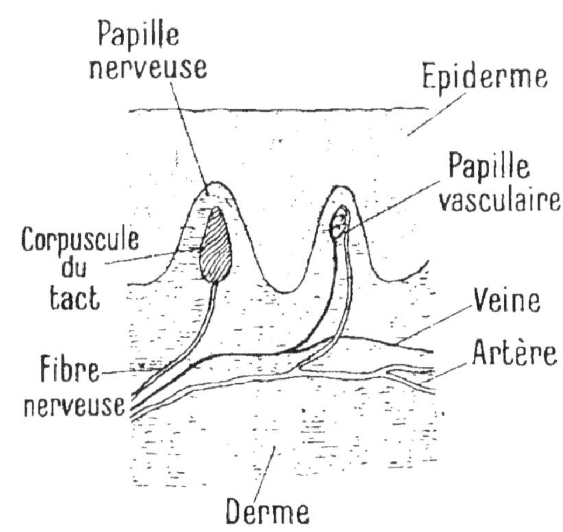

FIG. 191. — Coupe de la peau passant par une papille vasculaire et une papille nerveuse (grossie 100 fois).

lui donne le nom de *couche génératrice*. Au-dessus se trouvent des cellules polyédriques (*b*), puis des cellules aplaties (*c*), dans lesquelles s'amasse le pigment d'où dépend la coloration de la peau (*couche pigmentaire*).

La *couche cornée* (*d*) est formée de cellules plates, affectant la forme de lamelles; elles sont réduites à leur membrane cornée et, comme tous les éléments morts, se détachent à la surface de l'épiderme : c'est ce qui constitue la desquamation (*e*).

Terminaisons vasculaires et nerveuses. — Les *vaisseaux* destinés à la peau cheminent dans le tissu cellulaire sous-cutané et émettent de fins capillaires ve-

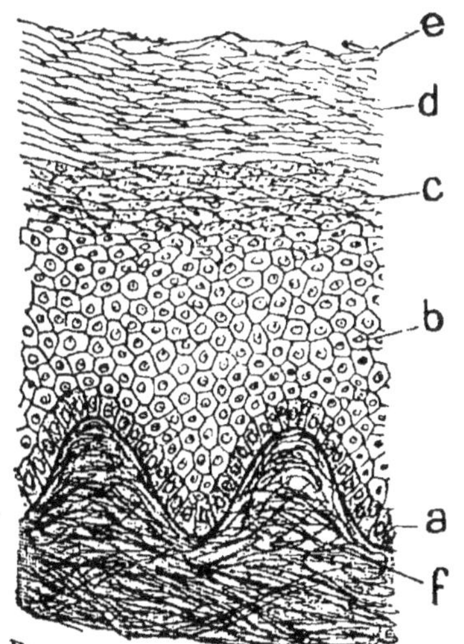

FIG. 192. — Coupe de l'épiderme. *ab*, couche de Malpighi ; *c*, couche pigmentée ; *d*, couche cornée ; *e*, couche superficielle ; *f*, derme.

nant former des bouquets dans les papilles vasculaires du derme; jamais les capillaires ne pénètrent dans l'épiderme.

Les *nerfs* destinés à la peau sont fort nombreux et s'y ramifient de plusieurs manières : les uns s'arrêtent dans le tissu conjonctif sous-dermique et se terminent par des renflements ovalaires connus sous le nom de *corpuscules de Pacini* (*fig.* 193); d'autres, et c'est le plus grand nombre, pénètrent dans le derme et viennent se terminer dans les papilles nerveuses par des renflements connus sous le nom de corpuscules de *Meissner* (*fig.* 194) et de *Krause* (*fig.* 195).

Les *corpuscules de Pacini*, très abondants aux doigts, se composent d'une coque périphérique, de nature conjonctive, formée par un ensemble de feuillets, dépendant de l'enveloppe de la fibre nerveuse qui vient se terminer à l'intérieur sous forme de petits boutons.

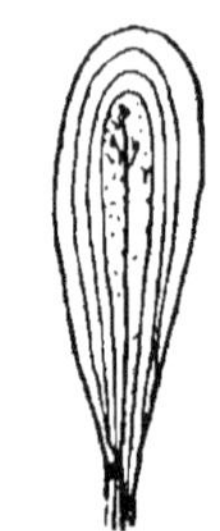

Fig. 193. — Corpuscule de Pacini.

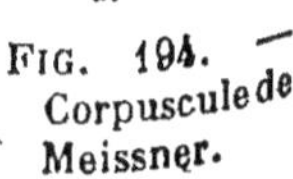

Fig. 194. — Corpuscule de Meissner.

Les *corpuscules de Meissner* sont constitués par des corps ovalaires logés dans les papilles du derme ; ils sont nombreux aux extrémités des doigts. Ils sont constitués par une enveloppe conjonctive, de la face profonde de laquelle se détachent des cloisons transversales qui se dirigent vers l'intérieur du corpuscule et le divisent en un certain nombre de *cellules de soutien*, entre lesquelles viennent se terminer les fibres nerveuses sous forme de *renflement olivaire* ou de *disque tactile* (*fig.* 196).

Les *corpuscules de Krause* sont beaucoup plus petits et surtout localisés dans les papilles dermiques des muqueuses, principalement de la muqueuse buccale. Ils ont la forme de massues minuscules, à paroi mince, remplies d'une substance granulée dans laquelle viennent se terminer les fibrilles nerveuses.

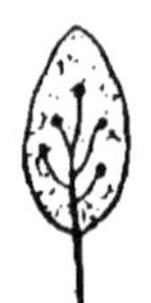

Fig. 195. — Corpuscule de Krause.

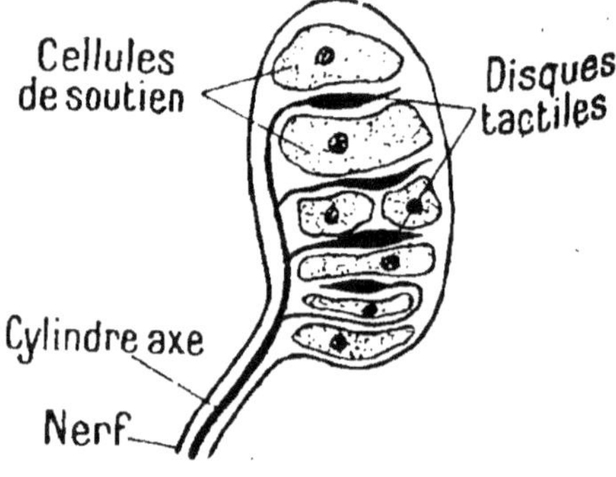

Fig. 196. — Corpuscule tactile, coupé en long.

Annexes de la peau. — La peau comprend dans son épaisseur un certain nombre d'organes annexes qui sont les *glandes sudoripares*, les *ongles* et les *poils*.

a) *Glandes sudoripares.* — Les **glandes sudoripares** (*fig.* 190) ont pour fonction de sécréter la sueur et de la répandre à la surface de la peau. Chacune d'elles est constituée par un tube dont l'une des extrémités s'ouvre à la surface libre de l'épiderme, tandis que l'extrémité opposée se termine en cul-de-sac pelotonné, qui occupe les couches profondes du derme. Ces glandes sont

très nombreuses ; on les évalue à deux millions : elles sont constituées par des *dépressions de l'épiderme*.

La *sueur* qu'elles sécrètent a une composition presque analogue à celle de l'urine ; aussi peu-
vent-elles suppléer dans une certaine
mesure au fonctionnement du rein.
On sait que lorsque ces glandes fonctionnent activement, en été par
exemple, la quantité d'urine éliminée par les reins diminue notablement.

b) *Ongles*. — Les **ongles** (*fig.* 197),
qui recouvrent la face dorsale de la
dernière phalange des doigts et des
orteils, sont des *productions épider-*

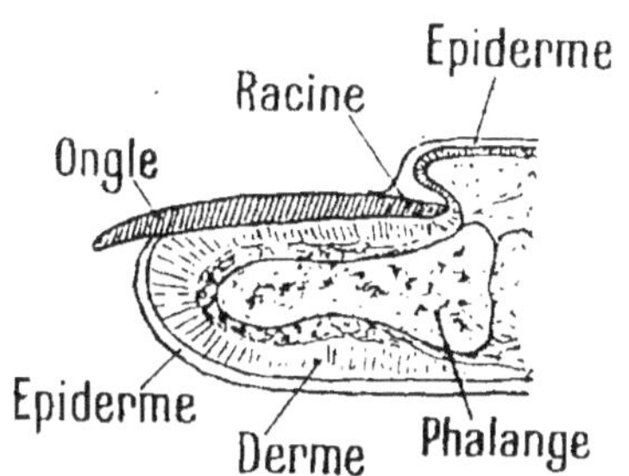

FIG. 197. — Ongle coupé en long
(grandeur naturelle).

miques ; elles se forment aux dépens de la couche de Malpighi
dont les cellules deviennent cornées et forment une lame blanche
qui s'accroît sans cesse en avant. Les *griffes* des Carnivores et
les *sabots* des Ruminants ont la même origine.

c) *Poils*. — Les **poils** (*fig.* 198) sont également des *productions*
épidermiques. Les poils sont implantés dans une cavité appelée
follicule pileux dont le fond, soulevé en forme de *papille*, est l'organe producteur du poil. Celui-ci comprend une partie libre, la *tige*, terminée en pointe et diversement colo- rée, et la *racine*, qui se renfle à son ex- trémité inférieure pour former le *bulbe*, lequel se creuse en cupule pour coiffer la papille.

De chaque côté du poil se forment aux dépens de l'épi- derme des glandes

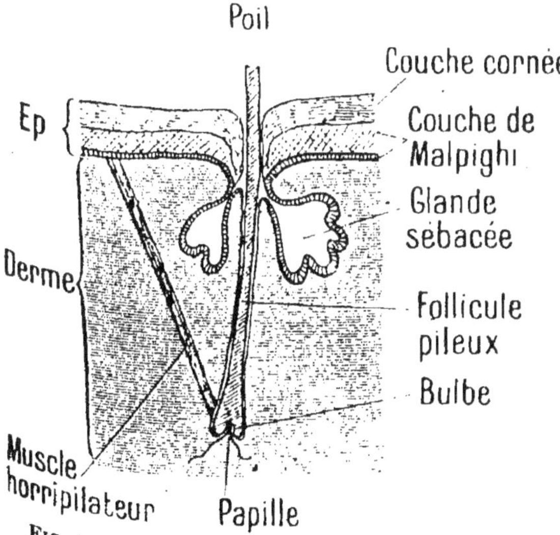

FIG. 198. — Poil et ses annexes (glandes sébacées et
muscle horripilateur) (grossi 100 fois).

dites *sébacées*, qui sécrètent une matière grasse, le *sébum*, destiné
à recouvrir les poils et la peau d'une couche imperméable à l'eau.

Enfin, à la base du follicule, s'insèrent quelques fibrilles musculaires lisses, qui s'attachent, d'autre part, à la couche profonde de l'épiderme. Ces fibrilles constituent le *muscle horripilateur* qui, par sa contraction, soulève le poil et produit la *chair de poule*.

Physiologie du toucher

Le sens du toucher est fort complexe ; il nous donne des sensations de nature très différente : *sensations tactiles, sensations thermiques* et *sensations de pression*.

Les **sensations tactiles** ou de *contact* nous renseignent sur la forme des corps, l'état de leur surface, quelquefois sur leur nature. Elles sont données par les **corpuscules de Meissner et de Krause,** et par suite fournies surtout par les extrémités palmaires des doigts où ces corpuscules sont abondants, aussi la *main* est-elle par excellence l'*organe de la palpation*.

Remarquons que les centres nerveux rapportent toujours à la périphérie les impressions qu'ils éprouvent, lors même que l'excitation se produirait sur le trajet du nerf. On n'ignore pas que les amputés de la jambe se plaignent parfois d'avoir froid au pied qu'ils n'ont plus, lorsqu'en réalité c'est le moignon qui a froid.

On sait également que si l'on touche une petite boule, ou tout simplement le bout du nez avec les extrémités de deux doigts croisés l'un sur l'autre, l'index et le médius par exemple, on éprouve la sensation de deux boules ou de deux nez ; c'est l'expérience connue sous le nom d'*expérience d'Aristote* (*fig.* 199 et 200). C'est qu'en effet, par expérience, nous avons associé les sensations éprouvées normalement par les côtés contigus de deux doigts dans la notion d'un seul objet, et celles qui naissent de l'excitation des côtés opposés des doigts, dans la notion de deux objets distincts. L'illusion tient donc à ce que l'excitation porte sur des points de la peau qui n'ont pas coutume d'être excités simultanément par le même objet, et cette illusion est si forte que notre erreur ne peut être rectifiée que par la vue.

Les **sensations thermiques** sont surtout données par certaines régions, telles que le dos de la main, la pointe de la langue, les joues ; on sait que les repasseuses approchent le fer de leur joue pour apprécier son degré de chaleur. On croit que ces sensations sont fournies par des ramifications nerveuses qui pénètrent dans l'épiderme et qu'on appelle pour cela *intra-épidermiques*.

Les **sensations de pression** semblent données par les **corpus-**

cules de Pacini ; elles sont assez complexes, car outre la pression

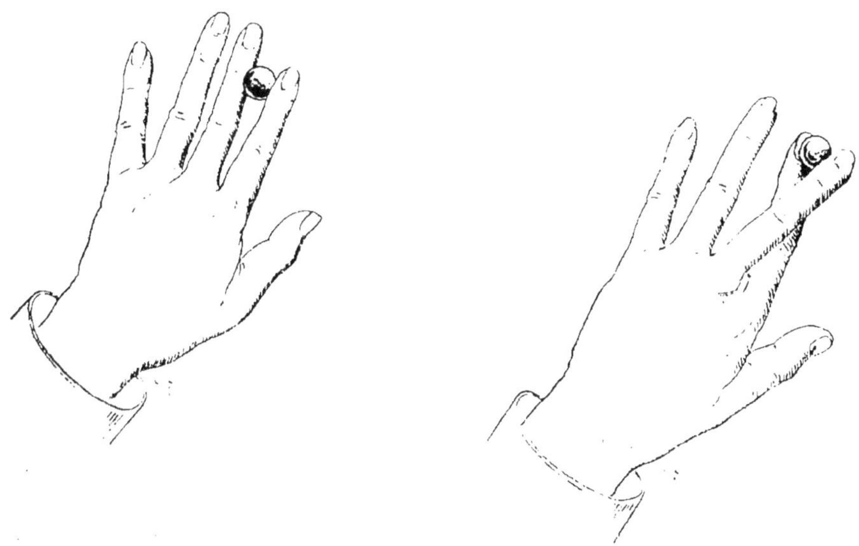

FIG. 199 et 200. — Expérience d'Aristote.
A gauche, on ne sent qu'une boule ; à droite, on en sent deux.

sur la peau, il y a le plus souvent un *effort musculaire*, dont la mesure permet d'évaluer le poids.

Rôle de la peau.

La peau n'est pas seulement l'*organe du toucher*, elle joue également un rôle important dans la *respiration*, dans la *dépuration de l'organisme* par l'élimination de la sueur, dans la *régulation thermique* du corps.

La *respiration cutanée* peut être évaluée à 7 pour 100 de la respiration totale ; l'*excrétion de la sueur* varie suivant les individus et peut être décuplée par un exercice violent. Ces deux fonctions sont si importantes que les animaux succombent rapidement lorsqu'on recouvre leur corps d'un vernis imperméable ; dans les brûlures même très superficielles, la mort peut se produire lorsqu'un tiers de la surface totale de la peau a disparu.

Enfin en s'évaporant, la sueur emprunte de la chaleur à la peau dont la température s'abaisse proportionnellement à la quantité de liquide évaporé à sa surface la transpiration augmente ou diminue suivant qu'il est nécessaire d'enlever plus ou moins de chaleur au corps ; *elle régularise donc la température du corps*. L'excrétion de la sueur est réduite au minimum en hiver pour ne pas diminuer la chaleur naturelle du corps ; aussi les reins fonctionnent plus activement et la quantité d'urine émise est plus considérable ; c'est l'inverse pendant l'été. Cette relation, qui existe entre le rein et les glandes sudoripares justifie la pratique de faire transpirer les personnes malades pour provoquer une amélioration car dans nombre de maladies microbiennes, les reins fonctionnant mal, la dépuration de l'organisme par suite se fait mal, et les toxines s'accumulant dans le sang, aggravent l'état du malade ; une bonne transpiration élimine ces toxines par les glandes sudoripares et amène souvent une très sensible amélioration.

TABLEAU SYNOPTIQUE DE LA PEAU ET DU TOUCHER

La peau est l'organe du toucher.

Structure de la peau
- *Epiderme* : Couche cornée. Couche de Malpighi.
- *Derme* :
  - Papilles dermiques :
    - nerveuses : Corpuscules de Pacini. — de Meissner. — de Krause.
    - vasculaires.
  - tissu conjonctif.
  - tissu cellulaire sous-cutané.

Annexes de la peau
- *Glandes sudoripares* en tube, pelotonnées à la partie inférieure.
- *Ongles*, *Poils* sont des productions épidermiques.

Toucher
- Les impressions reçues par la peau sont de 3 sortes :
- *Sensation de contact* donnée par les corpuscules de Meissner et de Krause.
- *Sensation de pression* donnée par les corpuscules de Pacini.
- *Sensation de température* donnée par les terminaisons nerveuses intra-épidermiques.

Rôle de la peau
- Dans la respiration.
- Dépuration de l'organisme.
- Régulation thermique.

TRAVAUX PRATIQUES RELATIFS AU TOUCHER

a) Toucher diverses parties du corps avec les pointes d'un compas écartées plus ou moins jusqu'à ce que le sujet en expérience assure sentir les deux points de contact et non avoir une sensation unique ; l'écartement constaté exprime le plus ou moins de *sensibilité tactile* de la région. A titre d'exemple, voici les chiffres moyens recueillis par divers auteurs :

Pointe de la langue	$1^{mm},1$		Pommette	$15^{mm},3$
Face palmaire de la 3e phalange	$2^{mm},2$		Face interne des lèvres	$20^{mm},7$
Bord rouge des lèvres	$4^{mm},5$		Partie inférieure du front	$22^{mm},5$
Face palmaire de la 2e phalange	$4^{mm},5$		Dos de la main	$31^{mm},5$
Face dorsale de la 3e phalange	$6^{mm},7$		Face antérieure du cou	$33^{mm},7$
Bout du nez	$6^{mm},7$		Sacrum, jambe, avant-bras	$40^{mm},5$
Bord cutané des lèvres	$9^{mm},0$		Nuque, dos	$54^{mm},1$
Joue et paupière	$11^{mm},2$		Cuisse, bras	$67^{mm},6$

b) Toucher une bille (ou le bout du nez) avec l'extrémité du médius et de l'index croisés (*expérience d'Aristote*) ; on a l'illusion de toucher deux objets (*fig.* 199 et 200).

c) Examiner, au microscope, des coupes toutes faites de la peau montrant des *corpuscules tactiles*.

LA LANGUE ET LE GOUT

Le goût a son siège dans la muqueuse de la face dorsale de la langue (*fig.* 201).

La langue est un organe musculaire fixé par sa base à l'*os hyoïde* et jusqu'en son milieu, au plancher de la bouche ; la pointe est entièrement libre, elle *facilite la mastication* en portant les aliments sous les dents et *permet la déglutition* en poussant le bol alimentaire dans le pharynx,

Les muscles qui la constituent sont nombreux et difficilement isolables ; ils prennent leurs insertions sur les pointes osseuses situées à la périphérie et sur la *paroi médiane*, de nature fibreuse, qui divise longitudinalement la langue en deux moitiés symétriques.

Les muscles de la langue sont recouverts par une muqueuse à *épithélium stratifié*, présentant un grand nombre de **papilles.** Ces papilles sont de *deux sortes* : les unes, *purement tactiles,* sont disséminées à la surface de la langue ; les autres, plus spécialement **gustatives,** occupent des positions déterminées.

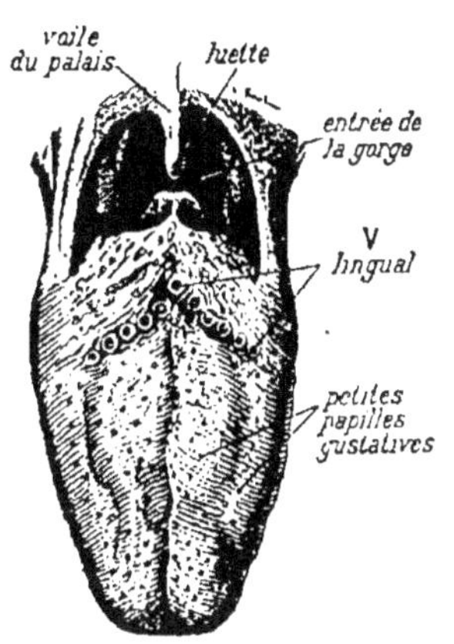

FIG. 201. — Langue, vue par la face supérieure.

Les premières sont constituées par des *corpuscules de Krause* occupant les papilles du derme lingual et provoquant à l'extérieur de nombreuses petites saillies plus ou moins coniques.

Les secondes, connues sous le nom de *corpuscules du goût*, ont

FIG. 202. — Papille caliciforme, coupée en long vue au microscope).

été divisées, d'après leur aspect, en trois catégories :

1° Les papilles caliciformes (*fig.* 202), au nombre d'une douzaine, qui occupent la région postérieure de la face dorsale de la langue; elles sont alignées de façon à figurer un V (V *lingual*), dont la pointe située en arrière présente une dépression

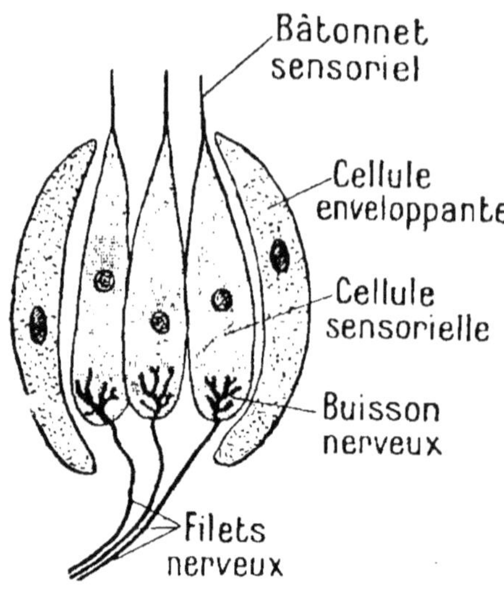

FIG. 203. — Shéma d'un corpuscule du goût, coupé en long.

conique appelée *trou borgne*. Ce trou borgne est constitué par une papille plus grande que les autres et dont la partie centrale est déprimée au lieu d'être saillante. Chaque papille caliciforme est séparée de la suivante par un sillon circulaire, résultant de la dépression de la muqueuse ; au fond du sillon débouchent les canaux excréteurs de glandes minuscules, sécrétant un liquide destiné à laver le sillon et à enlever les substances qui y ont pénétré. Sur les parois latérales de la papille se trouvent les *corpuscules du goût*. Ceux-ci (*fig.* 203) sont constitués par des *cellules de soutien* de nature conjonctive et par les *cellules nerveuses*, fusiformes, qu sont les *cellules gustatives* ; les extrémités inférieures de ces cellules se continuent

avec le cylindraxe d'une fibre du *nerf glosso-pharyngien*, tandis que leurs extrémités supérieures, filamenteuses, font saillie à travers un petit orifice appelé *pore gustatif* ;

2° Les **papilles fongiformes** (*fig.* 204), au nombre de deux cents environ, sont plus petites, et ont l'aspect de champignons ; elles sont surtout nombreuses sur les bords de la langue et à la pointe ;

3° Les **papilles corolliformes** (*fig.* 205), beaucoup plus nombreuses, sont ainsi appelées parce que leur bord libre est découpé en lanières, comme les pétales d'une corolle ; elles sont disposées à la surface de la langue sur des lignes parallèles aux branches du V lingual.

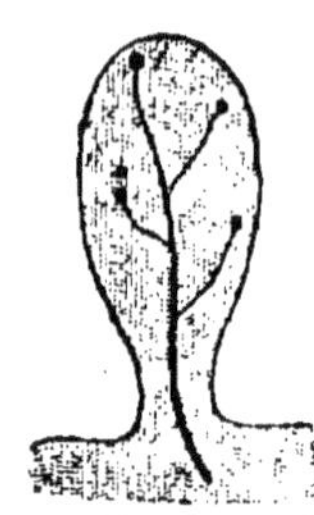

FIG. 204.—Papille fongiforme.

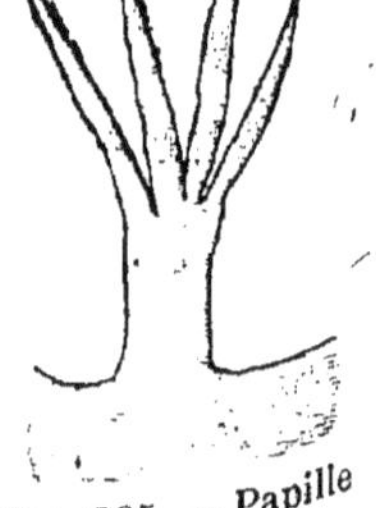

FIG. 205. — Papille corolliforme.

Les papilles fongiformes et corolliformes possèdent également quelques corpuscules du goût ; mais ceux-ci sont en moins grand nombre que dans les papilles caliciformes, aussi est-ce surtout la base de la langue qui sert à apprécier les saveurs.

Innervation de la langue. — La langue est innervée (*fig.* 206) par trois nerfs : 1° le *grand hypoglosse*, qui est le nerf moteur ; 2° le *glosso-pharyngien*, qui est le nerf du goût et qui se ramifie dans les corpuscules gustatifs de la partie postérieure de la langue ; 3° le *nerf lingual*, branche du trijumeau, qui se distribue dans toute la région antérieure de la langue. Ce nerf émet des *fibres* donnant, comme toutes les branches du trijumeau, des *sensations tactiles* ; mais, en plus, il possède des fibres indirectes empruntées au *nerf glosso-pharyngien* à sa sortie du crâne, lesquelles sont *gustatives.*

Sensations gustatives. — Les corpuscules du goût ne sont excités que par les *substances* dites **sapides.** Pour qu'une substance soit sapide, il faut qu'elle soit liquide ou soluble dans les liquides buccaux.

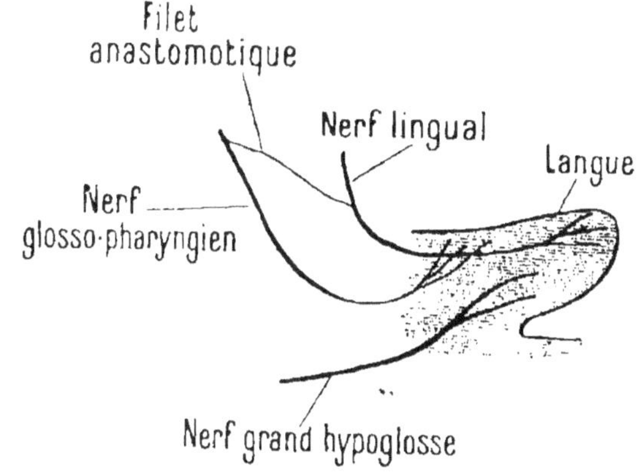

FIG. 206. — Innervation de la langue.

La sensibilité gustative de la langue dépend de la région considérée : elle est plus grande au niveau de la partie postérieure, où se trouvent les papilles caliciformes, qu'au niveau de la pointe : elle dépend également du nombre de papilles touchées par la substance sapide ; la sensation est d'autant mieux perçue que la solution sapide est étalée sur un plus grand espace. Elle est aussi en relation avec la pénétration plus ou moins parfaite de la liqueur sapide dans la dépression qui entoure les papilles du V lingual, car lorsqu'on applique fortement la langue contre le palais, on perçoit mieux les saveurs.

On admet généralement que la base de la langue, innervée par les fibres directes du glosso-pharyngien, est la vraie région gustative pour les saveurs amères, tandis que la pointe, innervée par le lingual, est plutôt impressionnée par les autres saveurs : ainsi le *sulfate de magnésie* paraît *salé*, lorsqu'on le goûte du bout de la langue, et *amer* quand on l'avale.

TABLEAU SYNOPTIQUE DE LA LANGUE ET DU GOUT

Structure de la langue
- Masse musculaire fixée en arrière à l'os hyoïde, recouverte d'un épithélium stratifié et présentant de nombreuses papilles.
- Papilles
  - gustatives
    - Caliciformes (V lingual).
    - Fongiformes.
    - Corolliformes.
  - tactiles à corpuscules de Krause.

Innervation de la langue
- Nerf moteur : grand hypoglosse.
- Nerf sensible : lingual, branche du trijumeau.
- Nerf sensoriel : glosso-pharyngien.

Sensations gustatives
- données par les corpuscules du goût dans lesquels se ramifie le nerf glosso-pharyngien.

TRAVAUX PRATIQUES RELATIFS
AU GOUT

a) Faire des solutions, de plus en plus diluées, de substances sapides, et constater quelle est la dilution au delà de laquelle cesse la *sensation gustative*. On a constaté, par exemple, que cette cessation est de :

1 /100°	pour le sucre.
1 /500°	— sel marin.
1 /800.000°	— l'aloès.
1 /1.000.000°	— le sulfate de quinine.

b) Tremper la tête d'une épingle dans une substance sapide et déposer la goutte obtenue sur une région déterminée de la langue dans le but de savoir en quel endroit la *sensation gustative* se manifeste. Constater, par exemple, que la *sensibilité gustative* est plus grande au niveau du tiers postérieur de la langue qu'au niveau de la pointe ; que le lait, le beurre, l'huile, le pain, la viande, etc, ne donnent une sensation gustative que dans ce tiers postérieur : que le sel marin donne partout la même saveur ; que le tartre donne, à la base, un goût métallique, tandis qu'à la pointe il est insapide.

c) Constater que si l'on applique les deux pôles d'un courant électrique (continu) sur la langue, on perçoit : à *l'anode*, une saveur acide et, à la *cathode*, une saveur alcaline ou âcre.

d) Examiner, au microscope, des coupes toutes faites de la langue de manière à voir les *corpuscules du goût*.

e) Disséquer la gueule d'un chien, d'un lapin, d'un chat, d'un veau, etc., et examiner plus particulièrement la langue.

b) Examiner une langue achetée chez un boucher.

LE NEZ ET L'ODORAT

L'odorat a pour siège la muqueuse des fosses nasales.

Les **fosses nasales** (*fig.* 207) sont au nombre de deux, symétriquement placées et protégées par le *nez*. Le nez a la forme d'une pyramide triangulaire dont la charpente, *osseuse* à la partie supérieure, et *cartilagineuse* à la partie inférieure, est recouverte par la peau ; la base présente les *deux narines*, toujours béantes, à l'entrée desquelles se trouvent de nombreux poils destinés à tamiser l'air qui pénètre dans les fosses nasales. Celles-ci s'ouvrentdans l'*arrière-bouche* ou *pharynx* par les *arrière-narines* ou *choanes ;* elles ont pour plancher la *voûte palatine* et pour sommet la *lame criblée de l'ethmoïde.*

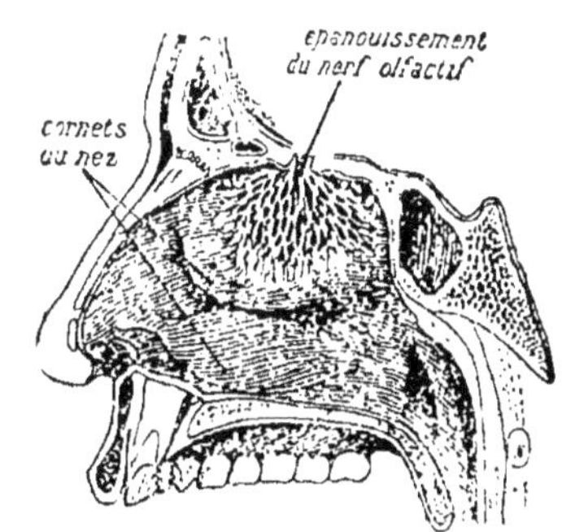

Fig. 207. — Coupe en long des fosses nasales.

Les deux fosses nasales sont séparées l'une de l'autre, par une cloison médiane constituée en partie par le *vomer* et la *lame perpendiculaire de l'ethmoïde,* lamelles osseuses continuées à leur base par un cartilage, de sorte que la partie inférieure du nez reste mobile.

La paroi interne des fosses nasales présente un certain nombre de repls constitués par *trois lamelles osseuses* enroulées sur elles-mêmes, d'où le nom de **cornets** (*fig.* 208) qu'on leur donne ; on les désigne, d'après leur situation, sous le nom de *cornet supérieur, cornet moyen* et *cornet inférieur ;* les deux premiers

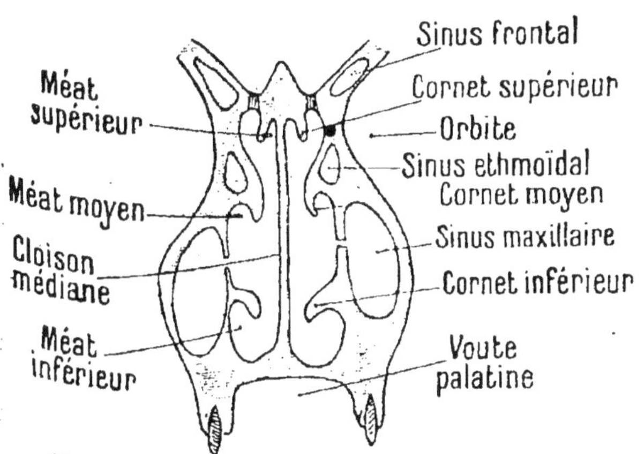

Fig. 208. — Coupe schématique des fosses nasales.

sont des dépendances de l'ethmoïde ; le dernier est un os spécial. Chacun d'entre eux circonscrit dans sa concavité un espace appelé **méat ;** il y a autant de méats que de cornets dont ils portent les mêmes dénominations. Leur rôle est d'augmenter la surface de contact de l'air avec la muqueuse olfactive pour faciliter l'odorat.

La paroi externe de chaque fosse nasale présente plusieurs petits orifices conduisant dans des cavités creusées dans les os de la face et prenant le nom de **sinus.** Les *sinus sphénoïdaux* s'ouvrent dans les fosses nasales au-dessus du cornet supérieur, les *sinus frontaux* et *ethmoïdaux* débouchent par un canal commun dans le méat moyen ainsi que le *sinus maxillaire* ; enfin, tout à fait sous le cornet inférieur, se déverse le *canal nasal* qui amène les larmes.

Terminaisons olfactives. — Les fosses nasales sont tapissées par une muqueuse appelée **pituitaire** ou *membrane de Schneider*. Cette muqueuse est réunie à l'os par une couche fibreuse très adhérente ; elle présente de nombreuses glandes en tubes sécrétant le mucus nasal. Dans toute la *partie inférieure* des fosses nasales, elle est *rouge*, à cause des nombreux vaisseaux sanguins qu'elle présente et porte un *revêtement de cils vibratiles* ; dans la *partie supérieure*, elle est *jaunâtre* et dépourvue de cils vibratiles. C'est seulement dans la région supérieure de la pituitaire (*région jaune ou olfactive*) que pénètrent les ramifications du nerf olfactif et que l'on trouve des *cellules olfactives* (*fig. 209*).

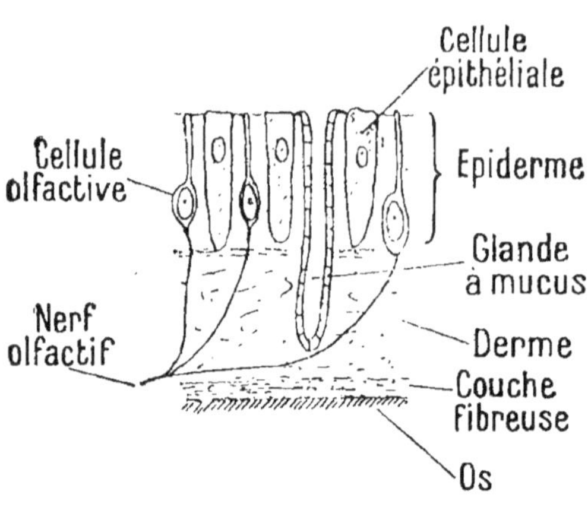

Fig. 209. — Structure de la muqueuse olfactive.

Ces cellules présentent un corps sphérique, et deux fins prolongements, dont l'un se continue avec une fibre nerveuse, tandis que l'autre se termine par un bâtonnet à la surface de la muqueuse. Les cellules olfactives sont séparées les unes des autres par des éléments épithéliaux de forme variable, qui sont simplement des cellules de soutien.

Sensations olfactives. — Les sensations olfactives nous sont données par la *région jaune de la membrane pituitaire*. Les corps ne peuvent nous fournir des sensations olfactives qu'à la condition d'être **volatils.** On admet que les odeurs sont dues aux particules gazeuses ou solides émanées des **corps odorants.** Pour qu'une odeur soit perçue, il est nécessaire que ces particules soient portées par un courant d'air ascendant jusqu'au contact de la muqueuse olfactive. Cette condition est réalisée dans l'action de *flairer*. Pour flairer, nous dilatons les narines en même temps que nous produisons une série d'inspirations saccadées : ainsi le courant d'air pénètre avec force dans les fosses nasales et vient se briser sur la surface muqueuse de la région olfactive. Le courant d'air de l'expiration est utilisé, dans certains cas, pour l'exercice de l'olfaction, par exemple dans l'action de déguster un vin, lorsqu'on expire par le nez l'air qui s'est trouvé en contact avec le liquide dans la bouche.

De plus la muqueuse olfactive n'est sensible que si elle présente un certain degré d'humidité qui retient les particules odorantes ; la sensibilité de cette muqueuse est d'ailleurs beaucoup plus grande chez certains animaux, le chien de chasse, par exemple, que chez l'homme.

Remarquons que si le *nerf olfactif* est le *nerf de l'odorat*, ce sont les filets du *trijumeau* qui donnent à la pituitaire sa *sensibilité générale*.

TABLEAU SYNOPTIQUE DU NEZ ET DE L'ODORAT

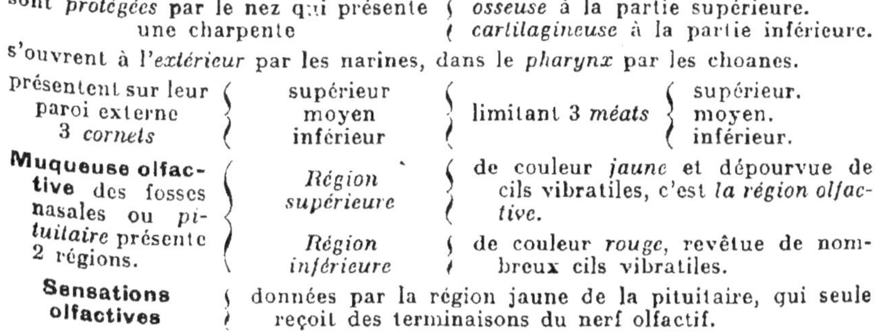

Fosses nasales

sont *protégées* par le nez qui présente une charpente : *osseuse* à la partie supérieure. *cartilagineuse* à la partie inférieure.

s'ouvrent à l'*extérieur* par les narines, dans le *pharynx* par les choanes.

présentent sur leur paroi externe 3 *cornets* : supérieur, moyen, inférieur — limitant 3 *méats* : supérieur. moyen. inférieur.

Muqueuse olfactive des fosses nasales ou *pituitaire* présente 2 régions.

Région supérieure : de couleur *jaune* et dépourvue de cils vibratiles, c'est *la région olfactive*.

Région inférieure : de couleur *rouge*, revêtue de nombreux cils vibratiles.

Sensations olfactives : données par la région jaune de la pituitaire, qui seule reçoit des terminaisons du nerf olfactif.

TRAVAUX PRATIQUES RELATIFS
A L'ODORAT

a) Constater qu'une odeur quelconque, même très bien perçue au début, ne tarde pas à ne plus provoquer de sensation ; cette fatigue de l'appareil olfactif ne se manifeste que pour l'odeur en question, mais n'empêche pas de percevoir d'*autres* odeurs flairées en même temps.

b) Constater que l'odeur est d'autant mieux perçue qu'on la fait agir de façon plus intermittente (en inspirant à plusieurs reprises).

c) Ouvrir avec des ciseaux les narines d'un chien, d'un chat ou d'un lapin pour y constater la disposition des *cornets*.

d) Examiner la constitution des narines sur une tête de mort.

e) Examiner, au microscope, une coupe toute faite de la *muqueuse olfactive*.

L'ŒIL ET LA VISION

L'œil chez l'homme

Le sens de la vision chez l'homme (*fig.* 210) a pour organe essentiel l'œil, ou **globe oculaire,** et pour organes accessoires des **organes protecteurs** (*sourcils, paupières*), **moteurs** (*muscles* du *globe oculaire*) et **sécréteurs** (*glandes lacrymales*).

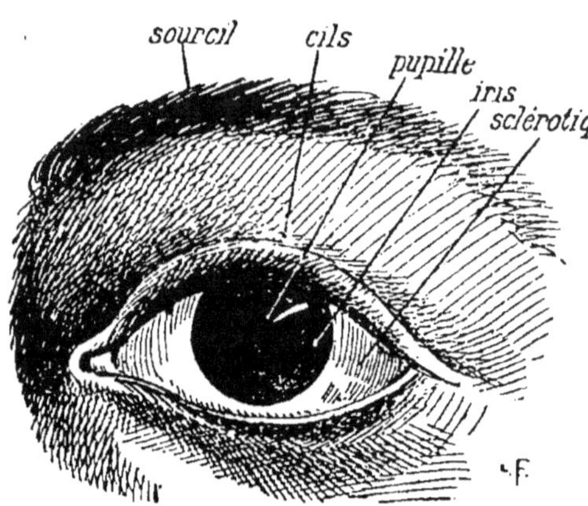

FIG. 210. — Un œil, vu de face.

Œil ou globe oculaire

L'œil ou globe oculaire est un organe logé dans une cavité osseuse (*orbite*) dont le fond présente une échancrure pour livrer passage au nerf optique qui vient du cerveau.

Envisagé au point de vue de sa constitution, le globe oculaire nous présente à étudier des **membranes** et des **milieux transparents.**

I. — MEMBRANES DU GLOBE OCULAIRE

Le globe oculaire (*fig.* 211) est limité par trois membranes ou tuniques : 1° une *tunique externe* de nature fibreuse ; 2° une *tunique moyenne* nourricière, riche en vaisseaux sanguins ; 3° une *tunique interne*, nerveuse, formée par l'épanouissement du nerf optique. Ces trois tuniques sont concentriques et régulièrement superposées.

1° **Tunique externe.** — La tunique externe de l'œil est épaisse, résistante et inextensible ; elle comprend deux parties : l'une postérieure (**sclérotique**), l'autre antérieure beaucoup plus petite (**cornée transparente**).

a) *Sclérotique.* — La **sclérotique,** appelée encore cornée opaque par opposition à la cornée transparente qui lui fait suite en avant de l'œil, est une membrane protectrice, fibreuse, épaisse, qui en arrière est traversée par le nerf optique ; elle présente en avant une large ouverture dans laquelle vient se loger la cornée transparente.

b) *Cornée transparente.* — La **cornée transparente** est une membrane complétant en avant la sclérotique ; toutefois, bien que sphérique, elle est plus bombée que cette dernière ; elle est reçue dans l'ouverture antérieure de la sclérotique comme un verre de montre dans sa rainure métallique.

2° **Tunique moyenne.** — La tunique moyenne de l'œil est une membrane de cou-

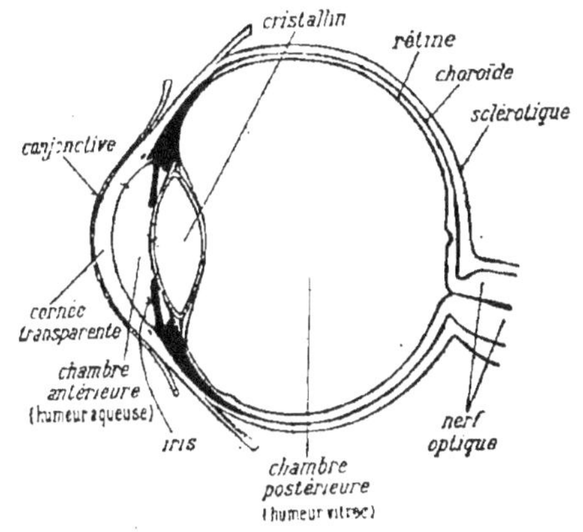

FIG. 211. — Globe oculaire, coupé en long.

leur sombre, riche en vaisseaux sanguins, ce qui lui a valu le nom de *membrane nourricière de l'œil.* Elle se divise en deux parties : l'une postérieure (**choroïde**) tapisse la sclérotique, l'autre antérieure (**iris**) qui, au lieu de s'appliquer de la même façon contre la cornée, se dispose en arrière de cette membrane pour se diriger verticalement. L'iris est ainsi séparé de la cornée transparente par un espace qui constitue la *chambre antérieure de l'œil.*

a) *Choroïde.* — La choroïde comprend deux parties : une partie postérieure mince et uniforme qui s'étend depuis le nerf optique jusqu'à l'équateur de l'œil, c'est la *choroïde proprement dite,* et une partie antérieure, plus épaisse, à laquelle on donne le nom de *zone ciliaire.*

Considérée au point de vue de sa structure, la **choroïde proprement dite** est une membrane très vasculaire dans sa couche moyenne. De nombreux pigments se déposent dans la couche externe, mais surtout dans la couche interne (*couche pigmentaire*), lesquels transforment l'intérieur de l'œil en une véritable chambre noire.

La **zone ciliaire** (*fig.* 212), intermédiaire à la choroïde proprement dite et à l'iris, présente deux parties plus ou moins distinctes : le **muscle ciliaire** en avant, les **procès ciliaires** en arrière. Le *muscle ciliaire,* appelé encore *muscle tenseur de la choroïde,* occupe le plan le plus superficiel de la zone ciliaire ; il s'attache d'un côté à la sclérotique et de l'autre répond aux procès ciliaires.

Il est constitué (*fig.* 212) par des *fibres* de deux sortes : les unes ont une direction radiée, c'est-à-dire en éventail) (*fibres radiées*) ; elles prennent naissance sur un *anneau tendineux* situé sur le pourtour de la cornée transparente, pour se porter en arrière, en divergeant, sur les procès ciliaires ; les autres, plus profondes, ont une direction circulaire (*fibres annulaires*) et forment un véritable muscle annulaire parallèle à la grande circonférence de l'iris.

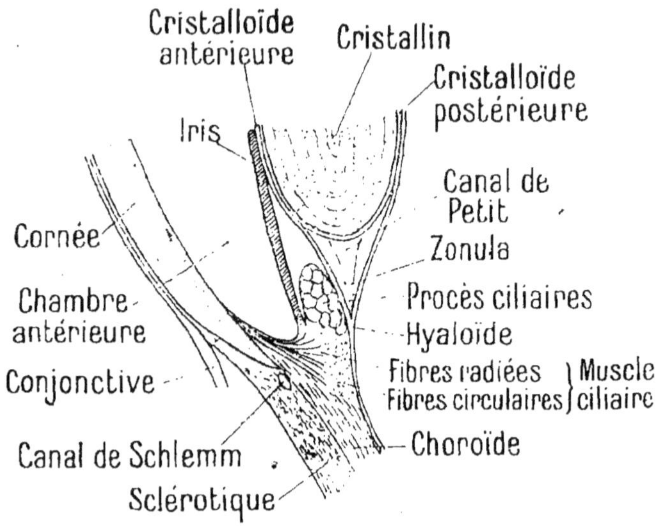

FIG. 212. — Coupe schématique de la zone ciliaire.

Les *procès ciliaires* (*fig.* 212) sont formés par une série de *replis* situés à la partie postérieure du muscle ciliaire et s'étendent de la partie antérieure de la choroïde jusqu'au cristallin, autour duquel ils constituent une **collerette** (*couronne ciliaire*) rappelant les griffes du chaton d'une bague.

Les procès ciliaires sont constitués par des paquets de vaisseaux issus de la choroïde, lesquels peuvent se gonfler plus ou moins par afflux de sang et par suite comprimer plus ou moins la face antérieure du cristallin.

b) *Iris*. — L'**iris** est un disque, percé à son centre d'une ouverture circulaire, la **pupille** ou *prunelle*. La face antérieure de l'iris répond à la chambre antérieure de l'œil ; elle est diversement colorée suivant les sujets, mais sa coloration est généralement en harmonie avec celle des cheveux ; à cheveux blonds, iris clair ; à cheveux noirs, iris foncé. La face postérieure de l'iris répond au cristallin et présente constamment une coloration noire, étant pourvue du même pigment que la couche interne de la choroïde. Dans l'épaisseur de l'iris on trouve des *fibres musculaires lisses* (*fig.* 213), dont les unes sont disposées en cercle autour de la pupille formant pour cette ouverture un véritable sphincter (*fibres annulaires*), et les autres (*fibres radiées*) sont tendues à la manière des rayons d'une roue de la grande circonférence à la petite ; la contraction des fibres annulaires rétrécit la pupille, tandis qu'au contraire la contraction des fibres radiées la dilate. On verra plus tard que la pupille s'élargit dans les milieux peu éclairés et se rétrécit, au contraire, à une vive lumière ; de cette manière l'éclairage du fond de l'œil est moins influencé par les variations de la clarté extérieure.

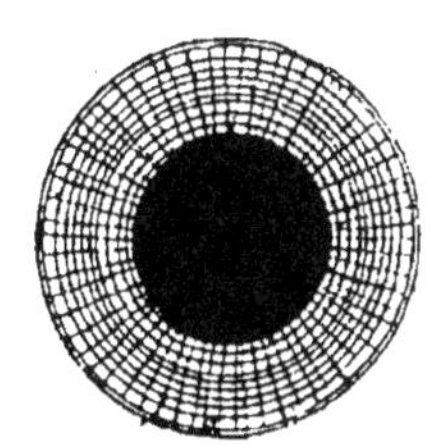

Fic. 213. — Disposition des fibres musculaires (radiées et circulaires) de l'iris.

3° **Tunique interne.** — La tunique interne de l'œil est la **rétine** ou **membrane sensible.** Constituée par l'épanouissement du nerf optique, elle forme une coupe qui se termine au milieu de l'œil en tant que membrane nerveuse ; en avant, elle est tout à fait dépourvue de sensibilité. La rétine répond par sa partie externe constituée par des *cônes* et des *bâtonnets* sensibles à l'action de la lumière, à la couche pigmentaire de la choroïde ; elle présente une épaisseur de un à deux millimètres et montre à sa partie interne deux dépressions très importantes au point de vue physiologique : la *papille optique* et la *tache jaune.*

La **papille optique,** encore appelée *point aveugle* ou *punctum cæcum,* car elle n'est pas sensible à l'action de la lumière, correspond à l'entrée des fibres du nerf optique dans l'œil ; en ce point, ces fibres forment une sorte de *cupule* appelée improprement papille, qui es' le centre d'où elles rayonnent en tous sens pour constituer la rétine.

Peu en dehors et au-dessus de la papille, se trouve la **tache jaune,** *très sensible à l'action de la lumière,* qui est exactement au centre de l'œil, et appelée pour cela *fossette centrale ;* cette tache présente cette coloration parce que, en face d'elle, la choroïde est dépourvue de pigments (*fig.* 211).

La structure de la rétine (*fig.* 214) paraissait autrefois très compliquée : on admettait jusqu'à dix couches d'aspect différent. En réalité, la rétine est formée de fibres conjonctives soutenant les terminaisons nerveuses du nerf optique. Ces fibres deviennent si nombreuses à l'extérieur et à l'intérieur qu'elles semblent former des membranes qui ont reçu les noms de *limitante externe* et de *limitante interne.* Les fibres du nerf optique, qui arrivent par la papille, rampent le long de la limitante interne et, au point où elles vont se terminer, se recourbent brusquement en dehors pour rejoindre la limitante externe. Mais, entre ces deux membranes, elles se modifient de façon à être constituées par trois *neurones articulés*, ce qui explique le grand nombre de couches que l'on avait distingué primitivement dans la rétine. On trouve : 1° un *neurone interne* correspondant à une grosse cellule (*cellule ganglionnaire*) située au-dessus de la limitante interne ; 2° un *neurone intermédiaire* correspondant à une cellule bipolaire, et 3° enfin un *neurone externe* correspondant à la cellule visuelle, et se terminant par des prolongements ayant la forme de *cônes* ou de *bâtonnets*, reposant directement sur la couche pigmentaire de la choroïde. Cette région des cônes et des bâtonnets forme la *membrane de Jacob* ou couche sensible de la rétine.

Les cônes sont généralement incolores, mais les bâtonnets sont coiffés par des cellules chargées de sécréter une matière, le *pourpre rétinien*, qui leur donne une coloration rouge et qui est sensible, au même titre que les sels d'argent, à l'action de la lumière.

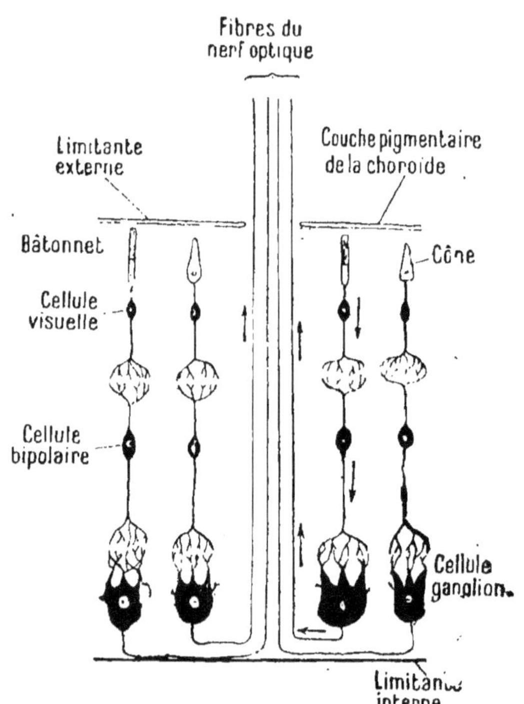

FIG. 214. — Schéma de la structure de la rétine.

La rétine est parfaitement transparente dans toute son étendue et dans toute son épaisseur ; de sorte que si la **pupille** paraît noire, c'est qu'elle laisse voir, à travers la rétine, la couche pigmentaire de la choroïde ; lorsque cette couche n'existe pas, comme chez les *albinos*, la pupille n'a pas cette coloration foncée. Les impressions lumineuses peuvent donc arriver à travers la rétine jusqu'à la couche pigmentaire de la choroïde, où elles sont recueillies par les cônes et les bâtonnets et transportées par les neurones jusqu'aux extrémités nerveuses du nerf optique.

II. — MILIEUX TRANSPARENTS

Les milieux transparents sont, indépendamment de la cornée transparente, au nombre de trois : l'**humeur aqueuse,** le **cristallin** et le **corps vitré** (*fig.* 211).

L'humeur aqueuse est un liquide incolore qui remplit l'espace entre la cornée et le cristallin, espace appelé *chambre antérieure de l'œil.*

Le **cristallin** est une *lentille biconvexe* à face postérieure plus bombée que la face antérieure, située en arrière de l'iris. Il est renfermé dans une capsule transparente dont les parois sont décrites sous le nom de *cristalloïde antérieure* et *cristalloïde postérieure.* Le cristallin a une consistance pâteuse et est formé de lamelles élastiques superposées comme les tuniques d'un oignon ; cette constitution fait du cristallin une lentille presque parfaite ; avec elle les images sont nettes et nullement irisées sur les bords, comme avec les lentilles ordinaires.

Le **corps vitré** remplit l'espace placé entre le cristallin et la rétine et appelé parfois *chambre postérieure* de l'œil. C'est une substance demi-fluide (*humeur vitrée*) renfermée dans une membrane transparente.

Organes annexes de l'œil

I. — ORGANES PROTECTEURS

Les organes protecteurs de l'œil sont les **sourcils** et les **paupières.**

Sourcils. — Les sourcils (*fig.* 210) sont des arcades cutanées situées au-dessus des orbites ; ils sont recouverts de poils obliques en dehors. Leur rôle est d'ombrager les yeux contre une lumière trop vive et de détourner d'eux la sueur qui vient du front.

Paupières. — Les paupières (*fig.* 215) sont formées par deux voiles musculo-membraneux situés en avant du globe de l'œil. Ces deux voiles recouvrent l'œil à la façon de deux volets se rapprochant l'un de l'autre par leur bord libre, garni de poils raides appelés **cils.**

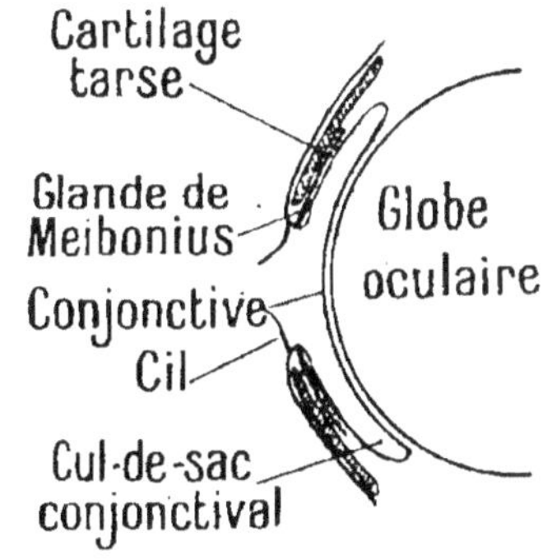

FIG. 215. — Les paupières
(coupe en long de l'œil.)

Lorsque les paupières sont fermées, elles délimitent une fente (*fente palpébrale*), et lorsqu'elles sont ouvertes, un contour elliptique présentant deux angles aux extrémités de son grand axe. L'angle interne de l'œil (*fig.* 210) contient un petit corps glanduleux (*caroncule lacrymale*), qui surmonte un repli muqueux (repli *semi-lu-*

naire), lequel est très développé chez les Oiseaux, où il constitue une troisième paupière interne appelée *membrane clignotante*. Cet angle est occupé par une glande en grappe (*glande de Harder*), sécrétant une substance sébacée qui s'amasse dans le coin de l'œil.

La face postérieure des deux paupières est tapissée d'une membrane muqueuse (*conjonctive*), qui se réfléchit au-devant du globe de l'œil, après avoir formé deux culs-de-sac, l'un supérieur, l'autre inférieur.

Les paupières renferment dans leur épaisseur un cartilage (*cartilage tarse*), qui s'oppose à leur froncement. Des glandes (*glandes de Meibonius*), renfermées dans l'épaisseur des cartilages tarses, s'ouvrent entre les cils sur le bord libre des paupières ; elles sécrètent une matière grasse qui forme une barrière à l'écoulement des larmes sur les joues.

II. — ORGANES MOTEURS

Les muscles moteurs de l'œil (*fig.* 216) sont au nombre de sept : les quatre *muscles droits* (supérieur, inférieur, externe et interne), le *grand oblique* et le *petit oblique* et enfin le *releveur de la paupière supérieure*.

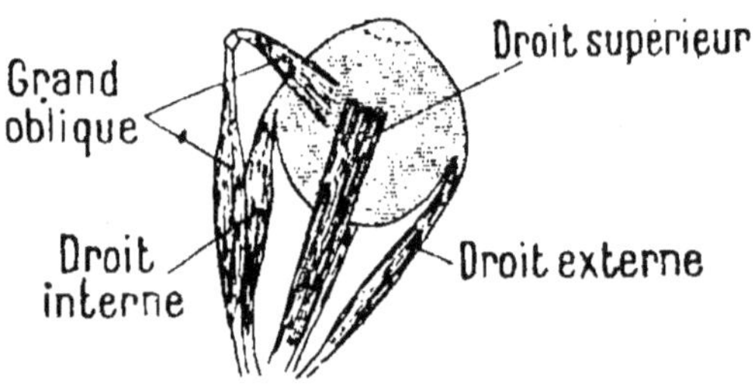

FIG. 216. — Muscles de l'œil droit.

Tous ces muscles, à l'exception du petit oblique, partent du pourtour du trou optique. Les quatre droits s'insèrent à la partie antérieure de la sclérotique ; la contraction du *droit supérieur* fait regarder l'œil par en haut, celle du *droit inférieur* fait regarder en bas, celle du *droit externe* en dehors, et celle du *droit interne* en dedans.

Le *grand oblique* s'insère à la face supérieure de la sclérotique, puis se réfléchit sur un anneau fibreux qui est à la face interne de l'orbite, pour se diriger ensuite en arrière ; sa contraction fait donc tourner l'œil droit dans le sens des aiguilles d'une montre et l'œil gauche en sens contraire. Le *petit oblique* part du plancher de l'orbite et contourne le globe de l'œil pour aller rejoindre l'insertion du grand oblique qu'il semble continuer : il agit en sens inverse du grand oblique. Enfin le *releveur de la paupière supérieure* s'insère au bord supérieur du cartilage tarse dont il est l'élévateur.

III. — ORGANES SÉCRÉTEURS

Les organes sécréteurs (*fig.* 217) comprennent la **glande lacrymale** et les **voies lacrymales**.

La **glande lacrymale** est une glande en grappe située à la partie externe et supérieure de l'orbite ; elle s'ouvre par plusieurs conduits excréteurs. Les larmes sécrétées lubrifient la partie antérieure du globe oculaire, grâce aux mouvements des paupières, et sont amenées dans l'angle interne de l'œil, d'où elles sont entraînées au dehors par les voies lacrymales.

Les **voies lacrymales** commencent à deux petits orifices (*points lacrymaux*) situés à

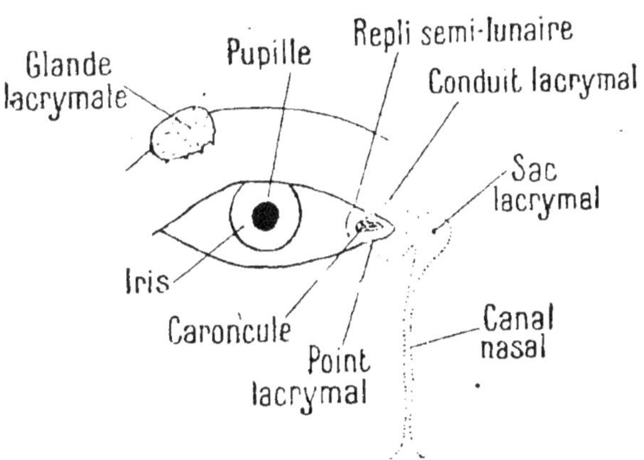

Fig. 217. — Appareil lacrymal.

l'angle interne de l'œil, de chaque côté de la caroncule lacrymale. De ces points lacrymaux partent deux conduits, un supérieur et un inférieur, qui vont s'ouvrir dans un *sac lacrymal* situé à la partie interne de l'orbite ; ce sac se continue par le *canal nasal* qui s'ouvre dans le méat inférieur des fosses nasales. Les larmes s'écoulent donc de l'œil dans le nez par ces voies lacrymales.

Physiologie de l'œil

I. — Phénomènes physiques de la vision

L'œil est comparable à l'appareil de physique appelé **chambre noire** ou mieux encore à l'*appareil photographique*.

L'**iris** avec son orifice central, la **pupille,** rappelle le diaphragme qui règle suivant les besoins la quantité de lumière qui pénètre dans l'appareil ; lorsque la lumière est vive, le diaphragme est petit ; de même la pupille se rétrécit ; à une demi-obscurité, au contraire, le diaphragme augmente de diamètre pour laisser pénétrer un plus grand nombre de rayons lumineux, de même la pupille se dilate.

Le **pigment choroïdien,** comme la couleur noire de l'intérieur des appareils photographiques, absorbe les rayons lumineux dont la réflexion rendrait la vision confuse.

La **rétine** est un écran sensible sur lequel vient se former l'image des objets extérieurs (*fig.* 218) ; elle rappelle la plaque imprégnée de sels d'argent que l'on place dans les appareils photographiques, après la mise au point.

Le **cristallin** est une lentille biconvexe qui fait converger les rayons émis par chaque point de l'objet sur un point défini de la rétine, de manière à former sur celle-ci une image d'après les lois de l'optique. De même qu'un objet placé dans certaines conditions devant la chambre noire d'un appareil photographique donne sur l'écran une **image réelle et renversée,** de même un objet placé devant l'œil donne cette même image sur la rétine. On peut observer cette image avec un œil de bœuf dont on enlève la sclérotique

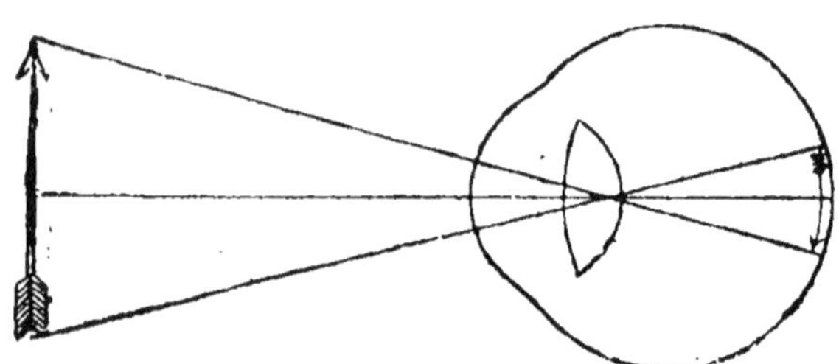

FIG. 218. — Formation des images dans l'œil.

et la choroïde dans la partie postérieure ; une bougie placée à une certaine distance de l'œil se dessine renversée sur la rétine.

Dans l'**appareil photographique** qui nous sert de comparaison, la mise au point d'un objet, c'est-à-dire l'obtention d'une image nette de cet objet sur la plaque de verre dépolie peut se faire de deux façons : *si l'objet est situé à une distance déterminée de l'objectif,* cette mise au point peut s'obtenir en faisant varier la distance de la plaque de verre dépolie à la lentille ; *si au contraire on admet comme fixe la position respective de la lentille et de l'écran,* comme c'est le cas pour l'œil, où la rétine est à une distance déterminée du cristallin, l'objet doit se déplacer, et ce n'est que par tâtonnement qu'on détermine la distance à laquelle il doit se trouver de l'objectif pour que l'image soit nette sur l'écran. Plus loin ou plus près, les rayons lumineux émanant de sa surface auraient, après leur réfraction dans la lentille, leur point de convergence en deçà ou au delà de l'écran, et l'image serait alors diffuse.

Or il n'en est pas de même pour l'**œil humain.** La rétine étant comme l'écran à une distance fixe du cristallin, nous apercevons d'une façon également distincte tous les objets éclairés, quelle que soit leur situation dans l'espace, depuis l'infini jusqu'à une distance de quelques centimètres de la cornée.

L'œil a donc sur l'appareil photographique cette grande supériorité de toujours être au point, c'est-à-dire de pouvoir se modifler suivant les besoins et de se disposer toujours d'une façon telle que les objets, quelle que soit leur distance, viennent toujours former leur image sur la rétine. Cette fonction remarquable que possède l'œil de s'**accommoder** ainsi à toutes les distances a reçu le nom d'*accommodation*.

Mécanisme de l'accommodation. — L'accommodation est indispensable pour une vision nette d'objets situés à une distance déterminée ; c'est ce qui explique qu'on ne peut voir *nettement* et *simultanément* un ensemble d'objets situés dans des plans différents. Ainsi, un livre étant ouvert et une gaze située à une petite distance étant placée en avant, si l'on fixe les caractères tracés sur les pages, la trame du tissu est invisible ; si au contraire on examine le tissu du voile, les caractères deviennent indistincts. Comment se produit l'accommodation? Elle pourrait se faire par déplacement du fond de l'œil, comme dans l'appareil photographique où la mise au point se fait par déplacement de la plaque de verre dépoli, opposée à la lentille ; mais il ne peut en être ainsi, le globe oculaire ne pouvant se déformer par suite de la résistance de la sclérotique. Elle ne peut donc se produire que par modifications de courbure de la cornée transparente ou des faces du cristallin. L'expérience bien connue des *images de Purkinje* (fig. 219) va nous montrer que le *cristallin seul produit l'accommodation par changement de courbure de sa face antérieure.*

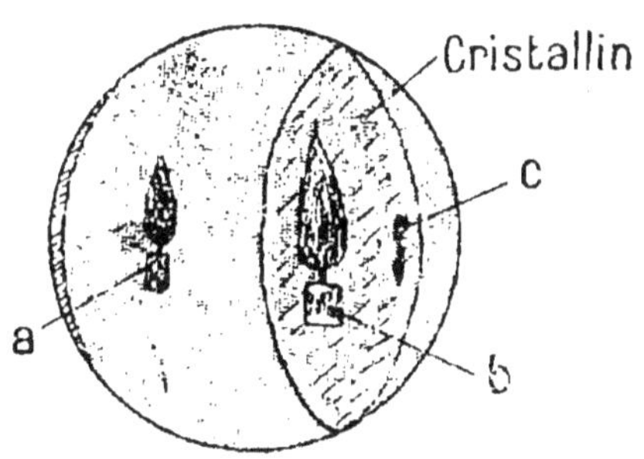

Fig. 219. — Images de Purkinje.

Une lumière, étant placée devant un œil qui fixe un objet éloigné, montre trois images données, la première *a* par la cornée transparente, la deuxième *b* par la face antérieure du cristallin et la troisième *c* par la face postérieure. Les deux premières images sont droites ; elles se déplacent dans le même sens que la bougie, ce qui montre qu'elles sont données par des miroirs convexes ; celle qui est donnée par la cornée est brillante et de taille moyenne, tandis que celle qui est donnée par la face antérieure du cristallin est grande, peu éclairée et plus éloignée. La troisième image est renversée, brillante, beaucoup plus petite et se déplace en sens inverse de la bougie ; elle est donc donnée par un miroir concave (surface postérieure du cristallin). Après avoir noté la position des trois images pendant que l'œil est adapté pour la vision éloignée, on remarque que l'image intermédiaire, seule, se déplace et devient plus petite, si l'œil regarde un objet rapproché ; l'accommodation de l'œil a donc porté uniquement sur la face antérieure du cristallin, qui s'est bombée en augmentant sa convexité.

Ce changement de courbure de la face antérieure du cristallin est dû à l'*élasticité* du *cristallin* et à l'*action du muscle ciliaire*, plus particulièrement de sa portion radiée.

Le cristallin d'un œil vivant est plus aplati que celui d'un œil mort. Il y a donc constamment sur le vivant des actions qui contre-balancent l'élasticité du cristallin, celui-ci tendant constamment à se bomber. Comme la vision des plans éloignés se fait sans fatigue, tandis que celle des objets rapprochés ne peut se soutenir longtemps, il faut admettre qu'en temps ordinaire le **cristallin est aplati** et par suite *adapté pour la vision à grande distance*, tandis que le bombement du cristallin, nécessaire pour la vision des objets rapprochés, doit se faire par l'accommodation.

L'**organe actif de l'accommodation** (*fig.* 220), l'agent direct de la déformation cristallinienne, est le **muscle ciliaire** et en particulier sa portion radiée. A l'état de repos du muscle, le cristallin est soumis à l'action d'une membrane annulaire, la *zonula*, laquelle s'insérant sur le pourtour des deux cristalloïdes, les rapproche l'une de l'autre et aplatit la lentille. Lorsque le muscle ciliaire se contracte, ses fibres radiées prenant leur point fixe sur l'anneau tendineux situé sur le pourtour de la cornée transparente, portent en avant le bord antérieur de la choroïde, et du même coup relâchent plus ou moins la zonula qui adhère intimement à ce bord. Comme conséquence de ce relâchement, le cristallin, qui n'est plus soumis que partiellement à l'influence de la zonula, tend à revenir, en vertu de *son élasticité*, à sa configuration propre, c'est-à-dire que son diamètre antéro-postérieur augmente, entraînant nécessairement le bombement de sa face antérieure.

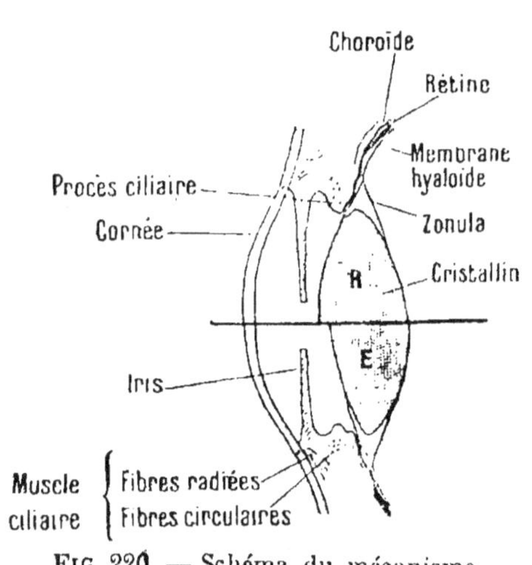

Fig. 220. — Schéma du mécanisme de l'accommodation.

E, vision des objets éloignés ; R, vision des objets rapprochés.

Remarquons que les *procès ciliaires*, attirés en avant, eux aussi, par la contraction du muscle ciliaire, n'agissent plus avec la même puissance sur la face antérieure du cristallin, de sorte que leur action ne s'oppose plus à l'augmentation de courbure de cette face.

On a d'ailleurs pu vérifier que, dans la vision des objets rapprochés, par suite de la contraction du muscle ciliaire, les procès ciliaires et la choroïde glissent légèrement en avant à la surface interne de la sclérotique.

Il est à remarquer, qu'en même temps que le muscle ciliaire se contracte pour l'adaptation à la vision rapprochée, la pupille se rétrécit, ce qui fait que, seuls, les rayons lumineux rapprochés de l'axe optique du cristallin pénètrent dans l'œil, de sorte que l'image reste nette ; au contraire, lorsque ce muscle entre en repos, la pupille revient à sa dimension normale.

L'accommodation étant un phénomène actif, dû à l'action du muscle ciliaire, la vision des objets rapprochés peut produire une certaine fatigue.

Limite de l'accommodation. — Pour la vision à l'infini, le cristallin est déprimé et aplati au maximum ; donc, pour la vision des objets très éloignés, le muscle ciliaire doit être complètement relâché au repos. Théoriquement, pour l'œil normal, cet état ne devrait exister que pour la vision des objets placés à grande distance, mais en pratique on peut admettre que l'œil est encore au repos pour la vision d'objets situés à une distance de 50 mètres. Au contraire, dans la vision des objets rapprochés, l'œil devient actif, le muscle ciliaire se contracte pour que le cristallin augmente sa courbure et ramène sur la rétine l'image qui, normalement, se formerait en arrière d'elle ; cette vision ne saurait donc se prolonger sans fatigue (usage du microscope).

L'accommodation est donc un phénomène actif qui a pour limite, d'une part, celle de la *contraction du muscle ciliaire* qui atteint à un moment donné son maximum, et d'autre part, l'*élasticité du cristallin* qui n'est pas indéfinie. Pour l'œil normal, cette limite est atteinte, quand l'objet est placé à environ 15 centimètres de l'œil. Au-dessous de cette distance, le muscle ciliaire ne peut plus se contracter, le cristallin ne peut pas se courber davantage pour ramener l'image sur la rétine, de sorte que l'image se formant en arrière de la membrane sensible n'est pas nette ; cette distance de 15 centimètres est ce qu'on appelle la *distance minima de vision distincte*. Avec l'âge, la force d'accommodation diminue, ce qui tient moins à un affaiblissement de la puissance du muscle ciliaire qu'à une diminution de l'élasticité du cristallin. De sorte que le vieillard ne peut distinguer nettement les petits objets, les caractères d'imprimerie par exemple, qu'en les plaçant à 50 centimètres ou plus ; ce défaut d'accommodation est connu sous le nom de *presbytie* et se corrige par des verres convexes.

Emmétropie. Myopie. Hypermétropie. — L'*œil normal ou emmétrope* (*fig.* 221) est celui pour lequel l'image d'un objet placé à l'infini se produit sur la rétine sans accommodation.

Tout œil qui ne remplit par les conditions précédentes est un œil *amétrope*, qui peut être *myope* ou *hypermétrope*.

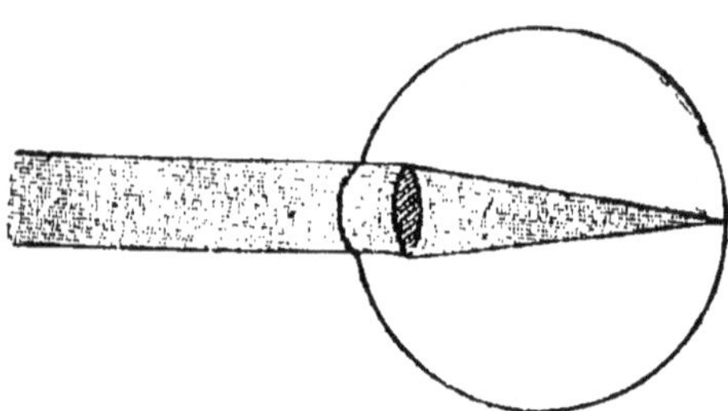

FIG. 221. — Œil emmétrope ou normal.

L'œil **myope** (*fig.* 222) est un œil qui, pour cause d'hérédité, a son axe antéro-postérieur trop long, ou plus fréquemment, pour cause d'*adaptation*, un cristallin trop bombé par suite de la fréquente habitude de placer les livres et les cahiers trop près de l'œil ; dans les deux cas, l'image d'un objet placé à l'infini se forme en avant de la rétine. La distance minimum de vision distincte se réduit alors à quelques centimètres, aussi la vision ne devient-elle nette que pour les objets très rapprochés. Il en résulte que le myope a tendance à diminuer de plus en plus la distance qui sépare les objets de son œil, de sorte que la **myopie** va toujours en augmentant. On corrige cette infirmité par l'emploi de lunettes à verres biconcaves (*fig.* 222), qui, amenant une divergence des rayons lumineux, reportent l'image en arrière sur la rétine. Il est à remarquer que les objets examinés par le myope pourvu de lunettes sont placés à 20 centimètres environ, *distance normale de vision distincte de l'œil emmétrope ;* grâce aux verres divergents, le myope voit l'image de ces objets dans une position qui correspond à sa distance ordinaire de vision distincte, soit 15 centimètres par exemple.

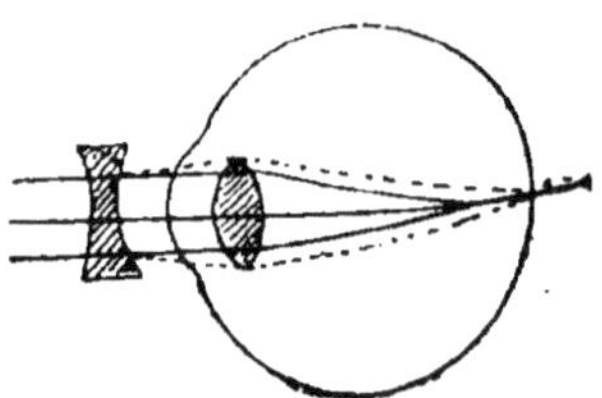

FIG. 222. — Œil myope.

Ainsi, soit un point lumineux A (*fig.* 223), placé sur l'axe d'un œil myope, à une distance supérieure à celle où il peut voir distinctement, 20 centimètres par exemple, distance normale de vision distincte d'un œil emmétrope, et plaçons devant cet œil une lentille biconcave ; elle augmentera la divergence des rayons incidents, et tout se passera comme si ces rayons émanaient d'un point M, situé plus près de l'œil. Donc, si les courbures de la lentille sont convenablement choisies, ce point M, image du point A, situé à la distance *normale* de vision distincte, pourra se trouver à l'une

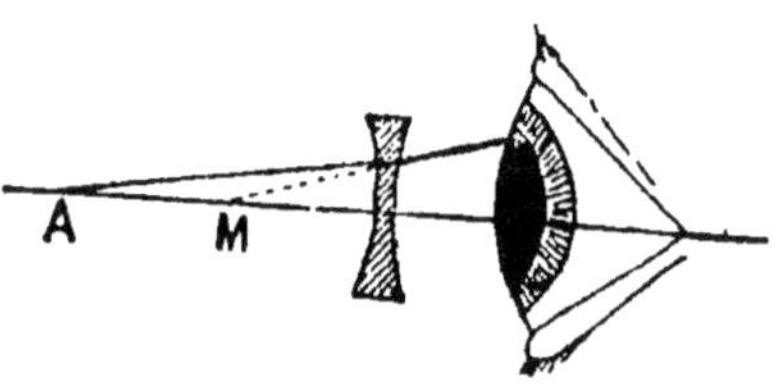

FIG. 223. — Œil myope, rectifié par un verre biconcave.

des distances auxquelles la vision est distincte pour la vue myope dont il s'agit.

L'œil **hypermétrope** (*fig.* 224) est un œil qui, contrairement à l'œil myope, a l'axe antéro-postérieur trop court, de sorte que l'image d'un objet placé à l'infini se fait en arrière de la rétine, sans accommodation. L'œil hypermétrope doit donc accommoder pour voir les objets même lorsqu'ils sont éloignés ; par suite, sa *distance minimum de vision distincte* qui correspond à sa limite d'accommodation est toujours supérieure à celle de l'œil normal ; elle peut être de 40 centimètres par exemple. On remédie à cette infirmité par l'interposition de lentilles biconvexes (*fig.* 224) en avant de l'œil, lesquelles, provoquant la convergence des rayons lumineux, ramènent l'image en avant, sur la rétine.

De même que pour la myopie, les objets examinés par un hypermétrope muni de lunettes sont placés à 20 centimètres, *distance normale de vision distincte d'un œil emmétrope ;* grâce aux verres convergents, l'hypermétrope voit l'image de ces objets dans une position qui correspond à sa distance minimum de vision distincte, 40 centimètres par exemple.

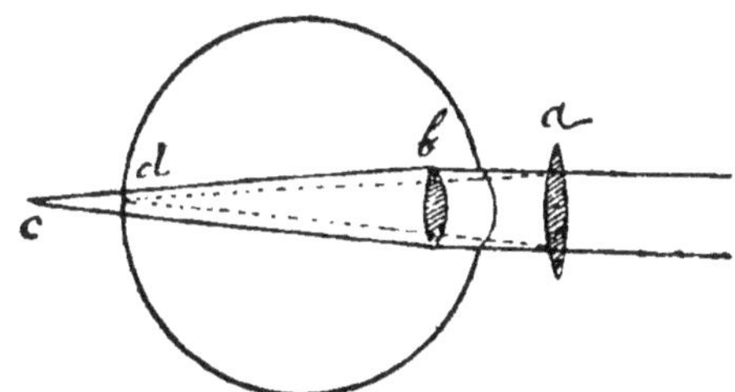

FIG. 224. — Œil hypermétrope.

Ainsi, soit A (*fig.* 225) un point lumineux placé sur l'axe d'un œil hypermétrope, à une distance inférieure à celle où il peut voir distinctement, 20 centimètres par exemple, et plaçons devant cet œil une lentille convergente dont la distance focale soit assez grande pour que le foyer principal se trouve au delà de A, autrement dit pour que la lentille fonctionne comme une loupe et donne une image virtuelle ; cette lentille diminuera la divergence des rayons incidents, et tout se passera pour l'œil

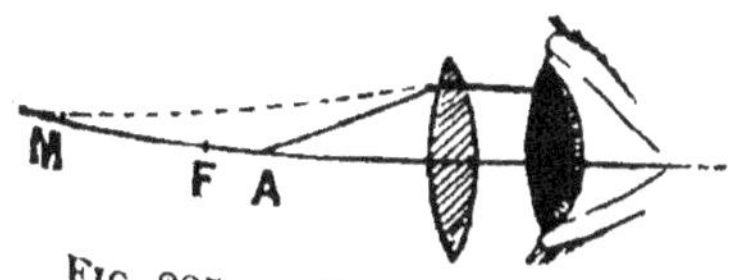

FIG. 225. — Œil hypermétrope, rectifié par un verre biconvexe.

comme si ces rayons émanaient d'un point M situé de l'autre côté de F. Il suffira donc que les courbures de la lentille soient convenablement choisies pour que M, image du point A, lequel est situé à la distance normale de vision distincte, se trouve rapporté à une distance à laquelle cet œil puisse voir distinctement les objets.

En somme, dans la myopie comme dans l'hypermétropie, les verres correcteurs n'ont d'autre but que de remplacer la vision de l'objet situé à la distance *normale* de vision distincte du myope ou de l'hypermétrope ; en un mot, ils rendent la *vue normale.*

Remarquons, pour en finir avec les anomalies de la vision, qu'il ne faut pas confondre l'hypermétropie avec la presbytie, bien que ces deux infirmités aient le même résultat et se corrigent également par des verres convexes. La presbytie est, comme nous l'avons fait remarquer, une infirmité qui n'atteint que les personnes âgées et qui tient surtout à une diminution d'élasticité du cristallin, tandis que l'hypermétropie est causée par une difformité de l'œil.

II. — Phénomènes physiologiques de la vision

Rôle de la rétine. — L'image reçue par la rétine est comme dans l'appareil photographique *réelle, renversée* et *plus petite que l'objet.* Et cependant, malgré ce renversement de l'image, nous voyons les objets dans leur situation véritable ; cela tient à ce que nous rapportons toutes nos impressions rétiniennes à l'extérieur, dans la direction que les rayons lumineux ont dû suivre pour arriver jusqu'à la rétine ; c'est en somme par une opération mentale que nous redressons les images.

Mais la rétine n'est pas simplement comparable à la plaque de verre dépoli de l'appareil photographique ; elle ressemble plutôt à la plaque photographique, car, comme celle-ci, elle est sensible à l'action de la lumière. Les bâtonnets sécrètent une substance spéciale, le **pourpre rétinien,** qui, comme les **sels d'argent,** fixe les images ; mais tandis qu'une plaque photographique une fois impressionnée par la lumière ne peut plus servir, la rétine au contraire est toujours apte à recevoir des images, grâce à la propriété que possèdent ses cellules de fabriquer constamment le pourpre rétinien ; les **images peuvent donc se succéder sur la rétine comme sur le ruban des appareils cinématographiques** où à chaque instant une partie neuve remplace une partie impressionnée.

Ces images sont transmises par les cônes et les bâtonnets aux fibres du nerf optique, et de là au cerveau.

Toutefois les différentes parties de la rétine ne sont pas également sensibles à l'action de la lumière. La partie la plus sensible est la **tache jaune** qui est sur l'axe de l'œil, puis la sensibilité diminue progressivement au fur et à mesure qu'on s'écarte de cette tache, les cônes et les bâtonnets devenant de moins en moins nombreux. La **papille** (*point aveugle*), qui correspond à l'entrée du nerf optique dans l'œil, est absolument insensible comme étant entièrement dépourvue de cônes et de bâtonnets.

On démontre l'existence de ce *point aveugle* par l'**expérience de Mariotte** (*fig.* 226). Sur une feuille de papier on trace deux taches noires de formes différentes, par exemple un cercle et une

FIG. 226. — Expérience de Mariotte.

croix placés à 5 centimètres de distance, la croix à ganche du cercle. On ferme l'œil droit et on regarde le cercle avec l'œil gauche en plaçant la feuille de papier à la distance minima de vision distincte ; la croix est alors vue bien que très indistinctement. Mais si on éloigne lentement la feuille de papier, tout en continuant à regarder le cercle, il arrive un moment où la croix disparaît ; à ce moment, son image se forme exactement au *point aveugle*.

Persistance des impressions lumineuses. — L'impression d'une image sur la rétine persiste pendant $\frac{1}{30}$ de seconde environ, temps nécessaire à la production d'un nouveau pourpre rétinien. Il en résulte que si on fait passer devant l'œil une série d'objets séparés par des intervalles moindres que $\frac{1}{30}$ de seconde, l'image de chaque objet existera encore sur la rétine lorsque celle de l'objet suivant viendra s'y former : c'est le principe du *cinématographe*.

Fatigue rétinienne. — Lorsqu'un point de la rétine a été vivement impressionné pendant un certain temps, il a perdu pour quelques instants la faculté d'être excité par les objets lumineux dont l'éclat est plus faible. Ainsi, quand on passe du grand soleil dans une cave, il faut attendre plusieurs minutes avant que l'on distingue les objets qui s'y trouvent.

Ce phénomène explique également les *images accidentellement négatives*. Après avoir regardé fixement pendant plusieurs minutes un objet brillant, une boule métallique par exemple, l'œil étant détourné de sa direction et regardant du blanc perçoit encore cet objet, mais cette fois comme une image obscure ; il faut admettre que les points correspondants de la rétine sont fatigués et devenus aveugles pour quelques instants.

Vision des couleurs. — La *théorie de Young*, reprise par *Helmholtz*, rend compte d'une manière plausible de la perception des couleurs. Pour *Young*, il y a **trois couleurs fondamentales**, le rouge, le vert et le bleu, et trois fibres nerveuses distinctes pour chacune de ces couleurs. L'excitation égale et simultanée des trois sortes de fibres donne la sensation de la lumière blanche ; l'excitation de chacune d'elles donne soit la sensation du rouge, soit la sensation du vert, soit la sensation du bleu, et la perception de toutes les nuances des couleurs résulte de la variété infinie dans l'intensité de l'excitation de ces fibres.

Cette théorie donne l'explication de certains troubles que l'on observe dans la perception des couleurs. Il peut arriver que les trois ordres de fibres soient inexcitables ; dans ce cas, il y a cécité complète pour toutes les couleurs. Mais ordinairement, une seule catégorie de fibres, celles du rouge, est inexcitable **(daltonisme)**. Les daltoniens voient les objets rouges colorés en vert, ce qui faisait dire à Arago que, pour eux, » les cerises ne sont jamais mûres ».

III. — Vision binoculaire

Vue simple avec deux yeux. — Lorsque les deux yeux sont fixés simultanément sur un même point lumineux, on ne voit en général, malgré la formation de deux images, qu'un seul point.

L'observation a montré que cette *unité d'impression* exige la réunion de deux conditions physiques : 1° que les axes des deux yeux convergent vers le point lumineux ; 2° que les images produites sur les deux rétines occupent des positions rigoureusement correspondantes. Si ces conditions ne sont pas simultanément réalisées, la sensation est double. C'est ainsi, par exemple, que si l'on vient à déranger l'axe de l'un des yeux, en exerçant sur lui une légère pression, les objets paraissent doubles.

Estimation des distances : angle optique. — On appelle angle optique l'angle formé par les axes des deux yeux, lorsqu'ils sont dirigés simultanément sur un même point. Si l'on compare deux points placés à des distances différentes, l'angle optique correspondant au point le plus éloigné est naturellement le plus petit ; or, le sens du toucher a donné au sens de la vue une sorte d'éducation d'après laquelle nous avons conscience de la valeur de l'angle optique et constatons qu'au fur et à mesure que cet angle devient plus petit la distance de l'objet augmente. Mais ces évaluations deviennent tout à fait incertaines quand il s'agit de points très éloignés : l'angle optique est alors très petit et ne varie plus que par quantités insensibles avec la distance. C'est ainsi que nous ne pouvons pas apprécier la distance relative des étoiles ni même celle des sommets éloignés.

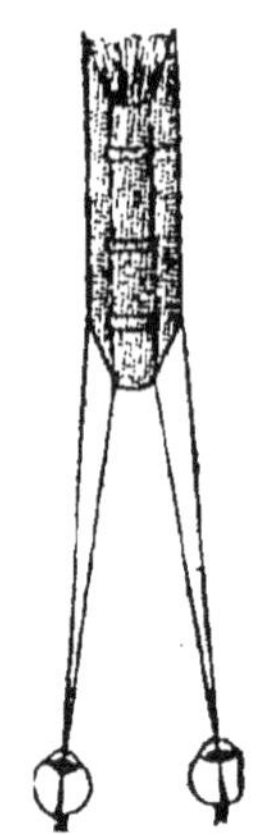

Fig. 227. — Relief produit par la vision des deux yeux.

Notion du relief : stéréoscope. — La notion du relief résulte de la différence des images qui se forment sur chaque rétine. Les deux yeux occupant des positions différentes, l'un d'eux doit voir des parties d'un objet qui sont cachées pour l'autre et inversement (*fig.* 227). L'illusion du relief produit par le *stéréoscope* provient précisément de la superposition de deux images représentant le même objet vu de deux points différents.

IV. — ILLUSIONS D'OPTIQUE

On appelle illusions d'optique les erreurs causées par les impressions produites sur la rétine. Ces illusions sont nombreuses ; en voici quelques exemples : un *carré blanc sur fond noir* (*fig.* 228) nous paraît plus grand qu'il n'est en réalité ; on explique ce fait en admettant que les parties blanches, plus vivement éclairées,

FIG. 228. — Effet d'irradiation.

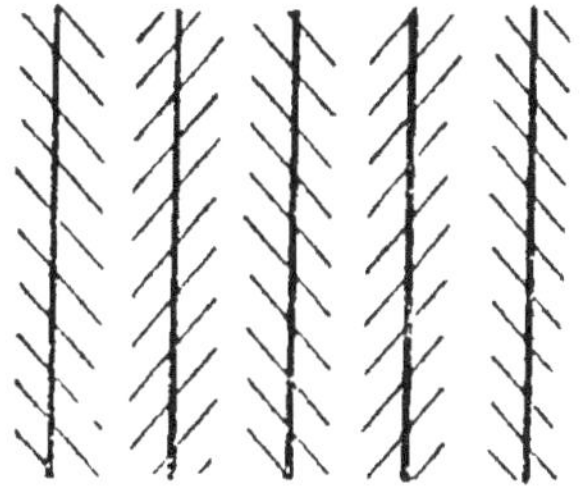

FIG. 229. — Illusion d'optique : les lignes épaisses, quoique parallèles, paraissent inclinées les unes sur les autres.

impressionnent non seulement les points de la rétine où elles viennent se peindre, mais encore les points voisins (*irradiation*) ; c'est pour la même raison que les habits noirs font paraître plus minces et les habits blancs plus gros. Des lignes parallèles (*fig.* 229) coupées par des droites inclinées paraissent obliques les unes par rapport aux autres.

C'est par l'irradiation et la persistance des impressions lumineuses qu'on explique la plupart des illusions d'optique : sur elles sont basées les lois de la perspective.

TABLEAU SYNOPTIQUE DE L'ŒIL ET DE LA VISION

Œil

- **Globe oculaire**
  - **Membranes**
    - externe
      - Sclérotique ou cornée opaque.
      - Cornée transparente.
    - moyenne
      - Choroïde
        - Choroïde proprement dite, vasculaire.
        - Zone ciliaire : muscles et procès ciliaires.
      - Iris présentant en son centre, la pupille.
    - interne : Rétine ou membrane sensible
      - Papille optique.
      - Tache jaune.
  - **Milieux transparents**
    - Humeur aqueuse dans la chambre antérieure de l'œil.
    - Cristallin, lentille biconvexe, plus bombée à la face postérieure qu'à la face antérieure.
    - Humeur vitrée dans la chambre postérieure de l'œil. Sa membrane d'enveloppe ou hyaloïde forme la *zonula* autour du cristallin.
- **organes annexes**
  - protecteurs
    - Sourcils.
    - Paupières pourvues de cils et renfermant dans leur épaisseur un cartilage et des glandes.
  - moteurs : muscles de l'œil :
    - Droit
      - Supérieur et inférieur.
      - Interne et externe.
    - Grand et petit oblique.
    - Releveur de a paupière supérieure.
  - sécréteurs : Glandes lacrymales sécrétant es larmes, évacuées au dehors par les canaux acrymaux et le canal nasal.

Vision

I. Phénomènes physiques

- **Comparaison de l'œil avec un appareil photographique**
  - Analogies
    - Paupières : Obturateur.
    - Iris : Diaphragme.
    - Pigment choroïdien : Couleur noire qui tapisse l'intérieur de l'appareil.
    - Rétine : Plaque sensible impressionnée par les images.
    - Cristallin : Lentille.
    - Image est réelle et renversée sur la rétine comme sur la plaque sensible.
  - Différences
    - Nécessité d'une *mise au point* pour avoir des images nettes avec l'appareil photographique.
    - L'œil, au contraire, se met naturellement au point, grâce à l'*accommodation*.
- **Mécanisme de l'accommodation**
  - L'accommodation se produit par des changements de courbure de la face antérieure du cristallin : Expériences de Purkinje.
  - Causes
    - Elasticité du cristallin.
    - Action du muscle ciliaire.
- **Anomalies de la vision**
  - Œil normal ou emmétrope.
  - Œil anormal où amétrope
    - myope.
    - hypermétrope.

II. Phénomènes physiologiques

- **Rôle de la rétine**
  - Impression de l'image sur la rétine grâce au pourpre rétinien.
  - Présence sur la rétine
    - d'une tache jaune (Image très nette).
    - d'un point aveugle (Expérience de Mariotte).
- **Persistance des impressions lumineuses**
  - Cinématographe.
- Fatigue rétinienne explique la formation des images négatives.

III. Vision binoculaire

- Vue simple.
- Estimation des distances par l'angle optique.
- Notion du relief. Stéréoscope.

IV. Illusions d'optique causées par l'irradiation et la persistance des impressions lumineuses.

TRAVAUX PRATIQUES RELATIFS
A LA VUE

a) Se procurer un œil de bœuf chez le boucher. Enlever la matière grasse qui enveloppe en partie le *globe oculaire* en res-

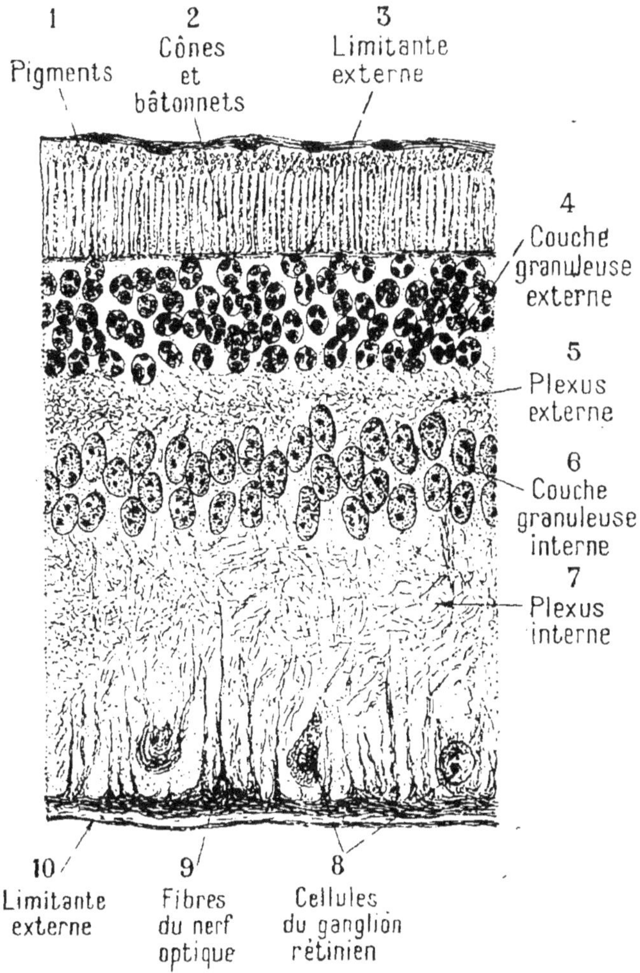

FIG. 230. — Coupe de la rétine d'un chien (grossie 800 fois).
Nota : Les dix couches sont numérotées de 1 à 10.

pectant le nerf *optique* et les muscles droits ou obliques qui sont fixés au globe. Avec des ciseaux forts (l'œil est très coriace) inciser l'enveloppe (*sclérotique*), suivant le plan équatorial. S'efforcer de faire cette incision en respectant la *choroïde*, qui double (à l'intérieur) la sclérotique ; décoller ces deux membranes, puis, incisant la choroïde, isoler la *rétine*. Celle-ci, incisée à son tour (on peut la détacher entièrement), laisse voir l'*humeur vitrée*. Enlever celle-ci et examiner le *cristallin*, les *procès ciliaires* et l'*iris*. Celui-ci peut être vu ainsi en fendant, sur tout son pourtour, la *cornée transparente*, ce qui laisse sortir l'*humeur aqueuse*.

b) Examiner, dans une glace, son propre œil et ses paupières.

c) Examiner la *pupille* d'un chat vivant placé dans un endroit un peu obscur et dans un endroit bien éclairé.

d) Exécuter l'*expérience de Mariotte* décrite page 210.

e) Se rendre compte des *illusions d'optique* décrites page 213.

f) Examiner, au microscope, des coupes toutes faites dans la rétine (*fig.* 230). Interprétation difficile.

g) Comparer les verres d'un *myope* avec ceux d'un *hypermétrope* ou d'un *presbyte*.

h) Constater, sur soi-même, la *distance minima de la vision distincte*. Faire de même avec des personnes âgées atteintes de *presbytie*.

i) Constater la *persistance des sensations visuelles* sur la rétine en faisant tourner devant soi une allumette présentant un point en ignition : on voit une circonférence lumineuse. Le même fait peut être constaté avec l'ancien jouet appelé *zootrope* et avec le *cinématographe*, dont il est le principe.

L'OREILLE ET L'AUDITION

L'oreille chez l'homme

L'oreille chez l'homme comprend trois parties (*fig.* 231) :

1° L'*oreille externe* ou dépendance du système cutané, destinée à recueillir et concentrer les vibrations des corps sonores ;

2° L'*oreille moyenne* ou caisse de renforcement, qui est en communication avec le pharynx par la *trompe d'Eustache* ;

3° Le véritable organe de l'ouïe, qui reçoit les fibres terminales du *nerf auditif* et qui constitue l'*oreille interne*.

Oreille externe. — L'oreille externe (*fig.* 232), largement ouverte vers l'extérieur, est formée de deux parties : le *pavillon* en forme d'entonnoir, auquel fait suite le *conduit auditif externe,* terminé par le tympan.

Le *pavillon,* expansion cartilagineuse, recouverte de peau, présente chez l'homme des saillies et des dépressions qui ont reçu les noms d'*hélix, anthélix, tragus* et *antitragus* indiqués par la figure 232. Au centre du pavillon se trouve une excavation appelée *conque,* et au bas une petite masse cutanée (*lobule de l'oreille*), que l'on perfore quelquefois chez les femmes pour y attacher des boucles d'oreilles.

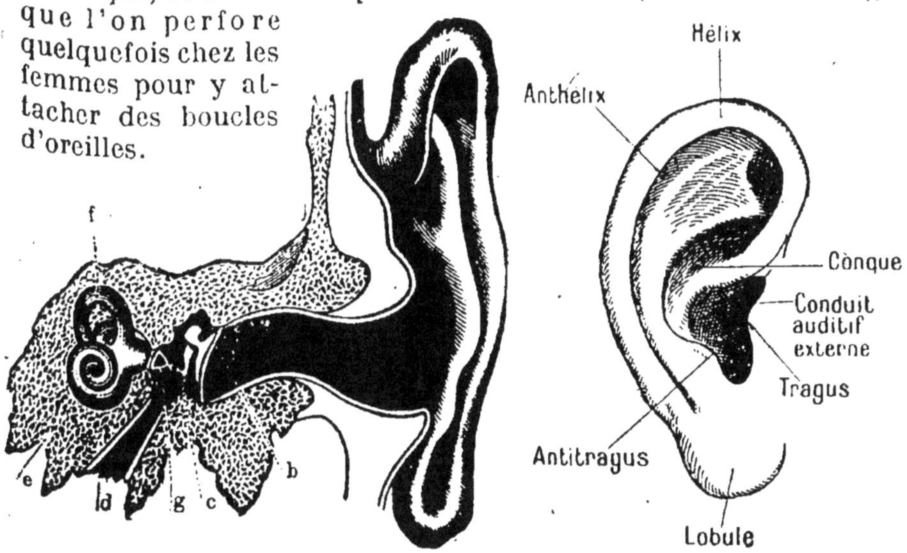

FIG. 231. — Appareil auditif.
f, Canaux demi-circulaires; *b,* Membrane du tympan; *c,* Oreille moyenne; *d,* Trompe d'Eustache; *e,* Limaçon : *g,* Osselets.

FIG. 232. — Pavillon de l'oreille.

Le *conduit auditif externe* est un canal à paroi cartilagineuse vers l'extérieur, et osseuse vers l'intérieur, qui s'étend du fond de la conque ou *méat auditif,* jusqu'à la *membrane du tympan* qui sépare l'oreille externe de l'oreille moyenne.

Ce canal est tapissé par la peau, qui présente vers l'extérieur des poils, destinés à arrêter les poussières et les insectes, et porte des glandes (*glandes cérumineuses*), qui sécrètent une matière grasse et jaunâtre connue sous le nom de *cérumen.* Lorsque cette sécrétion s'accumule par suite de malpropreté, le conduit auditif est partiellement obturé et l'oreille devient dure.

Oreille moyenne. — L'oreille moyenne ou *caisse du tympan* (fig. 233) est logée dans le *rocher ;* elle est tapissée d'une muqueuse et communique avec le pharynx par un conduit appelé *trompe d'Eustache.* Sa forme est celle d'une lentille biconcave, dont la paroi externe est formée par la membrane du tympan ; sa paroi interne présente deux ouvertures : l'une supérieure et ovale (*fenêtre ovale*) ; l'autre inférieure et circulaire (*fenêtre ronde*).

Ces ouvertures sont fermées chacune par une cloison membraneuse pouvant entrer en vibration.

De la membrane du tympan à celle de la fenêtre ovale, la caisse est traversée par une *chaîne d'osselets* (*fig.* 234), comprenant : 1° le *marteau*, ainsi appelé à cause de sa

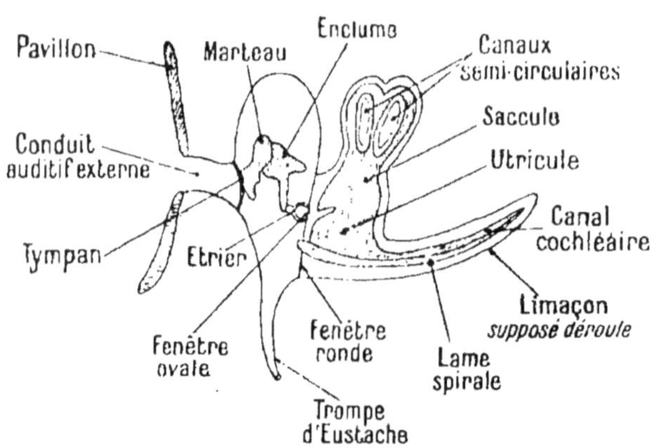

Fig. 233. — Schéma d'ensemble de l'oreille.

forme, et qui a son manche dans l'épaisseur de la membrane du tympan ; 2° l'*enclume*, qui reçoit la tête du marteau sur son corps et qui a la forme d'une dent à deux racines, la grande racine étant dirigée en bas et en dedans ; 3° un osselet appelé *os lenticulaire* ayant l'aspect d'une toute petite lentille ; enfin 4° l'*étrier*, ainsi appelé à cause de sa forme ; il est fixé par sa tige à l'os lenticulaire, tandis que sa sole appuie sur la membrane qui ferme la fenêtre ovale.

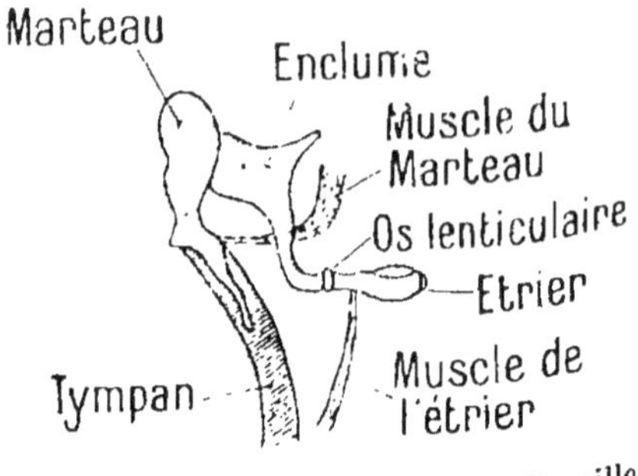

Deux *muscles*, l'un du *marteau*, l'autre de l'*étrier*, servent respectivement à tendre ou à relâcher la membrane du tym-

Fig. 234. — Chaîne des osselets de l'oreille moyenne avec leurs muscles (grossi du double).

pan ; le premier sert donc à protéger le nerf auditif contre les bruits trop intenses, tandis que le second dispose, au contraire, l'oreille pour la perception des bruits faibles ou lointains, c'est le *muscle qui écoute*.

Oreille interne. — L'oreille interne (*fig.* 235), encore appelée *labyrinthe*, est entièrement close et se compose de deux cavités distinctes, l'une osseuse, *labyrinthe osseux*, l'autre membraneuse, *labyrinthe membraneux*, emboîtée dans la première. Un liquide albumineux, *endolymphe*, remplit le labyrinthe membraneux, tandis qu'un liquide de même nature, *périlymphe*, remplit l'espace libre entre les deux labyrinthes.

Le **labyrinthe osseux** se compose de trois parties : une antérieure, le *limaçon*, une moyenne, le *vestibule*, et une postérieure, les *canaux semi-circulaires ;* ces trois parties communiquent ensemble.

Le **vestibule** est une cavité ovoïde creusée au centre du rocher; il renferme deux vésicules membraneuses, l'une inférieure, *utricule*, située contre la fenêtre ovale, l'autre supérieure, *saccule*, communiquant avec l'inférieure par un canal en Y. L'utricule et le saccule présentent des épaississements formant des taches appelées *taches acoustiques ;* ces épaississements constituent de minuscules cavités, semblables à l'oreille des animaux inférieurs, cavités qui reçoivent des ramifications du *nerf auditif* et permettent d'entendre les *bruits.*

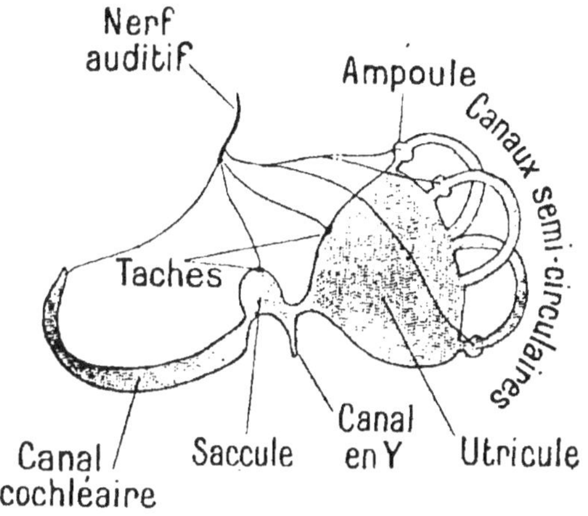

Fig. 235. — Schéma du labyrinthe membraneux

Les **canaux semi-circulaires** sont au nombre de trois : l'un est horizontal, les deux autres sont verticaux, et situés dans des plans perpendiculaires. Chacun d'eux présente, à son origine, une petite dilatation en forme d'*ampoule* et débouche dans le vestibule par ses deux extrémités. Ils renferment dans leur intérieur trois canaux semi-circulaires membraneux de même forme et s'ouvrant dans l'utricule. Les ampoules des canaux semi-circulaires membraneux présentent des épaississements en forme de crêtes (*crêtes acoustiques*) recevant, comme les taches acoustiques dont elles ont la constitution, des fibres du nerf auditif.

Le **limaçon** (*fig.* 236) peut être considéré comme formé par l'enroulement en *hélice* d'un tube conique, fermé à son sommet, à l'intérieur duquel serait un tube membraneux de même forme appelé *canal cochléaire*. L'axe du limaçon ou *columelle* est occupé par des fibrilles du nerf acoustique, lesquelles pénètrent à l'intérieur du canal cochléaire par de nombreux petits orifices creusés sur la paroi axiale.

D'un côté, le canal cochléaire communique avec le saccule par un étroit canal (*canal de Reichert*); de l'autre, les trois canaux semi-circulaires membraneux et l'utricule communiquent avec le saccule par le canal en Y.

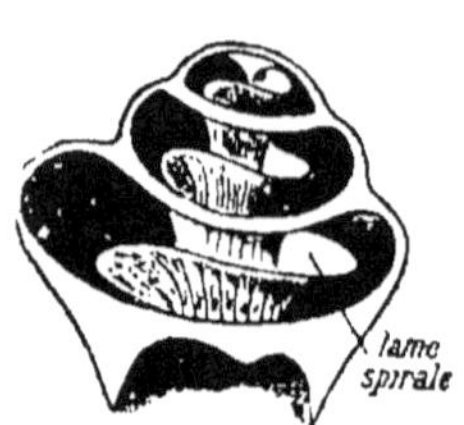

Fig. 236. — Limaçon en partie ouvert.

Le **canal cochléaire** s'attache suivant ses deux bords aux parois du tube osseux ; il est fixé à son bord interne par une lame osseuse (*lame spirale*), et appuie son bord externe directement sur le limaçon ; celui-ci se trouve divisé en deux rampes (*fig. 237*), dont l'une, la *rampe vestibulaire*, débouche dans le vestibule, et l'autre, la *rampe tympanique*, aboutit à la fenêtre ronde. Le *canal cochléaire*, de section triangulaire, est séparé de la rampe vestibulaire par la *membrane de Reissner* et de la rampe tympanique par la **membrane basilaire.** Celle-ci qui, à proprement parler, n'est pas une vraie membrane, est la partie la plus importante de l'oreille interne ; elle est constituée par des **fibres parallèles semblables aux cordes tendues d'une harpe ou d'un piano,** mais en nombre plus considérable ; la longueur de ces cordes décroît de

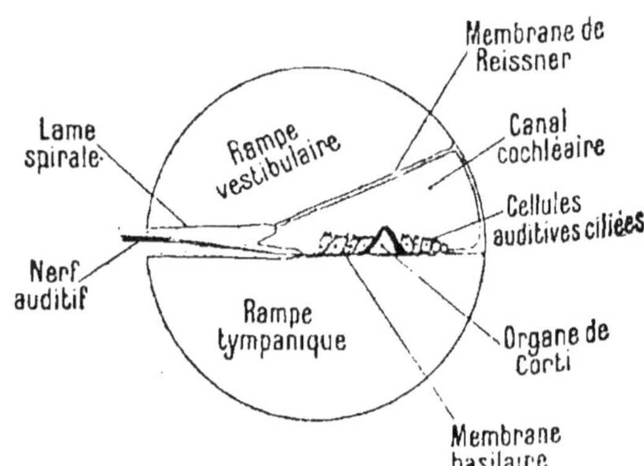

Fig. 237. — Coupe transversale d'une des spires du limaçon.

la base au sommet du limaçon, de sorte que cette disposition en hélice de la membrane basilaire explique l'inégalité de dimensions des cordes, en même temps que le peu de volume qu'elles occupent malgré leur grand nombre.

Sur ces cordes sont disposés des organes sensibles, **organes de Corti,** formés par une longue série d'arcs composés chacun de deux piliers (*piliers de Corti*). De chaque côté de ces piliers se trouvent des *cellules auditives ciliées*, en rapport, par leur base, avec les terminaisons des fibres nerveuses qui pénètrent dans le limaçon. A chaque corde, correspond généralement un organe de Corti.

Le **nerf auditif** (*fig.* 235), à son arrivée dans l'oreille interne, se divise en deux branches : 1° la *branche cochléaire* (*fig.* 238), qui pénètre dans l'axe du limaçon et se distribue dans le canal cochléaire aux différentes cellules auditives situées de chaque côté

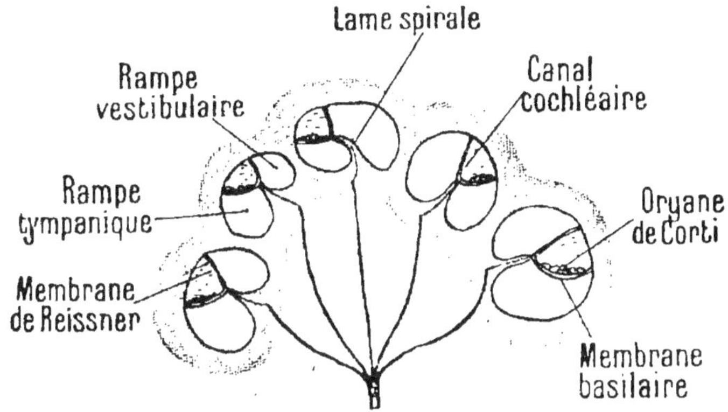

FIG. 238. — Coupe en long du limaçon et branche cochléaire du nerf auditif.

des piliers de Corti et, 2° la *branche vestibulaire*, qui comprend trois rameaux pour la tache acoustique du saccule, la tache de l'utricule, et les crêtes des ampoules des canaux semi-circulaires.

Physiologie de l'oreille

L'oreille est un appareil complexe dans lequel des *cellules auditives*, en relation avec les terminaisons du *nerf acoustique*, reçoivent les vibrations extérieures, par l'intermédiaire d'un liquide appelé endolymphe, et les transforment en sensations acoustiques.

Étudions successivement comment se fait la transmission des vibrations, puis les sensations acoustiques en elles-mêmes.

Transmission des vibrations. — La transmission des vibrations de l'extérieur à l'oreille interne se fait par les différents organes qui composent l'oreille externe et l'oreille moyenne.

Le *pavillon* représente un appareil collecteur des sons ; il les renforce et, grâce à ses nombreux replis, renseigne sur leur direction. Remarquons toutefois que le pavillon ne joue pas un rôle essentiel, car, lorsqu'il est supprimé, l'acuité auditive est à peine diminuée.

Le *conduit auditif* externe transmet, comme un tube acoustique, les ondes sonores à la *membrane du tympan*. Celle-ci, fortement tendue dans les sons aigus, faiblement tendue dans les sons graves. grâce à l'intervention des muscles du *marteau* et de l'*étrier*, est susceptible de vibrer à l'unisson de tous les sons compris entre 40 et 70.000 vibrations par seconde. La perte ou la perforation du tympan rend l'oreille dure, sans amener une surdité complète.

Les vibrations de la membrane du tympan sont transmises à la membrane de la fenêtre ovale par la *chaîne des osselets* ; mais, en les transmettant, cette chaîne les modifie. On peut la comparer à un compas dont les branches sont inégales, car le manche du marteau est plus long que la grande branche de l'enclume. Or le système pouvant être considéré comme se mouvant autour de la tête du marteau, il en résulte que l'*amplitude des vibrations* de la fenêtre ovale sera moindre que celle des vibrations du tympan; mais, par contre, *la force vibratoire sera augmentée*, circonstance très favorable à l'impression, puisque le liquide de l'oreille interne est renfermé dans une chambre presque inextensible.

La *trompe d'Eustache* maintient l'équilibre entre la pression de l'air extérieur et celui de la caisse, et par suite favorise les vibrations de la membrane du tympan. L'oblitération de la trompe est la cause de la dureté de l'ouïe, elle se produit souvent à la suite d'une angine chronique. Très souvent aussi, chez les enfants, des végétations situées dans le pharynx, connues sous le nom de *végétations adénoïdes*, obstruent partiellement l'entrée de la trompe et diminuent l'acuité auditive.

Lorsque les vibrations sonores sont arrivées à la membrane de la fenêtre ovale par l'étrier, cette membrane agit sur la périlymphe ; les ondes sonores se propagent ainsi dans l'oreille interne. La membrane de la fenêtre ronde permet au liquide d'entrer lui-même en vibration, car, sans elle, le liquide de l'oreille interne étant incompressible et dans une chambre absolument close, les mouvements de l'étrier seraient annulés. Cette membrane agit en même temps à la manière d'une soupape de sûreté, pour empêcher une compression trop forte des parties si délicates de l'oreille interne.

Sensations acoustiques. — La membrane basilaire est constituée, d'après Helmholtz, de telle façon que chacune des fibres est accordée pour un son différent.

Or ces fibres sont assez nombreuses (*six mille au minimum*) pour que chacune d'elles puisse entrer en vibration, pour un son d'une hauteur donnée, dans la limite des sons perceptibles. Il en résulte que, de même qu'une corde de piano, à l'unisson d'un son produit dans le voisinage, entre en vibration, de même la fibre de la membrane basilaire qui correspond à un son de même hauteur entrera en vibration par l'intermédiaire de la périlymphe ; finalement les *cellules auditives ciliées*, situées sur la corde, sont impressionnées et la ramification nerveuse terminale amène cette impression au cerveau.

L'oreille permet de reconnaître les trois qualités du son : l'*intensité*, la *hauteur*, le *timbre*.

L'*intensité* du son dépend de l'énergie avec laquelle la fibre est ébranlée, sa *hauteur* du rang occupé par la fibre, son *timbre* du nombre de fibres ébranlées, par suite de la production des harmoniques.

Le limaçon, avec sa harpe à cordes multiples, représentée par la membrane basilaire, est donc l'organe qui nous fait percevoir les sons musicaux.

On suppose au contraire que les taches et crêtes acoustiques de l'utricule, du saccule et des canaux semi-circulaires ne recueillent que des *bruits*.

ANATOMIE ET PHYSIOLOGIE ANIMALES

TABLEAU SYNOPTIQUE DE L'OREILLE ET DE L'AUDITION

Oreille

- **externe**
  - Pavillon
    - Replis : Hélix, anthélix. Tragus, antitragus.
    - Dépression ou conque auditive.
    - Lobule graisseux à la base.
  - Conduit auditif externe
    - Cartilagineux à l'extérieur
    - Osseux à l'intérieur
    - Glandes cérumineuses (Cérumen).
- **moyenne**
  - limitée à
    - l'extérieur par la membrane du tympan.
    - l'intérieur par la membrane de la fenêtre ovale.
  - Chaîne des osselets de l'ouïe (marteau, enclume, os lenticulaire, étrier) entre les deux membranes.
  - Communication avec le pharynx par la trompe d'Eustache.
- **interne**
  - ou Labyrinthe
    - Périlymphe.
    - Endolymphe.
  - Labyrinthe osseux
    - Vestibule.
    - Canaux semi-circulaires.
    - Limaçon.
  - Labyrinthe membraneux
    - Utricule, Saccule communiquent ensemble par le canal en Y.
    - Canaux semi-circulaires s'ouvrent dans l'utricule.
    - *Canal cochléaire* s'ouvre dans le saccule et présente sur la membrane basilaire, constituée par de nombreuses fibres vibratoires, les *organes de Corti* ou organes de l'audition.
- **Nerf auditif se divise en**
  - branche cochléaire qui va se terminer dans les organes de Corti.
  - branche vestibulaire pour
    - le saccule.
    - l'utricule.
    - les ampoules des canaux semi-circulaires.

Audition

- **Transmission des vibrations se fait par**
  - le pavillon ou appareil collecteur du son.
  - le conduit auditif ou tube acoustique.
  - la membrane du tympan.
  - la chaîne des osselets de l'ouïe.
  - la membrane de la fenêtre ovale.
  - la périlymphe.
- **Sensations acoustiques données par**
  - les vibrations d'une fibre de la membrane basilaire à l'unisson du son émis;
  - avec transmission de ces vibrations aux organes de Corti et par suite aux ramifications du nerf auditif qui se termine dans ces organes.
- **Qualités du son**
  - Intensité : dépend de l'énergie de l'ébranlement de la fibre vibratoire.
  - Hauteur : dépend du rang occupé par la fibre vibratoire.
  - Timbre : dépend du nombre des fibres vibratoires.

TRAVAUX PRATIQUES RELATIFS
A L'AUDITION

a) Examiner, sur soi-même, la disposition de l'*oreille externe*.

b) Étudier sur les modèles en carton-pâte de la collection la disposition de l'*oreille interne* (la dissection sur les animaux en est trop difficile).

c) Comparer l'*intensité*, la *hauteur* et le *timbre* des différents sons émis par divers instruments de musique ou des diapasons.

d) Examiner, au microscope, des coupes toutes faites dans l'*oreille interne*.

LE SYSTÈME NERVEUX

Tissu nerveux

Origine du système nerveux. — Le système nerveux étant chargé de nous mettre en relation avec le milieu extérieur, il est évident que les cellules qui sont le plus aptes à nous fournir des renseignements sur ce milieu, sont celles qui sont directement en contact avec lui. Chez tous les animaux, le système nerveux se formera donc aux dépens des cellules superficielles de l'embryon.

Si, en effet, on suit dans son évolution un embryon de *Vertébré*, en particulier un embryon humain, on remarque de très bonne heure, dans la région dorsale médiane, la formation d'une dé-

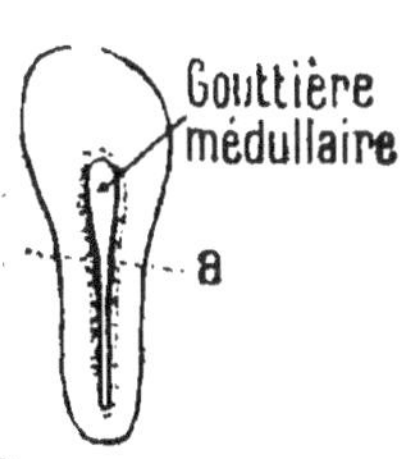

FIG. 239 — Embryon vu de dos pour montrer la formation de la gouttière médullaire.

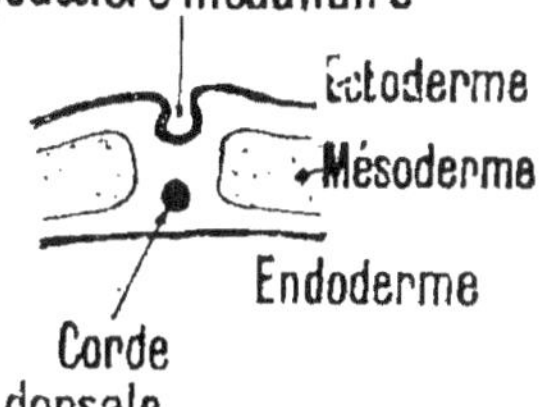

FIG. 240. — Coupe transversale de l'embryon de la figure 239.

pression de la membrane externe en forme de gouttière, appelée pour cela *gouttière médullaire* (*fig.* 239 et 240).

Bientôt les deux bords de cette gouttière se rapprochent (*fig.* 241 et 242), se soudent, donnant ainsi naissance à un véritable canal ; c'est le *tube nerveux primitif*, ainsi désigné parce que c'est lui qui, ultérieurement, par des modifications de forme et de structure, donnera les diverses parties du système nerveux.

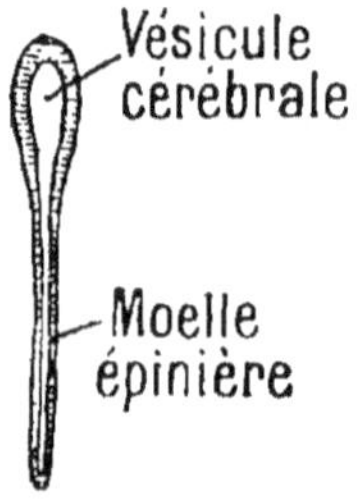

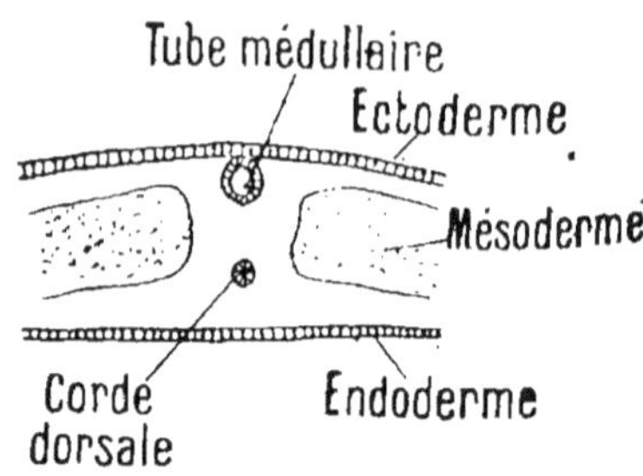

FIG. 242. — Coupe transversale d'un embryon plus âgé que celui de la figure 240.

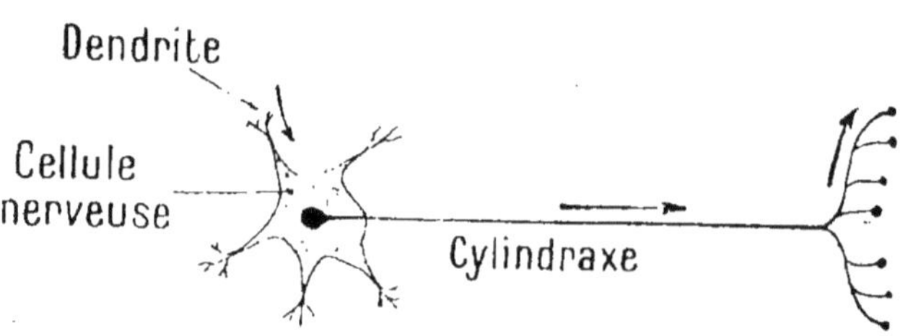

FIG. 241. — Premier état du système nerveux central.

Ce tube nerveux ne tarde pas, en effet, à se diviser en deux parties distinctes : la *région céphalique* se renfle, donne la *vésicule primitive* dont le développement conduit à l'**encéphale**; l'autre partie du tube, demeurant allongée, constitue la **moelle épinière,** qui est logée dans le canal rachidien de la colonne vertébrale. De ces centres nerveux, encéphale et moelle épinière ou *axe cérébro-spinal*, se détachent des cordons nacrés allant vers la périphérie du corps : ce sont les **nerfs.**

Si, à l'encéphale, la moelle et les nerfs, on ajoute le *système du grand sympathique*, formé de deux chaînes ganglionnaires innervant les organes de nutrition (cœur, poumon, estomac), on a le système nerveux dans son ensemble.

Quant aux modifications de structure, elles sont identiques dans toute l'étendue du tube nerveux primitif qui transforme les *cellules de son intérieur* en **neurones,** éléments fondamentaux du tissu nerveux.

Le tissu nerveux. — Le tissu nerveux se compose de deux substances, une *blanche* et une *grise ;* dans la moelle épinière, la substance grise est au centre de l'organe et la substance blanche à la périphérie ; dans l'encéphale, la disposition est inverse. Ces deux substances ne diffèrent pas seulement par leur aspect et par leur situation, mais encore par leur constitution et leurs attributions.

FIG. 243. — Un neurone (la flèche indique la marche de l'influx nerveux).

Les éléments nerveux ou **neurones** (*fig.* 243) sont très variables de forme et de dimensions ; cependant, tous présentent ce caractère commun d'être formés d'une *cellule nerveuse munie de prolongements*. Les cellules nerveuses, de couleur grisâtre, constituent dans les centres nerveux (encéphale et moelle épinière), la **substance grise,** tandis que les prolongements, plutôt blanchâtres, forment la **substance blanche.**

a) Cellules nerveuses. — Les **cellules nerveuses** sont des centres *récepteurs* pour les impressions périphériques **(cellules sensitives)** et des centres d'*émission* pour les excitations motrices **(cellules motrices)** ; les premières nous permettent de *voir* et de *sentir*, les secondes de faire mouvoir nos muscles.

Toutes ces cellules émettent à la périphérie, en des points appelés *pôles*, un certain nombre de prolongements ; elles sont dites *unipolaires, bipolaires, multipolaires,* suivant le nombre de ces prolongements.

Ces prolongements prennent le nom de prolongements protoplasmiques ou **dendrites** (du grec *dendron*, arbre) ; ils se mettent en contact avec les prolongements des cellules voisines (*fig.* 244), ou comme l'on dit souvent, *s'articulent* avec eux. Toutefois l'un de ces prolongements est plus important que les autres et ne se ramifie qu'après un long parcours, il est l'origine d'une *fibre nerveuse;* on lui donne le nom de **cylindraxe** ou *prolongement de Deiters* (*fig.* 243).

b) Fibres nerveuses. — Les **fibres nerveuses** constituent l'élément essentiel de la substance blanche, et, à leur sortie du système nerveux central, forment les **nerfs.** Elles sont constituées par les cylindraxes issus des cellules nerveuses ; ce sont des fils conducteurs transportant l'influx nerveux de la cellule dont ils dérivent à leur extrémité, terminée par un buisson de ramifications.

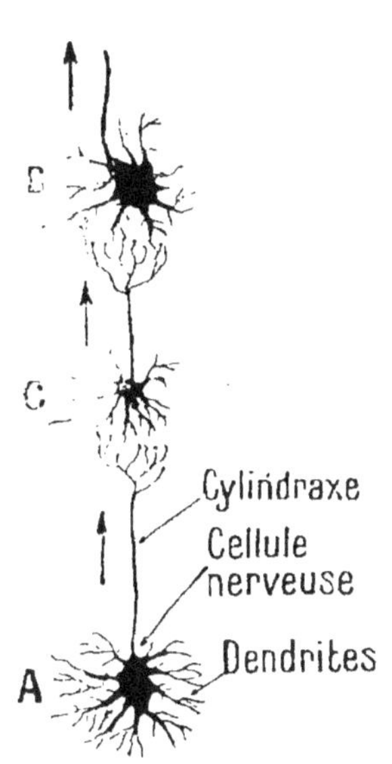

Fig. 244. — Articulation des neurones.

Les cylindraxes, dès leur sortie de la substance grise, s'entourent d'une matière grasse, la *myéline* (*fig.* 245), qui leur forme un manchon protecteur. Lorsqu'ils pénètrent dans les nerfs, autour du manchon de myéline se forme une deuxième gaine enveloppante (*fig.* 246), la *gaine de Schwann*, de sorte qu'au total la fibre nerveuse comprend dans le nerf : 1° un *cylindraxe;* 2° un *manchon de myéline;* 3° la *gaine de Schwann*.

Les nerfs sont constitués par plusieurs fibres groupées et entourées d'une gaine conjonctive appelée gaine de Henle.

c) Rapport des cellules et des fibres. — Les **neurones sont indépendants ;** il n'y a entre eux que de simples articulations réunies par simple contact. Les corpuscules terminant les dendrites d'une cellule nerveuse s'articulent avec ceux qui sont à l'extrémité du cylindraxe d'une cellule voisine, établissant ainsi de proche en proche un réseau nerveux. Un neurone agit donc sur un autre neurone, non pas parce qu'il existe des fibres allant de l'un à l'autre, mais parce que le cylindraxe de l'un est articulé par ses fibrilles terminales avec les dendrites de l'autre ; c'est au niveau de cette articulation que l'excitation nerveuse passe d'un neurone à l'autre.

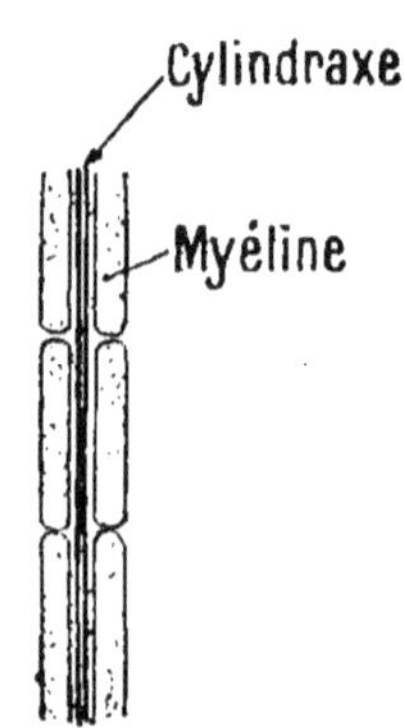

FIG. 245. — Schéma d'une fibre à myéline vue en long et dépourvue de gaine de Schwann.

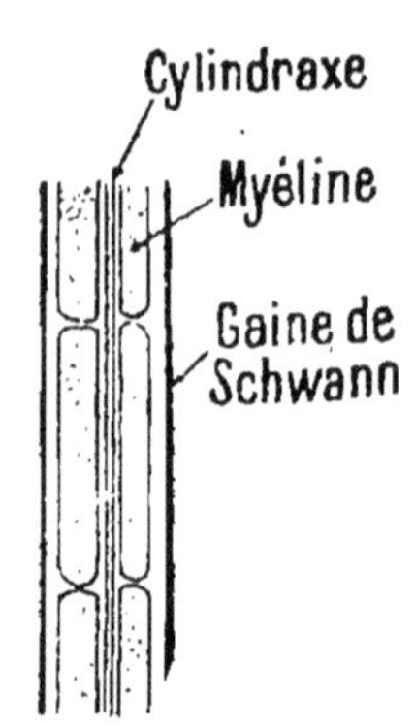

FIG. 246. — Schéma d'une fibre à myéline vue en long et pourvue d'une gaine de Schwann.

Les deux parties du neurone jouent d'ailleurs, comme nous l'avons vu, un rôle distinct. **La cellule nerveuse est un centre de réception ou d'émission,** et ses ramifications sont les fils conducteurs. La cellule sensitive reçoit les impressions extérieures ; elle est comparable à un récepteur de télégraphe ; la cellule motrice excite les muscles, elle joue le rôle du manipulateur.

La **direction de l'influx nerveux** n'est pas la même dans les deux catégories de prolongements de la cellule : pour les **cylindraxes,** elle est **centrifuge,** c'est-à-dire qu'elle va de la cellule à la périphérie ; c'est le contraire pour les **dendrites** où cette direction est **centripète.** Par suite, l'influx nerveux arrive par les dendrites d'une cellule nerveuse pour repartir par son cylindraxe. Il y a donc une différence entre ces prolongements et les fils télégraphiques, puisque les fils télégraphiques peuvent conduire le courant électrique indifféremment dans les deux sens ; de plus, tandis que le courant passe instantanément dans tout le fil, quelle que soit sa longueur, la vitesse de l'influx nerveux n'est guère que de 60 mètres par seconde.

Le système nerveux chez les Vertébrés

Nous avons étudié plus haut la première apparition du système nerveux chez les Vertébrés où il se présente comme un canal renflé dans sa partie antérieure (*fig. 241*) Continuons à suivre son développement.

La vésicule primitive ne tarde pas à se partager en trois autres (*fig. 247 à 249*) : les *vésicules postérieure, moyenne* et *antérieure.*

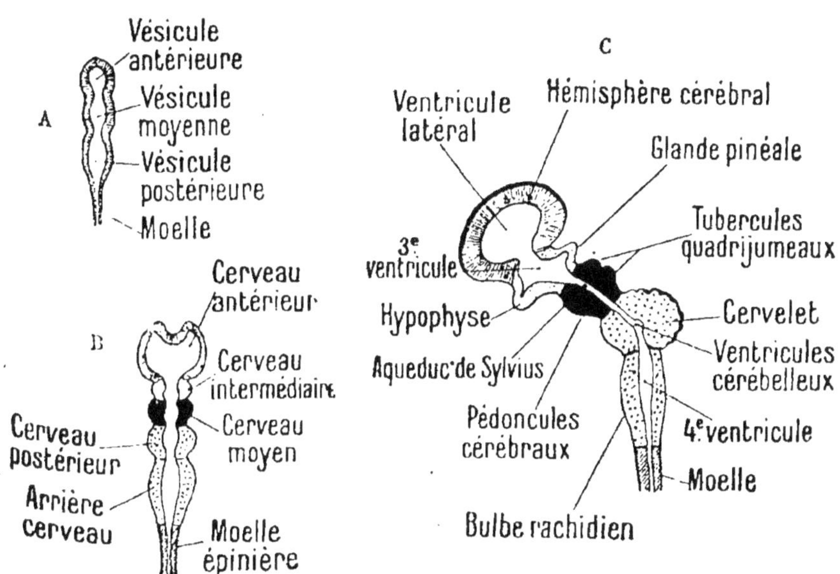

FIG. 247 à 249. — Développement de l'encéphale.
A et B, vus de dos. C, vu de côté.

A son tour la *vésicule postérieure* a donné en arrière le *bulbe* ou *arrière-cerveau*, centre de la vie végétative, que, par suite, nous trouverons partout bien conformé, et en avant, le *cervelet* ou *cerveau postérieur* dont le rôle fondamental est de coordonner les mouvements de l'animal. Chez les *Poissons*, le cervelet se réduit à une mince lame triangulaire.

La *vésicule moyenne* forme deux lobes assez développés : les *lobes optiques* ou tubercules bijumeaux qui chez les Vertébrés supérieurs se divisent et deviennent *quadrijumeaux*, lesquels constituent le *cerveau moyen*, origine des nerfs optiques.

La *vésicule antérieure* est l'origine : 1º du *cerveau intermédiaire* qui présente deux petites proéminences dont le rôle est secondaire, l'une située à la face supérieure est l'*épiphyse* ou *glande pinéale*, l'autre située à la face inférieure prend le nom d'*hypophyse* ; 2º du *cerveau antérieur* qui constitue les *hémisphères cérébraux*, siège des facultés intellectuelles chez les Vertébrés supérieurs ; en avant de ces hémisphères apparaissent *deux lobes olfactifs*, origine des nerfs de même nom.

Les *Batraciens* ont un système nerveux intermédiaire entre celui des *Poissons* et des *Reptiles.*

Les *Reptiles* (*fig.* 250) sont plus développés que les *Poissons*, leurs mouvements sont mieux coordonnés, aussi la moelle épinière est-elle en régression pendant que le cerveau au contraire se développe ; le cervelet augmente également de volume ; les lobes optiques sont comprimés par les hémisphères cérébraux qui s'accroissent ;

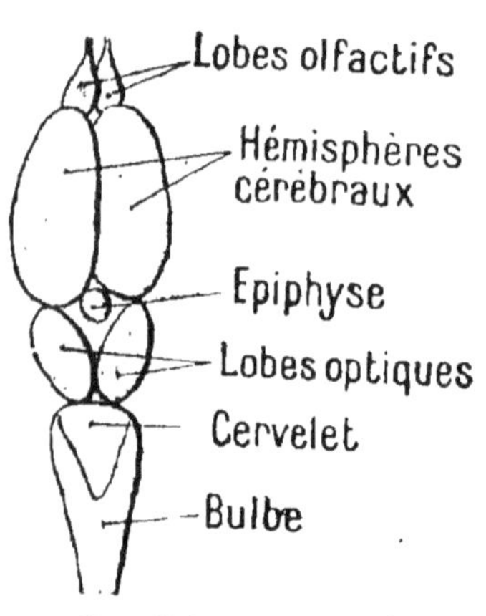

FIG. 250. — Encéphale de reptile.

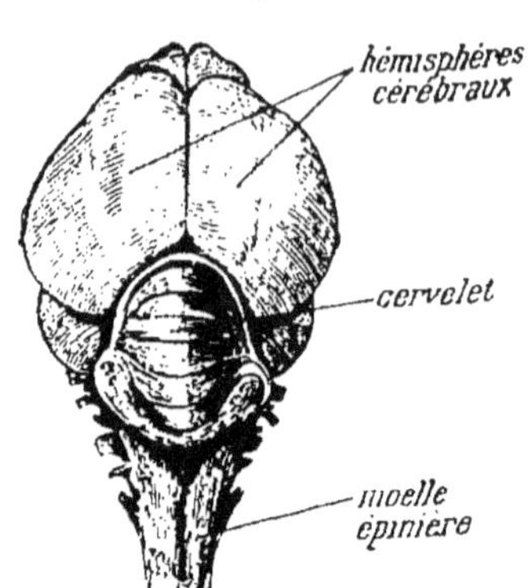

FIG. 251. — Encéphale d'un oiseau.

l'*épiphyse*, appelée encore *glande pinéale*, vient former au sommet de la tête, dans un trou de l'os pariétal, un œil (*œil pinéal*) qui semble fonctionner chez certains Lézards.

Les *Oiseaux*, plus maîtres de leurs mouvements que les Reptiles, ont (*fig.* 251) : 1° un *cervelet* plus développé ; celui-ci présente trois lobes : au centre le *vermis* pourvu de circonvolutions lui donnant l'aspect d'un Ver et de chaque côté un *petit hémisphère cérébelleux* ; 2° des *hémisphères cérébraux* toujours *lisses* mais plus volumineux ; en se développant, ils appuient sur les autres parties de l'encéphale et les compriment, aussi les *lobes olfactifs* et l'*épiphyse* sont-ils en régression.

De plus, le cerveau jusqu'ici était sur le prolongement de la moelle épinière ; par suite de son accroissement considérable, il commence à s'infléchir : c'est la *flexion cranienne ou encéphalique.*

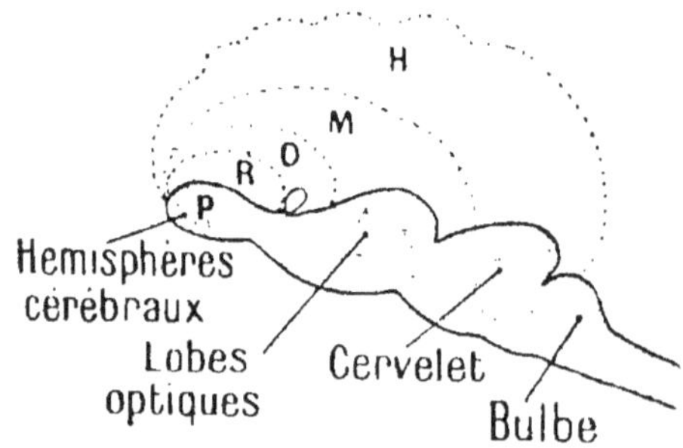

Avec les *Mammifères* l'évolution continue. Les *hémisphères cérébraux* et le *cervelet* se développent au détriment des autres parties du cerveau ainsi que de la moelle épinière. Celle-ci ne va pas jusqu'à l'extrémité du canal rachidien ; elle se continue par un filament appelé *filum terminale.*

Les *hémisphères cérébraux*, de volume considérable, recouvrent les *lobes optiques* devenus par scission les *tubercules quadrijumeaux.* Ces hémisphères sont lisses chez les Marsupiaux, Rongeurs, et pourvus de *circonvolutions* chez les Carnivores, Ongulés ; le nombre des circonvolutions va en augmentant chez ces derniers au fur et à mesure que l'intelligence se développe : ainsi on en trouve une chez la Marmotte, trois chez le Bœuf, un grand nombre chez le Gorille. Le cervelet poursuit parallèlement son évolution et la courbure encéphalique s'accentue.

FIG. 252. — Évolution des hémisphères cérébraux (vus de profil),
P, poissons. R, reptiles. O, oiseaux.
M, mammifères. H. homme.

En résumé, des Poissons aux Mammifères, avec prédominance croissante des actes volontaires sur les réflexes et éveil de plus en plus accentué de l'intelligence, il y a développement progressif des hémisphères cérébraux (*fig.* 252) et du cervelet et régression des autres parties du cerveau et de la moelle épinière.

Chez l'homme, les hémisphères cérébraux arrivent même, comme le montre la figure 256, à recouvrir presque totalement les autres parties de l'encéphale.

Le système nerveux chez l'homme

Le sytème nerveux chez l'homme (*fig.* 253) comprend, essentiellement, les centres nerveux, c'est-à-dire la moelle épinière et l'encéphale, les nerfs et le grand sympathique.

Nous allons étudier successivement ces différents organes.

LA MOELLE ÉPINIÈRE

Conformation générale. — La moelle épinière (*fig.* 254) est un cordon nerveux situé dans le canal rachidien de la colonne vertébrale. Elle provient de la partie allongée du *tube nerveux primitif*, dont les parois se sont modifiées et épaissies et dont le canal médullaire, subsistant en son centre, est devenu le *canal de l'épendyme.*

La moelle commence au trou occipitalet, après un trajet d'environ 50 centimètres, se termine au niveau de la deuxième vertèbre lombaire en s'effilant en pointe. Chez l'embryon, elle occupe toute la longueur du canal rachidien et les nerfs naissent alors perpendiculairement à sa direction ; mais chez l'adulte, le canal rachidien s'accroît plus que la moelle : c'est ce qui explique qu'elle ne remplit pas ce canal dans toute sa longueur ; elle est continuée à

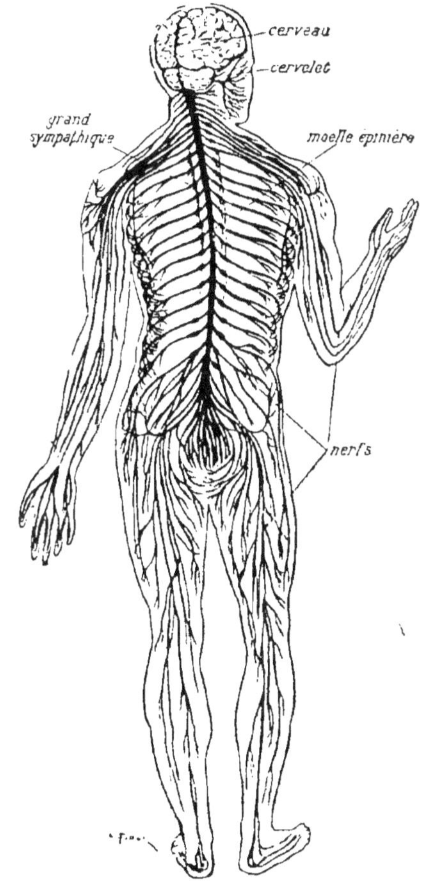

FIG. 253. — Ensemble du système nerveux de l'homme.

partir de la deuxième vertèbre lombaire par un prolongement très mince, le *filum terminale*, qui s'étend jusqu'au coccyx.

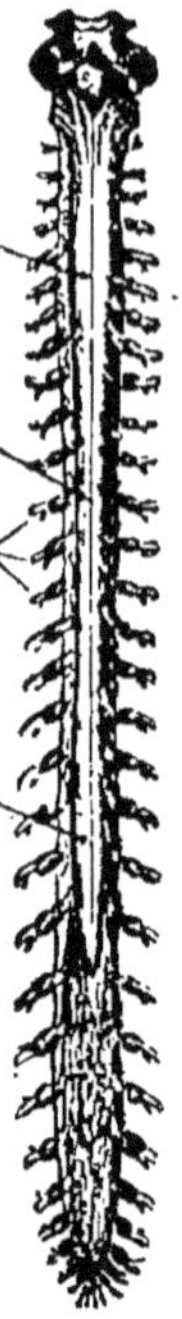

De la moelle se détachent 31 *paires de nerfs rachidiens* par les trous de conjugaison des vertèbres ; il en résulte que les nerfs de la région sacrée forment, avant de s'échapper, un faisceau descendant appelé *queue de cheval* qui entoure le *filum terminale*.

Le diamètre de la moelle est d'environ 1 centimètre, mais il n'est pas uniforme. La moelle présente, en effet, deux renflements, l'un au niveau des bras (**renflement brachial**), l'autre dans la région lombaire ou crurale (**renflement crural**), à peine au-dessus de sa terminaison. Ces deux renflements répondent, le premier, à l'origine des nerfs qui se rendent aux membres supérieurs, le second, à l'émergence des nerfs qui se rendent dans les membres inférieurs (*fig.* 254).

La moelle est en outre parcourue longitudinalement par plusieurs sillons (*fig.* 255) ; deux d'entre eux la partagent en deux moitiés identiques suivant le plan de symétrie du corps. Celui qui est en avant, le *sillon antérieur*, est profond de 2 à 3 millimètres; l'autre, placé en arrière (*sillon postérieur*), est plus étroit et moins marqué. De chaque côté du sillon **antérieur**, se trouvent les **racines antérieures** des nerfs

FIG. 254. — Moelle épinière.

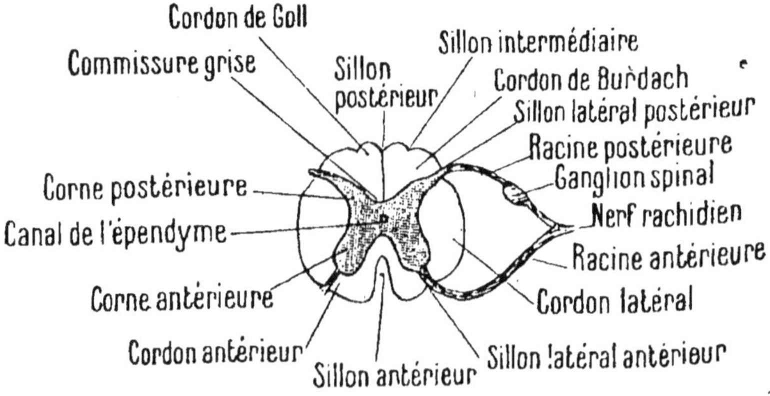

FIG. 255. — Coupe transversale de la moelle épinière.

rachidiens qui, en se détachant sur une même verticale, forment un *sillon latéral antérieur* ; il en est de même pour les **racines**

postérieures qui forment, à leur point d'émergence, un *sillon latéral postérieur*.

Ces sillons déterminent des **cordons** blanchâtres, qui reçoivent le nom de la position qu'ils occupent. Ainsi on trouve de chaque côté un **cordon antérieur,** un **cordon latéral,** et un **cordon postérieur** divisé lui-même en deux faisceaux par un petit sillon intermédiaire : les *faisceaux de Goll* en dedans et de *Burdach* en dehors.

Structure. — Sur une coupe transversale la moelle épinière montre une *substance grise centrale* et une *substance blanche périphérique ;* cette disposition s'explique par ce fait que les cellules nerveuses grisâtres des neurones sont agglomérées au centre, tandis que les fibres blanchâtres se trouvent surtout sur le pourtour.

a) *Substance grise.* — La substance grise en forme d'**H** est percée en son milieu par un canal appelé *canal de l'épendyme.* Chacun des bras externes de l'**H** affecte la forme d'un croissant dont la concavité est dirigée en dehors et dont les deux extrémités, appelées *cornes,* se trouvent placées l'une en avant **(corne antérieure),** l'autre en arrière **(corne postérieure).**

Les *cellules* qui constituent la substance grise sont de grandeur variable. Dans les *cornes antérieures,* ce sont de *grosses cellules motrices,* à dendrites ramifiés, tandis que dans les *cornes postérieures,* sont des *cellules de petite taille* et **sensitives.** De distance en distance, les cornes se prolongent **hors** de la moelle, **donnant** respectivement les racines antérieures et postérieures, les *premières motrices,* les *secondes sensitives,* qui se dirigent vers un trou de conjugaison et en sortant du canal rachidien s'accolent pour donner un **nerf mixte,** c'est-à-dire à la fois moteur et sensitif. A remarquer que sur le trajet de la racine postérieure se trouve un renflement ganglionnaire très important, appelé **ganglion spinal.**

b) *Substance blanche.* — La substance blanche de la moelle se dispose autour de la substance grise en formant de chaque côté les *trois cordons* que nous avons déjà indiqués : le **cordon antérieur,** le **cordon latéral** et le **cordon postérieur.**

Disposition et rapport des neurones dans la moelle épinière. — La moelle épinière comprend deux sortes de neurones : des *neurones moteurs* et des *neurones sensitifs.* Les premiers ou **neurones centrifuges,** puisque l'influx nerveux s'éloigne de la cellule, ont leurs cellules dans les cornes antérieures de la moelle et leurs cylindraxes s'échappent par les racines antérieures des nerfs rachidiens qui les conduisent jusqu'aux muscles où ils apporteront l'excitation motrice. Cette excitation est soumise à leurs dendrites, soit par les cellules de la moelle, soit par les neurones centrifuges venant du cerveau par les cordons antérieurs ou latéraux.

Les seconds ou **neurones centripètes,** puisque l'influx nerveux se dirige vers la cellule, ont leurs cellules en dehors de la moelle, dans les *ganglions spinaux ;* leurs prolongements externes ou dendrites reçoivent les impressions sensibles, par leurs arborisations terminales épanouies sous la peau, tandis que leurs prolongements internes ou cylindraxes pénètrent dans la substance blanche de la moelle et s'y divisent en deux branches, l'une *horizontale* se ramifiant autour des cellules motrices de la corne antérieure, l'autre *ascendante,* s'en allant au cerveau par les cordons postérieurs.

L'ENCÉPHALE

La formation de l'encéphale (*fig.* 247) se fait, comme on l'a vu, aux dépens de la vésicule primitive. Cette vésicule se divise en trois autres qui sont, en partant de la région qui correspond à la moelle épinière, les **vésicules postérieure, moyenne** et **antérieure ;** les diverses parties de l'encéphale dérivent de ces vésicules, savoir : de la vésicule postérieure, l'*arrière-cerveau* et le *cerveau postérieur ;* de la vésicule moyenne, le *cerveau moyen,* et de la vésicule antérieure, le *cerveau intermédiaire* et le *cerveau antérieur.*

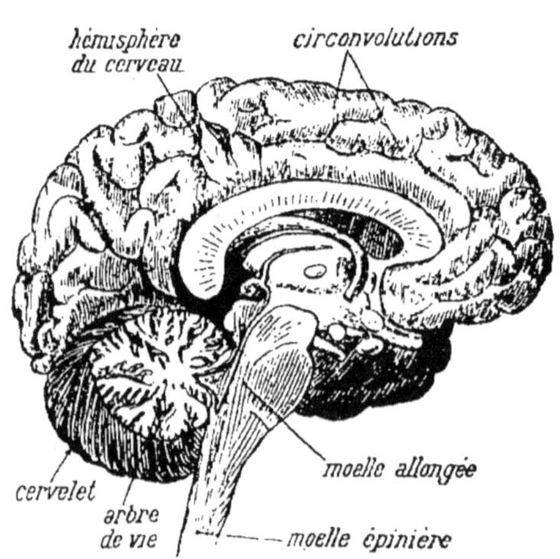

FIG. 256. — L'encéphale, coupé en long.

D'autre part, la *flexion de l'encéphale* sur la moelle épinière, déjà accentuée chez les Oiseaux et les Mammifères, du fait de l'accroissement plus rapide du cerveau que de la boîte cranienne, est encore beaucoup plus prononcée chez l'homme, où elle atteint la valeur de l'angle droit ; le sommet de la courbe est occupé par le cerveau moyen.

C'est grâce à cette courbure et à leur développement excessif que les **hémisphères cérébraux** arrivent à recouvrir en arrière toutes les autres parties de l'encéphale, de sorte qu'en ouvrant la boîte cranienne par sa face supérieure, on n'aperçoit que le cerveau proprement dit (*fig.* 256).

Ventricules de l'encéphale. — Chez l'adulte, les cavités des vésicules persistent sur le prolongement du canal médullaire, et prennent le nom de *ventricules*. Mais, au fur et à mesure que leurs parois s'épaississent, la forme de ces cavités se modifie, de sorte que finalement leur ensemble affecte la disposition suivante : 1° la cavité unique du *cerveau antérieur* est divisée en **deux ventricules latéraux** (*fig.* 257), par suite

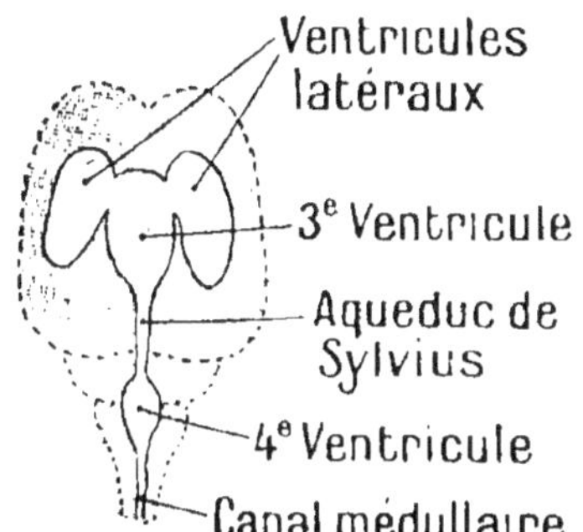

FIG. 257. — Schéma des ventricules cérébraux.

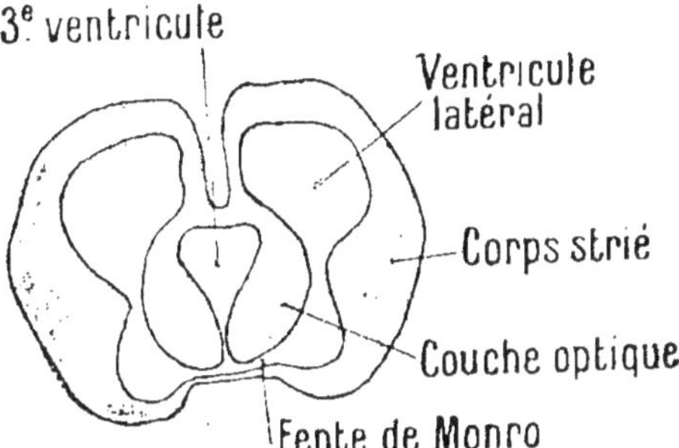

FIG. 258. — Coupe transversale schématique du cerveau en voie de formation.

du dédoublement de ce cerveau en deux masses constituant chacune un hémisphère cérébral ; chacune de ces cavités occupe la partie centrale d'un hémisphère ; 2° dans le *cerveau intermédiaire* se trouve le **troisième ventricule** (*fig.* 258), qui communique

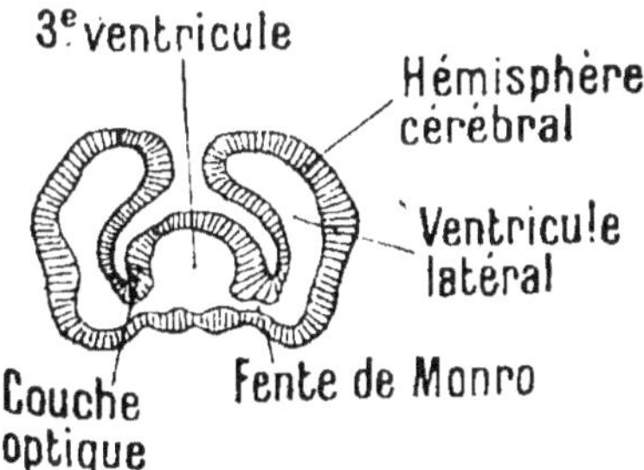

FIG. 259. — Coupe transversale de l'encéphale passant à la fois par le cerveau antérieur et le cerveau intermédiaire.

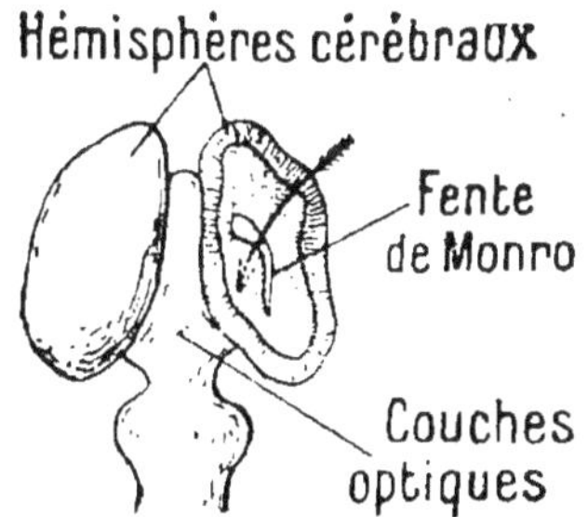

FIG. 260. — Schéma de l'encéphale, avec un des hémisphères ouvert pour montrer la fente par laquelle sa cavité communique avec le troisième ventricule.

en avant avec chacun des ventricules latéraux (*fig.* 259), primitivement par une fente (*fente de Monro*) (*fig.* 260), réduite, de chaque côté, par suite de soudure à un trou (*trou de Monro*) ; 3° la cavité du *cerveau moyen*, très aplatie, forme l'**aqueduc de Silvius**, continuant le troisième ventricule ; 4° le *cerveau postérieur* ou cervelet ne laisse persister qu'un minime ventricule, dit **ventricule cérébelleux** : 5° enfin l'*arrière-cerveau* présente une dépression à section triangulaire, le **quatrième ventricule** provenant de la paroi dorsale du bulbe qui, au lieu de s'épaissir, s'amincit de plus en plus à partir de la moelle, agrandit ainsi la cavité du canal médullaire et se réduit à la partie supérieure du bulbe à une mince membrane recouvrant en arrière le ventricule ainsi formé (*fig.* 263). Ce ventricule communique en arrière par une petite ouverture, le *trou de Magendie*, avec la cavité pleine de liquide qui entoure les centres nerveux, encéphale et moelle épinière.

En résumé, il y a donc lieu de distinguer dans l'encéphale des **ventricules pairs** (*ventricules latéraux*) et des **ventricules impairs** (*troisième et quatrième ventricules*), qui leur font suite et les réunissent avec le canal médullaire.

Diverses parties de l'encéphale. — L'encéphale étant la partie la plus compliquée du système nerveux, nous serons obligés, pour en donner une idée nette et précise, d'en simplifier la description en la schématisant le plus possible.

Nous allons donc étudier successivement les parties de l'encéphale données par les différents cerveaux, issus eux-mêmes des vésicules cérébrales.

a) *Arrière-cerveau.* — L'arrière-cerveau donne le **bulbe** ou moelle allongée. Le bulbe est une espèce de chapiteau à grande base supérieure, unissant la moelle épinière au cervelet ; sa paroi antérieure est épaissie, tandis que sa paroi dorsale mince est perforée par le *trou de Magendie*.

Le bulbe est composé comme la moelle de *substance grise* et de *substance blanche*, placées à peu près de la même manière ; il comprend également les *mêmes cordons*. En avant, les *cordons antérieurs*, volumineux, forment deux protubérances appelées **pyramides antérieures** et se prolongent dans le cerveau après s'être **entre-croisés** (*fig.* 261), celui de droite passant à gauche et inversement sous le nom de *faisceau pyramidal* par deux gros cordons, les **pédoncules cérébraux** (*fig.* 265). Les *cordons latéraux*, réduits, forment de chaque côté deux petites masses qui, à cause de leur aspect, prennent le nom d'**olives**; ils

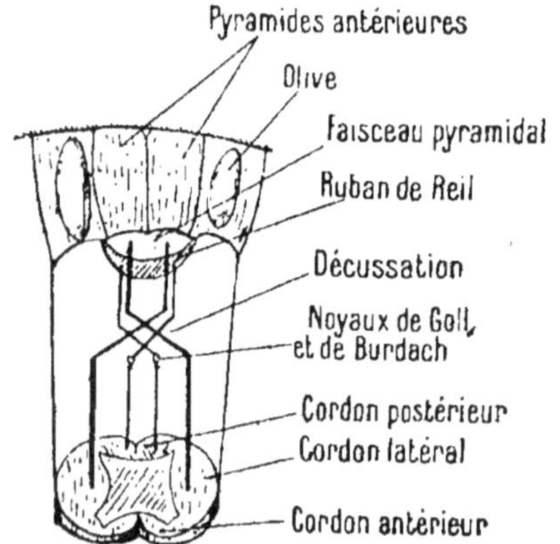

FIG. 261. — Passage des cordons de la moelle dans le bulbe.

Les cordons moteurs (antérieurs et latéraux) s'entre-croisent, tandis que les cordons postérieurs se terminent dans les noyaux de Goll et de Burdach, lesquels émettent des cylindraxes qui s'entre-croisent également et vont, derrière les cordons moteurs, pénétrer dans le cerveau avec les pédoncules cérébraux.

se continuent comme les cordons antérieurs, après **entre-croise-ment,** par le *faisceau pyramidal*, qu'ils viennent renforcer et pénètrent également dans le cerveau par les pédoncules cérébraux.

A la face dorsale, les *cordons postérieurs* s'écartent en V limitant le ventricule du bulbe ou quatrième ventricule ; ils forment latéralement des renflements qui constituent les **pyramides postérieures** (*fig.* 262) et se terminent dans des noyaux de substance grise **(noyaux de Goll et de Burdach)** ; les *dendrites*, émis par les *cellules nerveuses* qui constituent ces noyaux, s'articulent

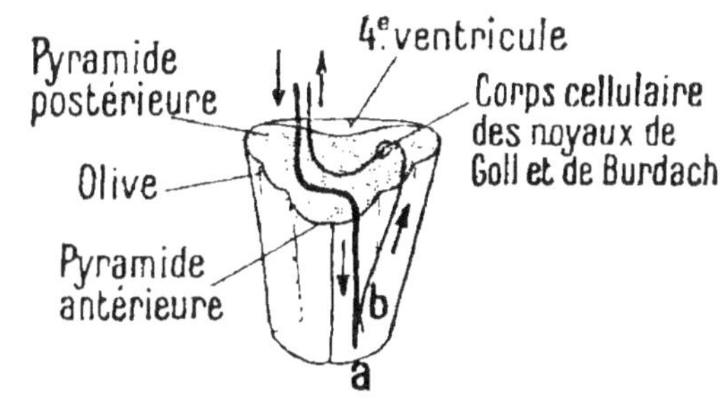

FIG. 262. — Figure schématique pour faire comprendre le croisement des fibres motrices *a* et sensitives *b* dans le bulbe.

Pour simplifier la figure, deux fibres droites seulement ont été représentées.

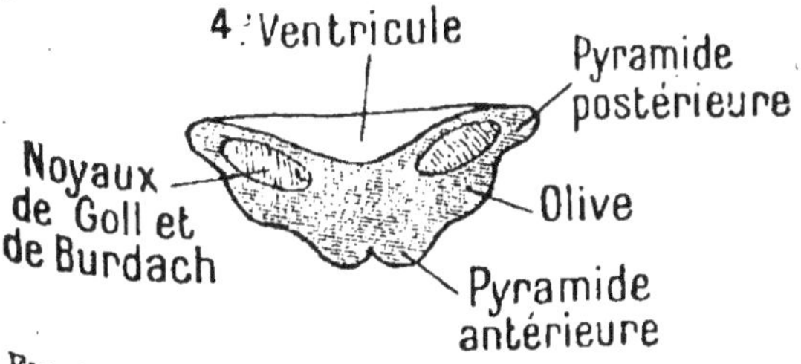

avec la terminaison *cylindraxile* des neurones des faisceaux postérieurs ascendants de la moelle ; ces cellules donnent elles-mêmes naissance à des prolongements cylindraxiles qui, après s'être **entre-croisés** (*fig.* 262) (*ceux de droite passant à gauche et inversement*) vont se placer derrière le *faisceau pyramidal* pour pénétrer avec lui dans le cerveau par les pédoncules cérébraux, sous le nom de *ruban de Reil* (*fig.* 261).

Les **pédoncules cérébraux** (*fig.* 265) sont donc formés par l'ensemble des **fibres motrices** (*faisceau pyramidal*) et **sensitives** (*ruban de Reil*) venant de la moelle, après **entre-croisement** au niveau du bulbe ; cet entre-croisement porte le nom de **décussation.**

FIG. 263. — Coupe transversale du bulbe rachidien.

Le **quatrième ventricule** (*fig.* 263), qui résulte de l'évasement du canal de l'épendyme de la moelle, a une section triangulaire dont la surface croît de bas en haut ; son plancher présente dans sa partie médiane une sorte de *plume* dessinée par des *fibres blanches* qui tranchent par leur aspect sur la substance grise du fond ; cette plume constitue le **calamus scriptorius** (*fig.* 264). Le *bec du calamus* se trouve à la partie inférieure de ce ventricule, au point où il vient s'ouvrir dans le canal médullaire. Nous verrons, en étudiant la physiologie du bulbe, l'importance de cette région.

b) *Cerveau postérieur.* — Le cerveau postérieur donne le **cervelet** : c'est une masse relativement volumineuse qui s'élève en arrière du bulbe ; sa face supérieure est complètement recouverte par les hémisphères cérébraux. Le cervelet comprend de chaque côté deux **hémisphères cérébelleux** pourvus de circonvolutions dont les principales le divisent en lobes. Ces hémisphères sont reliés en arrière par le *vermis médian*, ressemblant à un ver par ses nombreux sillons parallèles et horizontaux et en avant par la **protubérance annulaire** ou *pont de Varole*.

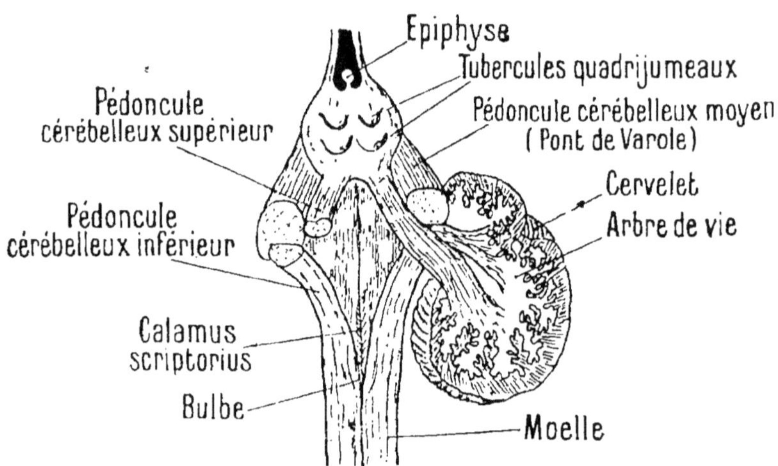

FIG. 264. — Schéma de la région postérieure de l'encéphale.

Sur une coupe (*fig.* 264), le cervelet présente une disposition inverse de la moelle en ce qui concerne la répartition des deux substances, blanche et grise ; la *substance grise est périphérique* de petite épaisseur, tandis que la *substance blanche est centrale,* abondante, affectant la forme d'*arborisations*, que l'on croyait être autrefois le siège de la vie, d'où son nom d'**arbre de vie.**

Le cervelet est relié aux autres parties du système nerveux par *trois paires de cordons blancs* : 1° les **pédoncules cérébelleux supérieurs**, qui mettent le cervelet en relation avec le cerveau ; 2° les **pédoncules cérébelleux inférieurs**, qui le relient aux cordons postérieurs de la moelle ; 3° enfin les **pédoncules cérébelleux moyens** qui forment, en avant, une bande de substance blanche réunissant les deux hémisphères cérébelleux et au travers de laquelle passent le *faisceau pyramidal* et le *ruban de Reil* venant du bulbe et allant au cerveau ; on donne à cette bande le nom de *pont de Varole*.

c) *Cerveau moyen*. — Le cerveau moyen donne les **tubercules quadrijumeaux** et les **pédoncules cérébraux**.

Les tubercules quadrijumeaux sont représentés en avant du bulbe par quatre masses nerveuses, deux de chaque côté du plan de symétrie de l'encéphale. La cavité embryonnaire s'est réduite à une simple fente (*aqueduc de Sylvius*) (*fig.* 265), s'ouvrant en avant et en arrière dans les troisième et quatrième ventricules.

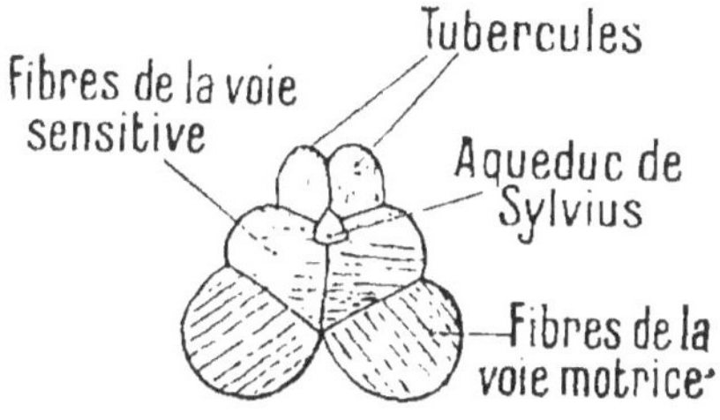

L'ablation de ces tubercules provoque la cécité, c'est-à-dire la perte de la vue, car ils sont l'origine des nerfs optiques ; aussi, vu leurs relations étroites avec l'œil, on leur donne souvent le nom de *lobes optiques*.

Fig. 265. — Coupe schématique des pédoncules cérébraux.

Au-dessous des tubercules quadrijumeaux et servant de plancher à l'aqueduc de Sylvius se trouvent les **pédoncules cérébraux**, qui conduisent les fibres motrices (*faisceau pyramidal*) et sensitives (*ruban de Reil*) allant du bulbe au cerveau. Le ruban de Reil, étant dans le bulbe en arrière du faisceau pyramidal, lui devient supérieur dans les pédoncules cérébraux, à cause de la flexion en avant de l'encéphale.

d) *Cerveau intermédiaire*. — Le cerveau intermédiaire forme l'**épiphyse**, les **couches optiques** et les **corps striés**.

L'*épiphyse* ou *glande pinéale* est un petit organe rouge, ainsi nommé à cause de sa ressemblance avec une pomme de pin ; il est situé dans la dépression des deux tubercules quadrijumeaux antérieurs.

Les *couches optiques* (*fig.* 269) sont deux masses ovoïdes grisâtres situées en avant des tubercules quadrijumeaux et unies l'une à l'autre par une bande de substance grise (*commissure grise*). Elles limitent le troisième ventricule qui communique, par deux ouvertures, les *trous de Monro*, avec les ventricules latéraux.

Les *corps striés* (*fig.* 269) sont des masses nerveuses grisâtres situées en dehors des couches optiques. D'abord, séparés de celles-ci, ils finissent par se souder plus ou moins avec elles, formant ce qu'on appelle les *corps opto-striés* qui partagent en deux étages le ventricule latéral ; ces deux étages ne communiquent entre eux qu'en avant et en arrière des corps opto-striés.

e) *Cerveau antérieur*. — Le cerveau antérieur donne les **hé-**

misphères cérébraux ; par son développement considérable, il recouvre toutes les autres parties de l'encéphale, ne laissant apercevoir en arrière qu'une partie du cervelet. Son poids moyen est de 1.200 à 1.300 grammes, alors que le poids total de l'encéphale n'est que de 1.350 à 1.400 grammes.

Un sillon antéro-postérieur profond (*faux du cerveau*) dédouble le cerveau en deux hémisphères. Chacun d'eux, d'abord *lisse* à la surface, ne tarde pas, au fur et à mesure de son développement, à se *plisser* et à présenter des **circonvolutions** (*fig* 626). plus ou moins accentuées (*fig.* 268). Les premières formées, comme la *scissure de Sylvius, le sillon de Rolando, le sillon perpendiculaire*, sont très accentuées ; elles partagent le cerveau

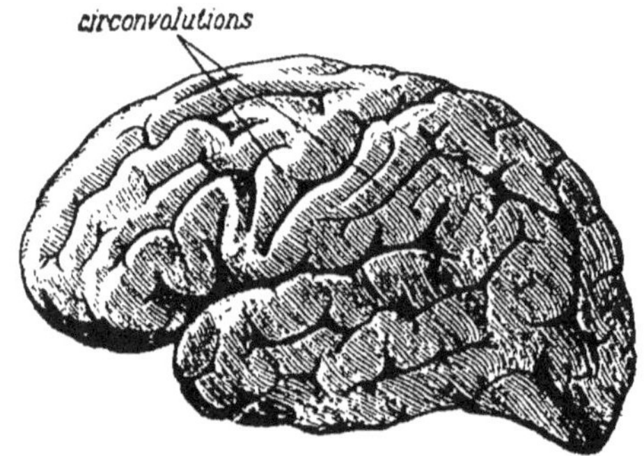

FIG. 266. — Le cerveau vu de côté.

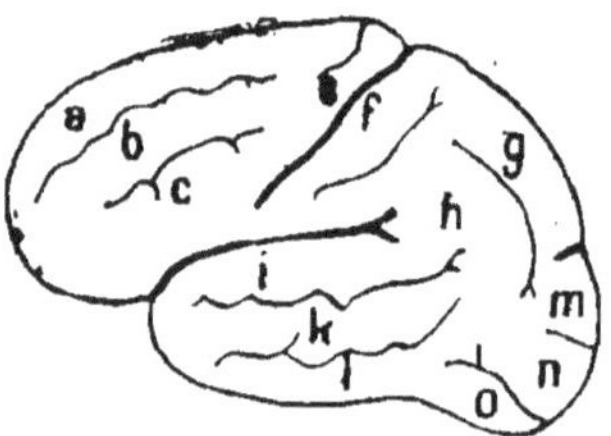
FIG. 267. — Les circonvolutions cérébrales.

en *quatre lobes :* le *lobe frontal*, le *lobe pariétal*, le *lobe occipital* et le *lobe temporal* situés dans la région des os de même nom. A leur tour, ces lobes se divisent, le premier en quatre circonvolutions les autres en trois chacun, ce qui porte à treize le nombre de circonvolutions (*fig.* 267) pour chaque hémisphère.

Les deux hémisphères sont réunis transversalement par une voûte de substance blanche appelée **corps calleux** (*fig.* 269) ; au-dessous se trouve une membrane verticale médiane, transparente (*septum lucidum*) qui sépare complètement les ventricules latéraux ; cette membrane présente parfois un dédoublement en son milieu, qui forme une petite cavité connue sous le nom de *cinquième ventricule.*

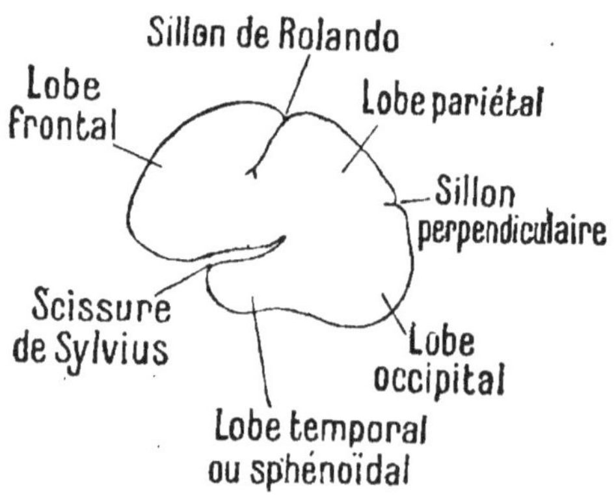

FIG. 268. — Schéma des lobes du cerveau (vu de côté).

Enfin, sous le *septum lucidum*, est un autre pont de substance blanche, jeté entre les deux hémisphères, le *trigone cérébral*, qui a la forme d'un triangle isocèle dont la pointe est en avant et les sommets postérieurs en arrière ; ce trigone formant une voûte est souvent connu sous le nom de *voûte à trois piliers.*

La **substance grise** (*fig.* 270) est à l'extérieur comme dans le cervelet ; elle forme *l'écorce cérébrale* et ne présente que 2 ou 3 millimètres d'épaisseur. Elle est essentiellement formée par les *corps cellulaires de nombreux neurones.* Ces corps cellulaires sont de deux sortes : les uns, petits, produisent de courts cylindraxes réunissant entre eux les deux hémisphères ou diverses parties du cerveau ; les autres plus volumineux,

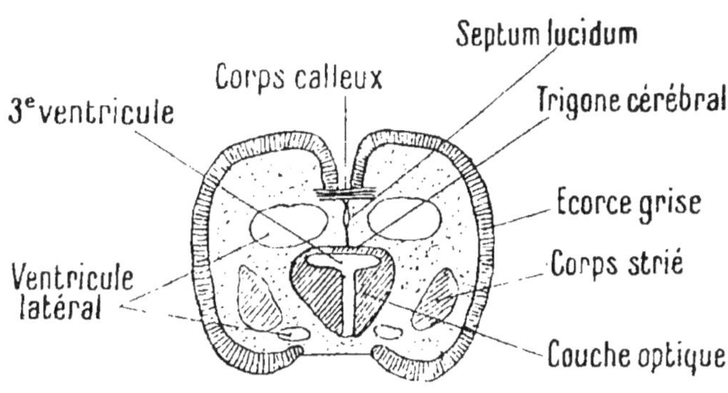

FIG. 269. — Coupe transversale schématique du cerveau.

de forme **pyramidale**, portent de nombreux dendrites qui s'articulent avec les ramifications des cylindraxes ascendants émis par les cellules sensitives des *noyaux de Goll et de Burdach* du bulbe ; ils se prolongent par de longs cylindraxes descendants qui passent entre les couches optiques et les corps striés, par ce qu'on

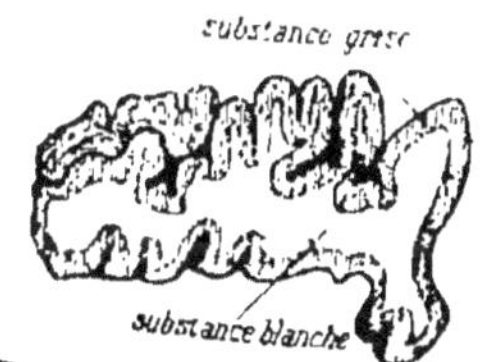

FIG. 270. — Une portion du cerveau, coupée en travers.

appelle la *capsule interne.* Puis ils se continuent à la base du cerveau par les pédoncules cérébraux et forment le *faisceau pyramidal*, qui se rend dans le bulbe et la moelle, constituant ainsi la **voie motrice.**

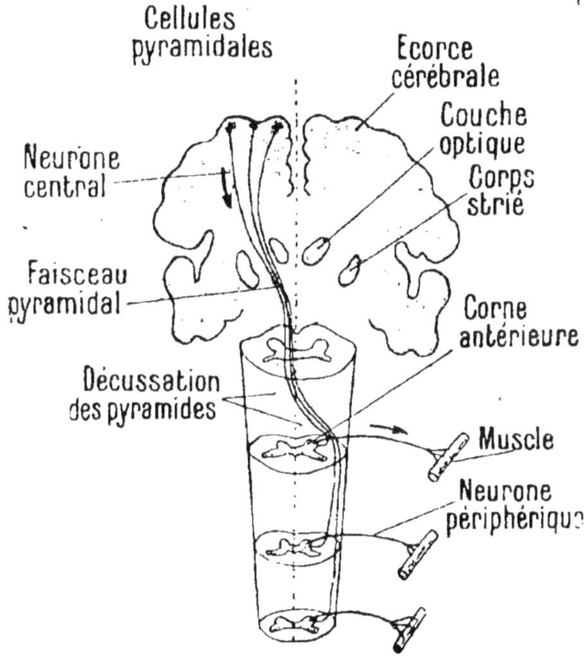

FIG. 271. — Schéma de la voie nerveuse motrice.

Il en résulte que l'écorce cérébrale est le centre où aboutissent les impressions sensibles en même temps que celui où elles se transforment en *excitation volontaire* des muscles

En somme, la **voie motrice** (*fig.* 271) se compose de *deux neurones articulés* entre eux ; l'un de ces neurones est dit central, l'autre périphérique.

Le **neurone central** a son corps cellulaire dans l'écorce cérébrale de la région motrice : des *dendrites* se ramifient dans cette écorce. Son *prolongement cylindraxile* traverse la capsule interne, gagne le faisceau pyramidal des pédoncules cérébraux et arrive enfin au bulbe à travers le pont de Varole ; là il franchit la ligne médiane pour passer du côté opposé, descend la moelle et aboutit à une cellule de la corne antérieure grise autour de laquelle il se ramifie.

Le **neurone périphérique** a son corps cellulaire dans les cornes antérieures de la moelle : ses dendrites s'articulent avec les extrémités du prolongement cylindraxile du neurone central ; quant à son prolongement cylindraxile, il sort par les racines antérieures et va aboutir aux **muscles** par les nerfs rachidiens.

La **voie sensitive** (*fig.* 272) se compose également de deux neurones articulés entre eux. Le **neurone périphérique** a son corps cellulaire dans les ganglions spinaux ; son dendrite allongé va au nerf mixte rachidien, tandis que son prolongement cylindraxile traverse la racine postérieure du même nerf, et avec elle, pénètre dans la moelle où il se ramifie ; de ces divisions les unes s'épanouissent autour des cellules motrices de la corne antérieure, les autres remontent, à travers les cordons de Goll et de Burdach, jusqu'aux noyaux de même nom où ils se terminent. Or les cellules de ces noyaux sont précisément les *corps cellulaires des neurones centraux* ; c'est donc là que se fait l'articulation du neurone sensitif central et du neurone périphérique. Le **neurone sensitif central**, né des noyaux de Goll et de Burdach, envoie son prolongement cylindraxile après entre-croisement, celui de gauche passant à droite et inversement, jusque dans l'écorce cérébrale de la région motrice ; ses arborisations se ramifient autour des dendrites des cellules motrices.

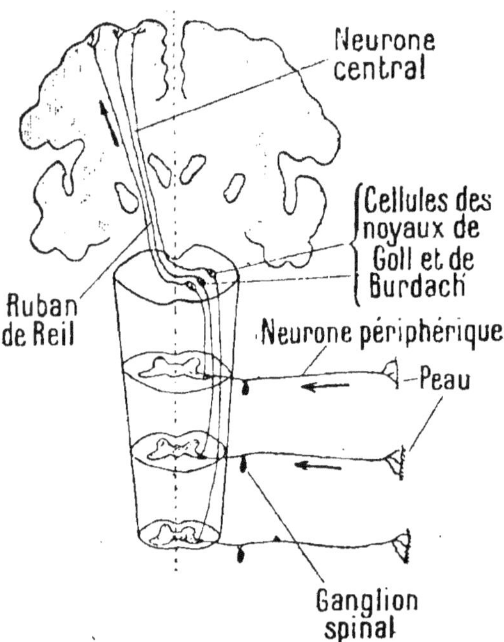

Fig. 272. — Schéma de la voie nerveuse sensitive.

Comme on le voit, il y a **analogie entre les voies motrice et sensitive** ; chacune d'elles est croisée au niveau du bulbe et constituée par deux neurones ; il en résulte, comme nous le verrons en étudiant la physiologie du système nerveux, que l'hémisphère droit du cerveau reçoit les impressions et commande aux muscles de la moitié gauche du corps et inversement, de sorte que si l'hémisphère cérébral gauche est malade, c'est le côté droit du corps qui est anesthésié et paralysé c'est-à-dire qui est dépourvu de sensibilité et de mouvement.

ENVELOPPES DES CENTRES NERVEUX : LES MÉNINGES

Les centres nerveux (*encéphale et moelle épinière*), d'abord protégés par le squelette (*crâne et colonne vertébrale*), sont entourés en outre par un revêtement formé de trois membranes (*dure-mère, pie-mère, arachnoïde*) appelées **méninges** (*fig.* 273).

La **dure-mère,** située à l'extérieur, est adhérente au canal rachidien par des filaments fibreux.
De nature conjonctive, très résistante, elle est la véritable membrane protectrice de la moelle et constitue un étui au sein duquel celle-ci peut flotter librement. De chaque côté elle se continue jusqu'aux trous de conjugaison des vertèbres par où s'échappent les nerfs et se confond peu à peu avec leur enveloppe conjonctive.

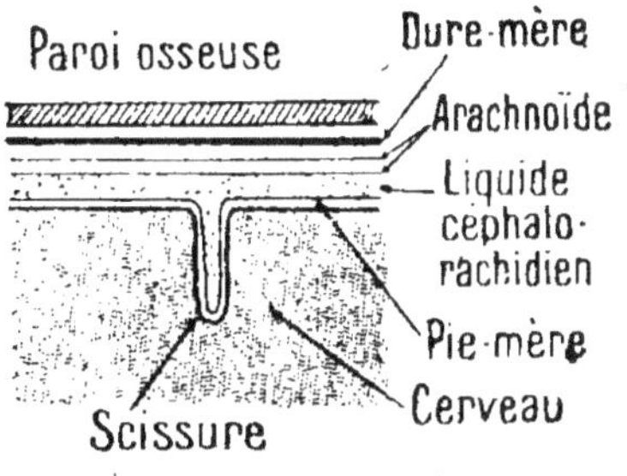

FIG. 273. — Schéma de la superposition des méninges.

La **pie-mère** est la méninge interne ; elle est intimement adhérente aux centres nerveux qu'elle suit dans tous leurs contours ; c'est elle qui renferme leurs vaisseaux nourriciers : c'est donc une *membrane vasculaire.*

Entre ces deux membranes est une séreuse, l'**arachnoïde,** dont le feuillet externe est adjacent à la *dure-mère,* et le feuillet interne séparé de la *pie-mère* par l'*espace sous-arachnoïdien.* Elle est reliée à cette dernière par des filaments fins comme des *fils d'araignée,* ce qui lui a valu son nom d'*arachnoïde.* Cette séreuse sécrète un liquide qui se trouve en petite quantité entre les deux feuillets, mais remplit tout l'espace sous-arachnoïdien, permettant aux vaisseaux sanguins de la pie-mère de se dilater quand il y a afflux de sang, sans comprimer la substance nerveuse qui est au-dessous : ce liquide porte le nom de **liquide céphalo-rachidien,** car il pénètre également dans le canal de l'épendyme et les ventricules du cerveau par le *trou de Magendie.* Lorsque le cerveau travaille, le sang lui arrive en abondance ; il y a dilatation de la matière cérébrale et passage d'une partie du liquide des ventricules dans le canal rachidien ; de la sorte l'équilibre et les cellules nerveuses du cerveau ne sont pas comprimées et peuvent fonctionner normalement. Le liquide céphalo-rachidien a donc pour rôle essentiel de protéger et d'assurer le bon fonctionnement des centres nerveux.

LES NERFS

Les nerfs sont des cordons nacrés formés par les fibres nerveuses en dehors des centres et allant dans les tissus environnants.

L'encéphale, n'étant en somme que la partie antérieure de la moelle, donne comme celle-ci naissance à des nerfs; il y en a donc

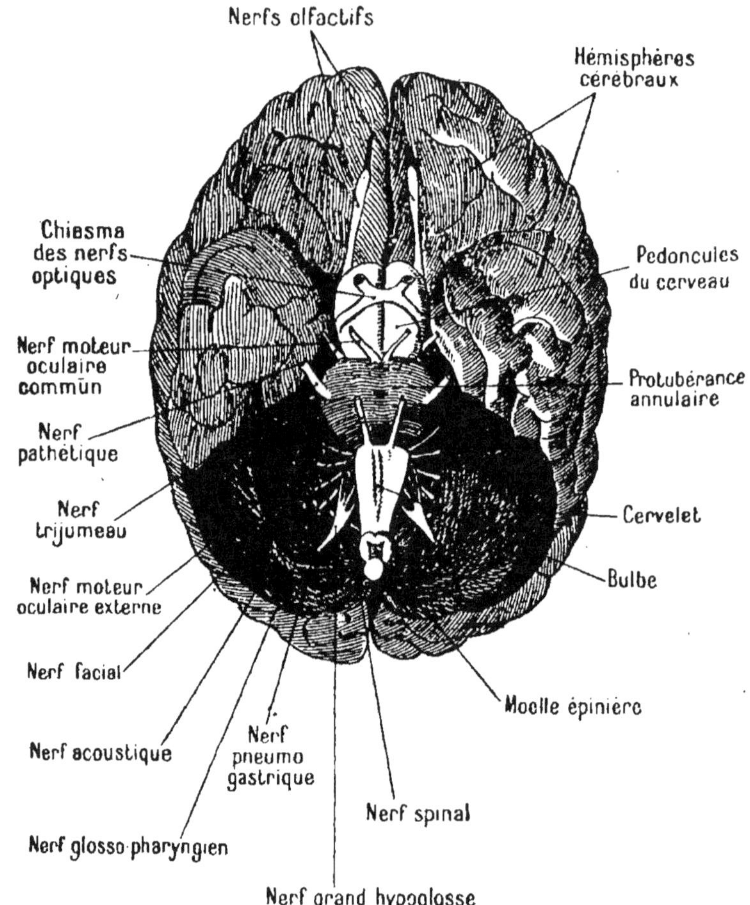

Fig. 274. — Encéphale, vu par la face inférieure et montrant notamment l'origine de douze paires de nerfs craniens.

de *deux catégories* : les **nerfs craniens** venant de l'encéphale et les **nerfs rachidiens** venant de la moelle.

Nerfs craniens. — Les nerfs craniens sortent par de petits orifices percés dans la boîte cranienne et vont dans les organes avoisinants : muscles, organes des sens, voire même aux poumons, à l'estomac et au cœur. Ces nerfs, au nombre de **douze paires** (*fig.* 274), sont souvent désignés simplement par leur ordre d'émergence en partant de la partie antérieure du cerveau. Les principaux sont : le *nerf olfactif*, les *nerfs optiques* (qui s'entrecroisent pour former le chiasma (*fig.* 275), le *trijumeau* ou nerf sensible de la face, le *facial* ou nerf moteur des muscles de la face, le *nerf auditif*, le *pneumogastrique*, qui innerve le cœur, les poumons et l'estomac, et le *glosso-pharyngien* ou nerf du goût.

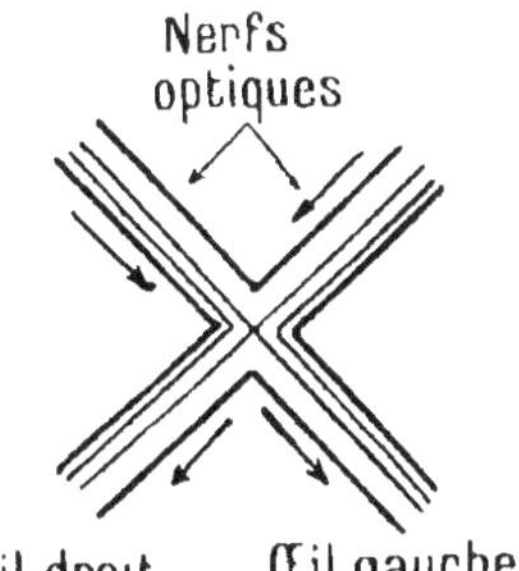

FIG. 275. — Chiasma des nerfs optiques.

Nerfs rachidiens. — Les trente et une paires de nerfs rachidiens naissent, comme on l'a déjà vu, de chaque côté de la moelle épinière par deux racines (*fig.* 255) : l'une *antérieure*, **motrice**, l'autre *postérieure*, **sensitive**, racines qui s'accolent et sortent ensemble par les trous de conjugaison des vertèbres; ces nerfs sont donc **mixtes.**

LE GRAND SYMPATHIQUE

Le système nerveux grand sympathique (*fig.* 276) se compose essentiellement de *deux grands cordons nerveux*, qui s'étendent de chaque côté de la face interne de la colonne vertébrale. De distance en distance ces cordons présentent des renflements ou **ganglions**

FIG. 276. — Schéma de l'ensemble du grand sympathique.

de couleur rosée; d'une manière générale il y en a un de chaque côté par espace intervertébral.

De chaque ganglion partent des filaments nerveux. Les uns s'en vont en arrière rejoindre la moelle épinière en s'accolant aux nerfs rachidiens correspondants : on les appelle *rameaux communicants ;* ils relient le système sympathique au système cérébro-spinal. Les autres filets nerveux issus des ganglions se dirigent au contraire en avant et vont se ramifier autour des viscères (*poumons, coeur, estomac*) en s'adjoignant des filets issus des *nerfs pneumogastriques*, pour former des réseaux compliqués appelés **plexus.** Ceux-ci présentent de nombreux renflements ganglionnaires, et se terminent par des rameaux à l'intérieur des viscères.

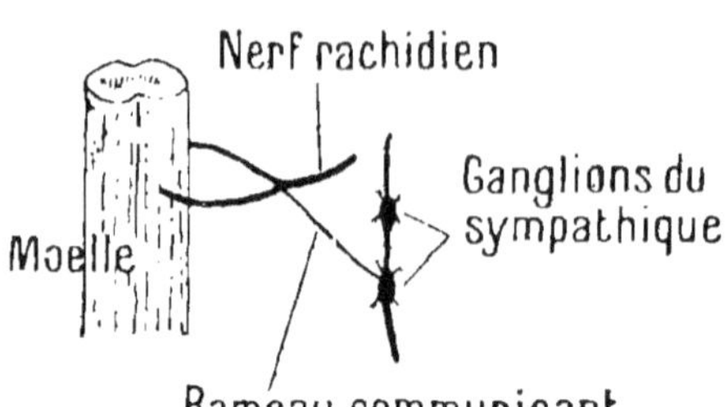

FIG. 277. — Relation du grand sympathique avec la moelle.

Le système nerveux du grand sympathique n'est donc pas isolé, mais en relation étroite avec le système cérébro-spinal : il est, en effet, relié au cerveau par l'intermédiaire des trois ganglions intra-craniens qui se rattachent aux branches du trijumeau et à la moelle épinière par les *rameaux communicants* (*fig.* 277).

<h2 align="center">Physiologie du système nerveux</h2>

La physiologie, c'est-à-dire les fonctions du système nerveux qui nous intéressent à un si haut point par leurs relations avec les facultés les plus élevées de notre esprit, a encore bien des côtés mystérieux.

Le peu qu'on en sait a été découvert soit par des expériences sur les animaux, soit par les maladies ou les blessures dont le système nerveux de l'homme peut être le siège. Les expériences se font surtout sur des *animaux à sang froid*, comme les grenouilles, qui supportent les mutilations plus facilement que les animaux à sang chaud, Mammifères et Oiseaux. Cependant, pour constater que les choses se passent de la même façon chez ces derniers, et avoir quelque droit de penser qu'il en est de même chez l'homme, on a fait quelques expériences sur des Oiseaux, comme le pigeon et la poule, et sur des Mammifères, comme le lapin, le chien, le mouton, etc.

Nous allons étudier ce qu'on sait actuellement des fonctions du système nerveux en partant des *nerfs* pour suivre ensuite l'ordre indiqué par la complication croissante des centres nerveux, *moelle* et *encéphale*.

FONCTIONS DES NERFS

On a constaté que, si on coupe un nerf se rendant à un membre, celui-ci devient insensible et incapable de se mouvoir. On peut le piquer, le brûler, sans que l'animal manifeste aucune douleur et essaye de retirer le membre. Les terminaisons nerveuses des organes du toucher et des muscles sont cependant intactes. On a seulement supprimé leur communication avec les centres nerveux. Il faut en conclure que le nerf à lui seul est incapable de sentir ou incapable de provoquer le mouvement. L'aide d'un centre nerveux est donc absolument nécessaire.

Le nerf n'est donc qu'un conducteur, qui relie le centre nerveux soit à la peau, soit à un organe des sens, soit à un muscle. Si une impression se produit sur un organe des sens, le nerf la transmet au centre nerveux qui l'apprécie. Cette impression devient alors une sensation agréable ou désagréable. Si la nécessité d'un mouvement s'impose, c'est encore le centre nerveux qui l'ordonne au muscle, par l'intermédiaire du nerf servant comme conducteur de l'ordre. De là, la comparaison que l'on fait souvent des nerfs avec les fils télégraphiques. Mais est-ce le même nerf qui agit dans les deux cas? Ici encore l'expérience a pu répondre et a permis d'établir une distinction entre les nerfs rachidiens et les nerfs craniens, au point de vue de leurs fonctions.

a) **Nerfs rachidiens.** — On a vu que chaque *nerf rachidien* prend naissance sur la moelle par **deux racines** (*fig.* 255), l'une antérieure, l'autre postérieure. Un chirurgien anglais nommé Bell, en 1811, puis un savant français, Magendie, en 1821, et beaucoup d'autres depuis, ont eu l'idée de couper seulement l'une de ces deux racines. Ils ont constaté ainsi que, si on **coupe la racine postérieure** seule, on **supprime la sensibilité** dans la région où se rend le nerf sans supprimer le mouvement.

Inversement, si on **coupe la racine antérieure** seule, on **supprime le mouvement** sans supprimer la sensibilité. Ceci montre donc que le nerf rachidien, en apparence unique, est en réalité double par l'accolement d'un nerf sensitif et d'un nerf moteur : c'est un **nerf mixte.**

b) **Nerfs craniens.** — Les nerfs craniens, au contraire, comme nous l'avons déjà vu, sont rarement *mixtes* ; en général ils sont ou **moteurs,** c'est-à-dire conduisent les excitations parties du cerveau aux *muscles* comme le nerf facial, ou **sensitifs,** c'est-à-dire transportent les *impressions périphériques* au cerveau comme le nerf optique qui est le nerf de la vision. Les nerfs craniens n'ont donc en général qu'une racine qui correspond, pour les *nerfs moteurs, à la racine antérieure des nerfs rachidiens* et pour les *nerfs sensitifs, à la racine postérieure :* dans le cas où ces nerfs sont **mixtes,** comme le glosso-pharyngien, ils possèdent comme les **nerfs** rachidiens deux racines, l'une sensitive, l'autre motrice.

Remarquons que les nerfs craniens *exclusivement sensitifs* comme les nerfs olfactifs, optiques, auditifs qui se rendent aux organes des sens, ne peuvent être impressionnés que par des excitations déterminées ; ainsi le nerf olfactif ne pourra être impressionné que par les odeurs, le nerf optique que par la lumière, le nerf auditif que par le son ; ces nerfs craniens à *sensibilité spéciale* prennent le nom de **nerfs sensoriels.**

Les nerfs craniens mixtes ont, au contraire, leurs fibres sensitives de même nature que celles des nerfs rachidiens, autrement dit, ces fibres sont de *sensibilité générale* pour les parties de l'organisme où elles se rendent ; la seule différence, c'est que les premiers distribuent surtout leurs rameaux dans la tête, tandis que les seconds innervent principalement le thorax et les membres.

FONCTIONS DE LA MOELLE ÉPINIÈRE

La moelle épinière a une double fonction correspondant à ses deux substances : elle peut jouer par sa *substance grise* le rôle de **centre nerveux** et par sa *substance blanche* le rôle de **cordon nerveux.**

a) **Rôle de la moelle épinière comme centre nerveux : réflexes.** — Lorsqu'une excitation est produite à la surface du corps, la moelle est capable d'engendrer, par sa substance grise, sans l'action de la volonté, c'est-à-dire sans l'intervention du cerveau, un *mouvement inconscient* que l'on appelle **mouvement réflexe.**

Ainsi supposons qu'on décapite une grenouille, c'est-à-dire qu'on ne conserve comme centre nerveux que la moelle épinière. L'animal ainsi privé de son encéphale reste immobile et ne donne plus signe de volonté. Cependant il est, pendant quelque temps encore, capable de réagir aux excitations dont il est l'objet.

Ainsi, si on pince une patte ou si on y dépose une goutte d'acide sulfurique, qui produit une brûlure, l'animal retire sa patte. Chose plus curieuse encore, l'animal jeté à l'eau se met à nager. Seulement il nage en ligne droite, se heurtant aux obstacles qui se trouvent sur sa route.

Ce sont là des **actes réflexes,** inconscients. On en a conclu que **la moelle est le siège de ces réflexes,** ou au moins des plus simples d'entre eux.

Ces actes réflexes sont fréquents chez l'homme ; ainsi, lorsqu'on chatouille le pied d'une personne endormie, elle le retire instinctivement sans l'action de la volonté. Chez le nouveau-né, tous les mouvements sont presque réflexes, puisque l'écorce cérébrale et le faisceau pyramidal ne sont pas encore complètement développés au moment de la naissance ; il ne saurait donc y avoir des mouvements volontaires au début de la vie.

Comment expliquer ces actes réflexes? Les excitations produites par les impressions périphériques sont transmises à la moelle par les fibres sensibles de la racine postérieure du nerf rachidien dont le corps cellulaire est dans le ganglion spinal (*fig.* 278); or ces fibres, avant de s'élever par les *cordons postérieurs* jusqu'au bulbe, pour de là gagner le cerveau, émettent, comme nous l'avons vu, plusieurs *ramifications collatérales* qui pénètrent dans la corne postérieure de la moelle, et vont, au travers de la substance grise, distribuer leurs cylindraxes au voisinage des *dendrites* des cellules motrices de la corne antérieure ; celles-ci, excitées, transmettent leur excitation par leur cylindraxe aux muscles innervés par le nerf rachidien correspondant.

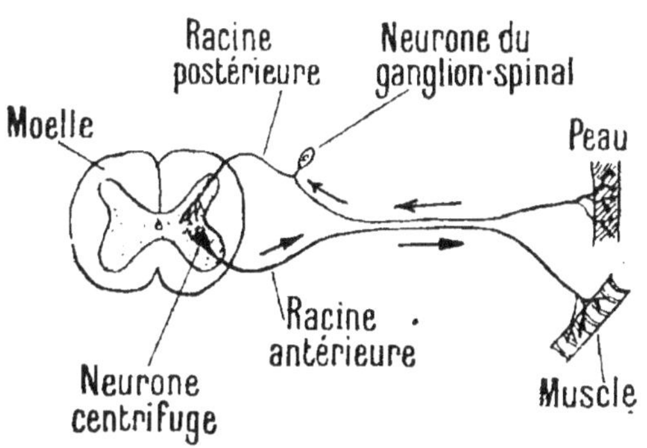

FIG. 278. — Schéma d'un réflexe.

Il n'y a donc *pas de voie spéciale pour les réflexes.* Tandis que, pour les mouvements volontaires, consécutifs à des impressions extérieures, il y a mise en activité de quatre neurones, deux périphériques et deux centraux, pour les **mouvements réflexes,** seuls les **deux neurones périphériques** entrent en jeu par suite de leur union par des collatérales cheminant d'arrière en avant, à travers la substance grise de la moelle.

Remarquons que très souvent un mouvement volontaire peut suivre de très près un mouvement réflexe. L'excitation de la fibre sensitive gagne en effet le neurone central dont le corps cellulaire est dans les noyaux de Goll et de Burdach du bulbe, et avec lui le cerveau, par les cordons postérieurs de la moelle, et si, dans l'exemple précédent, le dormeur se réveille et chasse l'importun avec l'autre pied, il y a là **acte volontaire**. Le cerveau, en effet, par une de ces cellules motrices en relations avec les fibres sensitives ascendantes, a excité son cylindraxe descendant, dont les arborisations terminales sont en rapport avec les dendrites du neurone moteur périphérique qui a son corps cellulaire dans la racine antérieure de la moelle ; ce neurone transmet l'excitation cérébrale reçue aux muscles où se rend le nerf rachidien dont il fait partie ; il y a donc dans le mouvement produit intervention du cerveau, c'est-à-dire *acte volontaire*.

b) **Rôle de la moelle épinière comme cordon nerveux.** — La moelle joue plus souvent le rôle de cordon nerveux que celui de centre nerveux ; c'est elle, en effet, qui met en relation par ses nerfs rachidiens l'encéphale avec la peau et les muscles des membres et du thorax.

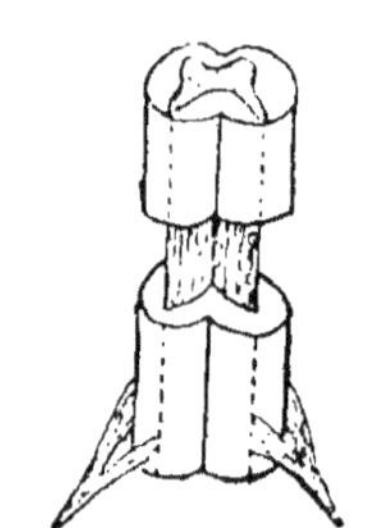

C'est à la *substance blanche*, comme le montre l'expérience suivante, qu'est dévolu le rôle conducteur de la moelle.

En coupant transversalement, sur une hauteur de quelques millimètres, les *cordons blancs* (*fig.* 279) qui entourent la substance grise, on constate, en effet, que toutes les parties du corps innervées par les nerfs rachidiens qui dérivent de la partie de la moelle située au-dessous de la section, sont *dépourvues de mouvement et de sensibilité;* ainsi, si la section a été faite à la base de la région dorsale, les membres inférieurs sont insensibles et paralysés. **La conduction se fait donc par la substance blanche de la moelle.**

Fig. 279. — Section complète de la substance blanche.

Mais de même que, dans les nerfs rachidiens, il y a, à l'origine, séparation de la *conductibilité sensitive* et de la *conductibilité motrice*, la première *centripète*, s'effectuant par la *racine postérieure*, la seconde *centrifuge*, s'effectuant par la *racine antérieure*, il doit également y avoir dans la moelle, comme nous l'avons déjà indiqué, des **voies sensitives** et des **voies motrices**.

Comment a-t-on pu les déterminer? Supposons qu'au lieu de faire, comme dans l'expérience précédente, une section complète de la substance blanche, on limite cette section aux cordons postérieurs (*fig.* 280) : on constate que la partie de l'organisme qui reçoit des nerfs rachidiens issus de la région située au-dessous de la section reste encore pourvue de mouvement, mais est devenue complètement *insensible ;* il en résulte donc que les **fibres des**

cordons postérieurs sont centripètes, c'est-à-dire sont *conductrices de la sensibilité* et continuent, comme nous l'a montré l'anatomie de la moelle, les fibres des racines postérieures des nerfs rachidiens.

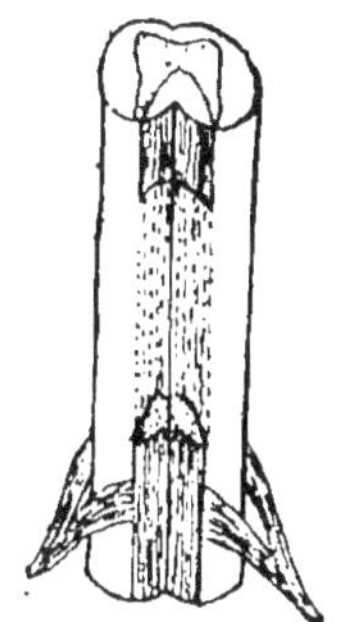

FIG. 280. — Section des cordons postérieurs.

Si, au lieu de sectionner les cordons postérieurs de la moelle, on sectionne au même niveau les **cordons antérieurs** et les *cordons latéraux* (*fig.* 281), il y a cette fois *paralysie* au-dessous de la section et conservation de la sensibilité; les fibres de ces cordons **sont donc centrifuges,** c'est-à-dire *conductrices de la motricité* et se continuent par l'intermédiaire du corps cellulaire du neurone moteur périphérique par les racines antérieures des nerfs rachidiens.

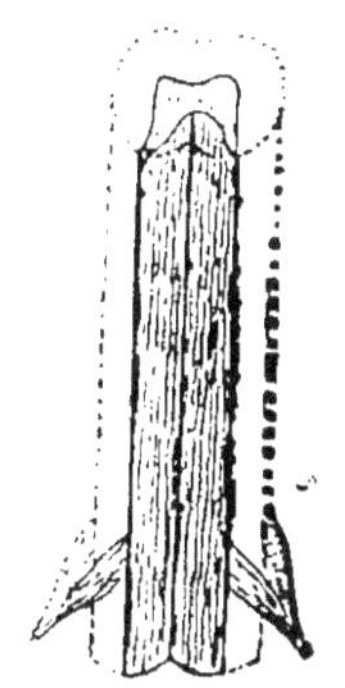

FIG. 281. — Section des cordons antéro-latéraux.

En résumé, le pouvoir conducteur de la moelle est donc dévolu à la substance blanche, la *voie sensitive* **centripète** étant constituée par les *cordons postérieurs,* la *voie motrice* **centrifuge** par les *cordons antéro-latéraux.*

FONCTIONS DE L'ENCÉPHALE

Les fonctions de l'encéphale se ramènent à celles de ses diverses parties constitutives.

a) **Fonctions du bulbe rachidien.** — Le bulbe, constitué comme la moelle, est, comme elle, une *région conductrice* et un *centre de réflexes.*

1º *Rôle conducteur.* — Les cordons moteurs de la moelle se prolongent dans le bulbe et, après **entre-croisement** de leurs fibres, celles de droite passant à gauche et inversement (*décussation des pyramides*), gagnent le cerveau par les pédoncules cérébraux, sous le nom de **faisceau pyramidal.**

Mais, en suivant ainsi leur parcours dans le sens ascendant ou centripète, on suit l'ordre inverse du courant nerveux qu'elles conduisent, puisque ces fibres sont descendantes, ou **centrifuges** et proviennent des cellules motrices de l'écorce cérébrale. D'ailleurs le faisceau pyramidal dans sa portion supérieure comprend un certain nombre de fibres qui ne descendent pas jusque dans la moelle, mais s'arrêtent, *après entre-croisement,* dans les noyaux du bulbe ou de la protubérance qui contiennent les corps cellulaires des neurones moteurs périphériques de quelques nerfs craniens ; l'entre-croisement de ces fibres se fait donc à un niveau plus élevé que celui des fibres médullaires.

Les *fibres des cordons postérieurs* se terminent, comme nous l'avons vu, dans les *noyaux de Goll et de Burdach*, du même côté ; les cylindraxes qui émanent des corps cellulaires de ces noyaux s'entre-croisent alors avec ceux du côté opposé à un niveau légèrement plus élevé que la décussation des pyramides. Ils remontent ensuite dans le bulbe et la protubérance sous le nom de *ruban de Reil*, en se plaçant derrière les faisceaux pyramidaux, et de là gagnent le cerveau avec les pédoncules cérébraux.

2° *Centre réflexe.* — Le bulbe est un centre réflexe de la plus haute importance, car ces réflexes agissent sur le *cœur*, les *poumons* et les *sécrétions*. Ainsi, si on enlève toutes les autres parties du cerveau à un pigeon, il continue à vivre, tandis qu'il tombe foudroyé si on le blesse dans la région du *calamus scriptorius ;* aussi donne-t-on à cette région qui tient la vie sous sa dépendance, en étant le centre des mouvements respiratoires, le nom de **nœud vital.**

On sait que si on pique le bulbe à différents niveaux, on provoque successivement, en allant de haut en bas, l'*albuminurie* (présence d'albumine dans l'urine), la *glycosurie* (présence de glucose ou sucre dans l'urine,) la *polyurie* (sécrétion abondante d'urine) et enfin la *mort* par lésion des origines du nerf pneumogastrique, qui tient la respiration et la circulation sous sa dépendance.

b) **Fonctions du cervelet.** — Le cervelet, en raison de ses rapports avec le reste de l'encéphale, par ses pédoncules cérébelleux supérieurs et inférieurs, a surtout pour rôle la **coordination des mouvements.** Lorsqu'on enlève le cervelet à un animal, il se débat avec force, mais il lui est impossible d'adapter ses mouvements à un but utile et déterminé ; ainsi il ne peut se tenir en équilibre, il tombe dès qu'il essaye de marcher.

Par contre, la *sensibilité* reste intacte ; il en résulte donc que le cervelet sert principalement à *coordonner les mouvements volontaires* en vue d'un but à obtenir.

c) **Fonctions du cerveau.** — *Le cerveau est le siège des mouvements volontaires et des sensations conscientes.* On le montre en enlevant par tranches les hémisphères cérébraux à un animal ; l'expérience réussit rarement chez les Mammifères adultes, mais elle peut se faire très facilement chez les animaux à sang froid (*Poissons, Grenouilles, Reptiles*) et même chez certains Oiseaux ;

ainsi Flourens a pu garder pendant dix mois un poulet, après lui avoir enlevé les hémisphères cérébraux.

Lorsqu'un animal à sang froid comme une grenouille est dépourvu de cerveau, rien ne semble l'indiquer tout d'abord, dans son attitude et ses mouvements ; comme les autres grenouilles, elle se tient en équilibre, nage si on la met à l'eau, se retourne si on la place sur le dos, bref ressemble à une grenouille normale. Cependant on constate qu'elle ne touche pas à la nourriture qu'on place devant elle et que, si on ne l'excite pas, elle reste indéfiniment immobile ; c'est qu'en effet elle est *incapable de produire des mouvements volontaires ;* les mouvements qu'elle produit à la suite d'excitations extérieures (action de nager, de se retourner si on la met sur le dos) sont des **mouvements réflexes,** qui ont pour siège la moelle épinière.

L'opération semblable faite sur un animal à sang chaud, un pigeon par exemple, donne les mêmes résultats. L'animal privé de cerveau reste en équilibre sur ses pattes, mais est plongé dans une profonde torpeur; il ne remue pas si on ne l'y oblige pas. Si on le force à voler, en le jetant en l'air, il va en ligne droite sans chercher à éviter les obstacles contre lesquels il vient buter ; l'expérience ne lui profite pas, car si on recommence à le faire voler, il viendra de nouveau se heurter contre le même obstacle.

Comme la grenouille sans cerveau il ne touche pas à la nourriture que l'on place devant lui ; il se laisse mourir de faim, n'éprouvant aucun besoin. Toutefois si on place la nourriture dans sa bouche, il l'avale, et c'est ce qui explique qu'on puisse le conserver en vie pendant un certain temps.

De ces expériences, il résulte clairement que le **cerveau est le siège de l'intelligence,** des *sensations conscientes* et des *mouvements volontaires.* Aussi a-t-on voulu voir une *relation entre le développement des hémisphères cérébraux et celui des facultés intellectuelles.* On a constaté que les *idiots* ont le cerveau des plus réduits, ce sont des *microcéphales ;* alors que le poids moyen du cerveau est de 1.300 grammes, il peut descendre chez eux au-dessous de 1.000 grammes.

Cependant, si l'on a constaté que quelques grands hommes comme **Cuvier** (poids de son cerveau, 1.800 grammes), Cromwell (poids de son cerveau, 2.200 grammes) avaient les hémisphères cérébraux très développés, par contre, on a pu remarquer qu'un certain nombre d'hommes de génie possédaient un cerveau de poids moyen. Il n'est donc pas prouvé que l'intelligence soit en rapport avec les dimensions du cerveau.

D'ailleurs il ne faudrait pas déduire, du volume du crâne, celui du cerveau. Ainsi les *hydrocéphales*, qui sont d'ordinaire des *idiots*, possèdent une tête énorme ; mais ce volume provient du gonflement des ventricules qui distendent la boîte cranienne et compriment la matière cérébrale.

Il semble plus logique d'admettre que le **développement de l'intelligence est en rapport avec celui de la substance grise des hémisphères cérébraux,** substance plus importante que la substance blanche, dont le rôle est surtout conducteur. On constate, en effet, que cette substance est d'autant plus abondante que le nombre des circonvolutions cérébrales est plus élevé et que ces circonvolutions sont plus accentuées. Or, si l'on examine comparativement les hémisphères des différents Vertébrés, on les trouve *lisses* jusqu'aux Mammifères, et chez ceux-ci, les *plissements* augmentent de nombre avec l'intelligence ; les circonvolutions les plus développées se trouvent chez les chiens, les singes et l'homme.

De ces constatations, il résulte donc que la **qualité** de la substance cérébrale semble être plus importante que la **quantité,** autrement dit que l'intelligence dépend surtout de l'épaisseur et de l'étendue de la substance grise à la surface du cerveau.

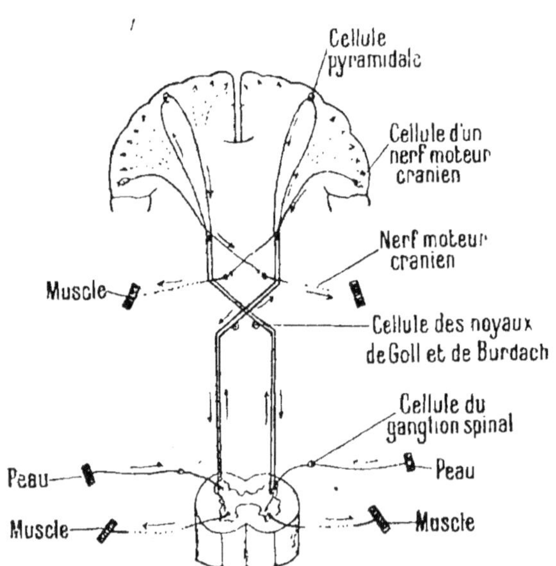

Fig. 282. — Figure indiquant la marche de l'influx nerveux dans la production d'un mouvement volontaire.

Le cerveau, avons-nous dit, est également le **siège des mouvements volontaires** ; son écorce renferme, en effet, les *cellules pyramidales motrices* qui, excitées par les neurones sensitifs centraux, élaborent le mouvement.

On peut rappeler brièvement, comme nous l'avons déjà fait, le chemin parcouru par l'influx nerveux, d'abord montant par la **voie sensitive,** pour descendre ensuite par la **voie motrice** (*fig.* 282), chacune de ces voies se composant de deux neurones, l'un périphérique, l'autre central.

Le corps cellulaire du neurone périphérique de la **voie sensitive** se trouve dans le *ganglion spinal* et envoie ses dendrites au nerf correspondant, et son cylindraxe dans la moelle. Ce cylindraxe remonte à travers les cordons postérieurs jusqu'aux *noyaux de Goll et de Burdach*, où il va se terminer. Or les cellules de ces noyaux sont les corps cellulaires des neurones centraux, qui envoient leurs cylindraxes se ramifier après *entre-croisement* (ceux de droite passant à gauche et inversement) autour des *cellules pyramidales* de l'écorce cérébrale.

La **voie motrice** a le corps cellulaire de son neurone central constitué par une des *cellules pyramidales ;* il reçoit les excitations sensitives par ses **arborisations terminales** et élabore le mouvement qu'il transmet par son cylindraxe, après *entre-croisement* au niveau du bulbe, à une des cellules de la corne antérieure de la moelle épinière ; celle-ci envoie l'excitation reçue au muscle correspondant par les fibres du nerf rachidien.

Tel est, brièvement résumé et schématisé, le trajet suivi par l'influx nerveux pour la production d'un mouvement volontaire, provoqué par une sensation extérieure.

A l'inverse du *neurone moteur central qui est toujours croisé*, le neurone périphérique *est toujours direct*, c'est-à-dire actionne les muscles du même côté, ce qui explique pourquoi l'*hémisphère cérébral gauche commande à la partie droite du corps* et inversement.

Centres moteurs. — Les cellules pyramidales étant les **centres moteurs,** nous devons nous demander maintenant si elles sont également réparties à la surface du cerveau. L'expérience montre que la destruction partielle de l'écorce cérébrale n'entraîne l'*anesthésie* (perte de sensibilité) et la *paralysie* (perte de mouvement) qu'autant qu'elle porte sur des régions bien déterminées, correspondant aux centres moteurs. Ces régions se trouvent dans la partie moyenne du cerveau (*sillon de Rolando*); les centres moteurs pour les membres inférieurs occupent environ le tiers supérieur de ce sillon, ceux des membres supérieurs, le tiers moyen et enfin ceux de la face, le tiers inférieur ; il en résulte que les centres moteurs qui occupent la partie la plus inférieure dans le cerveau, actionnent la partie supérieure du corps et inversement; en résumé, si l'on dessine sur le sillon de Rolando un corps humain, dont les pieds sont en haut et la tête en bas, on a une idée

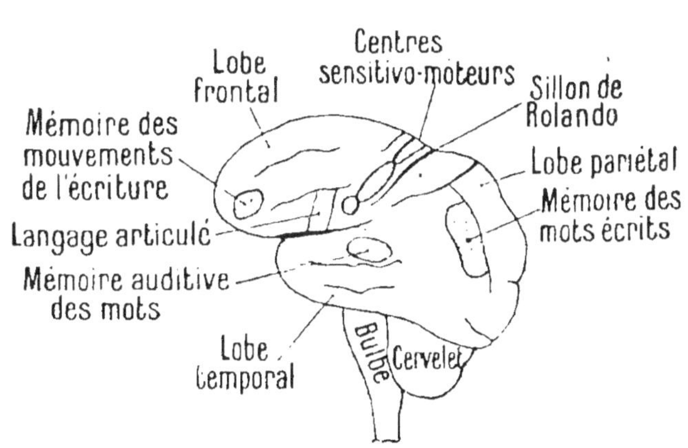

FIG. 283. — Principaux centres de l'écorce cérébrale.

de la distribution des cen'res moteurs sur cette zone, par les positions respectives des différentes parties du corps dessiné, chaque région cérébrale actionnant la portion du corps qui la recouvre (*fig.* 283).

On tend actuellement à considérer la région des centres moteurs comme étant également celle de la *sensibilité générale*, car se destruction amène, en même temps que la paralysie, l'anesthésie complète, c'est-à-dire la perte totale de sensibilité ; il est donc logique de conclure que la région du sillon de Rolando correspond aux **centres sensitivo-moteurs.**

Localisations cérébrales. — De même qu'il existe dans le cerveau des centres sensitivo-moteurs, il existe également d'autres centres qui ont plus spécialement sous leur dépendance le fonctionnement de telle ou telle région, nettement localisée.

Dès la fin du xviiie siècle, le médecin allemand Gall avait cru reconnaître une certaine relation entre la forme de la tête et le développement de certaines facultés ; il pensait que les mêmes régions devaient être plus développées chez les personnes présentant les mêmes aptitudes et, d'après lui, ce développement de certaines régions cérébrales se traduisait sur le crâne par la production de **bosses** ; ce fut la base de la **phrénologie** ou système des bosses.

Après avoir examiné la tête d'un grand nombre d'individus présentant des dispositions semblables, Gall partagea le crâne en diverses régions ou bosses, correspondant chacune à une aptitude particulière ; tel ayant une bosse au sommet du crâne avait la bosse des mathématiques, tel autre ayant une proéminence osseuse en arrière de la tête avait la bosse des sciences, etc.

Cette théorie ne devait pas survivre à son auteur ; elle ne reposait sur aucune base sérieuse, car il est évident qu'il ne saurait y avoir aucun rapport entre la forme du cerveau et celle de la boîte cranienne, le cerveau, masse semi-fluide, ne pouvant imprimer aucune déformation à une masse osseuse.

Il n'en restait pas moins que cette tentative devait être reprise sous une autre forme, en cherchant à déterminer des *localisations cérébrales* (*fig.* 283) analogues à celles des *centres sensitivo-moteurs*, localisations que rien ne traduirait à l'extérieur.

En s'appuyant sur la connaissance des troubles produits par des lésions en divers points du cerveau et sur l'examen minutieux des hémisphères cérébraux de malades, ayant présenté au cours de leur vie certaines particularités, on a pu établir, par cette méthode réellement scientifique, un certain nombre de localisations cérébrales indiquées par la figure 283.

La plus importante a été établie par Broca, qui avait remarqué que certains malades, ne pouvant plus parler, conservaient néanmoins l'usage de leurs facultés intellectuelles ; ils pouvaient lire, écrire, mais ne poúvaient articuler les sons. Comme cette maladie, connue sous le nom d'**aphasie,** est causée par le ramollissement de la partie moyenne du *lobe frontal gauche* du cerveau, il fit de cette région le *siège de la parole.* Ainsi à la suite d'hémorragies cérébrales, l'aphasie apparaît souvent, parce que c'est la région frontale qui est le plus généralement frappée ; ne recevant plus de sang, elle se ramollit et ne remplit plus sa fonction.

De cette observation, il semble résulter qu'il existe, à la surface du cerveau, des centres dont les lésions produisent des phénomènes constants et bien déterminés.

Nutrition du cerveau. — La membrane nourricière du cerveau est, comme on le sait, la **pie-mère,** méninge la plus interne, adhérente à l'écorce cérébrale. Cette membrane. *très vasculaire,* envoie une multitude de petites artères à l'intérieur du cerveau. Celui-ci étant logé dans une boîte osseuse, la dilatation de ses vaisseaux a donc pour effet de rejeter au dehors de la cavité cranienne une certaine quantité de liquide céphalo-rachidien. Lorsque ce liquide est trop abondant, comme dans certains cas de **méningite** (inflammation des méninges cérébrales), il y a compression du cerveau, ce qui provoque, par excitation des centres moteurs, des mouvements désordonnés et amène souvent la mort.

Lorsque le **cerveau travaille,** il doit recevoir une quantité plus grande de sang qu'à l'état de repos ; c'est ce qui explique que le sang se porte à la tête pendant le travail intellectuel; aussi est-il difficile d'étudier fructueusement après les repas, car à ce moment le cerveau est anémié, le sang étant retenu à l'estomac pour la digestion. Cette arrivée du sang dans le cerveau provoque l'augmentation de volume des cellules cérébrales, qui, mieux articulées entre elles, rendent le travail plus facile.

Pendant le **sommeil,** au contraire, le sang abandonne partiellement le cerveau, les cellules cérébrales deviennent petites et leurs arborisations terminales finissent par ne plus se toucher ; à ce moment la vie végétative persiste donc seule. Dans quelques cas, après une grande fatigue cérébrale, ou la perception d'une image qui a produit sur nous une profonde impression, quelques cellules peuvent pousser momentanément un certain nombre de prolongements et s'articuler avec des cellules voisines d'espèce différente ; par leurs vibrations, elles donnent naissance à des idées incohérentes, sans liaison, c'est ce qui constitue les **rêves.**

Il semble donc que les médicaments qui engendrent le sommeil, comme l'opium, le chloral, agissent surtout en provoquant la contraction des cellules cérébrales, qui, ainsi isolées, ne peuvent plus entrer que difficilement en activité.

FONCTIONS DU SYSTÈME SYMPATHIQUE

Nous avons vu, en étudiant le système nerveux central, que les nerfs craniens ou rachidiens se rendent en général aux organes des sens, à la peau et aux muscles, mais non aux viscères, exception faite pour le pneumogastrique.

Les rameaux nerveux, qui se distribuent dans les différents viscères, semblent provenir des deux cordons sympathiques situés de chaque côté de la colonne vertébrale. Ces rameaux présentent de place en place des ganglions capables d'engendrer des **réflexes**. Ainsi, si l'on arrache le cœur d'une grenouille, il continue à battre pendant quelques heures, grâce aux ganglions qu'il renferme dans ses parois.

Le grand sympathique est donc le *système nerveux de la vie végétative*, tandis que le *système cérébro-spinal* est celui de la *vie de relation* ; l'un innerve les organes de nutrition, l'autre les organes locomoteurs et sensoriels ; l'un donne des sensations *vagues*, l'autre des sensations nettes et *définies*.

TABLEAU SYNOPTIQUE DU SYSTÈME NERVEUX

Origine du système nerveux — Cellules superficielles de l'embryon forment le tube nerveux primitif dont la partie antérieure renflée donne l'encéphale et la partie postérieure la moelle épinière.

Anatomie du système nerveux

Tissu nerveux

- **Substance grise : cellules nerveuses**
  - Centres : récepteurs (*cellules sensitives*) ; d'émission (*cellules motrices*).
  - sont prolongées par : dendrites ou prolongements protoplasmiques ; cylindraxe ou prolongements de Deiters.
  - Origine des nerfs.
- **Substance blanche : fibres nerveuses**
  - Constituées dans la substance grise par les cylindraxes des cellules nerveuses.
  - Présence de myéline autour du cylindraxe dans la substance blanche (*fibres à myéline*).
  - Plusieurs fibres nerveuses entourées d'une enveloppe (*gaine de Henle*) forment un nerf.
- **Neurone**
  - Elément nerveux constitué par une cellule nerveuse avec ses dendrites et son cylindraxe.
  - Direction de l'influx nerveux dans les différentes parties du neurone : *centripète* pour les dendrites, *centrifuge* pour les cylindraxes.

Moelle épinière

- **Conformation générale**
  - Située dans le canal rachidien, s'étend du trou occipital à la 2ᵉ vertèbre lombaire.
  - Présente 2 renflements : renflement *brachial* au niveau des bras ; — *crural* — des lombes.
  - Se termine par de nombreux filaments en queue de cheval (*filum terminale*).
  - Parcourue longitudinalement par plusieurs sillons : antérieur ; latéral-antérieur ; latéral-postérieur ; postérieur.
- **Structure**
  - Forme de H : 2 racines antérieures ; 2 — postérieures.
  - Canal de l'épendyme.
  - **Substance grise centrale**
    - Cellules de : corne antérieure, grandes, motrices (origine de racine antérieure). corne postérieure, petites, sensitives (origine de racine postérieure). → Nerf rachidien mixte.
    - Ganglion spinal sur trajet de racine postérieure.
  - **Substance blanche périphérique** divisée par sillons en cordons : antérieurs ; latéraux ; postérieurs.

Anatomie du système nerveux

Moelle épinière (*suite*)

Rapport des neurones
- Neurones moteurs ou centrifuges ont leur cellule nerveuse dans la corne antérieure de la moelle épinière ; leur cylindraxe s'échappe par la racine antérieure du nerf rachidien.
- Neurones sensitifs ou centripètes ont leur cellule nerveuse dans le ganglion spinal : leur cylindraxe se ramifie en 2 branches : l'une terminale va rejoindre la cellule motrice de la corne antérieure ; l'autre, verticale, monte au cerveau.

Encéphale

Formé aux dépens des vésicules terminales du tube nerveux primitif :
- vésicule postérieure
  - a) arrière-cerveau.
  - b) cerveau postérieur.
- vésicule moyenne : c) cerveau moyen.
- vésicule antérieure
  - d) cerveau intermédiaire.
  - e) cerveau antérieur.

Ventricules de l'encéphale
- Ventricules latéraux dans les hémisphères cérébraux
- 3e ventricule dans le cerveau intermédiaire } communiquent par les trous de Monro.
- Ventricule cérébelleux dans le cerveau postérieur : dilatation de l'aqueduc de Sylvius.
- 4e ventricule dans l'arrière-cerveau communique avec : ventricule cérébelleux et canal de l'épendyme.

a) Arrière-cerveau ou bulbe rachidien
- Chapiteau réunissant la moelle épinière à l'encéphale.
- Paroi postérieure mince, perforée par le trou de Magendie.
- Paroi antérieure épaisse
  - Cordons antérieurs forment les *pyramides antérieures* et se continuent dans le cerveau après entre-croisement sous le nom de faisceau pyramidal.
  - Cordons postérieurs limitent le 4e ventricule, forment les *pyramides postérieures*, se terminent dans les noyaux de Goll et Burdach dont les cylindraxes s'entre-croisent pour se continuer dans le cerveau sous le nom de *ruban de Reil*.
- Plancher du 4e ventricule, présente le *calamus scriptorius*.

b) Cerveau postérieur ou cervelet
- Formé de deux hémisphères (*hémisphères cérébelleux*) séparés par *vermis médian* et réunis en avant par *protubérance annulaire* ou pont de Varole.
- Substance
  - blanche à l'intérieur (*arbre de vie*).
  - grise à l'extérieur.
- Pédoncules cérébelleux
  - supérieurs relient le cervelet au cerveau.
  - moyens — les deux hémisphères cérébelleux (*protubérance annulaire*).
  - inférieurs — le cervelet au bulbe rachidien.

c) Cerveau moyen forme
- tubercules quadrijumeaux ou lobes optiques en haut et pédoncules cérébraux constitués par le faisceau pyramidal et le ruban de Reil. } Aqueduc de Sylvius à l'intérieur.

Anatomie du système nerveux

Encéphale

d) Cerveau intermédiaire forme :
- épiphyse ou glande pinéale.
- couches optiques; corps striés. — Corps opto-striés en rapport avec la vision.

e) Cerveau antérieur ou hémisphères cérébraux :
- Conformation générale :
  - Hémisphères au nombre de 2 séparés par la *faux du cerveau* e réunis par le *corps calleux*.
  - Aspect extérieur lobé. Lobes : frontal, pariétal, occipital, temporal — délimités par scissures de : Sylvius. Rolando. perpendiculaire.
  - Présence de circonvolutions.
- Structure :
  - Substance grise à l'extérieur (écorce cérébrale). Cellules pyramidales de l'écorce sont l'origine des cylindraxes moteurs.
  - Substance blanche formée de fibres conductrices à myéline.

Enveloppes de la moelle et de l'encéphale : Méninges
- dure-mère adhérente au tissu osseux.
- arachnoïde présentant 2 feuillets : feuillet externe — interne (espace sous-arachnoïdien rempli par liquide céphalo-rachidien.
- pie-mère adhérente au tissu nerveux.

Nerfs
- craniens (12 paires) : sont sensoriels, moteurs ou mixtes.
- rachidiens (31 paires) : nerfs mixtes à 2 racines. (Racine antérieure motrice. — postérieure sensitive.

Grand sympathique
- Système nerveux de la vie végétative.
- Formé par une double chaine ganglionnaire unie aux nerfs rachidiens par es rameaux communicants.
- Filets nerveux issus des ganglions se rendent aux organes de nutrition en formant des plexus.

Physiologie du système nerveux

Fonctions des nerfs
- Nerfs rachidiens sont mixtes. Expériences de Bell et Magendie.
  - Fibres motrices, *centrifuges*, issues de racine antérieure.
  - Fibres sensitives, *centripètes* aboutissent à la racine postérieure.
- Nerfs craniens sont :
  - *sensoriels* (nerfs des organes des sens).
  - *moteurs* pour les muscles de la tête (Ex. : nerf facial).
  - *mixtes* : fibres motrices — sensitives (isolées dans leurs racines (Ex. : nerf trijumeau

Fonctions de moelle épinière
- Substance grise : centre nerveux. Production des réflexes.
- Substance blanche : cordon nerveux :
  - Cordons antérieurs et latéraux sont centrifuges : *voie motrice.*
  - Cordons postérieurs sont centripètes : *voie sensitive.*

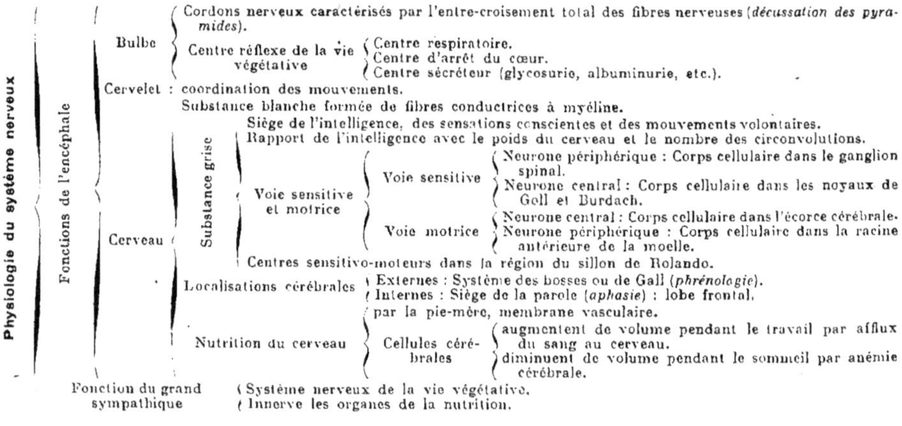

Physiologie du système nerveux
Fonctions de l'encéphale
Bulbe
Cordons nerveux caractérisés par l'entre-croisement total des fibres nerveuses (*décussation des pyramides*).
Centre réflexe de la vie végétative
Centre respiratoire.
Centre d'arrêt du cœur.
Centre sécréteur (glycosurie, albuminurie, etc.).
Cervelet : coordination des mouvements.
Cerveau
Substance grise
Substance blanche formée de fibres conductrices à myéline.
Siège de l'intelligence, des sensations conscientes et des mouvements volontaires.
Rapport de l'intelligence avec le poids du cerveau et le nombre des circonvolutions.
Voie sensitive et motrice
Voie sensitive
Neurone périphérique : Corps cellulaire dans le ganglion spinal.
Neurone central : Corps cellulaire dans les noyaux de Goll et Burdach.
Voie motrice
Neurone central : Corps cellulaire dans l'écorce cérébrale.
Neurone périphérique : Corps cellulaire dans la racine antérieure de la moelle.
Centres sensitivo-moteurs dans la région du sillon de Rolando.
Localisations cérébrales
Externes : Système des bosses ou de Gall (*phrénologie*).
Internes : Siège de la parole (*aphasie*) : lobe frontal.
Nutrition du cerveau
par la pie-mère, membrane vasculaire.
Cellules cérébrales
augmentent de volume pendant le travail par afflux du sang au cerveau.
diminuent de volume pendant le sommeil par anémie cérébrale.
Fonction du grand sympathique
Système nerveux de la vie végétative.
Innerve les organes de la nutrition.

TRAVAUX PRATIQUES RELATIFS
AU SYSTÈME NERVEUX

a) Étudier une « cervelle » de mouton (ou de porc) (*fig.* 284, à 287), achetée chez le boucher[1] en la choisissant aussi peu détériorée que possible par le couteau de celui qui l'a isolée. La mettre dans la cuvette liégée, baignant dans l'eau et en écarter les parties simplement avec les doigts (car elles sont très molles et le scalpel les abîmerait rapidement).

Examiner, d'abord la face dorsale, où l'on voit les *hémisphères cérébraux*, couverts de *circonvolutions* et le *cervelet*, qui présente un *lobe médian* et des *lobes latéraux*. Une entaille faite dans les *hémisphères montre*, à la surface, la *substance grise*, et, au-dessous, la *substance blanche*. Une entaille analogue faite dans le cervelet montre l'*arbre de vie*. En écartant un peu l'un de l'autre les deux *hémisphères*, on remarque le pont qui les réunit (*corps calleux*). En écartant de même les hémisphères du cervelet, on distingue quatre bosses placées deux par deux : ce sont les *tubercules quadrijumeaux*. En arrière du cervelet se trouve la *moelle épinière* qui, dans la région sectionnée par le boucher, montre la *substance grise* au milieu et la *substance blanche* à la périphérie. Vers l'endroit où la moelle se continue avec le cerveau, remarquer la face supérieure de la moelle qui est un peu plate et en forme de V : c'est le plancher du *quatrième ventricule*.

Mettre ensuite la cervelle sur la face dorsale (*fig.* 285) et, dans cette position, on distingue, sur la ligne médiane : la *moelle allongée* (première partie de la moelle épinière), le *pont de Varole* (qui passe par-dessous la moelle allongée), la *glande pituitaire* (hypophyse) laquelle est bien souvent arrachée), le *chiasma des nerfs optiques* et les *lobes olfactifs*, placés à la face inférieure de la partie antérieure des *hémisphères cérébraux*.

Remarquer aussi la membrane qui enveloppe l'encéphale et qui est la *pie-mère*, avec, parfois, des restes de l'*arachnoïde*.

Ouvrir, enfin les *hémisphères cérébraux*, et constater qu'ils sont creusés de cavités, les *ventricules cérébraux*, dont la disposition est trop compliquée pour être donnée ici.

Couper, finalement, l'encéphale par des tranches successives

---

1. Si l'on veut lui donner un peu de consistance la laisser pendant quelques jours dans du formol à environ 10 0/0.

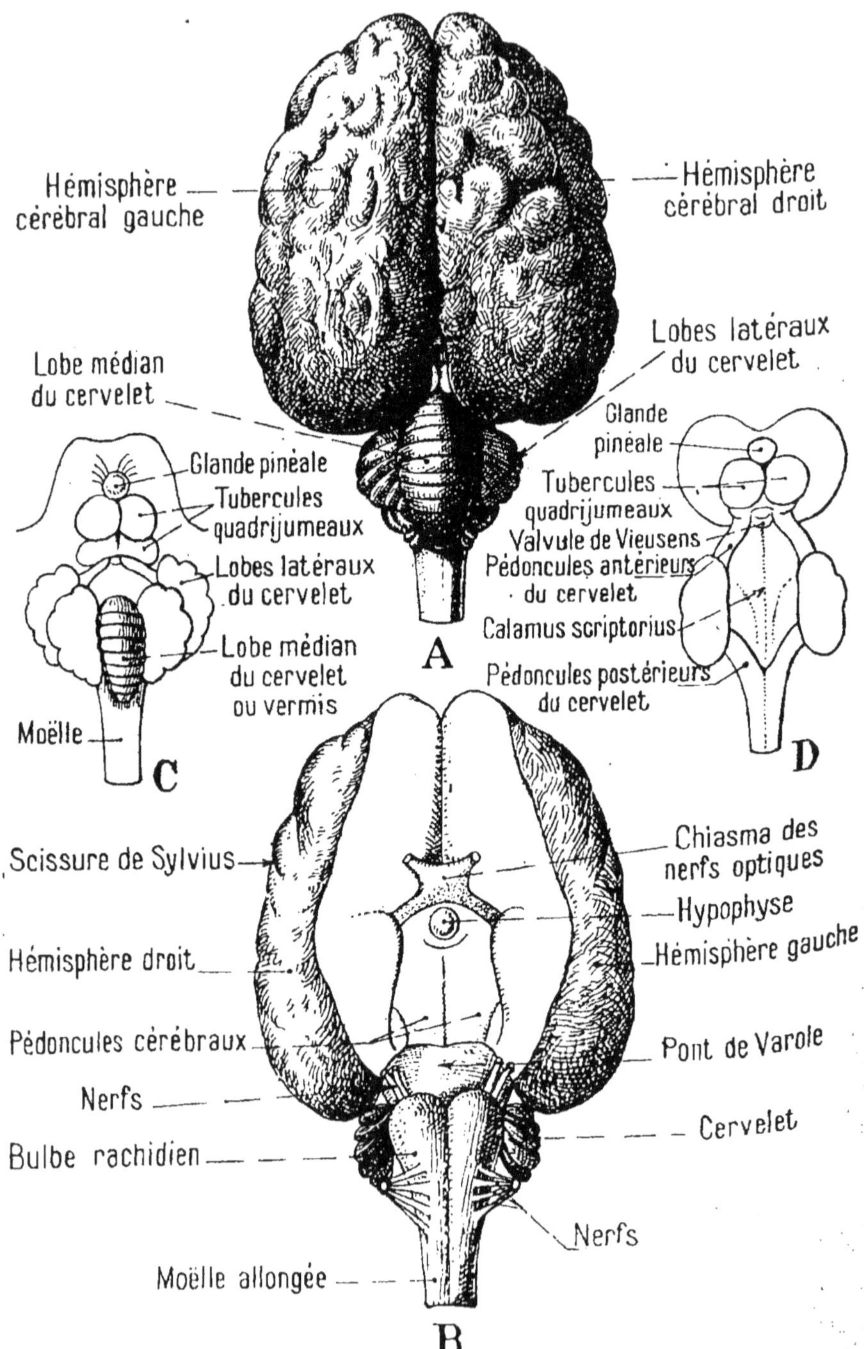

Fig. 284 à 287. — Encéphale du Mouton.
A, face dorsale. — B, face ventrale. — C, D, détails de la région postérieure (face dorsale).

perpendiculaires au plan de symétric et chercher à voir — ce qui n'est pas facile — les *corps striés* et les *couches optiques*.

b) Isoler des encéphales :

d'un mammifère (*lapin, rat, souris*, etc.) (*fig.* 288).

d'un oiseau (*pigeon, poule, canard*, etc.) (*fig.* 289 à 291)

d'un reptile (*lézard*) ;

d'un batracien (*grenouille*) (*fig.* 292 à 294);

d'un poisson osseux (*merlan, saumon*, etc.) (*fig.* 295 à 298);

d'un poisson cartilagineux (*squale, raie*).

c) Disséquer le système nerveux d'une grenouille pour montrer, outre l'encéphale, la *moelle épinière* et quelques-uns des nerfs qui partent des centres nerveux. Cette préparation assez difficile se fait en mettant la grenouille sur le ventre et en sectionnant les vertèbres au niveau des apophyses transverses. Remarquer, en particulier, les nerfs qui vont dans les bras (*nerfs brachiaux*) et ceux qui se rendent dans les pattes (*nerfs sciatiques*).

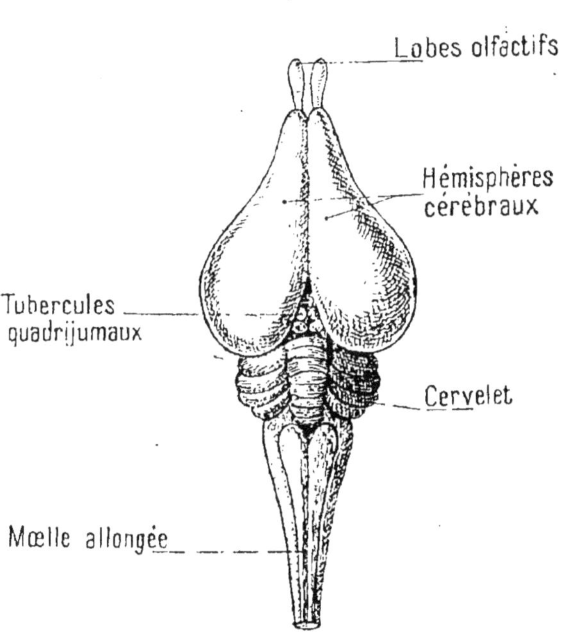

FIG. 288. — Encéphale de Souris (face supérieure).

d) Examiner, au microscope, des coupes toutes faites dans les diverses parties du système nerveux (*écorce grise, moelle épinière, nerfs*, etc.) ; leur interprétation n'est pas toujours facile. Choisir, en particulier, celles qui, par une méthode spéciale d'imprégnation, montrent les *neurones*.

e) Couper une patte de grenouille au niveau de la cuisse, en utilisant des ciseaux forts qui pratiquent une section nette. Sous la peau on distingue les muscles roses, et, entre eux (tout près de l'os), un nerf blanc. Celui-ci étant excité de diverses façons (pincement, courant électrique, etc.), la patte se contracte et présente des soubresauts.

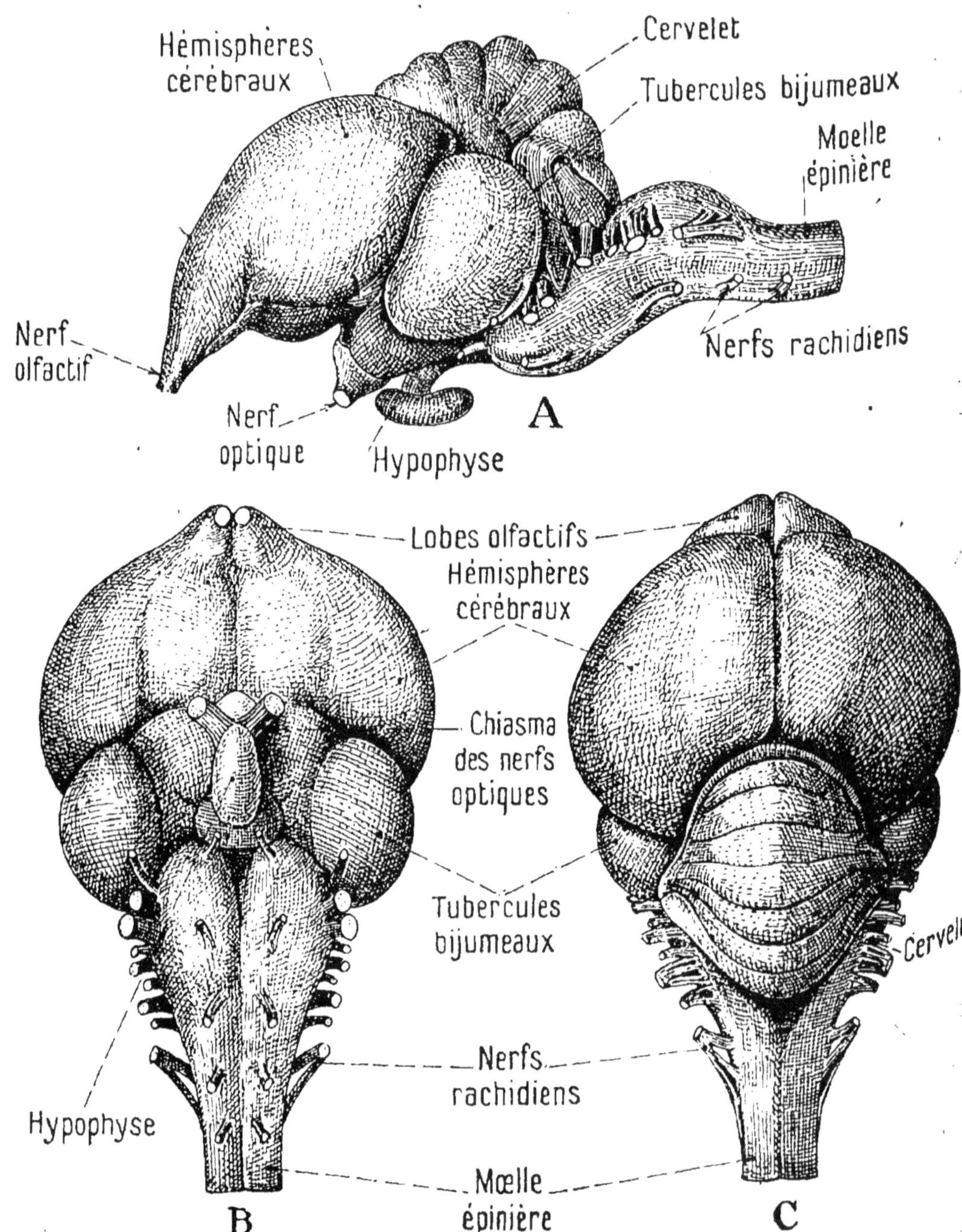

FIG. 289 à 291. — Encéphale d'une Poule, vu de côté (A), par-dessous (B) et par-dessus (C).

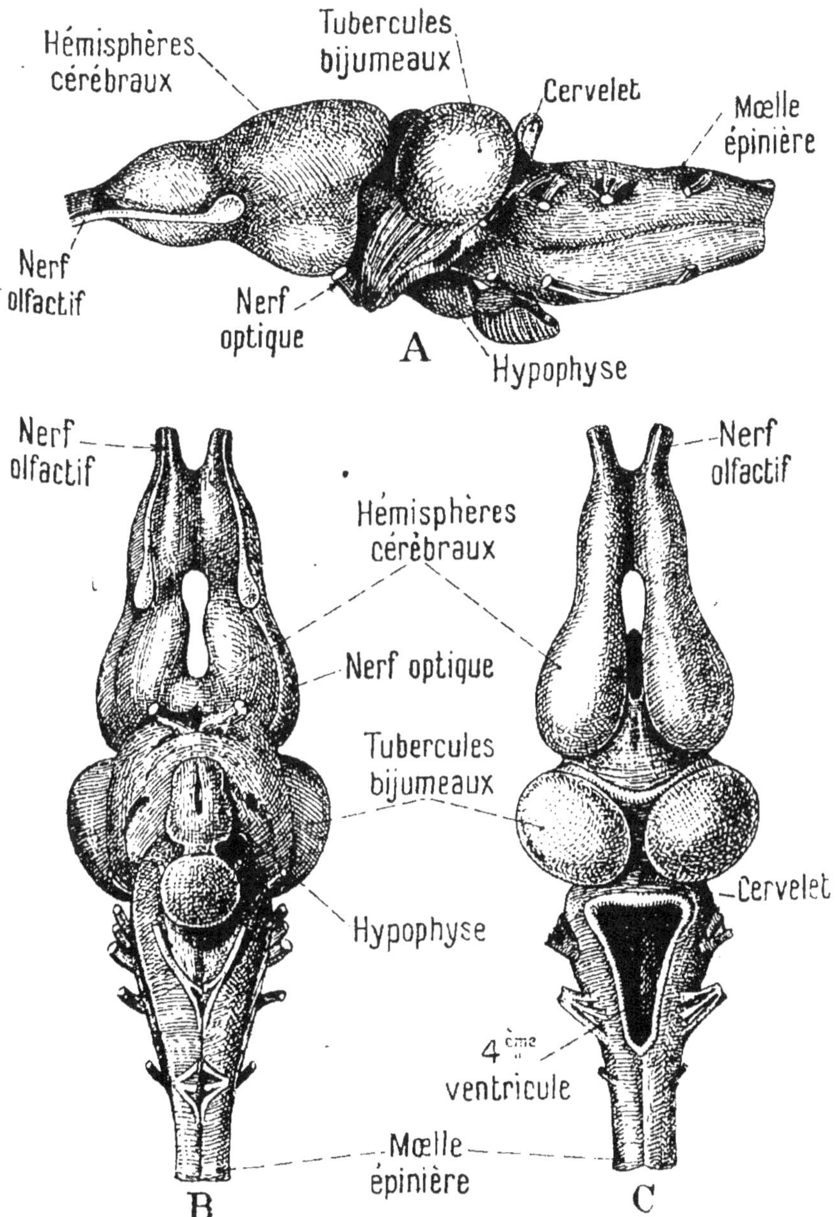

Fig. 292 à 294. — Encéphale d'une Grenouille, vu de côté (A), par-dessous (B) et par-dessus (C).

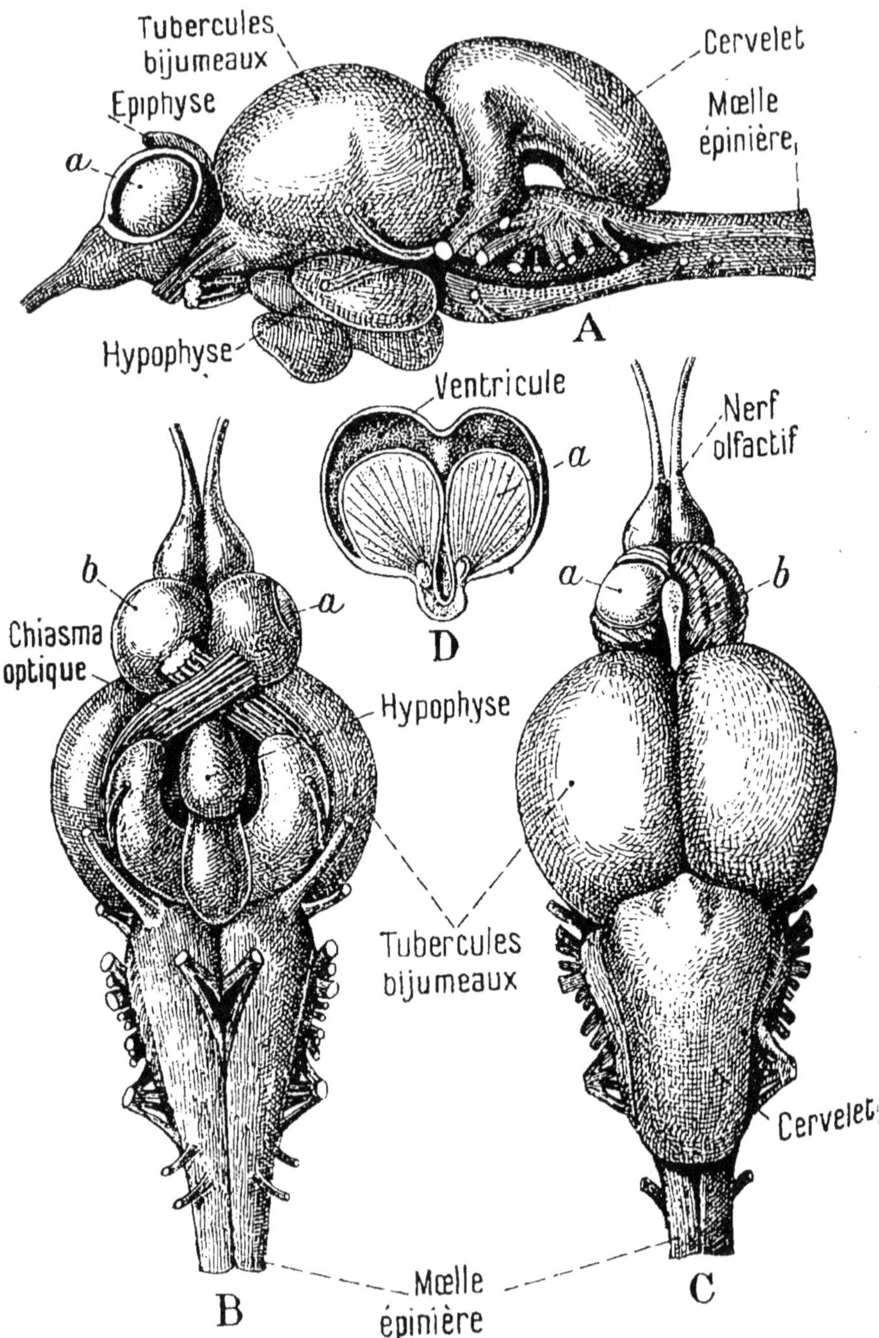

Fig. 295 à 298. — Encéphale d'un Saumon, vu de côté (A), par-dessous (B),
par-dessus (C) et en coupe transversale (D).
a hémisphère cérébral, ouvert ; *b*, hémisphère cérébral, intact.

LES MUSCLES ET LE MOUVEMENT

Les os jouent dans le mouvement un rôle purement passif, les muscles en sont les organes actifs. Leur ensemble constitue la **chair** ou le **tissu musculaire**.

Diverses sortes de muscles. — La structure et les fonctions des muscles permettent d'en distinguer trois sortes :

a) *Les muscles striés ou muscles rouges.* — Ces muscles constituent la chair qui recouvre les membres et le tronc ; ce sont les *organes essentiels de la locomotion*. Ils sont à contraction rapide et sont soumis, sauf dans les cas de paralysie, à l'*action de la volonté.*

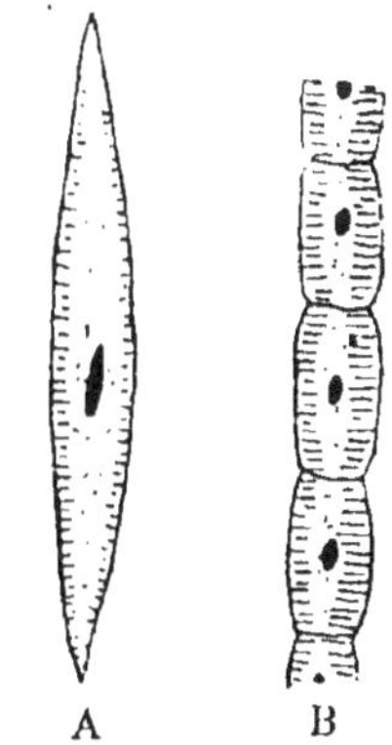
FIG. 299.
Fibre musculaire striée (très grossie).

FIG. 300. — Un muscle isolé.

Leur coloration paraît due à un pigment identique à l'hémoglobine du sang. On évalue leur nombre à cinq cents environ. Ils sont formés de longues fibres (*fig.* 299) présentant à la fois des stries longitudinales et transversales.

Les muscles striés se présentent sous trois formes différentes :

1° Les *muscles fusiformes* (*fig.* 300), allongés, renflés au centre (*ventre*) et effilés aux extrémités. Ils s'insèrent sur les os par des tendons d'un blanc brillant. Ces muscles sont ceux des membres : biceps, jumeaux, etc. ;

2° *Les muscles en éventail,* qui présentent une surface plane avec des fibres rayonnantes. Tels sont les muscles qui recouvrent la poitrine et vont s'attacher au sommet de l'humérus (*muscles pectoraux*);

3° *Les muscles circulaires ou orbiculaires.* — Comme leur nom l'indique, ils sont formés de fibres circulaires constituant à l'état normal une ellipse à grand axe très allongé; ils sont destinés à ouvrir ou fermer des cavités, comme la bouche, qui présente en avant l'*orbiculaire des lèvres.*

FIG. 301. — A. Fibres du cœur de la grenouille. B. Fibres du cœur du mouton.

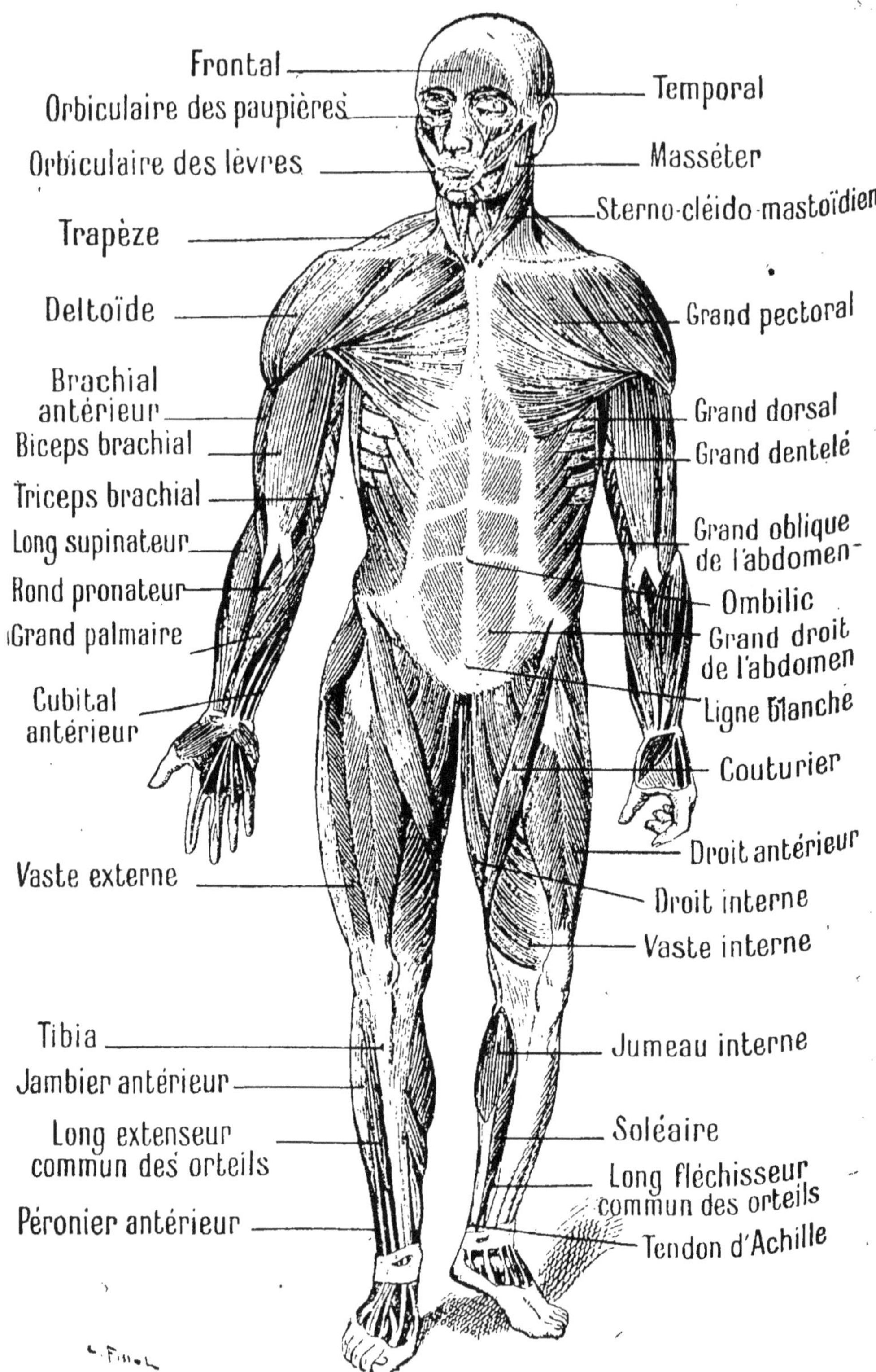

FIG. 303. — Vue antérieure des muscles de l'homme.

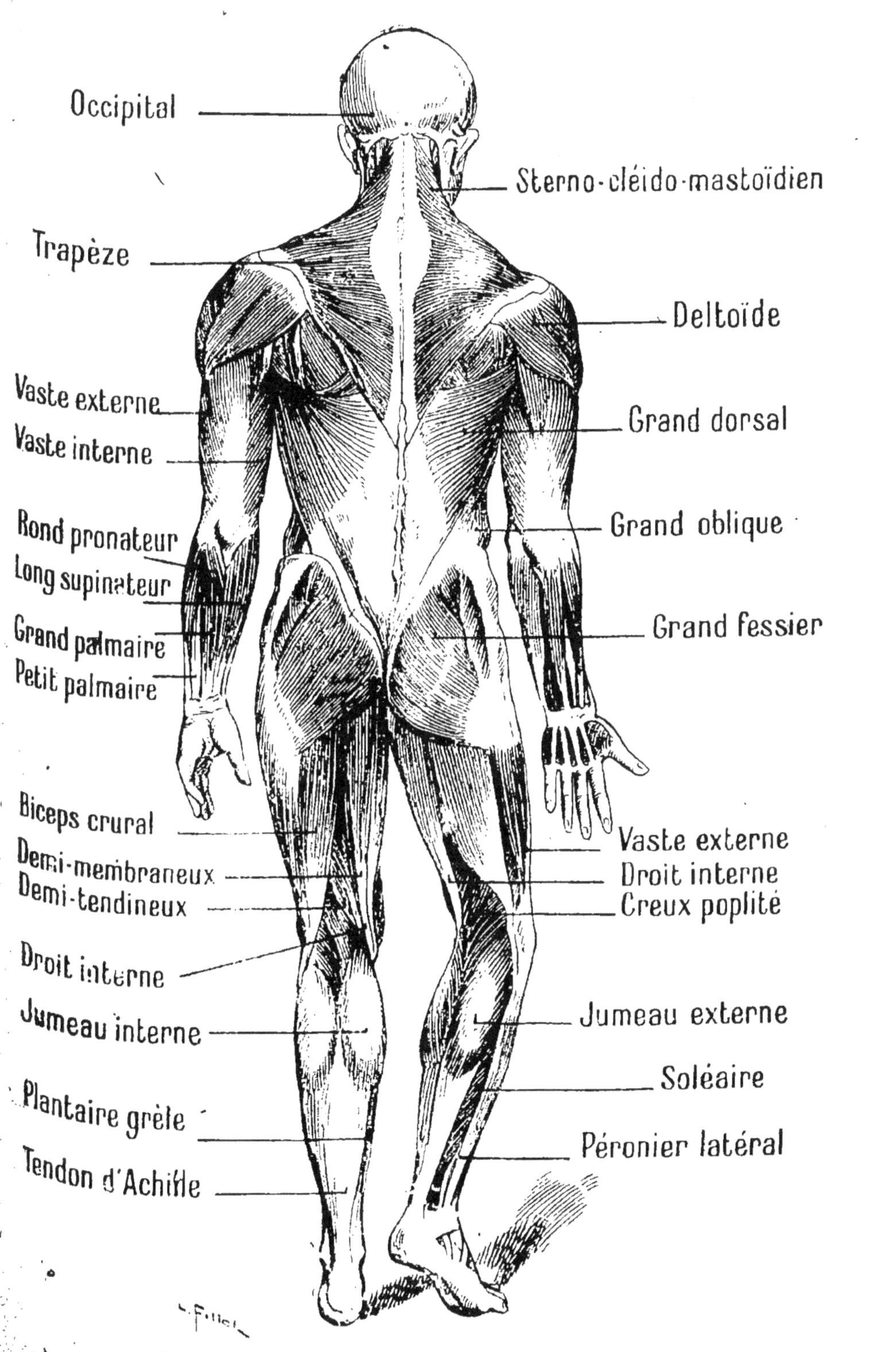

FIG. 304. — Vue postérieure des muscles de l'homme.

b) *Les muscles du cœur.* — Ils sont également rouges et ont aussi un aspect strié (*fig.* 152); mais, à l'inverse des précédents, ils *ne sont pas soumis à l'action de la volonté.*

Si l'on examine au microscope les fibres qui constituent le cœur d'une grenouille, celui d'un jeune mouton (*fig.* 301) et celui de l'homme, on voit que ces fibres présentent une striation de plus en plus complète ; ce qui fait souvent considérer les muscles du cœur comme servant de transition entre les fibres lisses dons nous allons parler et les fibres striées.

c) *Les muscles lisses.* — Les muscles lisses sont d'un blanc pâle et sont formés par des *fibres simples* (*fig.* 302), *allongées,* dont le *protoplasma ne présente jamais l'aspect strié.* Ils se contractent *lentement et ne sont pas soumis à l'action de la volonté;* par contre ils sont plus sensibles aux changements de température que les muscles striés. Ils constituent en partie les parois de l'estomac, de l'intestin et de la plupart des viscères. On leur donne parfois le nom de muscles de la *vie végétative* par opposition aux muscles de la *vie animale* ou muscles striés, qui président aux mouvements volontaires, par exemple à la locomotion.

Fig. 302.
Fibre
lisse.

Insertions et distribution des principaux muscles de l'homme

Les muscles sont presque toujours pairs et disposés à peu près de la même façon chez l'homme et chez les mammifères ; comme ils sont très nombreux (500 environ), nous ne pouvons citer que les principaux (*fig.* 303 et 304).

Leur insertion est des plus variables : tantôt ils s'attachent par leurs deux tendons sur les os comme le biceps par exemple, tantôt ils ne font que doubler la peau (*muscles peauciers*) produisant sur elle des plis et replis par leur contraction.

Lorsque des muscles agissent sur le squelette pour produire des mouvements de sens contraire on dit qu'ils sont *antagonistes :* tels sont, par exemple, le *biceps* et le *triceps brachial,* le premier situé en avant, fléchissant l'avant-bras sur le bras, le second situé en arrière, ramenant l'avant-bras dans la direction du bras ; tels sont encore les *fléchisseurs* et *extenseurs* des doigts, qui procèdent de la même manière.

Muscles de la tête. — Les muscles de la tête comprennent les *muscles de l'expression* qui sont des muscles peauciers déterminant par leur contraction des plis de la peau qui donnent à la figure sa *physionomie,* et les *muscles de la mastication* qui sont les muscles moteurs de la mâchoire inférieure. Ces derniers se divisent en muscles élévateurs comme le *masséter* et le *temporal,* et en muscles abaisseurs comme le *digastrique* et le *stylo-hyoïdien.*

Muscles du cou. — Les muscles du cou comprennent en avant le *sterno-cléido-mastoïdien,* qui va de l'apophyse mastoïde du temporal a la clavicule et au sternum et qui produit la flexion de la tête sur le côté, latéralement les *scalènes* qui vont des apophyses transverses des vertèbres cervicales aux deux premières côtes et qui sont des muscles inspirateurs, et en arrière les *muscles de la nuque*.

Muscles du tronc. — Les muscles du tronc comprennent, en avant, le *grand pectoral*, qui s'insère sur la poitrine et sur l'humérus et porte le bras en dedans ; les *intercostaux*, qui remplissent les intervalles des côtes ; le *grand droit*, qui forme une large bande verticale en avant de l'abdomen et facilite la flexion du tronc, et enfin le *grand oblique*, le *petit oblique* et le *transverse* qui constituent les parois de l'abdomen.

En arrière du tronc se trouvent le *trapèze* qui recouvre la nuque et la partie supérieure du dos et le *grand dorsal* qui s'étend de l'humérus à l'os iliaque et est recouvert en haut par la pointe du trapèze.

On sait que le tronc est divisé intérieurement en deux parties, le thorax et l'abdomen, par le *diaphragme*, cloison musculaire en forme de voûte à concavité inférieure.

Muscles du membre supérieur. — Les muscles du membre supérieur comprennent : le *deltoïde*, qui recouvre l'épaule à la façon d'une épaulette et élève le bras ; le *biceps*, qui fléchit l'avant-bras sur la bras ; le *triceps*, qui est l'extenseur de l'avant-bras, antagoniste, par conséquent, du biceps, et enfin les *fléchisseurs* des doigts.

Muscles du membre inférieur. — Les muscles du membre inférieur comprennent : les *fessiers*, qui occupent la région postérieure du bassin et contribuent à maintenir le corps dans la station verticale ; le *biceps crural*, situé en arrière, qui fléchit la jambe sur la cuisse ; le *triceps crural*, situé en avant, qui est antagoniste du biceps ; le *couturier*, qui fléchit la jambe sur la cuisse en la portant en dedans, donnant au membre inférieur la position que réalisent les tailleurs accroupis ; les *jumeaux*, formant à la face postérieure de la jambe une saillie volumineuse (*mollet*), et enfin les *fléchisseurs* et *extenseurs* des orteils.

Les figures 303 et 304 indiquent la forme et l'insertion de la plupart de ces muscles et d'autres qu'il eût été trop long de citer.

Physiologie des muscles

Propriétés des muscles. — Les muscles possèdent deux propriétés : l'*élasticité* et la *contractilité*.

a) **L'élasticité.** — Les muscles sont élastiques, c'est-à-dire qu'ils se déforment sous l'action d'une force extérieure et qu'ils reprennent leur forme et leur volume primitif dès que la force cesse d'agir : c'est là une propriété très importante du tissu musculaire.

L'élasticité des muscles est *faible*, mais *parfaite* : *faible* parce que le muscle met un certain temps pour revenir à sa forme primitive lorsqu'il a été déformé ; *parfaite*, parce que le muscle reprend d'une façon absolue et parfaite sa forme et son volume primitif.

On se rend très bien compte de l'élasticité du muscle par la petite expérience suivante (*fig.* 305) : sur une planchette on fixe solidement le tendon supérieur d'un muscle tel que le biceps, le muscle pendant le long de la planchette ; on trace au crayon la ligne (*ab*) à laquelle affleure la section du tendon inférieur. Si à ce dernier tendon l'on suspend un poids *p*, le muscle s'allonge rapidement jusqu'en *a'b'* ; la distance *aa'* traduit l'*allongement du biceps pour le poids p.* Lorsqu'on supprime ce poids, on constate que le muscle revient très lentement à sa première position. En soumettant le muscle à l'action d'un poids double (*2p*), son allongement ne devient pas égal à *2aa'* ; autrement dit, l'*allongement n'est pas proportionnel au poids tenseur.* Enfin, lorsque le poids est par trop lourd, le muscle ne revient plus à son état primitif, c'est qu'on a dépassé sa *limite d'élasticité.*

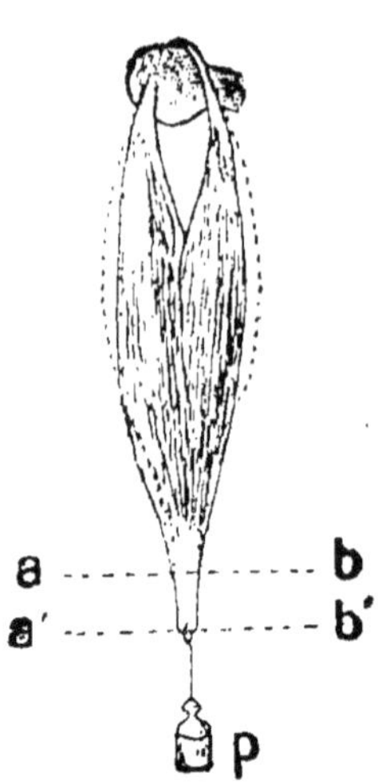

FIG. 305. — Mesure de l'élasticité d'un muscle.

b) **Contractilité musculaire.** — La contractilité musculaire est la propriété qu'ont les muscles de se raccourcir (*fig.* 306) sous l'influence de certains excitants (*courant électrique, centres nerveux*) : ils deviennent durs, globuleux et plus épais, en même temps qu'ils diminuent de longueur. De toutes les propriétés des muscles, la contractilité est la plus importante.

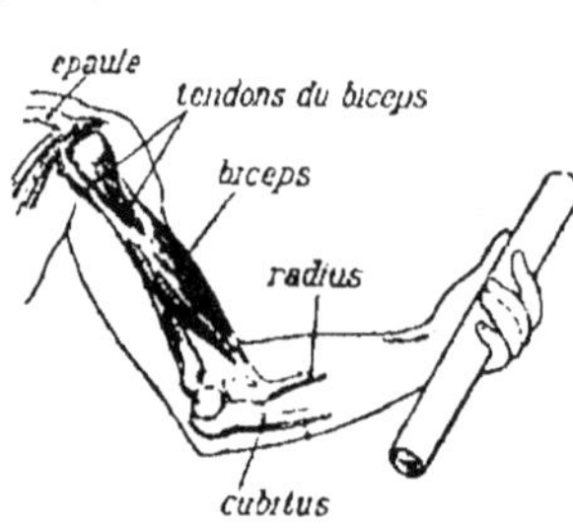

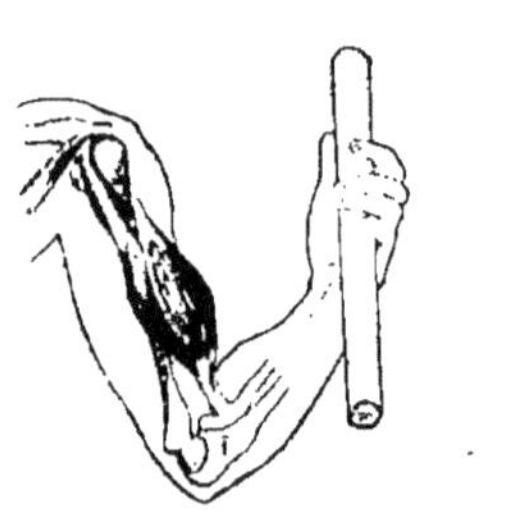

FIG. 306. — Contraction du biceps.

En haut : biceps demi-contracté. — *En bas :* biceps contracté.

Étude de la contraction musculaire. — Tout d'abord il faut remarquer que, dans la contraction musculaire, le volume du muscle ne change pas.

Pour le vérifier, on prend un vase fermé par un bouchon traversé par un tube de verre étroit (*fig.* 307). On introduit dans ce vase une patte de grenouille en communication avec les deux pôles d'une forte pile ou d'une bobine d'induction et on verse

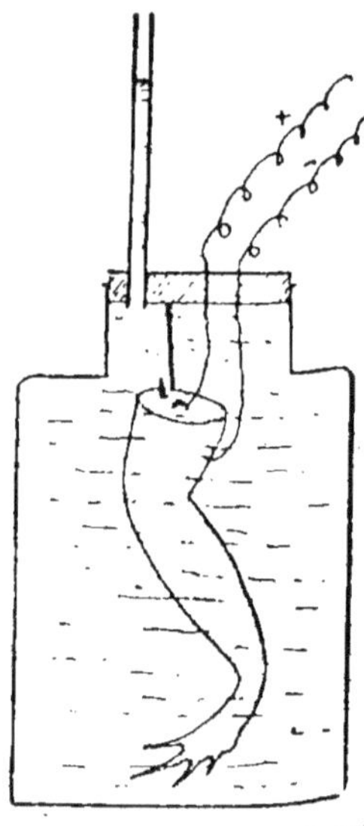

FIG. 307. — Expérience montrant que le volume du muscle ne varie pas pendant la contraction.

de l'eau dans le tube jusqu'à ce qu'elle atteigne une certaine hauteur

Quand le courant passe, le muscle se contracte, mais à aucun moment le niveau de l'eau dans le tube ne varie. Le muscle n'a donc pas changé de volume.

Une expérience bien plus simple consiste à mettre, dans le vase décrit plus haut, non pas une patte de grenouille qui ne se contracte que sous l'influence d'un courant, mais un ver de terre ou une sangsue ; malgré les mouvements de ces animaux, le niveau de l'eau ne change pas. Cette dernière expérience est des plus concluantes.

Pour étudier la contraction musculaire, on se sert d'appareils appelés **myographes** (*fig.* 308). Ils n'ont d'autre but que d'enregistrer et d'amplifier considérablement les mouvements des muscles.

Ils se composent essentiellement d'une aiguille, mobile dans un plan vertical, et d'un cylindre recouvert de noir de fumée qui tourne d'une façon uniforme autour d'un axe également vertical, grâce à un mouvement d'horlogerie. Convenablement placée, l'aiguille décrit sur le cylindre des courbes qui sont la représentation amplifiée des mouvements qu'on lui communique.

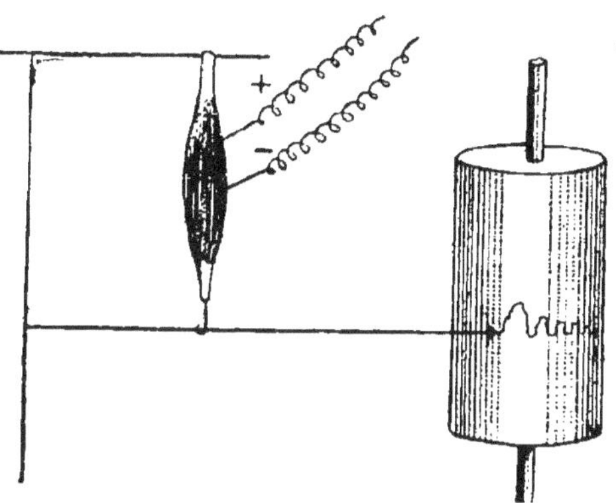

FIG. 308. — Principe du myographe.

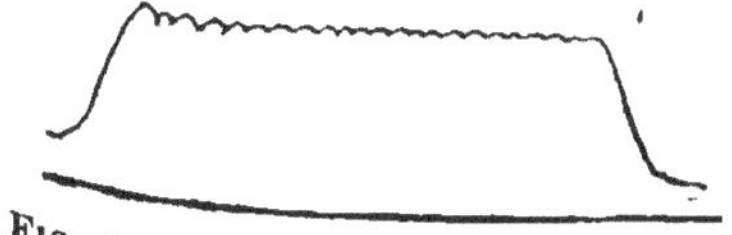

FIG. 309. — Courbe d'une série de contractions musculaires successives.

Pratiquement, on dispose l'expérience de la façon suivante : On fixe solidement par une pince, ou de toute autre façon, le tendon supérieur d'un muscle, tandis qu'on réunit par un fil le tendon inférieur à l'aiguille mobile du myographe.

On fait contracter le muscle en le mettant en communication avec les deux bornes d'une bobine de Rumkorff. En se contractant, le muscle tire sur l'aiguille, et en revenant au repos, il fait reprendre à l'aiguille sa position primitive. L'aiguille dessine donc sur le rouleau du myographe une série de courbes qui représentent les contractions musculaires ; ces courbes (*fig.* 309) sont variables suivant la nature du muscle.

La contraction musculaire est une propriété du muscle, mais du *muscle vivant,* seulement.

La contractilité disparaît progressivement après la mort ; le diaphragme cesse le premier de fonctionner, bientôt après c'est le tour de la langue, puis des muscles des membres et enfin des muscles lisses constituant les viscères.

Phénomènes qui accompagnent la contraction musculaire : *a) Chaleur et travail.* — Les oxydations énergiques et les combinaisons diverses, dont les muscles en activité sont le siège, ont pour résultat un *dégagement intense de chaleur.*

Une partie de cette chaleur est transformée en travail comme dans les moteurs thermiques, chaque calorie équivalant à 25 kilogrammètres. Par suite, lorsque le muscle en se contractant produit un travail peu intense, il s'échauffe davantage que s'il reste au repos. Ainsi, si Q est la quantité de chaleur produite par les oxydations, Q' la quantité de chaleur transformée en travail, la quantité $Q - Q'$ sert à élever la température du muscle, et par suite, grâce à la circulation sanguine, celle du corps humain.

Les muscles peuvent donc être considérés comme des moteurs d'un rendement plus considérable que les moteurs mécaniques.

Ainsi, dans une machine à feu, le rendement ne dépasse pas $\frac{1}{10}$ de la chaleur dégagée par la combustion du charbon, les $\frac{9}{10}$ restant sont perdus en chaleur. Le moteur animé au contraire peut donner un rendement triple et quadruple ; le reste de l'énergie produite par les oxydations contribue à l'entretien de la chaleur animale.

b) Modifications chimiques. — La contraction musculaire amène un changement dans la réaction du muscle.

Au repos, le muscle a une *réaction alcaline.*

L'acide lactique, une des principales substances de déchet qui se forment constamment dans le muscle, est entraîné par le sang au fur et à mesure de sa production.

La réaction du muscle en activité est au contraire *acide*, et cela s'explique facilement. La circulation dans le muscle en activité, étant cinq fois plus grande que dans le muscle en repos, plus le travail musculaire est actif ou prolongé, plus la proportion des substances de déchet, et en particulier d'*acide lactique*, est grande. Le sang est alors impuissant à neutraliser et à entraîner tout l'acide formé.

De plus, le muscle en activité dégage une grande quantité de gaz carbonique ; il utilise donc les réserves d'oxygène accumulées par le muscle au repos et il est, par suite de cette absorption intense d'oxygène, le siège d'oxydations énergiques et par suite d'une production très active de toxines.

Fatigue musculaire. — La fatigue est cette sensation que l'on éprouve à la suite d'un travail forcé ou longtemps soutenu. Elle est produite par la coagulation de la *myosine*, qui est une substance musculaire analogue à la *fibrine* du plasma sanguin. Cette coagulation se produit sous l'action des acides, l'acide lactique en particulier, de sorte que peu à peu le muscle tout entier devient rigide, perd ses propriétés, *élasticité, contractilité*, et n'est plus que difficilement excitable.

La fatigue musculaire se manifeste au début par une vague sensation de froid. En effet, le travail étant très grand, Q′ dans l'expression ci-dessus a augmenté, et Q restant à peu près constant, Q — Q′ diminue ; par suite l'échauffement du muscle est des plus faibles. Par la suite, des tremblements musculaires ne tardent pas à apparaître, et finalement les muscles ne réagissent plus que difficilement à l'action de la volonté.

On peut faire disparaître assez rapidement la fatigue musculaire, soit en activant la circulation par le *massage* (l'acide lactique en excès est alors entraîné par le sang et la myosine redevient liquide), soit par des *injections intra-musculaires de permanganate de potassium*, corps oxydant dont la réaction est alcaline, de sorte qu'en même temps que le sang est oxydé, l'acide lactique est neutralisé.

Rigidité cadavérique. — Cinq à six heures après la mort, la myosine qui était liquide se coagule d'elle-même, sous l'influence de l'acide lactique en excès dans le muscle au moment de la mort. Le muscle devient alors rigide, perd ses propriétés essentielles, fixe les membres du cadavre dans la position qu'ils affectaient au moment de la mort et oppose une forte résistance aux mouvements qu'on essaye de leur imprimer. Mais cette rigidité cadavérique peut se produire beaucoup plus rapidement si le mort succombe en pleine fatigue musculaire, la myosine étant déjà à demi coagulée. C'est ainsi que, pour les animaux de boucherie surmenés, le gibier poursuivi, la rigidité apparaît très rapidement et parfois d'une façon presque instantanée.

La rigidité cadavérique persiste jusqu'au moment de la putréfaction, qui commence par la gélification et la liquéfaction des muscles.

Mouvement.

Le mouvement a pour *organes actifs*, les *muscles* et pour *organes passifs*, les *os* du squelette ; une partie de ces mouvements est utilisée pour effectuer la *locomotion*.

LOCOMOTION TERRESTRE

La locomotion terrestre comprend la *marche*, la *course*, le *saut*.

a) **Marche.** — La marche est l'acte par lequel le corps progresse sans jamais quitter le sol.

1° *Bipèdes.* — Pendant la marche, le poids du corps chez les Bipèdes repose alternativement sur le pied droit et sur le pied gauche. Lorsque ce dernier appuie sur le sol, le membre inférieur droit s'étend, puis s'infléchit en arrière et se porte en avant ; pendant ce temps le poids du corps est supporté entièrement par la jambe gauche, ce qui suppose un léger déplacement du tronc pour que la verticale passant par le centre de gravité tombe à l'intérieur de la base de sustentation qui, en la circonstance, est réduite au pied gauche. Les bras oscillent en sens inverse des jambes et facilitent le maintien de l'équilibre.

2° *Quadrupèdes.* — La marche des Quadrupèdes comprend le *pas* et l'*amble*. Dans le **pas,** les mouvements des membres se font par bipèdes diagonaux ; les pieds se lèvent puis se posent les uns après les autres. Tantôt le pied postérieur vient se poser sur l'empreinte du pied antérieur du même côté (*pas ordinaire*), tantôt il n'atteint pas cette empreinte (*pas raccourci*) tantôt enfin, il la dépasse (*pas allongé*).

Dans l'**amble,** un bipède latéral est à l'appui pendant que l'autre est soulevé ; les deux membres du même côté frappent le sol en même temps (Chameau, Girafe).

b) **Course.** — Dans la course, le corps progresse en se détachant, à certains moments, complètement du sol. Au premier temps chez les *Bipèdes*, le corps est soutenu par une jambe dont le pied est à terre ; au deuxième, il est suspendu en l'air ; au troisième, il repose sur l'autre jambe, qui touche le sol. La flexion des membres inférieurs étant considérable, le centre de gravité est abaissé ; aussi le corps est-il porté plus facilement en avant.

Chez les *Quadrupèdes* la course se traduit par le *trot* ou le *galop*.

c) Saut. — Le saut est l'acte par lequel le corps se détache complètement du sol sous l'impulsion simultanée des deux membres postérieurs, qui se détendent ensemble. Les pieds, préalablement rapprochés, s'appuient sur le sol par les orteils, les cuisses se fléchissent sur les jambes, le tronc sur les cuisses. la colonne vertébrale étant inclinée en avant, puis le corps se redresse brusquement, d'où résulte une impulsion qui l'élève verticalement ou d'arrière en avant au-dessus du sol.

La longueur des membres inférieurs favorise naturellement la course et le saut.

Adaptation à la marche, à la course et au saut. — Les Mammifères terrestres possèdent tous des membres conformés pour la marche ; mais un certain nombre, n'ayant d'autre moyen de défense que la fuite devant l'ennemi, ont leurs membres plus spécialement adaptés pour la course et pour le saut.

Presque tous les *animaux coureurs* sont des *digitigrades*, c'est-à-dire qu'ils n'appuient sur le sol que l'extrémité des doigts, ce qui a pour effet d'augmenter la *rapidité* de la marche, puisque le contact avec le sol est de suite assuré. Si, d'autre part, ce contact est des plus réduits, par suite de la diminution du nombre des doigts, la vitesse sera accrue d'autant. De sorte que l'*adaptation à la course* amène l'*atrophie* plus ou moins complète des *doigts extrêmes*, compensés par une augmentation de volume de ceux qui subsistent ; il y a, en outre, tendance à la *soudure des métacarpiens* ou des *métatarsiens* des doigts persistants, ce qui diminue le nombre des articulations et augmente la solidité du membre. Enfin, dans certains cas, les doigts médians appuyant plus fort sur le sol que les doigts latéraux, prendront la prédominance et deviendront plus longs.

On trouve tous les degrés de réduction en examinant les divers ordres de Mammifères. Tout d'abord, un certain nombre ont les doigts pairs (*Paridigités*), et dans ce groupe il y a deux modes d'adaptation représentés par les *Porcins* et les *Ruminants*. Chez les **Porcins** (*fig.* 714), le pouce disparaît et, des quatre doigts restants, les deux latéraux (2e et 5e) ne touchent plus le sol ; les métacarpiens et les métatarsiens restent également isolés.

Chez les **Ruminants** (*fig.* 694), la disparition du pouce est accompagnée de l'atrophie des doigts latéraux, tandis que les deux doigts médians persistent ; mais leurs métacarpiens ou métatarsiens se soudent pour former un seul os, connu sous le nom de *canon*. Chez certains Ruminants, comme la Gazelle, cet os s'allonge, de sorte que la course devient plus rapide.

Les **Mammifères** qui ont les doigts en nombre impair (*Imparidigités*) sont encore mieux organisés pour la course, puisque la réduction du nombre des doigts peut être plus grande. Chez les *Éléphants*, on observe cinq doigts ; chez les *Rhinocéros*, trois doigts seulement, celui du milieu étant sensiblement plus développé que les doigts latéraux ; chez l'ancêtre du Cheval, l'*Hipparion* (*fig.* 805), il en est encore de même ; mais les deux doigts latéraux sont fort réduits ; enfin chez le Cheval (*fig.* 681), ces deux doigts sont presque entièrement atrophiés ; le doigt médian persiste seul avec un métacarpien ou métatarsien allongé jouant le rôle d'*os canon*. Ici, par suite, plus encore que chez les Ruminants, les surfaces de contact avec le sol sont réduites, ce qui augmente d'autant la vitesse.

L'*adaptation au saut* se traduit également par une réduction dans le nombre des doigts et par la soudure des métacarpiens ou métatarsiens persistants; il s'y ajoute, comme chez les *Kangourous* (*fig.* 676), un allongement des membres postérieurs qui, par brusque détente, projettent le corps en avant.

LOCOMOTION AQUATIQUE

Natation. — La natation est l'acte par lequel le corps progresse dans l'eau. Le poids spécifique du corps humain étant un peu supérieur à celui de l'eau, le corps tend à s'enfoncer, à moins qu'il ne soit soutenu à la surface par un corps plus léger (*liège*) ou par un ensemble de mouvements dont l'ensemble constitue l'art de la natation.

En résumé, l'action des muscles permet donc non seulement d'assurer l'équilibre du corps humain, mais encore sa progression soit par la marche, la course, le saut ou la natation.

Adaptation à la nage. — L'adaptation à la nage se manifeste par l'allongement du corps qui devient fusiforme, par la réduction des os des membres et par le développement d'une membrane natatoire entre les doigts très allongés.

Tous ces caractères sont propres aux *Poissons* et se retrouvent chez les *Mammifères aquatiques*, comme les *Baleines* (*fig.* 679), les *Phoques* (*fig.* 736), les *Otaries*, etc.

LOCOMOTION AÉRIENNE

Le *vol* ne s'observe chez les Mammifères que chez les Cheiroptères (*Chauves-Souris*) tandis qu'il est le moyen de locomotion ordinaire des Oiseaux.

Adaptation au vol. — L'adaptation au vol est caractérisée chez les Mammifères (*Chauve-souris*) par l'allongement des doigts des membres antérieurs à l'exception du pouce et par la présence d'une membrane s'étendant de chaque côté du corps entre ces doigts (*fig.* 729).

Chez les *Oiseaux* (*fig.* 626), animaux voiliers par excellence, la grande surface des membres antérieurs est obtenue d'une autre façon ; le membre par lui-même est assez réduit, il ne présente que trois doigts soudés en un moignon. Tout le sommet du moignon donne attache à de longues plumes imbriquées constituant l'aile qui, une fois développée, offre à l'air une grande surface et par suite un point d'appui considérable. D'autre part, le sternum présente une crête en forme de carène de navire, ce qui augmente la surface d'insertion des muscles moteurs des ailes.

En résumé, cette étude montre que, malgré la grande diversité que peuvent présenter les membres des Vertébrés, on reconnaît facilement que ces variations sont sujettes à certaines lois qui toutes ont pour base l'adaptation à un genre de vie particulier.

TABLEAU SYNOPTIQUE DES MUSCLES ET DU MOUVEMENT

Diverses sortes de muscles
- Muscles striés ou rouges, soumis à l'action de la volonté.
- — lisses ou blancs, non soumis à l'action de la volonté.

Physiologie des muscles

Propriété des muscles
- Élasticité.
- Contractilité produite par { courant électrique ou centres nerveux.

Caractères de la contraction musculaire
- Tout muscle qui se contracte ne change pas de volume.
- Courbe de la contraction est obtenue avec un *myographe*.

Effets de la contraction musculaire

Effets physiques
- Production de travail.
- Dégagement de chaleur.

Effets chimiques
- Réaction { normale du muscle est alcaline. du muscle fatigué est acide.
- Coagulation de la myosine par les acides, engendre la fatigue musculaire.
- Rigidité cadavérique est aidée par la fatigue musculaire.

Mouvement

Locomotion terrestre { Marche Course Saut } Adaptation du squelette.

Locomotion aquatique = Natation

Locomotion aérienne = Vol

TRAVAUX PRATIQUES RELATIFS
AUX MUSCLES

a) Étudier la disposition de quelques muscles sur un lapin simplement écorché. On voit la disposition de plusieurs d'entre eux sans avoir besoin de les disséquer.

b) Examiner une patte d'oiseau (dindon, canard, poule) sectionnée. Au niveau de la section on distingue les *tendons*. Ceux-ci étant tirés, la patte se ferme ou s'ouvre suivant les cas (les enfants connaissent bien ce jeu).

c) Prendre un fragment de bœuf bouilli de la grosseur du quart d'une tête d'épingle. Le mettre au milieu d'une lame dans une goutte d'eau et en écarter les parties avec la pointe de deux aiguilles. Cette « dissociation » achevée, recouvrir d'une lamelle et examiner au microscope. On distingue les *fibres striées*, avec leur striation transversale caractéristique (*fig.* 299). On peut trouver aussi des *fibres striées* avec une striation encore plus nette dans les muscles des insectes, dont on peut avoir des fragments en arrachant des pattes ou des ailes de mouches, de sauterelles, etc.

d) Écorcher une grenouille (*fig.* 599) et, dans les pattes postérieures, isoler des muscles entiers ou encore attachés à leurs os — ce qui est facile — et enregistrer les contractions avec des instruments spéciaux (*myographe*, par exemple), si on est outillé pour s'en servir, ce qui demande une certaine expérience. (Voir les Traités spéciaux de Physiologie.)

A défaut de myographe on peut toujours essayer de faire contracter le muscle en y faisant passer un courant électrique.

e) Se rendre compte, sur soi-même, de la position de quelques muscles [biceps (*fig.* 265), deltoïde, pectoraux, etc.]. Voir aussi la disposition de ces muscles sur un « écorché » de la collection (*fig.* 303 et 304).

f) Faire, avec soi-même, l'étude de la marche de la course et du saut.

g) Se rendre compte des muscles que développent les divers exercices de la gymnastique suédoise.

h) Étudier la locomotion chez le cheval, le bœuf, le mouton, en l'examinant sur des animaux vivants et en étudiant la disposition des os de leurs pattes.

i) Étudier les ailes des chauves-souris et celles des oiseaux pour se rendre compte, jusqu'à un certain point, de la manière dont ils arrivent à *voler*. Examiner des oiseaux au vol.

j) Faire l'expérience représentée par la figure 305.

LIVRE II

ETUDE SPÉCIALE DES ANIMAUX

LEUR CLASSIFICATION

Tous les animaux qui se ressemblent, au point d'être presque absolument identiques entre eux et identiques à leurs parents, appartiennent à la même **espèce,** et sont désignés dans le langage ordinaire par un *nom commun.* Ex. : *espèce* cheval, *espèce* loup, etc.

Une espèce comprend quelquefois plusieurs **races** ou **variétés,** qui présentent entre elles quelques différences secondaires. Ainsi le cheval arabe, le cheval normand, le cheval percheron, diffèrent l'un de l'autre ; mais cependant ils se ressemblent beaucoup plus que l'un quelconque d'entre eux ne ressemble à l'*âne,* qui est une espèce voisine.

Les races sont souvent nombreuses chez les espèces domestiques, parce que l'homme intervient pour **améliorer** l'espèce en vue de tel ou tel usage. Telles sont les races de chevaux, les races de chiens, les races de bœufs, etc. Malgré ces différences, l'espèce forme une unité généralement assez nette.

On a compté qu'il y avait dans le monde plus d'**un million** d'espèces différentes. Il serait donc impossible à un seul homme de les étudier toutes successivement.

Comme certaines espèces présentent entre elles des ressemblances assez grandes, on les a réunies en un seul groupe appelé **genre.** Ex. : le genre *chien,* qui comprend, outre l'espèce *chien domestique,* les espèces Loup, Renard, Chacal.

On groupe de même les genres qui se ressemblent le plus, en une même **famille,** puis, toujours d'après les ressemblances, plusieurs familles en un **ordre,** plusieurs ordres en une **classe,** plusieurs classes en un **embranchement.** Enfin l'ensemble des embranchements est souvent désigné sous le nom de **Règne animal,** qui comprend l'ensemble des animaux.

Il est facile de comprendre que l'étude des animaux se trouve ainsi facilitée, car il suffit d'étudier quelques exemples d'un groupe pour avoir une idée de l'ensemble de celui-ci.

Comment on désigne les animaux. — Considérons un animal

d'une espèce donnée, le *Rat Surmulot* par exemple. Il appartient
à l'*espèce Surmulot* :

Espèce Surmulot { Genre Rat { Famille des Muridés { Ordre des Rongeurs { Classe des Mammifères { Embr. des Vertébrés

Pratiquement on est convenu de ne désigner les animaux que
par les **deux seuls noms de genre et d'espèce**. On exprime ces
noms, soit en français (ex. : *Carabe doré, Sangsue médicinale*),
soit en latin (ex. : *Carabus auratus, Hirudo medicinalis*).

Dans le *langage courant*, on se contente même de donner à un
animal le nom de son genre, en sous-entendant qu'il s'agit de
l'espèce la plus commune.

C'est ainsi que l'on dit *Hyène*, pour *Hyène striée, Lynx* pour
Lynx vulgaire, etc. D'autres fois, on donne à l'animal le nom de
son espèce. Ainsi, l'on dit *Loup*, pour *chien-loup, Renard* pour
chien-renard, Lion pour *chat-lion*, etc.

Division du règne animal en embranchements. — L'ensemble
des animaux se divise en **8 embranchements : Protozoaires,
Spongiaires, Cœlentérés, Échinodermes, Vers, Arthropodes ou
Articulés, Mollusques et Vertébrés.** Les caractères distinctifs de
ces embranchements sont résumés dans le tableau synoptique
ci-après :

TABLEAU SYNOPTIQUE DES GRANDES DIVISIONS DU RÈGNE ANIMAL

Animaux					
unicellulaires				**Protozoaires :**	*Amibe.*
Pluricellulaires : Métazoaires	à symétrie axiale ou rayonnée **Phytozoaires** — à symétrie rayonnée	à symétrie nulle ou axiale.....		**Spongiaires :**	*Eponge.*
		à cavité gastrovasculaire.		**Cœlentérés :**	*Polype.*
		à tube digestif et à peau hérissée de piquants.		**Échinodermes :**	*Étoile de mer.*
	à symétrie bilatérale **Artiozoaires** — sans squelette interne	corps annelé	peau molle, pas de pattes articulées.	**Vers**	*Lombric ou ver de terre Sangsue.*
			peau durcie pattes articulées	**Arthropodes ou Articulés**	*Écrevisse. Araignée. Hanneton.*
		corps non annelé, mou, protégé par une coquille.		**Mollusques**	*Huître. Escargot. Poulpe.*
	squelette interne comprenant une colonne vertébrale.			**Vertébrés**	*Poissons. Batraciens. Reptiles. Oiseaux. Mammifères*

EMBRANCHEMENT DES PROTOZOAIRES

Les **Protozoaires** sont *les plus simples des animaux*. Ils sont presque tous **microscopiques**. Quelques-uns seulement atteignent 1 à 2 millimètres. Leur corps est formé d'une petite masse de **substance vivante ou protoplasme,** dans laquelle on ne distingue aucun organe comparable à ceux des autres animaux. On y remarque seulement une petite masse de teinte un peu plus claire nommée **noyau.** Cependant *ces petits êtres absorbent, respirent, sont sensibles, se reproduisent ;* en un mot, ils effectuent tous les actes qui caractérisent les êtres les plus élevés.

Ainsi les substances dont ils se nourrissent sont incorporées dans la masse, qui les *digère* et *rejette les résidus.* La *respiration* s'effectue *directement* au contact de l'eau dans laquelle vit l'animal. La *multiplication* s'effectue souvent par *simple division en deux* du corps de l'animal, le *noyau* se partageant de même que le *protoplasme.*

Lorsque la nourriture qui leur convient est abondante, ils se multiplient ainsi très rapidement, un seul individu en donnant des milliers en vingt-quatre heures par sa division et celle de ses descendants.

On peut les diviser en deux groupes :

Les uns ont le corps non limité par une membrane, de sorte qu'il peut facilement se déformer, tandis que les autres, au contraire, possèdent une sorte de membrane formée de protoplasma durci qui entoure leur corps, si bien que celui-ci a une forme invariable.

Parmi les premiers, on peut distinguer plusieurs groupes :

1° Les **Amibes** (*fig.* 310), qui sont des cellules nues dont la *forme varie* à chaque instant. Elles rappellent tout à fait les *globules blancs du sang*. On en trouve sur la terre humide, sur les matières en putréfaction, dans les eaux. Certaines même, nommées *Monères*, que l'on trouve dans la mer, ne présentent *pas de noyau distinct* et sont considérées comme les êtres vivants les plus inférieurs ;

2° Les **Foraminifères** (*fig.* 311), dont le corps est réparti dans les loges

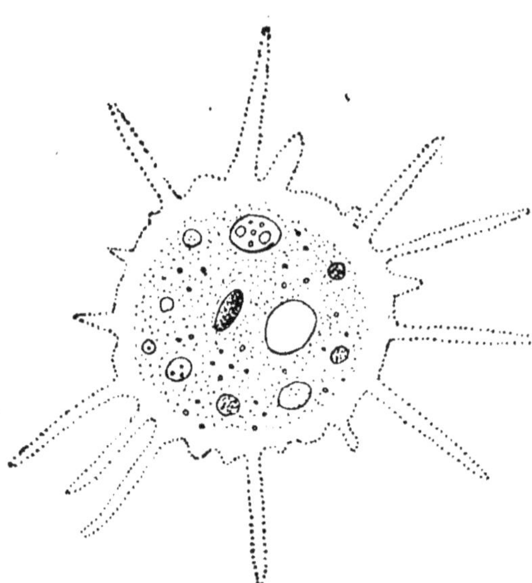

FIG. 310. — Une amibe, vue à un grossissement considérable (1000 fois).

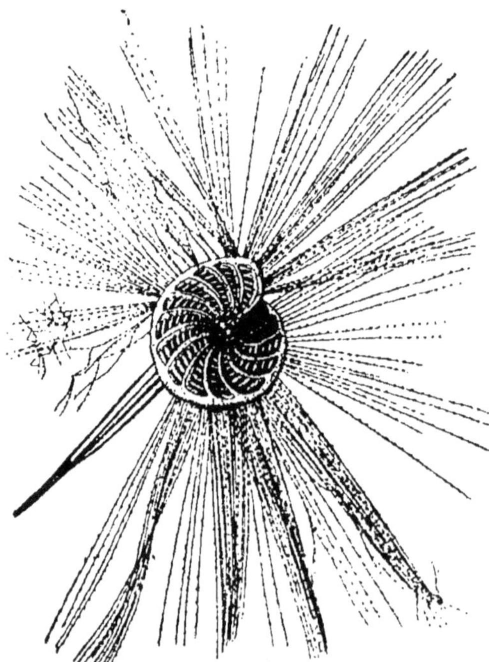

FIG. 311. — Foraminifère, vu à un grossissement considérable.

d'une sorte de coquille calcaire, percée d'un nombre de trous plus ou moins grand. Le *protoplasme* envoie des *prolongements* très minces nommés **pseudopodes,** qui saisissent les corps étrangers et les amènent dans la masse vivante pour y être digérés.

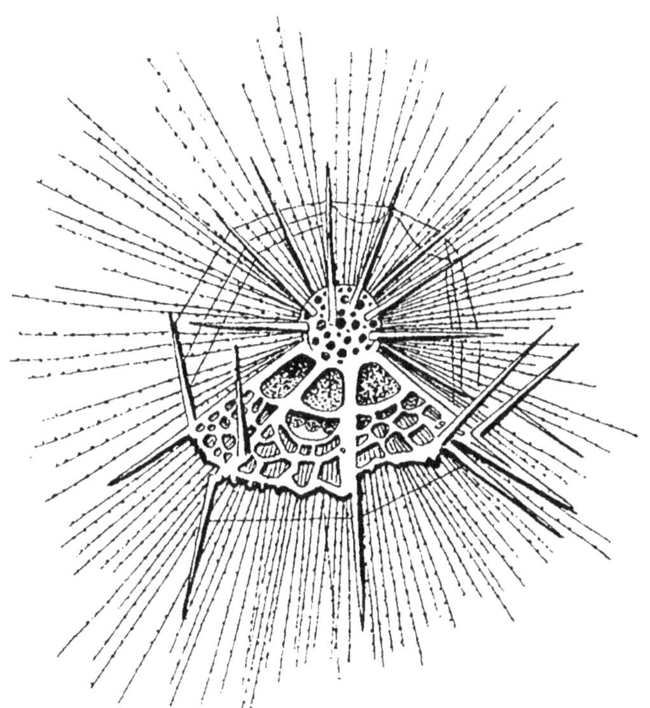

FIG. 312. — Radiolaire, vu à un grossissement considérable.

Ces animaux pullulent dans certains endroits de la mer. Après leur mort, ils tombent au fond, la substance vivante se désorganise, et l'accumulation des coquilles forme une boue calcaire qui, en se consolidant, donne une roche analogue à la craie.

3° Les **Radiolaires** (*fig.* 312), également marins, rappellent les Foraminifères par l'existence de **pseudopodes.** Ils ont une sorte de squelette siliceux de formes variées, souvent élégantes.

Parmi les seconds on peut citer : 1° les **Infusoires** (*fig.* 313), qui ont une membrane plus ou moins épaisse limitant leur corps. Cette membrane laisse passer un nombre plus ou moins grand de petits prolongements du protoplasme, appelés **cils vibratiles,** parce qu'ils sont presque constamment animés de mouvements. Ce sont ces mouvements qui produisent les déplacements de l'animal. Tantôt ces cils forment une *couronne* autour d'une sorte de bouche, tantôt ils recouvrent *tout le corps* de l'animal.

On se procure facilement des Infusoires en mettant dans l'eau des *substances végétales*, telles que *brins de paille, foin, mousse, feuilles, bouquet de fleurs*, etc., pendant quelques jours. L'eau prend une odeur désagréable d'*eau croupie*. Si on en examine une goutte *au microscope*, on y voit une quantité d'Infusoires en mouvement. C'est de là, du reste, que leur vient leur nom (*Animaux se développant dans les infusions*).

On croyait autrefois que c'était la putréfaction des matières végétales contenues dans l'eau qui donnait naissance à ces Infusoires, et on appelait ce phénomène la **génération spontanée**, pour exprimer que ces animaux prennent naissance sans provenir de parents semblables à eux. Mais les *travaux de Pasteur ont montré qu'*il n'en est rien. Les matières végétales apportent simplement dans l'eau quelques-uns de ces animaux, qui se trou-

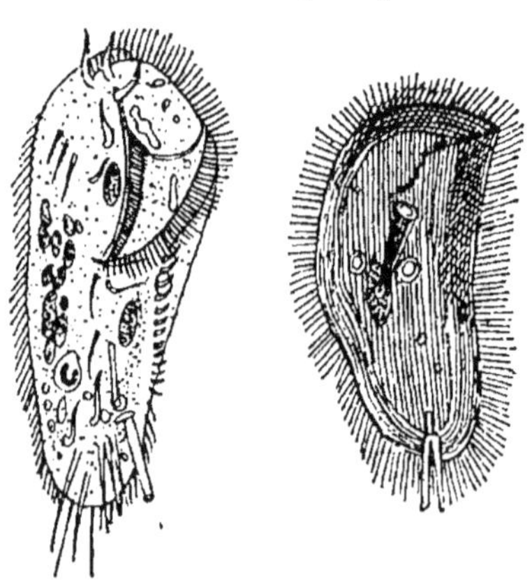
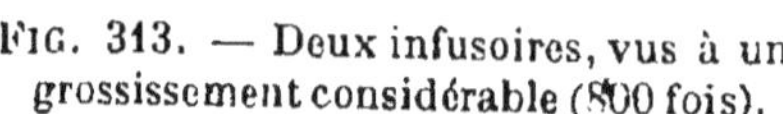

FIG. 313. — Deux infusoires, vus à un grossissement considérable (800 fois).

FIG. 314 . — Stentor, vu à un grossissement considérable (500 fois).

vaient à leur surface, attendant les conditions favorables pour se multiplier.

Parmi ces animaux, qui sont très nombreux, nous citerons :

Les **Paramécies**, qui vivent librement dans l'eau ;

Les **Stentors** (*fig.* 314), en forme de trompettes, qui sont tantôt libres, tantôt fixés ;

Les **Vorticelles** (*fig.* 315), fixées au sommet d'un long fil qui, au moindre contact, se contracte en s'enroulant comme un ressort à boudin ;

Les **Noctiluques** (*fig.* 316), qui abondent à certaines époques dans l'eau de la mer et rendent celle-ci phosphorescente par l'agitation ;

2º Les **Sporozoaires,** qui se différencient des Infusoires en ce qu'ils n'ont *pas de cils vibratiles* et vivent en *parasites* dans le corps des animaux et, certains, dans celui de l'homme.

Les plus connus sont les *Hématozoaires* (de *hema*, sang, et *zoon*, animal), parasites des globules rouges du sang de l'homme, qui occasionnent la maladie connue sous le nom de *malaria, paludisme* ou *fièvre paludéenne* (*fig.* 317).

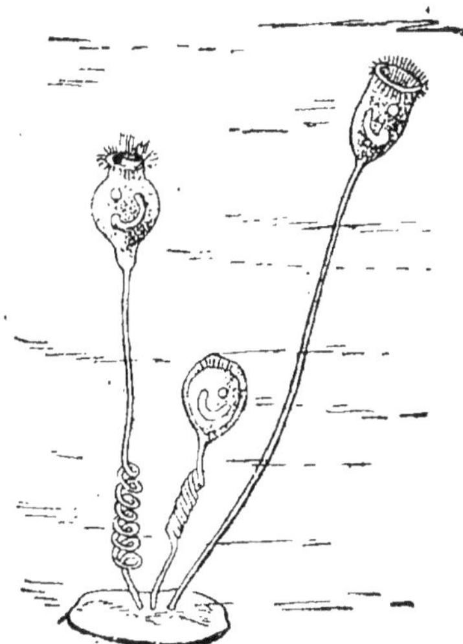

FIG. 315. — Trois vorticelles, vues à un grossissement considérable.

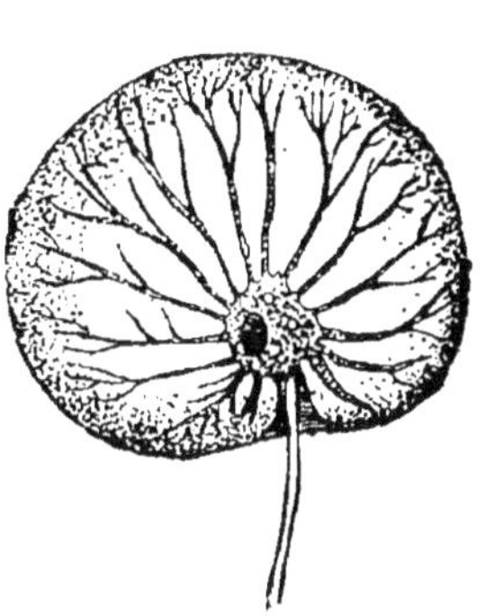

FIG. 316. — Noctiluque, vue à un grossissement considérable.

L'Hématozoaire vit à l'intérieur du globule rouge en se nourrissant à ses dépens et en s'emparant rapidement de l'hémoglobine, qu'il décompose en une substance brune, qui donne aux

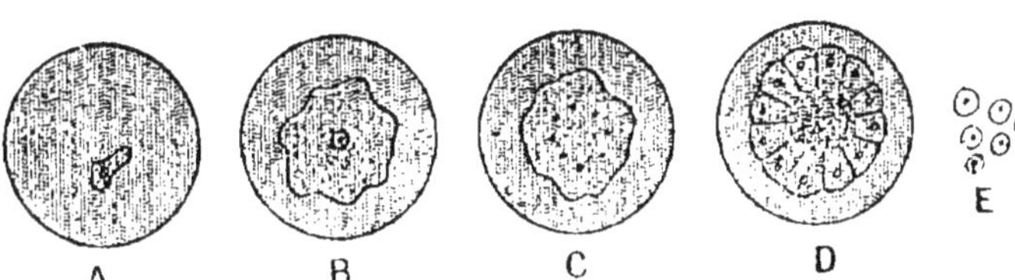

FIG. 317. — Globule rouge attaqué par un Hématozoaire, dont on voit ici l'évolution (A à D) jusqu'à la formation des spores E.

paludéens le teint terreux caractéristique de la maladie.

Lorsque l'Hématozoaire a atteint les dimensions du globule, il se divise en un certain nombre de parties ou **spores ;** chaque spore se dirige par des mouvements amiboïdes vers un autre globule rouge qu'elle envahit et ne tarde pas à détruire. La destruction des globules est ainsi rapide et accompagnée de fièvre, que seule la *quinine* peut calmer.

La malaria se transmet par les *Moustiques* du genre *Anophèles,* qui inoculent par leurs piqûres, à l'homme sain, l'hématozoaire pris sur un malade ; de là l'idée de combattre la maladie, soit en prévenant les piqûres d'Anophèles dans les régions paludéennes, soit en empêchant ces insectes de se reproduire, en se basant sur ce que leurs larves, comme celles de tous les **Cousins** ou **Moustiques,** vivent dans les eaux stagnantes. Cette destruction est facile en répandant à la surface des étangs un peu de pétrole, lequel s'y étale de lui-même en une très mince couche. La disparition des régions marécageuses amène avec elle la disparition du paludisme.

TABLEAU SYNOPTIQUE DE L'EMBRANCHEMENT DES PROTOZOAIRES

Caractères généraux	Animaux microscopiques. Corps nu ou limité par une membrane. Multiplication par simple bipartition.		
Classification : Protozoaires	à corps non limité par une membrane	dépourvu de squelette.....	*Amibes.*
		à squelette calcaire......	*Foraminifères*
		siliceux......	*Radiolaires.*
	à corps entouré d'une membrane	avec cils vibratiles	*Infusoires.*
		sans cils vibratiles (parasites).	*Sporozoaires.*

TRAVAUX PRATIQUES RELATIFS AUX PROTOZOAIRES

a) Mettre un peu de foin dans de l'eau. Deux ou trois jours après mettre une goutte de celle-ci (la prélever, avec le doigt, près de la surface) et la mettre entre lame et lamelle. Au microscope, on y distingue une multitude d'Infusoires qui s'y déplacent dans tous les sens. Recommencer le lendemain et les jours suivants : les espèces varient.

b) Faire de même avec l'eau où l'on conserve les bouquets (de préférence *avant* qu'elle ne dégage une mauvaise odeur). Les Infusoires mobiles y sont très nombreux. On peut, parfois, y voir des Amibes.

Constater que les Infusoires s'accumulent, peu à peu, sur le pourtour de la lamelle, c'est-à-dire là où l'oxygène est le plus abondant.

c) Prendre un petit fragment des Algues filamenteuses qui abondent dans les pièces d'eau et le mettre, dans une goutte d'eau, entre lame et lamelle. Le microscope montre une très grande quantité d'Infusoires qui nagent entre les filaments et qui, gênés par ceux-ci dans leur locomotion, peuvent s'étudier avec facilité. Sur les filaments eux-mêmes il y a de nombreuses espèces de Protozoaires fixés sur eux, particulièrement de Vorticelles, dont le mode de contractions en spirale du pédicule est si curieux. On y voit aussi, parfois, des Stentors.

d) Opérer, comme en *c,* avec des Algues filamenteuses marines, mais observer dans une goutte *d'eau de mer.* On y voit des Protozoaires marins.

e) Disséquer une grenouille. Fendre le rectum et y recueillir les matières fécales. Écraser un petit fragment de celles-ci dans une goutte d'eau, entre lame et lamelle. Le microscope y montre de très gros Infusoires (*Balantidium coli*) à divers états de développement.

f) Observer, au microscope, des préparations toutes faites de Foraminifères, de Radiolaires, etc.

g) Observer, au microscope, des préparations toutes faites de globules du sang de vertébrés parasités par un hématozoaire.

MÉTAZOAIRES

Par opposition aux *Protozoaires,* on réunit sous le nom de *Métazoaires* tous les animaux dont le corps est formé de **plusieurs cellules.** On les divise en *Phytozoaires* et *Artiozoaires,* ainsi que cela est indiqué page 285.

A. Phytozoaires

EMBRANCHEMENT DES SPONGIAIRES

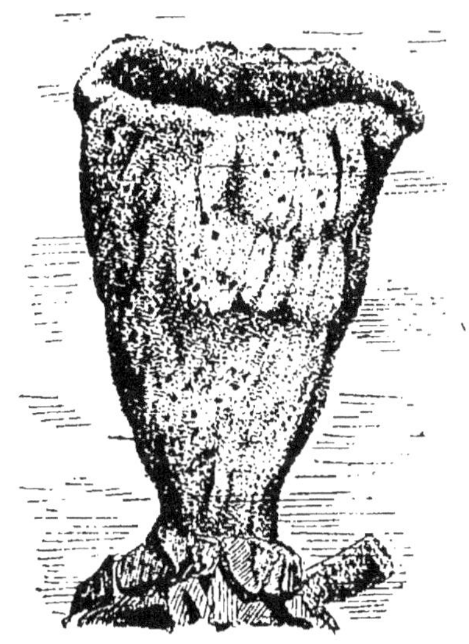

FIG. 318. — Éponge de toilette.

Les **Éponges** vivent **fixées** (*fig.* 318) aux corps immergés dans l'eau, tels que *rochers, coquilles, bois,* etc. La plupart sont *marines ;* on en connaît cependant *une espèce d'eau douce,* la *Spongille d'eau douce.*

La substance vivante qui les compose est toujours consolidée, tantôt par des **spicules** (*fig.* 319), sortes de *petites aiguilles* de formes variées, présentant souvent plusieurs pointes et de nature *calcaire* ou *siliceuse,* tantôt par une **substance fibreuse** formant un réseau plus ou moins serré. C'est cette *substance* *fibreuse*, débarrassée de la substance vivante qui l'entourait, que nous utilisons sous le nom d'*éponge*.

Les *Éponges les plus simples* (*fig.* 320) ont la forme d'une *urne* de quelques centimètres de longueur, fixée par une sorte de pied. La *paroi* de l'urne, consolidée par les *spicules*, constitue la substance vivante. Elle est percée de nombreuses petites ouvertures. nommées

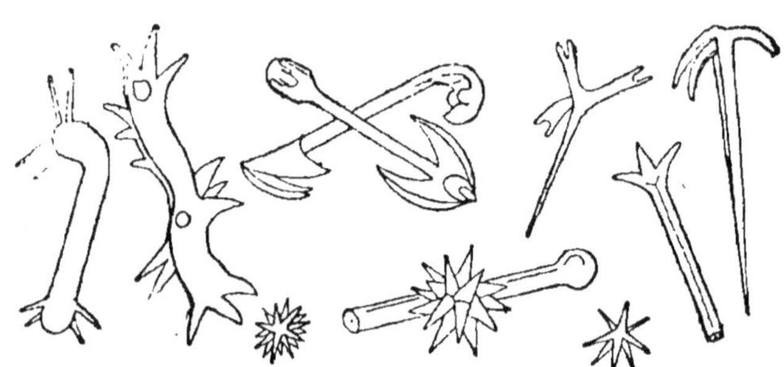

FIG. 319. — Divers spicules d'éponges, vus au microscope.

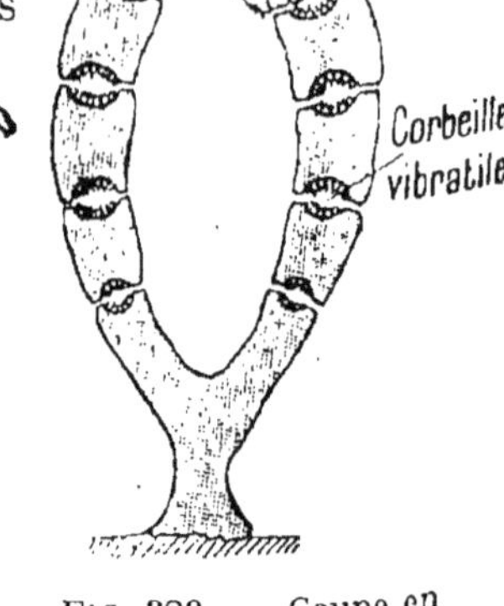

FIG. 320. — Coupe en long d'une éponge simple.

pores inhalants, d'où partent de petits tubes qui traversent la paroi. Ces petits tubes contiennent de nombreux *poils fins* nommés **cils vibratiles,** en-

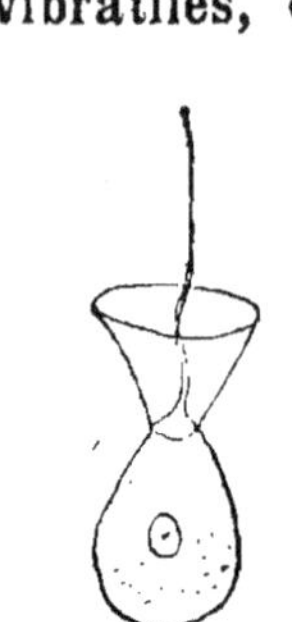

FIG. 321. — Une des cellules des corbeilles vibra-tiles.

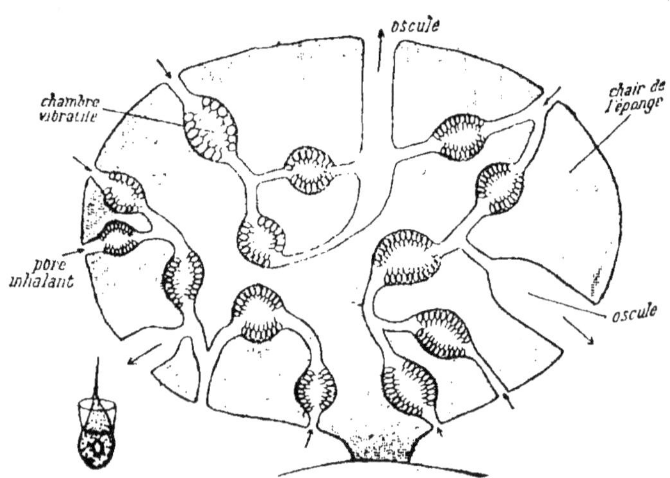

FIG. 322. — Coupe schématique montrant l'organisation de l'éponge de toilette.

tourés d'une collerette à la base (*fig.* 321), et déterminant par leurs mouvements un courant d'eau de l'extérieur vers l'intérieur.

D'autres *cils vibratiles,* situés sur la paroi interne de l'urne, chassent cette eau vers l'*ouverture supérieure* ou **oscule** et la font sortir de l'urne.

La substance vivante trouve dans ce courant d'eau les matières nutritives nécessaires à son entretien et y rejette les substances inutiles ou nuisibles.

Les *Éponges plus grosses* (*fig.* 322) peuvent être considérées comme une *réunion d'Éponges simples.* Les **oscules** servant à la sortie de l'eau sont alors **multiples.** L'intérieur de la masse est parcouru par des *canaux,* sur le trajet desquels on voit de place en place une *cavité plus grande* garnie de *cils vibratiles* et appelée **corbeille vibratile.**

D'après la *nature du squelette,* on divise les **Éponges** en **Éponges calcaires, Éponges siliceuses** et **Éponges fibreuses** ou **cornées.**

Les Éponges des deux premiers groupes n'ont pas d'usage. Cependant les Éponges siliceuses sont quelquefois recherchées comme curiosité à cause de l'élégance de leur squelette. Ainsi les *Euplectelles* (*fig.* 323) des Philippines ont leurs spicules réunis par des sortes de fils très fins de matière siliceuse, semblables à du verre filé.

Les *plus importantes* sont les **Éponges fibreuses,** que l'on recherche pour utiliser leur *squelette fibreux* à cause de sa *porosité* (*fig.* 318).

FIG. 323. — Euplectelle
(taille d'un verre de lampe).

Elles sont l'objet d'une pêche importante sur les côtes de Syrie, de Tunisie et dans la région des Antilles. Les Éponges vivent à des profondeurs variant entre 100 et 200 mètres ; on les pêche avec de longues fourches ou avec des harpons ; quelquefois les scaphandriers vont les arracher à la main.

Les Éponges subissent ensuite un certain nombre de préparations qui les débarrassent de leur substance animale ; les éponges de toilette sont ensuite blanchies au chlore ; les plus douces viennent de la côte du Mexique.

TABLEAU SYNOPTIQUE DE L'EMBRANCHEMENT DES SPONGIAIRES

Caractères généraux
{ Corps mou consolidé par des *spicules* ou par des filaments cornés.
Mise en mouvement de l'eau à l'intérieur du corps par des *corbeilles vibratiles*.

Classification : Spongiaires
{ à corps consolidé par des spicules { calcaires ...... *Éponges calcaires*.
{ siliceux....... *Éponges siliceuses*.
à corps consolidé par des *fibres* .... *Éponges fibreuses*.

TRAVAUX PRATIQUES RELATIFS
AUX SPONGIAIRES

a) Observer une éponge de toilette.

b) Observer, au microscope, des préparations toutes faites de spicules d'éponges (*fig.* 319).

c) Rechercher, sur les pierres des cours d'eau et des étangs, la *Spongille d'eau douce*.

EMBRANCHEMENT DES CŒLENTÉRÉS

Les **Cœlentérés** (du grec *koilos*, creux, et *enteron*, intestin), ont une symétrie rayonnée ; *aucun d'eux ne possède un tube digestif bien distinct* du reste du corps.

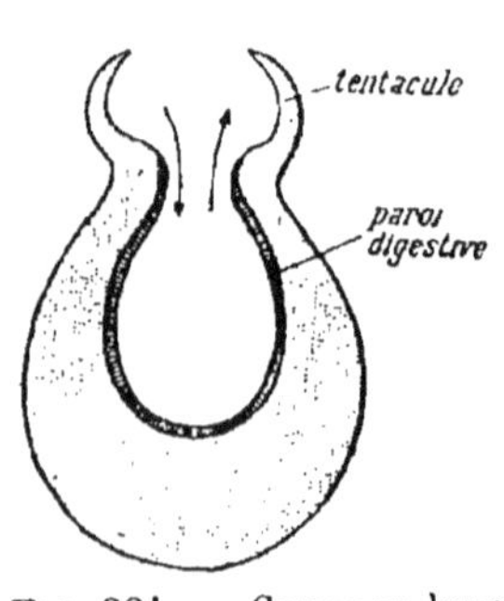

Fig. 324. — Coupe en long (schématique) du corps d'un Cœlentéré.

Leur *corps* (*fig.* 324) peut être comparé à un **simple sac** dont la paroi serait la substance même du corps. L'*ouverture du sac*, entourée de *tentacules* ou *bras*, sert à la fois pour l'*introduction des aliments* et pour l'*expulsion des résidus*. La *cavité intérieure* du sac fonctionne comme *estomac*, puis les *matières nutritives* provenant de la digestion *se distribuent directement* dans la paroi du sac, qu'elles baignent. De là le nom de **Cœlentérés**, qui indique que la *cavité générale du corps se confond avec l'appareil digestif*. De là aussi le nom de *cavité gastro-vasculaire*, pour la *cavité intérieure du sac*, puisqu'elle tient lieu à la fois d'*es-*

lomac pour digérer et de *vaisseaux pour distribuer* les substances nutritives.

La **peau** de ces animaux, qui est **molle**, est pourvue d'**organes urticants** (du latin *urtica*, ortie), qui sont des *organes d'attaque et de défense* (*fig.* 325). Ce sont de petites poches microscopiques qui produisent un liquide irritant et qui contiennent un fil enroulé en spirale. Au moindre attouchement, le fil est projeté au dehors comme une flèche.

Le *système nerveux* existe sous la forme rudimentaire d'un **anneau nerveux** envoyant des ramifications.

La plupart des Cœlentérés vivent *en colonies*, mais quelques-uns vivent *isolés*.

L'étude de ces derniers nous fera mieux comprendre les autres.

*Exemple de l'**Hydre d'eau douce**.* — Ce petit animal (*fig.* 326) vit *fixé* à la face intérieure

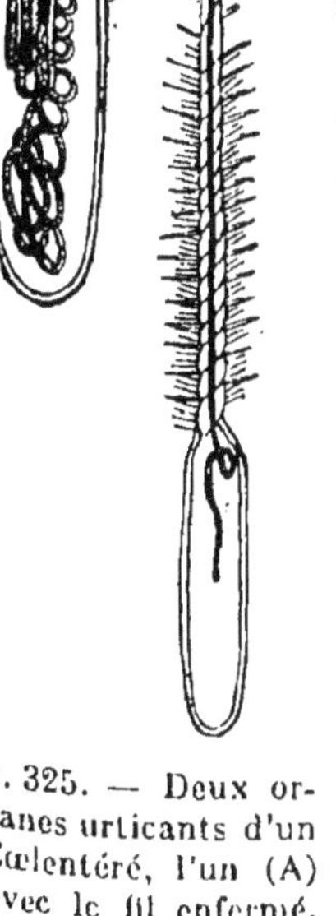

FIG. 325. — Deux organes urticants d'un Cœlentéré, l'un (A) avec le fil enfermé, l'autre (B) avec le fil sorti.

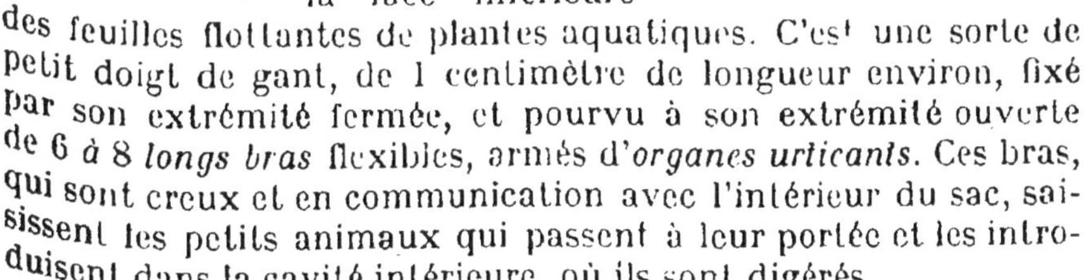

FIG. 326. — Hydre d'eau douce (environ 1 centimètre de long).

des feuilles flottantes de plantes aquatiques. C'est une sorte de petit doigt de gant, de 1 centimètre de longueur environ, fixé par son extrémité fermée, et pourvu à son extrémité ouverte de 6 à 8 *longs bras* flexibles, armés d'*organes urticants*. Ces bras, qui sont creux et en communication avec l'intérieur du sac, saisissent les petits animaux qui passent à leur portée et les introduisent dans la cavité intérieure, où ils sont digérés.

Un point très curieux de l'histoire de ces animaux est la **multiplication par bourgeonnement**. *Si l'Hydre est abondamment nourrie*, on voit se produire, en un point de la surface extérieure du sac, une *excroissance* qui grandit et prend bientôt la forme d'une *hydre complète*. D'abord en communication avec la pre-mière, elle s'en sépare bientôt pour vivre d'une façon indépendante.

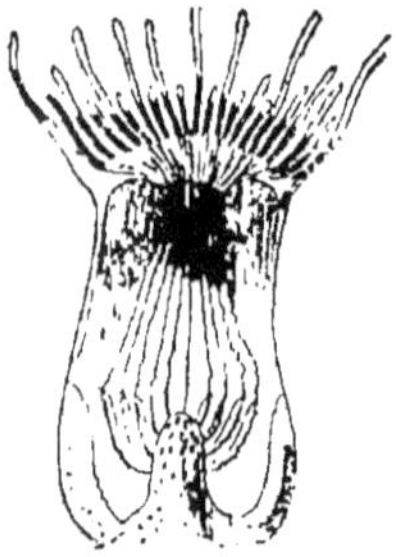

En plus de ce mode de multiplication ra-pide, l'Hydre produit aussi des *œufs* qui sont destinés surtout à *passer l'hiver* pour donner au printemps suivant de nouvelles Hydres.

*Exemple de l'***Actinie**. — L'*Actinie*, qui vit isolée comme l'Hydre, en diffère par sa *taille plus grande*, par le *grand nombre de ses lentacules* et par les *cloisons longitudinales incomplètes*, qui augmentent beaucoup la sur-face de la cavité gastro-vasculaire (*fig.* 327).

FIG. 327. — Actinie, coupée en long.

On l'appelle encore **Anémone de mer,** parce que ses couleurs sont très brillantes, et parce que, suivant les circonstances, elle s'épanouit ou elle *se ferme*, c'est-à-dire qu'elle allonge ou rentre ses tenta-cules.

*Exemple de la M***é-**

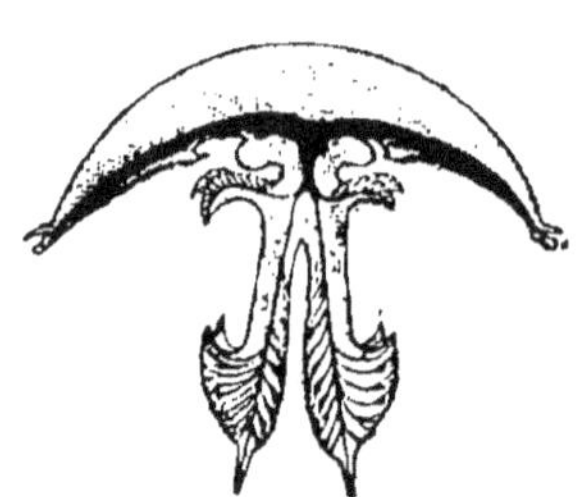

FIG. 329. — Méduse coupée en long.

duse *ou* **Ombrelle de mer.** — La *Méduse,* appelée aussi *Ombrelle de mer* à cause de sa forme (*fig.* 328) et *Or-*

FIG. 328. — Méduse, flottant dans l'eau.

tie de mer à cause des démangeaisons que produit son contact, se rencontre souvent échouée sur les plages, sous la forme d'une masse gélatineuse transparente, avec une légère teinte bleuâtre.

Sa forme peut être comparée, soit à une ombrelle, soit à une

cloche avec son battant (*fig.* 329), soit à un chapeau de champignon avec son pied.

Sur le pourtour de l'ombrelle se trouvent des *organes des sens tout à fait rudimentaires*. Dans l'épaisseur de l'ombrelle est située la *cavité gastro-vasculaire*. La bouche se trouve soit *au centre de la couronne de bras* figurant le manche de l'ombrelle, soit *dans ces bras eux-mêmes*.

Tantôt l'animal flotte à la surface de la mer, se laissant entraîner par les vagues, tantôt il nage en contractant sa cavité intérieure remplie d'eau. Beaucoup de Méduses sont phosphorescentes.

La Méduse produit des *œufs*. Les *embryons* qui en naissent

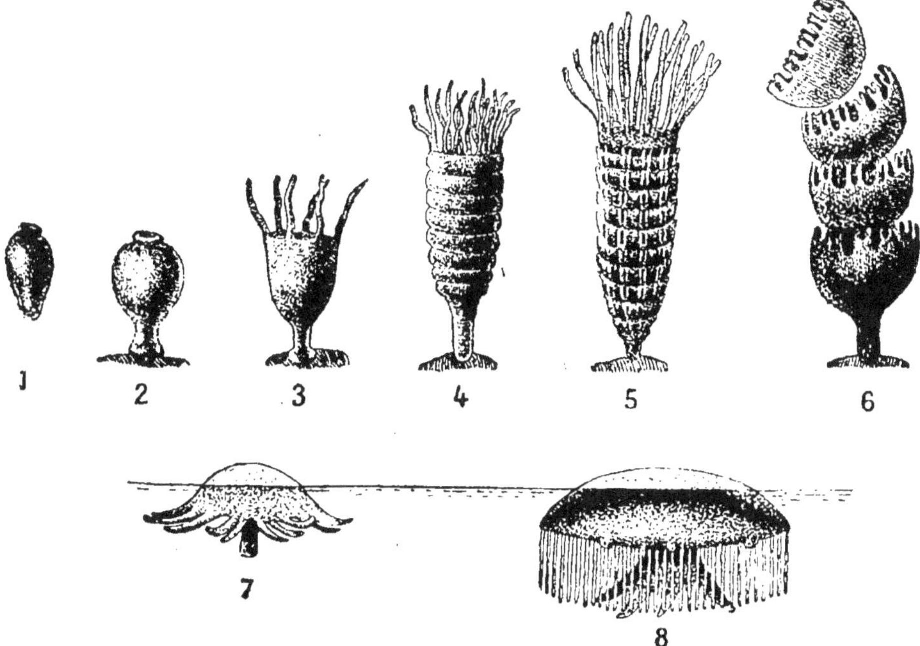

FIG. 330. — Les phases successives de la naissance d'une grande Méduse.

vivent *fixés* pendant quelque temps, puis *se segmentent* en un certain nombre de *disques empilés* (*fig.* 330) qui deviennent bientôt autant de *Méduses libres*. Certaines naissent même directement de l'œuf.

Connaissant ces trois formes de Cœlentérés qui vivent isolés, il est facile de se faire une idée des différents groupes.

Groupe des **Hydroméduses.** — Supposons qu'une Hydre, au

lieu de se séparer de celles qu'elle a produites par bourgeonnement, les conserve fixées à elle-même. On aura ainsi une **colonie** *d'Hydres ou Polypes*, qui s'accroîtra continuellement par de nouveaux bourgeonnements, toutes les cavités gastro-vasculaires restant en communication entre elles.

Beaucoup de ces Polypes donnent naissance à un moment donné à de petites Méduses libres (*fig.* 331 à 335) produisant des œufs. De là, le nom d'**Hydroméduses** qu'on leur donne. Ces Méduses, toujours de petite taille, ont sur le bord de la cloche

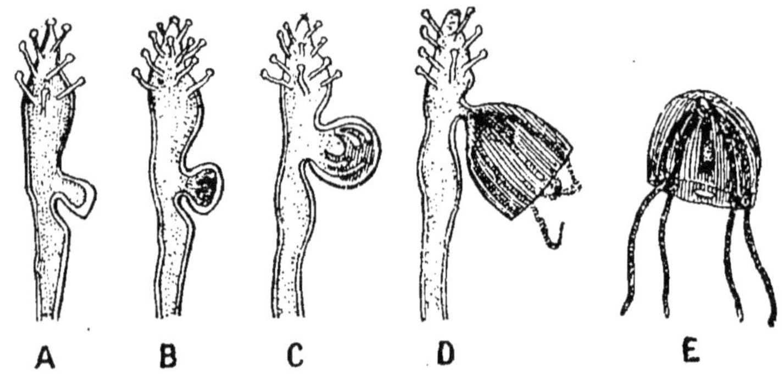

Fig. 331 à 335. — Comment chez les Hydroméduses, les petites Méduses (E) naissent sur les Polypes (A).

quatre tentacules et une sorte de voile qui rétrécit l'ouverture de la cloche. La plupart vivent dans la mer.

Groupe des **Siphonophores**. — On désigne sous ce nom des Cœlentérés qui vivent en *colonies libres et flottantes*, formées *d'Hydres et de Méduses* réunies par bourgeonnement d'une *Méduse primitive*.

Une des particularités les plus curieuses de ces animaux est l'existence, dans la même colonie, d'animaux ayant des *formes et des fonctions différentes*, les uns chargés de nourrir la colonie, d'autres de la diriger, d'autres de la protéger, etc.

Ces colonies sont remarquables par leur élégance et leurs vives couleurs.

Groupe des **Méduses** *ou* **Acalèphes**. — Ces Cœlentérés passent la plus grande partie de leur vie sous forme de Méduses, décrites plus haut.

Ils ne sont fixés qu'au début de leur existence ou même naissent directement des œufs.

Groupe des **Coralliaires**. — Ces Cœlentérés ont la *cavité gastro-vasculaire cloisonnée*, comme nous l'avons vu pour l'Actinie.

La plupart vivent en *colonies* (*fig.* 336) *fixées* sur un support calcaire à la construction duquel chaque animal contribue. Ce *support calcaire*, ou *polypier*, présente des formes très variées, souvent arborescentes. Il est recouvert extérieurement de substance vivante.

Les animaux qu'il supporte communiquent entre eux, comme nous l'avons déjà expliqué pour les autres colonies, et ils peuvent épanouir ou rentrer à volonté leurs tentacules. Comme leur couleur tranche souvent sur celle du support, ils donnent l'illusion de fleurs, dont les unes sont en boutons et les autres épanouies.

Les **uns** ont les tentacules au

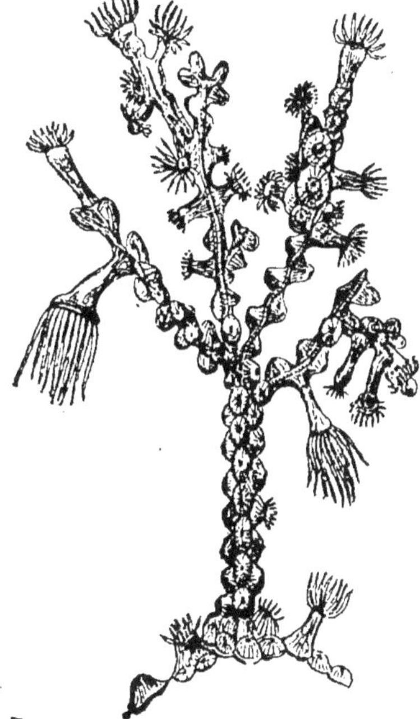

FIG. 336. — Exemple d'un Corailliaire avec quelques-uns de ses Polypes épanouis.

FIG. 337. — Deux Polypes (un peu grossis) d'une branche de Corail.

nombre de 6 ou d'un multiple de 6, tels sont les *Madrépores,* qui, avec d'autres colonies semblables, *Astrées, Fongies,* etc., produisent dans les mers équatoriales les **récifs coralliens** et les **îles madréporiques**[1]. Le squelette calcaire est de couleur blanche.

Les **autres** ont 8 **tentacules frangés** sur leurs bords. Tel est le *Corail proprement dit* (*fig.* 337), que l'on pêche dans la Méditerranée pour utiliser comme ornement son squelette calcaire, rouge

[1]. Voir notre *Géologie.*

ou rose. Sur les côtes de Sicile, la pêche du corail se fait à la drague, grand filet que l'on traîne au fond de la mer au moyen d'une corde, après avoir cassé avec des perches les branches de corail. Le corail rouge est très employé en bijouterie et a une assez grande valeur.

TABLEAU SYNOPTIQUE DE L'EMBRANCHEMENT DES CŒLENTÉRÉS

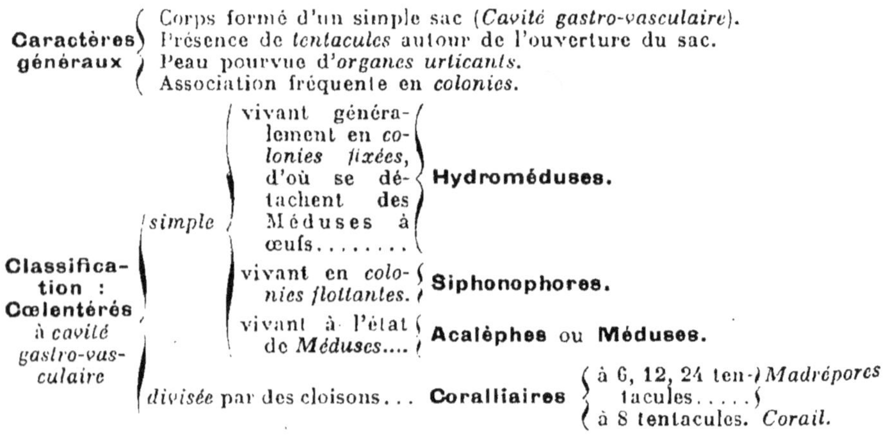

Caractères généraux :
Corps formé d'un simple sac (*Cavité gastro-vasculaire*).
Présence de *tentacules* autour de l'ouverture du sac.
Peau pourvue d'*organes urticants*.
Association fréquente en *colonies*.

Classification : Cœlentérés *à cavité gastro-vasculaire* :

simple —
- vivant généralement en *colonies fixées*, d'où se détachent des Méduses à œufs........ : **Hydroméduses.**
- vivant en *colonies flottantes.* : **Siphonophores.**
- vivant à l'état de *Méduses....* : **Acalèphes** ou **Méduses.**

divisée par des cloisons... **Coralliaires** :
- à 6, 12, 24 tentacules..... *Madrépores*
- à 8 tentacules. *Corail.*

TRAVAUX PRATIQUES RELATIFS
AUX CŒLENTÉRÉS

a) Recueillir, dans un marais, des *lentilles d'eau*, les rapporter à la maison et les mettre, dans un verre ou un cristallisoir, à la surface de l'eau. Au bout de quelque temps de repos, en examinant les lentilles d'eau *par-dessous;* on aura, *parfois*, la chance d'y voir pendre des *Hydres d'eau douce* (*fig.* 326), dont la longueur n'est que de quelques millimètres et dont la couleur est, généralement, verte (parfois brune). Observer ces Hydres à l'œil nu ou à la loupe, puis en isoler une et l'examiner, au microscope, dans une goutte d'eau (éviter de l'écraser en recouvrant la goutte d'une lamelle).

c) Au bord de la mer, sur certaines plages (Soulac, etc.), on pourra récolter des volumineuses *Méduses* gélatineuses et transparentes. Les examiner sur place (il n'y a pas d'organes susceptibles d'être disséqués).

d) Sur les plages rocheuses (Bretagne, etc.), en explorant les rochers à marée basse, il est fréquent d'y voir, plus ou moins contractées, des *Anémones de mer*. Essayer d'en emporter quelques-unes sans les détériorer (ce qui n'est pas toujours facile) et, de retour à la maison, les mettre dans une cuvette remplie d'eau de mer. Au bout de quelques heures, les Anémones s'épanouissent et montrent la disposition de leurs tentacules rangés, en rayonnant, tout autour de la bouche. Déposer sur celle-ci une proie (crevette, patte de crabe, moule extraite de sa coquille, etc), et voir comment l'Anémone finit par l'engloutir). Mettre aussi le doigt au milieu des tentacules et constater qu'ils adhèrent à la peau en raison des *nématocystes* qui les recouvrent, mais qui sont invisibles à l'œil nu. L'animal n'est pas disséquable.

e) Examiner, au microscope, une préparation toute faite d'une coupe du tégument d'un Cœlentéré montrant des *nématocystes*.

f) Examiner les *polypiers* de la collection, et, si possible, une branche de *Corail* (avec ses polypes) dans l'alcool.

EMBRANCHEMENT DES ÉCHINODERMES

Les **Échinodermes** (du grec *echinos*, épine, et *derma*, peau) ont la *peau durcie* par des plaques ou des granulations calcaires plus ou moins resserrées; elle est souvent **hérissée de piquants,** d'où leur nom ; leur symétrie est plus ou moins rayonnée.

Ils ont un *tube digestif distinct* du reste du corps, un *appareil circulatoire* assez compliqué communiquant avec l'eau de la mer et un **système nerveux en anneaux** (*fig.* 338), d'où se détachent des nerfs.

La plupart sont *libres* et se déplacent au moyen d'appareils spéciaux nommés *ambulacres* et terminés par des ventouses.

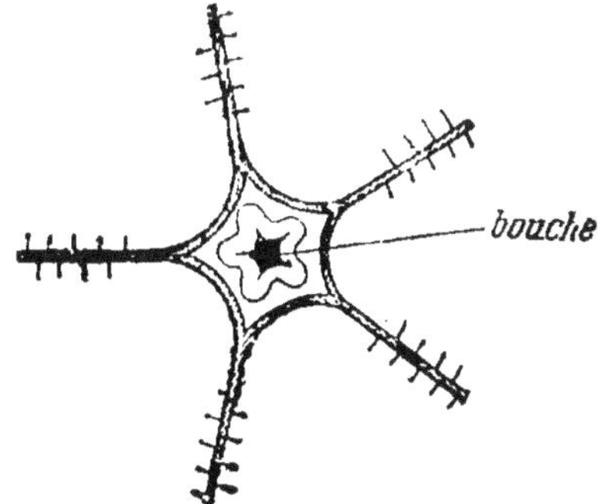

FIG. 338. — Système nerveux d'un Échinoderme.

Nous examinerons d'abord l'un des plus connus, l'**Oursin,** que ses piquants longs et aigus. de couleur verte ou violacée, font désigner sous le nom de **Châtaigne de mer.**

Le corps est de forme à peu près sphérique avec un léger aplatissement correspondant à la *bouche*, que l'on distingue au milieu des piquants par ses 5 *dents*. Les plaques calcaires de la peau sont ici très serrées, polygonales, et forment une *carapace continue*, nommée *test*.

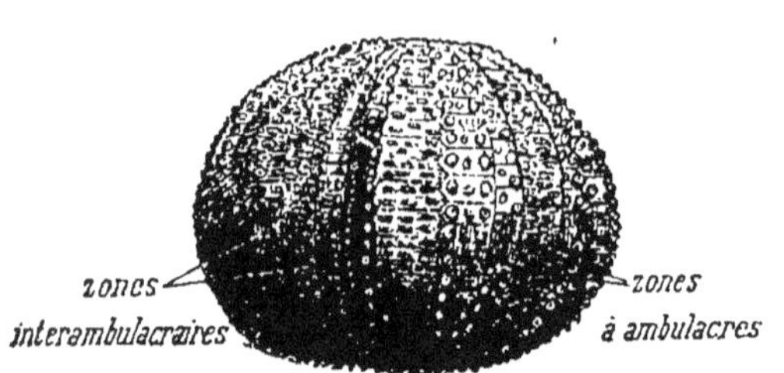

FIG. 339. — Oursin débarassé de ses piquants.

Sur le test débarrassé des piquants (*fig.* 339), on distingue nettement 10 *régions en forme de fuseau*, allant de la bouche au point diamétralement opposé. Ces 10 régions sont de largeur inégale, 5 *larges* et 5 *étroites* alternant régulièrement.

Les *régions larges* portent de *petites saillies* servant à l'attache des piquants. Les *régions étroites* sont pourvues d'une infinité de *petits trous*, par lesquels passent les organes locomoteurs nommés **ambulacres**, sortes de *tubes fins* que l'animal peut allonger ou raccourcir à volonté, et qui sont pourvus d'une ventouse à leur extrémité. La présence de ces organes a fait nommer les régions étroites **zones ambulacraires.**

On remarque aussi parmi les piquants, surtout autour de la bouche, de petits organes terminés par une *pince à 3 branches* (*fig.* 340) avec laquelle l'Oursin saisit les petits animaux qui sont à sa portée pour les amener de proche en proche à sa bouche. Ces organes de préhension s'appellent des *pédicellaires*.

FIG. 340. — Extrémité d'un pédicellaire (très grossi).

La région du test diamétralement opposée à la bouche est formée de plaques plus grandes, dont l'une, tout à fait centrale, porte l'*anus*, et dont les cinq qui l'entourent portent chacune une ouverture pour la *sortie des œufs.*

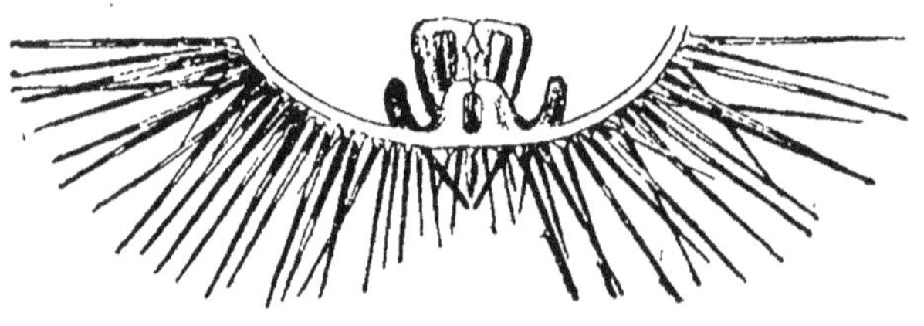

FIG. 341. — Partie inférieure d'une coupe en long d'un Oursin, pour montrer les pièces buccales ou lanterne d'Aristote.

L'une de ces 5 plaques, plus grande que les quatre autres, porte de plus des *pores* permettant le passage de l'eau de mer : on l'appelle la *plaque madréporique.*

Examinons maintenant les organes intérieurs.

La *bouche* est pourvue de 5 *dents calcaires* très puissantes, disposées *en cercle*, rapprochées par leurs pointes ou écartées sous l'action de muscles, et formant un ensemble désigné sous le nom de *lanterne d'Aristote* (*fig.* 341).

A la suite de la **bouche** vient un *tube digestif* qui décrit deux courbes (*fig.* 342) à peu près circulaires, pour aller aboutir à l'anus.

L'*appareil circulatoire* est assez compliqué. Nous citerons spécialement la partie qui communique avec l'eau de la mer par les *pores de la plaque madréporique.* De cette plaque, part un tube appelé *canal du sable,* qui aboutit à un *vaisseau en anneau* entourant l'œsophage,

FIG. 342. — Oursin, coupé en deux et étalé pour montrer le tube digestif.

FIG. 343. — Oursin irrégulier (Spatangue).

et de ce vaisseau en anneau partent 5 *tubes*, qui suivent les zones ambulacraires et communiquent avec les ambulacres.

Selon les circonstances, à la volonté de l'animal, l'*eau afflue* en plus grande quantité dans les ambulacres, qui s'*allongent* alors, ou elle *se retire* des ambulacres, qui *se raccourcissent.*

Ces *ambulacres* jouent aussi un rôle dans la *respiration*, qui peut s'effectuer à travers leur mince paroi.

Le *système nerveux* est formé d'un *anneau nerveux* placé au voisinage de la bouche et de 5 *nerfs* qui suivent les zones ambulacraires en se ramifiant (*fig.* 338).

Enfin il y a 5 *organes volumineux*, de couleur orangée, *produisant les œufs*. Ce sont ces organes, de saveur légèrement sucrée, que l'on mange.

Les espèces d'Oursins sont nombreuses. En plus de l'*Oursin commun*, que nous venons de décrire, nous citerons :

Les *Cidaris*, qui ont des piquants très développés, atteignant jusqu'à 10 centimètres ;

Et les *Oursins irréguliers* (*fig.* 343), comme les *Spatangues*, dont la forme n'est pas aussi régulière, et dont la bouche et l'anus ne sont pas diamétralement opposés.

Après cette étude détaillée de l'Oursin pris comme exemple, nous décrirons rapidement les autres types d'Échinodermes.

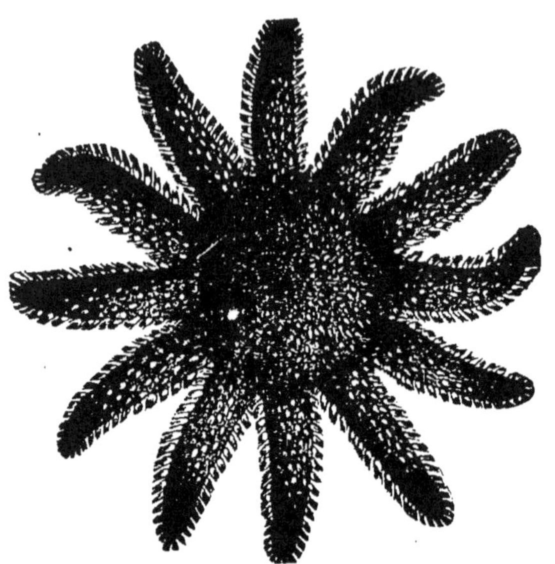

FIG. 344. — Étoile de mer à douze bras (Solaster).

Les Astéries ou **Étoiles de mer** ont le *corps aplati*, formé d'une *partie centrale*, d'où partent des *bras rayonnants*, au nombre de 5 dans certaines espèces, et quelquefois beaucoup plus (*fig.* 344), jusqu'à 40 dans certaines espèces.

Les piquants sont très petits. La *partie centrale* porte la *bouche* à sa face inférieure et l'*anus* à sa face supérieure ; le *tube digestif* envoie des *prolongements dans chacun des bras*. Ceux-ci portent à leur face inférieure un *sillon* dans lequel se trouvent les *ambulacres*.

Certaines Étoiles de mer dévorent les Huîtres et les Moules, dont elles peuvent ouvrir la coquille avec leurs ambulacres.

Les **Ophiures** (du grec *ophis*, serpent ; *oura*, queue) rappellent

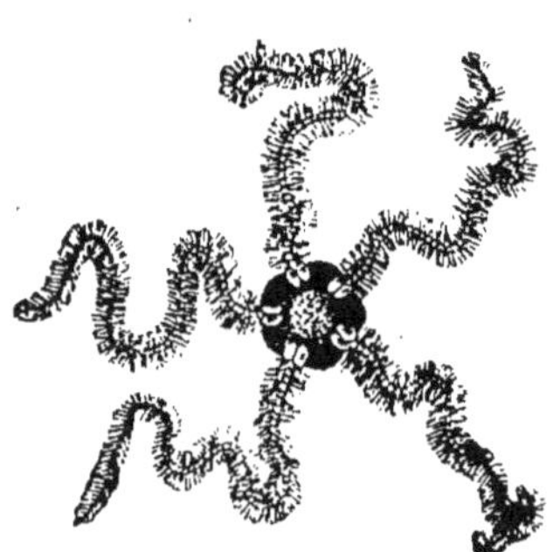

FIG. 345. — Ophiure.

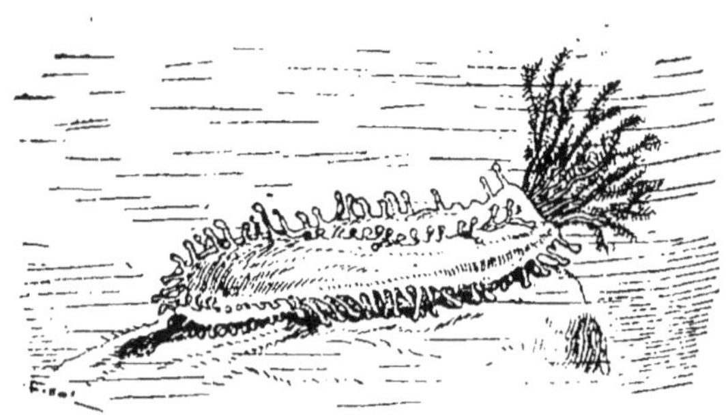

FIG. 346. — Holothurie.

les Étoiles de mer par leur forme générale ; mais les *bras* sont *minces* (*fig.* 345), en forme de *queue de serpent*, et ne se touchent pas à la base.

Ils ne contiennent *pas de prolongements du tube digestif.* Ils se cassent facilement, mais ils repoussent.

Les **Holothuries** (*fig.* 346) ont le *corps allongé* et rappellent un peu les Vers ; mais elles sont pourvues de 5 *lignes d'ambulacres*, et leur *bouche* est entourée de *nombreux tentacules ramifiés.* Leur peau, relativement molle, contient cependant de nombreuses petites plaques calcaires. Les Chinois mangent certaines Holothuries séchées et fumées, sous le nom de *Trépang.*

Les **Crinoïdes** vivent fixés au fond de la mer par une longue tige calcaire formée d'articles superposés. Certains d'entre eux, comme les *Comatules*, que l'on trouve dans la Méditerranée, se détachent de leur tige à un moment donné et *deviennent libres.* D'autres, comme les *Pentacrines*, qui vivent au fond des mers profondes, *restent fixés pendant toute leur vie.* Comme leurs couleurs sont généralement vives, ces animaux forment des sortes de champs de fleurs sous-marines : on les appelle quelquefois *lis de mer.* On en retouve de nombreux restes à l'état fossile.

TABLEAU SYNOPTIQUE DE L'EMBRANCHEMENT DES ÉCHINODERMES

Caractères généraux
- Symétrie rayonnée.
- Animaux marins à peau dure et épineuse.
- Appareils digestif et circulatoire simples.
- Système nerveux en anneaux.
- — locomoteur formé par des ambulacres munis de ventouses.

Classification : Échinodermes

- de *forme globuleuse* .... *Oursins.*
- libres
  - de *forme aplatie* avec bras rayonnants
    - contenant des prolongements du tube digestif .... *Étoiles de mer.*
    - ne contenant pas de prolongements du tube digestif ...... *Ophiures.*
  - de *forme allongée*, couronne de tentacules autour de la bouche .... *Holothuries*
- *fixés* au moins pendant une partie de leur vie .. *Crinoïdes.*

TRAVAUX PRATIQUES RELATIFS
AUX ÉCHINODERMES

a) Étudier un oursin récolté, par soi-même, dans certains fonds rocheux du bord de la mer, soit acheté dans certaines poissonneries. Débarrasser l'animal de ses piquants en le frottant énergiquement avec un torchon grossier et rude. Se rendre compte alors de la disposition des plaques et de la position de l'orifice anal (au pôle supérieur) et de la bouche (au pôle inférieur), laquelle est en partie oblitérée par cinq sortes de dents.

Ouvrir l'animal en cassant, avec de gros ciseaux, la carapace suivant le plan équatorial. A l'intérieur on distingue — assez vaguement — le tube digestif, lequel aboutit à la *lanterne d'Aristote* dont les cinq dents sont signalées ci-dessus.

b) Sur un oursin entier, remarquer la disposition des *piquants* et des *ambulacres*.

c) Chercher, entre les piquants, surtout au voisinage de la bouche, les petites pinces à trois mors (*pédicellaires*) portées par un support mou (le tout n'a guère que 2 ou 3 millimètres). En isoler un et l'examiner au microscope (*fig.* 340).

d) Examiner les caractères extérieurs des *Étoiles de mer* que l'on trouve sur nombre de plages, rejetées par le flot. Si l'une d'elles est encore vivante, la mettre dans de l'eau de mer, où elle ne tarde pas à se déplacer par le jeu de ses *ambulacres*, très abondants à la face inférieure des bras.

e) Examiner les *Ophiures*, les *Holothuries* et les *Comatules* de la collection zoologique, ainsi que les *Pentacrines* de la collection géologique.

B. Artiozoaires

EMBRANCHEMENT DES VERS

Les vers ont le corps généralement formé d'*anneaux* ou *segments* ; ils ont la *peau molle* et sont toujours *dépourvus de pattes articulées*. Ils vivent soit en *parasites*, soit en liberté dans les eaux ou dans la terre.

On peut les diviser en deux classes : 1° les **Helminthes** ou vers parasites ; 2° les **Annélides** ou vers libres.

Classe des Helminthes

Les *Helminthes* vivent en **parasites** à l'intérieur du corps de l'homme et des animaux. Ce sont des hôtes toujours gênants et quelquefois dangereux. Leur organisation est généralement très simplifiée, comme le permet leur genre de vie. Le plus souvent, il n'y a ni tube digestif ni appareil circulatoire ; la nutrition se fait par osmose. La respiration est généralement cutanée ; quant au système nerveux, il se réduit à quelques ganglions isolés.

La plupart de ces vers présentent le phénomène de la **génération alternante,** c'est-à-dire que leur existence comporte deux *phases*, qui se passent dans des hôtes d'espèces souvent très différentes, la forme de l'animal et son genre de vie différant sensiblement dans chacune des deux phases.

On connaît un grand nombre d'espèces de Vers parasites. Les uns sont *aplatis*, en forme de *longs rubans segmentés :* ce sont les **Plathelminthes ;** les autres sont *cylindriques* et *non segmentés :* ce sont : les **Némathelminthes** ou **Nématodes.**

I. **Plathelminthes.** — Les Plathelminthes eux-mêmes se divisent en *Vers allongés en ruban segmenté* (*Cestodes*) et en *Vers aplatis* foliacés (*Trématodes*).

a) *Cestodes.* — Les Cestodes sont représentés par les *Ténias ;* le plus commun est le **Ténia armé** ou *Ver solitaire* (*fig.* 347). Ce ver peut atteindre plus de 5 mètres de long ; il a la forme d'un ruban de largeur très inégale.

A l'extrémité la plus large, on distingue nettement une série de divisions transversales correspondant aux anneaux ou segments. A mesure que l'on s'éloigne de cette extrémité, le ruban devient moins large et chaque segment plus court. Enfin, vers l'autre extrémité, le ruban est très étroit et les divisions en anneaux de moins en moins distinctes.

L'extrémité, renflée en une très petite boule, est pourvue de 4 *ventouses* et d'une *couronne de fins crochets* au moyen desquels l'animal peut se fixer à l'intestin. On considère cette extrémité comme la *tête*, bien qu'il n'y ait pas de bouche, car l'animal n'a *pas de tube digestif*. Il se nourrit en absorbant à travers sa peau les matières à demi digérées dans lesquelles il baigne.

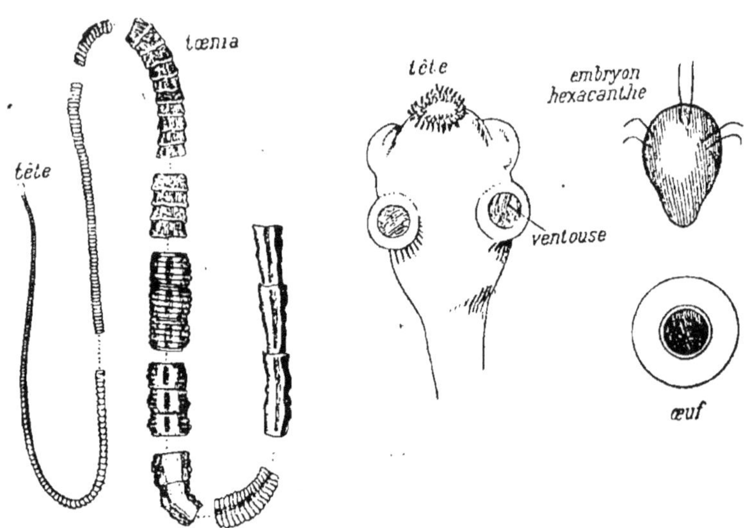

Fig. 347. — Ténia ou Ver solitaire. Animal adulte. Tête.
Œuf. Embryon hexacanthe.

Chaque segment est occupé presque uniquement par des *organes volumineux produisant des œufs*. Lorsque ceux-ci sont bien développés, le segment se détache et est rejeté avec les déjections; mais la longueur du ruban ne diminue pas pour cela, car de nouveaux segments se forment en arrière de la tête.

Les œufs, rejetés comme nous venons de le dire, sont bientôt mis en liberté par la désagrégation des sacs qui les contenaient. Si les déjections contenant ces œufs se dessèchent à l'air, comme cela arrive souvent dans les campagnes, les œufs, protégés par une coque assez dure, sont dispersés par le vent. Beaucoup d'entre eux sont perdus mais ils sont tellement nombreux que quelques-uns peuvent être ramassés par des porcs. Dès qu'ils sont arrivés dans l'estomac du porc, ils se développent. La coque protectrice se dissout, ce qui met en liberté un embryon de forme ovoïde pourvu de 6 *crochets* (**embryon hexacanthe**).

Cet embryon perfore bientôt l'intestin avec ses crochets et arrive dans les vaisseaux capillaires où il est entraîné avec le sang dans toutes les parties du corps. Puis il s'arrête dans certains capillaires, traverse de nouveau leur paroi et arrive dans les tissus. Il choisit de préférence le tissu musculaire pour se fixer. Là il perd ses crochets, augmente de volume et forme une sorte de vésicule allongée comme un petit haricot.

A l'intérieur de cette vésicule, il se forme, par bourgeonnement sur la paroi, une tête de Ténia pourvue de ses ventouses et de sa couronne de crochets. L'animal arrivé à cet état se nomme **Cysticerque** et reste plus ou moins longtemps à l'état de *vie ralentie*. Il occasionne chez le porc la maladie appelée *ladrerie*.

Les Cysticerques se logent de préférence dans certains muscles, particulièrement, entre les côtes, dans le diaphragme et sous la langue. C'est à ce dernier endroit qu'ils sont le plus faciles à observer. Aussi est-ce là qu'on regarde pour voir si les porcs livrés à la consommation sont **ladres** (*fig.* 348). Dans ce cas, on confisque la viande et on la détruit.

Lorsque cette précaution n'est

Fig. 348. — Bouchers regardant sous la langue d'un porc pour voir s'il est ladre.

pas prise, la viande du porc ladre, mangée, soit *crue* sous forme de viande fumée, soit *insuffisamment cuite*, amène, dans l'estomac de l'homme, les *Cysticerques vivants*. La vésicule se détruit alors, et la tête du Ténia qu'elle contenait se fixe sur la paroi de l'intestin ; des anneaux se forment à sa partie postérieure et un Ver en ruban en résulte bientôt, au bout de deux mois environ.

Chez l'homme atteint de Ténia, une grande partie des aliments ingérés est absorbée par le parasite. Aussi le malade est-il obligé de manger beaucoup pour subvenir à ses propres besoins en même temps qu'à ceux de son hôte. D'autre part, celui-ci n'est pas toujours aussi *solitaire* que pourrait le faire croire son nom ; on en trouve parfois deux ou trois dans le même intestin. La gêne éprouvée par le malade en est naturellement d'autant plus considérable. Pour éviter l'introduction de ce parasite dans notre intestin, le plus sûr moyen est de *ne manger la viande de porc que bien cuite*, car une cuisson suffisante tue les Cysticerques.

Quand on est atteint du Ver solitaire, on peut s'en débarrasser par un traitement convenable, qui consiste à prendre certaines substances dites *vermifuges*, telles que le *calomel*, la racine de *fougère mâle*, le *kousso*, etc.

Malheureusement ces substances, qui sont des poisons pour le Ver, le sont également pour le malade, et on ne doit les prendre qu'à faible dose. Le Ver n'est donc pas tué, mais simplement engourdi. Pendant cet engourdissement, il cesse d'adhérer aussi fortement par sa tête à la paroi de l'intestin, et on peut alors l'expulser au moyen d'un purgatif. Mais *il faut, pour être débarrassé définitivement, que la tête soit expulsée en même temps que le ruban*, car si la tête reste, de nouveaux anneaux se formeront en arrière, et, au bout de deux mois environ, le Ver sera entièrement reconstitué.

Un autre **Ténia** nommé **inerme**, c'est-à-dire *non armé*, parce que la tête est dépourvue de crochets, vit successivement dans le *corps du bœuf* sous forme de *Cysticerque* et dans le *corps de l'homme* sous forme de *Ver en ruban*.

A côté de ces *Ténias* communs, on peut citer quelques espèces plus rares, telles que : le *Tænia Cœnure*, dont le cysticerque vit dans l'encéphale du mouton, lui occasionnant la maladie bien connue sous le nom de « *tournis* », tandis que le ver vit dans l'intestin du chien ; le *Tænia échinocoque*, rare en France, qui vit à l'état de cysticerque dans le foie des Ruminants et même dans celui de l'homme, provoquant une maladie souvent mortelle (*kyste hydatique*), et à l'état de ver en ruban chez le chien, et enfin le *Botriocéphale*, dont l'embryon a pour hôtes les poissons d'eau douce et le ver l'intestin de l'homme.

b) *Trématodes.* — Les *Trématodes* sont représentés par la **Douve du foie** (*fig.* 349), dont l'évolution est encore plus compliquée que celle du Ténia. Celle-ci vit à l'état adulte dans le *foie du mouton ;* elle donne des œufs qui vont dans l'intestin par les **canaux biliaires** et sont rejetés au dehors avec les excréments. Ces œufs donnent des larves qui ne peuvent vivre que dans l'eau et se développer en passant par le corps d'un mollusque d'eau douce à coquille pointue, nommé *Limnée* (*fig.* 529), où elles subissent plusieurs transformations avant de s'enkyster sur l'herbe.

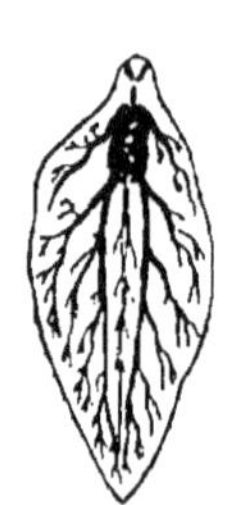

Fig. 349. — Douve du foie (grandeur naturelle).

Les moutons mangent les kystes avec l'herbe des prairies ; les embryons de Douve sont mis en liberté dans leur intestin et remontent par le canal cholédoque dans le foie du mouton.

II. Némathelminthes. — Les Némathelminthes sont des *vers parasites cylindriques*, à corps non formé de segments. L'un des plus connus est l'*Ascaride*, qui vit dans l'intestin de l'homme et surtout des enfants. Il dépasse quelquefois la longueur du Ver de terre, qu'il rappelle comme forme, si bien qu'on l'a nommé **Ascaride lombricoïde** (*fig.* 350). C'est par l'eau de boisson mal filtrée que les œufs sont introduits dans notre corps.

Ces Vers sont surtout dangereux chez les jeunes enfants, parce qu'ils peuvent remonter l'œsophage, arriver dans l'arrière-bouche, fermer l'ouverture du larynx et provoquer l'asphyxie. On s'en débarrasse facilement avec le semen-contra ou avec la santonine.

Parmi les autres Nématodes, on peut citer l'**Oxyure**, petit ver qui n'a que quelques millimètres de longueur et siège à l'anus, provoquant des démangeaisons intolérables; on le combat par des lavements d'eau salée ; la **Trichine** (*fig.* 351), petit ver de 1 millimètre de longueur, qui vit dans les muscles des souris, du porc et de l'homme.

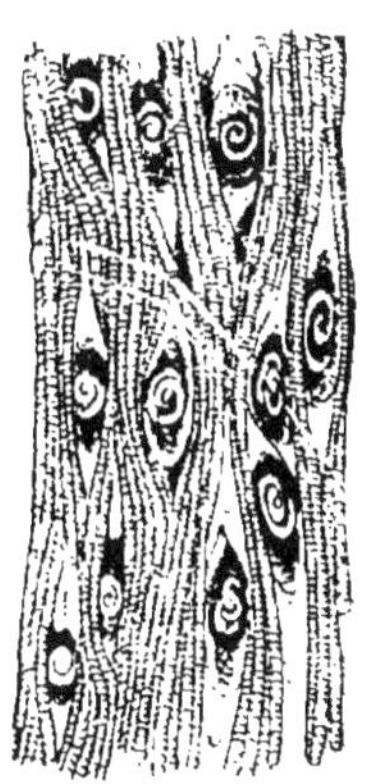

Fig. 350. — Ascaride lombricoïde.

Fig. 351. — Trichines enkystées dans un muscle (grossi).

Si l'on vient à manger la *viande insuffisamment cuite* d'un *porc trichiné*, les Vers, qui étaient *enkystés*, c'est-à-dire enfermés dans une sorte de coque, dans les muscles du porc, sont mis en liberté dans l'estomac. Ils grandissent, atteignent 3 à 4 millimètres, pondent chacun plusieurs milliers d'œufs, et les larves qui en sortent vont se loger dans les muscles, où elles s'enkystent à leur tour, après avoir détruit une partie du muscle.

Si ces larves sont nombreuses, il peut en résulter une maladie grave, la **trichinose,** souvent mortelle. La trichinose, rare en France, est plus fréquente en Allemagne et en Amérique, où l'on consomme beaucoup de jambon fumé.

Ainsi l'homme est infecté par le porc et celui-ci s'infecte en mangeant de petits rongeurs (souris, rats) ou des débris de porc **trichiné.**

A côté de ces espèces communes, existent d'autres Nématodes, causant des maladies plus rares, mais le plus souvent mortelles. Parmi eux, on trouve l'*Ankylostome*, dont les œufs se développent dans la terre humide et donnent des embryons qui, absorbés avec l'eau de boisson, produisent une maladie commune chez les briquetiers et les mineurs (*Anémie des mineurs*) ; l'*Anguillule de l'intestin*, commune en Indo-Chine qui occasionne une diarrhée persistante connue sous le nom de *diarrhée de Cochinchine* et enfin la *Filaire*, qui vit dans les vaisseaux lymphatiques, provoquant une maladie grave, la *filariose*, heureusement très rare en Europe.

Le meilleur moyen de se préserver des maladies causées par les Nématodes, c'est de boire de l'eau filtrée, car en général les œufs ou les embryons de ces vers sont avalés avec l'eau de boisson

Classe des Annélides

Les Annélides ont une organisation bien supérieure à celle des Helminthes. Tous ont un tube digestif plus ou moins compliqué, un appareil respiratoire formé par des branchies en houppe (*fig.* 359), un appareil circulatoire clos, comprenant deux vaisseaux longitudinaux, un dorsal et un ventral, réunis dans chaque segment par des anses latérales dont plusieurs sont contractiles et font fonction de cœur.

Le système nerveux (*fig.* 352) est formé d'une paire de ganglions pour chaque anneau. Tous ces ganglions sont réunis entre eux par des filets nerveux, ce qui a fait comparer l'ensemble à une *échelle de corde.*

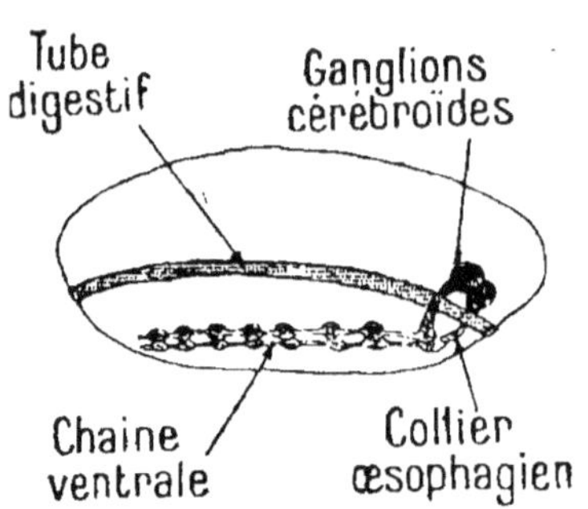

Fig. 352. — Schéma du système nerveux d'un Annélide.

Les deux premiers ganglions situés dans la tête et appelés *cérébroïdes*, par analogie avec le cerveau des Vertébrés, sont au-dessus du tube digestif, tous les autres sont situés au-dessous et forment une *chaîne ventrale*. Les filets nerveux qui réunissent les deux premiers ganglions aux suivants forment, autour de l'œsophage, un *collier œsophagien.*

Une première espèce d'**Annélides,** la *sangsue* (*fig.* 353), de l'ordre des *Hirudinés* (nom latin de ce ver), vit dans les étangs et les cours d'eau. La sangsue a le corps formé de nombreux anneaux dépourvus d'organes locomoteurs.

Les déplacements se font soit par des *ondulations* rapides de leur corps très souple, soit au moyen de deux **ventouses** placées à chaque extrémité du corps.

La *ventouse antérieure* correspond de plus à la *bouche*, qui est pourvue de trois *mâchoires* (*fig.* 354 à 356), sous forme de trois *petites lames dentées* divergentes. La Sangsue se fixe par cette ventouse à la peau des Mammifères qui viennent boire ou se baigner. Elle leur perce la peau avec ses mâchoires et aspire leur sang. Ce sang s'accumule dans onze poches successives que forme le tube digestif (*fig.* 364), de sorte que la Sangsue augmente beaucoup de volume. Elle se détache ensuite pour digérer lentement sa provision de sang.

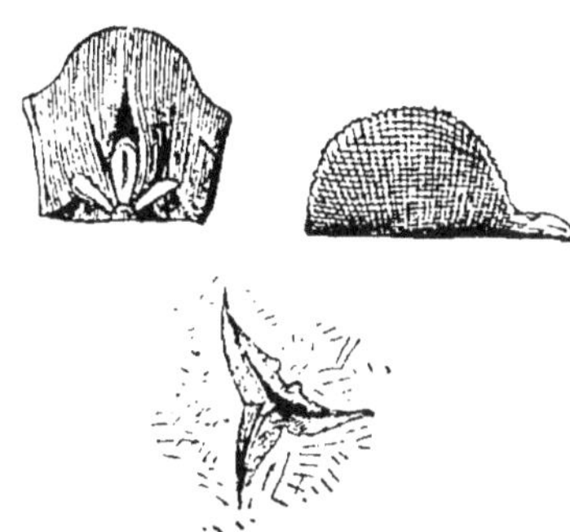

Fig. 353. — Sangsue médicinale.

Fig. 354 à 356 — *En haut :* Bouche de Sangsue ouverte et une de ses mâchoires grossie. *En bas :* Ouverture pratiquée par une Sangsue dans la peau.

La Sangsue respire par la peau comme le Ver de terre ; elle a également un appareil circulatoire assez compliqué.

On se servait autrefois de deux espèces de Sangsues, en **médecine,** pour pratiquer des saignées. On s'en sert beaucoup moins aujourd'hui.

Un autre exemple bien connu d'Annélides est le **Ver de terre** ou **Lombric** (*fig.* 357). Son corps est formé d'un grand nombre d'anneaux semblables, quelquefois de 100 à 200. La tête, qui ne porte aucun organe saillant, est difficile à distinguer de la queue. Sur chaque anneau (*fig.* 358) on remarque, à l'aide de la loupe, des *paires de soies raides,* qui servent à l'animal à se déplacer.

Fig. 357. — Ver de terre.

Fig. 358. — Portion (grossie) du corps d'un Ver de terre.

A l'intérieur, on trouve un *système nerveux ganglionnaire en échelle de corde,* avec ganglions cérébroïdes et chaîne ventrale, un *tube digestif,* un *appareil circulatoire* dépourvu de cœur, mais formé d'un système compliqué de vaisseaux contenant du *sang rouge sans globules.*

La respiration s'effectue par la peau, pourvu que celle-ci soit *humide.*

Le Lombric creuse sans cesse le sol. Il mange la terre imprégnée de débris organiques, il digère ceux-ci et rejette la terre. Il est utile en ameublissant le sol sans nuire aux plantes qui y vivent. Cependant, en ramenant à la surface la terre d'une certaine profondeur, le Lombric peut devenir nuisible. Pasteur a montré, en effet, que les Vers peuvent ramener au jour, par leurs déjections, les germes de la *maladie charbonneuse* qu'ils sont allés puiser dans la terre autour des cadavres des animaux morts du charbon et enfouis profondément.

Annélides marins. — D'autres Vers semblables (*fig.* 360 à 363) vivent dans la mer, mais ont une organisation plus parfaite que le Lombric.

Leur tête est *nettement distincte:* elle porte des *yeux* et un certain nombre de *prolongements servant au toucher.* Ils ont généralement des **branchies en houppes** (*fig.* 359), tantôt sur toute la longueur du corps, tantôt

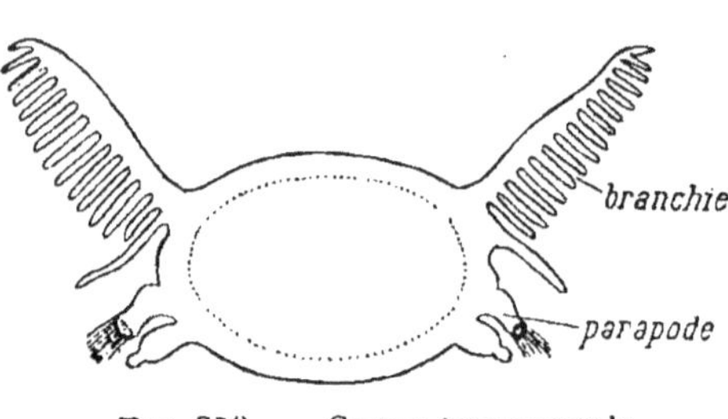

FIG 359. — Coupe transversale d'un Annélide marin.

sur une partie seulement, le plus souvent vers la tête (*fig.* 365). De plus, ils ont de chaque côté du corps, sur chaque anneau, deux saillies charnues appelées **parapodes,** qui soutiennent de *nombreuses soies rigides* servant à la locomotion (*fig.* 359).

Les uns *errent librement* pour chercher leur nourriture, qui consiste en petits animaux marins. Exemple : les **Eunyces** (*fig.* 360), qui peuvent atteindre 0^m,40 de long.

D'autres *vivent sédentaires dans des tubes* qu'ils ont façonnés eux-mêmes, et se nourrissent de ce qui passe à leur portée.

Exemples :

Les **Arénicoles des pêcheurs,** qui vivent dans le sable des plages où ils se creusent un trou en forme d'U (*fig.* 365); on s'en sert comme appât pour amorcer les lignes ;

Les *Spirographes,* qui vivent dans des tubes cornés, d'où ils font par moments saillir leur tête avec sa houppe de branchies en spirale ;

Les *Serpules*, qui vivent dans de petits tubes calcaires con-
tournés, fixés sur les rochers :

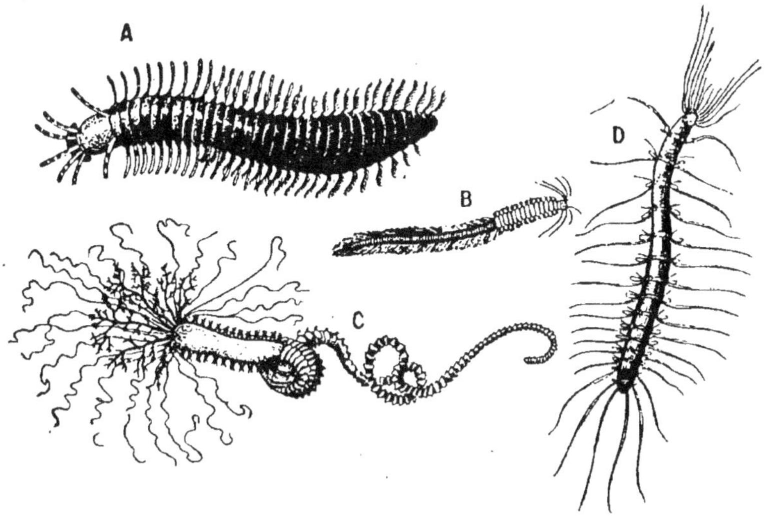

FIG. 360 à 363. — Divers Annélides marins.
A, Eunyce magnifique ; — B, Hétéronéréïde ; — C, Térébelle Emmeline
D. Hésiode de Schmarda.

Les *Térébelles* (*fig.* 360 C), qui se fabriquent un tube protecteur avec du gravier ou des fragments de coquilles.
Tous ces Vers possèdent des *soies locomotrices* ; ils constituent la
classe des *Chétopodes*, ce qui signifie « pieds en poils ».

TABLEAU SYNOPTIQUE DE L'EMBRANCHEMENT DES VERS

<table>
<tr><td rowspan="6">Classification
Vers</td><td>Caractères
généraux</td><td colspan="4">Corps formé, généralement, d'anneaux.
l'eau nue servant à la respiration qui est branchiale ou cutanée.
Absence de pattes articulées.</td></tr>
<tr><td rowspan="3">vivant en
parasites
Helminthes</td><td rowspan="2">aplatis :
Plathel-
minthes</td><td>en long ruban segmenté ;</td><td>Cestodes</td><td>: Ténia.</td></tr>
<tr><td>en court ruban foliacé.</td><td>Trématodes</td><td>: Douve.</td></tr>
<tr><td colspan="2">Cylindriques : Némathelminthes..</td><td>Nématodes</td><td>: Trichine.</td></tr>
<tr><td rowspan="2">vivant
librement
Annélides</td><td colspan="2">pourvus de ventouses ....</td><td>Hirudinés</td><td>: Sangsue</td></tr>
<tr><td colspan="2">—   de soies locomotrices...</td><td>Chétopodes</td><td>: Lombric</td></tr>
</table>

TRAVAUX PRATIQUES RELATIFS
AUX VERS

Cestodes. — *a*) Se procurer des fragments de *Ver solitaire* par l'intermédiaire des médecins, des vétérinaires, des pharmaciens, et examiner les anneaux au microscope en les mettant à plat et en se servant d'un faible grossissement ; on devine les organes plus qu'on ne les voit.

b) Examiner les caractères d'un *Ver solitaire* de la collection. Remarquer, en particulier, ce que l'on appelle — à tort — la tête, laquelle est garnie de quatre ventouses et de crochets.

Trématodes. — *c*) Dans les abattoirs, en examinant le foie des moutons, il n'est pas rare de rencontrer la *Douve du foie*, lame plate dont la longueur est celle d'un timbre-poste. Examiner ses caractères extérieurs et deviner, jusqu'à un certain point, la disposition de ses organes internes en la regardant, par transparence, à la loupe ou, — à l'aide d'un faible grossissement — au microscope (*fig.* 349).

Nématodes. — *d*) Ouvrir, en long, l'intestin d'un Vertébré quelconque que l'on vient de disséquer ; il est rare de ne pas y voir des Nématodes, petits fils blancs mélangés avec les matières digérées. Les examiner au microscope.

e) Aux abattoirs, demander au personnel l'autorisation d'étudier les intestins des animaux abattus, par exemple ceux des chevaux, qui n'ont aucune utilité. On y trouvera, très souvent, des Nématodes (*Ascaris*, etc.), de la grosseur d'un crayon, de teinte blanche. Examiner leurs caractères extérieurs, puis les disséquer en les fendant en long suivant la ligne médiane dorsale.

f) Examiner, au microscope, des préparations toutes faites de viande trichinée. On y distingue les *Trichines* enroulées en spirale.

Annélides. — *g*) Acheter une *sangsue* chez un pharmacien et la tuer en la mettant dans un flacon fermé contenant un peu de chloroforme, ce qui la fait se contracter beaucoup. Une fois morte, la mettre dans la cuvette liégée, face ventrale (qui est plus claire que la face dorsale) en dessous.

Piquer deux épingles dans la ventouse entourant la bouche, et une épingle dans celle qui termine le corps.

Dépiquer cette dernière épingle et s'en servir pour — en tirant sur elle, allonger le corps d'un centimètre environ. Repiquer l'épingle et attendre quelques minutes que le cadavre se soit adapté à cette élongation. Recommencer cette manœuvre à plusieurs reprises jusqu'à ce que la sangsue ait acquis une taille d'environ 2 ou 3 fois celle qu'elle avait en sortant du chloroforme ; à ce moment, elle est tendue au maximum et bonne à disséquer. Avec un bon scalpel, fendre, suivant la ligne médiane, la peau du dos en prenant grand soin — c'est là une assez grosse difficulté — de ne pas fendre, en même temps, le tube digestif qui y est appliqué. Écarter peu à peu cette peau à droite et à gauche (avec le manche du scalpel) en la piquant, au fur et à mesure qu'une partie est isolée, avec des épingles. Le *tube digestif* (*fig.* 364), avec ses diverticules latéraux, est, de la sorte, finalement isolé, en même temps que l'on voit, sur les côtés du corps, les organes urinaires ou *néphridies*.

Les dessins de cette dissection étant terminés, on peut sacrifier l'estomac en le fendant au milieu et en écartant les parties, ce qui met à jour le *système nerveux*, dont la plus grande partie se trouve sur la ligne médiane ventrale. Chercher à isoler cette longue « chaîne de corde » de la gaine qui l'entoure — cela n'est pas précisément facile, — puis, au voisinage de la tête, isoler le *collier œsophagien* — qui entoure l'œsophage — et les *ganglions cérébroïdes*, qui sont au-dessus.

h) Étudier les caractères extérieurs d'un *Ver de terre*. Sa dissection est trop difficile pour être décrite ici.

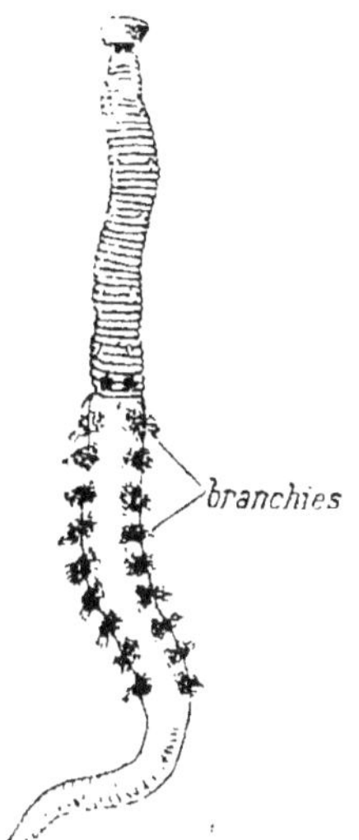

FIG. 364. — Tube digestif de la Sangsue.

FIG. 365. — Arénicole des pêcheurs.

i) Étudier les caractères extérieurs d'une *Arénicole* (*fig.* 365), gros ver que l'on trouve dans le sable humide du bord de la mer et dont les pêcheurs se procurent de grandes quantités pour amorcer leurs hameçons. Essayer de la disséquer en la fendant suivant la ligne médiane dorsale.

j) Mettre des paquets d'algues marines (fraîchement récoltées) dans un seau d'eau de mer. Il y a quelques chances d'en voir sortir diverses espèces d'Annélides marins, que l'on peut étudier à la loupe ou au microscope.

EMBRANCHEMENT DES ARTICULÉS OU ARTHROPODES

Les **Articulés** ou **Arthropodes** (du grec *arthron*, articulation, et *podos*, pied) sont caractérisés par des membres et un corps formés d'une série d'**articles** ou d'**anneaux** plus ou moins mobiles les uns sur les autres, « articulés » par conséquent, de même que leurs pattes.

La surface du corps et des membres est revêtue d'une peau coriace qui constitue une véritable **carapace**. Cette peau doit sa dureté à une substance cornée nommée *chiline* (prononcez : kiline), quelquefois imprégnée de calcaire, comme chez l'*Écrevisse*. A la jonction de deux segments, la peau reste flexible pour permettre les mouvements.

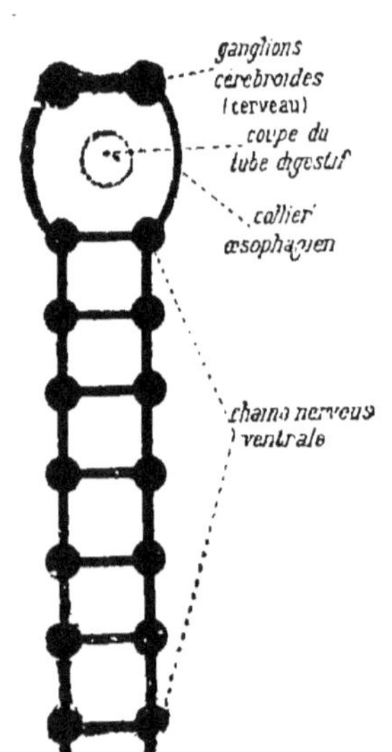

FIG. 366. — Schéma d'un système nerveux en échelle de corde.

Le système nerveux est formé, comme celui des Annélides, d'*une paire de ganglions pour chaque anneau* ou segment. Tous ces ganglions sont réunis entre eux par des filets nerveux, ce qui a fait comparer l'ensemble à une **échelle de corde** (*fig.* 266). Les deux premiers ganglions, situés dans la tête et appelés *cérébroïdes* par analogie avec le cerveau des Vertébrés, sont au-dessus du tube digestif, mais tous les autres sont situés au-dessous et forment une *chaîne ventrale*. Les filets nerveux qui réunissent les deux premiers ganglions aux suivants contournent l'œsophage en formant le *collier œsophagien*.

La *respiration* est tantôt aérienne et tantôt aquatique ; mais l'appareil respiratoire ne communique jamais avec le tube digestif.

Le *sang* est incolore et l'*appareil circulatoire* est généralement incomplet : il n'y a pas de vaisseaux capillaires, de sorte que le sang sort des vaisseaux pour baigner directement les organes, en passant dans les espaces libres ou *lacunes* qui les séparent. On dit à cause de cela que la circulation est *lacunaire*.

On divise l'embranchement des *Arthropodes* en quatre classes :

1° La classe des **Crustacés** dont la tête est soudée au thorax (*Céphalothorax*), les *pattes* au nombre de 5 *paires* ou plus, et la *respiration aquatique*. Ex. : *Écrevisse ;*

2° La classe des **Arachnides** dont la tête est soudée au thorax *Céphalothorax*), les *pattes* au nombre de 4 paires, et la respiration aérienne. Ex. : *Araignée ;*

3° La classe des **Myriapodes** dont la tête est distincte du thorax, les *pattes nombreuses*, et la respiration aérienne. Ex. : *Mille-pattes ;*

4° La classe des **Insectes** dont la tête est distincte du thorax, les *pattes* au nombre de 3 *paires*, et la respiration aérienne. Ex. : *Hanneton.*

TABLEAU SYNOPTIQUE DE LA DIVISION DES ARTHROPODES EN CLASSES

			Classes	Exemples
Arthropodes	à tête non distincte du thorax (*Céphalothorax*) Respiration aquatique ou aérienne	Pattes au nombre de 5 paires ou plus... Respiration aquatique.	**Crustacés**	: *Écrevisse*
		Pattes au nombre de 4 paires.......... Respiration aérienne..	**Arachnides**	: *Araignée.*
	à tête distincte du thorax Respiration aérienne	Pattes nombreuses....	**Myriapodes**	: *Mille-pattes*
		Pattes au nombre de 3 paires	**Insectes**	: *Hanneton.*

Classe des Crustacés

Caractères extérieurs des Crustacés. — Les **Crustacés** sont des animaux généralement aquatiques, caractérisés par une **carapace imprégnée de calcaire**, qui leur a valu leur nom (du latin *crusta*, croûte).

Ils présentent une grande variété de formes. Nous prendrons comme exemple l'un des plus connus, l'**Écrevisse** (*fig.* 267) à carapace brunâtre, devenant rouge par la cuisson.

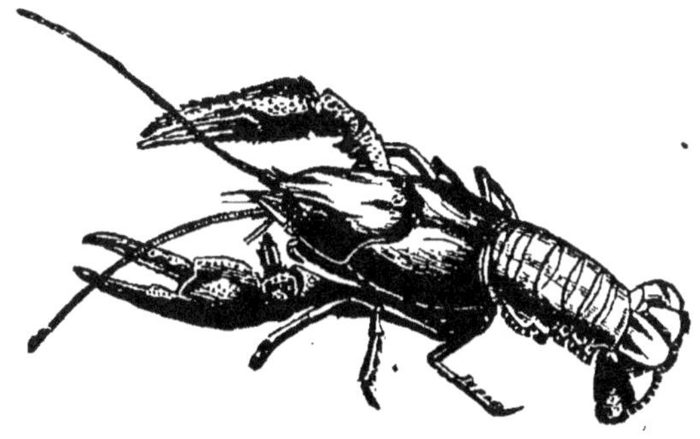

FIG. 367. — Écrevisse.

Son corps (*fig.* 268) est partagé en **céphalothorax** et **abdomen**. Le **céphalothorax** porte un certain nombre d'organes saillants qui sont, d'avant en arrière :

1 *paire d'yeux*, portés sur 2 *pédoncules mobiles* ;

2 paires d'antennes, dont la première, plus petite, est formée de tiges bifurquées, nommées *antennules* ;

L'*armature buccale*, composée de 6 *paires de pièces* agissant latéralement, savoir : 1 *paire de mandibules* et 2 *paires de mâchoires*, rappelant celles des Insectes, puis 3 *paires de pattes-mâchoires* encore pourvues de dents à leur base et capables de mâcher, mais plus allongées que les mâchoires et rappelant déjà les pattes ;

Et enfin 5 *paires de pattes*, dont la première porte à son extrémité une *forte pince* servant à saisir la proie en

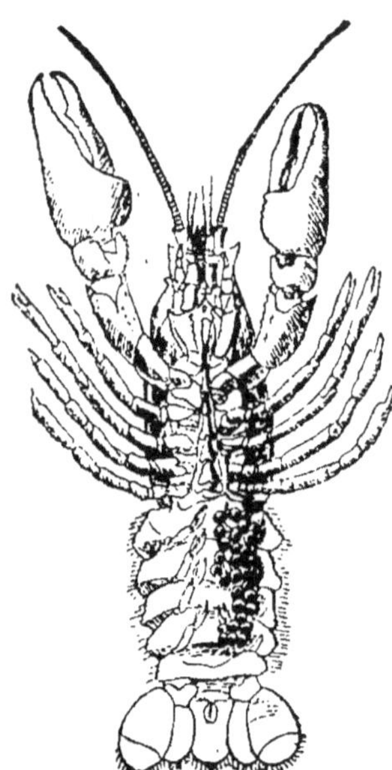

FIG. 368. — Écrevisse, vue par la face ventrale (femelle portant des œufs).

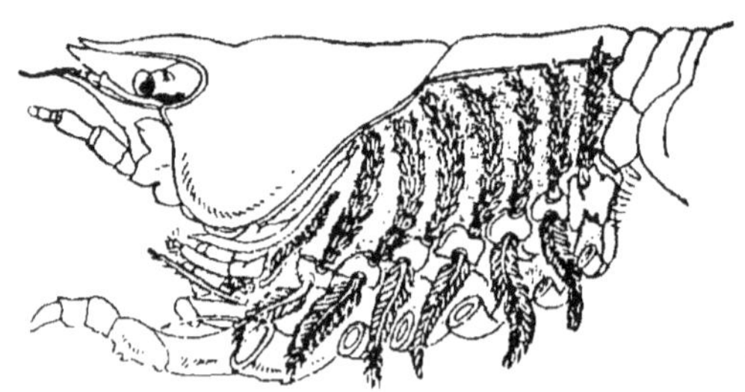

FIG. 368 *bis*. — Région antérieure d'une Écrevisse. On a enlevé une partie de la carapace pour montrer les branchies.

même temps qu'à l'attaque et à la défense, et dont les 4 autres servent à la marche.

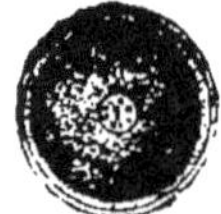

FIG. 369. Œuf d'Écrevisse (grossi).

L'abdomen est formé de 6 *anneaux* articulés bien visibles, dont chacun porte une *paire de petites pattes* aplaties, servant à la natation. Après la ponte, ces pattes servent aussi à retenir les œufs que la mère porte avec elle jusqu'après leur éclosion. (*fig.* 369 et 370). L'extrémité de l'abdomen, formée de pièces aplaties transversalement, constitue une *nageoire* caudale très puissante, qui, grâce à la mobilité de l'abdomen, permet à l'animal de reculer brusquement lorsqu'il est surpris ou menacé. C'est ce qui fait dire que l'Écrevisse marche *à reculons.*

FIG. 370. — Jeunes Écrevisses accrochées à une patte de leur mère.

Organisation intérieure. — Le *tube digestif* comprend un *estomac* volumineux contenant des *pièces dures*, capables de triturer les aliments, ainsi que de *petites boules calcaires*, appelées improprement *yeux d'écrevisses*, qui servent à la formation de la nouvelle carapace au moment des mues.

L'*appareil respiratoire* (*fig.* 371) est formé de **branchies** en houppes, fixées à la base des pattes proprement dites et recouvertes par la carapace (*fig.* 371).

L'*appareil circulatoire* (*fig.* 372) est compliqué, bien que la circulation soit lacunaire. L'organe moteur est une *sorte de cœur*, simple *poche contractile* située dans la *région dorsale*. Le *sang incolore* est distribué par plusieurs *artères* dans

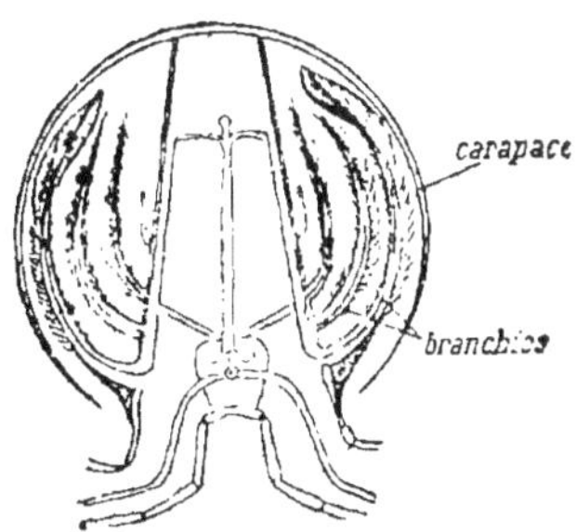

FIG. 371 — Coupe en travers de la région antérieure d'une Écrevisse. On voit les branchies recouvertes par la carapace.

les différentes régions du corps, puis il passe dans les *lacunes* pour baigner directement les organes, revient aux *branchies* pour se purifier et de là au *cœur*.

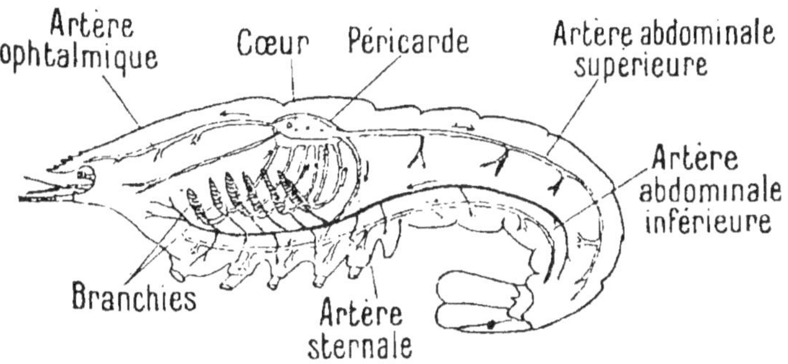

FIG. 372. — Appareil circulatoire de l'Écrevisse.

Le *système nerveux* présente la disposition générale indiquée pour les *Arthropodes*, c'est-à-dire qu'il est disposé en échelle de corde (*fig.* 393).

La reproduction s'effectue par des œufs (*fig.* 369). La jeune Écrevisse (*fig.* 370) ressemble déjà à ses parents à la sortie de l'œuf. Pour atteindre sa taille définitive, ce qui demande environ cinq ans, elle doit subir une série de *mues*, en se débarrassant de son ancienne carapace, qui se fend, et en en formant une nouvelle plus grande.

D'autres **Crustacés** sortent de l'œuf très différents des animaux adultes correspondants et subissent par suite des **métamorphoses.**

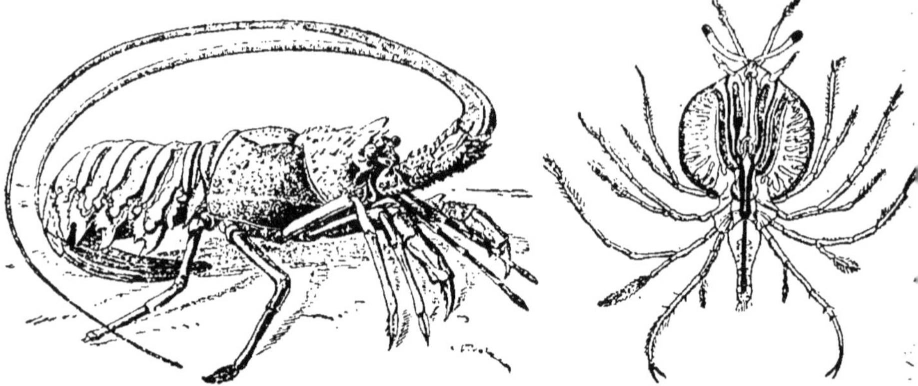

FIG. 373. — Langouste (un demi-mètre de long environ).

FIG. 374. — Phyllosome ou larve de la Langouste.

En suivant le développement de l'œuf de l'Écrevisse, on constate que ces mêmes métamorphoses existent pour l'Écrevisse, mais qu'elles se produisent dans l'œuf même.

Un premier groupe de Crustacés comprend l'Écrevisse et plusieurs autres Crustacés très connus, semblables comme forme et comme organisation.

L'**Écrevisse** vit (*fig.* 367) dans certains de nos cours d'eau ; mais elle y est devenue assez rare par suite de diverses maladies qui l'ont decimée.

La **Langouste** (*fig.* 373) possède une carapace épineuse, hérissée de poils courts et raides. De couleur brun verdâtre, elle devient rouge par la cuisson. Elle n'a pas de grosses pinces comme le Homard, mais, par contre, a des antennes beaucoup plus longues. Elle vit dans la mer. Les œufs sont attachés aux pattes de l'abdomen : une seule femelle en donne plus de 100.000. A peine nés, les jeunes s'éloignent

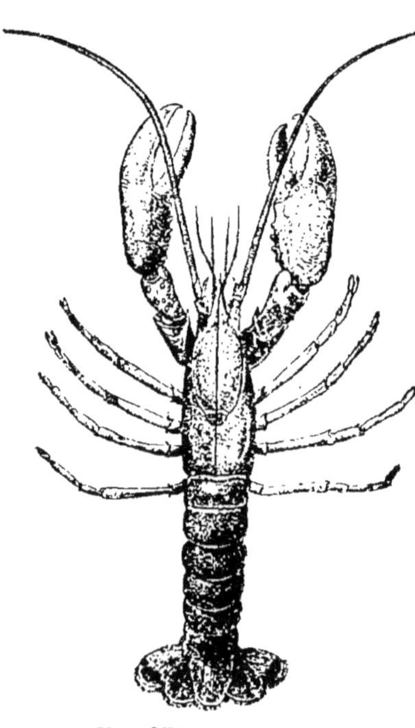

FIG. 375. — Homard (un demi-mètre de long).

de leur mère pour gagner le large ; on les appelle des *Phyllosomes* (*fig.* 374), et ils ne ressemblent nullement aux Langoustes : ils ont le corps aplati comme une feuille, membraneux et transparent, divisé en deux parties, dont la première beaucoup plus grande que la seconde est ovale et porte la tête ; la seconde, plissée en travers, porte les pattes et se termine en arrière par un abdomen court et grêle ; les yeux, gros, sont portés par un long pédoncule.

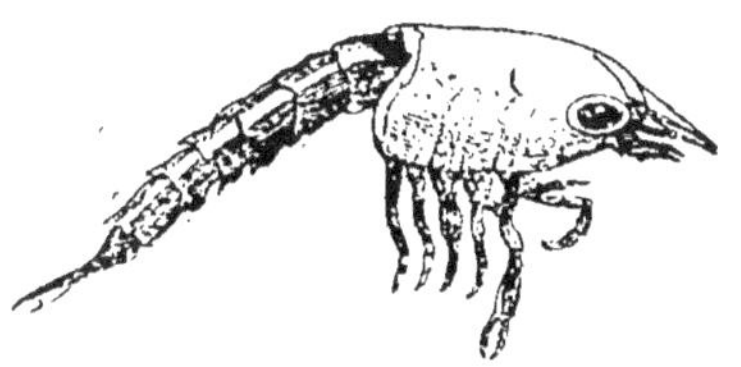

FIG. 376. — Larve de Homard.

Les pattes sont larges et minces. Ces phyllosomes nagent pendant quatre jours, puis se transforment en petites Langoustes.

FIG. 377. — Bernard-l'Ermite.

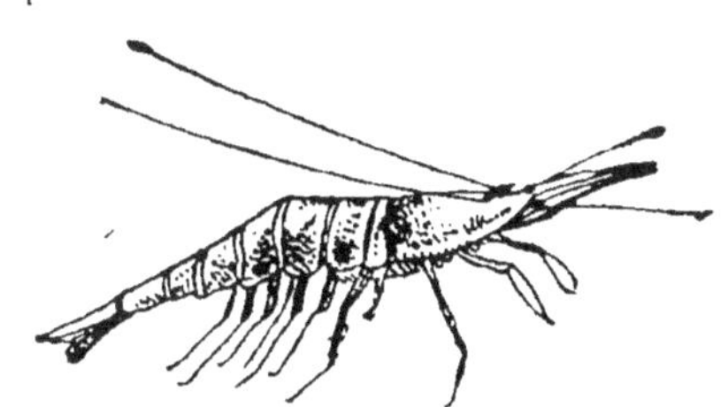

FIG. 378. — Crevette grise.

Le **Homard** (*fig.* 375) se reconnaît à sa carapace unie, d'un brun verdâtre, et à ses deux énormes pinces, dont l'une est toujours plus volumineuse que l'autre. Sa larve (*fig.* 376) diffère peu de l'adulte.

Les **Bernard-l'Ermite** (*fig.* 377) ont le corps comme tordu sur lui-même et l'abdomen mou. Pour protéger ce dernier, ils se logent dans les coquilles vides de certains Mollusques gastéropodes.

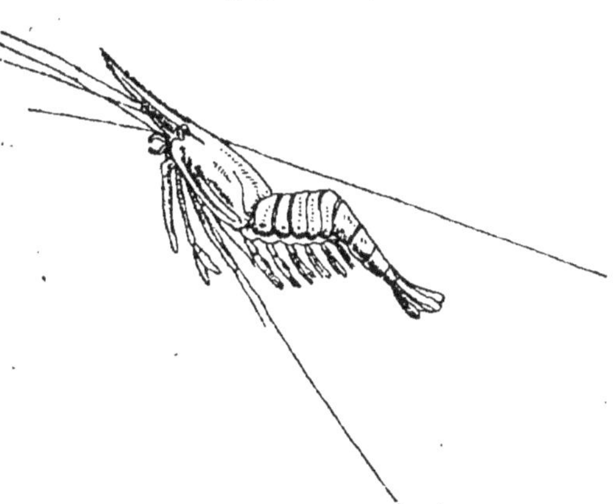

FIG. 379. — Crevette rose.

Les **Crevettes** appartiennent à 2 espèces très distinctes : la

Crevette grise (*fig.* 378), qui a le dessus de la tête aplati, et la *Crevette rose* ou *Bouquet* (*fig.* 379) dont la tête se prolonge en un rostre dentelé comme une scie et possède de longues antennes.

D'autres Crustacés se distinguent des précédents par

FIG. 380. — Crabe.

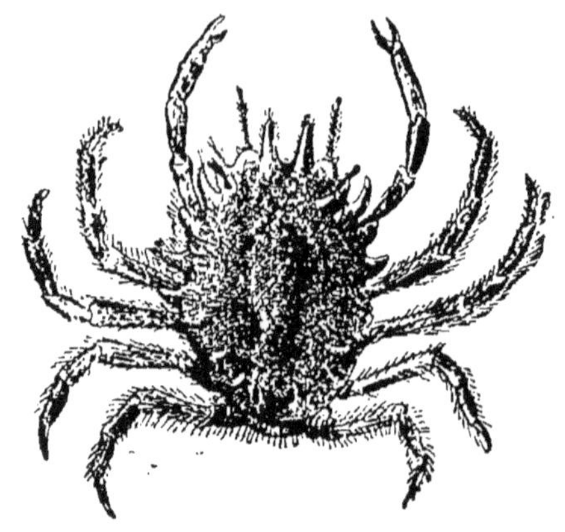

FIG. 381. — Maïa ou Araignée de mer (grosseur de deux poings).

leur *abdomen très petit et replié sous le céphalothorax ;* ils constituent le groupe des Crabes. La plupart *habitent la mer.* On en trouve beaucoup sur toutes nos plages. Ils subissent des métamorphoses. Certains sont comestibles, notamment le

FIG. 382. — Cloporte (grandeur naturelle).

Crabe commun (*fig.* 380) et le **Maïa** ou *Araignée de mer* (*fig.* 381).

D'autres crustacés, comme les *Talitres* ou **Puces de mer,** vivent sur les plages ; on les voit sauter par centaines lorsqu'on se promène sur le sable à marée basse ; d'autres, comme les **Cloportes** (*fig.* 382), sont *terrestres* et abondent dans nos caves ; certains d'entre eux ont la propriété de se rouler en boule quand on veut les prendre ; d'autres, comme les

FIG. 383. — Anatife (grandeur naturelle).

Daphnies ou **Puces d'eau,** abondent dans certaines eaux stagnantes (*fig.* 397).

Enfin ceux qui diffèrent le plus des Crustacés pris comme type sont : les **Anatifes** (*fig.* 383), qui vivent à la face inférieure des épaves flottantes ; ils sont constitués par un long pédoncule terminé par une sorte de coquille triangulaire à plusieurs valves. Et enfin les **Balanes,** qui vivent fixées aux rochers ou aux coquillages ; elles sécrètent une sorte de coquille calcaire en forme de cône tronqué, pourvu d'une petite ouverture que l'animal oblitère à volonté.

TABLEAU SYNOPTIQUE DE LA CLASSE DES CRUSTACÉS

Caractères généraux
- Arthropodes à carapace imprégnée de calcaire.
- Tête soudée au thorax (Céphalothorax).
- Pattes au nombre de 5 paires ou plus.
- Respiration branchiale.
- Métamorphoses.

Classification : Crustacés supérieurs
- abdomen allongé terminé par une nageoire caudale . . . .
  - Écrevisse.
  - Langouste
  - Homard.
  - Crevettes.
- abdomen rudimentaire, replié sous le corps, dépourvu de nageoire caudale . . . .
  - Crabes.

Crustacés inférieurs
- Crustacés terrestres . . . . — Cloporte.
- Crustacés d'eau douce . . . . — Daphnie.
- Crustacés marins . . . . — Puce de mer.

Crustacés anormaux . . . .
- Anatife.
- Balane.
- Bernard-l'Ermite

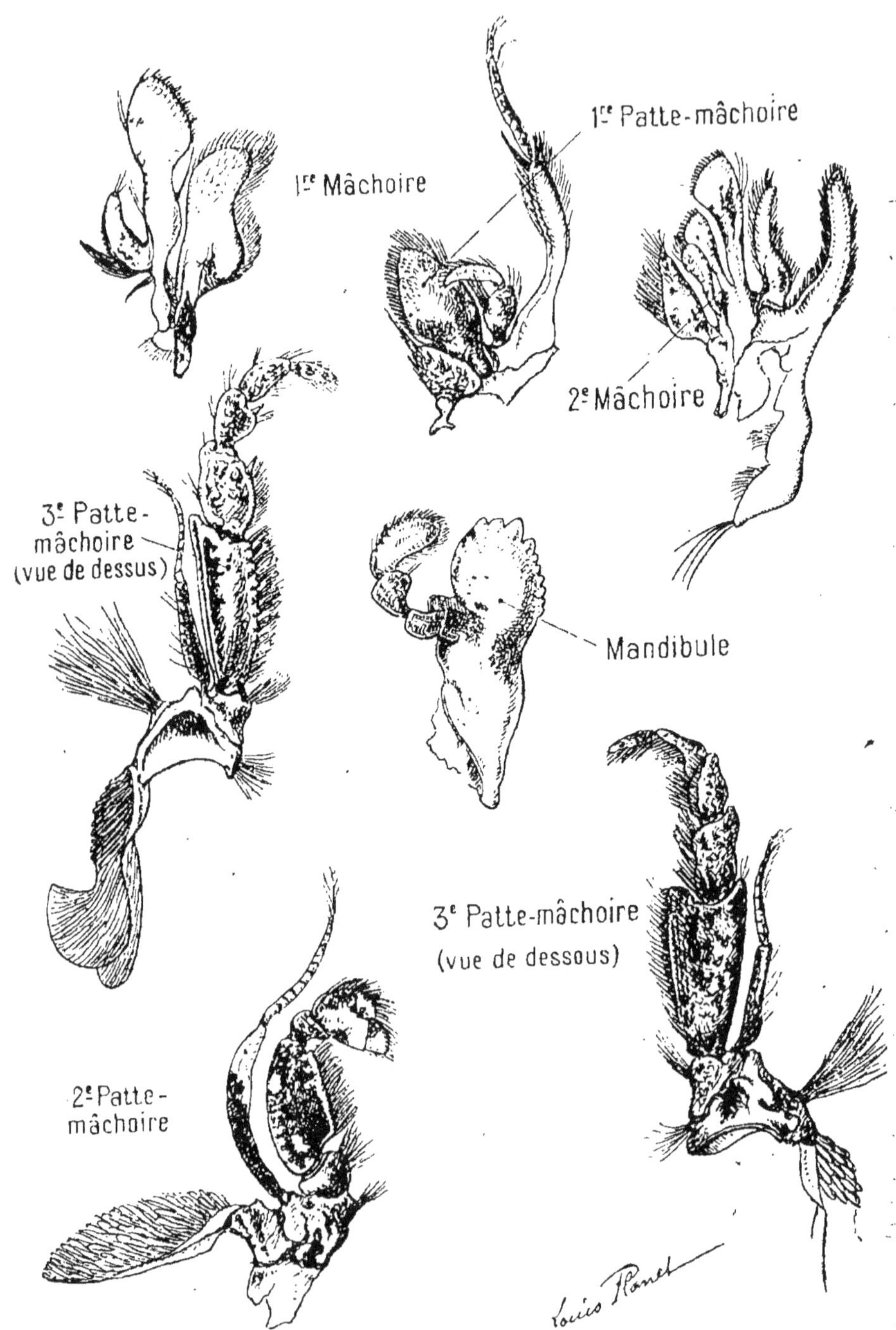

FIG. 384 à 390. — Pièces buccales de l'Écrevisse

TRAVAUX PRATIQUES RELATIFS
AUX CRUSTACÉS

a) Le type tout indiqué pour étudier l'anatomie des Crustacés est l'*Écrevisse*, que l'on se procure si facilement et que l'on peut disséquer toute vivante (elle ne tarde pas, d'ailleurs, à mourir).

Extérieur. — Examiner, successivement, la face dorsale et la face ventrale. La première montre, d'avant en arrière, le *céphalothorax*, l'*abdomen* (composé d'anneaux) et la *nageoire caudale*. La seconde montre la *bouche*, l'*anus* et les *appendices*.

Appendices. — Pour les étudier, il faut les isoler les uns après les autres et les dessiner au fur et à mesure (*fig.* 384 à 390). D'avant en arrière se présentent (chacun par paire) :

Les antennes ;
Les antennules ;
Les yeux ;
Les mandibules ;
Les premières mâchoires ;
Les deuxièmes mâchoires ;
Les premières pattes-mâchoires ;
Les deuxièmes pattes-mâchoires ;
Les troisièmes pattes-mâchoires ;
Les premières pattes ambulatoires (pinces) ;
Les deuxièmes pattes ambulatoires ;
Les troisièmes pattes ambulatoires ;
Les quatrièmes pattes ambulatoires ;
Les cinquièmes pattes ambulatoires ;
Les premières pattes natatoires ;
Les deuxièmes pattes natatoires ;
Les troisièmes pattes natatoires ;
Les quatrièmes pattes natatoires ;
Les cinquièmes pattes natatoires ;
Les sixièmes pattes natatoires ;
La palette caudale.

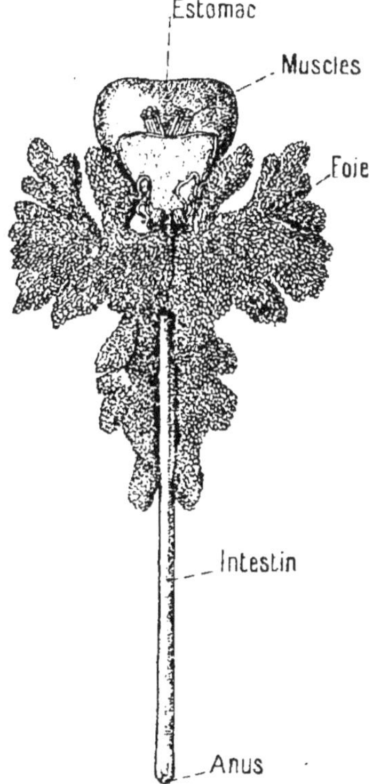

FIG. 391. — Tube digestif
de l'Écrevisse.

Tube digestif (*fig.* 391 et 392). — Fixer l'Écrevisse sur le ventre en piquant dans le liège les principales pattes. Fendre l'animal suivant la ligne médiane dorsale (ou, mieux, à droite et à gauche de celle-ci). Il est facile de voir l'œsophage, l'estomac, l'intestin, le foie.

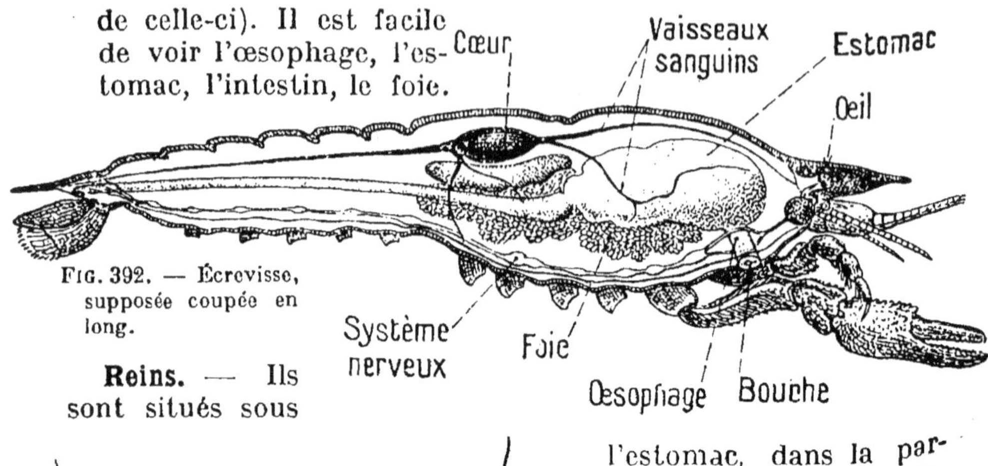

FIG. 392. — Écrevisse, supposée coupée en long.

Reins. — Ils sont situés sous l'estomac, dans la partie antérieure du céphalothorax (*fig.* 393 ; on les appelle *glandes vertes* en raison de leur couleur, qui permet de les voir facilement (grosseur d'un haricot).

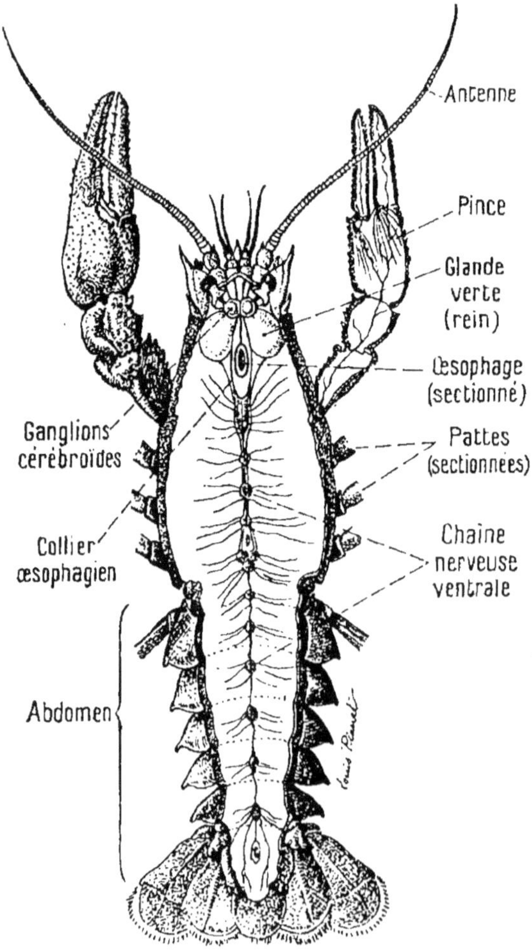

FIG. 393. — Système nerveux d'une Écrevisse.

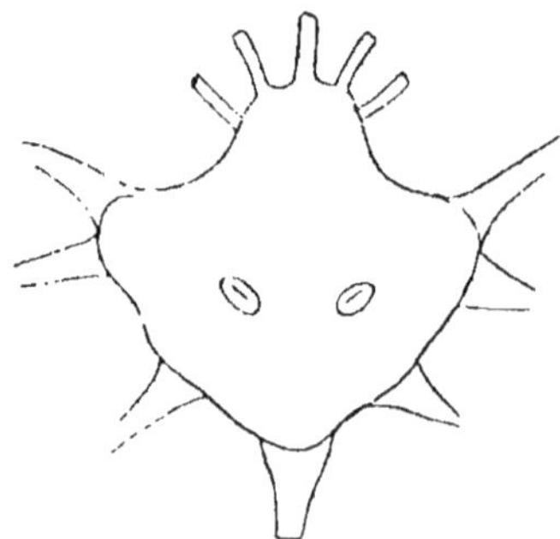

FIG. 394. — Cœur d'une Écrevisse ; à la surface on voit deux orifices.

Système nerveux (*fig.* 393). — Procéder comme pour le tube digestif, mais enlever celui-ci. Sur la ligne médiane ventrale se présente la *chaîne ventrale* (système nerveux en échelle de

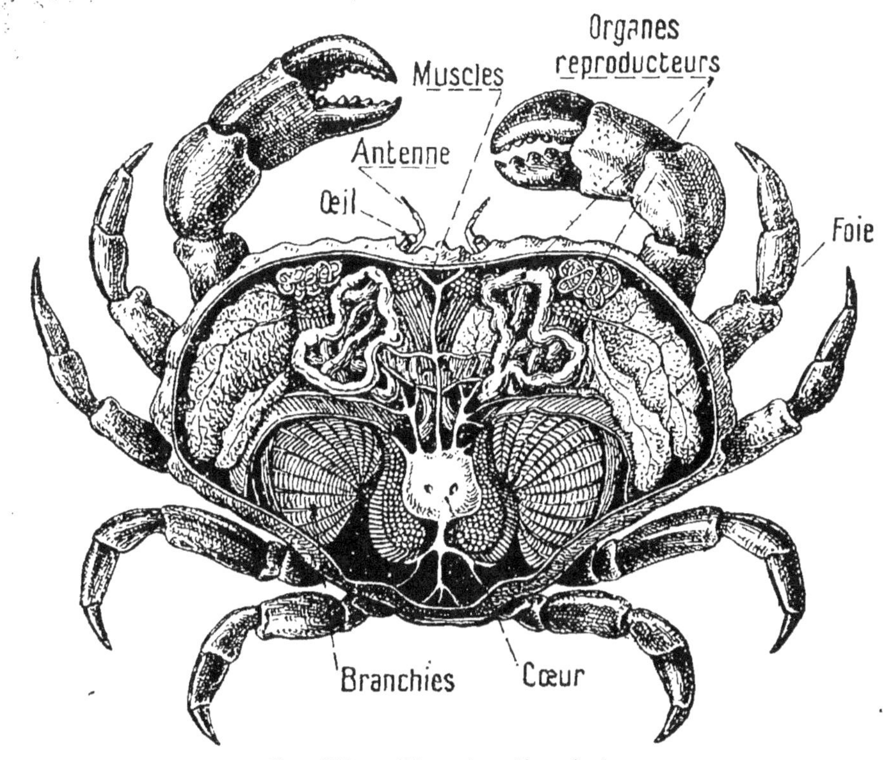

FIG. 395. — Dissection d'un Crabe.

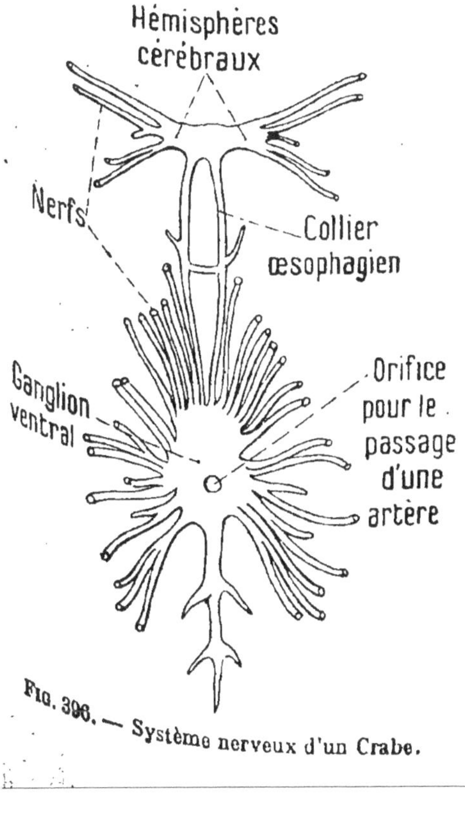

FIG. 396. — Système nerveux d'un Crabe.

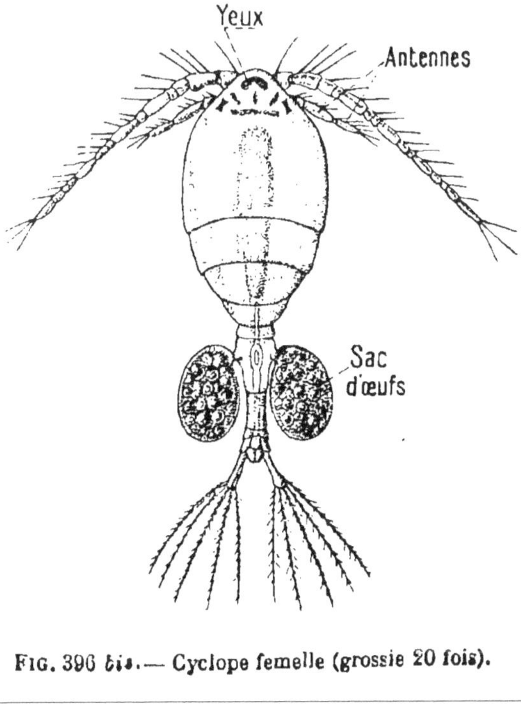

FIG. 396 bis. — Cyclope femelle (grossie 20 fois).

corde), qui, en avant, aboutit au *collier œsophagien*, lequel entoure l'œsophage et se termine par les *ganglions cérébroïdes* situés au-dessus de celui-ci.

Appareil circulatoire. — En examinant la partie arrière du

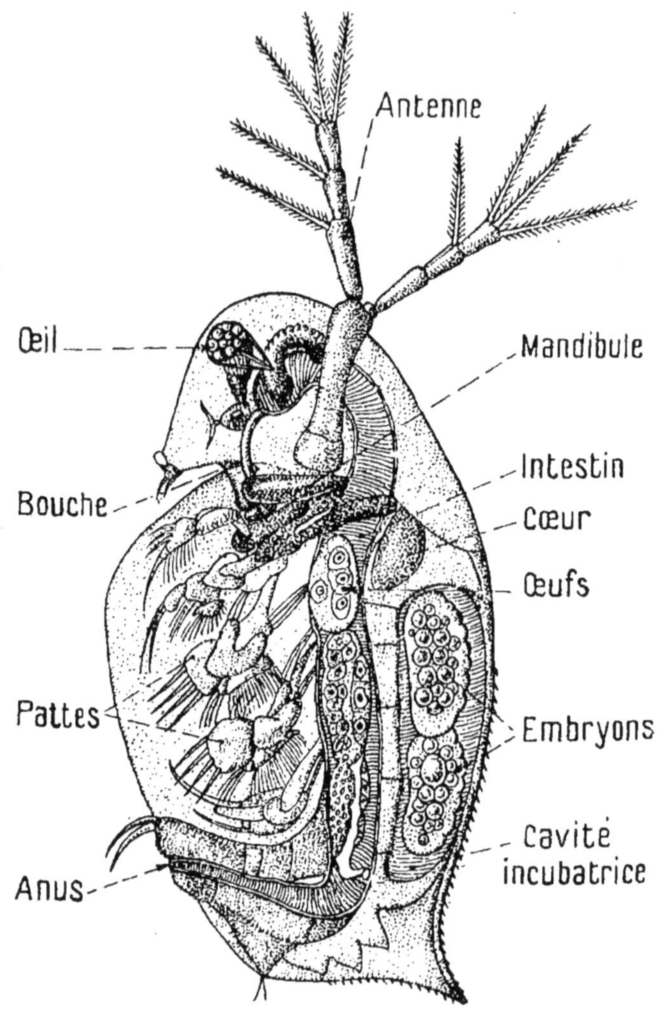

Fig. 397. — Daphnie, vue de côté, au microscope (grossie 50 fois).
Lorsqu'elle est bien vivante, les antennes battent l'eau constamment.

céphalothorax, on y voit, au milieu, un espace vaguement quadrangulaire limité par des lignes plus ou moins nettes. Enlever *délicatement* cet espace avec des ciseaux et, juste au dessous, se trouve le *cœur*, qui bat si l'animal est vivant. A la surface de cette poche transparente, on voit deux orifices (*fig.* 394); c'est par l'un d'eux que l'on pousse *très doucement* l'injection au chromate de plomb : le *système artériel*, si l'animal est vivant, s'injecte presque de lui-même.

Branchies. — Couper, à droite et à gauche, la carapace du céphalothorax, ce qui met à nu les *branchies*, qui sont des annexes des appendices masticateurs ou locomoteurs.

b) Étudier des *Crabes* [1] (*fig.* 395), des *Maïas* (Araignées de mer), des *Homards*, des *Langoustes*, des *Crevettes grises*, des *Crevettes roses*, des *Puces de mer*, des *Balanes*, des *Anatifes*, parmi les Crustacés marins ;

Des *Gammares*, des *Talitres*, des *Cyclopes* (*fig.* 396 *bis*), des *Daphnies* (*fig.* 397), des *Cypris*, des *Apus*, des *Branchipes*, parmi les Crustacés d'eau douce ;

Des *Cloportes* (*fig.* 382), parmi les crustacés terrestres.

Pour ces études, se servir d'une loupe ou d'un microscope à grossissement faible.

Classe des Arachnides

Les **Arachnides** sont des Arthropodes à respiration aérienne bien caractérisés par :

1° Leurs **quatre paires de pattes** ;

2° Leur **tête,** qui est toujours réunie au **thorax** pour former un céphalothorax, lui-même quelquefois réuni à l'abdomen ;

3° L'absence d'*antennes*, ou plutôt leur transformation en crochets appelés **chélicères ;**

4° L'**absence d'ailes ;**

5° L'**absence de métamorphoses.**

On les divise en trois ordres principaux :

1° Les **Aranéides** ou Araignées ;

2° Les **Scorpionides** ou Scorpions ;

3° Les **Acariens.**

---

1. La dissection des Crabes est facile et analogue à celle de l'Écrevisse. A noter seulement que la carapace du céphalothorax recouvre presque tout le corps et que l'abdomen, très réduit, est replié au-dessous de lui. Le système nerveux (*fig.* 396) est plus « concentré » que chez l'Écrevisse. Ainsi, au lieu de la chaîne ventrale, il y a un large ganglion en forme d'étoile, percé, en son centre, d'un orifice pour laisser passer une artère se dirigeant vers la face ventrale.

I. — ORDRE DES ARANÉIDES

Les **Araignées** sont des Arachnides dont l'*abdomen* est franchement *distinct du céphalothorax* (*fig.* 398 et 399). Celui-ci porte à la fois la bouche, les yeux et les **quatre paires de pattes.**

Au-dessus de la bouche, outre les pièces masticatrices qui sont à peu près conformées comme celles des Insectes, on remarque les **chélicères** (*fig.* 400), qui sont au nombre de deux et formées chacune d'un crochet pointu pouvant se rabattre sur une portion basilaire. C'est avec ces crocs que l'Araignée tue les Insectes dont elle se nourrit en les leur plongeant dans le corps. Souvent, dans ces chélicères, il y a des glandes à venin, et la morsure peut alors, chez certaines espèces, être dangereuse pour l'homme.

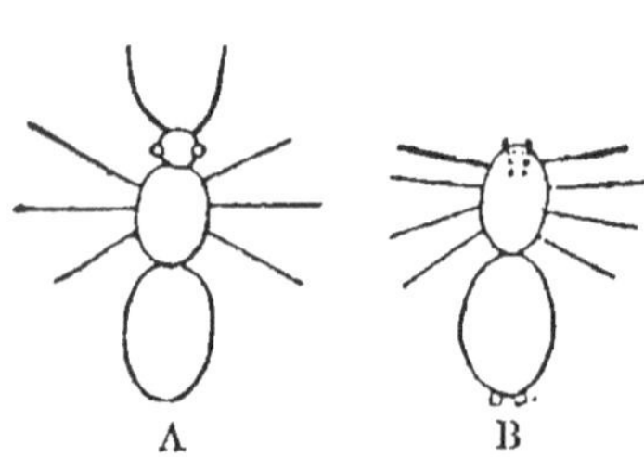

FIG. 398 et 399. — Schémas comparatifs du corps d'un Insecte (A) et du corps d'une Araignée (B).

Les yeux (*fig.* 401) sont placés sur le céphalothorax ; il y en a de quatre à huit, et leur disposition est très employée pour la détermination des espèces.

FIG. 400. — Chélicère d'une Araignée avec la glande qui y aboutit.

FIG. 401. — Disposition des yeux chez une Araignée.

Les *pattes* sont généralement *poilues* et terminées par des *crochets* en forme de peignes (*fig.* 402), qui permettent à l'Araignée de diriger les fils de sa toile à sa convenance.

A l'extrémité de l'abdomen, on remarque un nombre variable de mamelons ou **filières.** C'est par elles que sortent les *fils* des Araignées, grâce auxquels elles fabriquent des **toiles,** tantôt *irrégulières*, tantôt d'une *régularité admirable* (*fig.* 403). Ces toiles tendues dans les jardins ou les appartements, arrêtent les Insectes qui passent : dès qu'ils sont capturés, l'Araignée accourt et les tue.

Les Araignées respirent à l'aide de sacs volumineux ou **poumons** contenant des *lames aplaties* pour en augmenter la surface. Ces poumons, au nombre de deux ou de quatre, se trouvent dans l'abdomen et s'ouvrent à la surface de la peau par autant d'orifices ou de *stigmates*.

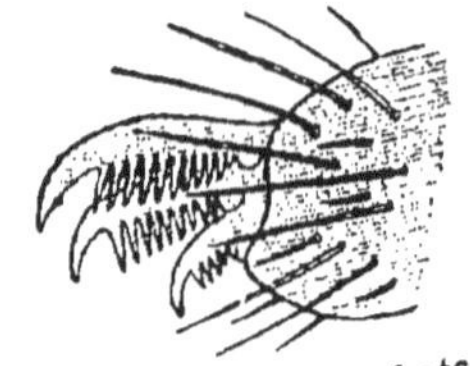

FIG. 402. — Crochets qui terminent les pattes des Araignées.

La circulation se fait par un *vaisseau dorsal*, comme chez les *Insectes*.

L'**intelligence** de certaines espèces est **remarquable**.

Les espèces des Araignées

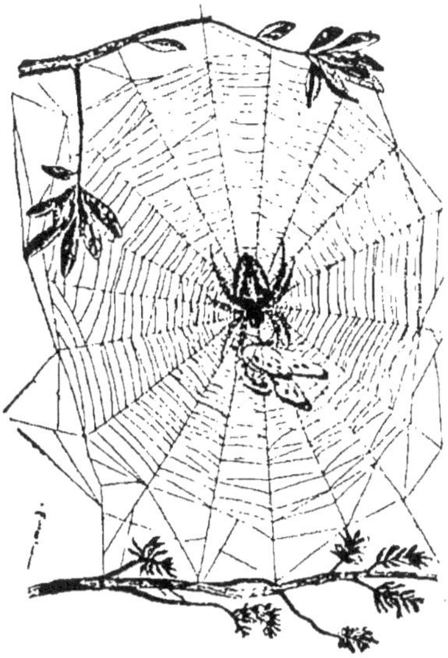

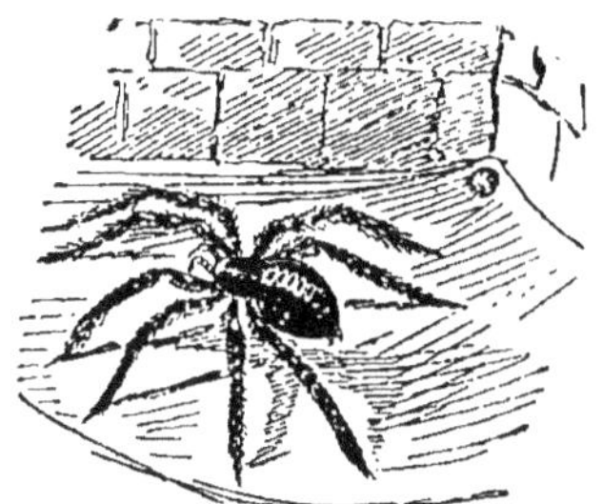

FIG. 404. — Tégénaire

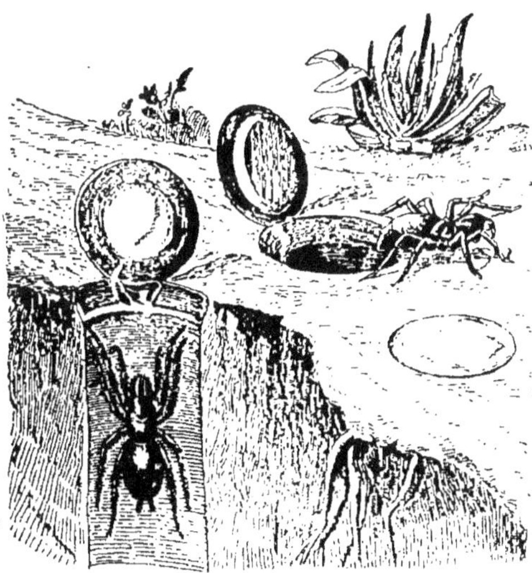

FIG. 403. — Épeire diadème et sa toile.

sont extrêmément nombreuses. Nous nous contenterons de citer l'**Épeire**, à l'abdomen volumineux, dont tout le monde a remarqué les toiles très régulières dans les jardins (*fig.* 403); la **Tégénaire** (*fig.* 404), ou **Araignée** domestique, au corps volumineux, qui tend des toiles irrégulières dans les appartements

FIG. 405. — Cachette de la Mygale.

FIG. 406. — Argyronètes et leur cloche à plongeur.

mal entretenus; le *Faucheur*, Araignée des champs aux patte démésurément longues ; la **Tarentule,** dont la piqûre passait autrefois pour donner une maladie nerveuse se caractérisant par une danse continue ; la **Mygale,** qui se creuse dans le sol un trou (*fig.* 405) recouvert par un couvercle mobile grâce à la présence d'une véritable charnière ; l'**Argyronète** (*fig.* 406), qui, dans l'eau douce, se fabrique avec de la soie une cloche à plongeur très ingénieuse.

II. — ORDRE DES SCORPIONIDES

Les **Scorpions** (*fig.* 407) ont vaguement la forme des Écrevisses ; mais ce sont des animaux *terrestres*, respirant l'air atmosphérique. Ils sont pourvus, en avant, de **pinces articulées** qui ne sont autres que des *palpes*, c'est-à-dire des dépendances latérales de pièces buccales.

Ils diffèrent surtout des Araignées en ce que l'**abdomen** est nettement **divisé en anneaux** ou segments, et se montre formé de *deux régions*, l'une antérieure, aussi large que le thorax et soudée à lui, l'autre postérieure, étroite et formant ce qu'on appelle la *queue* du Scorpion. Cette soi-disant queue se termine par une boule pourvue d'une pointe un peu recourbée. C'est au bout de

FIG. 407. — Scorpion (un peu réduit).

cet **aiguillon** que s'ouvrent deux glandes venimeuses renfermées dans l'ampoule. Quand le Scorpion veut tuer une proie, il la saisit avec sa pince et, recourbant sa queue jusque par-dessus son dos, la pique avec son aiguillon, ce qui la foudroie presque instantanément. C'est aussi avec cet aiguillon que les Scorpions piquent l'homme qui cherche à les saisir.

A côté des Scorpions, il faut citer un tout petit animal de 4 à 5 millimètres de long, que l'on rencontre dans les vieux livres et qui ressemblerait tout à fait à un Scorpion s'il n'était dépourvu de queue. Ce *Pseudoscorpion* ou *Pince* est inoffensif et se borne à dévorer les minuscules êtres qui vivent dans la pou sière des bibliothèques.

III. — ORDRE DES ACARIENS

Les **Acariens** se distinguent facilement des deux ordres précédents, d'abord par leur **petitesse** (ils sont tout juste visibles à l'œil nu), ensuite par leur abdomen, qui est réuni au céphalothorax en une **masse unique.** On reconnaît, néanmoins, qu'ils appartiennent à la classe des Arachnides en ce qu'ils possèdent **quatre paires de pattes,** lesquelles sont d'ailleurs courtes et garnies de longs poils ou de petites ventouses.

Les uns vivent sur les aliments, c'est le cas des *Tiroglyphes, Cirons* ou **Mites** (*fig.* 408) du fromage (Gruyère, Roquefort) ; les autres sont parasites. Le plus connu de ces derniers est l'*Acarus* ou **Sarcopte de la gale** (*fig.* 409), qui produit la maladie de la gale. Celle-ci consiste en des démangeaisons de la main et surtout de la jointure des doigts.

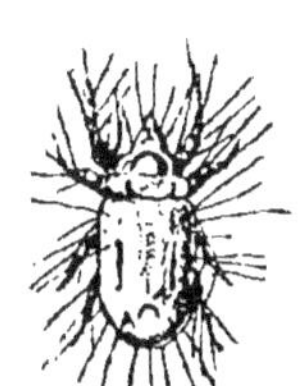

FIG. 408. — Mite du fromage (grossie).

FIG. 409. — Sarcoptes de la gale (grossis).

Ce sont les Sarcoptes qui provoquent ces démangeaisons en creusant des galeries dans la peau. Autrefois cette maladie paraissait incurable et était très répandue ; aujourd'hui on la guérit avec des pommades soufrées et elle est devenue rare.

Une espèce, le *Demodex*, a un habitat bien singulier. Elle vit dans les glandes sébacées annexées aux poils de notre nez, où d'ailleurs elle ne cause aucun trouble. C'est un animal fort petit, au corps allongé et aux pattes réduites à des moignons.

Citons encore le **Rouget,** qui, dans les herbes, se répand souvent sur notre corps à la campagne, causant des démangeaisons insupportables ; la **Tique,** qui s'implante dans la peau des chiens.

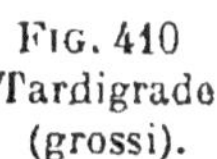

FIG. 410 Tardigrade (grossi).

Tout à côté des Acariens se place le petit groupe des **Tardigrades** (*fig.* 410), qui comprend des animaux microscopiques vivant dans la mousse des toits.

Lorsque les mousses se dessèchent, ils se mettent en boule et peuvent rester ainsi pendant de longs mois. Mais, si on vient à les humecter, on les voit s'étendre et marcher à nouveau ; on dit quelquefois, pour cela, que ce sont des animaux **reviviscents;** mais, en réalité, la vie était simplement très *ralentie* chez eux, comme elle l'est dans les graines des végétaux.

TABLEAU SYNOPTIQUE DE LA CLASSE DES ARACHNIDES

Caractères généraux	Articulés à 4 paires de pattes. Tête réunie au thorax (Céphalothorax). Respiration aérienne. Ni ailes, ni métamorphoses.		
Classification : Arachnides à	Céphalothorax distinct de l'abdomen : *Aranéides*		Araignée. Épeire. Faucheur.
	— confondu avec la première partie de l'abdomen	*Scorpionides* : Scorpion.	
	— confondu avec l'abdomen :	*Acariens*	Acarus. Demodex. Tique.

Classe des Myriapodes

Les **Myriapodes** (de *myria*, dix mille, et *podos*, pied) diffèrent des Insectes et des Arachnides en ce que le corps est formé de **segments nombreux tous semblables** et où l'on ne peut distinguer ni thorax ni abdomen. Chaque segment porte une ou deux paires de pattes, d'où le nom de **Mille-Pattes** qu'on leur donne souvent, bien qu'il n'y en ait jamais plus de 30 à 150. Leur tête porte deux antennes. La

FIG. 411. — Scolopendre.

bouche rappelle celle que nous trouverons chez les Insectes broyeurs. Les Myriapodes vivent surtout sous les pierres ou se promènent parmi les herbes. Ils respirent par des trachées.

Dans nos pays, les **Scolopendres** (*fig.* 411), dont chaque anneau porte *une paire de pattes*, sont communes, mais nullement dangereuses. Par contre, dans les pays chauds, elles atteignent une grande taille et sont venimeuses par leur première paire de pattes.

A citer encore les *Iules*, dont chaque anneau porte *deux paires de pattes*, au corps cylindrique pouvant s'enrouler à la manière d'un ressort de montre, et les *Glomeris*, qui ressemblent à des Cloportes et se mettent en boule, tous deux très communs dans nos bois. Ils se nourrissent de débris de végétaux.

TRAVAUX PRATIQUES RELATIFS
AUX ARACHNIDES ET AUX MYRIAPODES

a) **Aranéides.** — Récolter des Araignées et les conserver dans de petits tubes remplis d'alcool. Les observer à la loupe et en isoler les parties (pattes, etc.) pour les observer au microscope.

b) **Scorpions.** — Examiner les Scorpions de la collection, où ils sont, généralement, conservés à l'alcool. Dans certaines localités du Midi, on peut les récolter soi-même sous les pierres ou, dans les maisons ; les prendre avec des pinces et les tuer de suite en les plongeant dans de l'alcool.

c) **Acariens.** — Les observer vivants au microscope, en les plaçant simplement sur la lame, sans recouvrir d'une lamelle. S'ils ont une tendance à fuir trop loin du champ du microscope, les immobiliser en les noyant dans une goutte d'eau, où, malgré leurs mouvements désespérés, on peut les étudier.

Observer, au microscope, des préparations toutes faites de *Sarcoptes de la gale.*

d) **Myriapodes.** — Observer les Myriapodes de la collection ou ceux que l'on trouve sous les pierres. Les tuer, auparavant, en les plongeant dans de l'alcool.

Classe des Insectes

Les **Insectes** (*fig.* 412 et 413) sont des **Articulés,** tous pourvus

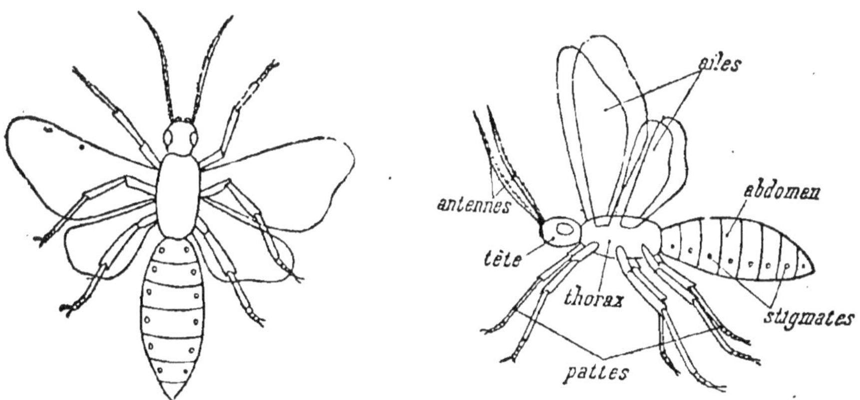

Fig. 412 et 413. — Schémas d'un Insecte, vu par-dessus et sur le côté.

de **3 paires de pattes.** La plupart ont aussi *une ou deux paires d'ailes.* L'ensemble des anneaux qui composent leur **corps** est nettement divisé en 3 **parties** (*fig.* 414) qui sont, d'avant en arrière : la *tête*, le *thorax* et l'*abdomen*.

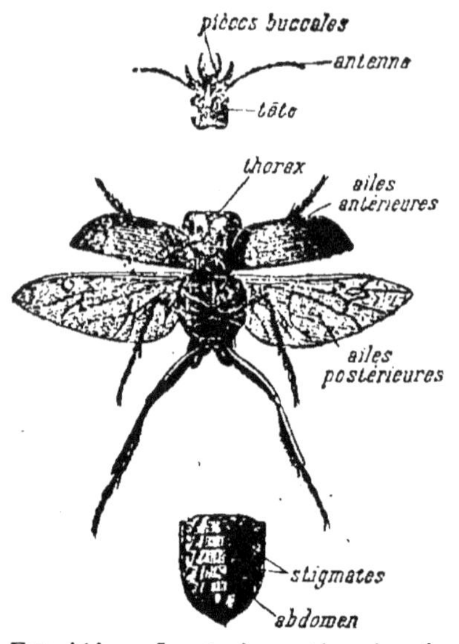

Fig. 414. — Les trois parties séparées du corps d'un Insecte (Coléoptère) : tête, thorax et abdomen.

La **tête** porte les *antennes*, les *yeux*, la *bouche* et les *organes buccaux* plus ou moins saillants qui s'y rattachent.

Les **antennes** (nommées vulgairement **cornes**) sont au nombre de deux. Leur longueur et leur forme varient beaucoup d'un groupe à l'autre ; mais elles sont toujours formées de pièces articulées.

Les antennes servent d'organe à un *sens* qui participe du toucher, de l'odorat et peut-être de l'ouïe. Il est facile de remarquer en effet que, lorsqu'un Insecte est surpris, il dirige ses antennes en avant pour se rendre compte du danger.

Les **yeux** sont le plus souvent des **yeux composés** ou à **facettes.** En les examinant à la loupe, on voit une mosaïque d'une remarquable régularité, formée d'une série d'hexagones étroitement unis, dont chacun correspond à un *véritable petit œil.* En effet, au-dessous de chaque hexagone, il y a une sorte de *cristallin* rudimentaire et une terminaison nerveuse. Un œil composé comprend quelquefois plusieurs milliers de ces petits yeux accolés, qui, grâce à la forme bombée de l'ensemble, regardent dans des directions différentes, sans que l'insecte ait besoin de remuer la tête. Chez quelques Insectes, outre ces yeux composés latéraux, il y a vers le milieu de la tête un, deux ou trois *yeux simples* ou *ocelles* (*fig.* 415). Qu'ils soient simples ou composés, les yeux des Insectes sont toujours assez rudimentaires et

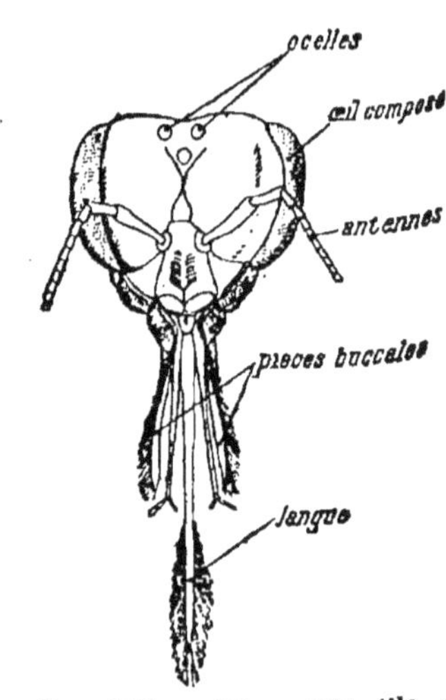

Fig. 415. — Tête d'Abeille.

doivent servir à percevoir le *déplacement* des corps extérieurs beaucoup plus que la forme même de ces corps.

La **bouche,** placée vers la partie inférieure de la tête, est accompagnée d'organes accessoires assez compliqués et varie beaucoup d'aspect *suivant le régime* de l'insecte Considérons d'abord le cas d'un insecte **broyeur,** comme le *Hanneton* ou la *Sauterelle*
(*fig.* 416). Sa bouche se compose de 6 pièces, qui sont de haut en bas : une *lèvre supérieure,* une *paire de mandibules,* sortes de pinces agissant latéralement et pourvues de denticules cornés sur leur bord interne, une *paire de mâchoires* disposées de la même façon et pourvues chacune d'un *palpe,* sorte de petite antenne, et enfin *une lèvre inférieure* portant 2 *palpes* ou quelquefois 4. Ce sont surtout les mâchoires qui servent à broyer les aliments.

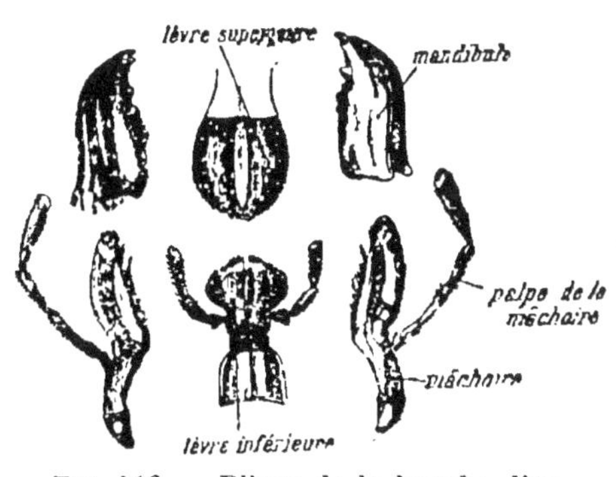

FIG. 416. — Pièces de la bouche d'un Insecte broyeur (Sauterelle).

Chez les Insectes qui ne broient pas leur nourriture, on retrouve ces 6 pièces, mais plus ou moins modifiées et *adaptées* à la façon dont l'animal prend sa nourriture. Ainsi chez les insectes **lécheurs** comme l'*Abeille* (*fig.* 415), les mâchoires et la lèvre inférieure se sont allongées en une sorte de *languette* pour *lécher* le suc des fleurs ou des bourgeons, tandis que les mandibules et la lèvre supérieure ont conservé la même forme que chez les broyeurs.

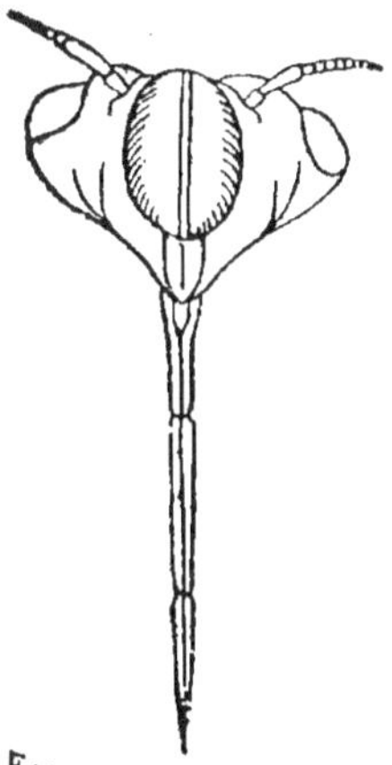

Chez les Insectes **suceurs,** comme les *Papillons,* les mâchoires sont allongées, creusées en gouttière et soudées pour donner une longue **trompe,** qui s'enroule **en spirale** (*fig.* 471) ou se déroule à la volonté de l'animal. Les autres pièces de la bouche sont très réduites.

FIG. 417. — Trompe d'une Punaise des bois (Hémiptère).

Enfin, chez les Insectes **piqueurs,** comme le Moustique (*fig.* 483) ou la Punaise des bois (*fig.* 417), les 2 lèvres allongées forment une sorte de trompe à l'intérieur de laquelle se trouvent 4 stylets dus à la transformation des mandibules et des mâchoires. Ces stylets *percent la peau des animaux* ou l'*épiderme des plantes,* et l'animal *aspire le sang* ou la *séve* que la piqûre a permis d'atteindre.

Le **thorax** est formé de 3 anneaux peu distincts portant *chacun une paire de pattes* (*fig.* 418). Les deux derniers en arrière portent souvent *chacun une paire d'ailes*.

Chaque **patte** (*fig.* 419) comprend : une *hanche*, une *cuisse*, une *jambe* et un *tarse* formé de 3 à 5 articles, dont le dernier porte une *griffe*. Il y a aussi quelquefois, chez la

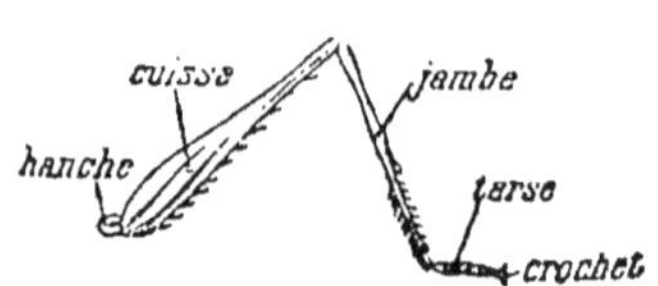

FIG. 419. — Patte d'un Insecte (Sauterelle).

FIG. 418. — Coupe en travers du thorax d'un Insecte.

Mouche par exemple, des *ventouses*, qui permettent à l'insecte de se tenir sur les surfaces lisses verticales, les vitres par exemple, ou même renversé au plafond.

Chez les Insectes *sauteurs*, comme la *Sauterelle*, la *Puce*, les cuisses sont très développées.

Chez les Insectes *nageurs*, comme le *Dytique*, les pattes sont aplaties et servent de rames.

La plupart des Insectes sont aussi pourvus **d'une ou deux paires d'ailes.** Ce sont des expansions de la peau, soutenues par des tiges ramifiées, fines et solides, appelées *nervures*. Chez certains Insectes comme les *Abeilles*, les 4 ailes sont minces, membraneuses, et servent toutes au vol. Quelquefois, comme chez le *Hanneton*, la paire antérieure, alors nommée **élytres,** est dure et sert seulement à protéger l'autre paire, membraneuse, propre au vol.

La disposition des ailes, qui varie d'un groupe à l'autre, fournit des caractères importants pour la classification des Insectes.

L'abdomen est la région où les anneaux sont le plus visibles. Il y en a généralement 9 à 10, quelquefois moins. On n'y remarque aucun organe saillant, sauf quelquefois à l'extrémité. Ainsi, chez les *Perce-oreilles,* il y a une sorte de *pince*, chez les *Abeilles* un aiguillon, etc.

FIG. 420. — Appareil digestif d'un Insecte.

a, Tête armée des organes destinés à broyer ; — *b*, Œsophage , — *c*, Jabot ; — *e*, Gésier suivi du ventricule chylifique ; — *f* et *h*, Tubes de Malpighi.

Sur chacun des **anneaux** de l'abdomen, on voit de chaque côté une ouverture en forme de boutonnière, nommée **stigmate**, qui sert à l'entrée et à la sortie de l'air dans l'appareil respiratoire.

Tube digestif. — A la suite de la *bouche*, que nous avons déjà étudiée, vient un *œsophage* (*fig.* 420), généralement renflé au milieu pour former un *jabot*, sorte de réservoir pour les aliments. Puis vient un *estomac* allongé, quelquefois partagé en un *gésier* et un *ventricule chylifique*, produisant le suc gastrique. L'*intestin* est plus ou moins long, suivant que l'Insecte est herbivore ou carnivore.

Comme *glandes* en rapport avec le tube digestif, on trouve généralement des *glandes salivaires*, se rattachant à la *bouche* ou à l'*œsophage*, et des tubes nombreux dits **tubes de Malpighi**, se rattachant au *commencement de l'intestin*. Ces derniers sont considérés comme correspondant au *foie* et aux *reins* des Vertébrés.

FIG. 421 et 422. — Deux stigmates, vus à la loupe. A gauche : celui du Dytique. A droite : celui du Sphinx du Troène.

Appareil respiratoire. — Les Insectes ont une **respiration aérienne;** mais leur appareil respiratoire est très différent du poumon des Vertébrés aériens. L'air introduit par les *stigmates* (*fig.* 421 et 422), situés sur les côtés du corps (*fig.* 423), se répartit dans tout le corps par des tubes ramifiés à l'infini et nommés **trachées.** Ces trachées à parois très fines sont consolidées par une **spirale de chitine**(*fig.* 423 *bis*) qui les maintient toujours béantes. Les

FIG. 423. — Chenille vue de côté pour montrer les stigmates.

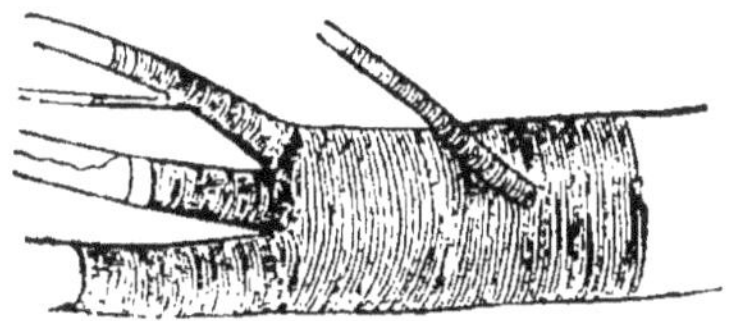

FIG. 423 *bis*. — Portion d'une trachée, vue au microscope.

échanges gazeux entre l'air et le sang se font à travers la paroi des trachées. Chez les Insectes bons voiliers, comme les Abeilles les trachées se dilatent en certains points pour former des sortes de *sacs aériens*, contenant une provision d'air.

Appareil circulatoire. — Il se réduit presque à l'appareil moteur nommé **vaisseau dorsal** (*fig.* 424) : c'est une série de *poches* formant autant de **petits cœurs** placés les uns à la suite des autres sur la ligne médiane, dans la région du dos.

Chacune de ces poches se contracte et se dilate alternativement. En se contractant, elle chasse le sang qui la remplit dans la poche placée plus en avant, et, grâce à une valvule, ce sang ne peut revenir en arrière. En se dilatant ensuite, elle aspire le sang qui lui arrive soit de la poche voisine d'arrière, soit des régions voisines du corps par deux ouvertures latérales également munies de valvules. Le sang arrivé dans la pioche antérieure est chassé dans une aorte très courte, puis *il se répand entre les organes*, qu'il baigne, en se dirigeant d'avant en arrière. Il *rencontre* sur son parcours *les trachées*, qui lui apportent de l'air, et l'intestin, qui lui fournit le chyle ; puis, après un trajet plus ou moins long, il est aspiré de nouveau par le vaisseau dorsal.

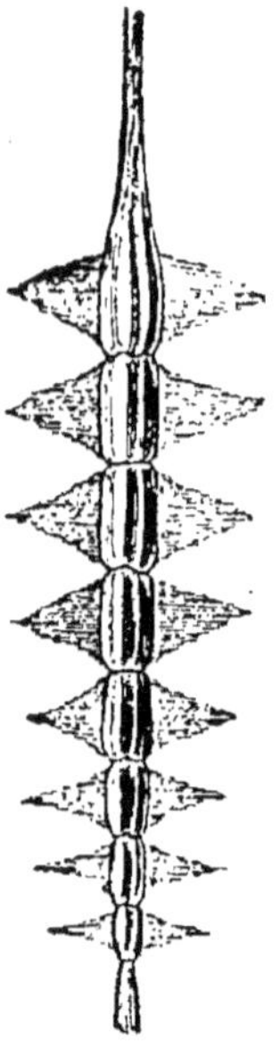

FIG. 424. — Vaisseau dorsal d'un Insecte.

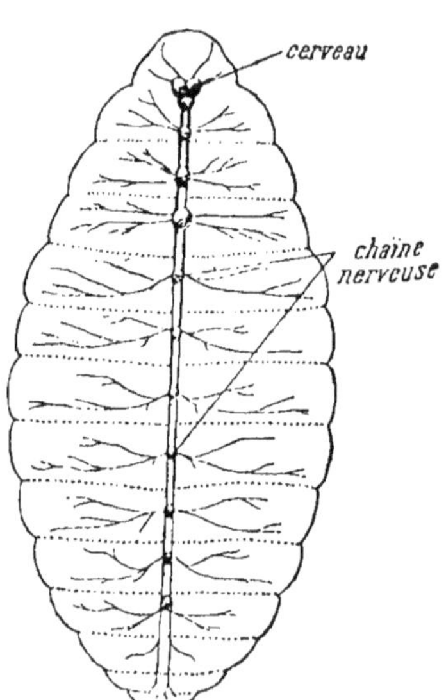

FIG. 425. — Système nerveux d'une larve d'Abeille.

Système nerveux. —
Le système nerveux (*fig.* 425) présente la disposition générale indiquée pour les Arthropodes, c'est-à-dire une série de ganglions et de filets nerveux disposés en **échelle de corde** au voisinage de la face ventrale. Cependant, chez certains Insectes, comme le *Hanneton*, les ganglions de l'abdomen se fusionnent plus ou moins entre eux ; mais, toujours, les deux ganglions cérébroïdes de la tête sont au-dessus du tube digestif.

Appareil vocal. — Certains Insectes peuvent *émettre des sons* ; mais l'appareil qui les produit n'est jamais en rapport avec la bouche. Ces sons résultent du frottement de certaines parties dures extérieures. Par exemple, chez le *Grillon*, ce sont les élytres qui frottent l'une contre l'autre. Il y a quelquefois des cavités remplies d'air *qui renforcent ces sons*, comme chez les *Cigales*.

Métamorphoses. — Les Insectes pondent des œufs ; mais généralement ces œufs ne donnent pas immédiatement naissance à des Insectes semblables à celui qui les a produits. Ce n'est que par une série plus ou moins compliquée de transformations ou **métamorphoses** que l'animal sortant de l'œuf arrive à l'état dit *d'insecte parfait.*

Considérons d'abord le cas le plus compliqué, c'est-à-dire celui des **métamorphoses complètes.** Il y aiors trois états successifs : *larve, nymphe* ou *chrysalide* et *insecte parfait.*

Nous en étudierons deux exemples bien connus, ceux du *Ver à soie* et du *Hanneton.*

Ver à soie (fig. 426 à 429). — Le *Bombyx* ou **Pavillon du Ver à soie** est blanc et ne vole pas. Il pond un grand nombre d'œufs **gros comme des têtes d'épingles.** De chacun de ceux-ci sort une petite *larve* ou **chenille**, noire, velue, de 2 à 3 millimètres de long, semblable à un petit ver, pourvue en avant de six pattes articulées et en arrière de fausses pattes en forme de ventouses. Cette petite chenille a un appétit formidable, qu'elle satisfait en mangeant des feuilles de mûrier ; aussi grossit-elle rapidement. Bientôt elle ne peut plus tenir dans sa peau rigide ; celle-ci se fend, et la chenille en sort avec une nouvelle peau blanche. Ce *changement de peau* ou *mue* se répète quatre fois. Lorsque la chenille a atteint 9 à 10 centimètres de longueur, ce qui demande une trentaine de jours, *elle cesse de manger*, cherche un endroit à sa convenance, dans un coin ou dans l'intervalle de deux branches, et se met à filer son **cocon**, aux dépens du liquide produit par ses glandes salivaires. Ce liquide sort par un petit trou de la lèvre inférieure et se solidifie immédiatement à l'air sous

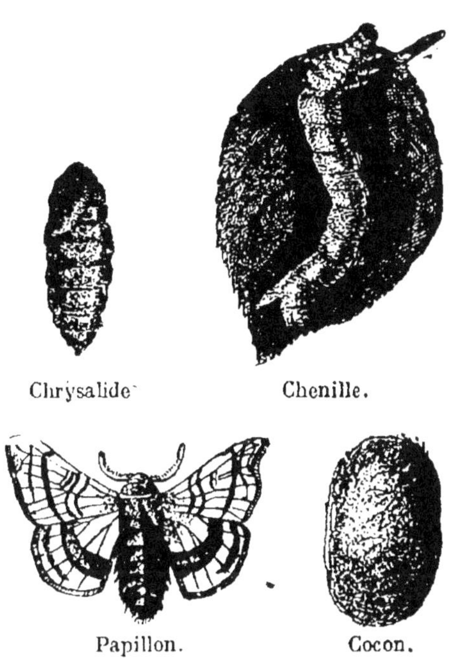

FIG. 426 à 429. -- Histoire du Ver à soie.

forme de fil. La chenille colle ce fil à plusieurs endroits pour fixer le cocon, puis elle achève de *s'emprisonner* dans le fil qu'elle dévide sans interruption. Ce travail lui demande deux ou trois jours. Elle se transforme en *nymphe* ou **chrysalide**, masse ovoïde, brune, *sans trace d'appareil locomoteur.* En avant, on distingue à peine la place des yeux et des antennes ; sur les côtés de l'abdomen, on voit les stigmates. Cet abdomen présente parfois de légers mouvements. Pendant que la chrysalide reste ainsi à peu près *immobile*, elle se transforme *intérieurement* en un **papillon qui**, au bout d'une quinzaine de jours, **sort de la peau coriace de la chrysalide par une** fente. Ce papillon est encore enfermé dans le cocon, mais avec sa salive il le ramollit en un point et y pratique une ouverture par laquelle il sort. Il ne vit que très peu de temps à cet état ; il ne prend aucune nourriture, il pond et meurt. Les œufs sont conservés jusqu'au printemps suivant sous le nom de *graines de ver à soie*. L'histoire complète du Bombyx dure donc un an.

Hanneton (fig. 430). — Le Hanneton pond ses **œufs** dans la terre dans le courant du mois de mai. Ces œufs éclosent bientôt, au bout de trente jours environ, et chacun d'eux donne naissance à une larve connue sous le nom de *man* ou **ver blanc**, de forme arquée, à six pattes articulées, avec une bouche armée de mandibules et de mâchoires très solides. Ce ver blanc *dévore toutes les racines qu'il rencontre*, produisant ainsi de grands dégâts dans les cultures. Il vit à cet état un peu plus de deux ans, grandissant lentement, malgré sa voracité, s'engourdissant pendant l'hiver ; puis il se façonne une sorte de *niche* dans le sol et il s'y transforme en une **nymphe** immobile, qui passe l'hiver pendant que **l'insecte parfait** se forme à l'intérieur. Au printemps de la troisième année, *l'insecte parfait sort de la nymphe* par une fente qui se produit dans la peau et remonte à l'air, où il vit à peine quelques semaines, mangeant des feuilles d'arbres, puis il pond et meurt. Son histoire complète dure donc trois ans.

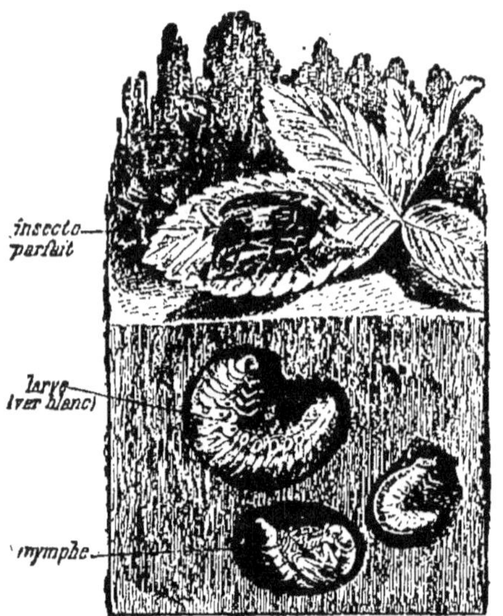

FIG. 430. — Métamorphoses du Hanneton.

Examinons maintenant le cas des **métamorphoses incomplètes**, par exemple chez la *Sauterelle* (*fig.* 431).

C'est toujours une **larve** qui sort de l'œuf. Cette larve mange, grossit, subit plusieurs mues, mais **ne** s'*immobilise* **pas** à *l'état* **de nymphe**. Elle ne diffère de l'insecte parfait que par *sa taille* et par *l'absence d'ailes*. Lorsqu'elle a acquis sa taille définitive, les ailes poussent et une dernière mue donne l'**insecte parfait**. Il n'y a donc ici que deux états successifs : **larve** et **insecte parfait**. Enfin, lorsque *l'insecte adulte est dépourvu d'ailes*, comme le *Pou*, la larve ne diffère de l'adulte que par la taille, et l'on peut dire que les **métamorphoses sont nulles**.

FIG. 431. — Deux phases larvaires de la Sauterelle verte.

Mœurs. — Les *mœurs* des Insectes sont souvent *très curieuses*, et on a déjà publié bien des volumes pour les décrire. Bien que paraissant agir automatiquement, les Insectes effectuent des actes qui pourraient passer pour des *chefs-d'œuvre de prévoyance* et *d'ingéniosité*.

Ces instincts se manifestent surtout *au moment de la ponte* pour *assurer à leurs larves la nourriture* qui leur convient.

Insectes utiles et nuisibles. — L'utilité de l'*Abeille* et du *Ver à soie* est connue de tout le monde. D'autres Insectes, moins connus, nous sont également utiles, comme la *Cochenille*, qui fournit le *carmin*, la *Cantharide*, qui fournit la substance active des vésicatoires, la *larve* qui vit dans le chou palmiste et dont la saveur est, paraît-il, suave. D'autres enfin, qui sont carnassiers, comme les *Carabes*, les *Coccinelles*, nous sont utiles d'une façon moins directe, mais non moins importante, en détruisant d'autres Insectes ou petits animaux nuisibles.

Cependant la **plupart des Insectes sont nuisibles** en dévorant les plantes que nous cultivons ou certaines substances servant à notre usage, comme la laine, la soie, les fourrures. D'autres encore, comme certains *Moustiques*, propagent par leurs piqûres de nombreuses maladies contagieuses.

Les procédés de destruction des Insectes nuisibles varient d'une espèce à l'autre ; mais, comme on le sait, les meilleurs auxiliaires de l'homme dans cette lutte sont les *Oiseaux insectivores*, qui en font une consommation énorme.

CLASSIFICATION

La classification des Insectes est basée sur la *disposition des ailes et de la bouche*, ainsi que sur l'*importance des métamorphoses*. On les divise généralement en 8 ordres que nous allons étudier successivement en commençant par les Coléoptères.

I. — ORDRE DES COLÉOPTÈRES

Les **Coléoptères** (de *coleos*, étui, et *pteron*, aile) possèdent **deux paires d'ailes** (*fig.* 432). La *paire antérieure* est formée d'**élytres**, c'est-à-dire d'*ailes coriaces*, qui ne servent nullement au vol. A l'état de repos, elles sont appliquées l'une contre l'autre sur le dos de l'animal et cachent complètement les *ailes postérieures*, auxquelles elles forment un *étui*. Celles-ci sont *minces* comme des pelures d'oignon, mais soutenues par des *nervures* solides et ramifiées ; à l'état de repos, elles sont

FIG. 432. — Cétoine, au vol : les ailes postérieures sortent de dessous les élytres.

pliées de deux façons, d'abord *en long* — comme un éventail fermé — puis *en travers* — comme un éventail fermé que l'on plierait en deux. Grâce à ce double reploiement, les ailes en question peuvent être *cachées par les élytres.*

La **bouche** des Coléoptères est disposée pour **broyer** les aliments : leurs pièces buccales sont courtes, mais solides. Quelques-uns s'attaquent aux autres Insectes ; mais la plupart » rongent » des plantes (Hanneton), des arbres (Capricorne), des graines (Calandre), des objets de nos maisons (Dermestes).

FIG. 433. — Carabe rutilant

FIG. 434.— Coccinelle à sept points (Bête à Bon Dieu).

Leurs **métamorphoses** sont **complètes** et analogues à celles que nous avons décrites pour le Hanneton, sauf que le cycle complet de leur développement (œuf, larve, nymphe, insecte parfait) ne dure en général qu'un an.

Parmi les *Coléoptères* **utiles,** on ne peut guère citer que le **Carabe doré** (ainsi nommé à cause de la couleur de ses élytres) et les autres espèces de Carabes (*fig.* 433), qui *détruisent* beaucoup d'*Insectes nuisibles* et rendent ainsi des services dans les jardins ; la **Coccinelle** (*fig.* 434) ou *Bête à bon Dieu,* qui, malgré son aspect lourd, détruit de nombreux Pucerons ; le **Lampyre** ou *Ver luisant,* qui s'attaque aux escargots, et dont le mâle seul a des

FIG. 435. — Exemple d'un Bousier : le Scarabée sacré poussant (à reculons) une boule faite avec les excréments des vaches.

ailes, tandis que la femelle en est dépourvue et est phosphorescente.

Les **Nécrophores** sont aussi utiles par leurs mœurs singulières. Quand les effluves de l'air leur ont annoncé la présence d'un cadavre dans le voisinage, ils accourent et creusent le sol au-dessous de ce dernier. Ils travaillent avec une ardeur soutenue et, finalement, l'animal mort disparaît dans l'excavation, qu'ils se mettent alors à recouvrir de terre après avoir eu soin de déposer sur le cadavre leurs œufs, assurant ainsi à leur progéniture une large subsistance. Les *Nécrophores* contribuent donc à la disparition des cadavres, d'où leur nom de *Fossoyeurs*.

Les **Bousiers** (*fig.* 435) purgent aussi le sol des matières nauséabondes et notamment des déjections d'animaux. Les plus curieux de ces Coléoptères sont les *Scara-*

FIG. 436.
Cantharide.

bées, qui s'attaquent aux excréments des vaches ; ils en fabriquent une grosse boule et la poussent au loin pour s'en nourrir.

A citer encore comme Coléoptère utile, la **Cantharide** (*fig.* 436), fréquente dans le Midi, sur les Frênes notam-

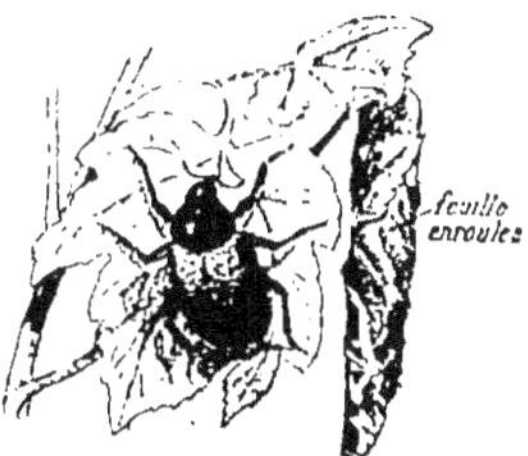

FIG. 437. — Rynchite.

ment. Les chimistes savent en tirer une substance très active, la *cantharidine*, utilisée en médecine, notamment pour faire des vésicatoires.

Les *Coléoptères* **nuisibles** sont incomparablement plus **nombreux.**

Le plus connu est le **Hanneton,** dont nous avons rapporté l'histoire plus haut. C'est surtout *sous la forme de ver blanc* qu'il est nuisible ; mais, sous cette forme, il est difficile de le détruire.

FIG. 439. — Balanin
des noisettes.

FIG. 438.
Calandre du Blé.

Tous les Coléoptères de la famille des *Curculionides* sont **très nuisibles** ; ils se reconnaissent à leur tête prolongée en un bec plus ou moins long et portant, au bout, des antennes coudées et de fines mandibules. Grâce à ce fin outil, ils percent les productions végétales les plus dures et les rongent. Parmi eux citons les **Rynchites** (*fig.* 437) qui roulent comme des cigares les feuilles de la vigne ; les *Calandres* (*fig.* 438), qui dévorent les grains ; les *Apions*, qui s'attaquent à de nombreux végétaux ; le *Balanin* (*fig.* 439), qui s'attaque aux noisettes et dont le « ver » ou larve est si commun dans celles-ci, et d'innombrables espèces qui rongent les bourgeons (**Anthonome du pommier**) (*fig.* 440) et les troncs des arbres.

Ces derniers sont d'ailleurs en butte aux attaques de nombreuses espèces d'autres Coléoptères, surtout à l'état de larves ; c'est le cas, par exemple, du **Lucane Cerf-Volant** (*fig.* 441), aux mandibules si curieuses et ressemblant **aux cornes des Cerfs** ;

du **Capricorne**, aux antennes si longues qu'elles sont recourbées en arrière ; des *Scolytes* qui creusent les bois en formant des dessins bizarres.

Citons aussi : le *Criocère*, qui s'attaque aux lis et dont la larve se dissimule en se cachant sous ses propres déjections ; le *Sylphe*, qui cause de grands ravages dans les cultures de betteraves.

Certains Coléoptères vivent dans l'eau douce et ont alors le corps ovale et des pattes plus ou moins nageuses ; les plus connus sont les **Dytiques**, qui sont carnivores et que l'on vend souvent chez les marchands de Poissons rouges, et les **Hy-**

FIF. 440. — Anthonome du pommier et bouton de fleur attaqué par lui.

FIG. 441. — Lucane. Cerf-volant.

drophiles, tout de noir habillés et herbivores.

II. — ORDRE DES ORTHOPTÈRES

Les **Orthoptères** (de *orthos*, droit, et *pteron*, aile) ont **deux paires d'ailes** : la paire antérieure ne sert pas à voler ; ce sont des **élytres** ou, plus exactement, des **pseudo-élytres**, parce qu'ils sont toujours minces et jamais aussi coriaces que ceux des Coléoptères. Les **ailes postérieures**, qui seules servent au vol (*fig.* 442), dif-

FIG. 442. — Sauterelle au vol.

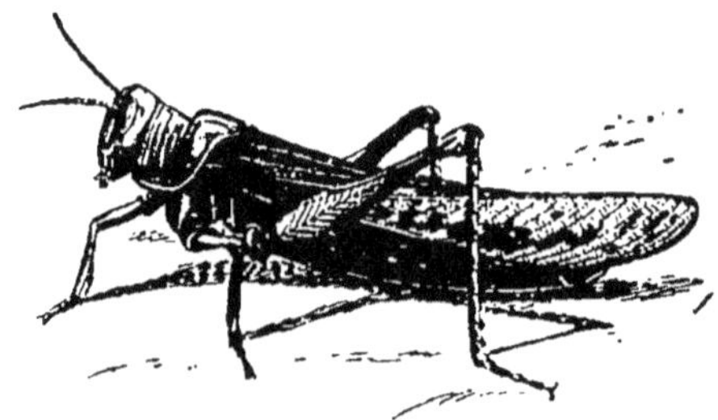

FIG. 443. — Criquet.

fèrent aussi de ces derniers en ce qu'elles **ne se plient qu'une fois,** en éventail.

La **bouche** est disposée pour **broyer** : la plupart vivent de matières végétales, et leur appétit est formidable.

Leurs **métamorphoses** sont **incomplètes** : les jeunes ressemblent beaucoup aux adultes et se transforment en ceux-ci sans passer par l'état de nymphe immobile.

Certains d'entre eux ont les cuisses postérieures longues et fortes, ce qui leur permet de faire des bonds énormes qu'ils prolongent en volant.

Les plus **nuisibles** des *Orthoptères* sont les **Criquets**.

Les Criquets (*fig.* 443) sont connus depuis longtemps pour leurs ravages. Ils se multiplient avec une rapidité effrayante, donnant plusieurs générations dans la même année.

Les œufs qui ont passé l'hiver éclosent aux premiers beaux jours, souvent en mars, dans le Sud algérien. Les larves très voraces qui en naissent se développent rapidement, subissent plusieurs mues et atteignent l'âge adulte en une trentaine de jours. Les Insectes sont alors pourvus d'ailes et peuvent s'envoler pour aller pondre ailleurs.

FIG. 444. — Mante religieuse.

FIG. 445. — Grillon.

Chaque femelle pond de soixante à cent œufs formant une sorte de grappe qu'elle dépose dans la terre en y enfonçant son abdomen. Ces œufs éclosent au bout d'un mois environ et, une trentaine de jours après, la nouvelle génération est à son tour à l'âge adulte et capable de pondre.

Une particularité des mœurs de ces Insectes, c'est leur habitude de se déplacer par grandes masses à la fois. C'est ainsi que peuvent se for-

FIG. 446. — Perce-oreille.

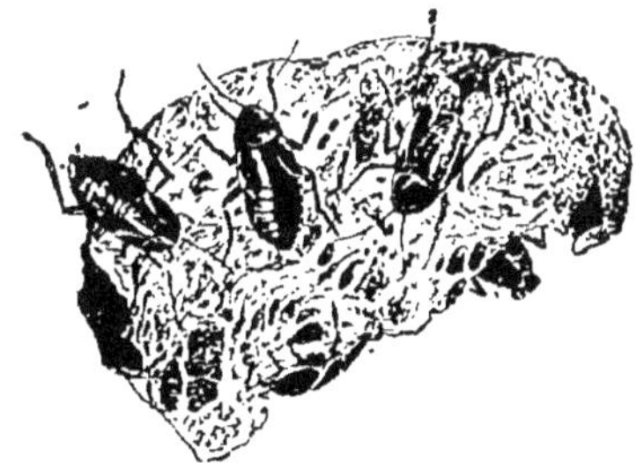

FIG. 446 *bis* — Blattes ou Cancrelats.

mer ces vols de Criquets dont on a dit, avec quelques exagération, qu'ils obscurcissent la lumière du soleil, comme le ferait un nuage.

Les larves se déplacent aussi en troupes que l'on a été tenté de comparer à des escadrons de cavalerie marchant en lignes serrées dans une direction fixe, traversant les routes, les voies ferrées, etc., tant qu'aucun obstacle ne les arrête.

Tant à l'état de larve qu'à l'état d'insecte parfait, l'appétit des Criquets est insatiable. Toute verdure leur est bonne. On les voit même s'attaquer à l'écorce des arbres lorsqu'ils en ont dévoré les feuilles.

Il ne faut pas confondre les Criquets avec les **Sauterelles** (*fig.* 442), dont une espèce bien connue, la *Sauterelle verte*, vit chez nous. Sans négliger les végétaux, elle semble aussi faire la chasse aux autres Insectes.

La **Mante religieuse** (*fig.* 444) a, comme cette dernière, des ailes semblant faites de gaze verte. On l'appelle *Prie-Dieu*, parce qu'au repos ses pattes de devant semblent être pliées dans l'attitude de la prière.

FIG. 447. — Phasme, insecte analogue à « un bâton qui marcherait ».

FIG. 448. — Libellule. Adulte au vol. Adulte sortant de la peau de la Nymphe. Deux larves (dans l'eau).

En réalité, elles sont simplement prêtes à se détendre pour capturer les Insectes qui viendraient à passer.

La **Courtilière** est une vilaine bête au corps épais, aux pseudo-élytres courts, aux ailes postérieures enroulées sur elles-mêmes et ne pouvant soutenir l'Insecte dans l'air que pendant un temps très court. Elle vit dans la terre, qu'elle creuse avec une rapidité étonnante à l'aide de ses pattes de devant étalées à la manière de celles des Taupes, d'où le nom de *Taupe-Grillon* que lui donnent les jardiniers. Elle dévore beaucoup de racines et de plantes.

Le **Grillon** (*fig.* 445) vit aussi dans la terre, à l'intérieur de

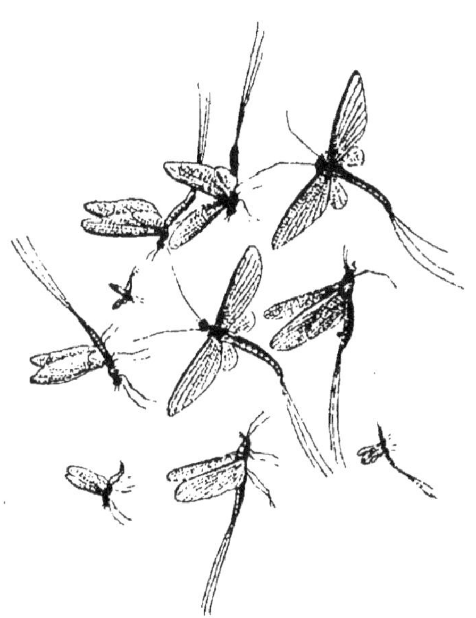

FIG. 449. — Éphémères adultes au vol.

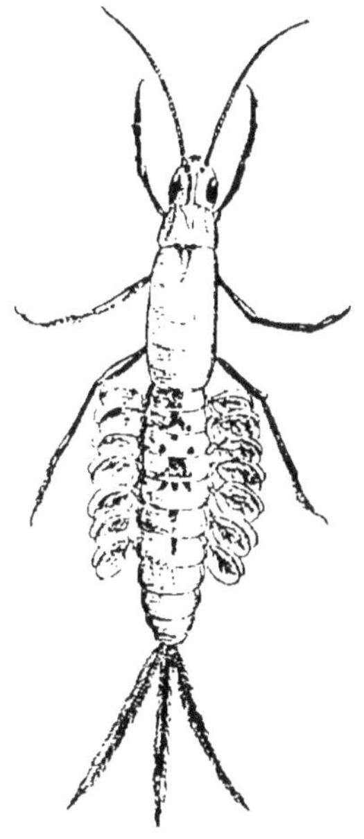

FIG. 450.
Larve d'un Éphémère.

longs canaux presque verticaux, d'où on peut le faire sortir en l'agaçant avec une paille. Il émet un cri — qui lui a fait donner le nom de cri-cri — en frottant ses élytres l'un contre l'autre. Une espèce vit dans les champs, une autre dans les maisons.

Le **Perce-Oreille** (*fig.* 446) vit sur les plantes : on lui donne ce nom parce qu'il possède à la partie postérieure une pince analogue à celle dont on se servait pour

FIG. 451. — Fourmilion et son piège en entonnoir.

percer le lobule de l'oreille des petites filles, afin d'y placer des boucles d'oreilles.

Les **Blattes** (*fig.* 446 *bis*), appelées aussi *Cafards* ou *Cancrelats*,

sont des Insectes noirs, plats, dégageant une odeur désagréable,
Elles vivent dans les maisons et rongent, surtout dans les cuisines,
tout ce qu'elles peuvent rencontrer.

Les **Phasmes** (*fig.* 447) ressemblent à des brindilles.

III. — Ordre des Névroptères

Les **Névroptères** (de *nevron*, nerf, et *pteron*, aile, allusion aux
nervures) ont **quatre ailes** servant toutes à voler : elles sont

Fig. 452. — Termitière.

planes, minces; membraneuses, parcourues par un fin réseau de
nervures.

La **bouche** est **broyeuse**.

Les **métamorphoses** sont **complètes** ou **incomplètes** suivant les
espèces

Les **Libellules** ou *Demoiselles* (*fig.* 448) voltigent avec grâce et
rapidité au-dessus des étangs, quelquefois dans les jardins. Elles

font la chasse aux petits Insectes que — telles les Hirondelles — elles capturent au vol. Autant les adultes sont élégants, autant leurs larves sont laides : elles vivent dans l'eau, où elles se déplacent lentement à l'aide de leurs six pattes.

Les **Éphémères** (*fig.* 449), dont on a fait le symbole d'une existence rapide, ne vivent, en effet, à l'état adulte, qu'un jour ou deux et ne prennent aucune nourriture ; presque au sortir de la nymphe, ils pondent et meurent. La larve (*fig.* 450) vit dans l'eau ; elle est remarquable par la présence de palettes respiratoires sur les côtés de son corps.

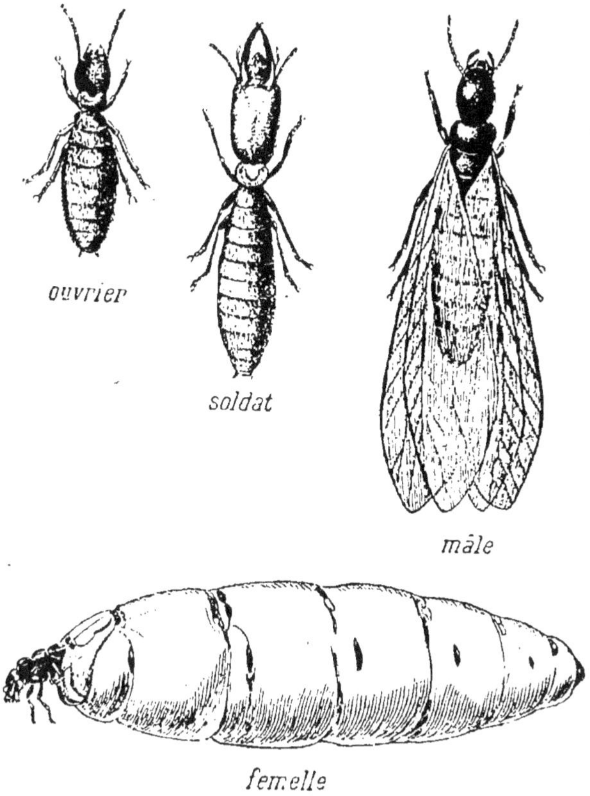

Les **Fourmilions** (*fig.* 451) sont des êtres fort curieux. Tandis que les adultes sont ailés et vivent dans l'air — peu de temps d'ailleurs — les larves ressemblent à de grosses Punaises dont la tête serait armée de pinces assez larges.

FIG. 453 à 456. — Les divers individus d'une termitière (grossis, sauf la femelle, qui est de grandeur naturelle).

Très curieux aussi sont les **Termites** qui vivent en société, s'attaquant aux arbres ou aux poutres des édifices ; ils sont très nuisibles.

Dans les pays chauds ils élèvent d'énormes constructions en terre (*fig.* 452), où il y a plusieurs types d'individus (ouvriers, soldats, mâles, femelles) (*fig.* 453 à 456).

IV. — Ordre des Hyménoptères

Les **Hyménoptères** (du grec *humenos*, membrane, et *pteron*, aile) ont **quatre ailes** membraneuses, diaphanes, qui toutes les quatre concourent au *vol*, lequel est *très puissant* ; les ailes antérieures sont plus longues que les ailes postérieures.

L'abdomen, au point où il se réunit au thorax. est ordinairement très rétréci : on le dit **pédiculé.** Chez la femelle, il se termine souvent par un **aiguillon** très aigu, auquel aboutissent des glandes venimeuses ; rentré à l'état de repos, cet aiguillon sort lorsque l'animal veut se défendre et en blesser son ennemi. Malheureusement pour lui, l'arme reste parfois dans la plaie et l'Hyménoptère meurt. C'est ce qui arrive, par exemple, chez l'Abeille, où l'aiguillon est garni de petites épines dirigées vers la base de l'organe ; cette piqûre est douloureuse mais non dangereuse. Les Hyménoptères ne piquent donc pas avec la bouche, comme le fait par exemple le Cousin, mais avec la partie postérieure de leur corps.

L'appareil buccal est essentiellement disposé pour **lécher.** A cet effet, la lèvre inférieure et les mâchoires s'allongent et se transforment en une longue *langue* molle, garnie de poils et bien faite

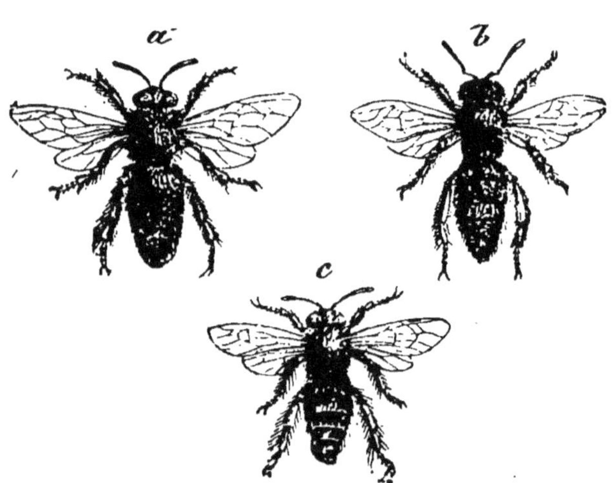

Fig. 457 à 459. — *a* Abeille ouvrière : — *b*. Reine ; *c* Faux-bourdon.

pour sucer le nectar des fleurs. Les mandibules subsistent néanmoins et peuvent mâcher, ainsi que cela se voit bien chez les Guêpes.

La *tête* est volumineuse et garnie de deux yeux composés sur les côtés et, souvent, de trois ocelles sur le front (*fig.* 361).

Les **métamorphoses** sont **complètes.**

Un certain nombre d'Hyménoptères vivent en **sociétés** plus ou moins nombreuses. Les plus connus sont les *Abeilles* (*fig.* 457 à 459), qui nous fournissent le *miel* et la *cire*, et les *Fourmis,* qui sont souvent pour nous des hôtes incommodes. Les instincts de ces Hyménoptères sociaux sont des plus curieux.

Les *Abeilles* vivent, à l'état sauvage, dans les troncs d'arbres vermoulus, mais elles sont surtout élevées à l'état domestique dans des *ruches* dont nous savons tirer parti par le miel et la cire qu'elles renferment.

Dans une ruche, on peut trouver trois sortes d'individus : la *Reine*, les *Faux-Bourdons* et les *Ouvrières* ; ces dernières sont de beaucoup les plus nombreuses et les plus actives.

La *Reine* — il n'y en a jamais qu'une par ruche — est plus grosse et plus longue que les ouvrières ; son abdomen est pointu et ses ailes, toujours au repos, paraissent plus petites. C'est plutôt le nom de *mère* qu'on devrait lui donner, car sa seule fonction est de pondre, et sa fécondité est très grande ; au printemps, elle pond jusqu'à 3.000 œufs par jour et même davantage. Elle ne sort jamais de la ruche, sauf au moment de l'essaimage, ainsi que nous le verrons plus loin. Elle se tient presque toujours au centre de la ruche, dans un alvéole spécial, remarquable par sa largeur et sa forme ovoïde. Sa vie est assez longue, environ vingt fois plus que celle des ouvrières, soit quatre à cinq ans ; elle possède un aiguillon très puissant.

Les *Faux-Bourdons* sont les *mâles* ; ils sont plus gros que les ouvrières et même que la reine, sans cependant être aussi longs que cette dernière. Leur existence est temporaire. Dans une ruche ordinaire, ils commencent ordinairement à paraître au mois d'avril pour disparaître à la fin de l'été, chassés ou tués par les ouvrières, qui voient en eux — et non sans raison — des paresseux qui, non seulement ne font rien, mais encore se font nourrir aux dépens de la colonie. On les reconnaît facilement à leurs deux gros yeux qui se rejoignent sur le milieu de la tête. Ils ne possèdent pas d'aiguillon.

Les *Ouvrières* sont ces Abeilles que l'on voit voltiger d'un air affairé autour des ruches. A elles seules sont dévolus tous les travaux de la ruche. Dans celle-ci, elles s'occupent des soins de propreté, de la ventilation, de la construction des rayons, de la défense de leur demeure : ce sont les nourrices des jeunes larves, pendant les deux premières semaines de leur naissance. Plus tard, elles vont aux champs chercher sur les fleurs le miel et le pollen qu'elles rapportent à la ruche pour la nourriture commune et comme provision d'hiver, et cela jusqu'à la mort, qui ne tarde guère, car la vie de l'ouvrière dépasse rarement deux mois. Ce sont en somme des femelles qui ne sont pas arrivées à maturité et qui n'ont pour ainsi dire pas de sexe, qui sont *neutres*. Elles possèdent un aiguillon aigu, dont la piqûre est douloureuse ; mais elles s'en servent assez rarement et seulement lorsqu'on les tourmente tout près de leur demeure; loin de la ruche elles ne piquent pas.

Lorsque la population d'une ruche devient trop nombreuse, la reine en sort et va s'accrocher à une branche d'arbre, bientôt rejointe par une grande partie de la population, qui s'accroche à elle de manière à former une masse grouillante, l'*essaim*.

On élève les Abeilles dans des *ruches* plus ou moins compliquées. Autrefois on se servait exclusivement des ruches à rayons fixes ; aujourd'hui on se sert de plus en plus de ruches à cadres mobiles.

Les **Fourmis** (*fig.* 460 à 466) ne sont pas moins curieuses que les Abeilles. Elles vivent toujours aussi en société innombrable et construisent un nid commun (*fourmilière*), dont l'intérieur est creusé en véritable labyrinthe. Les Fourmis *ouvrières* sont dépourvues d'ailes : ce sont elles qui bâtissent le nid, surveillent les œufs et les larves, vont chercher les provisions, etc. Au printemps ou en été, on voit sortir du nid des Fourmis ailées, qui s'envolent dans l'air : ce sont les *mâles* et les *femelles*. Les premiers ne tardent pas à mourir. Quant aux secondes, elles reviennent à terre, s'arrachent les ailes et se mettent à pondre. Les larves qui sortent des œufs ressemblent à de petits vers et sont dépourvues de pattes. Ce sont les ouvrières qui leur donnent la becquée, c'est-à-dire qu'elles dégorgent dans leur bouche les matières alimentaires qu'elles ont préalablement mâchées. Ces larves se filent un cocon ovoïde et s'y transforment en nymphes : ce sont ces cocons que le public appelle à tort des « œufs de

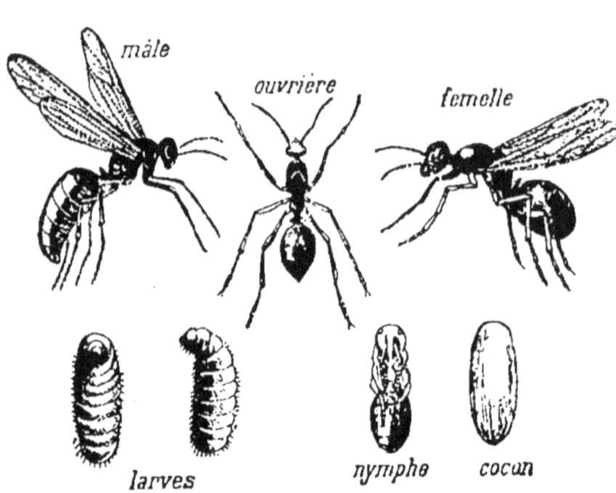

FIG. 460 à 466. — Fourmis et leurs métamorphoses.

Fourmis », bien qu'ils soient plus gros que les Fourmis elles-mêmes et qu'on ne voie pas comment elles les auraient pondus ! Lorsqu'un accident vient à bouleverser la fourmilière, les Fourmis s'empressent d'emporter ces cocons dans leurs mandibules pour les sauver de la destruction.

FIG. 467. — Nid de Guêpes.

FIG. 468. — Bourdon et ses pots de miel.

Les **Guêpes** savent *fabriquer un véritable papier* ou même du carton en malaxant du bois entre leurs mandibules. Avec ce papier, elles confectionnent des *nids* plus ou moins volumineux (*fig.* 467).

Les **Bourdons** (*fig.* 468) fabriquent, avec de la cire, des vases ovoïdes qu'ils remplissent de miel ou de pollen. Ils doivent leur nom au *bourdonnement* qu'ils produisent en volant et qui est dû au frémissement très rapide de leurs ailes.

D'autres Hyménoptères vivent isolés et sont plutôt utiles. Tout le monde a remarqué, sur les feuilles des chênes ou d'autres arbres, des boules plus ou moins volumineuses et connues sous le nom de **noix de galles** (*fig.* 469). A l'intérieur, tout au centre, on trouve une jeune larve ; celle-ci mange l'intérieur de la galle, et se transforme en adulte, lequel sort en perçant un orifice dans la paroi. De telles *galles* sont produites par la plante elle-même, mais à la suite de la piqûre et du dépôt d'un œuf par un Hyménoptère du genre *Cynips*. Les galles contiennent beaucoup de tanin : c'est en les pulvérisant et en les traitant par de l'eau et du sulfate de fer que l'on obtient l'*encre noire*.

Fig. 469. — Noix de galles et Insecte qui provoque leur formation.

Les *Ichneumons* pondent leurs œufs à l'intérieur du corps des chenilles vivantes. Les larves qui en sortent dévorent leur hôte : ce sont donc des Insectes utiles.

V. — Ordre des Lépidoptères

Les **Lépidoptères** (de *lepidos*, écaille, et *pteron*, aile) ou **Papillons** ont **quatre ailes** (*fig.* 470) plates, ne se pliant jamais sur elles-mêmes ; celles de devant sont toujours plus grandes que celles de derrière, qu'elles recouvrent plus ou moins. Elles sont toujours recouvertes d'une « poussière » très fine, qui s'attache aux doigts et qui donne ces couleurs souvent admirables et variant à l'infini avec les espèces.

La **bouche** (*fig.* 471) est pourvue d'une longue **trompe, enroulée** sur elle-même au repos, mais déroulée quand l'animal l'utilise. Elle est formée par les mâchoires, très allongées, creusées en gouttières et soudées dans toute leur longueur. C'est par le canal médian de cette trompe que les Papillons **aspirent** le nectar des fleurs, qui constitue leur principale nourriture : ce sont des insectes **suceurs.**

Les **métamorphoses** sont **complètes,** ainsi que nous l'avons expliqué plus haut pour le Ver à soie. Chez tous, l'**œuf** donne naissance à une **Chenille,** dont la bouche est broyeuse et qui dévore soit des plantes, soit du bois, soit des vêtements, etc. Cette Chenille se file ou non un *cocon* de soie et se transforme en une **nymphe** immobile, de laquelle, plus tard, s'échappe l'*adulte* ou **insecte parfait.**

FIG. 470. — Un Papillon : la Vanesse grande tortue.   FIG. 471 — Tête d'un Papillon.

A part le Bombyx ou Papillon du Ver à soie, tous sont **nuisibles,** non à l'état adulte, mais à l'état de Chenilles. Celles-ci sont d'un appétit formidable et causent de grands ravages dans nos jardins (Piéride du chou) et dans nos habitations (Teigne des vêtements).

On divise les Lépidoptères en deux groupes : les *Papillons diurnes* et les *Papillons nocturnes.*

1º Les **Papillons diurnes** sont ceux qui volent **pendant le jour.** Ils sont ornés de *brillantes couleurs.* Leurs *antennes* sont terminées *en massues.* Ils tiennent, au repos, leurs *ailes dressées* verticalement sur le dos ; ces ailes sont généralement réunies l'une à l'autre — du même côté du corps — par un petit crochet. Parmi eux nous citerons la **Piéride du chou** ou *Papillon blanc,* dont la Chenille dévore nos choux, le **Citron,** que l'on voit voler au printemps, le **Papillon Machaon,** la **Vanesse,** le **Nacré,** le **Paon de jour,** le **Vulcain** et d'innombrables autres espèces qui font la joie des collectionneurs.

2º Les **papillons nocturnes** sont ceux qui volent au crépuscule **ou pendant la nuit.** Ils ne possèdent généralement que des *couleurs ternes.* Leurs antennes ne sont pas terminées en massue.

Ils tiennent, au repos, leurs *ailes baissées* sur le dos, comme deux versants d'un toit. C'est dans ce groupe que prennent place : le **Bombyx** ou *Papillon du Ver à soie*, originaire de Chine, que l'on élève dans les *magnaneries* pour exploiter la *soie* qui constitue le cocon, en tuant la chrysalide par l'eau bouillante ; le **Sphinx tête de mort,** aussi grand qu'une petite Chauve-Souris et .qui, sur le thorax, porte un dessin simulant un crâne humain ; la **Teigne des pelleteries** (*fig.* 472), qui

FIG. 472. — Chenille de la Teigne des pelleteries dans son fourreau (grossie).

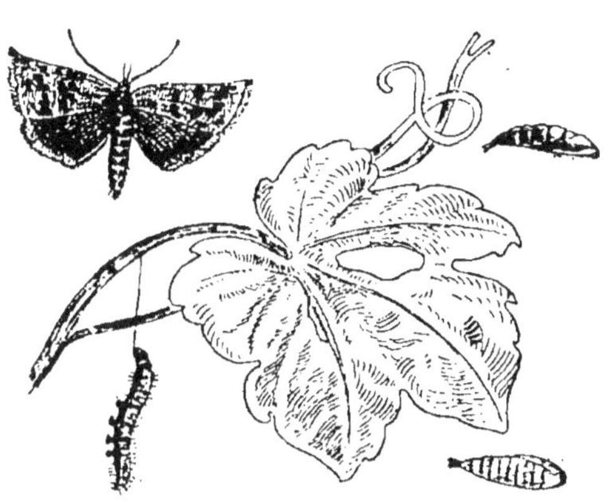

FIG. 473. — Pyrale de la vigne.

dévore nos vêtements ou fourrures ; la **Teigne des grains,** qui dévore les semences ; les **Chenilles processionnaires,** qui dévorent les feuilles des arbres et marchent à la file les unes des autres ; les *Géomètres* ou **Arpenteuses** dont les Chenilles, au lieu de ramper, n'appuient que les deux extrémités de leur corps qu'elles avancent alternativement ; la **Pyrale** (*fig.* 473), très nuisible à la vigne, et de trop nombreuses autres espèces nuisibles pour l'agriculture.

VI. — Ordre des Hémiptères

Les **Hémiptères** (de *hémi*, demi, et *pteron*, aile) possèdent quatre ailes : les antérieures sont cornées à la base, membraneuses sur le reste de leur étendue ; ce sont, en somme, des **demi-élytres,** d'où le nom que l'on a donné au groupe. Les *ailes postérieures* sont *membraneuses* et servent plus particulièrement au vol. Certaines espèces, la Punaise et le Pou, par exemple, sont dépourvues d'ailes, *aptères,* comme l'on dit.

La **bouche** se prolonge en un mince stylet creux et pointu (*rostre*), souvent couché le long du thorax. Il renferme les soies raides et acérées qui servent à l'insecte à **piquer** les animaux ou les végétaux pour aspirer ensuite le liquide qui s'écoule de la piqûre : ce sont des insectes **piqueurs** au premier chef.

Les **métamorphoses** des *Hémiptères* sont **incomplètes** ou même **nulles.**

Les **Punaises des bois** (*fig.* 474), au corps large et aplati, sont bien connues de tout le monde par l'odeur écœurante qu'elles dégagent lorsqu'on vient à les toucher ; sur les framboises, elles sont particulièrement communes. Leurs ailes sont croisées sur le dos et ornées souvent de brillantes couleurs métalliques.

FIG. 474.
Punaises des bois.

La **Punaise des lits** (*fig.* 475) est dépourvue d'ailes ; elle vit dans les chambres et les bois de lit, restant tout le jour dans une immobilité complète, mais se mettant en marche dès la nuit pour aller sucer le sang des dormeurs. Elle se multiplie avec une rapidité désespérante. Pour détruire ces animaux nauséabonds et désagréables, le mieux est d'employer la poudre de pyrèthre et surtout les badigeonnages au pétrole fréquemment renouvelés pour tuer les punaises au fur et à mesure de leur sortie des œufs.

FIG. 475.
Punaise des lits.

Le **Pou** (*fig.* 476) est, comme la Punaise, un des parasites de l'homme ; mais, contrairement à elle, il ne quitte jamais l'hôte sur lequel il a élu domicile. Il vit sur la tête des enfants malpropres. La femelle pond des œufs appelés *lentes*, qui se collent aux cheveux où ils sont très visibles. Les soins hygiéniques de la tête sont un moyen simple de se débarrasser des Poux.

FIG. 476.
Pou et ses lentes (grossi).

FIG. 477.
Pucerons (grossis).

Les **Pucerons** (*fig.* 477) sont bien nommés les *Poux de végétaux.* Avec leur rostre, ils sucent la sève des végétaux et les font dépérir ; on ne peut guère les détruire qu'à l'aide de pulvérisations de jus de tabac (nicotine). Les Pucerons ne possèdent pas d'ailes, sauf au moment de la reproduction, époque où certains deviennent ailés,

Le **Phylloxera** (*fig.* 478 et 479) est un Puceron particulier qui attaque la vigne.

Le genre Phylloxera, déjà représenté dans nos pays par une espèce qui vit sur les feuilles du Chêne, est devenu tristement célèbre par l'espèce qui vit sur la Vigne, et que l'on a nommée Phylloxera « vastatrix » (dévastateur), à cause des ravages qu'elle a causés. Elle paraît avoir été importée d'Amérique.

Sur les vignes américaines, le Phylloxera se fixe d'abord, au printemps, sur les jeunes feuilles, qu'il pique pour en aspirer la sève. La piqûre produit une excroissance ou galle, dans laquelle l'Insecte grossit et pond. A partir de juillet, il se transporte sur les jeunes racines, qu'il pique également. Les vignes américaines résistent à l'action du Phylloxera.

Sur les vignes françaises, l'Insecte se porte de préférence vers les racines. La piqûre produit des renflements ou nodosités qui sont bientôt envahis par la pourriture, de sorte que la vigne ne peut plus absorber la sève dans le sol, dépérit rapidement et meurt.

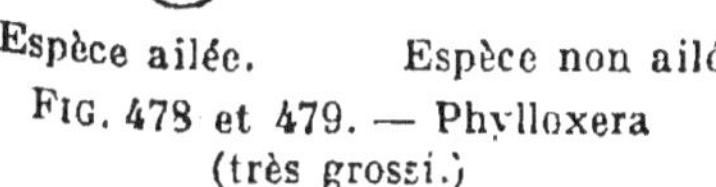

Espèce ailée.   Espèce non ailée.

FIG. 478 et 479. — Phylloxera
(très grossi.)

On a imaginé de planter des vignes américaines, dont les racines résistent aux piqûres du Phylloxera, et d'y greffer nos plants de vigne français, qui donnent des fruits plus agréables au goût.

C'est par ce procédé que l'on a reconstitué la plupart des vignobles dans les grandes régions vinicoles du Midi.

Les **Cochenilles** (*fig.* 480) sont des Pucerons vivant dans le sud de la France et dans le nord de l'Afrique sur certaines plantes grasses. Le mâle seul est pourvu d'ailes. Les femelles sont d'un beau rouge : leur corps desséché et trituré donne le *carmin*. Une espèce forme la *laque*, employée pour vernir divers bibelots.

Les **Cigales** (*fig.* 481) sont des hémiptères vivant, dans le midi de la France, sur les arbres dont elles sucent la sève. Elles ont un appareil musical très compliqué,

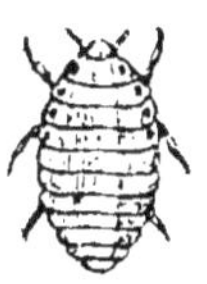

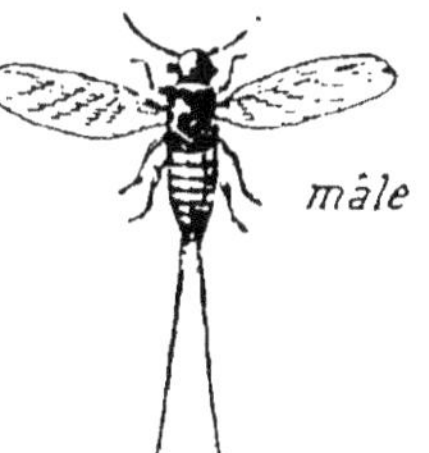

FIG. 480. — Cochenilles
(un peu grossies).

Certains Hémiptères habitent dans nos eaux douces. C'est le cas notamment des *Nèpes*, qui, pour respirer, font faire saillie à la surface de l'eau aux deux tubes respiratoires qu'elles possèdent à la partie postérieure du corps ; des *Notonectes*, qui ont la singulière habitude de nager le ventre en l'air ; des *Hydromètres* ou *Saveticrs*, qui courent à la surface de l'eau, comme un patineur le fait à la surface de la glace.

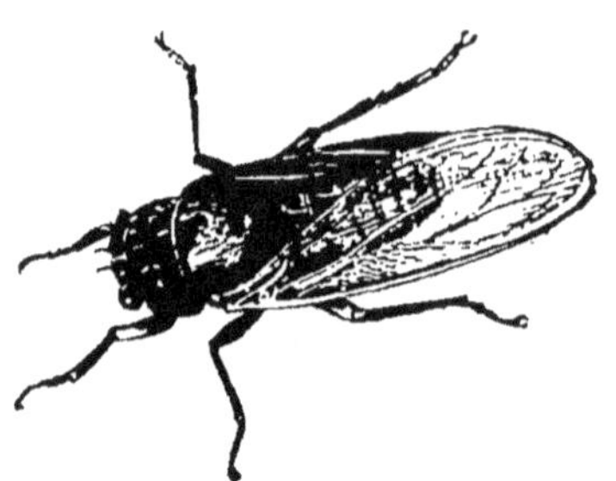

Fig. 481. — Cigale (taille d'un gros Hanneton).

VII. — Ordre des Diptères

Les **Diptères** (de *di*, deux, et *pteron*, aile) ne possèdent que **deux ailes,** membraneuses et diaphanes (*fig.* 482), qui, d'ailleurs, leur permettent de voler avec plus de facilité que tous les autres Insectes.

Les ailes postérieures manquent ou plutôt sont remplacées par deux petits boutons, portés par un fil, et auxquels on donne le nom de **balanciers ;** chez la Mouche, ils sont bien visibles. Leur rôle n'est pas très connu : tout ce que l'on sait, c'est que, si on les coupe, la Mouche ne peut plus voler et s'abat après quelques tentatives de vol. Les balanciers facilitent donc celui-ci, malgré leur petitesse.

Fig. 482. — Taon.

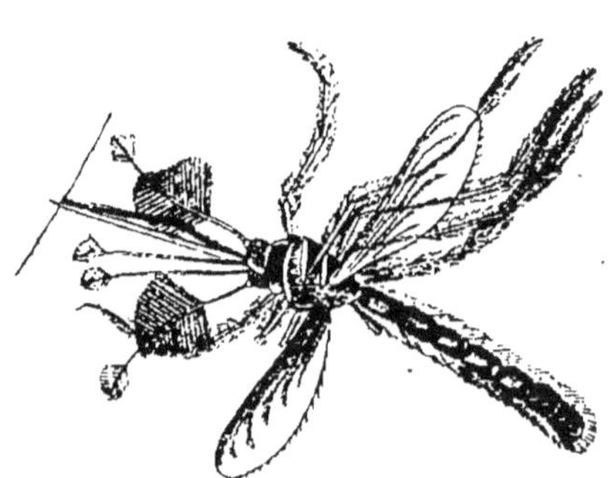

Fig. 483. — Moustique en train de piquer.

La **bouche** se présente sous deux formes principales : elle est pourvue d'une **trompe** tantôt charnue (Mouche) qui permet à l'Insecte d'**aspirer** les liquides répandus sur une surface, tantôt munie de *stylet* (Cousin) qui permet à l'Insecte de **piquer** (*fig.* 483) les animaux et d'en **sucer** le sang. Cette dernière forme de bouche étant la plus répandue, on dit que les Diptères sont des Insectes **piqueurs.**

Les **métamorphoses** des Diptères sont **complètes** (*fig.* 484 à 486).

La **Mouche domestique,** en se posant sur les malades, peut emporter avec elle les microbes de certaines déjections et les disséminer.

La **Mouche de la viande** est ainsi nommée parce qu'elle dépose ses œufs dans la viande, où ils deviennent des larves appelées **Asticots.** Ceux-ci sont dépourvus d'yeux et de pattes. Ils se transforment d'abord en une nymphe immobile, de couleur brune et de forme ovoïde, de laquelle sort finalement. l'insecte ailé.

Certaines *Mouches* sont *piquantes,* par exemple les **Taons** (*fig.* 482) qui piquent les chevaux et les bœufs pour en sucer le sang et la mouche **Tsé-Tsé,** qui, dans les. pays chauds, pique les bestiaux les fait mourir et inocule à l'homme une maladie connue sous le nom de *maladie du sommeil,* qui atteint les habitants de l'Afrique centrale.

Les **Œstres** ne sont pas des Mouches nuisibles à l'état adulte, comme ces dernières, mais le sont beaucoup à l'état larvaire. Ils déposent leurs œufs sur les genoux et le poitrail des chevaux, c'est-à-dire à des endroits où ceux-ci ont l'habitude de se lécher. Le cheval, en se léchant, entraîne les œufs dans sa bouche ; ils passent de là dans son estomac, où les larves éclosent et où elles se cramponnent. Ce n'est que bien plus tard qu'elles se laissent entraîner avec les déjections.

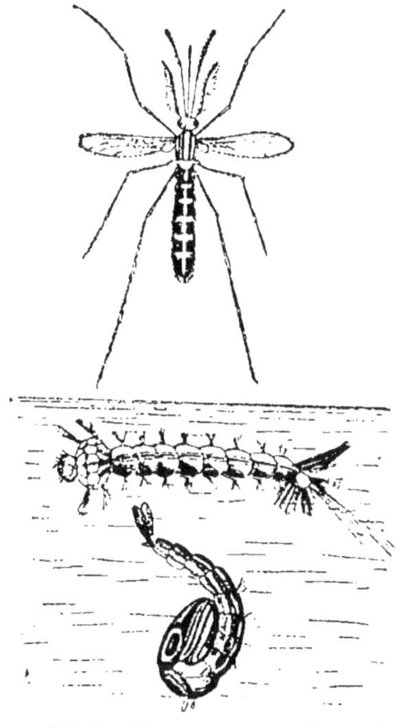

FIG. 484 à 486. — Métamorphoses des Cousins. *De haut en bas :* adulte, larve, nymphe.

Le **Cousin** ou **Moustique** (*fig.* 483) est un être léger, aux longues pattes et aux antennes plumeuses. Sa bouche est pourvue d'un long stylet grêle, mais qui néanmoins s'insinue avec une grande facilité dans notre peau et suce notre sang, tout en provoquant des démangeaisons désagréables. Par cette pratique, il est aujourd'hui démontré que certaines espèces de Moustiques peuvent nous inoculer diverses maladies par l'intermédiaire de leur trompe, qui renferme les germes de celles-ci : c'est ainsi que nous est transmise la *malaria* ou *fièvre intermittente*, que l'on contracte surtout dans les pays chauds et marécageux (p. 289). La larve du Cousin est très mobile et se développe dans l'eau douce (*fig.* 484 à 486).

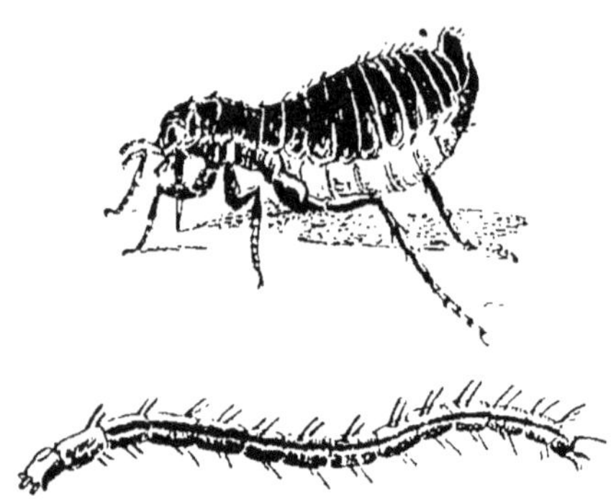

FIG. 487 et 488. — Puce et sa larve.

Pour détruire les larves et, indirectement, par suite, les adultes, on répand à la surface de l'eau une mince couche de pétrole qui les empêche de venir respirer à la surface. Les Moustiques sont la plaie des régions marécageuses.

Les **Puces** (*fig.* 487 et 488) sont dépourvues d'ailes. Leur corps est aplati de droite à gauche, c'est-à-dire autrement que chez les Punaises, qui le sont du dos au ventre. Elles vivent dans nos appartements et dans nos vêtements, venant souvent nous piquer et sucer notre sang. La puce pond ses œufs dans les fentes des parquets, où ils donnent de petites larves allongées comme des vers. La propreté est l'unique moyen de se débarrasser des puces.

VIII. — Ordre des Thysanoures

Les **Thysanoures** (de *thysanos*, division, et *oura*, queue) constituent un groupe peu important; ils sont **dépourvus d'ailes ;** la bouche est disposée pour **broyer.** Leur corps est terminé par des appendices filiformes. L'espèce la plus commune est le **Lépisme argenté** (*fig.* 489) ou *Petit Poisson d'argent,* que l'on rencontre souvent dans les cuisines. Son corps est allongé et il possède de petites pattes qui lui permettent de

FIG. 489. — Lépisme argenté.

courir avec une vitesse véritablement remarquable ; en un clin d'œil, il disparaît. La peau est recouverte de fines écailles argentées.

A citer aussi les *Podures,* qui sautent comme des Puces.

TABLEAU SYNOPTIQUE DE LA CLASSE DES INSECTES

Caractères généraux

a) **Caractères extérieurs :**

Tête porte
- 2 antennes.
- 2 yeux { simples ou ocelles. / composés ou à facettes.
- la bouche formée de 6 pièces disposées différemment chez les { Broyeurs / Lécheurs. / Suceurs.

Thorax porte
- généralement 2 paires d'ailes.
- toujours 3 paires de pattes articulées.

Abdomen est formé de 9 anneaux.

b) **Organisation :**

Appareil
- *Digestif* comprend un œsophage avec jabot et un estomac avec tubes de Malpighi.
- *Respiratoire* trachéen.
- *Circulatoire* réduit à un vaisseau dorsal.
- *Système nerveux* en échelle de corde.

Métamorphoses complètes (larve, nymphe ou chrysalide, insecte parfait), incomplètes ou nulles.

Classification

4 ailes

Broyeurs
- Ailes supérieures transformées en élytres
  - Ailes postérieures pliées en long et en travers............ Métamorphoses complètes.......... — *Coléoptères.*
  - Ailes postérieures pliées en long..... Métamorphoses incomplètes........ — *Orthoptères.*
- Ailes supérieures membraneuses et transparentes à nervures espacées. Métamorphoses complètes .... — *Névroptères.*

Lécheurs
- Ailes membraneuses et transparentes à nervures serrées. Métamorphoses complètes.................... — *Hyménoptères*

Suceurs
- Ailes couvertes d'écailles colorées. Métamorphoses complètes .... — *Lépidoptères.*
- Ailes nues. Métamorphoses incomplètes......................... — *Hémiptères.*

2 ailes : Métamorphoses complètes................·...... — *Diptères.*

Pas d'aile : Métamorphoses incomplètes............ — *Thysanoures.*

Fig. 490. — Dytique étalé pour que l'on puisse en effectuer la dissection.

TRAVAUX PRATIQUES RELATIFS
AUX INSECTES

a) Disséquer un *Dytique*[1], gros insecte que l'on trouve dans l'eau des mares et que l'on peut aussi, souvent, acheter chez les marchands de poissons rouges. Après l'avoir tué en le mettant dans un flacon avec quelques gouttes de chloroforme, de benzine ou d'essence minérale, on le place dans la cuvette liégée, ventre en dessous et on le fixe en piquant ses pattes et ses élytres et ailes, que l'on a soin d'écarter (*fig.* 490). Découper ensuite la peau du dos sur tout son pourtour, puis l'enlever et disséquer la partie restante de manière à isoler le tube digestif. Enlever ensuite celui-ci *très délicatement* jusqu'à ce que l'on rencontre le système nerveux, lequel est du type « échelle de corde » (*fig.* 491).

b) Disséquer le tube digestif du *Hanneton* (*fig.* 492), de la *Blatte* (*fig.* 493), du *Carabe* (*fig.* 494) ;

c) Étudier les *pièces buccales* de divers insectes, en les enlevant les unes après les autres à des exemplaires piqués sur le dos. Mettre les pièces isolées, au fur et à mesure, sur une carte de visite ou sur une lame de verre et les observer

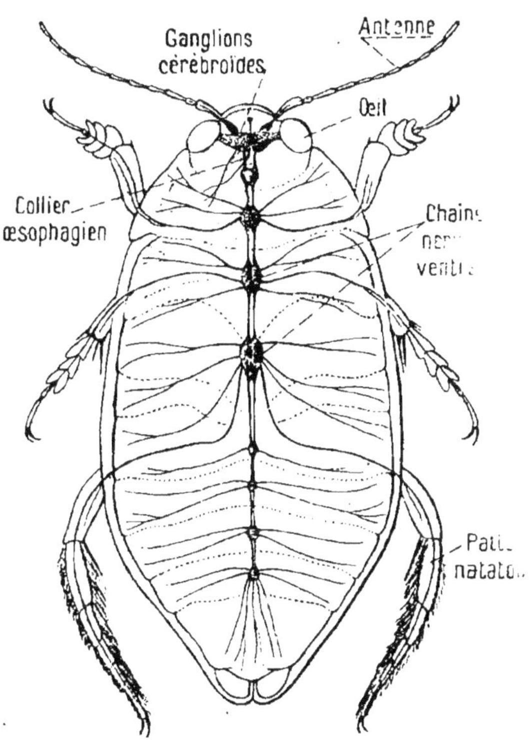

Fig. 491. — Système nerveux d'un Dytique.

à la loupe ou au microscope (grossissement faible). Faire l'étude,

---

[1]. A défaut de *Dytique*, prendre l'*Hydrophile*, qui est aussi volumineux et vit dans les eaux douces, ou, encore, la *Blatte*, ou *Cancrelat*, trop commune dans certaines maisons. Le *Hanneton* est trop difficile à disséquer sauf son tube digestif) par suite de l'abondance des trachées.

par exemple, des pièces buccales de la *Blatte* (*fig.* 495 à 499), du *Grillon*, de la *Sauterelle*, du *Hanneton*, du *Moustique*, de la *Punaise*, de l'*Abeille*, etc...

d) Étudier, à la loupe, les pattes des Insectes, en particulier

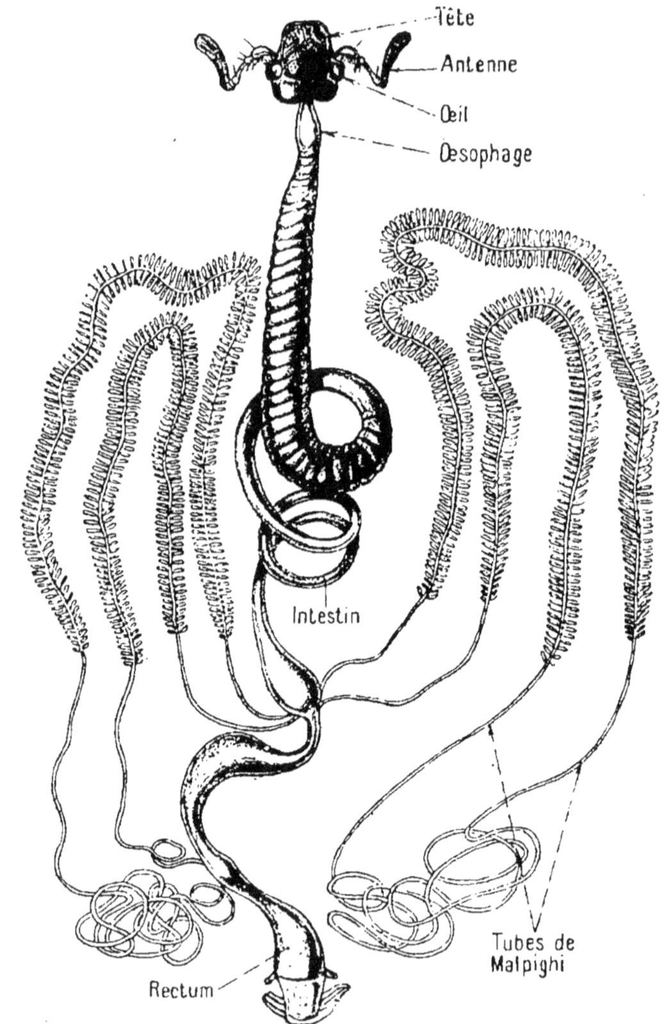

FIG. 492. — Tube digestif d'un Hanneton.

celles de l'*Abeille*, où l'on observera la manière dont celles-ci peuvent transporter des boules de pollen ;

e) Étudier, à la loupe, les ailes des Insectes (*Mouche, Abeille*, etc.) ;

f) Observer les gâteaux d'une ruche d'*Abeilles* ;

g) En ouvrant, même sans grandes précautions, le corps d'un Insecte quelconque (*Hanneton, Grillon, Dytique, Sauterelle*, etc.), on y trouve une multitude de petits tubes blancs, nacrés, qui sont des *trachées* (*fig.* 423 *bis*). Prendre un fragment de ces tubes

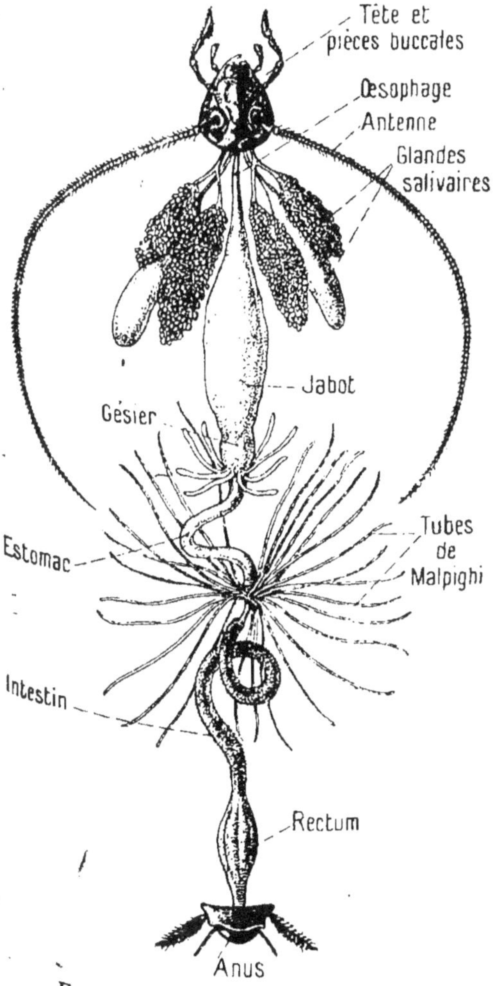

FIG. 493. — Tube digestif d'une Blatte

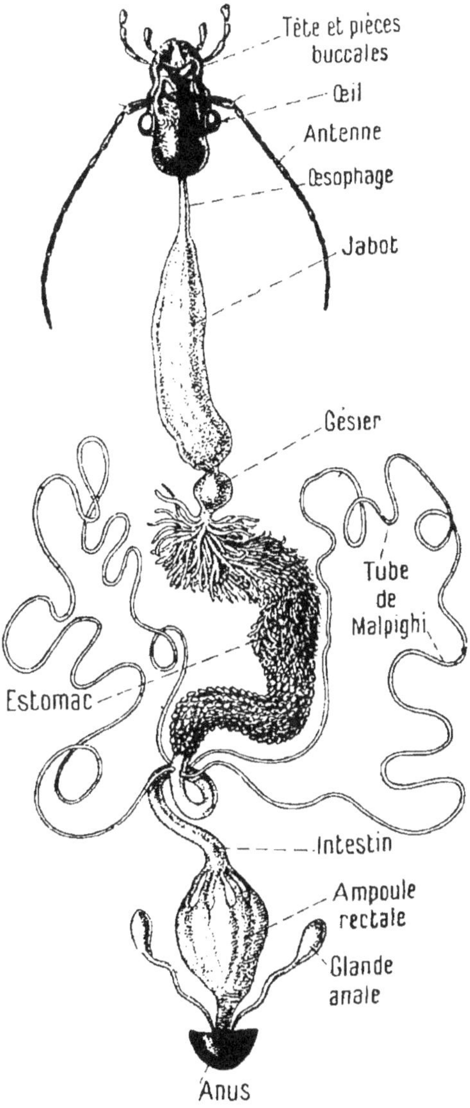

FIG. 494. — Tube digestif d'un Carabe.

et les examiner, au microscope, entre lame et lamelle, dans une goutte d'eau. On voit, sans difficulté, le fil spiral qui les entoure ;

h) Observer les mœurs des Insectes dans la Nature ou en

les élevant en captivité, par exemple : les *Carabes*, le *Hanneton*,

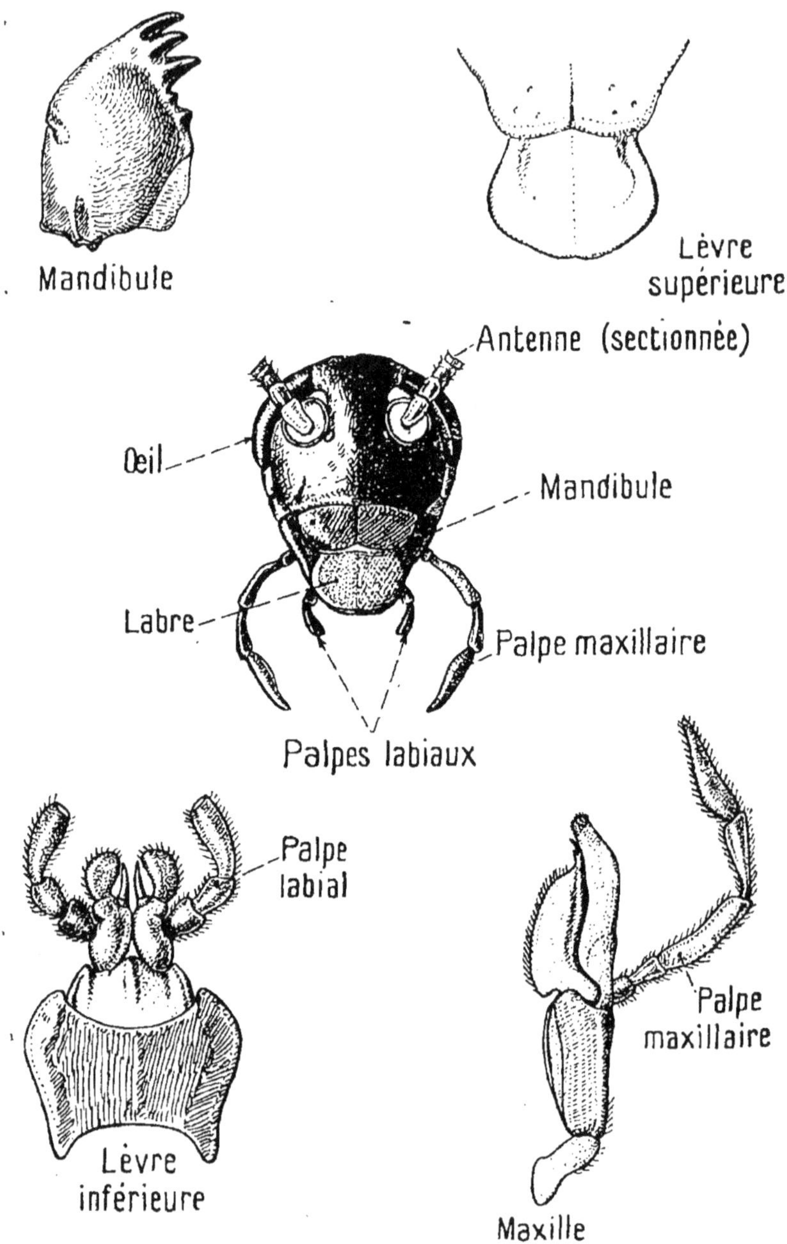

FIG. 495 à 499. — Pièces buccales d'une Blatte.

la *Sauterelle*, la *Mante religieuse*, le *Grillon*, la *Blatte*, la *Libel-*

lule, le *Fourmilion*, l'*Abeille*, la *Guêpe*, les *Fourmis*, les *Chenilles* (en particulier le *Ver à soie*), les Papillons, les *Punaises des*

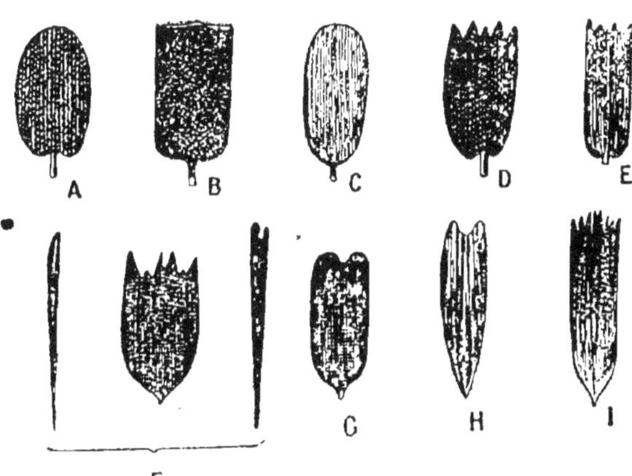

Fig. 500 à 508. — Écailles de Papillons, vues au microscope.

A, Papillon Machaon ; — B, Morphé Ménélas ; — C, Morphé Ménélas ; — D, Papillon Machaon ; — E, Hespérie Miroir ; — F, Sphinx du Troène ; — G, Zygène ; — H, Sésie apiforme ; — I, Ptérophore pentadactyle.

bois, les *Punaises des lits*, le *Pou*, les *Pucerons*, les *Cochenilles*, la *Cigale*, les *Mouches*, les *Moustiques*, les *Puces*, etc.

i) Observer, au microscope (à sec), des écailles de divers papillons (*fig.* 500 à 508).

EMBRANCHEMENT DES MOLLUSQUES

Caractères généraux. — Les *Mollusques*, comme leur nom l'indique, sont des animaux **mous.** Leur corps, dépourvu de squelette interne, n'est pas, comme celui des Insectes et des Crustacés, revêtu d'une carapace chitineuse. Mais il est protégé, dans la grande majorité des cas, par une **coquille calcaire,** de laquelle il peut plus ou moins faire saillie ; cette coquille est formée tantôt de deux *valves* pouvant se rabattre l'une sur l'autre comme une boîte avec son couvercle (Huître, Moule), tantôt d'une seule masse, alors généralement enroulée en spirale sur elle-même lorsqu'elle recouvre l'animal (*Escargot*) ou simplement réduite, comme chez la *Seiche* et le *Calmar*, à une partie dure osseuse ou cartilagineuse, qui semble être à l'intérieur de l'animal. Quelques Mollusques sont entièrement dépourvus de coquille (*Pieuvre*).

Le corps n'est **pas divisé en segments ou anneaux,** comme cela se voit chez les Arthropodes et les Vers.

La plupart sont des animaux aquatiques **respirant par des branchies.** Un petit nombre d'espèces sont terrestres et respirent alors par une muqueuse plus ou moins plissée à laquelle on donne le nom de poumon (*Escargot*).

Le *cœur* est artériel et comprend une ou deux oreillettes et un ventricule (*fig.* 509) ; la *circulation* est *lacunaire.*

Le système nerveux est essentiellement formé de **trois paires de ganglions** (*fig.* 510), une paire au-dessus du tube digestif (*ganglions cérébroïdes*), deux paires au-dessous (*ganglions pédieux* et *ganglions viscéraux*), de manière à figurer, vus sur le côté, les trois sommets d'un triangle (*fig.* 513). Des ganglions cérébroïdes partent deux *colliers œsophagiens* aboutissant le premier aux *ganglions pédieux* qui commandent aux mouvements du pied, le second aux *ganglions viscéraux* qui président aux fonctions des divers organes.

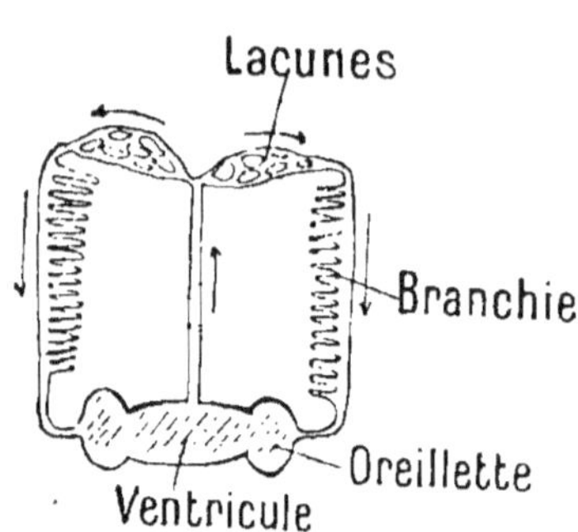

Fig. 509. — Schéma de la circulation des Mollusques.

Les *Mollusques* ne possèdent pas de pattes, mais une masse charnue, musculeuse, appelée *le pied,* qui leur permet de se mouvoir. Celui-ci a la forme d'une langue chez la moule, d'une large lame plate chez l'Escargot, de bras couverts de ventouses chez la Pieuvre.

La *symétrie bilatérale* de ces animaux est toujours bien nette, au moins dans la région de la tête. Elle l'est quelquefois beaucoup moins dans les régions postérieures du corps lorsque, comme chez l'Escargot, la coquille est enroulée en une sorte de spirale.

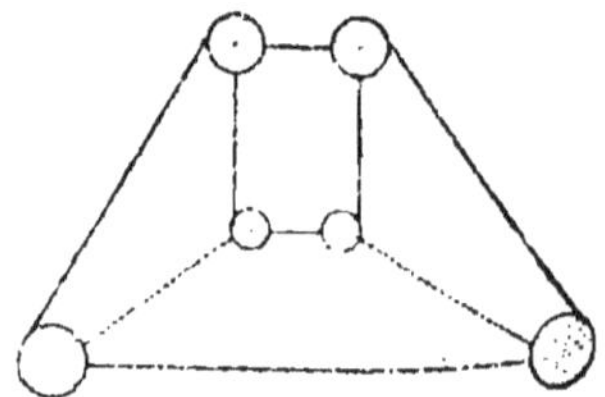
Fig. 510. — Schéma des centres nerveux des Mollusques.

Plusieurs espèces sont utiles, notamment les Moules, les Huîtres, les Coques, etc., qui constituent des aliments assez importants. Quelques-uns sont nuisibles; tel est le cas des Limaces et des Escargots : ceux-ci, par contre, peuvent servir à notre alimentation.

On les divise en trois classes :

1º Les **Lamellibranches** ou **Bivalves** ;

2º Les **Gastéropodes** ;

3º Les **Céphalopodes.**

On les trouve dans l'eau de mer (Moule), dans l'eau douce (Limnée) ou sur la terre (Limace).

Classe des Lamellibranches ou Bivalves

L'aspect extérieur des **Lamellibranches** (c'est-à-dire animaux dont les « branchies sont en lamelles ») est tout à fait caractéristique : on peut facilement en étudier la structure chez les Moules ou les Coques, que l'on trouve chez les marchands de poissons.

Leur corps (*fig.* 511), dont l'ensemble a généralement une forme ovoïde, est enfermé, à l'état de repos, dans une **coquille dure** et formée de **deux valves** s'articulant sur la face dorsale par une charnière munie d'un ligament élastique qui produit l'ouverture de la coquille. Ces deux valves correspondent, l'une au côté droit, l'autre au côté gauche de l'animal ; elles sont de nature calcaire et formées de feuillets superposés. La face intérieure en est souvent nacrée.

Les deux valves se ferment par le moyen d'un ou de deux *muscles adducteurs* qui s'attachent sur chacune d'elles et se relâchent après la mort, de sorte qu'à ce moment la coquille reste ou-

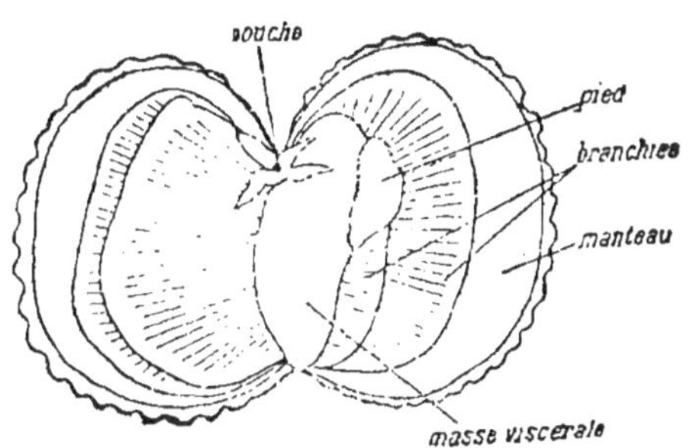

FIG. 511. — Schéma d'un Lamellibranche sorti de sa double coquille et étalé.

verte. Le corps des bivalves, séparé de la coquille, se montre d'une **mollesse** excessive et est enveloppé par une fine membrane à laquelle on a donné le nom de **manteau**. Celui-ci tapisse toute la coquille, qu'il a d'ailleurs sécrétée ; mais, tandis qu'il est soudé à lui-même dans la région de l'articulation de la coquille, c'est-à-dire dans la région dorsale, il se divise par la suite en deux lobes qui peuvent être libres au niveau de l'entrebâillement de la coquille ou soudés plus ou moins de manière à ne présenter que deux orifices, l'un en avant pour le pied, l'autre en arrière pour l'entrée et la sortie de l'eau. Ce dernier orifice peut se subdiviser en deux autres, dont l'un ventral sert à l'entrée de l'eau, l'autre dorsal à la sortie. Parfois les bords de ces deux orifices se prolongent en deux longs tubes appelés *siphons*, permettant le mouvement de l'eau même quand l'animal est dans la vase. Le courant d'eau ainsi produit amène à l'animal l'air et la nourriture dont il a besoin et le débarrasse des substances inutiles ou nuisibles.

Si l'on écarte les deux lames du manteau, qui sont généralement symétriques, on aperçoit le reste du corps de l'animal.

Tout au centre est une masse volumineuse dont le plan médian coïncide avec le plan de symétrie de l'animal : c'est la **masse viscérale,** à laquelle, en raison de sa forme, on donne parfois le nom pittoresque de *bosse de Polichinelle* ; à l'intérieur, il y a le tube digestif, le foie, les glandes reproductrices, etc.

C'est sur cette masse viscérale que s'attache le **pied,** masse charnue, qui peut s'allonger et se raccourcir à la volonté de l'animal, en ressemblant souvent à une sorte de langue ou à une hache. Le pied sert à la progression de l'animal ; il peut, en effet, s'allonger hors de la coquille, fixer son extrémité en un point déterminé et, en se contractant, il rapproche le corps tout entier du point où il s'est fixé ; plus souvent il sert à forer le sable ou la vase.

Entre le manteau et la masse viscérale, à droite comme à gauche, on aperçoit tantôt une, tantôt deux **lamelles** à aspect pectiné : ce sont les **branchies,** qui, par leur forme, ont fait donner au groupe le nom de *Lamellibranches.*

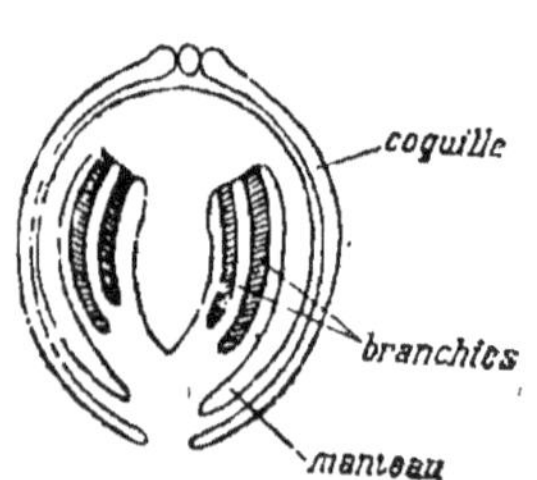

FIG. 512. — Coupe transversale schématique du corps d'un Lamellibranche.

Toutes ces parties sont réunies suivant une même ligne qui correspond au dos de l'animal, tandis qu'elles sont libres du côté **ventral.** On voit donc que le corps de l'animal peut être comparé à un livre (*fig.* 512) de cinq ou sept feuillets, suivant qu'il y a une ou deux paires de branchies. La couverture du livre est la coquille. Le premier feuillet est un lobe du manteau, le deuxième la première branchie, le troisième la seconde branchie. le quatrième la masse viscérale, le cinquième une branchie, le sixième une autre branchie et le septième un lobe du manteau.

Ainsi constitué, le corps est traversé de part en part par deux muscles (Coque) ou un seul (Huître), dont chaque extrémité s'est fixée sur les valves de la coquille.

La bouche est un simple orifice, entouré de deux replis plissés appelés *palpes labiaux,* lesquels sont couverts de cils vibratiles qui dirigent les aliments vers l'orifice buccal. La bouche aboutit par un court œsophage dans l'estomac, qui est continué par un intestin traversant généralement le cœur; le rectum s'ouvre par un anus dans la cavité palléale sur le passage du courant d'eau expiratoire.

On ne voit aucune formation rappelant ce que l'on désigne sous le nom de tête chez les autres animaux, c'est-à-dire un ensemble contenant les ganglions cérébroïdes et portant à la fois la bouche et les principaux organes des sens : c'est pour cela que l'on donne souvent aux Lamelli-branches le nom d'*Acéphales* (de *a*, sans, et *képhalé*, tête).

Le *système nerveux* (*fig.* 513) correspond au schéma que nous avons tracé de celui des Mollusques envisagé d'une manière générale ; les ganglions pédieux ne sont pas réunis aux ganglions viscéraux.

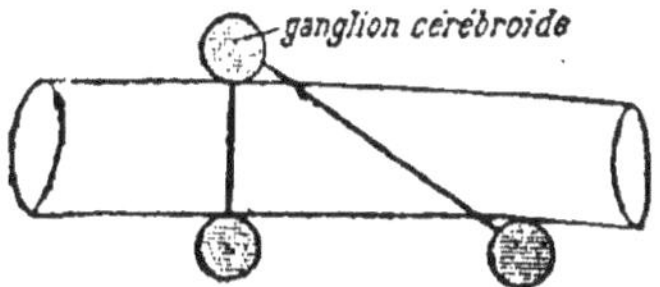

FIG 513. — Système nerveux d'un Lamellibranche (vu de côté).

Le cœur est formé d'un *ventricule* traversé par le rectum, et de deux *oreillettes*, l'une à droite, l'autre à gauche. Ce cœur contient du sang oxygéné.

Tous sont aquatiques et vivent soit fixés aux rochers (Huîtres), soit plus ou moins enfouis dans la vase (Coque). La plupart sont marins (Moule) ; quelques-uns se trouvent dans l'eau douce (Anodonte).

Ils *pondent des œufs* qui se répandent dans l'eau et se trans-, forment en minuscules embryons (*fig.* 514). Ceux-ci nagent pendant quelque temps grâce aux cils mobiles qu'ils possèdent. Puis ils se laissent tomber au fond de l'eau, et leur coquille se développe.

FIG. 514. — Embryons d'Huîtres (naissain) à divers états de développement (grossis).

Les **Huîtres** (*fig.* 515) vivent fixées aux rochers d'une manière immuable par leur valve la plus bombée. Pour vivre, elles doivent se contenter de ce que le flot leur apporte, notamment des êtres minuscules, des larves microscopiques, des spores d'algues, qu'elles avalent pêle-mêle avec le limon auquel ils sont mélangés. C'est, au point de vue gastronomique, le Mollusque le plus apprécié.

Les *Moules* (*fig.* 516) se rencontrent fixées aux rochers non par leurs valves, comme les Huîtres, mais par des paquets de filaments constituant le *byssus*, lequel est désigné dans le public sous le nom de *barbe*. Ce byssus est sécrété par une glande située à l'extrémité du pied de la moule, la *glande byssogène*. En cassant, les uns après les autres, les fils constituant le byssus et en en émettant d'autres au fur et à mesure, la Moule peut se déplacer, mais, on le comprend, avec une lenteur extrême. Les Moules constituent un mets important.

Les **Coques** (*fig.* 517) ou *Palourdes* ou *Cardium* vivent dans le sable du littoral et se déplacent au moyen de leur pied ; elles se mangent crues.

Les **Pholades** (*fig.* 518) percent avec leur coquille les rochers les plus durs pour s'y loger. Leur corps est phosphorescent.

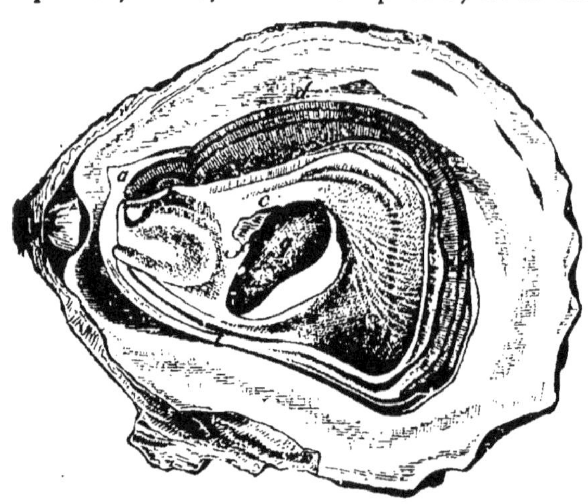

FIG. 515. — Huître de Marennes (ouverte).
a, bouche. *d*, branchies. *g*, muscle.

Les **Couteaux** (*fig.* 519) ont une coquille allongée qui leur a fait donner leur nom ; on en trouve sur diverses plages.

Les *Pecten* ou **Coquilles Saint-Jacques** (*fig.* 520), dont on fait de si bons plats, sont moins immobiles que les autres Lamelli-

FIG. 516. — Moule fixée à un rocher par son « byssus ».

FIG. 517. — Coques.

branches, car, en fermant et en ouvrant brusquement leurs valves, elles arrivent à nager. Sur le bord de leur manteau, il y a beaucoup de petits yeux brillants comme des pierres précieuses (*fig.* 551).

Les *Avicules* ou **Huîtres perlières** ne se rencontrent que dans les pays chauds. Elles sont exploitées à la fois pour la *nacre* dont leur coquille est formée et pour les *perles* qu'elles peuvent contenir. Ces perles sont formées par des dépôts calcaires en couches concentriques autour d'un petit parasite ou d'un corps étranger, qui se trouve ainsi « emmuré ».

Les **Tarets** sont des Lamellibranches très déformés qui attaquent les bois submergés et les creusent de nombreuses galeries. Ils sont toujours aquatiques, contrairement à ce que

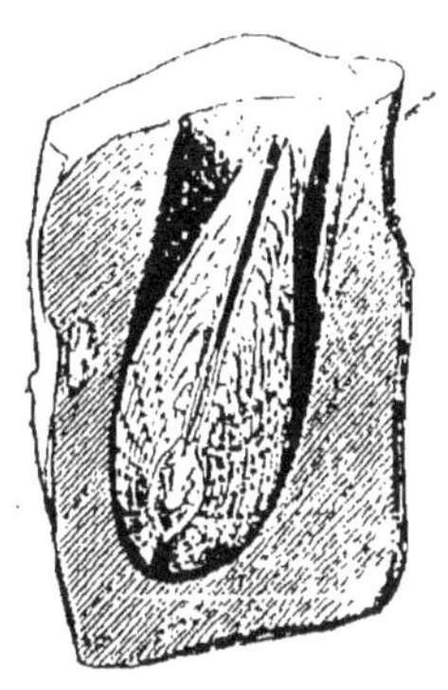

FIG. 518. — Pholade, dans le creux d'un rocher qu'elle a percé.

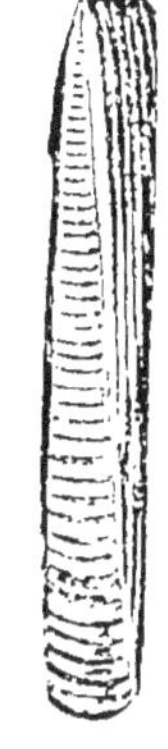

FIG. 519. — Couteau (au quart de sa grandeur naturelle).

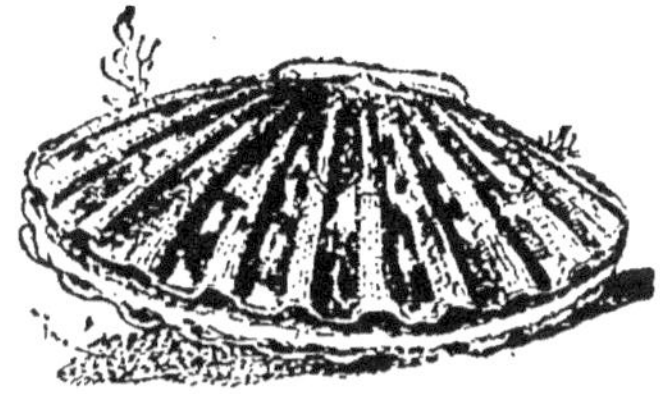

FIG. 520. — Coquille Saint-Jacques (au quart de sa grandeur naturelle).

croient certains romanciers, qui parlent de « *meubles* minés par les tarets ».

Les **Anodontes** sont des sortes de grosses **Moules** longues comme la main vivant dans les cours d'eau ; on y trouve quelquefois des perles communes.

Classe des Gastéropodes

Les **Gastéropodes** possèdent une **coquille enroulée sur elle-même** (*fig.* 521) et dans laquelle ils peuvent rentrer entièrement. Quand ils s'étalent pour ramper, on voit qu'ils possèdent une **tête** plus ou moins nette portant généralement 2 paires de **tentacules** mous. Les supérieurs, plus longs, portent de petits yeux à leur base (Planorbe) ou à leur sommet (Escargot) : le public les appelle des *cornes*. Ils rampent sur toute leur face ventrale transformée en une **lame musculeuse**, constituant le **pied** : c'est de cette particularité que leur vient leur nom (de *gaster*, ventre, et *podos*, pied). La partie du corps qui reste constamment dans la coquille est le *tortillon*. Il a la même forme que cette dernière et comprend seu-

FIG. 521. Troque.

lement les viscères, le foie entre autres. Les Gastéropodes sont

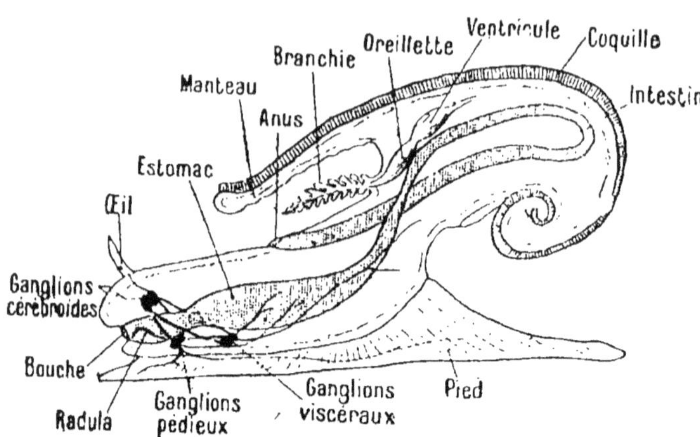

FIG. 522. — Coupe longitudinale schématique
d'un Gastéropode.

presque tous franchement *asymétriques*, tandis que les Lamellibranches ont le corps *symétrique*.

A la face dorsale de l'animal (*fig.* 522), il y a une poche s'ouvrant en avant : c'est la **cavité palléale**, dont la membrane supérieure appartient

au manteau. Chez les espèces aquatiques, il y a dans cette cavité une **branchie.**

Chez les espèces terrestres, toute la cavité est transformée en un **poumon.**

La tête porte la *bouche* à sa partie inférieure. Celle-ci, à l'intérieur, contient une *radula* (*fig.* 523), c'est-à-dire une râpe cornée formée d'une multitude de petites dents. Le *tube digestif* est *en* V et vient se terminer sur le bord du manteau.

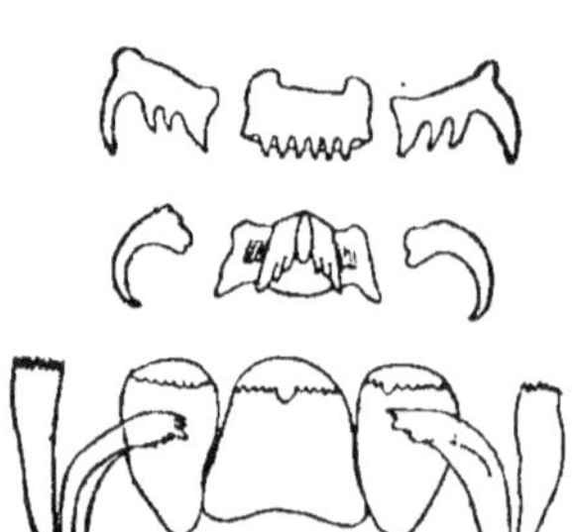

FIG. 523. — Portions de diverses radulas de Mollusques Gastéropodes, vues à un fort grossissement.

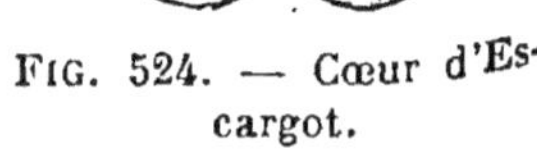

FIG. 524. — Cœur d'Escargot.

Le *cœur* (*fig.* 524) est à 2 *cavités*, un *ventricule* et une *oreillette*, et contient du *sang oxygéné*.

Le *système nerveux* (*fig.* 525) comprend les 3 paires de ganglions des Mollusques, mais les ganglions pédieux et viscéraux sont *réunis* entre eux ; il en résulte que le système nerveux vu de côté a l'aspect d'un triangle : on l'appelle le **triangle latéral.**

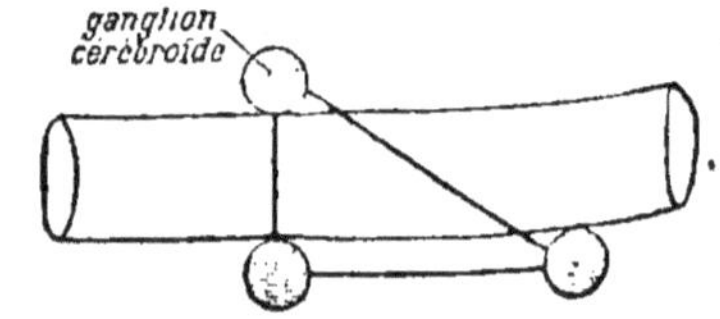

FIG. 525. — Système nerveux d'un Gastéropode (vu de côté).

Nous avons vu plus haut que, chez les Lamellibranches, ce triangle latéral est incomplet.

Les *organes des sens* sont peu développés. Les *yeux*, d'une grande simplicité, voient très mal, à 1 ou 2 millimètres de distance. L'*odorat* réside surtout dans les tentacules et dans la peau du corps. L'ouïe est exercée par des **otocystes** (*fig.* 526), c'est-à-dire de petites vésicules limitées par des cellules sensibles, en relation avec un nerf, et renfermant un liquide où flottent de minuscules cristaux (*otolithes*). Ce sont ceux-ci qui, agités par les vibrations sonores, viennent produire une impression sur les cellules sensibles de la paroi.

Les Gastéropodes aquatiques donnent des **larves nageuses.**

Les Gastéropodes terrestres pondent des œufs dans la terre.

Parmi les **Gastéropodes à branchies,** il faut citer les **Littorines,** si communes dans les algues et sur les rochers et que l'on mange ; les *Strombes* et les **Troques** (*fig.* 521), dont les belles

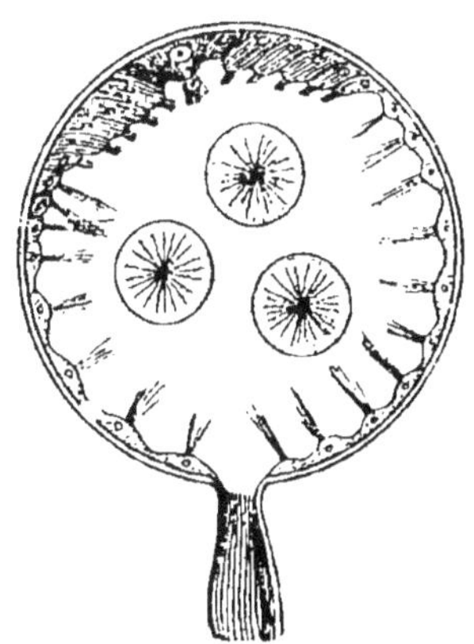

FIG. 526. — Otocyste d'un Mollusque Gastéropode (extrêmement grossi); au centre, il y a trois otolithes.

coquilles servent à orner les cheminées, de même que les *Porcelaines;* les **Murex** (*fig.* 527), à la coquille épineuse;

FIG. 528. — Escargot.

FIG. 527.
Coquille de Murex
(réduite).

les **Haliotides,** à la coquille nacrée et percée d'un rang de trous ; les **Patelles,** à la coquille conique et appliquées avec une force remarquable sur les rochers ; et une foule d'autres.

Parmi les **Gastéropodes à poumons,** citons les **Escargots** (*fig.* 528), qui causent de grands ravages dans les jardins, mais dont quelques espèces sont comestibles, et les *Limaces,* où la coquille est invisible, cachée qu'elle est dans l'épaisseur du man

FIG. 530. — Planorbe (un peu réduite).

FIG. 529. — Linnée (réduite de moitié).

teau et qui sont des bêtes très nuisibles pour les cultures maraîchères et les fruits.

Certains Gastéropodes à poumons vivent dans les eaux douces, mais sont obligés de venir fréquemment respirer à la surface : tel est le cas des **Limnées** (*fig.* 529), à la coquille en tire-bouchon, et des **Planorbes** (*fig.* 530), à la coquille enroulée comme un ressort de montre.

Classe des Céphalopodes

Les **Céphalopodes** (du grec *képhalé*, tête, et *podos*, pied) possèdent (*fig.* 531) une **tête bien distincte** du reste du corps ou **masse viscérale.**

La **tête** est volumineuse et porte sur les côtés **2 gros yeux** rappelant ceux des Vertébrés. En avant, la tête se termine par une couronne de *tentacules* ou *bras* charnus, mobiles et couverts de **ventouses,** pouvant s'appliquer avec une force remarquable sur les animaux qu'ils saisissent.

Il y a généralement 8 *de ces bras.* Chez quelques espèces, il y en a 10, dont 2 *plus longs,* cachés au repos dans des cavités spéciales, mais pouvant

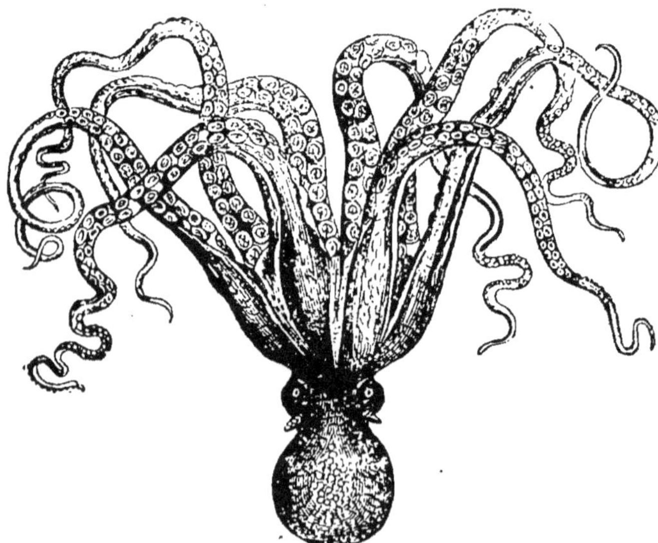

FIG. 531. — Poulpe ou Pieuvre
réduit au cinquième de sa longueur).

au moment voulu se détendre au loin. Ces bras supplémentaires ne portent de ventouses qu'à leur extrémité, qui est étalée en une *palette.*

Ces **bras correspondent au pied** des autres Mollusques ; ils servent en effet à la *locomotion* en même temps qu'à la *préhension* des aliments (mais non, comme on le croit souvent, à sucer ces derniers). Ceci explique le nom de Céphalopodes donné à ces animaux.

Au centre de la couronne formée par les bras se montre la *bouche*, armée d'une sorte de *bec corné*, rappelant beaucoup le *bec du perroquet*.

La **masse viscérale** (*fig. 532*) est ovoïde et complètement enveloppée par le *manteau* comme par une *sorte de sac*. Le manteau adhère au corps du côté dorsal et s'en sépare du côté ventral pour former la **cavité palléale,** contenant les **branchies.** Sur le bord du manteau, au milieu de la face ventrale, se trouve l'*entonnoir*, soudé à la fois au bord du manteau et au corps. C'est par là que sort l'eau qui a servi à la respiration.

De chaque côté de l'entonnoir se trouvent des fentes qui servent à l'entrée de l'eau. Ce double courant

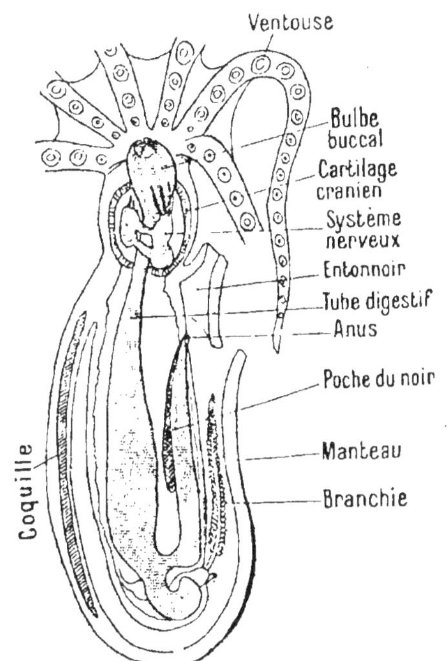

FIG. 532. — Coupe longitudinale d'une Pieuvre

d'eau est provoqué par les mouvements du manteau. Lorsque la contraction du manteau est brusque, la sortie de l'eau par l'entonnoir produit une réaction qui chasse le corps en arrière.

La *coquille externe* n'existe que dans le genre *Nautile*. Les *Céphalopodes à 10 bras*, comme la *Seiche*, ont un rudiment

FIG. 533. — Os de Seiche (au 8e de la grandeur naturelle).

FIG. 534. — Seiche nageant et « émettant le contenu de sa poche à encre ».

de coquille dans l'épaisseur du manteau (*os de Seiche*) (*fig. 533*).

Les autres, comme le *Poulpe*, n'ont pas trace de coquille.

Le *système nerveux* rappelle celui des Gastéropodes, mais les ganglions cérébraux, pédieux et viscéraux sont très gros et presque réunis en une masse unique entourant l'œsophage, et même protégés par une **caisse cartilagineuse,** qui est un véritable *rudiment* de crâne.

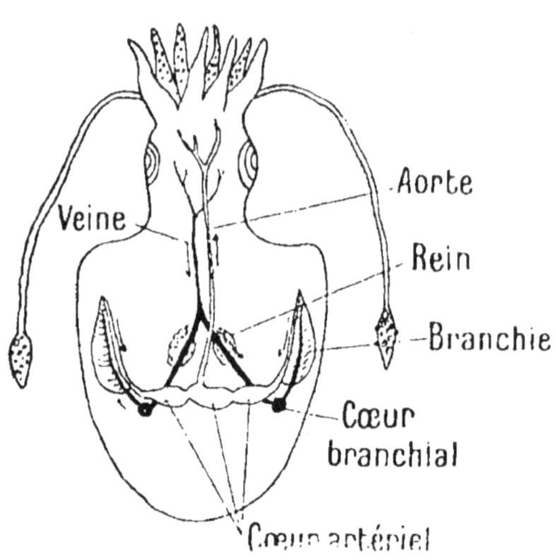

FIG. 535. — Appareil circulatoire d'une Seiche.

Le *tube digestif* est en forme de V et se termine dans la cavité palléale.

Près de l'anus débouche aussi la *poche à encre*, contenant un *liquide noir* que l'animal rejette pour se cacher à ses ennemis (*fig.* 534).

L'*appareil circulatoire* comprend un cœur formé (*fig.* 535), contenant du sang oxygéné qui est distribué par un système de vaisseaux assez compliqué, présentant *peu de lacunes.*

de 1 *ventricule* et de 2 *oreillettes*

Tous les Céphalopodes sont **marins** et exclusivement carnassiers.

La plupart des Céphalopodes actuels ont 2 *branchies seulement* et une *poche à encre.*

Les uns ont 8 *tentacules égaux* et ont souvent la faculté de changer de couleur. Les plus connus sont le **Poulpe** ou **Pieuvre** (*fig.* 531), très commun sur nos côtes

FIG. 536. — Pieuvre dans son rocher.

(*fig.* 536), sans trace de coquille et que l'on mange dans certains endroits, notamment dans le Midi.

L'*Élédone* ou *Muscardin*, mangé également dans le Midi, malgré son odeur de musc.

L'**Argonaute** (*fig.* 537), dont la femelle produit une sorte de

coquille mince, non adhérente au manteau, soutenue par deux des bras, et dans laquelle elle dépose ses œufs.

Les autres ont 10 *tentacules*, dont 2 *plus longs*, et possèdent dans l'épaisseur du manteau un rudiment de coquille. Les plus connus sont: la **Seiche**, commune sur nos cô-

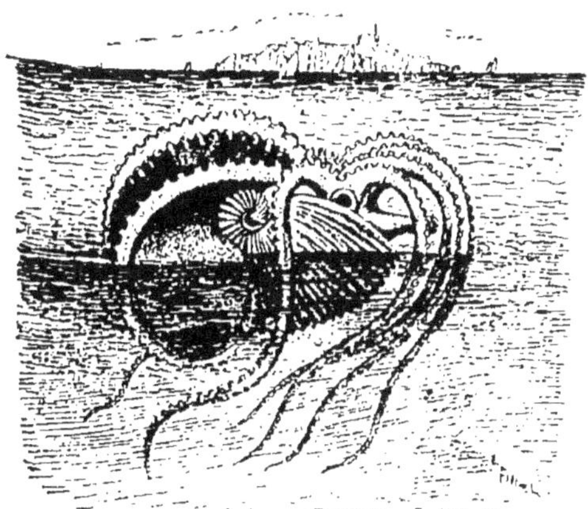

FIG. 537. — Argonaute (femelle).

FIG. 538. — Ponte d'une Seiche et œuf renfermant une jeune Seiche.

tes, comestible, munie d'une membrane natatoire de chaque côté sur toute la longueur du corps (*fig.* 534). Avec le liquide de la poche à encre, on prépare la *Sépia de Rome,* couleur employée pour l'aquarelle. Le rudiment de coquille appelé *os de Seiche* (*fig.* 533), que l'on trouve si fréquemment sur les plages, est de nature calcaire. On le donne à becqueter aux petits oiseaux en cage.

Les Seiches attachent aux plantes marines leurs œufs (*fig.* 538) en forme de grosses olives noires, réunies en paquets, souvent désignés sous le nom de *raisins de mer.*

Le **Calmar** ou *Encornet* (*fig.* 539), également comestible, pourvu en arrière de 2 membranes natatoires en forme d'ailes, et d'une coquille rudimentaire cornée en forme de plume.

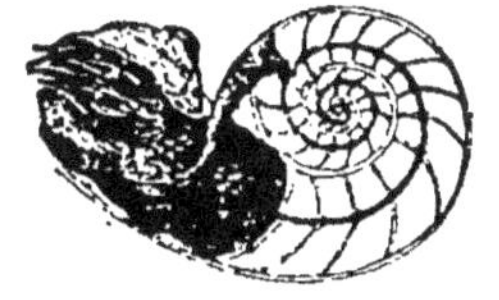

FIG. 540. — Nautile (la coquille a été coupée en long) (réduit au dixième).

FIG. 539. — Calmar (longueur de l'avant-bras).

Dans les mers chaudes de l'Extrême-Orient, on trouve un Céphalopode nommé **Nautile** (*fig.* 540), qui est pourvu de 4 *branchies*. De plus, il a une coquille externe, mince et nacrée. Cette coquille est partagée par des cloisons transversales en plusieurs chambres, dont l'animal occupe la dernière. En suivant le développement du Nautile, on voit que ces chambres se développent successivement à mesure que l'animal grandit, celui-ci émigrant de temps en temps dans la nouvelle chambre formée, tout en restant relié à la première chambre par un ligament contenu dans un tube nommé *siphon*. Les chambres abandonnées sont remplies d'air.

On trouve à l'état fossile un grand nombre de Céphalopodes qui présentaient une disposition analogue (*Ammonites*).

TABLEAU SYNOPTIQUE DE L'EMBRANCHEMENT DES MOLLUSQUES.

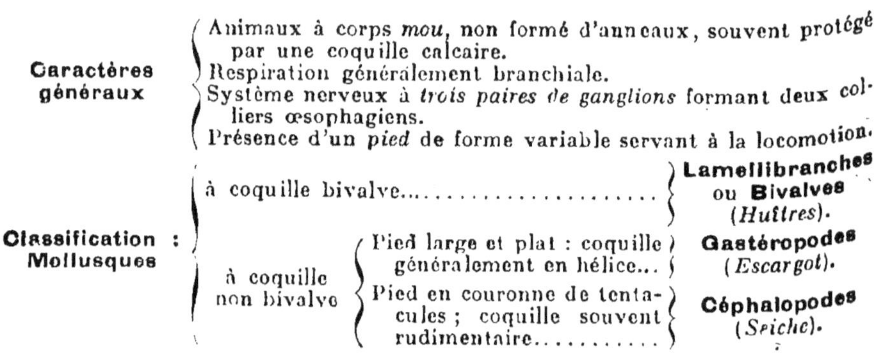

TRAVAUX PRATIQUES RELATIFS AUX MOLLUSQUES

Lamellibranches. — *a*) Dissection de la *Moule*, mollusque que l'on peut acheter dans presque tous les marchés.

Il est nécessaire d'isoler l'animal de sa coquille, laquelle est très fortement fermée. On peut faire « bâiller » la coquille — c'est-à-dire tuer l'animal — en mettant la moule sur un poêle chauffé et en la retirant *aussitôt* que les valves commencent à s'écarter. On peut ainsi extraire l'animal sans le tuer, mais alors il n'est pas toujours très facile d'éviter les déchirures. Pour cela, il faut se munir de petits coins en bois, que l'on fabrique, soi-même, avec un canif. On introduit, d'abord, la lame d'un scalpel (ou mieux, d'un canif) entre les valves dans la région où l'on voit sortir des filaments cornés qui constituent le *byssus*. Quand l'écartement le permet, on glisse un ou deux coins (*fig.* 541) de bois entre le bord des deux valves et on le pousse peu à peu de manière que l'ouverture ait environ une largeur d'un centimètre. En regardant par cet entre-bâillement, on se rend compte que la coquille est doublée d'une membrane molle, de couleur rosée, le *manteau*. C'est alors que l'on introduit entre celui-ci et l'une des valves le manche d'un scalpel, que l'on fait progresser peu à peu en opérant comme si l'on voulait gratter l'intérieur de cette valve. Peu à peu, ce manche détache toutes les adhé-rences de l'animal — no-tamment ses muscles — avec la coquille et, finalement, celle-ci, libérée s'ouvre d'elle-même sous l'influence du *li-gament élastique* qui réunit

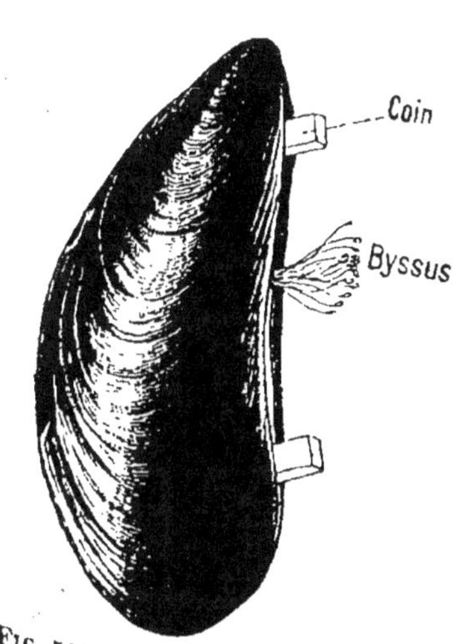

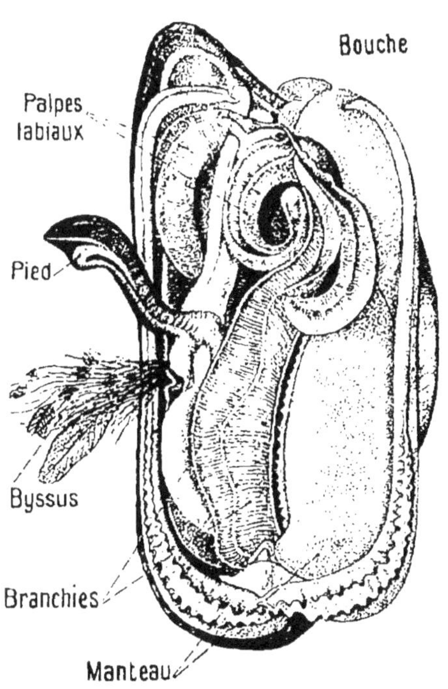

Fig. 541. — Procédé pour écarter les deux valves d'une Moule vivante.

Fig. 542. — Moule extraite de sa coquille.

les deux valves. L'animal étant ainsi libéré d'un côté, on opère de même de l'autre côté — ce qui, maintenant, est plus facile — et, finalement, l'animal peut être complètement séparé de la coquille (*fig.* 542). On en étale alors les parties (simplement avec les doigts ou avec un pinceau) et on y distingue, à droite et à gauche, le *manteau*, puis, plus en dedans, deux lames, les *branchies* (dont nous avons déjà parlé, p. 28). Dans le milieu, on voit, de haut en bas : le *muscle adducteur supérieur* (qui s'at-

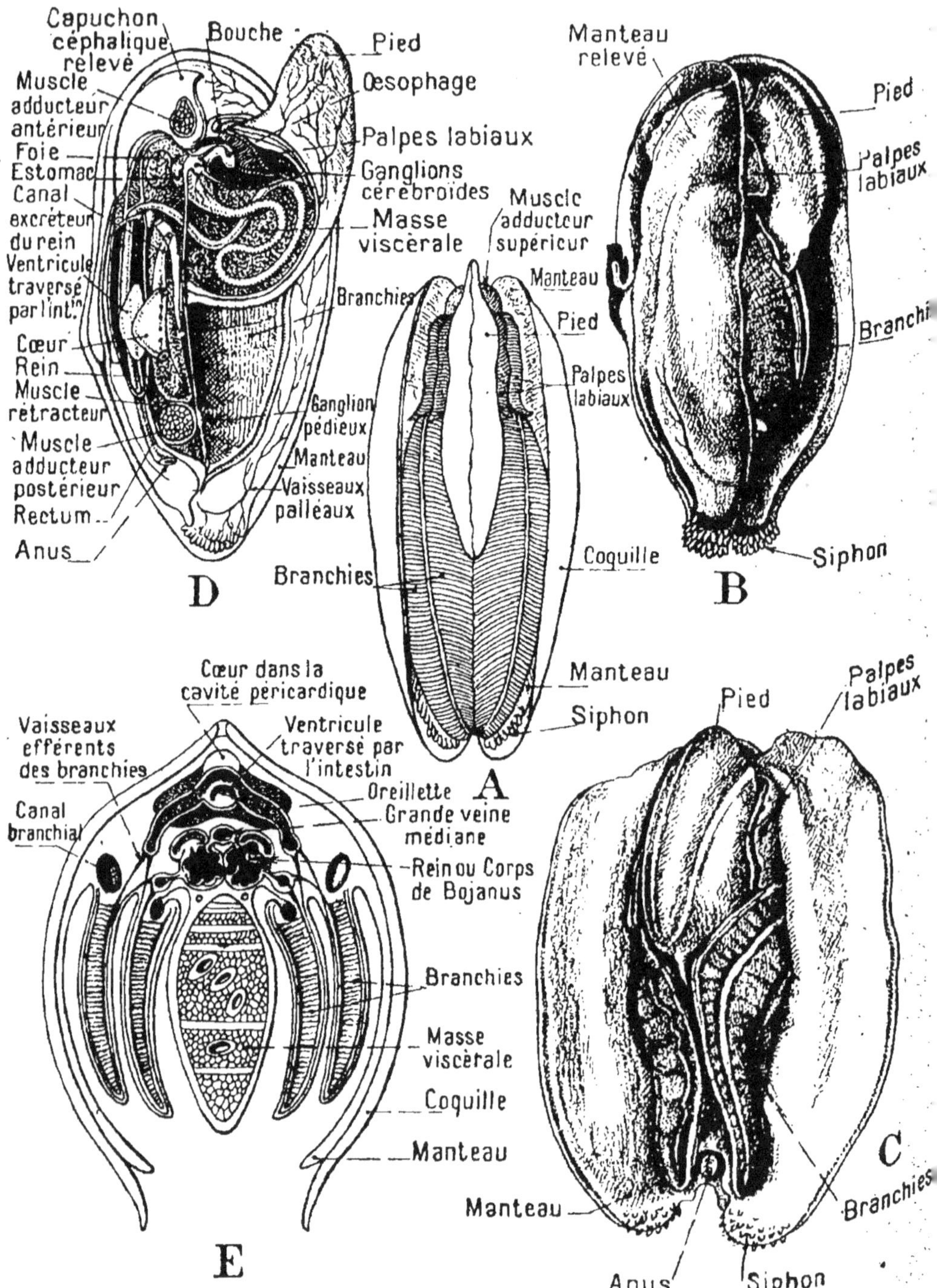

FIG. 543 à 549. — Dissection d'une Anodonte.

A, vue de face, par les valves entre-bâillées de l'Anodonte vivante. — B, l'animal, sorti de sa coquille et couché sur le côté gauche. — C, l'animal, sorti de sa coquille et couché sur le dos, avec le manteau écarté à droite et à gauche. — D, l'animal en partie disséqué. — E, coupe transversale, demi-schématique, de 'Anodonte entière.

tachait aux valves) ; la *bouche*, qui est limitée par 4 volumineux *palpes labiaux*, qui sont triangulaires et un peu striés en travers ; le *pied*, qui est violacé et ressemble à une langue ; le *byssus*, formé de filaments cornés qui permettent à l'animal de se fixer aux roches ; un espace bombé, la *masse viscérale* ; enfin, un large *muscle adducteur inférieur* (qui s'attachait aux valves) et, un peu au-dessous de lui, l'*anus*.

De cet animal on peut isoler, par dissection, le *tube digestif* et

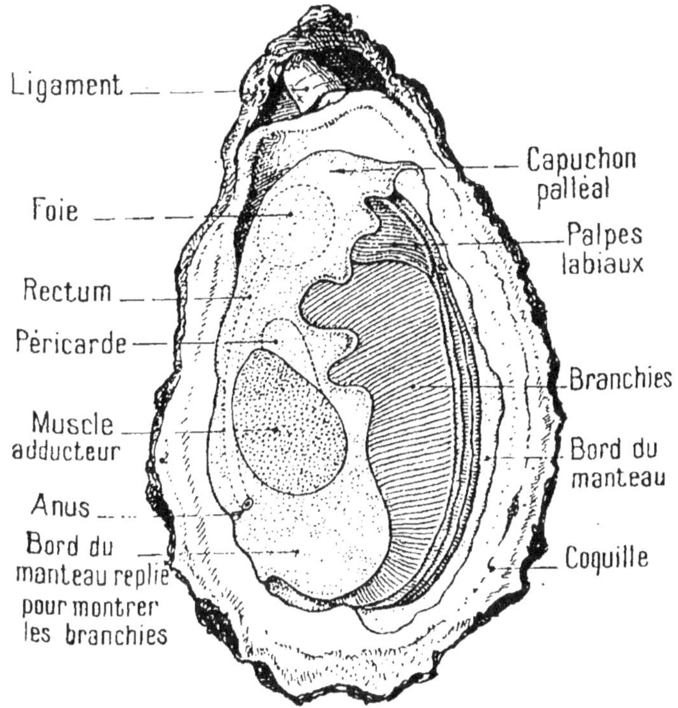

FIG. 550. — Huître portugaise, avec la valve supérieure de la coquille enlevée.

le *système nerveux*, mais l'opération nous semble un peu difficile pour nos lecteurs et sa description demanderait des développements qui ne pourraient avoir quelque chance de clarté que s'ils étaient accompagnés de démonstration sur l'animal lui-même ;

b) Dissection de l'*Anodonte* et de l'*Unio*, mollusques que l'on peut se procurer dans quelques rivières et qui se recommandent par leur grande taille (*fig.* 543 à 549). Opérer comme pour la *Moule.*

c) Dissection de l'*Huître*. On l'ouvre comme pour les repas (*fig.* 550), mais avec quelques précautions pour ne pas trop la détériorer. On y voit facilement : le *manteau*, les *branchies* (elles sont vertes dans les huîtres vertes) ; les *palpes labiaux*, le *foie*, le *muscle adducteur* (qui réunissait les valves) et, tout contre lui, le *cœur*, qui apparaît comme une vésicule claire. Ne pas chercher

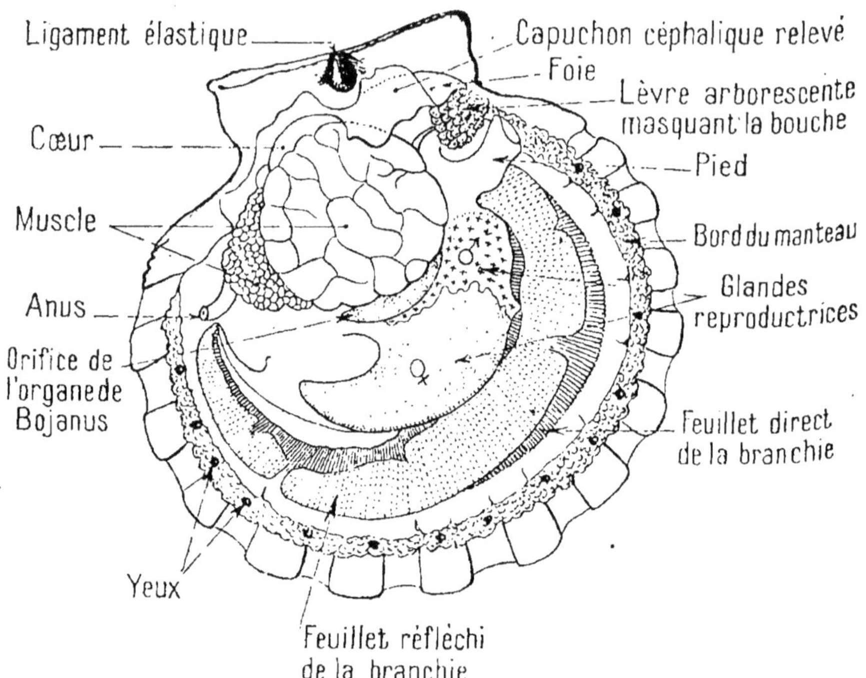

Fɪɢ. 551. — Coquille Saint-Jacques, avec la valve supérieure de la coquille enlevée.

à disséquer le *tube digestif*, ni le *système nerveux*, la chose étant très difficile.

Même remarque pour la *Coquille Saint-Jacques* (*fig.* 551), qui, par ailleurs, se recommande par sa grande taille.

Disséquer le système nerveux du *Couteau*, ce qui est — relativement — assez facile ;

d) Examiner les coquilles de Lamellibranches de la collection.

Gastéropodes. — *e*) Étude de l'*Escargot* (*fig.* 552 et 553) vivant. En examiner un en train de ramper et constater la présence : 1º de la *coquille*, qui s'enroule sur elle-même d'un côté; 2º du *manteau* qui la double, en partie, à l'intérieur, et qui est bien visible sur le bord même de la coquille, où il est épais et

charnu ; 3° du *pneumostome* ou orifice du poumon, qui est situé,
à droite, sur le bord du manteau ; 4° le *corps* même de l'animal,
qui au moindre attouchement, se rétracte dans la coquille ; 5° la
tête, qui est tout d'une venue avec le corps ; 6° les quatre *tentacules*, deux petits et deux grands, ceux-ci terminés par un *œil* ;

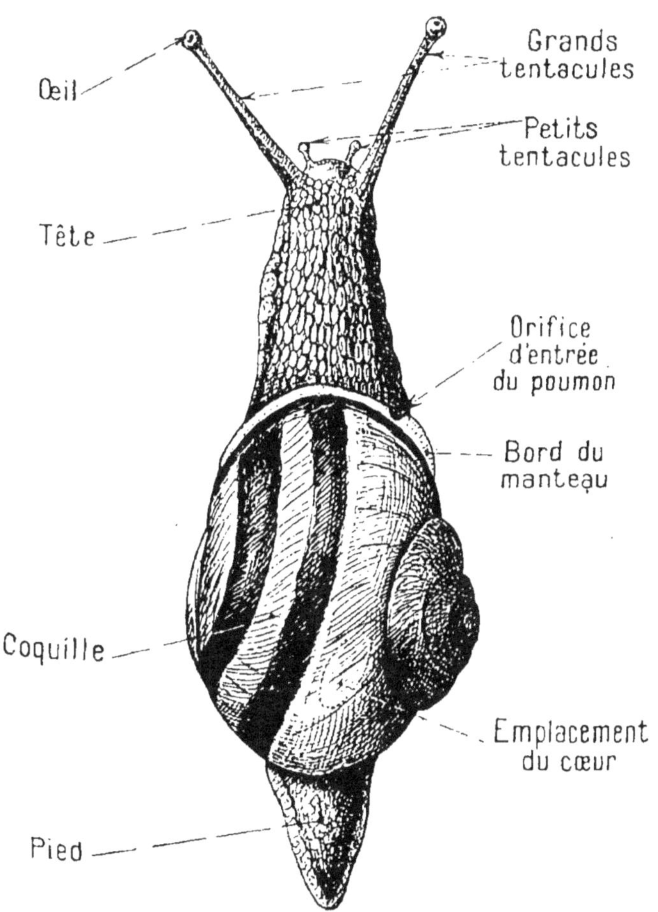

FIG. 552. — Escargot, rampant, vu par-dessus.

7° le *pied* sur lequel rampe l'animal et qui est situé à sa face
ventrale ;

f) Dissection de l'*Escargot* (*fig.* 554). On peut se servir de
l'Escargot des vignes, mais il est préférable de s'adresser au
Petit-gris, si souvent employé dans l'alimentation, ou, mieux
encore, à l'*Escargot de Bourgogne*, qui se recommande par sa
grande taille.

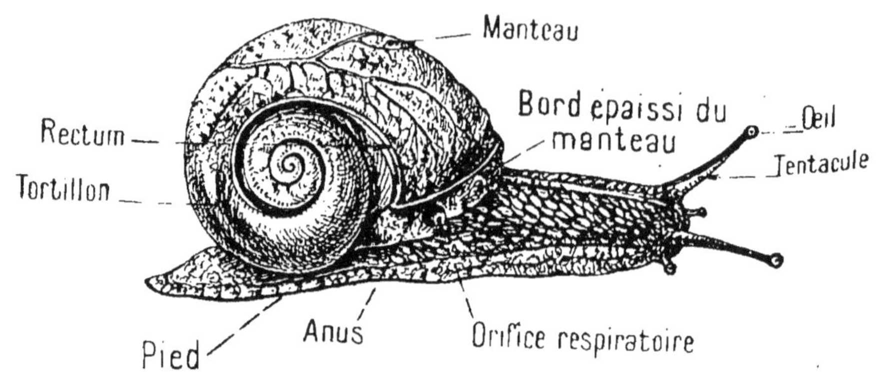

Fig. 553. — Escargot rampant, vu de côté.

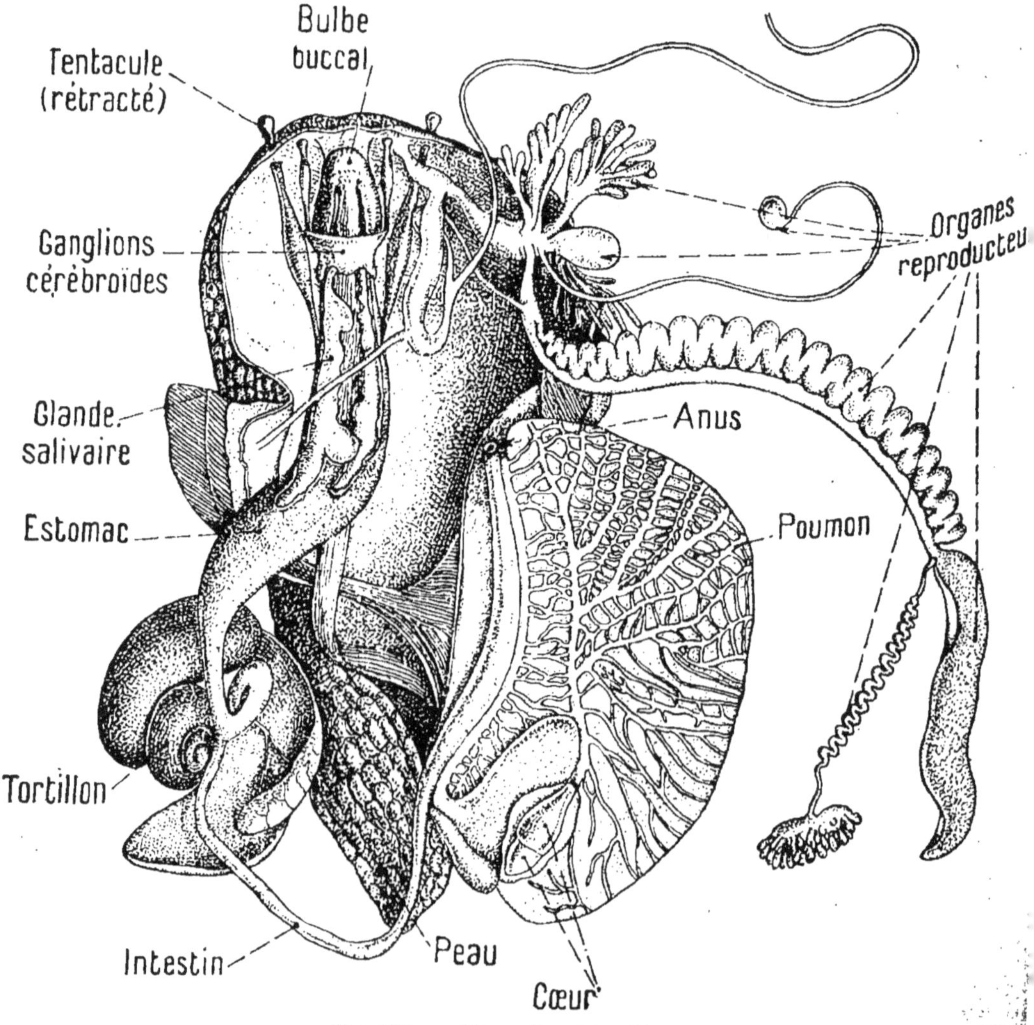

Fig. 554. — Dissection d'un Escargot.

Mettre un animal vivant dans un bocal, que l'on remplit *complètement* d'eau (préalablement bouillie, si possible, pour qu'elle ne contienne plus d'oxygène). Boucher avec un bouchon en s'efforçant — dans la mesure du possible — qu'il ne reste pas de l'air entre l'eau et le bouchon. Le lendemain, en général, l'ani-

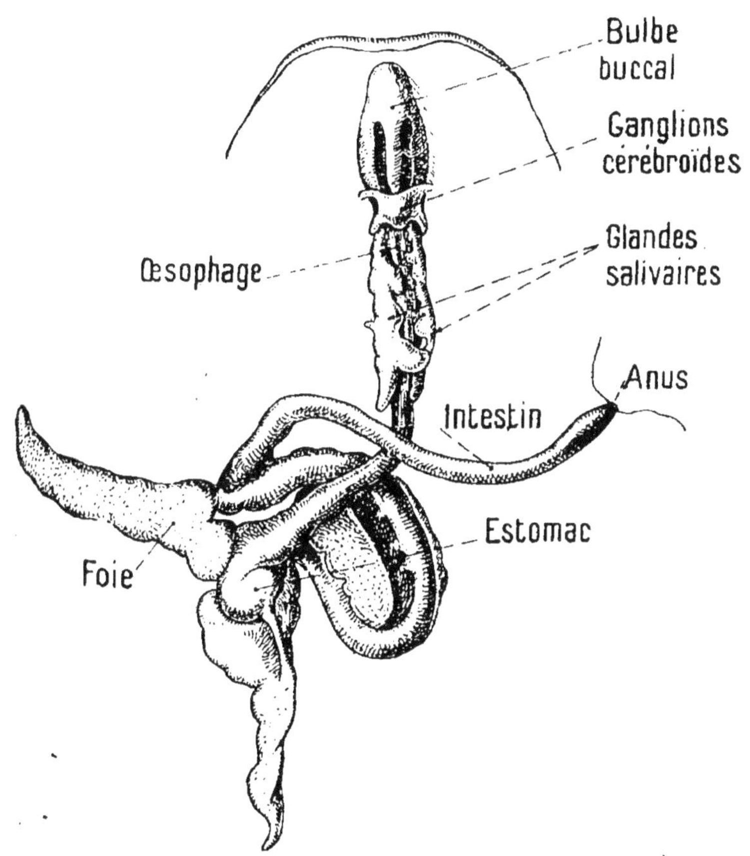

Fig. 555. — Tube digestif d'un Escargot.

mal est mort et largement étalé, ce qui en facilite la dissection, laquelle serait presque impossible si l'animal était contracté comme il l'est quand il rentre dans sa coquille.

Enlever l'animal du récipient et, avec de forts ciseaux, briser la coquille en suivant le milieu des tours de spires et en glissant la pointe des ciseaux entre cette coquille et le corps de l'animal. Faire cette opération sous un filet d'eau, qui enlève à la fois le *mucus* —

très abondant — et les débris de la coquille. L'animal se dégage ainsi peu à peu et, finalement, on arrive à un muscle qui le réunit à la coquille et que l'on sectionne avec des ciseaux ou un scalpel.

L'animal étant ainsi complètement dégagé on le place dans l'eau de la cuvette liégée et on le fixe au liège avec des épingles par les bords de son pied. On le nettoie un peu avec un pinceau doux et on distingue, outre le corps même — que nous connaissons déjà — le *tortillon*, qui était caché par la coquille et le *poumon* qui est reconnaissable aux vaisseaux qui le parcourent et qui s'ouvre au pneumostome.

En fendant le corps en long on arrive à dégager le *tube digestif* (*fig.* 555) et une multitude d'organes qui servent à la reproduction et sur lesquels nous ne pouvons insister ici, cette dernière fonction ne faisant pas partie du programme des Écoles Normales. Le *tortillon* est formé d'un ensemble complexe constitué par ces derniers organes et le foie, le tout intriqué au point qu'il est très difficile de les séparer.

On peut aussi disséquer le *système nerveux* dont les principaux ganglions sont situés dans la tête, tout autour du tube digestif (*fig.* 556).

Les élèves les plus habiles peuvent essayer de pratiquer l'injection de l'appareil circulatoire en ouvrant le poumon et en poussant l'injection par le cœur, qui est

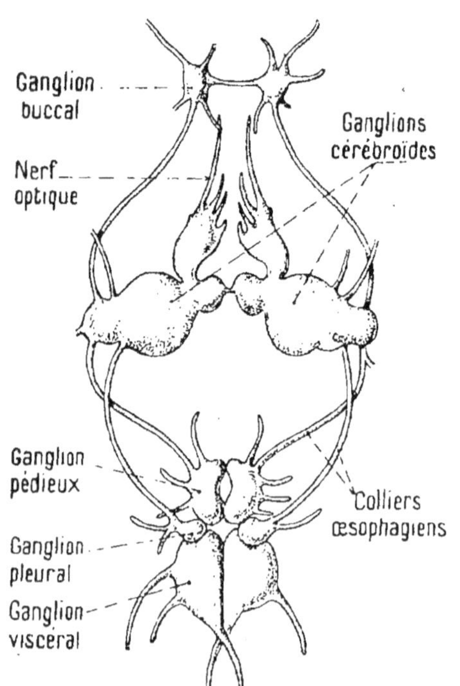

Fig. 556. — Système nerveux d'un Escargot

alors bien visible. Le sujet est trop spécial pour que nous y insistions ici.

g) Examiner les coquilles de Gastéropodes de la collection ;

h) Examiner, vivants, des Gastéropodes terrestres (*Limaces* [1]), des Gastéropodes d'eau douce [*Limnée* (*fig.* 529), *Pla-*

---

1. On peut disséquer les Limaces comme l'Escargot.

norbe (*fig.* 530)], des Gastéropodes marins (*Bigorneaux, Patelles, Haliotidés, Aplysie,* etc.), et essayer de les disséquer (*fig.* 557);

i) Examiner, au microscope, des préparations toutes faites de *radulas* de Gastéropodes.

Céphalopodes. — j) Se procurer — si on le peut (ce qui est

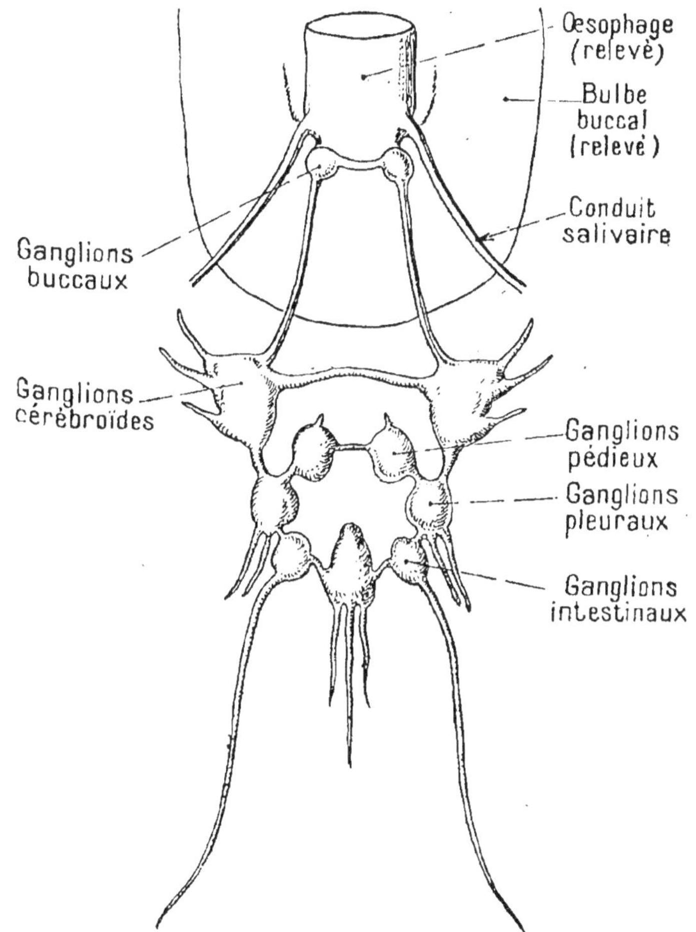

FIG. 557. — Système nerveux d'une Limnée (grossi 10 fois).

assez exceptionnel, sauf pour les Écoles Normales situées non loin de la mer) — des *Seiches,* des *Pieuvres* ou des *Élédones.* Examiner leurs caractères extérieurs, puis effectuer leur dissection, qui est très facile [1]. A défaut d'animaux frais, examiner

1. Pour ce sujet, par trop spécial pour être traité ici, voir : H. COUPIN, *Atlas de dissections zoologiques* (VIGOT, édit., Paris), planches 22, 23 .24, 25.

les exemplaires de la collection, qui sont conservés à l'alcool. Examiner aussi les « os de seiche », si abondants sur certaines plages et que l'on suspend souvent dans les cages d'oiseaux afin que ceux-ci puissent « s'aiguiser le bec ».

EMBRANCHEMENT DES VERTÉBRÉS

Les *Vertébrés* sont caractérisés par la présence dans leur corps d'un **squelette**, osseux ou cartilagineux, qui en forme la **charpente**. Ce squelette est formé d'un nombre plus ou moins grand d'os, mais comprend toujours, au moins dans la région dorsale, une **colonne vertébrale** formée de **vertèbres** — d'où leur nom — placées les unes à la suite des autres.

Si on considère les animaux dans leur position habituelle, c'est-à-dire la face ventrale tournée vers le sol, on remarque que l'**ensemble des centres nerveux** est disposé tout entier **au-dessus de l'appareil digestif** (*fig.* 558).

Enfin, leur **appareil respiratoire** — qu'il soit représenté par des poumons ou par des branchies — est *toujours en relation avec la partie antérieure du tube digestif :* c'est ainsi que les poumons sont en relation par la trachée-artère avec la bouche et que les branchies sont des dépendances de la cavité buccale.

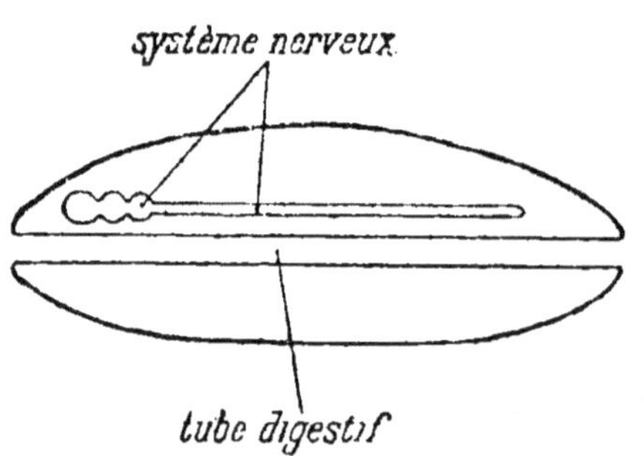

FIG. 558. — Schéma montrant que, chez les Vertébrés, les centres nerveux sont placés au-dessus du tube digestif.

On divise les Vertébrés en **cinq classes :**

1º Les **Poissons,** dont la température est variable, le corps couvert d'écailles, et qui respirent toute leur vie par des branchies. Ex. : hareng, raie ;

2º Les **Amphibiens,** dont la température est variable, le corps nu, et qui respirent par des branchies quand ils sont jeunes et par des poumons quand ils sont adultes. Ex. : grenouille, salamandre ;

3º Les **Reptiles,** dont la température est variable, le corps couvert d'écailles, et qui respirent toute leur vie par des poumons. Ex. : tortue, couleuvre ;

4° Les **Oiseaux**, dont le sang est chaud, le corps couvert de plumes et qui pondent des œufs. Ex. : pigeon, moineau ;

5° Les **Mammifères**, dont le sang est chaud, le corps couvert de poils, et qui nourrissent leurs petits de leur lait. Ex. : chien, souris.

On voit qu'il y a **deux** classes où le **sang est chaud** ou à *température invariable* (Mammifères, Oiseaux) et **trois** où il est **froid** ou *à température variable* (Reptiles, Amphibiens, Poissons).

Les uns respirent l'**air en nature** (Mammifères, Oiseaux, Reptiles), les autres l'**air dissous dans l'eau** (Poissons), tandis qu'il en est qui ont d'abord une respiration aquatique, puis une respiration aérienne (Amphibiens).

TABLEAU SYNOPTIQUE DE LA DIVISION DES VERTÉBRÉS EN 5 CLASSES

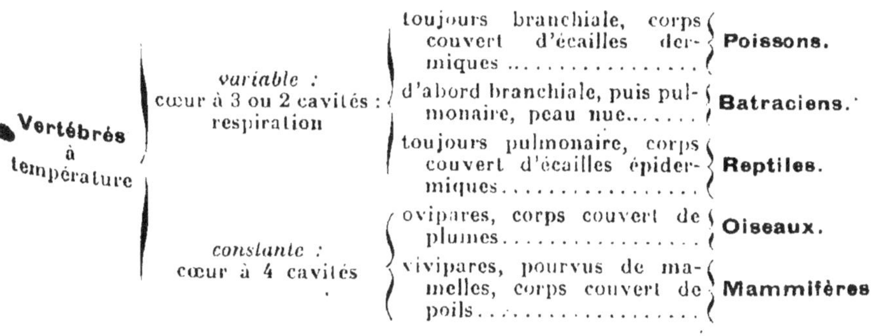

CLASSE DES POISSONS

Les **Poissons** sont des Vertébrés ayant, durant toute leur vie, une respiration aquatique.

Leur **corps** (*fig.* 559) est généralement allongé en **fuseau,** de manière à fendre facilement l'eau dans laquelle ils nagent. Il se termine en arrière par une **queue bifurquée,** aplatie dans le même sens que le corps : c'est un puissant agent de **natation** et de direction, car elle agit à la fois comme une rame et comme un gouvernail. Cette *nageoire caudale,* étant unique et médiane, est *impaire ;* il en est de même d'autres replis de la peau analogues, qui se trouvent sur la ligne médiane du dos (nageoire *dorsale*) ou en arrière de l'anus (nageoire *anale*), et qui servent plutôt à la stabilité de l'animal en diminuant les chances d'inclinaison à droite ou à gauche.

Les Poissons possèdent d'autres **nageoires paires,** celles-là, **correspondant aux membres** des autres Vertébrés : ce sont des palettes soutenues par des os ou arêtes et qui sont placées non sur la ligne médiane du corps, mais sur les flancs, un peu à la face ventrale, presque immédiatement en arrière de la tête. Celles qui correspondent aux **membres antérieurs** sont les **nageoires pectorales ;** celles qui représentent les **membres postérieurs** sont les **nageoires abdominales.** Les nageoires abdominales sont généralement situées à la partie postérieure du corps ; cependant, chez certains poissons osseux, elles peuvent être sous la gorge (*Poissons jugulaires*), ou au-dessous des pectorales (*Poissons thoraciques*). C'est en battant l'eau avec ses nageoires que l'animal se maintient en équilibre dans l'eau.

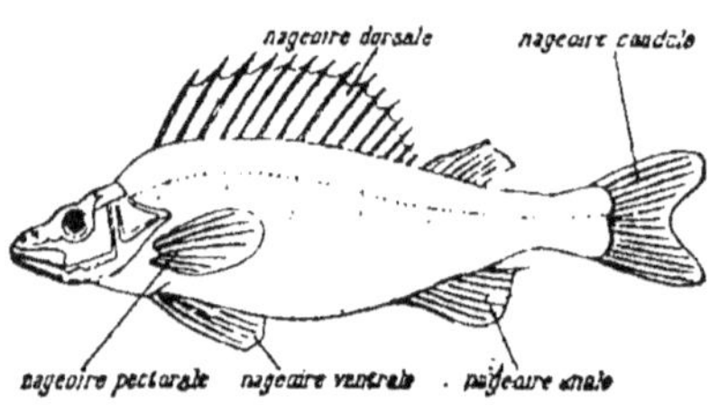

FIG. 559. — Schéma des nageoires d'un Poisson osseux.

Le corps des Poissons est recouvert d'**écailles** ayant leur origine dans le *derme* et recouvertes par un épiderme très fin. La forme de ces écailles est variable ; mais le plus souvent leur disposition rappelle celle des tuiles d'un toit, chacune d'elles recouvrant plus ou moins celle qui est plus en arrière.

Appareil digestif. — Le tube digestif est très simple ; il comprend une *bouche* largement ouverte en avant et possédant généralement *beaucoup de petites dents* disséminées sur tous les os qui la limitent ; un *estomac* ovoïde, portant en arrière quelques *appendices pyloriques* qui sont des dépendances de l'estomac et un *intestin rectiligne* qui vient s'ouvrir dans un *cloaque* situé non à l'extrémité de la queue, mais en avant de la nageoire anale. Pour augmenter le trajet parcouru par les aliments dans l'intestin et faciliter leur absorption, celui-ci est souvent muni d'une *valvule spirale*, semblable à un escalier tournant.

Les Poissons n'ont généralement pas de glandes salivaires, mais possèdent un foie volumineux. La plupart se nourrissent de petits animaux aquatiques, souvent microscopiques, des vers, des crustacés, des larves, etc.

Au-dessus du tube digestif, on remarque souvent une vésicule aux parois minces, remplie de gaz : c'est la **vessie natatoire** (*fig.* 560), qui communique ou non avec le tube digestif. C'est en contractant ou en relâchant cette vessie que le Poisson peut descendre ou remonter à volonté dans l'eau.

Appareil respiratoire. — La respiration des Poissons est tou-

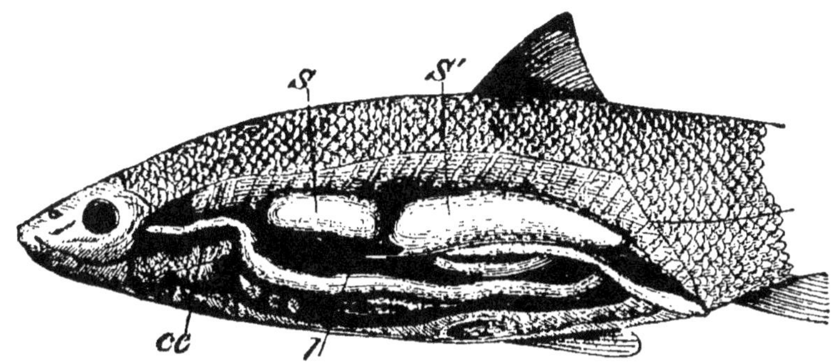

FIG. 560. — Poisson ouvert sur le côté pour montrer la vessie natatoire S S'.

jours essentiellement branchiale (*fig.* 561). Cependant certains Poissons exotiques, vivant dans des marais souvent desséchés, possèdent, outre les branchies, de véritables poumons formés par la vessie natatoire alvéolée : ce sont les *Dipneustes.* mot signifiant : ayant deux respirations.

Les *branchies* sont constituées par des séries de lamelles triangulaires, parcourues par de nombreux capillaires sanguins.

Elles sont (*fig.* 568 à 570) localisées, chez les *Poissons inférieurs* (Lamproie), dans des fentes au nombre de sept, situées de chaque côté de la bouche, et s'ouvrant au dehors par des orifices latéraux ; ces branchies communiquant avec le pharynx, l'eau traverse ces fentes par des mouvements de déglutition.

Chez les Poissons un peu supérieurs, les *Requins*, par exemple, ces fentes se réduisent à cinq, et enfin, chez les Poissons osseux (carpe, sardine, etc.), les branchies s'isolent ; elles sont supportées par quatre paires d'arcs osseux appelés *arcs branchiaux*, qui viennent se souder en haut et en bas à deux os longitudinaux de la tête et qui limitent *cinq fentes branchiales*. Ces branchies sont protégées par un volet ou *opercule* laissant en arrière une ouverture demi-circulaire désignée sous le nom impropre *d'ouïe*.

Chaque arc branchial (*fig.* 562) porte une double série de la-

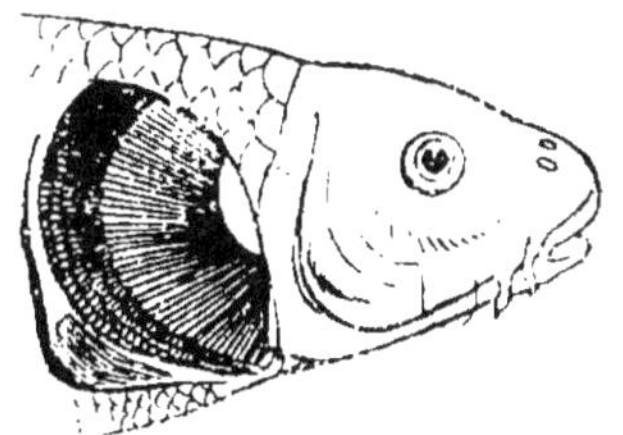

FIG. 561. — Partie antérieure d'un Poisson osseux. On a enlevé l'opercule pour montrer les branchies.

melles à l'intérieur desquelles vient se ramifier l'*artère branchiale*, dont le sang veineux devient artériel, pour se rassembler ensuite dans la veine branchiale qui l'emporte. Les deux branches de la veine et de l'artère branchiales sont réunies par un réseau très fin de capillaires, et c'est à ce niveau que se fait l'hématose, grâce à l'oxygène dissous dans l'eau.

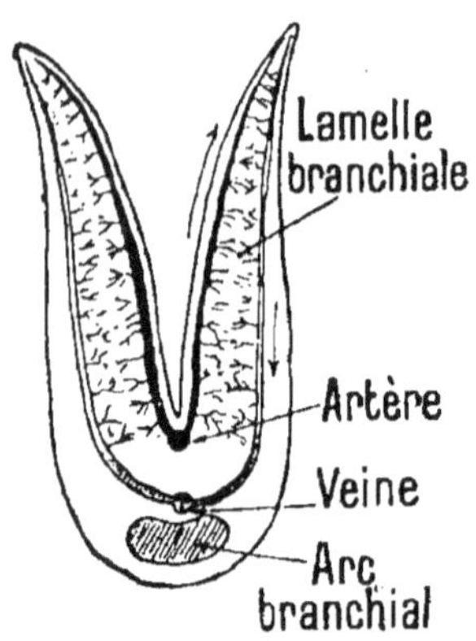

FIG 562. — Coupe en travers d'une branchie de Poisson.

Le renouvellement de l'eau au contact des branchies se fait ainsi : l'eau pénètre par la bouche, passe par les fentes branchiales situées entre les branchies et s'échappe par les ouïes. Les branchies sont très altérables ; c'est par leur apparence que l'on juge de l'état de fraîcheur du poisson.

Appareil circulatoire. — L'*appareil circulatoire* (*fig.* 563) comprend un **cœur à deux cavités** : en arrière une *oreillette*, en avant un *ventricule* ; il ne renferme que du **sang noir.** Du ventricule part en avant un gros vaisseau (*bulbe artériel*) renflé à sa base et qui, plus haut, se divise, à droite et à gauche, en autant d'*artères branchiales* qu'il y a de branchies pour distribuer le sang dans celles-ci. Les capillaires que forment ces artères se fusionnent en des *veines branchiales*, qui se réunissent ensuite en deux troncs conduisant le sang à l'*artère dorsale* ou *aorte commune*, qui le distribue aux différentes parties du corps. Il est ramené à l'oreillette du cœur par quatre veines appelées *cardinales*, situées par paires de chaque côté du corps : ces veines sont dénommées *cardinale antérieure* et *cardinale postérieure*, suivant leur position. A leur réunion,

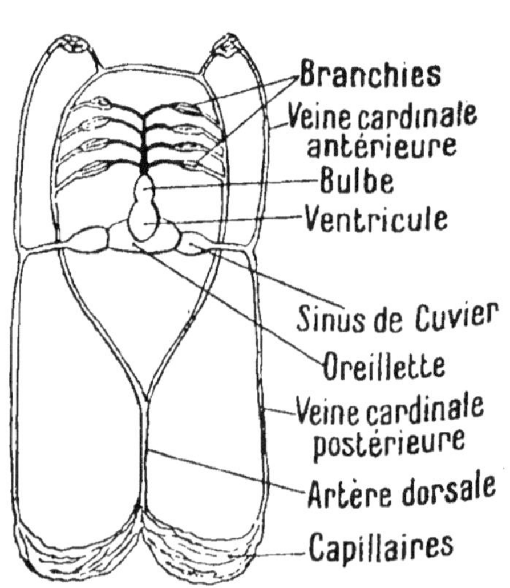

FIG. 563. — Appareil circulatoire des Poissons.

elles forment, de chaque côté de l'oreillette, un gros canal (*canal de Cuvier*), qui, se dilatant, forme une ampoule (*sinus de Cuvier*) s'ouvrant dans l'oreillette. De là, le sang passe dans le ventricule et, par l'intermédiaire du bulbe artériel, va aux branchies.

Squelette. — Le *squelette* comprend un très grand nombre de pièces, osseuses chez les uns, simplement cartilagineuses chez les autres. On retrouve néanmoins dans cet amas d'**arêtes** les principales parties du squelette des Vertébrés, c'est-à-dire la tête, la colonne vertébrale et les membres, ceux-ci transformés en nageoires. Les vertèbres sont *biconcaves ;* leur corps a la forme d'un sablier.

La colonne vertébrale se termine dans la nageoire caudale, soit en ligne droite, et alors la nageoire caudale est échancrée, soit en se redressant à l'extrémité : dans ce dernier cas, la nageoire caudale peut être longue et terminée par deux lobes très inégaux (*Poissons hétérocerques*) ou au contraire courte avec les deux lobes à peu près égaux (*Poissons homocerques*).

Système nerveux et organes des sens. — Le système nerveux est peu développé ; les hémisphères cérébraux (*fig.* 295) sont rudimentaires et lisses.

Le *toucher* est exercé par la peau, laquelle est revêtue d'**écailles** se recouvrant les unes les autres d'arrière en avant imbriquées comme les tuiles d'un toit.
Souvent, sur les flancs, on remarque, à droite et à gauche, une ligne d'écailles percées qui va de la tête à la queue : c'est la **ligne latérale** (*fig.* 564), dont les fonctions ne sont pas connues, mais qui paraît servir à l'animal à se rendre compte de sa position dans l'eau.

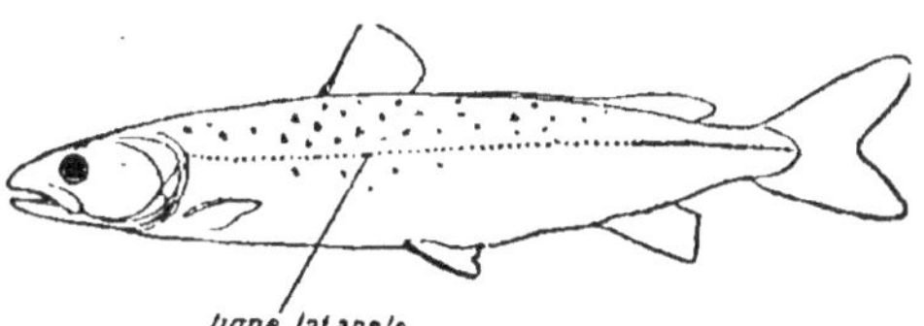

FIG. 564. — Poisson, vu de côté, pour montrer la ligne latérale.

Le *goût* est sans doute peu développé. L'ouïe l'est plus : chacun sait qu'il ne faut pas faire de bruit quand on pêche à la ligne.

Les *yeux* sont gros et au nombre de deux ; à leur intérieur, il y a un **cristallin** (*fig.* 565) très bombé, presque **sphérique**, recouvert par une cornée transparente aplatie. L'œil des Poissons est adapté pour la vision à courte distance, grâce à la sphéricité du cristallin ; celui-ci étant peu déformable, l'accommodation est difficile ; aussi les poissons voient-ils très péniblement de loin.

Reproduction. — Les Poissons **pondent des œufs** (*fig.* 566 et 567) de la grosseur d'un grain de millet qu'ils abandonnent généralement dans l'eau, où le flot les emporte et où ils se développent tant bien que mal, plutôt mal que bien. Pour compenser

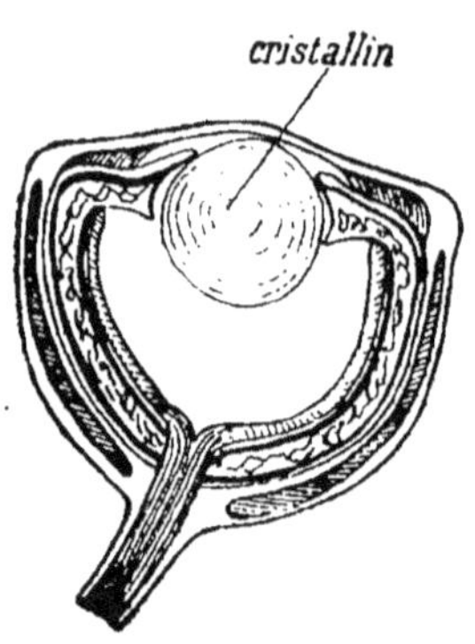

Fig. 565. — Coupe d'un œil de Poisson (grossie).

la perte énorme due à ce manque de soin des pontes, celles-ci sont copieuses : un seul Turbot ne donne pas moins de 9 millions d'œufs ; la Morue, 6 millions ; le Maquereau, 70.000 ; quelques espèces déposent leurs œufs, **frayent,** comme l'on dit, au milieu des herbes, où ils sont un peu mieux protégés que dans le cas précédent ; ce n'est qu'exceptionnellement que les parents construisent un nid et veillent sur leur progéniture : tel est le cas cependant de l'**Épinoche,** petit Poisson de nos cours d'eau qui fabrique un nid sphérique avec des débris de plantes. Les jeunes poissons qui se développent aux dépens des œufs portent le nom d'**alevins** (*fig.* 567).

Pour repeupler les régions pauvres en Poissons on se livre à la *pisciculture.* Cette pratique consiste à élever les Poissons, à recueillir leur ponte (ce qui est facile en pressant sur l'abdomen des femelles) (*fig.* 794), à veiller à l'éclosion des œufs et à nourrir les embryons ou *alevins* qui en sortent, lesquels se reconnaissent à ce qu'ils ont une bosse volumineuse sous le ventre. Tout cet élevage se fait dans

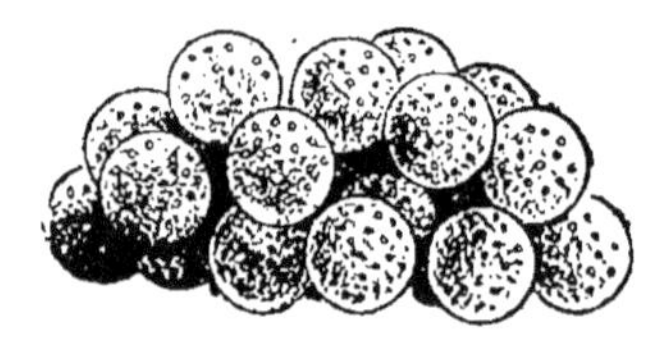

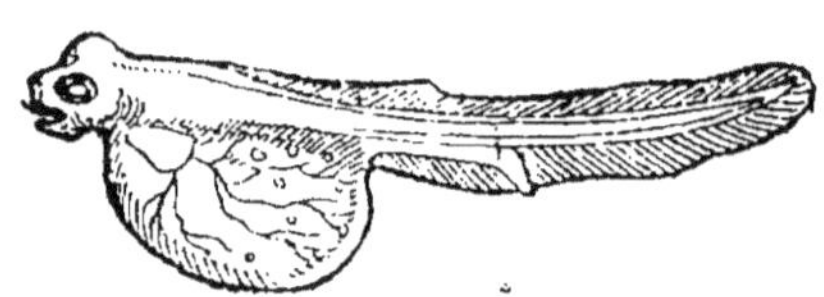

Fig. 566 et 567. — *En haut :* Œufs de Poisson (grossis 20 fois). — *En bas :* Jeune Poisson (alevin) (grossi 5 fois).

des cuves parcourues par un courant d'eau. Quand on possède de jeunes Poissons suffisamment forts, on les jette à l'eau, où, dès lors, ils peuvent se suffire à eux-mêmes.

Migrations. — De nombreuses espèces de Poissons effectuent des **migrations** analogues à celles des Oiseaux. Les unes, comme la Sardine, quittent les bords de la mer pour s'enfoncer dans la profondeur, voyageant par bancs énormes ayant parfois 10 kilomètres de long. D'autres, comme les Saumons, abandonnent la mer pour remonter les fleuves ou, comme les Anguilles, abandonnent les eaux douces pour aller dans la mer. Ces migrations paraissent avoir pour but de permettre aux poissons de déposer leurs œufs dans un endroit propice et de trouver une oxygénation favorable.

Pêche aux Poissons. — La pêche aux Poissons diffère suivant les endroits où l'on se trouve et les espèces que l'on veut capturer. Elle se fait soit à la *ligne flottante*, soit à la *ligne de fond*, soit avec des *nasses* en osier ou, plus généralement, au *filet*.

CLASSIFICATION DES POISSONS

Les poissons se divisent en *cinq ordres* d'après la disposition de l'appareil respiratoire et de la bouche, ainsi que d'après la nature du squelette.

I. — Ordre des Cyclostomes

Les *Cyclostomes* (de *sloma*, bouche, et *cyclos*, cercle) sont des Poissons cartilagineux ayant la bouche circulaire armée de dents et la **peau nue**. Ils ont **sept ouvertures branchiales** (*fig.* 568 et 569) de chaque côté de la tête.

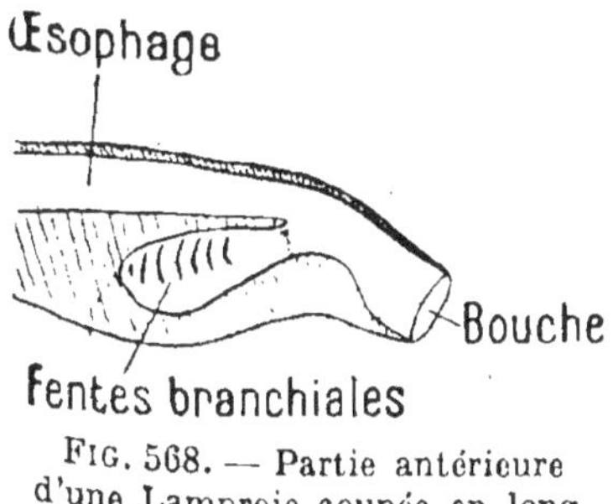

FIG. 568. — Partie antérieure d'une Lamproie coupée en long.

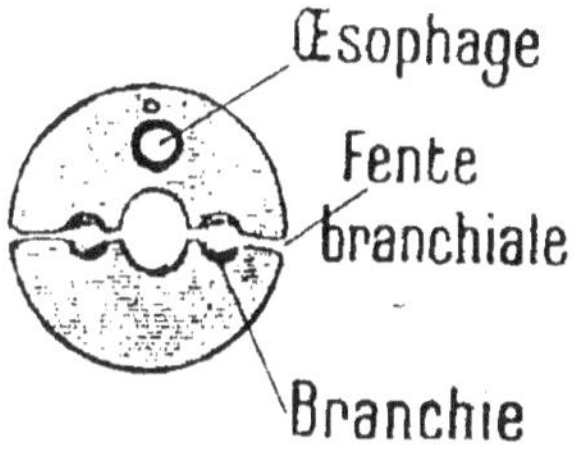

FIG. 569. — Partie antérieure d'une Lamproie coupée en travers.

C'est dans ce groupe que se placent les **Lamproies** (*fig.* 570), qui se rencontrent dans les mers et dans les rivières, et qui sont comestibles. Avec leurs ventouses, elles s'appliquent sur les flancs des gros Poissons et leur sucent le sang à la manière des Sangsues.

II. — Ordre des Sélaciens

Les Sélaciens sont des Poissons qui ont le **squelette cartilagineux**, c'est-à-dire non ossifié. Leurs branchies ne sont pas protégées par des opercules, mais s'ouvrent, sur les deux côtés

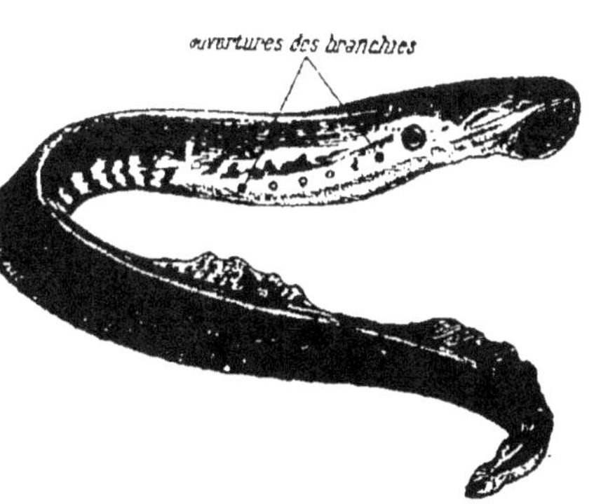

FIG. 570. — Lamproie (longueur de 0^m,20 à 1 mètre).

du cou, par cinq orifices placés à fleur de peau. Leur queue est échancrée comme celle des Poissons osseux, avec cette diffé-rence que le lobe du haut est beaucoup plus large que le lobe du bas (*fig.* 571) (*Poissons hétérocerques*). Tous sont marins. La peau est revêtue de petites écailles osseuses placées côte à côte et ne se recouvrant pas.

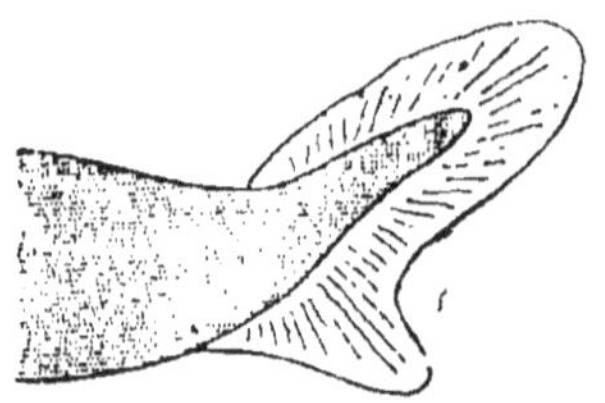

FIG. 571. — Queue de Sélacien.

Les **Requins** (*fig.* 572) atteignent de grandes tailles. Leur museau est allon-gé, et la bouche, armée de nombreuses dents pointues, se trouve à la face in-férieure de celui-ci. Sur les côtés du cou, on remarque les fentes branchiales.

Sur nos côtes, il y a de petits Requins, les **Squales** ; l'une des

FIG. 572. — Requin (Squale bleu) (de 1 à 8 mètres de long.).

espèces les plus connues est le *Chien de mer*, qui est comestible ; sa peau rugueuse peut être utilisée pour aiguiser les crayons, à l'instar du papier de verre ; on en fait aussi, de même qu'avec celle des Requins, un cuir spé-cial appelé *peau de chagrin*, pouvant servir à polir le bois.

Les **Raies** sont des Poissons plats qui pondent des œufs en forme de sacs quadran-gulaires dont les angles se prolongent en autant de cornes.

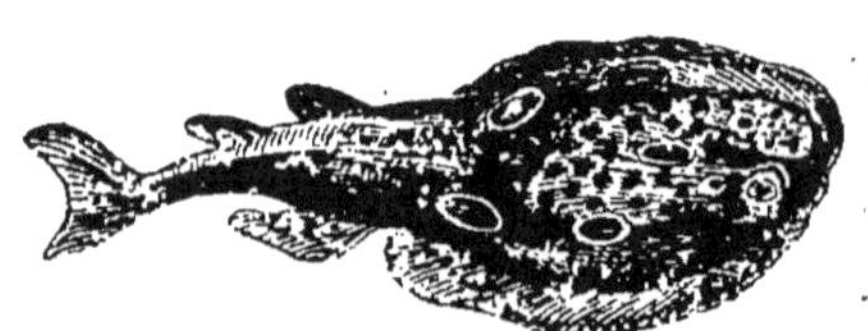

FIG. 573. — Torpille (longueur 0m,40).

Les **Torpilles** (*fig.* 573) ont la même forme que les Raies et se trouvent quelquefois sur nos côtes : elles envoient des décharges électriques quand on les touche.

III. — Ordre des Ganoïdes

Les Ganoïdes sont des Poissons à squelette en partie osseux, en partie cartilagineux, dont la peau est recouverte d'écailles épaisses et brillantes (*ganos*, éclat). Ces *Poissons* n'ont **pas de dents.** Sur le dos et les côtés du corps, ils possèdent des **rangées de plaques osseuses.**

Les Ganoïdes sont représentés par les **Esturgeons** (*fig.* 574),

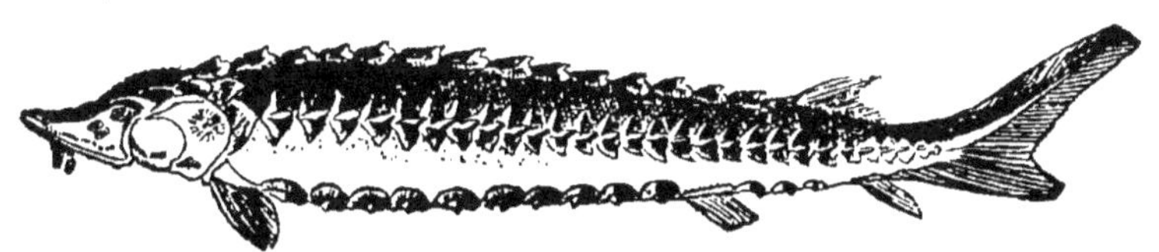

FIG. 574. — Esturgeon (de 1 à 6 mètres de long).

grands Poissons qui vivent dans la mer, mais remontent les fleuves. Leurs œufs, conservés, constituent le *caviar*, le plat national russe. C'est avec la vessie natatoire des mêmes Poissons que l'on fabrique la *colle de poisson* ou *ichthyocolle*. Étendue en couche mince sur le taffetas, elle constitue le *taffetas d'Angleterre*, qu'on applique sur les coupures.

IV. — Ordre des Téléostéens

Les Téléostéens ou **Poissons osseux** ont le **squelette ossifié,** c'est-à-dire non cartilagineux. Leurs **branchies** (*fig.* 575) sont protégées, sur les côtés du cou, par **deux opercules** (*fig.* 561) ; pour les voir, il faut écarter ceux-ci. Leur **queue** (*fig.* 576) est souvent **échancrée** et, alors, le lobe du haut est **égal** au lobe du bas (*Poissons homocerques*).

On les divise en deux groupes :

1º Les Poissons à nageoire dorsale épineuse ;

2º Les Poissons à nageoire dorsale molle.

1º **Poissons osseux à nageoire dorsale épineuse.** Ils sont caractérisés par la présence de **rayons épineux** et durs aux nageoires dorsales. La plupart sont marins : il n'y a que quelques espèces d'eau douce.

Les **Maquereaux** se reconnaissent facilement à leur teinte irisée, leur dos d'un beau vert bleuâtre, avec des lignes sinueuses bleu foncé, leur nageoire caudale en croissant de lune.

Le **Thon** (*fig.* 577) est le plus grand des Poissons d'Europe, car il peut dépasser 4 mètres de longueur. On le trouve surtout

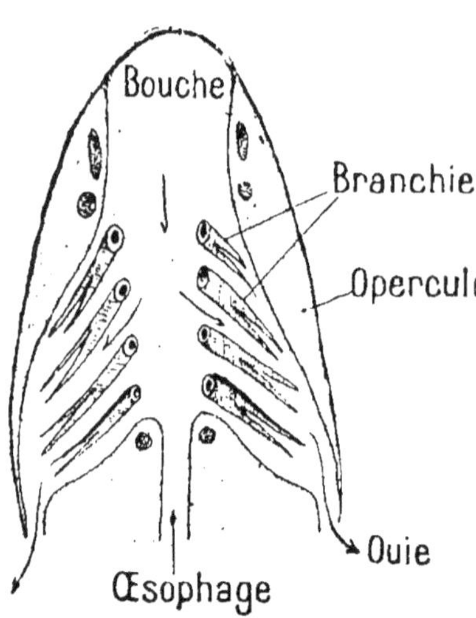

FIG. 575. — Coupe horizontale de la partie antérieure d'un Poisson de l'ordre des Téléostéens.

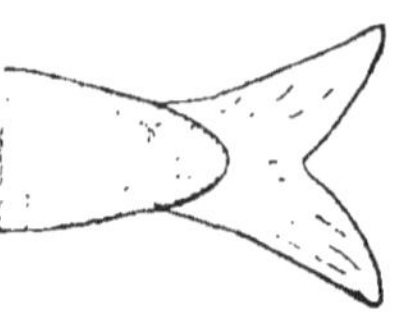

FIG. 576. — Queue de Poisson osseux.

dans le golfe de Gascogne : sa chair a une teinte rosée particulière.

La **Vive** possède des piquants venimeux, surtout en avant des nageoires dorsales, ce qui ne l'empêche pas d'être comestible.

Le **Dactyloptère** a des nageoires très larges, ce qui lui permet de sauter hors de l'eau et de se soutenir en planant dans l'air, d'où le nom de *Poisson volant* qu'on lui donne.

La **Rascasse** entre dans la composition de la bouillabaisse, le mets réputé des Marseillais.

FIG. 577. — Thon (de 1 à 4 mètres de long)

Le **Grondin** (*fig.* 578) possède, aux nageoires pectorales, des appendices digités, qui lui permettent de marcher au fond de la mer. Son nom lui vient de ce qu'il produit une sorte de grognement.

L'**Espadon**, que l'on trouve dans la Mé-

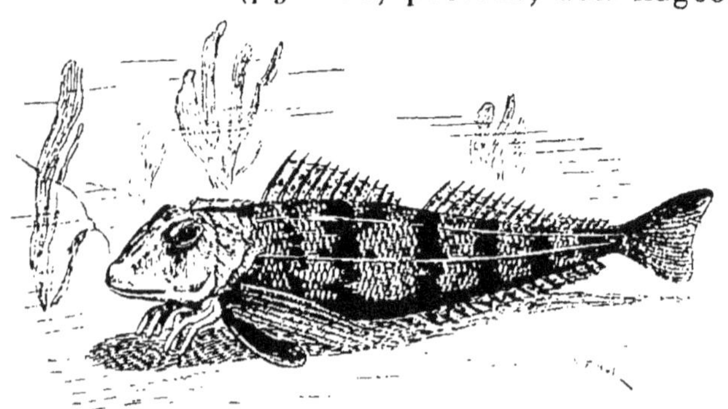

FIG. 578. — Grondin (atteint la longueur de l'avant-bras).

diterranée, a la mâchoire supérieure prolongée en forme

de glaive, ce qui lui donne une arme d'attaque et de défense.

Parmi les espèces d'eau douce, il faut citer la **Perche** (*fig.* 579), qui vit dans les eaux claires et transparentes ; le **Chabot**, qui,

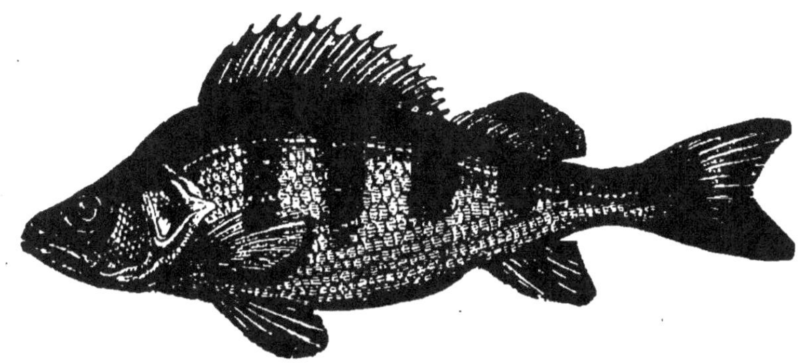

Fig. 579. — Perche.

dans les rivières, se tient sous les pierres, et l'**Épinoche** (*fig.* 580), qui construit un nid sphérique.

2° **Poissons à nageoire dorsale molle.** — Ils sont caractérisés par la présence d'une nageoire dorsale à **rayons mous.** Les uns habitent la mer, les autres les eaux douces.

Espèces d'eau de mer. — La **Morue** (*fig.* 581) constitue un aliment im-portant ; c'est en faisant

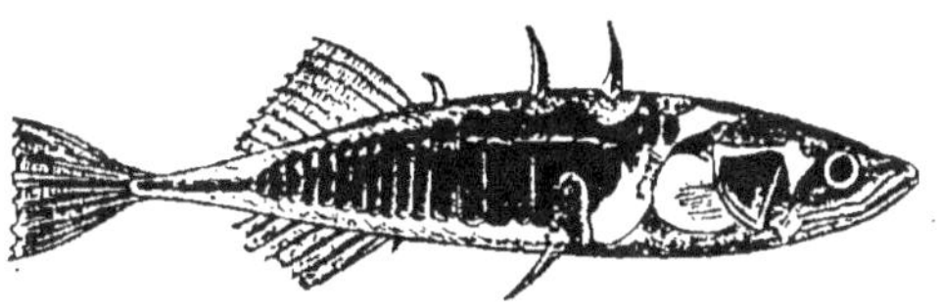

Fig. 580. — Épinoche (longueur du petit doigt)

bouillir leur foie dans l'eau que l'on re-cueille l'huile de foie de morue.

Le **Merlan** est très commun sur nos côtes. Sa chair est blanche et peu consistante.

Le **Hareng** se rencontre surtout dans la Manche, il s'en éloigne à certaines époques pour gagner les grands fonds. On le pêche au filet.

La **Sardine** se pêche avec des filets en l'attirant avec de la rogue, c'est-à-dire avec des œufs de Morue.

Les **Anchois** vivent en bandes serrées ; on les capture en masse et on les empile avec du sel dans des barils.

Espèces d'eau douce. — Les **Carpes** sont faciles à reconnaître à la largeur exceptionnelle de leurs écailles ; elles recherchent des eaux calmes, dont le fond est vaseux.

Le **Cyprin doré** ou **Poisson rouge** s'élève facilement en aquarium. Il est originaire de Chine. Mis dans certaines rivières, il y prospère, mais perd sa curieuse couleur rouge.

Les **Goujons** sont très communs dans nos eaux douces et se laissent prendre facilement.

La **Tanche** a, comme beaucoup d'autres Poissons de nos eaux douces, une désagréable odeur de vase.

La **Bouvière** a le singulier instinct de pondre ses œufs dans les branchies d'un Mollusque bivalve, une sorte de grosse moule d'eau douce, l'Anodonte.

L'**Ablette** est pourvue d'écailles, d'où, par un traitement spécial, on tire une matière blanche, l'*essence d'Orient*. Celle-ci, insufflée dans de petites boules en verre, les transforme en fausses perles fines.

La **Loche** a une singulière manière de respirer. Elle avale des bulles d'air et respire par son tube digestif. L'air chargé d'acide carbonique ressort par l'anus.

Les **Saumons** vivent pendant deux ou trois années dans les eaux douces, où ils croissent lentement, puis se rendent dans la mer où ils gran-

FIG. 581. — Grandeur comparée d'une Morue et d'un enfant de 5 ans.

dissent avec une rapidité extraordinaire.

La chair du Saumon a une teinte spéciale, dite *saumonée*, tirant sur l'orangé ; elle est excellente.

La **Truite** n'a pas une valeur moindre. La variété dite saumonée a une chair orangée comme le Saumon. On la trouve dans les eaux des régions montagneuses. La truite arc-en-ciel, d'origine américaine, est aujourd'hui acclimatée dans nos cours d'eau et rivières.

Le **Brochet** (*fig.* 582) est le Requin de nos eaux douces ; grâce à sa large gueule garnie de fortes dents, il poursuit les petits Poissons et les engloutit en masse. Sa chair est exquise.

L'**Alose** est plutôt un Poisson marin qui vient frayer dans les eaux douces.

Le *Barbeau*, le *Gardon*, la *Chevaine*, le *Vairon*, la *Brème* sont bien connus des pêcheurs à la ligne.

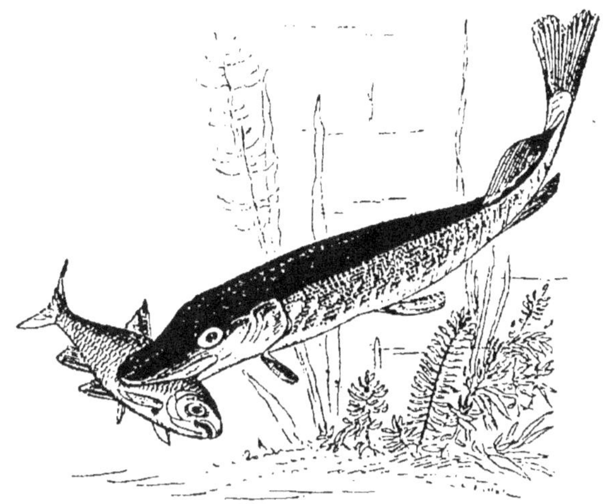

FIG. 582. — Brochet (jusqu'à 0^m,80).

Quelques poissons ont le **corps serpentiforme** et n'ont que les nageoires pectorales comme nageoires paires. Tels sont :

Les **Anguilles,** bien connues par leur corps allongé, gluant, et leur vitalité qui les fait remuer, même coupées en morceaux.

Les **Gymnotes,** qui vivent dans les cours d'eau de la Guyane. Ce sont des sortes d'Anguilles qui, lorsqu'on les touche, envoient de terribles secousses électriques.

A citer encore, parmi les Poissons osseux à nageoire dorsale molle, quelques exemples présentant des particularités curieuses :

Les **Hippocampes** (*fig.* 583) sont de singuliers Poissons, non rares sur nos côtes, et dont la tête simule la tête d'un petit Cheval, d'où le nom de *Cheval marin*. Le corps, protégé par une sorte de cuirasse, se prolonge, en arrière, par une queue pouvant s'enrouler autour des Algues et des Coraux. Le mâle porte les œufs sur son ventre. Les branchies

FIG. 583. — Hippocampe (grandeur du grand doigt).

forment une sorte de houppe de chaque côté de la tête.

D'autres ont le corps globuleux, capable de se gonfler, et protégé par une sorte de cuirasse hérissée de piquants, comme le **Diodon** et le **Tétrodon.**

D'autres Poissons de forme curieuse sont :

Les *Poissons plats*, parmi lesquels il faut citer la **Sole**, le **Turbot**, le **Carrelet**, la **Plie**. Ils vivent non loin des côtes, le corps appliqué contre le fond. Jeunes, ils ressemblent aux Poissons ordinaires ; mais, peu à peu, ils s'aplatissent de façon à reposer sur le fond par un côté, et la tête se déforme de manière à amener les deux yeux du même côté.

V. — Ordre des Dipneustes

Les *Dipneustes* sont de singuliers Poissons qui ont **deux sortes de respiration,** car ils possèdent en même temps des branchies et des poumons formés par la vessie natatoire, se rapprochant ainsi des Batraciens à branchies persistantes.

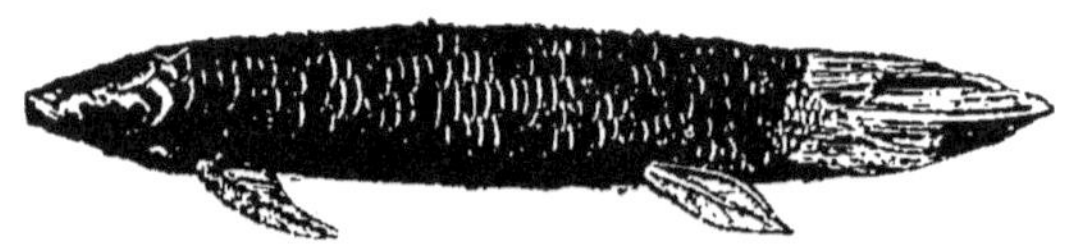

Le **Ceratodus** d'Australie, par exemple (*fig.* 584), respire avec ses branchies tant qu'il y a de l'eau dans les

FIG. 584. — Ceratodus (poisson à deux respirations).

rivières. Puis, quand celles-ci se dessèchent, il s'enfonce dans la vase et respire dès lors par son poumon.

Les *Lépidosirens* du Brésil et les *Protoptères* d'Afrique font de même.

TABLEAU SYNOPTIQUE DE LA CLASSE DES POISSONS

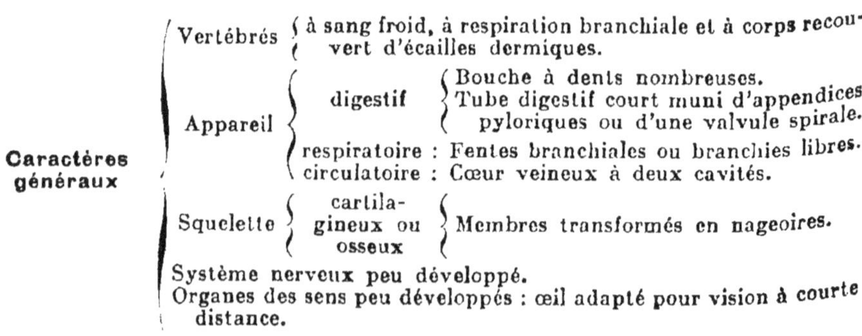

Caractères généraux

Vertébrés { à sang froid, à respiration branchiale et à corps recouvert d'écailles dermiques.

Appareil {
- digestif { Bouche à dents nombreuses. / Tube digestif court muni d'appendices pyloriques ou d'une valvule spirale.
- respiratoire : Fentes branchiales ou branchies libres.
- circulatoire : Cœur veineux à deux cavités.

Squelette { cartilagineux ou osseux { Membres transformés en nageoires.

Système nerveux peu développé.
Organes des sens peu développés : œil adapté pour vision à courte distance.

Classification :
Poissons ayant

seulement des branchies — Fentes branchiales s'ouvrant directement sur les côtés du cou.
- Bouche circulaire (Squelette cartilagineux). → **Cyclostomes** (*Lamproie*).
- Bouche transversale (Squelette cartilagineux). → **Sélaciens** (*Requin*).

Fentes branchiales recouvertes par un opercule.
- Squelette mi-osseux mi-cartilagineux → **Ganoïdes** (*Esturgeon*).
- Squelette osseux...... → **Téléostéens** (*Carpe*).

à la fois branchies et poumons .... → **Dipneustes** (*Ceratodus*).

TRAVAUX PRATIQUES RELATIFS AUX POISSONS

a) Étudier un Poisson osseux quelconque, soit qu'on puisse le pêcher dans la région (*Carpe, Goujon, Truite, Perche, Brochet, Tanche*, etc.), soit qu'on l'achète au marché (*Merlan, Hareng, Maquereau, Saumon*, etc.).

Extérieur. — Examiner, avec le plus grand soin, les carac-

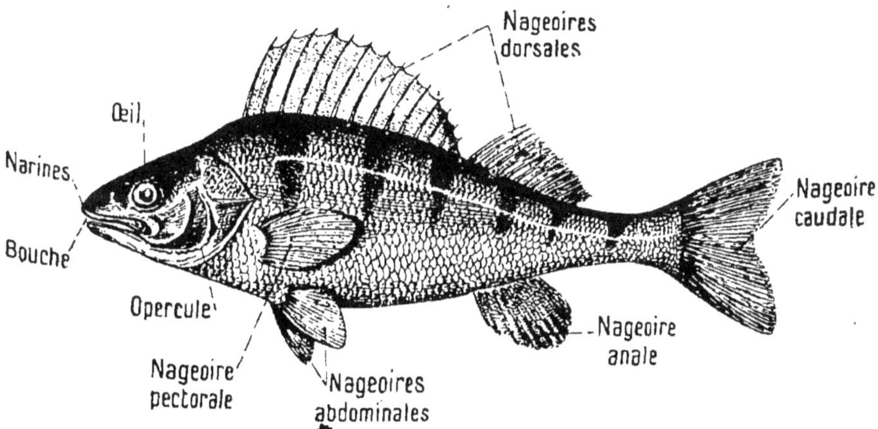

FIG. 585. — Caractères extérieurs d'une Perche (réduite de moitié).

tères extérieurs (*fig.* 585) du poisson dont on a choisi l'étude. Remarquer, en particulier :
a) La tête ;
b) Le corps ;
c) Les nageoires impaires placées sur le dos ;

d) La nageoire caudale ;

e) Les nageoires paires ;

f) La bouche, l'anus ;

g) Les yeux et les narines ;

h) Les opercules ou « ouïes », qui, écartées, montrent les branchies ;

i) Les écailles ;

j) La ligne latérale, qui va de la tête à la queue (elle n'existe pas chez toutes les espèces) et qui est constituée par des écailles percées d'un orifice.

Branchies. — Couper l'un des opercules et se rendre compte de la disposition des branchies et de leurs intervalles, qui se continuent avec la cavité buccale (*fig.* 561).

Tube digestif (*fig.* 586). — Mettre l'animal sur le flanc et inciser la paroi de la cavité abdominale. On trouve facilement l'*œsophage*, l'*estomac* (qui présente, parfois, des « *appendices pyloriques* »), l'*intestin*, le *foie* — qui est volumineux —, le *pancréas* qui est diffus. Sur la face dorsale du tube digestif se trouve, dans quelques espèces — la *vessie natatoire*, souvent étranglée en son milieu (Carpe).

Cœur. — La même dissection montre le *cœur*, formé d'une *oreillette* et d'un *ventricule*, suivi d'un *bulbe aortique*.

Encéphale (*fig.* 295 à 298). — Mettre l'animal sur le ventre et, dans la région de la tête, s'efforcer d'enlever, par fragments, les os du crâne, lesquels sont, malheureusement, dans bien des cas, très durs. Prendre, de préférence, des têtes volumineuses (Congres, etc.), que, dans les marchés, les poissonniers cèdent pour une somme minime, ces têtes n'ayant pas de valeur marchande. On arrive à pénétrer dans la cavité cranienne, en entaillant les os avec un fort scalpel ou un canif manœuvré *horizontalement*. On ne risque pas ainsi de léser l'encéphale, qui, d'ailleurs, est très facile à isoler parce qu'il n'occupe qu'une faible partie de la cavité cranienne [1]. Sans aucune autre dissection, on voit, s'étageant d'avant en arrière, les *lobes optiques*, les *hémisphères cérébraux*, la *glande pinéale*, les *lobes bijumeaux*, le *cervelel*, lequel se continue avec la *moelle allongée*.

b) Étudier un Poisson cartilagineux, par exemple la *Rousselle* ou le *Chien de mer* si l'on n'est pas éloigné d'un port de mer, ou la *Raie*, que l'on peut se procurer dans la plu-

---

1. Opérer dans de l'eau. La matière grasse qui enveloppe l'encéphale vient flotter d'elle-même à la surface de l'eau, où elle ne gène pas et d'où, d'ailleurs, il suffit de l'écarter si elle est trop abondante.

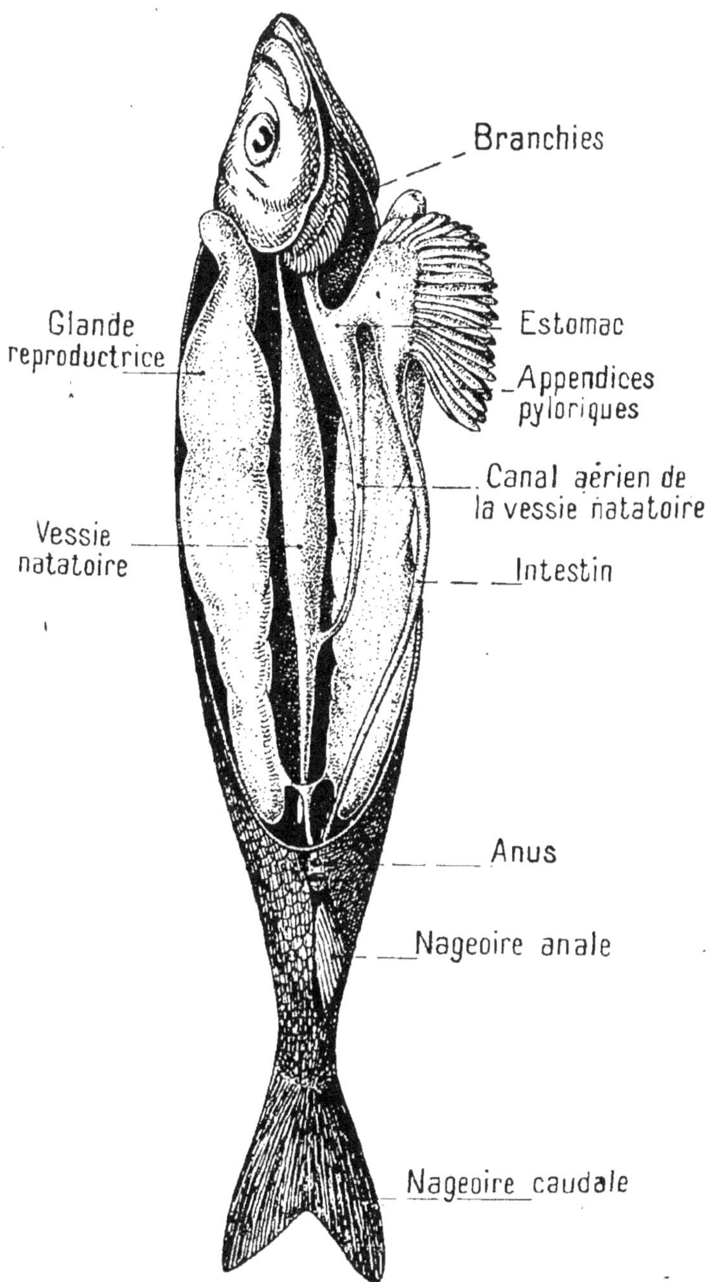

FIG. 586. — Tube digestif d'un Hareng.

part des marchés. Porter son attention sur les *caractères extérieurs*, puis — si l'animal est bien frais — disséquer le *tube digestif* — en mettant l'animal sur le dos — et l'*encéphale* — en mettant l'animal sur le ventre. Cette dernière dissection se fait comme pour les Poissons osseux, mais elle est plus facile, car le crâne (étant cartilagineux) s'entaille, généralement, sans grande difficulté ;

c) Comparer les caractères des diverses espèces de la région ou de la collection ;

d) Examiner des *Poissons rouges* gardés vivants, dans un aquarium. Observer leurs mouvements natatoires. Les nourrir avec des « vers rouges » (qui sont des larves d'un insecte appelé *Chironome*) ou de petits fragments de vermicelle ;

e) Examiner les *cristallins* de Poissons cuits — ils s'enlèvent presque d'eux-mêmes — et constater qu'ils sont presque sphériques (*fig.* 565).

CLASSE DES BATRACIENS

Les **Batraciens** (du grec *batrakhos*, grenouille), également appelés **Amphibiens** (de *amphi*, double, et *bios*, vie), sont des Vertébrés à sang froid, à **peau nue** et ayant une **respiration aquatique,** c'est-à-dire par branchies, quand ils sont jeunes (têtards), **aérienne,** c'est-à-dire par poumons, quand ils sont adultes. Tous vivent soit dans l'eau, soit sur ses bords, soit dans les **endroits** un peu **humides.** Les globules du sang sont ovales et relativement gros. L'appareil circulatoire comprend un cœur à trois cavités, deux oreillettes et un ventricule.

Les Batraciens affectent deux formes différentes suivant qu'à l'état adulte ils ont ou n'ont pas de queue, ce qui permet de les diviser en deux groupes auxquels on donne les noms d'*Anoures* (du grec *a* privatif, *oura*, queue) et d'*Urodèles* (du grec *oura*, queue ; *delos*, manifeste). Les métamorphoses, c'est-à-dire le changement des larves (**têtards**) en adultes, sont complètes chez les premiers et incomplètes chez les seconds ; nous les étudierons particulièrement chez les Grenouilles.

Les Grenouilles déposent leurs œufs dans l'eau. Ceux-ci, au moment de la ponte, sont entourés d'une matière mucilagineuse, d'abord peu abondante, mais qui, au contact de l'eau, absorbe une quantité considérable de liquide ; il en résulte une masse gélatineuse (*fig.* 587), soit irrégulière, soit disposée en cordon et dont l'ensemble est plus gros que la Grenouillle qui l'a déposée : à l'intérieur on voit les œufs, noirs, arrondis, de la grosseur d'un grain de chènevis. Au bout de peu de temps, chaque œuf se transforme en un petit Têtard noir, avec une tête volumineuse et une queue effilée. On le voit s'agiter péniblement, puis grossir un peu et enfin se frayer un chemin à travers la masse gélatineuse pour se trouver, en définitive, libre dans l'eau. Les jeunes Têtards vont s'attacher aux tiges et aux feuilles des plantes aquatiques et y restent presque immobiles. De chaque côté du cou il y a deux panaches, les *branchies externes* (*fig.* 588). Un peu plus tard (*fig.* 589), celles-ci disparaissent pour être remplacées par des *branchies internes* ; tandis que le Têtard

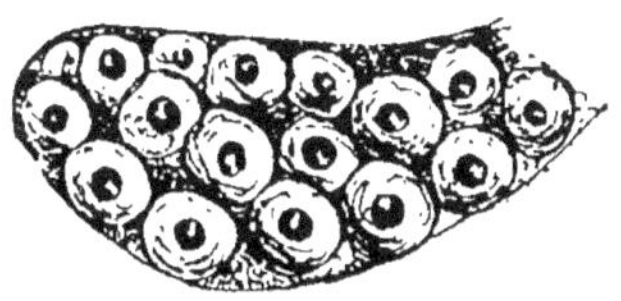

FIG.587. — Œufs de Grenouille

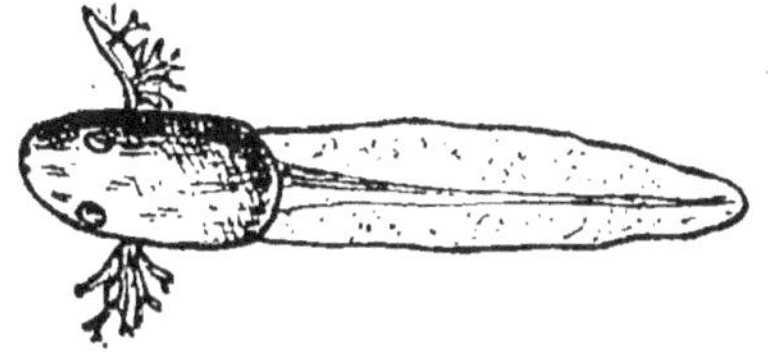

FIG. 588. — Têtard
pourvu de branchies externes.

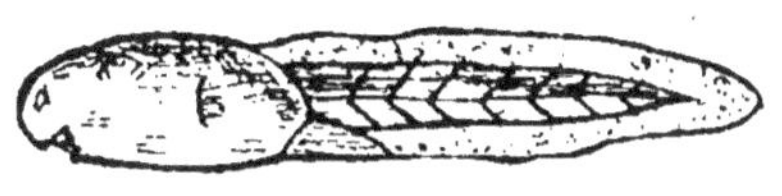

FIG. 589. — Têtard après la
disparition des branchies externes.

grossit, il abandonne sa situation fixe et se met à nager avec agilité dans l'eau. On le voit manger avec avidité des fragments de plantes ou simplement les impuretés de l'eau. Quand les Têtards atteignent une certaine taille, on voit apparaître à la base de la queue (*fig.* 590) deux moignons qui grandissent et se transforment en pattes ;

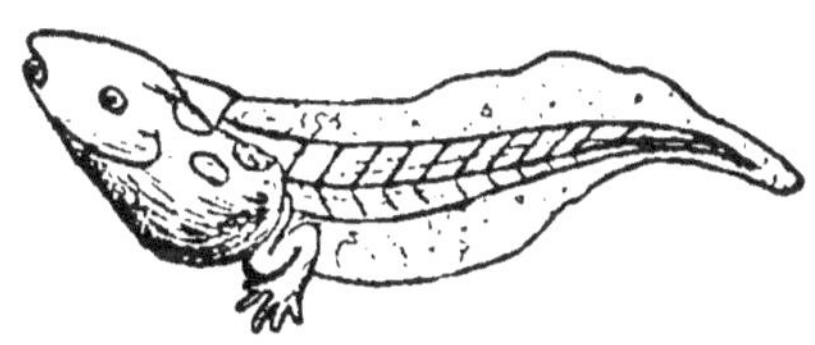

FIG. 590. — Têtard
pourvu de deux pattes.

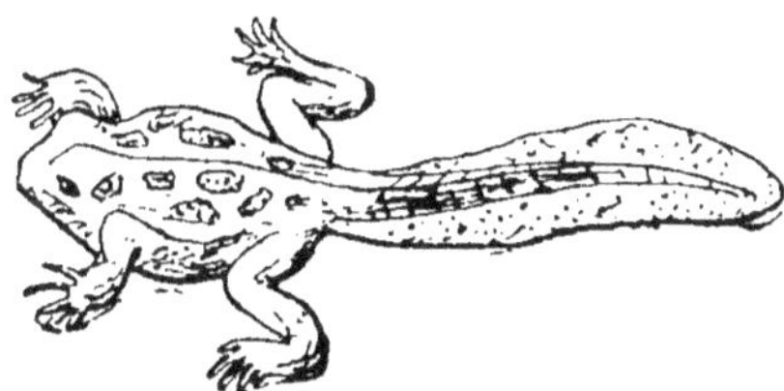

FIG. 591. — Têtard presque entièrement
transformé en Grenouille.

ce sont les membres postérieurs (*fig.* 590). Dès ce moment les poumons commencent à se développer, ce qui oblige le Têtard à venir de temps à autre respirer à la surface de l'eau. Un peu plus tard, les pattes antérieures apparaissent (*fig.* 591), tandis que la queue disparaît peu à peu, se « résorbe », comme l'on dit, et l'on a devant les yeux une véritable petite Grenouille. L'ensemble des phénomènes que nous venons de décrire porte le nom de *métamorphoses*. La respiration, qui était d'abord *aquatique*, devient *aérienne* : le Têtard absorbe l'oxygène dissous dans l'eau, tandis que la Grenouille absorbe l'oxygène atmosphérique.

Les *Batraciens* se divisent en trois ordres :
1° Les Pérennibranches ;
2° Les Urodèles ;
3° Les Anoures.

I. — Ordre des Pérennibranches

Les *Pérennibranches* (du latin *perennis*, durable) conservent leurs branchies à l'état adulte et leur forme allongée par la persistance de la queue ; ce sont les Batraciens qui subissent les métamorphoses les plus incomplètes. De ce nombre sont la **Salamandre** géante **du Japon,** qui atteint 1 mètre de longueur; l'**Axolotl** du Mexique, qui paraît n'être que la larve d'une sorte de Salamandre, et le **Protée** (*fig.* 592), qui est aveugle et vit dans les grottes de la Carniole.

Fig. 592. — Protée (longueur d'un crayon).

II. — Ordre des Urodèles

Les Urodèles subissent les mêmes métamorphoses que les Grenouilles, mais ils conservent leur queue à l'état adulte.

Les **Tritons** (*fig.* 593) sont très communs dans nos mares. Ils nagent avec leur queue et marchent au fond de l'eau avec leurs pattes. Sur le dos, il y a souvent une crête tout le long de la ligne médiane.

Fig. 593. — Triton (taille d'un petit lézard).

Les **Salamandres** (*fig. 594*), contrairement aux Tritons, qui restent presque constamment dans l'eau, vivent à terre. Elles s'en distinguent par leur queue cylindrique et non aplatie latéralement comme celle des Tritons. Elles viennent pondre dans l'eau.

FIG. 594. — Salamandre
(taille d'un lézard).

III. — Ordre des Anoures

Les *Anoures* (du grec *a* privatif, *oura*, queue) sont des Batraciens dépourvus de queue à l'âge adulte. Les Anoures ont pour types les Grenouilles.

FIG. 595. — Têtards et Grenouilles.

A droite et en haut de la figure : une Grenouille adulte : à gauche et au milieu : des Grenouilles à divers âges (celle du milieu a encore un rudiment de queue); en bas, à gauche et au milieu de la figure : des Têtards à divers degrés de développement; à droite : œufs entourés de matière mucilagineuse.

Les **Grenouilles** (*fig.* 595) vivent aux bords des eaux. Leur tête est grosse, avec une bouche largement fendue et deux yeux volumineux ; en arrière de ceux-ci on remarque un espace arrondi : c'est le tympan qui est à fleur de peau. Elles poussent

FIG. 596. — Grenouille mâle coassant (remarquer le sac de renforcement à la commissure des lèvres.

FIG. 597. — Rainettes vertes. Celle de droite est en train de chanter.

des cris particuliers qui caractérisent le **coassement** et qui varient d'une espèce à l'autre : chez les mâles qui chantent, on voit saillir des bords de la bouche deux gros sacs arrondis, membraneux, deux sortes de petits ballons (*fig.* 596) jouant le rôle de deux caisses de renforcement pour les sons sortant du gosier.

Les **Crapauds** se distinguent des Grenouilles en ce que leurs pattes sont courtes et leur peau rugueuse. Ce sont des animaux qui vivent d'insectes et qu'il faut protéger malgré leur aspect déplaisant.

Les **Rainettes** (*fig.* 597) sont des Grenouilles, vivant constamment hors de l'eau, dont les doigts sont terminés par des ventouses.

Les **Pipas** (*fig.* 598) sont des Crapauds fort curieux, quoique très laids, qui habitent la Guyane. Le mâle prend les œufs que la femelle vient de pondre et les lui dépose sur le dos. Au niveau de chaque œuf, le peau se creuse d'une petite cavité,

FIG. 598. — Pipa couvert de petits.

à l'intérieur de laquelle l'œuf se transforme petit à petit en adulte. Finalement tout le dos de la femelle est creusé de petites cavités où viennent se réfugier les jeunes au moindre danger.

TABLEAU SYNOPTIQUE DE LA CLASSE DES BATRACIENS

Caractères généraux :
- Vertébrés amphibies à peau nue.
- Respiration *branchiale* dans le jeune âge ; *pulmonaire*, à l'âge adulte.
- Cœur à trois cavités . deux oreillettes et un ventricule. Sang froid.
- Métamorphoses (Têtards).

Classification Batraciens :
- Conservant leur queue à l'âge adulte
  - Conservant leurs branchies toute leur vie......... **Pérennibranches** (*Protée*).
  - Perdant leurs branchies... **Urodèles** (*Salamandre*).
- Dépourvus de queue à l'âge adulte ...... **Anoures** (*Grenouille*).

TRAVAUX PRATIQUES RELATIFS AUX BATRACIENS

a) Étudier, une *Grenouille verte* ou une *Grenouille rousse*. A défaut, prendre un *Crapaud* ou une *Rainette*.

Extérieur. — Remarquer :

a) La forme du corps ;

b) Les quatre membres ;

c) La tête, avec la bouche et sur les côtés, les tympans ;

d) La peau qui n'est presque pas adhérente aux muscles sous-jacents par suite de la présence de grandes lacunes lymphatiques.

Dissection. — On peut disséquer des *Grenouilles* toutes vivantes ou tuées, au préalable, par le chloroforme. La dissection se fait, sous l'eau, dans la cuvette liégée.

Muscles. — Enlever la peau d'une *Grenouille* — ce qui est facile — et observer la disposition des muscles (*fig.* 599).

Tube digestif (*fig.* 600). — Mettre la Grenouille sur le dos. Étendre les membres en croix et en piquer les extrémités. Fendre, sur la ligne médiane ventrale, la peau et les muscles abdominaux, depuis l'intervalle des cuisses jusqu'à la bouche. Rabattre les lambeaux à droite et à gauche et les fixer avec des épingles sur le liège. Écarter les parties internes avec des pinces ou un simple

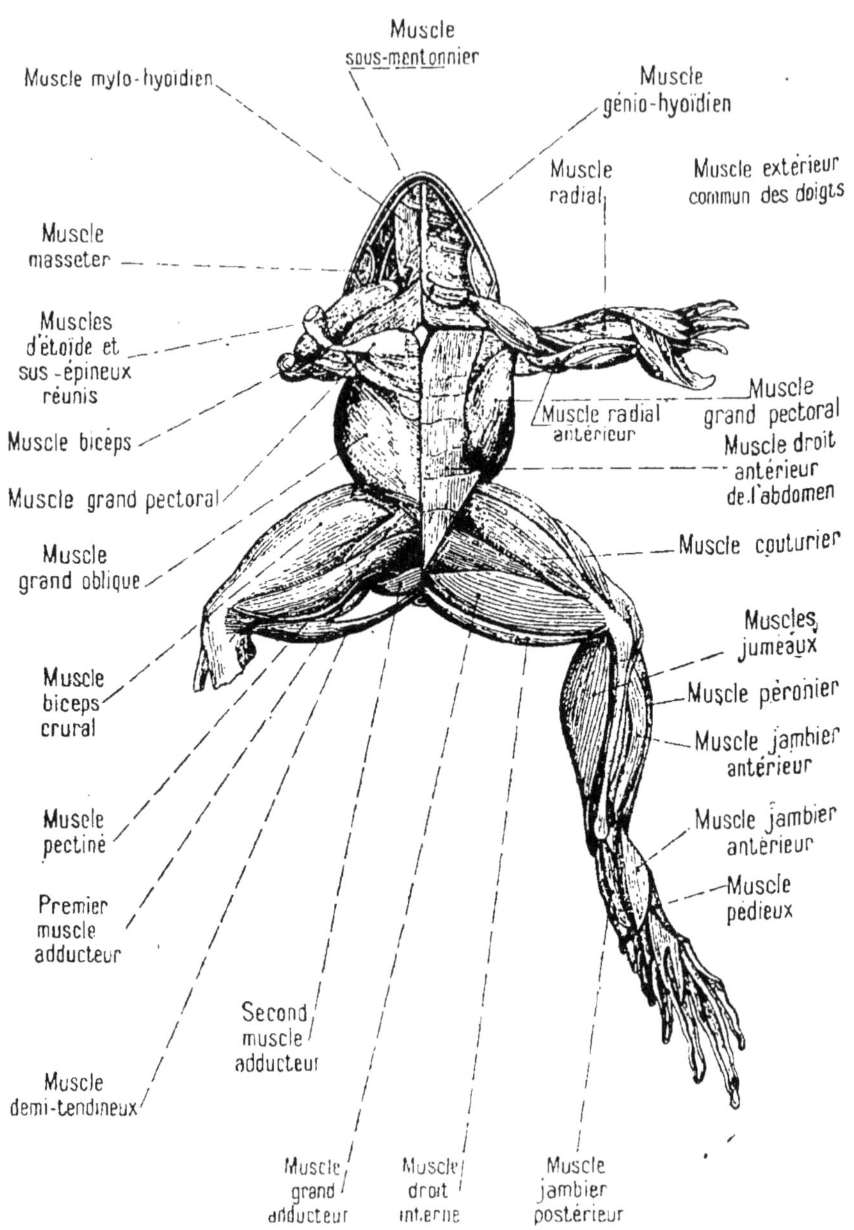

Fig. 599. — Muscles de la Grenouille (face ventrale).

pinceau. Le tube digestif (*fig.* 600) est formé d'un *œsophage*, un *estomac*, un *intestin*, un *foie*, un *pancréas*. Remarquer la langue qui, contrairement à la nôtre, s'insère sur le devant de la mâchoire inférieure.

Poumons. — La même dissection montre, sous la gorge, les deux *poumons*, qui sont un peu ratatinés, mais que l'on peut gonfler en y insufflant de l'air par le larynx (*fig.* 600).

Reins. — La même dissection montre les *reins* et la *vessie urinaire*, qui est volumineuse.

Appareil circulatoire. — Observer la constitution du cœur (deux oreillettes, un ventricule).

Faire l'injection du système artériel par le cœur.

Encéphale (*fig.* 292 à 294). — Mettre l'animal sur le ventre. Après avoir enlevé la peau et les masses musculaires du crâne, ouvrir peu à peu celui-ci en· entaillant les os avec un scalpel manœuvré *horizontalement*. On

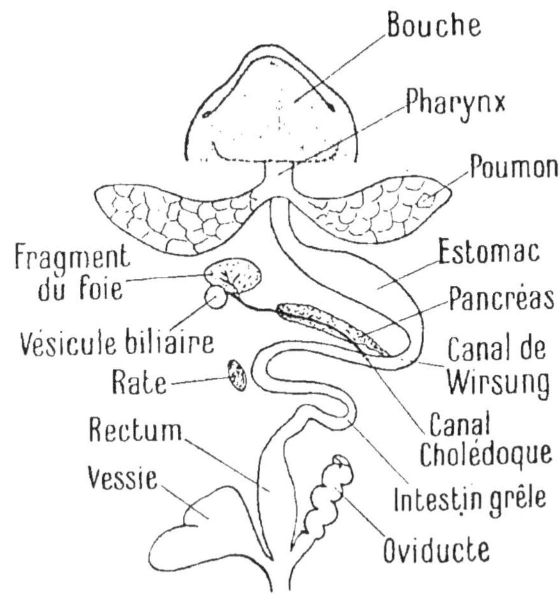

Fig. 600. — Appareils digestif et respiratoire de la Grenouille (grandeur naturelle).

y voit, sans peine, d'avant en arrière, les *nerfs olfactifs*, les *lobes olfactifs*, les *hémisphères cérébraux*, la *glande pinéale*, les *lobes optiques*, le *plancher du quatrième ventricule*. S'efforcer de suivre la moelle dans le canal rachidien en coupant les vertèbres à droite et à gauche.

Squelette (*fig.* 601). — Écorcher une Grenouille, puis laisser pourrir le cadavre dans de l'eau. Au bout de quelques semaines, la chair s'en va par lambeaux sous un filet d'eau.

On peut aussi mettre un cadavre de grenouille dans un aquarium avec des Dytiques vivants ; ceux-ci ont vite fait d'en dévorer la chair, ce qui met le squelette à nu.

b) Récolter des œufs de grenouille dans un étang (où ils

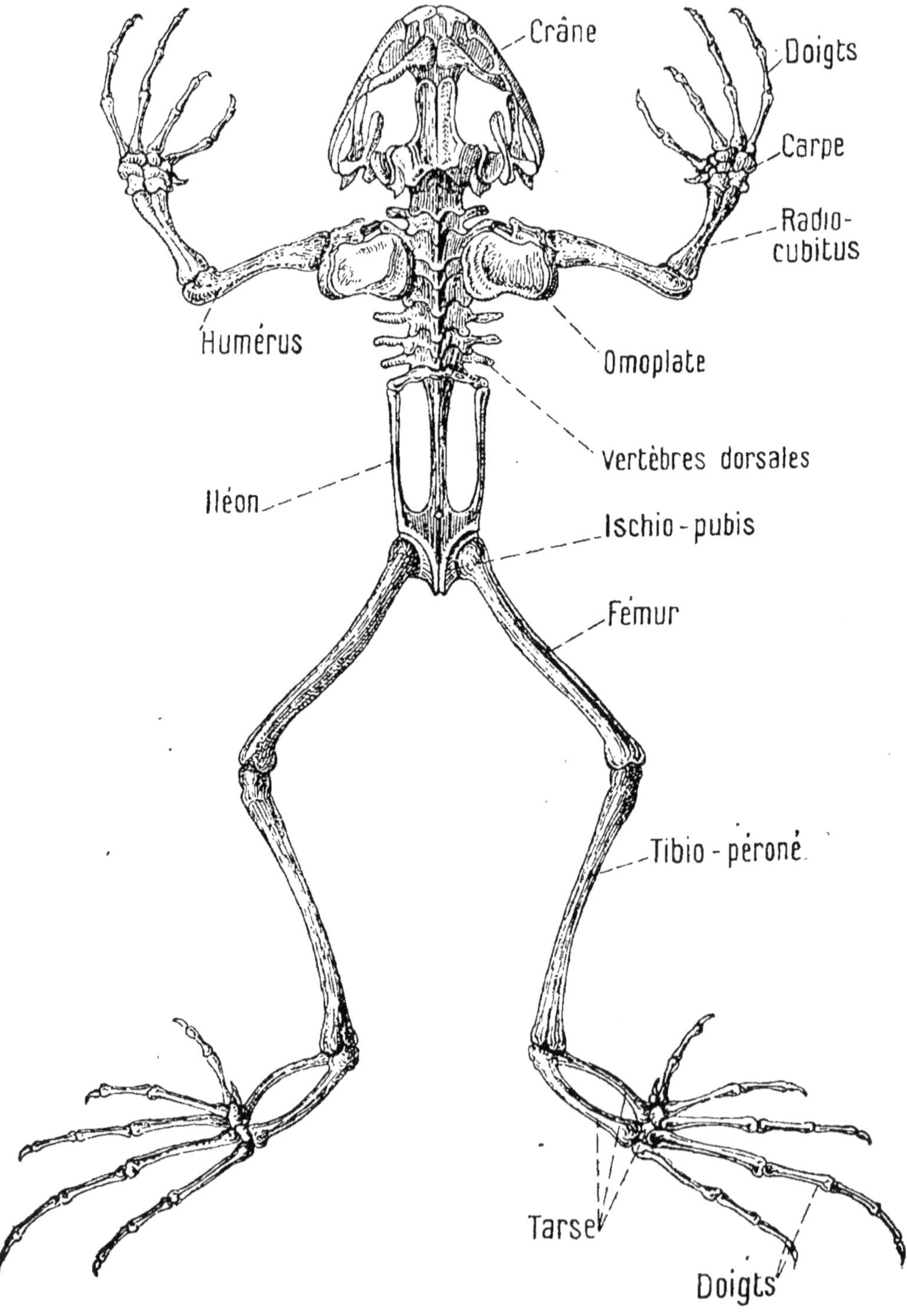

FIG. 601. — Squelette de la Grenouille.

flottent à la surface sous la forme de grosses masses gélatineuses) et les mettre dans un aquarium. Au bout de quelque temps, il en sort des *têtards*. Mettre dans l'eau des rameaux de Cresson pour qu'ils puissent s'y cramponner. Suivre ensuite ces têtards dans leur évolution : naissance de deux, puis de quatre pattes, et, enfin, transformation en grenouilles. On peut nourrir les têtards en projetant au fond de l'aquarium des rondelles de pomme de terre fraîche, que l'on y laisse, plus ou moins, pourrir. Les têtards « broûtent » la surface des rondelles, où la matière alimentaire est constituée par des grains d'amidon et des amas de microbes.

c) Étudier, vivants, des *Grenouilles*, des *Crapauds*, des *Rainettes*, des *Salamandres*, des *Tritons*, des *Axolotls* [1].

CLASSE DES REPTILES

Les **Reptiles** sont des **Vertébrés ovipares à sang froid** (ou, plus exactement, à température variable) et **respirant** toute leur vie **par des poumons.**

Leur **corps, souvent allongé,** diffère d'aspect d'un type à un autre. Les uns, comme les Serpents, n'ont pas trace de pattes, et sont alors bien forcés de **ramper** sur le sol (d'où le nom de *Reptiles*) et de se mouvoir par des ondulations de leur corps. Les autres, comme les Lézards et les Tortues, possèdent des pattes ; mais celles-ci sont trop courtes et trop faibles pour soutenir entièrement le corps, lequel est ainsi amené à toucher le sol, de sorte que l'animal donne encore l'impression de ramper, poussé qu'il est par les pattes et non soulevé par elles.

Leur **peau** ne possède ni poils ni plumes, mais des **écailles,** placées les unes à côté des autres et représentant autant de parties de l'épiderme de la peau, épaissies et parfois devenues osseuses : c'est une véritable cuirasse protectrice.

Les **dents** sont généralement **nombreuses** et **disséminées** non seulement sur les maxillaires, mais encore sur d'autres os de la bouche. Elles sont **toutes semblables,** c'est-à-dire qu'on ne peut les distinguer en incisives, canines, molaires. Généralement **dépourvues de racines,** elles sont simplement implantées par leur base sur les os, auxquels elles adhèrent fort peu. Ce n'est que chez les Crocodiles qu'il y a des rudiments d'alvéoles. Les Tor-

---

1. On vend des *Axolotls* chez certains marchands d'animaux d'aquariums

tues n'ont pas de dents. Quant aux Serpents, certains possèdent, comme nous le verrons plus loin, des dents venimeuses.

Le tube digestif aboutit dans un **cloaque.** Ce cloaque est *transversal* chez les Sauriens et les Serpents, *longitudinal* chez les Chéloniens et les Crocodiliens.

Presque tous sont **carnassiers.**

Le **cœur** (*fig.* 602) est à **trois cavités** chez les Lézards, les Tortues et les Serpents : deux oreillettes et un ventricule. Celui-ci est divisé en deux loges par une cloison incomplète (cloison de Sabatier). La loge gauche ne donne naissance à aucune artère ; la droite présente trois orifices artériels, l'un inférieur et pulmonaire, les deux autres supérieurs et aortiques. Au moment de la diastole du ventricule, les valvules auriculo-ventriculaires abaissées ferment l'orifice interventriculaire ; la loge gauche se remplit alors exclusivement de sang rouge et la droite de sang noir. Quand arrive la systole, les mêmes valvules se relèvent et la communication se trouve rétablie entre les deux loges du ventricule, mais alors les valvules de l'artère pulmonaire cèdent aussitôt à cause de la faible pression du sang à l'intérieur de ce vaisseau. Une ondée de sang noir va donc remplir l'artère

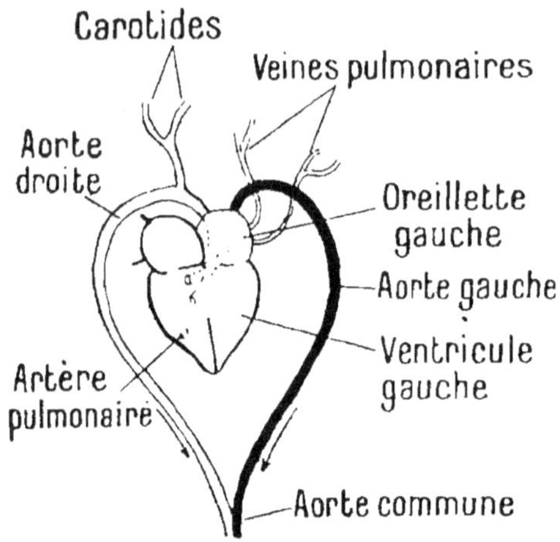

Fig. 602. — Cœur et vaisseaux d'un Reptile inférieur (Lézard).

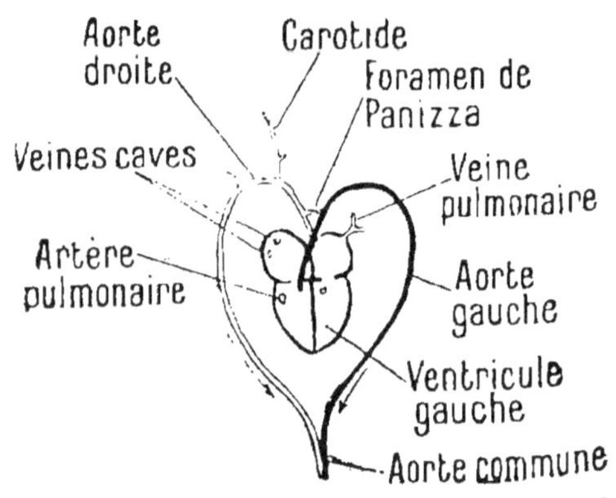

Fig. 603. — Cœur et vaisseaux d'un Crocodile.

pulmonaire ; puis le contenu de la loge gauche arrive dans la loge droite et passe dans les deux crosses de l'aorte, qui se réunissent bientôt et reçoivent ainsi du sang presque exclusivement artériel.

Chez les *Crocodiliens* (*fig.* 603). le *cœur* est à *quatre cavités* ; les deux ventricules sont séparés par une cloison complète. Le ventricule droit donne naissance à l'*artère pulmonaire* et à la *crosse aortique gauche* ; le ventricule gauche fournit la *crosse aortique droite*. Ces deux crosses présentent à leur origine un trou de communication (*foramen de Panizza*). Elles se rejoignent de nouveau plus loin pour former l'aorte, après que la crosse gauche a déjà fourni les troncs artériels de la tête et des membres antérieurs. Les régions antérieures reçoivent donc du sang artériel mélangé d'une très petite quantité de sang veineux ; le reste du corps est alimenté par un mélange de ce sang avec celui qui provient de la crosse droite.

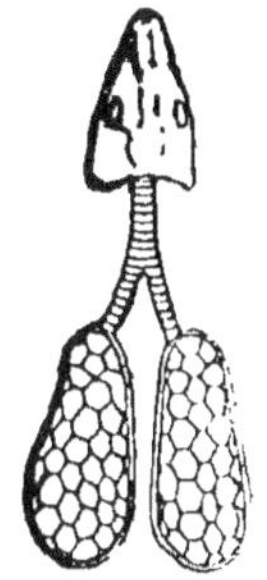

Fig. 604. — Poumons d'un Lézard.

La **circulation** du sang est **peu active,** ce qui fait que la température du corps est à peine différente de celle du milieu ambiant, d'où la sensation de froid que l'on éprouve en touchant un Reptile : ils ont le **sang froid** ou plutôt à température variable.

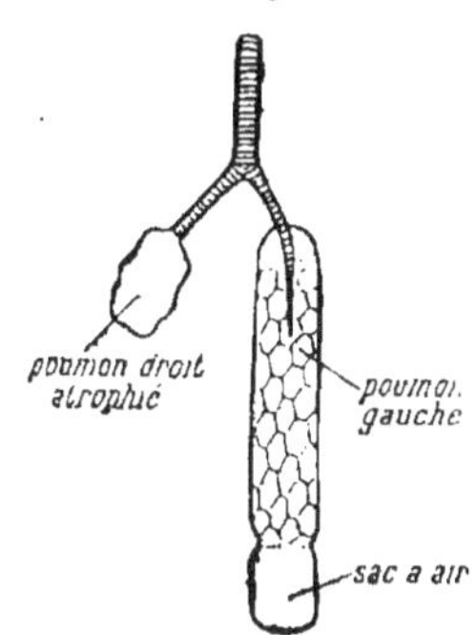

Fig. 605. — Poumons d'un Serpent.

Les Reptiles respirent toute leur vie par des **poumons** de constitution **très simple** (*fig.* 604) : ce sont de larges cavités divisées en alvéoles, mais où les bronches ne pénètrent guère. Chez les Serpents (*fig.* 605), un des poumons est généralement réduit ou complètement atrophié ; quant à celui qui reste, il est souvent divisé en deux parties, l'une antérieure, munie de replis internes, servant à la respiration, l'autre postérieure, servant de réservoir d'air, très utile quand l'animal a la gorge comprimée par les proies volumineuse qu'il avale.

Le **cerveau** (*fig.* 250) est **peu développé.** Vu par-dessus, il montre les différentes parties situées les unes à la suite des autres, et des

Fig. 607. — Œufs de Serpents.

hémisphères cérébraux lisses. Près des hémisphères il y a une glande (*glande pinéale*) qui, chez certains Sauriens, a la même constitution qu'un œil, bien qu'elle ne paraisse jouer aucun rôle dans la vision. Ce *troisième œil* paraît être un reste de l'organisation des Reptiles des époques géologiques, dont les fossiles en montrent la place très nette.

Les Reptiles pondent des **œufs** (*fig.* 607), de même constitution que ceux des Oiseaux, mais généralement à **coque non calcaire,** seulement parcheminée. Les petits qui en naissent respirent par des poumons comme leurs parents, contrairement à ce qui a lieu dans la classe des Batraciens.

On les divise en quatre ordres :

1º Les *Sauriens* ou *Lézards ;*

2º Les *Ophidiens* ou *Serpents ;*

3º Les *Chéloniens* ou *Tortues ;*

4º Les *Crocodiliens.*

Les trois premiers de ces ordres ont de nombreux représentants en Europe. Le quatrième seul est entièrement exotique.

La plupart sont nuisibles en ce qu'ils s'attaquent à l'homme (Vipère, Crotale, Crocodile).

Quelques-uns sont utiles en ce qu'ils détruisent des Insectes et des Rongeurs (Lézard, Orvet), ou nous donnent des produits industriels (écaille de Tortue).

De rares espèces sont comestibles (Tortue, Iguane).

I. — Ordre des Sauriens ou Lézards

Les **Sauriens** ou **Lézards** sont de charmants reptiles, **gais et agiles,** de taille assez faible. Leur **corps** est **mince** et **allongé,** avec une **queue** généralement **longue.** Il est soutenu par **quatre petites pattes,** formant deux paires très éloignées l'une de l'autre. Ces pattes font complètement défaut, du moins extérieurement, chez l'Orvet, qui ressemble ainsi à un Serpent (*fig.* 610).

Les caractères des Lézards sont très voisins de ceux des Serpents ; cependant, chez les Serpents, les **deux branches de la mâchoire inférieure** sont unies lâchement au moyen d'un ligament, tandis qu'elles **sont soudées** chez les Sauriens. Ceux-ci n'ont jamais de dents venimeuses. De plus ils ont des paupières, tandis que les Serpents n'en ont pas.

Fig. 608. — Lézard gris.

On les distingue, d'autre part, des Crocodiliens, dont ils ont un peu la forme générale, par leur **cloaque transversal.**

Tous sont utiles : ils ne mangent que des Insectes, sauf les Iguanes, qui sont herbivores.

Les **Lézards** (*fig.* 608) ont une petite langue bifide, c'est-à-dire divisée en fourche, que l'animal laisse souvent sortir de sa bouche et qui, malgré son aspect, est inoffensive. L'espèce la plus connue est le *Lézard gris.* Dans les bois on trouve une espèce plus grosse et d'une très belle couleur, le *Lézard vert.*

Les **Caméléons** (*fig.* 609) sont des êtres bien étranges. Ils vivent en Afrique sur les branches des arbres et sont souvent amenés en France en captivité. La peau des Caméléons a la propriété de pouvoir changer de

FIG. 609. — Caméléon capturant une mouche sur une fenêtre.

couleur et s'harmoniser avec le milieu ambiant, de telle sorte que l'animal peut passer inaperçu. Ainsi, sur un arbre vert, le Caméléon est vert ; sur le tronc d'un arbre, il devient brun ou gris, etc.

Chez les **Geckos,** les griffes sont remplacées par des ventouses, grâce auxquelles l'animal peut se promener sur les murs et les plafonds ; ils ne sont pas rares dans les maisons en Afrique.

Les **Iguanes,** qui sont herbivores, sont remarquables par leur dos muni d'une aile dentelée et leur gorge ornée d'une sorte de collerette. Ils sont communs en Amérique et dans les Antilles, où on les chasse, car leur chair est excellente. Certains atteignent 1ᵐ,30 de long.

Le **Dragon volant,** des îles de la Sonde, possède sur les flancs deux grandes expansions membraneuses, grâce auxquelles il peut, en les déployant, se soutenir dans

FIG. 610. — Orvet (un demi-mètre environ).

l'air. Ce parachute lui est très utile quand il aperçoit un Insecte sur une branche éloignée ; il se lance dans l'air, se dirige droit dessus et le manque rarement.

L'**Orvet** (*fig.* 610), étant dépourvu de pattes, est toujours pris par des personnes non prévenues pour un Serpent. C'est cependant un animal inoffensif qui vit dans nos forêts, où il est fréquent, et où il détruit de nombreux insectes. La partie postérieure de son corps se brise très facilement ; c'est pour cela qu'on l'appelle souvent *Serpent de verre*. Cette queue cassée repousse d'ailleurs facilement. Contrairement au préjugé populaire, l'Orvet n'est pas aveugle ; il voit même assez bien, surtout dans la demi-obscurité.

II. — Ordre des Ophidiens ou Serpents

Les **Ophidiens** ou **Serpents** sont des Reptiles entièrement **dépourvus de membres locomoteurs,** au corps allongé et cylindrique. La peau est recouverte d'**écailles,** transversales sur le ventre et imbriquées sur le dos. De temps à autre les Serpents **muent,** c'est-à-dire changent de peau : la peau ancienne est rejetée d'un seul morceau, et l'on peut y distinguer facilement les écailles, les yeux, etc. Pour s'en débarrasser plus facilement, les Serpents passent à ce moment dans les buissons, aux branches desquels leur mue s'accroche. Malgré l'absence de membres, les Serpents peuvent marcher ou, mieux, **ramper fort vite** en ondulant leur corps, grâce à la souplesse de la colonne vertébrale. Leurs yeux ne possèdent pas de paupières. A de nombreuses reprises, on voit sortir de leur bouche, même fermée, une **langue bifide** et mince comme un ver : ce **dard,** comme on l'appelle à tort, **ne pique pas** plus que la langue des Lézards. Les Serpents qui sont dangereux mordent avec leurs dents et **ne piquent pas** avec leur langue.

Chez les **Serpents venimeux,** outre les petites dents qui garnissent pour ainsi dire tous les os constituant la cavité buccale, il y en a d'autres, dites **crochets à venin** (*fig.* 611). Ces dents sont creusées d'une **gouttière longitudinale** chez les Serpents peu venimeux et d'un **canal complet,** venant s'ouvrir au sommet des crochets, chez les espèces très venimeuses. **A la base** de ces dents vient s'ouvrir le canal de la **glande venimeuse,** laquelle n'est qu'une **glande salivaire modifiée.** Les crochets à venin, au repos, sont **couchés en arrière** et ne **se redressent** que lorsque le Serpent ouvre la bouche pour attaquer une proie. En même temps la glande est pressée par un **muscle** spécial ; le venin s'écoule jusqu'au bout de la dent et pénètre en même temps qu'elle dans la plaie ; c'est, en général, un **poison** des plus violents, souvent **mortel.**

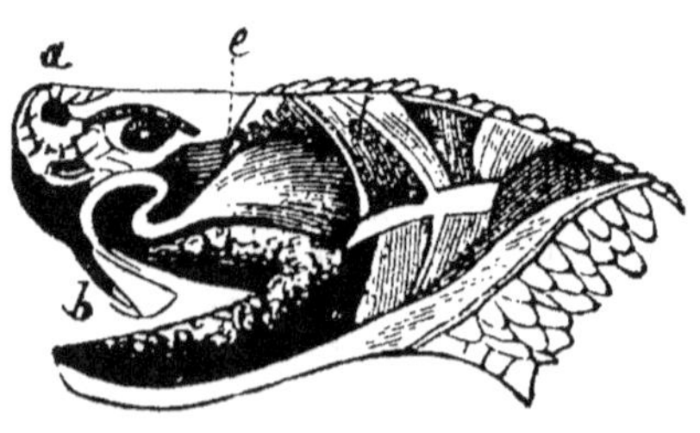

FIG. 611. — Appareil venimeux d'un Serpent.

e, glande à venin ; — a, canal ; — b, crochets.

Dans nos pays, il n'y a que des Serpents de petite taille, 1 m,50 au plus, et ils y sont relativement rares. Il n'en est pas de même dans les pays chauds, où ils atteignent des dimensions colossales et constituent une véritable cala- mité par leur nombre et les dan- gers que fait courir leur venin.

Les Serpents **pondent des œufs,** de 6 à 40, enveloppés chacun d'une **coque parcheminée** (*fig.* 607). La femelle les dépose **dans les endroits chauds** et abrités, par exemple le fumier. Certaines espèces cependant les **couvent en s'enroulant** autour d'eux, tandis que leur propre température s'élève sensi- blement (41° chez le Python).

Chez nous, les Serpents que l'on a le plus souvent l'occasion de rencontrer sont les *Couleuvres* et les *Vipères* (*fig.* 612 et 613).

La **Couleuvre à collier** (*fig.* 614) est très commune dans les

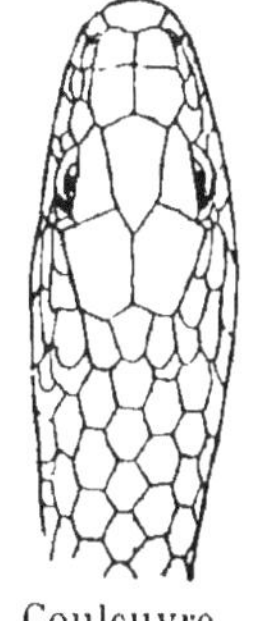
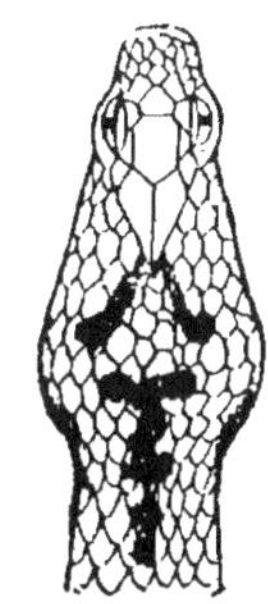

FIG. 612 et 613. — Comparaison de la tête d'une Couleuvre et de celle d'une Vipère.

FIG. 614. — Couleuvre à collier (1 mètre environ).

prés humides et au bord des eaux, où elle va souvent nager. On la reconnaît facilement à un collier jaunâtre qui se trouve en arrière de la tête. C'est un animal inoffensif qui ne cherche même pas à mordre quand on le prend.

Les **Vipères** se distinguent facilement des Couleuvres par leur tête triangulaire, qui forme en arrière un bourrelet et n'est pas, comme chez ces dernières, tout d'une venue avec le corps. En outre, cette tête porte en arrière deux taches noires formant un V à pointe en avant (*fig.* 613).

Les Vipères vivent surtout dans les bois et les taillis : elles mordent facilement. Leur morsure est très rarement mortelle (sauf chez de jeunes enfants), mais peut causer une enflure parfois considérable. Quand on est mordu, le mieux à faire est de serrer la plaie, de faire écouler le sang et de l'aspirer avec la bouche, en ayant soin de cracher de suite le liquide absorbé. Le mieux encore, si on en a à sa disposition, c'est de laver la plaie avec du chlorure de chaux à 1 gramme pour 60 grammes d'eau, — ou avec une solution de chlorure d'or à 1 gramme pour 100 grammes d'eau, — ou à défaut avec du permanganate de potasse à 1 gramme pour 100 grammes d'eau, — ou même avec de l'eau de javelle.

En outre, lorsqu'on habite dans une région à Vipères, il est bon de se munir du *sérum antivenimeux* que délivre l'Institut Pasteur et qui peut d'ailleurs servir pour tous les autres Serpents venimeux.

Les **Najas** ou **Cobras** se rencontrent surtout dans l'Inde et sont très venimeux. Quand on les irrite, ils redressent la tête, en même temps que le cou se dilate d'une manière curieuse. Celui-ci est orné d'un dessin jaunâtre qui ressemble tout à fait à une paire de lunettes : c'est pour cela que les Najas sont souvent appelés *Serpents à lunettes* (*fig.* 615).

Le *Crotale* ou **Serpent à sonnettes** est ainsi nommé à cause d'une sorte de grelot qu'il possède au bout de la queue et qui, en frottant sur le sol pendant la locomotion, produit un bruit perceptible de loin. Ce grelot est formé de peaux desséchées; chacune d'elles est un reste des peaux que l'animal a abandonnées en grande partie à chaque mue. On ne trouve les Crotales qu'en Amérique : ce sont des Serpents venimeux.

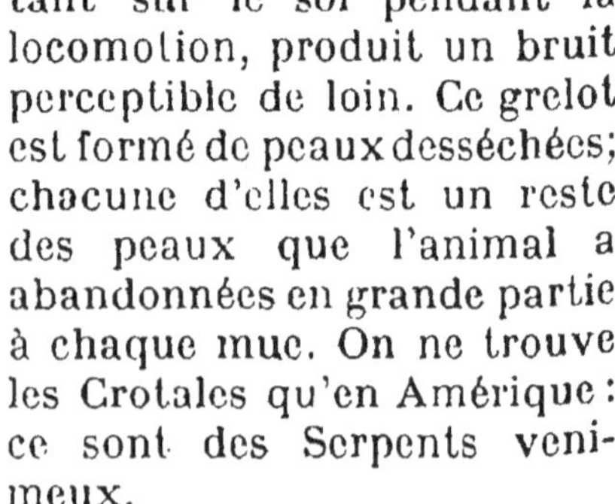

FIG. 615. — Serpent à lunettes (2 mètres de long).

Les **Boas** peuvent atteindre plus de 13 mètres de long. Ils vivent dans les forêts de l'Amérique, attachés aux arbres par leur queue, prenante comme celle des singes. Quand un animal vient à passer, ils se laissent tomber sur lui et l'étouffent en s'enroulant autour de lui. Malgré son aspect terrible, le Boa n'est nullement dangereux. C'est au point qu'on le laisse venir dans les maisons et y vivre comme un animal domestique ; il rend des services en dévorant une grande quantité de Rongeurs.

Les **Pythons** vivent en Asie et en Afrique ; ils ne sont pas plus dangereux ; ils se contentent de s'attaquer à de petits Mammifères (Rats, Souris, etc.).

III. — Ordre des Chéloniens ou Tortues

Les **Chéloniens** ou **Tortues** sont extrêmement remarquables par la vaste **carapace** qui les enveloppe presque complètement et qui ne laisse que deux ouvertures, l'une en avant, l'autre en arrière. Cette carapace est formée de **plaques osseuses** provenant de l'ossification du derme, et plus ou moins soudées aux côtes et aux vertèbres. Au-dessus de ce squelette interne, la peau s'est transformée en **écailles cornées.** Par l'orifice antérieur de la carapace passent la tête et les pattes de devant ; par l'orifice postérieur passent la queue, très petite, et les pattes de derrière ; chez certaines espèces, toutes ces parties peuvent **rentrer complètement dans la carapace,** qui ainsi constitue pour elles une véritable maison. La tête est relativement volumineuse. La **bouche** est **dépourvue de dents ;** mais les mâchoires, très puissantes, sont garnies sur le bord d'une **lame cornée** tranchante. Leur **vitalité** est **très grande ;** on a vu des Tortues décapitées se mouvoir encore pendant plusieurs semaines.

Dans nos marais, on rencontre une petite tortue noire, la **Cistude d'Europe,** dont la carapace est un peu aplatie.

Mais celle que l'on voit surtout chez nous, dans les jardins, où on l'élève facilement, c'est la **Tortue**

Fig. 616. — Tortue grecque (grosseur de la tête humaine).

grecque (*fig.* 616). Les écailles sont jaunes avec des taches noires. Au commencement de l'hiver, elle s'enfonce profondément dans le sol et s'endort pour hiverner. Elle vit plus de cent ans. En juin, elle pond quatre ou cinq œufs et les dépose simplement dans un creux du sol ; le soleil les fait éclore et, en septembre, on voit sortir les petits, semblables à des coquilles de noix retournées.

IV. — **Ordre des Crocodiliens**

Les **Crocodiliens** sont de **grande taille** et les plus élevés des Reptiles, comme le montrent leur **cœur à quatre cavités** et leurs **dents implantées dans des alvéoles.** Comme aspect extérieur, ils ressemblent à de très gros Lézards : ils atteignent plus de 3 mètres de long. La peau est recouverte de **larges écailles** osseuses formant une **véritable cuirasse.** Les membres sont courts, de manière que le ventre touche le sol. La **queue** est **aplatie latéralement,** ce qui lui permet de servir à la natation. La **bouche** est **largement fendue** et garnie de nombreuses dents pointues, toutes

Fig. 617. — Crocodile (3 mètres de long).

semblables. Ils sont **aquatiques** (mais viennent respirer soit sur la terre, soit à la surface de l'eau) et **carnivores** : ce sont les requins des eaux douces. Malgré leur grande taille, ils ne pondent des **œufs** que de la grosseur de ceux de l'Oie ; ces œufs sont simplement déposés dans le sable. Tous habitent les **pays chauds.**

Les **Caïmans** ou **Alligators** sont reconnaissables à leur museau relativement court et large.

Les **Crocodiles proprement dits** (*fig.* 617) se rencontrent surtout en Afrique, notamment à l'embouchure des fleuves. Aussi est-il dangereux de se baigner dans ces parages : les Crocodiles engloutissent littéralement le baigneur dans leur gueule et le broient avec leurs formidables mâchoires. Le museau est échancré pour laisser passer deux dents de la mâchoire inférieure. Leur peau donne un **cuir utilisable.**

Les **Gavials** sont propres au Gange. Leur museau est long et étroit, un peu renflé à l'extrémité. Ils se nourrissent de Poissons et ne s'attaquent pas à l'homme.

TABLEAU SYNOPTIQUE DE LA CLASSE DES REPTILES

Caractères généraux	Vertébrés rampants à peau couverte d'écailles d'origine épidermique. Respiration pulmonaire. Cœur à 3 ou 4 cavités à sang froid. Absence de métamorphoses.

Classification : Reptiles dont le cœur a

3 cavités.
- Pas de carapace. Dents soudées aux mâchoires.
  - 4 membres, Des paupières : **Sauriens** (*Lézard*).
  - Pas de membres ni de paupières : **Ophidiens** (*Serpent*).
- Une carapace. Un bec corné. Pas de dents : **Chéloniens** (*Tortue*).

4 cavités. Dents implantées dans des alvéoles : **Crocodiliens** (*Crocodile*).

TRAVAUX PRATIQUES RELATIFS AUX REPTILES

a) Disséquer un *Lézard* (*fig.* 618), de préférence un *Lézard vert* (on peut l'acheter, souvent, chez les mar-

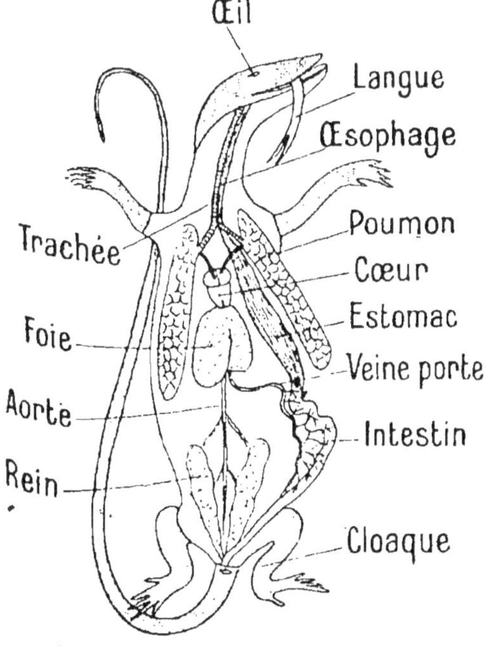

Fig. 618. — Dissection d'un Lézard.

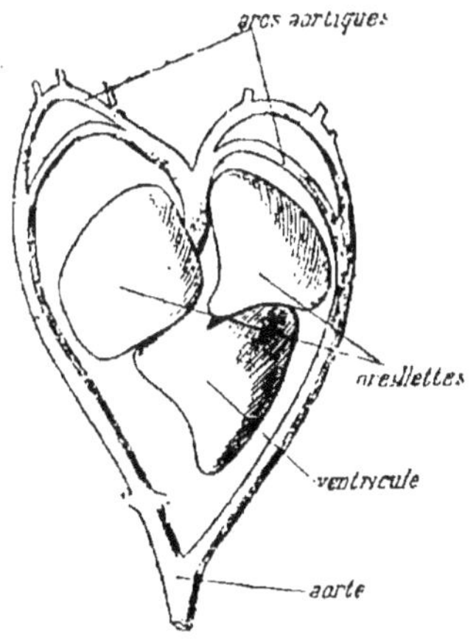

Fig. 619. — Cœur d'un Reptile et gros vaisseaux qui en partent

chands d'aquariums), lequel est plus volumineux que le *Lézard gris,*

en le mettant sur le dos dans la cuvette liégée et en fendant la paroi abdominale sur la ligne médiane ventrale, depuis la bouche jusqu'à l'anus. On distingue facilement les *poumons*, le *cœur* (*fig.* 619), le *tube digestif*, les *reins*. La dissection de l'*encéphale* (*fig.* 620) peut être faite en retournant l'animal et en enlevant la partie dorsale des os du crâne. Couper l'encéphale en long (*fig.* 621), si possible, soit sur le frais, soit après l'avoir laissé durcir durant une semaine au moins dans une solution saturée d'acide picrique dans de l'eau ou dans du formol à 10 0/0.

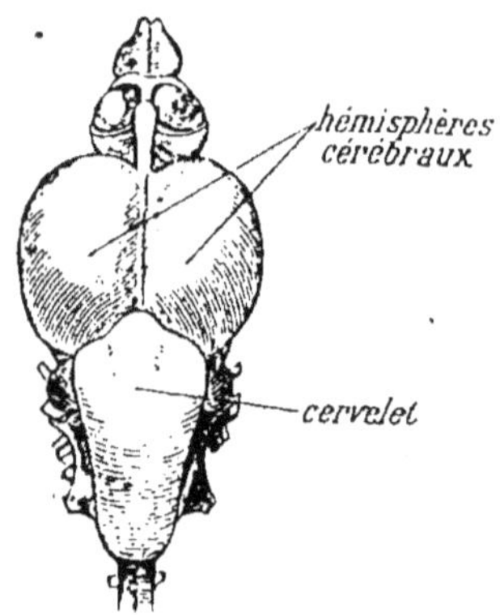

Fig. 620. — Cerveau d'un Reptile, vu par-dessus.

b) Observer, vivants, les caractères et les mœurs des Reptiles de la contrée (*Lézards, Orvet, Couleuvre*, etc.). Observer aussi les caractères des Reptiles de la collection (*Serpents divers, Tortues, Crocodiles*) ;

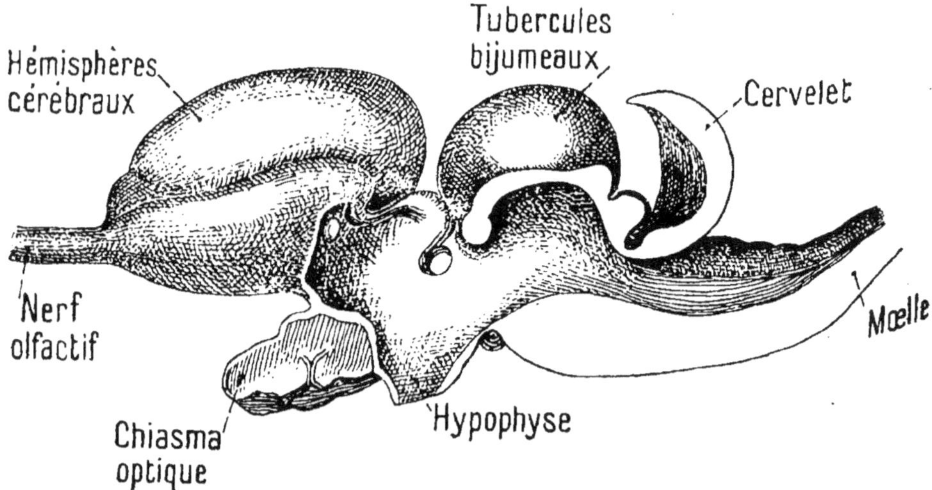

Fig. 621. — Encéphale d'un Lézard, en partie coupé en long (grossi 6 fois).

c) Se rendre compte des caractères qui différencient les *Couleuvres* des *Vipères* (*fig.* 612 et 613) ;

1. La *Tortue grecque*, que l'on trouve souvent l'occasion d'acheter en France, est très intéressante et très facile à disséquer, mais il faut posséder une bonne scie fine (la scie des bouchers peut, à la rigueur, suffire) pour scier le *plastron*, sur la face ventrale, en pratiquant deux sections longitudinales, l'une à droite, l'autre à gauche.

d) Observer les *crochets à venin* sur les crânes montés des serpents venimeux de la collection ;

e) A Paris, visiter la ménagerie des Reptiles, au Jardin des Plantes (Muséum d'Histoire naturelle).

CLASSE DES OISEAUX

Caractères généraux. — Les *Oiseaux*, qui forment la quatrième classe des Vertébrés, ont comme les *Mammifères* un **cœur à quatre cavités**, un sang à **température constante** et une **respiration pulmonaire**, mais ils s'en distinguent par les **plumes** qui recouvrent leur corps et leur faculté de **voler**, ainsi que par l'**absence de dents** et par leur reproduction au moyen d'œufs. La faculté de voler entraîne différentes modifications : les membres antérieurs doivent être adaptés à leur fonction d'ailes ; la cage thoracique, à laquelle se rattachent les ailes, a besoin d'être consolidée ; enfin le corps de l'oiseau doit être allégé le plus possible et couvert de plumes.

Plumes. — Les plumes sont des **productions de l'épiderme** analogues aux poils.

Elles servent aux Oiseaux non seulement pour faciliter le vol, mais encore pour **empêcher la déperdition** de leur chaleur intérieure, qui est très élevée ; leur température est d'environ 40° à 45°, sensiblement plus élevée par conséquent que celle de l'homme qui est 37°.

Appareil digestif. — Les Oiseaux **se nourrissent** de toutes sortes de matières, mais plus particulièrement de **graines** et d'**insectes**.

La **bouche** des Oiseaux ne porte **jamais de dents**; celles-ci ont cependant existé jadis chez divers Oiseaux aujourd'hui disparus.

La bouche est représentée par un **bec** formé de **deux mandibules**. A l'intérieur, il y a une **langue**, généralement **cornée**.

A la suite de la bouche (*fig.* 622 et 623), on rencontre l'**œsophage**, qui, sur son trajet, se renfle en une poche à parois minces, le **jabot**, où l'animal met en réserve les graines qu'il mange.

Puis vient l'estomac ou **ventricule succenturié**, qui est le véritable **estomac chimique**, car il sécrète du **suc gastrique**.

Il est suivi d'une poche, le **gésier**, aux **parois musculeuses** d'une épaisseur remarquable. A l'intérieur, on y trouve non seulement des graines, mais aussi du **gravier**, que l'oiseau a soin d'avaler pour **faciliter la trituration** des semences ingérées. C'est donc un **estomac mécanique** destiné à suppléer à l'absence des dents.

La gésier est suivi par un **intestin** relativement court, présentant sur le côté **deux cæcums** et aboutissant dans un **cloaque**, petite poche où se terminent à la fois l'intestin, les conduits **urinaires** et les *oviductes*, canaux servant à la sortie des œufs.

L'**urine** des Oiseaux n'est **pas liquide** : elle a l'appa-

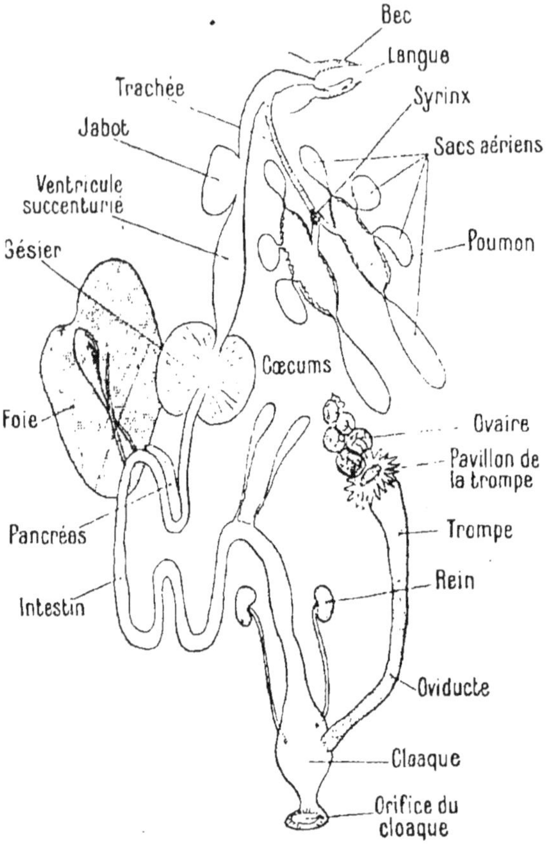

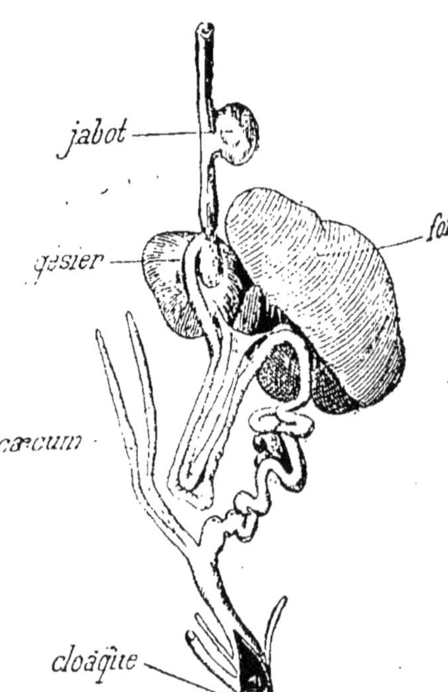

FIG. 622. — Schéma d'ensemble des principaux viscères d'un Oiseau.

FIG. 623. — Appareil digestif d'un Oiseau.

rence de la crème et forme des sortes de peaux jaunâtres à la surface des déjections.

Ce sont les déjections couvertes d'urine de certains Oiseaux de mer qui, accumulées sur certaines îles, constituent le *guano*, excellent engrais.

Appareil respiratoire. — Les Oiseaux respirent par **deux poumons** placés dans la cage thoracique et soudés à la région dorsale de celle-ci.

Certaines bronches se prolongent dans des **sacs aériens** (*fig.* 624). On appelle ainsi des sacs à formes assez irrégulières, aux parois minces, et qui, partant des poumons, s'insinuent entre tous les organes, lesquels sont ainsi séparés par des matelas d'air.

Ces sacs aériens sont au nombre de neuf, quatre dans le thorax (*sacs intra-thoraciques*) et cinq en dehors (*sacs extra-thoraciques*). Parmi ces derniers on distingue un sac impair, le *sac interclaviculaire* communiquant avec les deux poumons, et deux **sacs pairs,** les *sacs cervicaux* le long de la région cervicale de la colonne vertébrale et les *sacs abdominaux,* s'ouvrant chacun dans le poumon correspondant.

Les sacs aériens semblent, surtout, servir à faciliter la respiration pendant le vol. A ce moment, par suite des mouvements de l'animal, les sacs aériens sont malaxés involontairement et par suite des mouvements de pression et de dépression qu'ils subissent, l'air est refoulé ou aspiré dans les poumons.

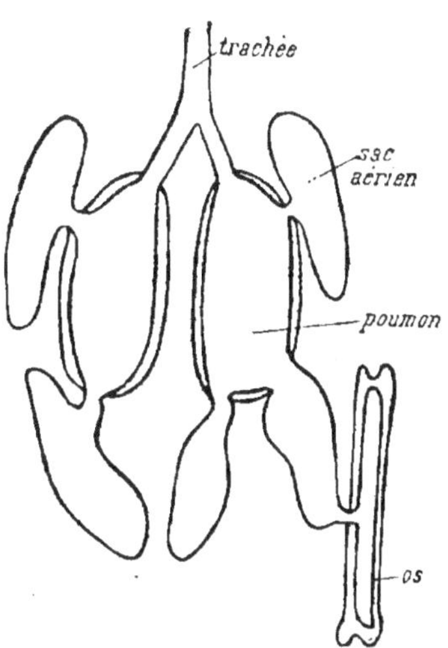

Fig. 624. — Schéma de l'appareil respiratoire d'un Oiseau, montrant la communication des poumons avec les sacs aériens et de ceux-ci avec les os pneumatiques.

Les mouvements respiratoires se font uniquement par le jeu des côtes, les Oiseaux n'ayant pas de diaphragme; au vol, ils sont en partie supprimés, mais, alors, ils sont comme nous venons de le dire, suppléés par les sacs aériens.

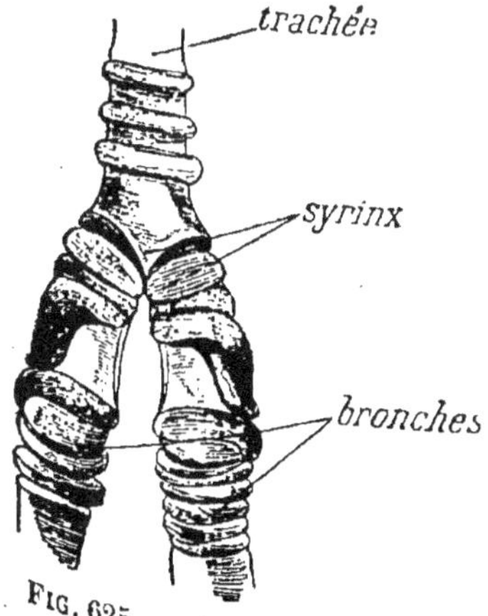

L'appareil vocal des Oiseaux n'est pas situé, comme chez les Mammifères, au voisinage de la gorge, mais à l'endroit où la trachée se divise en deux bronches (*fig.* 625). En raison de cette disposition différente, on l'appelle *syrinx,* au lieu de larynx.

Fig. 625. — Appareil chanteur d'un Oiseau.

Appareil circulatoire. — L'appareil circulatoire est construit sur le **même plan que celui des Mammifères,** sauf que l'**aorte** est à droite au lieu d'être à gauche.

La circulation du sang est très active, ce qui amène la **température** à être d'environ 40° à 45°. Les globules du sang sont elliptiques.

Les **Oiseaux plongeurs** ont beaucoup **plus de sang** que les Oiseaux terrestres; cela leur permet de rester longtemps sous l'eau sans être asphyxiés, le sang constituant une **réserve d'oxygène.**

Squelette.— Les **os** des Oiseaux sont particuliers en ce qu'ils sont **creux,** ou, comme l'on dit, **pneumatiques.** La moelle y fait défaut; elle est remplacée par une **cavité** pleine d'air qui **communique avec les sacs aériens** et, par conséquent, par l'intermédiaire des poumons, avec le dehors. Il en résulte que le **squelette** des Oiseaux est **très léger,** ce qui, naturellement, est très favorable au vol (*fig.* 624).

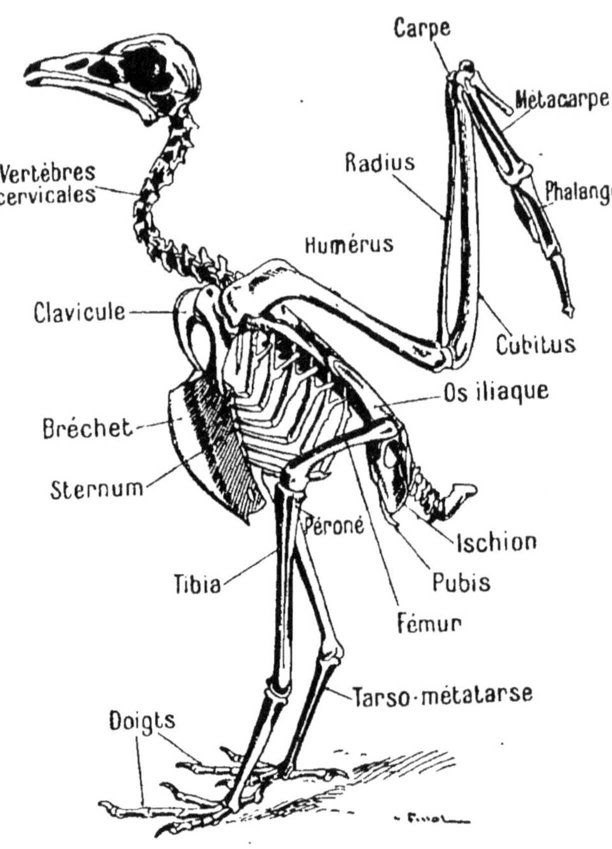

Fig. 626. — Squelette d'un Oiseau.

Dans le détail du squelette (*fig.* 626), il y a plusieurs point sà noter.

Le **sternum est très large et,** contrairement à celui des Mamifères, présente en son milieu une **crête verticale** très élevée, le **bréchet.** Celui-ci est très utile en augmentant les points d'insertion des muscles des ailes. Le bréchet existe chez tous les Oiseaux, **sauf chez les Autruches** et les types voisins, qui ne volent pas, mais se contentent de **courir.**

Le *cou,* fort *long,* est soutenu par des *vertèbres très nombreuses* et *très mobiles* les unes sur les autres. Au contraire, les *vertèbres dorsales* sont *soudées* entre elles en un seul os résistant, qui donne un solide appui aux ailes. Les vertèbres qui suivent sont également soudées, sauf celles du *coccyx*, lequel est fort court.

Les *deux clavicules*, au lieu d'être distinctes, sont réunies entre elles à l'extrémité, de manière à former cet os en V bien connu sous le nom de **fourchette.**

Les **membres antérieurs** sont transformés en **ailes**, même chez les Oiseaux qui ne volent pas. L'humérus, le cubitus et le radius ne présentent guère de particularités, tandis que ce qui correspond à la **main** ne comprend que **trois doigts**, dont deux sont insignifiants. Celui qui est le plus développé est plat et comprend des métacarpiens soudés et des phalanges à peine reconnaissables. C'est sur ce doigt que s'insèrent les principales plumes des ailes.

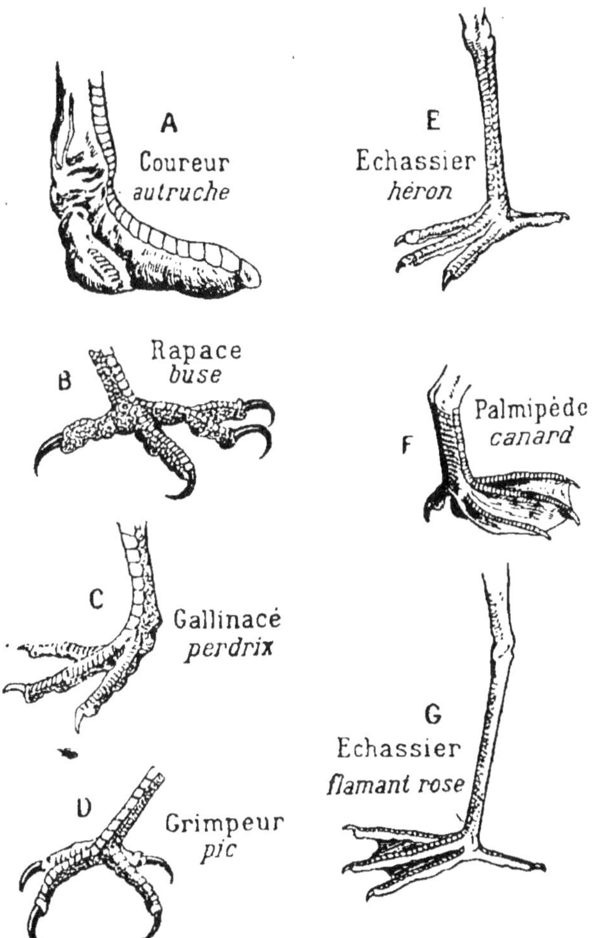

FIG. 627 à 633. — Diverses pattes d'Oiseaux.

Les **membres postérieurs** (*fig.* 627 à 633) servent exclusivement à la **locomotion** et, par suite, diffèrent peu de ceux des Mammifères, sauf que les *métatarsiens* sont soudés en un os unique, dit *os canon*. Quant aux **doigts**, ils sont au nombre **de deux à cinq**. Leur direction diffère d'un groupe à l'autre : c'est ainsi que, lorsqu'il y a quatre doigts, il peut y en avoir deux en avant et deux en arrière, ou trois en avant et un en arrière. Chez plusieurs Oiseaux aquatiques, les doigts sont réunis par une membrane qui les transforme en véritables rames. Ces **pattes palmées** se voient, par exemple, chez les Canards.

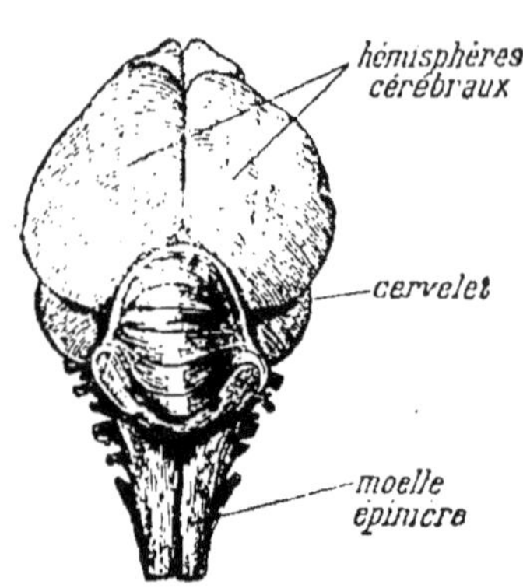

FIG. 634. — Encéphale d'un Oiseau.

L'os canon et les doigts sont généralement revêtus d'une *peau écailleuse*. A l'extrémité des doigts, il y a des *griffes*.

Système nerveux. — Le système nerveux ne présente pas beaucoup de particularités, sauf que le *cervelet* se trouve en arrière des *hémisphères cérébraux* et que ceux-ci sont *lisses,* c'est-à-dire ne présentent pas de circonvolutions (*fig.* 634).

Organes des sens. — La plupart des Oiseaux ayant une **langue cornée** ont le sens du goût très réduit.

Leur **odorat** est également **peu développé** : les narines s'ouvrent par deux trous à la base de la mandibule supérieure.

L'ouïe est **très subtile,** bien que les oreilles n'aient pas de pavillon et que leur orifice soit souvent caché par des plumes.

L'œil est muni de trois paupières, la supérieure généralement fixe, l'inférieure et l'interne mobiles. La paupière interne (*membrane clignotante ou nictitante*) glisse au-devant du globe oculaire comme un volet mobile transversal ; elle joue surtout un rôle protecteur. La *sclérotique* renferme dans son épaisseur un anneau

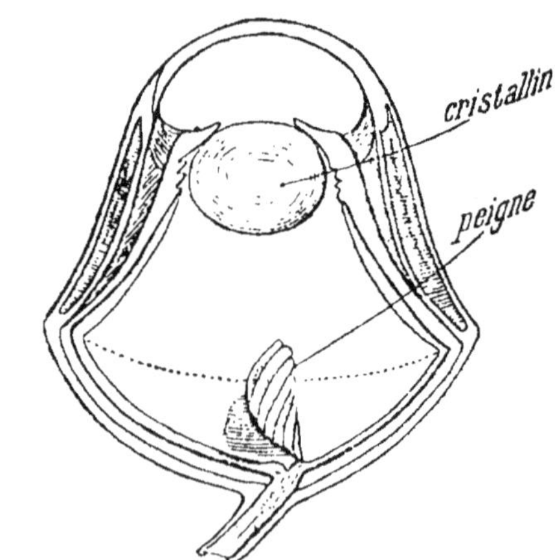

FIG. 635. — Œil d'un Oiseau, coupé en long

de plaques osseuses. A noter la présence dans l'humeur vitrée, en avant de la rétine, d'un voile plissé appelé **peigne** (*fig.* 635). Cet organe agit à la façon d'un écran pour modérer l'action de la lumière trop vive sur la rétine.

Œufs. — Les œufs sont produits, dans le corps des Oiseaux femelles, par une paire de glandes abdominales constituant les

ovaires et conduits à l'extérieur par deux tubes appelés *oviducles.*
Chaque oviducte comprend trois parties : 1° la *trompe,* qui avoi-
sine l'ovaire ; 2° le *conduit albuminipare,* qui sécrète l'*albumine*
ou blanc d'œuf, et 3° la *chambre coquillière,* qui fournit à l'œuf sa
membrane calcaire. Les oviductes débouchent dans le cloaque
(*fig.* 622).

Les œufs des Oiseaux ont tous la même constitution. Nous
pouvons prendre comme exemple celui de la Poule (*fig.* 636). Il a
une forme **ovoïde,** avec **une extrémité** un peu plus allongée que
l'autre. On y trouve de dehors en dedans : 1° une **coquille** blanche,

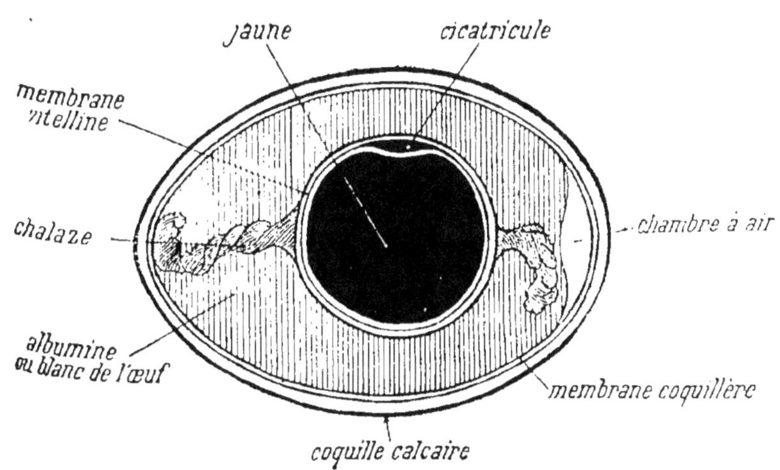

Fig. 636. — Coupe en long d'un œuf de Poule.

calcaire, très perméable à l'air atmosphérique ; 2° une fine membrane, dite **membrane coquillière,** à deux feuillets, dont l'un reste
appliqué sur la coquille, et dont l'autre suit la diminution de volume du contenu lorsque l'œuf est pondu depuis quelque temps
et qu'il se forme une **chambre à air** au gros bout par suite de
l'évaporation ; 3° le **blanc d'œuf,** qui occupe la plus grande partie de l'œuf et qui est constitué par une matière albuminoïde se
coagulant par la chaleur ; 4° une boule de **jaune,** ou *vitellus,* riche
en substances grasses et phosphorées, qui flotte grâce à la présence de deux tortillons creux, les **chalazes,** qu'il présente en
deux points opposés.

C'est à la surface du jaune que se montre une petite tache plus
claire, la **cicatricule** ou *germe,* qui, par suite de la manière de
flotter du jaune, est **toujours en haut** quand l'œuf est placé sur le

côté ; c'est ce germe qui, après couvaison (*fig. 637*), donne le poulet. La plupart des Oiseaux déposent leurs œufs dans les nids.

Les œufs n'ont naturellement pas tous la même grosseur ceux des Oiseaux-Mouches ne sont pas plus volumineux que des pois, tandis que ceux des Autruches atteignent la grosseur d'une noix de coco. Et parmi les Oiseaux aujourd'hui disparus, les œufs des Æpyornis équivalaient à 6 œufs d'**Autruche** ou à 150 œufs de Poule ou à 50.000 œufs d'Oiseau-Mouche.

Migrations. — Quelques Oiseaux restent dans la même localité pendant toute l'année : ils sont **sédentaires**, comme le fait est bien connu chez nous, pour le Moineau et le Rouge-Gorge. Mais la grande majorité d'entre eux, au moment de l'hiver, s'éloignent des endroits où ils ont

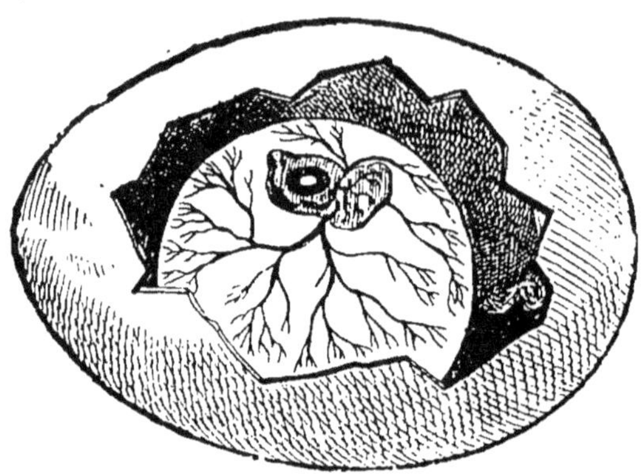

FIG. 637. — Œuf d'Oiseau en partie ouvert pour montrer, à la surface du jaune, la cicatricule en train de se transformer en un jeune poulet.

passé la saison chaude pour se rendre dans les régions plus clémentes : ils sont **migrateurs**. Quelques-uns, comme les Bécasses, voyagent *seuls* ou par *paires*. Le plus grand nombre émigrent **en troupes** plus ou moins nombreuses.

Où vont les Oiseaux migrateurs ? Quelques-uns se rendent simplement dans le midi de la France et de l'Europe. Beaucoup vont **dans le nord de l'Afrique** ou au delà, jusque dans les régions tropicales. Certains vont dans les Indes ou en Chine. Au printemps — certains dès fin février — tous ces Oiseaux reviennent dans leur pays natal.

CLASSIFICATION DES OISEAUX

Les Oiseaux ont été divisés en 8 ordres assez mal délimités, d'après la disposition des pattes et du bec.

I. — Ordre des Grimpeurs

Les **Grimpeurs** sont caractérisés par leurs pattes, qui présentent **deux doigts en avant** et **deux en arrière** (*fig. 627 D*).

Le **Pic** est un Oiseau au bec pointu (d'où son nom) et au plumage bariolé, que l'on voit dans les forêts grimper sur les troncs des arbres et y courir rapidement. De temps à autre il frappe l'écorce de son bec pour en faire sortir les insectes qui s'y trouvent et qu'il peut ainsi manger facilement. Le Pic détruit un grand nombre d'Insectes et mérite bien son nom de « conservateur des forêts » qu'on lui a donné.

Le **Coucou** (*fig.* 638), qui fréquente les mêmes parages que le Pic, est, par contre,

FIG. 638. — Coucou (taille d'un petit Pigeon).

FIG. 639.
Perroquet Ara.

un animal nuisible. Voulant s'éviter la peine de faire un nid, il a la singulière habitude de déposer ses œufs dans les nids des autres Oiseaux, au moment même où ceux-ci couvent. Plus tard le jeune Coucou se débarrasse peu à peu de ses frères de nid en les jetant par-dessus bord, pour, finalement, être seul maître du logis.

Parmi les Grimpeurs exotiques, il faut citer le **Toucan**, du Brésil, au bec volumineux, et surtout les **Perroquets** (*fig* 639). Ceux-ci sont bien caractérisés par leur mandibule supérieure fortement recourbée en crochet et présentant une saillie vers sa partie moyenne.

II. — Ordre des Rapaces

Les **Rapaces** sont des Oiseaux carnassiers ; ils sont puissants, agiles et à livrée sombre.

Leur **bec** est **fort** et **crochu,** un peu comme celui des Perroquets, mais **comprimé latéralement,** c'est-à-dire plus haut que large. A sa base, il est entouré d'une peau particulière, la **cire,** dans laquelle sont percées les narines.

Les **pattes** sont **courtes, fortes** et portent le nom de **serres** : il y a **trois doigts en avant** et **un en arrière,** tous armés de **griffes puissantes,** recourbées et acérées (*fig.* 627 B). Ce sont, comme le bec, des **armes terribles.**

Les **ailes** sont **longues et pointues,** ce qui rend le vol puissant : les Rapaces peuvent voler à de très grandes hauteurs.

Presque tous **vivent de la chair** des Vertébrés, les uns exigeant des animaux vivants, d'autres se contentant de cadavres en putréfaction. Quelques-uns seulement préfèrent des petits animaux, tels que les Rongeurs.

FIG. 640. — Nid d'un Rapace (aire d'un Aigle).   FIG. 641. — Aigle fauve.

Ils font un nid grossier, appelé **aire** (fig. 640), formé de broussailles entremêlées.

Les uns sont nuisibles, les autres utiles.

On les divise en deux groupes :

1° Les *Rapaces diurnes* ;

2° Les *Rapaces nocturnes.*

1° **Rapaces diurnes.** — Les **Rapaces diurnes** (du latin, *dies,* jour) sont ainsi nommés parce qu'ils chassent **pendant le jour.** Ils ont les **yeux** petits et **placés sur les côtés de la tête;** par contre, le **bec** est **volumineux.** Presque tous sont **nuisibles.**

L'**Aigle** (*fig.* 641), dont on fait dans le langage le « roi des Oiseaux », a un peu moins de 1 mètre de long avec une envergure de 2 mètres.

Les aigles s'attaquent aux Oiseaux de basses-cours, mais dédaignent les petits Oiseaux, même ceux qui viennent s'établir dans leur voisinage. Ils plument grossièrement leur victime avant de la dévorer. Attaqués par l'homme, ils se défendent avec courage, des ongles et du bec.

Les **Gypaètes** se rapprochent des Aigles en ce que comme eux, la tête et le cou sont emplumés, mais ils s'en éloignent en ce que leurs ongles sont peu robustes, leurs yeux petits. Leur longueur atteint $1^m,60$ et leur envergure 3 mètres à $3^m,50$: ce sont les plus grands des Rapaces d'Europe. Malgré leur grande taille, ils sont assez inoffensifs ; leurs serres sont trop faibles pour leur permettre de s'attaquer à de très gros animaux et de les enlever.

Les **Vautours** se distinguent facilement par leur cou nu et garni à la base d'une colerette de plumes. Ils vivent surtout de cadavres.

Les **Faucons** (*fig.* 642) ont un bec court et légèrement denté. Les ailes sont longues et pointues : ce sont d'excellents voiliers. Ils volent presque constamment et ne viennent sur le sol que pour capturer les petits Mammifères ou Oiseaux dont ils se nourrissent ; ils les tuent parfois d'un seul coup de bec.

FIG. 642. — Faucon
(un demi-mètre environ).

2° Rapaces nocturnes. — Les **Rapaces nocturnes** sont ainsi nommés parce qu'ils ne chassent que **la nuit;** pendant le jour, ils restent cachés à l'ombre, parce que la **lumière** leur **est extrêmement désagréable.** Leurs **yeux** sont **gros** et **dirigés en avant.** Leurs **plumes** sont **douces** et abondantes : elles forment **autour** de l'orifice **de l'oreille un tourbillon,** qui semble être un rudiment de pavillon. Ils volent sans bruit. Presque tous sont des Oiseaux **utiles,** parce qu'ils font la chasse aux Rongeurs et aux Insectes. Il règne malheureusement à leur égard des **préjugés absurdes** et qu'il est difficile de déraciner. Leur aspect étrange a de tout temps attiré l'antipathie, et, dans nombre de villages, on se fait gloire de suspendre les **Chouettes** ou les **Hiboux** au-dessus du portail de la maison.

FIG. 643. — Grand-Duc
(un demi-mètre environ).

Le **Grand-Duc** (*fig.* 643), le plus grand des rapaces nocturnes, mange surtout des Mulots, des Rats, des Écureuils, mais, à l'occasion, il ne néglige pas non plus les petits Oiseaux.

La **Chouette**, le **Hibou**, le *Chat-Huant*, la *Chevêche*, la *Chevéchelle*, l'*Effraie* ont la même alimentation, mais ne paraissent pas s'attaquer aux Oiseaux mais seulement aux Rongeurs et aux Insectes, de sorte que leur utilité ne fait aucun doute.

III. — Ordre des Colombins ou Pigeons

Les **Colombins** rappellent un peu les Gallinacés, mais ils s'en distinguent surtout par leur **bec**, qui est **mou à la base, corné à la pointe.**

Leurs **ailes** sont aussi plus **longues** et mieux disposées pour le vol, de même que leur **corps,** qui est **plus élancé.**

Fig. 644. — *Pigeon voyageur.*

Tandis que les **petits** des Gallinacés, dès leur naissance, vaquent à leur nourriture, ceux des Colombins sont **incapables de se suffire** à eux-mêmes : ce sont les parents qui sont obligés de les nourrir en leur **dégorgeant** dans la bouche un **liquide** sécrété par leur jabot et **semblable à du lait.**

Les **Pigeons domestiques** constituent de nombreuses races, que les éleveurs ont multipliées dans des proportions remarquables.

Les **Pigeons voyageurs** (*fig.* 644) ou *messagers* reviennent à leur nid, guidés par un instinct inexplicable et avec une vitesse d'une soixantaine de kilomètres à l'heure. On se sert de cette curieuse faculté pour leur faire porter des dépêches minuscules attachées à leurs pattes ou aux plumes de leur queue.

Les **Tourterelles** sont de gracieux Colombins qui s'élèvent facilement en captivité.

IV. — Ordre des Gallinacés

Les **Gallinacés** (du latin *gallus*, coq) se reconnaissent à leurs **formes ramassées,** leurs **pattes fortes,** à doigts bordés, nettement **adaptées** à la marche et au **grattage du sol,** leurs **ailes courtes** et arrondies, ne servant guère au vol, leur **bec** court et **puissant,** où la **mandibule supérieure recouvre l'inférieure** et dont la pointe est un peu recourbée. Ils ont quatre **doigts** garnis d'ongles forts, **trois en avant, un en arrière** inséré un peu plus haut que les autres. Souvent, surtout chez les mâles, existe au-dessus de ce dernier un ongle aigu, l'*ergot.*

Les **Coqs** et leurs femelles les **Poules** sont les hôtes presque indispensables des maisons de campagne et occupent une place importante dans notre alimentation.

Les **Faisans** paraissent être originaires d'Asie Mineure ; chez nous on les rencontre à l'état **sauvage** et à l'état domestique.

Les **Paons** (*fig.* 645) sont originaires des îles de la Sonde : ce sont des Oiseaux merveilleux par la teinte de leurs plumes ; celles du cou sont notamment d'un bleu extraordinaire.

Les **Dindons** semblent être originaires du Mexique. Ils s'élèvent facilement dans nos basses-cours, où la femelle porte le nom de *Dinde.*

Les **Pintades** sont estimées pour leur chair et pour leurs œufs.

FIG. 646. — Perdrix rouge
(grosseur d'un Pigeon).

FIG. 645. — Paon.

Les **Perdrix** constituent un gibier très estimé ; les jeunes ou *Perdreaux* sont particulièrement savoureux. Il y a des *Perdrix grises* et des *Perdrix rouges* (*fig.* 646); ces dernières sont considérées comme les meilleures.

Les **Cailles** constituent également un bon gibier. Contrairement aux Perdrix, ce sont des Oiseaux migrateurs. Au printemps, dans le Midi, on profite du moment où, très fatiguées, elles reviennent d'Afrique pour en faire de vraies hécatombes.

V. — Ordre des Passereaux

Les **Passereaux** (c'est-à-dire « Oiseaux de passage ») constituent le groupe le **moins** bien **caractérisé** des Oiseaux; on peut dire que l'on y a placé *tous ceux qui ne rentraient pas dans les autres ordres.*

Comme caractères communs, ils n'ont guère que ceux de percher sur les arbres, de marcher en **sautillant,** d'avoir une **taille** généralement **faible,** de **chanter** souvent. Ils ont trois doigts en avant et un en arrière (*fig.* 647). **Quelques-uns** sont **migrateurs,** « de passage », d'où le nom qu'on leur a donné.

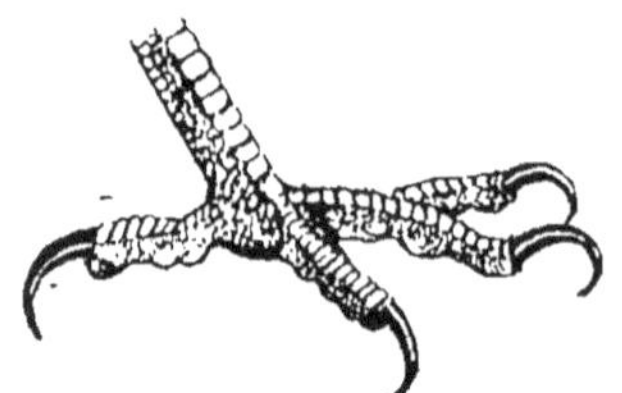

FIG. 647. — Patte d'un Passereau.

On les divise assez artificiellement, d'après la forme de leur bec et de leurs pattes, en cinq groupes : 1° les *Conirostres* ; 2° les *Dentirostres* ; 3° les *Ténuirostres;* 4° les *Fissirostres;* et 5° les *Syndactyles.* C'est aux deux premiers groupes qu'appartiennent les « petits Oiseaux chanteurs ».

1° Les **Conirostres** ont le **bec conique.** La plupart sont des Oiseaux **très utiles à l'agriculture,** parce qu'ils détruisent beaucoup d'Insectes nuisibles.

Parmi les petits Oiseaux chanteurs qu'ils renferment, il faut citer le **Pinson,** dont le chant est bien connu ; le **Moineau,** si familier dans les grandes villes ; le **Serin,** si souvent élevé en cage ; la **Mésange,** renommée pour sa gentillesse; l'**Alouette,** dont l'ongle du doigt **postérieur** est remarquablement long : le **Chardonneret** (*fig.* 648), au plumage bariolé, etc.

FIG. 648. — Chardonneret.

FIG. 649. — Corbeau.

Certains Conirostres sont **nuisibles,** parce qu'ils détruisent les nids des petits Oiseaux, mangent leurs œufs ou pillent le grain que l'on vient de semer. De ce nombre sont : la **Pie,** à la queue longue; le **Geai,** qui possède des plumes bleues sur ses ailes; le **Corbeau** (*fig.* 649), tout de noir habillé, à l'aspect sinistre, et difficile à détruire à cause de sa méfiance.

A citer aussi les **Oiseaux de Paradis** (*fig.* 650), qui vivent en

Australie et dont les plumes sont extraordinairement brillantes et variées.

FIG. 650. — Oiseau de Paradis
(taille d'un Pigeon).

FIG. 651. — Huppe
(taille d'une petite perruche).

2° Les **Dentirostres** ont la **mandibule supérieure** légèrement **échancrée** à la pointe. C'est parmi eux que l'on trouve le **Rossignol**, dont les roulades sont admirables; les **Fauvettes.**

FIG. 652. — Colibri (taille d'une noix).

FIG. 653. — Hirondelle.

dont le chant n'est pas moins célèbre ; le **Roitelet,** dont la tête porte une petite huppe ; le **Merle,** à la livrée noire ; le **Loriot,** dont le plumage est jaune ; la **Grive,** excellent gibier, etc.

3° Les **Ténuirostres** ont le **bec mince et allongé.** Il faut citer parmi eux la **Huppe** (*fig.* 651), dont la tête est ornée d'une double rangée de plumes, et les **Colibris** (*fig.* 652) ou **Oiseaux-Mouches,** dont la taille est fort petite, mais dont les plumes portent des teintes métalliques et changeantes de toute beauté.

4° Les **Fissirostres** ont le **bec court** et **largement fendu,** de manière à engloutir les Insectes qu'ils rencontrent au vol. C'est dans ce groupe qu'il faut placer les gracieuses **Hirondelles** (*fig.* 653), qui nous quittent malheureusement à l'automne, pour ne revenir qu'au printemps; les **Martinets,** dont les ailes sont très larges; les **Salanganes** qui, sur les rochers des îles de la Sonde, fabriquent avec leur salive des nids en forme de goussets et dont les Chinois font des potages.

FIG. 654. — Martin-pêcheur.

5° Les **Syndactyles** (de *syn*, ensemble, et *dactylos*, doigt) ont un **bec** généralement **volumineux** et le **doigt extérieur soudé** au doigt médian. Ils comprennent surtout le *Martin-Pêcheur* (*fig.* 654), à la belle livrée bleue, qui, sur le bord de nos rivières, fait la chasse aux Poissons, et le *Calao,* dont le bec énorme est surmonté d'une production bizarre en forme de casque.

VI. — Ordre des Échassiers

La plupart des **Échassiers,** c'est-à-dire oiseaux semblant « portés par des échasses ») vivent sur le **bord des marais** et s'avancent plus ou moins dans l'eau pour y chercher leur nourriture, laquelle consiste surtout en Grenouilles, en Poissons, en Mollusques et en Vers. Aussi, pour ne pas se mouiller, sont-ils pourvus de **pattes longues** (*fig.* 627 E), souvent démesurées, et **nues,** c'est-à-dire couvertes d'écailles et non de plumes. A ce caractère « échassier » est liée la présence d'un **cou très long** et d'un **bec** non moins **bien développé.**

La plupart sont **migrateurs. Au vol,** on les reconnaît facilement en ce qu'ils tiennent alors leurs **pattes pendantes** en arrière d'eux, au lieu de les ramener au-dessous de leur corps, comme le font la plupart des autres Oiseaux.

On les divise en trois groupes :

1° Les *grands Échassiers ;*

2° Les *Échassiers nageurs ;*

3° Les *Échassiers coureurs.*

Ces groupes sont assez mal limités.

1° **Les grands Échassiers.** — Les **grands Èchassiers** sont ceux qui sont d'une **grandè taille,** avec des **pattes très longues ;** leur cou et leur bec sont aussi très allongés. Ils vivent au bord des marais et ont la **démarche grave** et compassée. Leurs jeunes restent longtemps au nid avant de pouvoir se suffire à eux-mêmes.

Les **Grues** (*fig.* 655) sont de gracieux Oiseaux que l'on rencontre surtout en Afrique et en Asie; en France, elles sont de passage.

Les **Hérons** ne sont pas moins élégants. Les uns

FIG. 655. — Grue.

FIG. 656. — Spatule.

sont migrateurs, les autres sont plus ou moins sédentaires : c'est ainsi qu'on peut en trouver toute l'année dans les marais du Languedoc, du Roussillon et à l'embouchure du Rhône.

Les **Cigognes** diffèrent, par l'habitat, des espèces précédentes. Certaines d'entre elles, en effet, s'établissent dans les villes, à Strasbourg par exemple, et construisent des nids grossiers sur les toits et les cheminées.

Les **Spatules** (*fig.* 656) sont remarquables par la forme de leur bec, qui est aplati comme l'indique leur nom.

Les **Flamants** (*fig.* 657), d'une admirable couleur rose tendre, ont des pattes démesurées, un cou également très long, se tordant sur lui-même quand il s'incline vers le sol, et un bec court et bossu. Ils diffèrent des autres Échassiers en ce qu'ils ont les pattes palmées. Pour pondre ses œufs, cet oiseau élève un dôme de vase semblable à un pain de sucre, et creusé en haut d'une excavation sur laquelle il s'assied pour couver.

Fig. 657. — Flamant rose (hauteur d'un homme) et son nid.

2° **Les Échassiers nageurs.** — Les Échassiers nageurs rappellent les Palmipèdes par leur genre de vie, c'est-à-dire qu'ils **nagent dans les marais.**

Les **Poules d'eau** (*fig.* 658) vivent dans les marais ombragés.

Les **Foulques,** au corps noir, construisent un nid flottant librement à la surface de l'eau.

Les **Râles** vivent les uns au bord des lacs (*Râle d'eau*), les autres dans les champs et les prairies humides (*Râle de genêts*).

3° Les Échassiers coureurs. — Les Échassiers coureurs vivent surtout dans les **prairies** et les **rivages de la mer.** Ils **courent vite** et volent assez bien. Ils **nichent** dans des **creux du sol** ; les petits, dès leur éclosion, savent vaquer à la recherche de leur nourri-

FIG. 658. — Poule d'eau (grosseur d'une poule).

ture. Ils ont le **corps court,** de même que les pattes, du moins comparativement aux grands Échassiers.

Les **Bécasses** (*fig.* 659) ont le bec deux fois aussi long que la tête, droit, à pointe

FIG. 659. — Bécasse.

obtuse et comme barbelé sur les côtés. Leur plumage est d'un roux jaunâtre avec des traits bruns en ziggags. Elles nichent à terre dans un nid très grossièrement fait.

Les **Bécassines** diffèrent des précédentes par leurs formes plus élancées, leurs jambes dénudées, leur bec plus grêle, leur plumage rayé longitudinalement. Elles recherchent les régions marécageuses, les tourbières, où le sol est d'une faible consistance.

Les **Vanneaux** sont facilement reconnaissables à la petite huppe qu'ils portent sur leur tête.

VII. — Ordre des Palmipèdes

Les **Palmipèdes** (c'est-à-dire « Oiseaux aux **pattes palmées** ») sont essentiellement les **Oiseaux nageurs** ou les **Oiseaux d'eau.** Ce qui montre le mieux leur adaptation à leur genre de vie, ce sont leurs **membres inférieurs** qui sont courts, insérés très en arrière sur le tronc, et terminés par **des pattes palmées** (*fig.* 660), c'est-à-dire dont les doigts sont réunis par une membrane pour **faciliter la natation.**

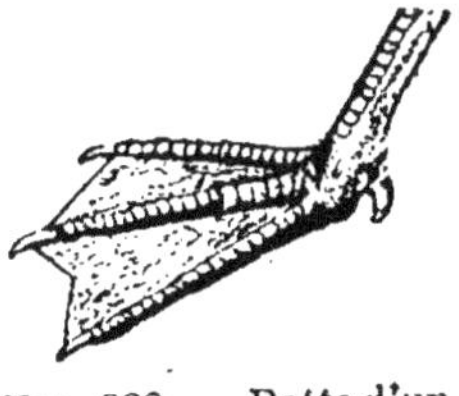

Leurs **formes** générales sont **lourdes** et ramassées, ce qu'ils doivent surtout à l'abondance de leurs

FIG. 660. — Patte d'un Palmipède.

plumes, entre lesquelles il y a une grande quantité d'air, ce qui allège leur poids et les fait **flotter sur l'eau** comme un bouchon.

A la partie postérieure de leur corps, sous le croupion, ils possèdent une **glande** renfermant une **substance huileuse** : c'est un véritable pot de pommade où l'oiseau vient puiser la matière grasse avec son bec et l'étale ensuite sur son plumage. De cette façon celui-ci **ne se mouille jamais,** comme chacun l'a remarqué en voyant sortir de l'eau un Canard ou un Cygne.

Le bec des Palmipèdes est généralement **large** et **plat.**

Tous vivent **au bord des eaux,** et presque tous sont migrateurs. Ils comprennent :

1º Les *Palmipèdes totipalmes.* Exemple : Pélican ;

2º Les *Palmipèdes grands voiliers.* Exemple : Mouette ;

3º Les *Palmipèdes lamellirostres.* Exemple : Canard ;

4º Les *Palmipèdes aux ailes courtes.* Exemple : Pingouin.

1º **Les Palmipèdes totipalmes.** — Les **Palmipèdes totipalmes** (c'est-à-dire « palmés en totalité ») tirent leur principal caractère de ce fait que le **pouce** est **réuni aux autres doigts** par une palmature, alors que, chez les autres Palmipèdes, celle-ci n'intéresse que les trois doigts autres que le pouce.

Les **Pélicans** sont de singuliers Oiseaux caractérisés par leur bec volumineux et une énorme poche formant le plancher de la mandibule inférieure et qui est très dilatable, puisqu'on peut y faire tenir 15 litres d'eau. Cette poche leur sert de garde-manger, leur permettant, par exemple, d'accumuler des Poissons capturés et de les rapporter à leurs petits.

Le **Cormoran** est un assez grand Oiseau d'un vert noirâtre à reflets métalliques, au bec de la longueur de la tête, avec la mandibule supérieure terminée en crochet.

FIG. 661. — Albatros.

2º Les **Palmipèdes grands voiliers.** — Les **Palmipèdes grands voiliers** sont remarquables par la **longueur de leurs ailes** et, par suite, la largeur de leur envergure, ce qui leur permet un vol soutenu, même par les vents les plus puissants. Ils nagent aussi fort bien, **mais ne plongent jamais.** Ce sont essentiellement des **Oiseaux de mer.** Ils volent presque constamment au-dessus des flots, cherchant sans cesse à capturer les Poissons qui viennent à la surface de l'eau. Au moment de la reproduction, ils se réunissent en grand nombre sur une côte déserte et y **pondent** des œufs **dans des creux du sol** : les nids se touchent au point qu'il est presque impossible de marcher entre eux.

FIG. 662. — De gauche à droite : Oie, Dindon, Pintade, Canards.

C'est à ce groupe qu'appartiennent les **Goélands** et les **Mouettes,** que l'on voit voler sur la plupart de nos plages, les **Albatros,** (*fig.* 661), les **Pétrels,** les **Hirondelles de mer,** et un grand nombre d'autres, fort difficiles à distinguer en raison de leur livrée qui est presque toujours blanche ou grisâtre.

3° Les **Palmipèdes lamellirostres.** — Les **Palmipèdes lamellirostres** (c'est-à-dire « au bec garni de lamelles ») sont bien caractérisés par la forme de leur **bec** revêtu d'une peau molle; il est **aplati** de haut en bas et **garni,** sur les côtés, **de petites lames** s'engre-

FIG. 663. — Cygne.

nant d'une mandibule à l'autre. Ils diffèrent aussi des autres Oiseaux en ce qu'ils possèdent une **langue épaisse, charnue,** garnie de nombreuses papilles et très mobile.

Les **Canards** et les **Oies** (*fig.* 662) sont les plus connus de ce groupe.

Parmi les autres Lamellirostres, on peut citer les **Cygnes** (*fig.* 663), au long cou si gracieux, qui glissent à la surface des eaux, et les **Eiders,** qui vivent dans les mers glaciales du cercle arctique et dont le duvet léger constitue l'*édredon.*

4° Les **Palmipèdes aux ailes courtes.** — Les **Palmipèdes aux ailes courtes,** du moins certains d'entre eux, ont des formes extrêmement bizarres. Leurs **pattes** sont **courtes** et rejetées tout à fait en **arrière du corps.** Celui-ci, lorsque l'animal est sur terre, est **dressé verticalement.** Enfin les **ailes,** chez certains, ne servent pas à voler : elles apparaissent sous forme de moignons courts et plats qui sont des **rames** très efficaces **pour la natation.** On donne aussi à ces Oiseaux le nom de *Palmipèdes plongeurs,* parce qu'en effet ils **plongent dans l'eau** à la manière des Phoques et y nagent à la poursuite des Poissons dont ils se nourrissent.

Les **Manchots** sont les types les plus caractéristiques de ce groupe. Ils vivent en bandes immenses dans les régions polaires, dont ils constituent à peu près les seuls habitants.

Les **Pingouins** (*fig.* 664) étaient autrefois aussi répandus que les précédents, mais actuellement l'espèce tend à disparaître.

VIII. — Ordre des Coureurs

Les **Coureurs** sont **incapables de voler.**

FIG. 664. — Pingouin (taille d'un enfant de 12 ans).

FIF. 665. — Autruche (2 mètres de haut environ) et ses Autruchons (taille d'une grosse poule).

car ils ne possèdent que des **ailes rudimentaires ;** par contre, ils possèdent des **pattes très solides** qui leur permettent de **courir très vite.** Seuls parmi les Oiseaux, ils ont le **sternum plat,** c'est-à-dire **dépourvu de bréchet.**

L'**Autruche** (*fig.* 665) en est le représentant le plus connu. Son corps est couvert de fort belles plumes ; les ailes sont très petites et absolument incapables d'enlever l'oiseau dans l'air : tout au plus servent-elles à soutenir un peu l'animal quand il court. Le cou, très long, est presque nu et terminé par une toute petite tête pourvue de deux gros yeux.

FIG. 666. — Aptéryx (taille d'un dindon).

A citer, à côté des Autruches, le **Nandou** d'Amérique et le **Casoar** d'Australie ; leurs plumes sont grossières et seulement utilisées pour la confection des plumeaux.

Les **Aptéryx** (*fig.* 666) sont encore plus extraordinaires que les animaux précédents. Leur corps est absolument dépourvu d'ailes et recouvert de plumes soyeuses. La tête est garnie d'un long bec. Les Aptéryx se rencontrent dans les régions marécageuses de la Nouvelle-Zélande et sont en voie de disparition.

TABLEAU SYNOPTIQUE DE LA CLASSE DES OISEAUX

Caractères généraux

Vertébrés à sang chaud, couverts de plumes et ovipares.

- Appareil
  - digestif : Bec dépourvu de dents. Jabot, ventricule succenturié, gésier, cloaque.
  - respiratoire : Sacs aériens. Absence de diaphragme.
  - circulatoire : Cœur à 4 cavités.
- Squelette
  - Sternum en carène (bréchet).
  - Soudure des clavicules (fourchette).
  - Membres
    - antérieurs aliformes : 3 doigts.
    - postérieurs : 4 doigts.

Système nerveux : Hémisphères cérébraux lisses.
Organes des sens : Vue surtout développée.

Classification

- pourvu d'un bréchet
  - Pattes non palmées
    - Pattes courtes
      - Les 2 doigts extrêmes dirigés en arrière. → **Grimpeurs** (*Pic*).
      - Un seul doigt dirigé en arrière
        - Bec très crochu .... → **Rapaces** (*Aigle*).
        - Bec non crochu
          - Bec mou .... → **Colombins** (*Pigeon*).
          - Bec dur
            - Doigts bordés → **Gallinacés** (*Poule*).
            - Doigts généralement non bordés → **Passereaux** (*Pinson*).
    - Pattes longues.......................... → **Échassiers** (*Héron*).
  - Pattes palmées .... → **Palmipèdes** (*Oie*).
- dépourvu de bréchet .... → **Coureurs** (*Autruche*).

TRAVAUX PRATIQUES RELATIFS
AUX OISEAUX

a) Observer les caractères extérieurs d'un Oiseau quelconque (*Pigeon, Poule, Canard, Moineau,* etc.) : bec, tête, corps, ailes, pattes, plumes, etc. Regarder une de ces dernières au microscope.

FIG. 667. — Pigeon étalé pour que l'on puisse en effectuer la dissection.

b) Disséquer un Oiseau quelconque (le *Pigeon* est le plus recommandable), en le mettant, sur le dos [les ailes étalées et tendues, les pattes un peu tirées à droite et à gauche (*fig.* 667)]; opérer sur la planchette à dissection, à moins que l'on ne possède une cuve assez grande pour immerger l'animal. Fendre la paroi abdominale et le thorax, à peu près, sur la ligne médiane ventrale, depuis le cloaque jusque près du bec. Observer, en particulier :

1° Le *tube digestif*; à partir de la bouche : *œsophage ; jabot ; ventricule succenturié ; gésier ; duodénum* (dans l'anse duquel il y a le *pancréas*, formé de 3 lobes) ; l'*intestin*, avec 2 petits *cæcums ; le cloaque* (*fig.* 668). Voir aussi le *foie.*

2° L'*appareil respiratoire* (*fig.* 669) : *trachée, syrinx, poumons*. Ceux-ci sont en relation avec des *sacs aériens*, mais ces derniers sont très difficiles à voir.

3° Le *cœur* (*fig.* 670) entier et coupé en travers au niveau des ventricules.

4° L'*appareil urinaire, reins, uretères, cloaque*, et, chez la *Poule*, la disposition des œufs en formation.

c) D'une tête de *Poulet, Canard, Pigeon, Oie*, isoler l'encéphale (*fig.* 289 à 291) en enlevant les os de la face supérieure du crâne, qui n'offrent généralement qu'une faible résistance et se laissent briser avec une simple pince forte : *hémisphères cérébraux* volumineux; *tubercules bijumeaux* rejetés à droite et à gauche ; *lobes olfactifs*, visibles seulement par-dessous l'encéphale ; *cervelet* marqué de sillons transversaux (*fig.* 634).

d) Étudier le squelette (*fig.* 626) de divers Oiseaux, par exemple la *Poule*, le *Canard*, l'*Aigle* (ou un autre Rapace), etc.

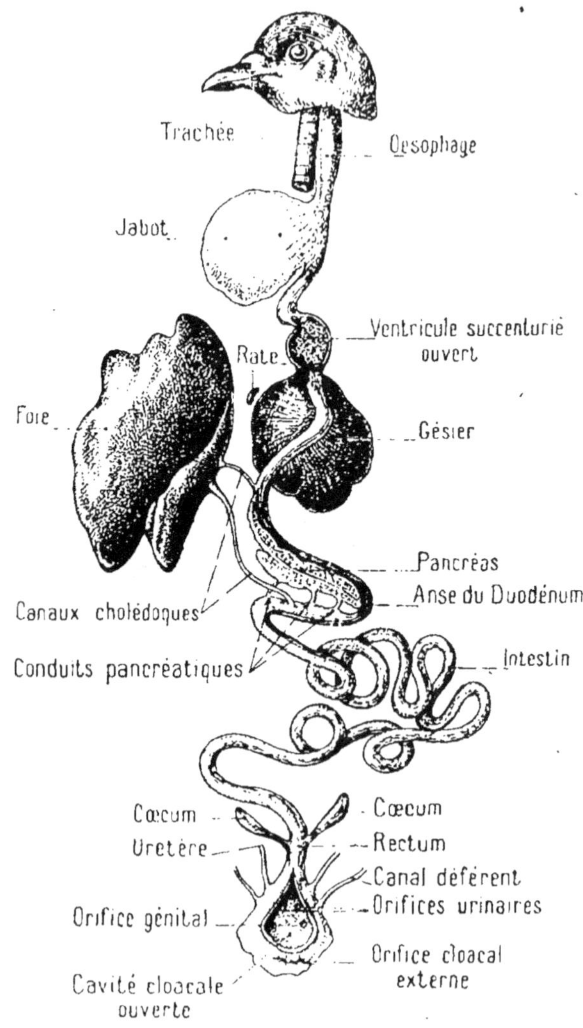

FIG. 668. — Tube digestif d'un Pigeon (demi-schématique).

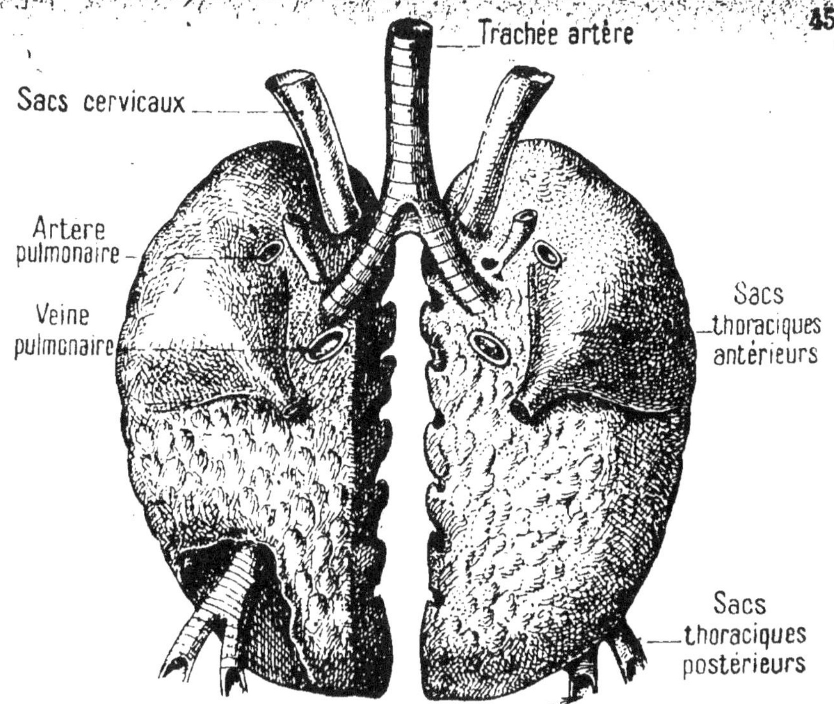

Fig. 669. — Poumon d'un Pigeon avec l'origine des sacs aériens.

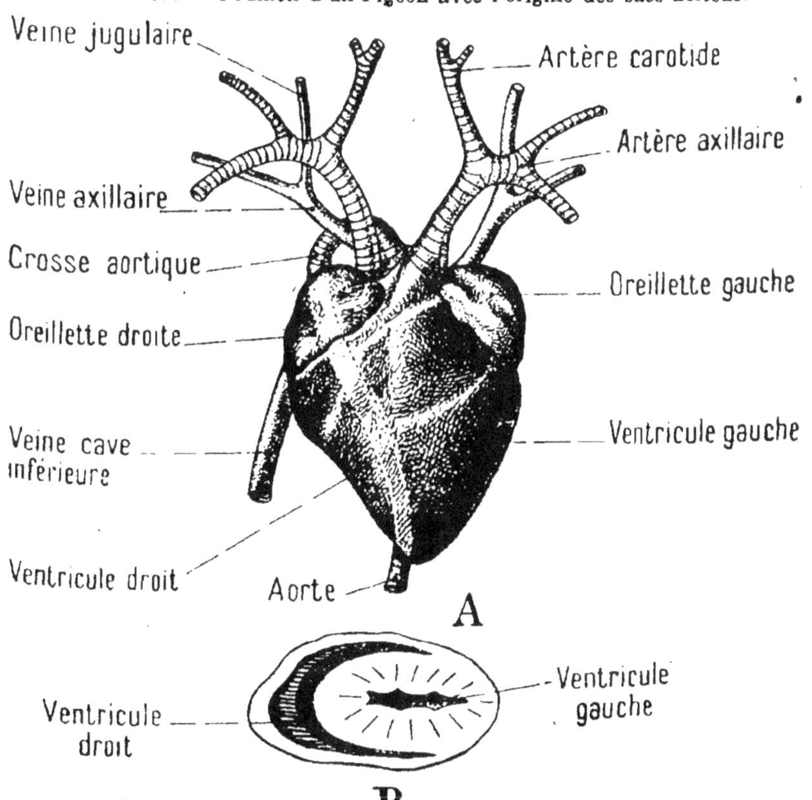

Fig. 670. — Cœur d'un Pigeon, vu entier (A), et coupé en travers au niveau du ventricule (B).

e) Étudier un œuf **frais** (simplement cassé dans un bol) ou un œuf **dur** (coupé en long) (*fig.* 636).

f) Si possible, étudier (en brisant la coquille) les œufs de poule en incubation (*fig.* 637) dans une couveuse artificielle.

g) Étudier les mœurs des Oiseaux de la région, ainsi que leurs nids et leurs œufs.

CLASSE DES MAMMIFÈRES

Notions générales sur la classe des Mammifères. — Les Mammifères (du latin *mamma*, mamelle, et *ferre*, porter) sont des Vertébrés **vivipares** (du latin *vivus*, vif, et *parere*, enfanter), c'est-à-dire qui mettent au monde des petits tout vivants, qu'ils **nourrissent** pendant quelque temps **avec le lait** sécrété par leurs mamelles. Ils ont le **corps couvert de poils.** Leur organisation rappelle beaucoup celle de l'homme, lequel, d'ailleurs, appartient à cette classe.

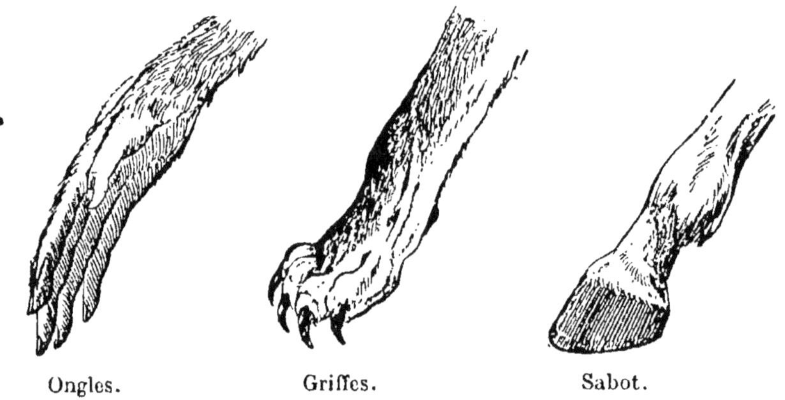

Fig. 671 à 673. — Trois pattes de Mammifères.

La plupart ont **des dents** de deux ou trois sortes, dont le nombre et la forme varient suivant le régime de l'animal. Ils **respirent** tous **par des poumons.** Leur **cœur** est à **quatre cavités** et leur **sang** est **toujours chaud.** c'est-à-dire que leur corps reste à une température constante voisine de 39°. Il n'y a d'exception que pour ceux qui s'endorment pendant l'hiver, comme la marmotte ; leur température s'abaisse alors jusque vers 20° pendant le sommeil hibernal.

Leurs **pattes** (*fig.* 671 à 673) sont terminées par un nombre variable de **doigts,** qui dépasse rarement **cinq.** Tantôt ces doigts sont pourvus d'*ongles*, comme chez les singes, ou de *griffes*, comme chez les chats, les chiens : on les appelle alors *Onguiculés*. Tantôt, comme chez le bœuf, le cheval, l'extrémité de chaque doigt est enveloppée dans une substance cornée appelée **sabot** : on les appelle alors *Ongulés*.

Ils vivent le plus souvent dans l'**air**. Cependant quelques-uns se sont adaptés à la **vie aquatique**, comme le phoque, la baleine. Mais ces derniers eux-mêmes ne peuvent respirer que dans l'air : ils doivent revenir **à la surface** de l'eau de temps en temps pour **respirer**.

Quelques-uns aussi, par transformation de leurs membres antérieurs, se sont **adaptés au vol**, comme les chauves-souris.

On trouve donc chez les Mammifères des conditions d'existence très variées. On les divise, d'après leur régime, leur dentition et la conformation de leurs pieds, en **quinze ordres** principaux, groupés en sept séries que nous allons étudier successivement.

CLASSIFICATION DES MAMMIFÈRES

I

MAMMIFÈRES POURVUS D'UNE POCHE ABDOMINALE

I. — Ordre des Monotrèmes

Les Monotrèmes sont les Mammifères les plus inférieurs ; ils se *rapprochent des Oiseaux et des Reptiles*. D'abord ils n'ont *pas de dents ;* les os des mâchoires sont recouverts d'un *bec corné*, comme chez les Oiseaux. Ensuite ils *pondent des œufs ;* ces

FIG. 674. — Ornithorynque (dimension d'un chat).

œufs se développent soit dans une poche abdominale soutenue, comme chez les Marsupiaux, par deux os spéciaux (*os marsupiaux*) insérés sur le bassin, soit dans un nid.

Leurs membres sont rejetés sur le côté comme ceux des Reptiles. Enfin ils ont, comme les Oiseaux et les Reptiles, **un cloaque,** c'est-à-dire une cavité où aboutissent l'intestin, les conduits urinaires et les oviductes qui amènent les œufs. Ce cloaque communique avec l'extérieur par **une seule ouverture,** ce qui leur a valu leur nom (du grec *monos*, un seul ; *trema*, orifice). Ces étranges animaux ne se trouvent que dans la **région australienne.**

FIG. 675. — Échidné (taille d'un Hérisson).

L'**Ornithorynque** (du grec *ornithos*, oiseau ; *rhyxos*, bec) (*fig.* 674) est pourvu d'un bec corné tout à fait analogue à celui des Canards.

L'**Échidné** (*fig.* 675) ressemble au Hérisson par ses poils, mais il a un bec allongé. La femelle pond généralement un seul œuf, qu'elle porte dans une poche abdominale rudimentaire, où le petit reste encore quelques semaines après sa sortie de l'œuf.

II. — Ordre des Marsupiaux

Les **Marsupiaux** (du latin *marsupium*, bourse, poche) **habitent** tous l'**Australie,** sauf les *Sarigues*, qui sont américaines.

Ils n'ont guère qu'un seul caractère commun, celui de **posséder sous le ventre une poche** qui leur a valu leur nom. Cette poche contient les mamelles. Les petits, qui viennent au monde très peu développés, sont aussitôt placés dans cette poche par leur mère. Ils demeurent là de longs mois suspendus aux mamelles, nourris par le lait que la mère fait écouler elle-même dans leur bouche en contractant certains muscles spéciaux. Plus tard, les petits commencent à sortir de la poche, mais y rentrent à la moindre alerte.

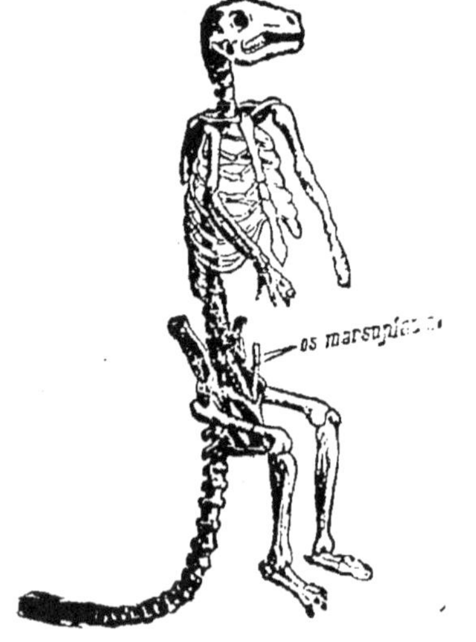

FIG. 676. — Squelette d'un Kangourou, animal de l'ordre des Marsupiaux.

Ajoutons que cette poche marsupiale, simple repli de la peau, est soutenue par 2 os spéciaux, nommés **os marsupiaux** (*fig.* 676), qui viennent s'insérer sur le bassin.

Le genre le plus connu est le **Kangourou** (*fig.* 677), dont une espèce, le *Kangourou géant*, atteint presque la taille d'un homme. Ces curieux animaux ont les membres postérieurs remarquable-

FIG. 677. — Kangourou (atteint la taille d'un homme).

FIG. 678. — Sarigue (taille d'un gros chat). Remarquer le petit qui est dans la poche marsupiale.

ment développés par rapport aux membres antérieurs, qui sont plutôt de petits bras. De plus, ils ont une énorme queue qui, grâce aux muscles puissants dont elle est pourvue, joue un rôle important dans leur locomotion.

Le genre **Sarigue** (*fig.* 678) comprend un certain nombre d'espèces vivant dans les régions chaudes de l'Amérique. La plupart ont la queue prenante.

TABLEAU SYNOPTIQUE DES MAMMIFÈRES
POURVUS D'UNE POCHE ABDOMINALE

Classification :
{ Ovipares . . . . **Monotrèmes.**
{ Vivipares . . . . **Marsupiaux.**

Monotrèmes
{ **Caractères** { Ovipares.
{ { Bec corné.
{ { Cloaque.
{ **Types** : Ornithorynque, Échidné.

Marsupiaux
{ **Caractères** { Vivipares : naissent à l'état embryonnaire.
{ **généraux** { Mâchoires à nombreuses dents.
{ { Pas de cloaque.
{ **Types** : Kangourou, Sarigue.

<h2 style="text-align:center">II</h2>

<h2 style="text-align:center">MAMMIFÈRES AYANT LES DEUX MEMBRES
ANTÉRIEURS TRANSFORMÉS EN NAGEOIRES</h2>

III. — Ordre des Cétacés

Les **Cétacés** (du latin *cete*, gros Poisson) sont des Mammifères absolument **transformés par la vie aquatique.** Leur **corps** a pris la **même forme que celui des Poissons,** c'est-à-dire celle d'un fuseau, tandis que la **peau** devenait lisse, **sans poils,** qui par leur frottement sur l'eau auraient pu retarder la natation. Malgré ces transformations, les Cétacés sont restés franchement des Mammifères et ne sont pas des Poissons : la preuve en est qu'ils ont **le sang** extrêmement **chaud,** qu'ils **allaitent leurs petits** avec le lait de leurs mamelles et qu'enfin ils **respirent l'air en nature par leurs poumons.**

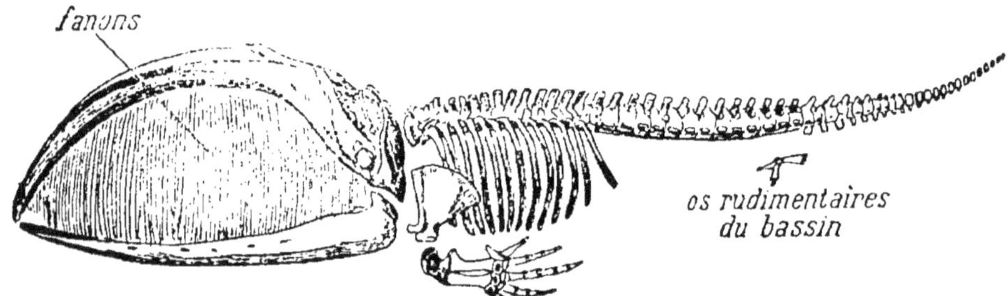

Fig. 679. — Squelette d'une Baleine (longueur 15 à 20 mètres).

Leurs **membres antérieurs** ne sont pas des pattes, mais de *larges rames*, où il est impossible de distinguer extérieurement le bras, l'avant-bras et la main (*fig.* 679).

Les **membres postérieurs** (*fig.* 679) **manquent complètement** (sauf les os du bassin plus ou moins rudimentaires). Le **corps** se termine en arrière par une **large nageoire horizontale,** ce qui la distingue de celle des Poissons, qui est verticale.

La tête des Cétacés est généralement volumineuse, avec une **bouche largement fendue.**

A la partie supérieure, on remarque un ou deux orifices auxquels on a donné le nom d'**évents** et qui ne sont autres que les **narines.**

Certains Cétacés sont pourvus de **dents toutes semblables** entre elles (Cachalot), les **autres en sont dépourvus.** Les dents sont alors souvent remplacées par des **productions cornées** appelées **fanons** (Baleine).

Les **Baleines** sont les Cétacés les plus connus. Leur taille varie de 15 à 20 mètres. Leur tête volumineuse se rattache sans dépression, correspondant au cou, à un corps diminuant d'épaisseur jusqu'à la queue.

Les **Balénoptères** ou *Rorquals* sont les plus longs des Cétacés, puisque leur taille peut atteindre 33 mètres de longueur. Comme les Baleines, ils possèdent des fanons, mais d'assez faible taille.

Les **Cachalots** sont plus monstrueux et plus disgracieux que les Baleines ; leur taille varie de 18 à 30 mètres.

FIG. 680. — Dauphin (longueur 2 à 4 mètres).

Les Cachalots ne possèdent de dents qu'à la mâchoire inférieure ; ces dents, au nombre de 43 ou de 45, sont puissantes, coniques, un peu recourbées à l'extrémité.

Parmi les autres Cétacés, on peut encore citer les **Narvals** dont les mâles possèdent en avant, insérée sur le maxillaire supérieur, une longue corne d'ivoire; les **Marsouins** et les **Dauphins** (*fig.* 680), communs dans la Méditerranée, et enfin les **Dugongs** et les **Lamantins** qui forment le groupe des **Siréniens**.

TABLEAU SYNOPTIQUE DES CÉTACÉS

Cétacés	Caractères généraux	Mammifères aquatiques. Homodontes, c'est-à-dire ayant des dents toutes semblables. Membres antérieurs transformés en nageoires. — postérieurs réduits à l'os du bassin.
	Types	Baleine. Cachalot.

III

MAMMIFÈRES ONGULÉS IMPARIDIGITÉS

IV. — Ordre des Équidés

Les *Équidés* (appelés aussi *Solipèdes*, mot impropre qui pourrait faire croire qu'ils n'ont qu'un seul pied) sont encore désignés sous le nom de *Jumentés*.

Leurs pattes se terminent chacune par un **seul doigt** (*fig.* 681) coiffé au bout d'un **sabot** : le métacarpien (de même que le métatarsien correspondant) forme l'**os canon**.

Les **incisives** sont disposées **en arc,** et leur degré d'usure permet aux maquignons d'évaluer l'**âge** des chevaux.

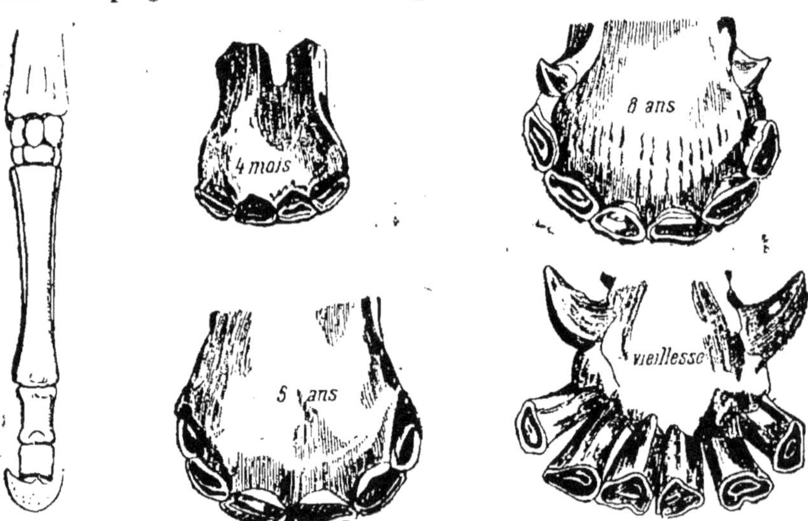

FIG. 681. — Squelette de la patte d'un Cheval.

FIG. 682 à 685. — Aspect des dents du Cheval à différents âges.

Ces dents sont au nombre de trois paires à chaque mâchoire : on les distingue en paires internes ou *pinces*, paires intermédiaires ou *miloyennes* et paires externes ou *coins.*

Les incisives du cheval (*fig.* 682 à 685) portent à leur sommet une cavité comblée en partie par du cément et tapissée d'une couche d'émail (*émail interne*), qui, se continuant avec l'*émail externe*, forme aux dents jeunes une crête saillante et tranchante sur les bords. Par le frottement résultant de l'usage des dents, la crête s'émousse et disparaît en laissant l'ivoire sous-jacent à découvert.

La surface de la dent ou *table dentaire* offre alors à ce moment deux couches concentriques d'émail l'une externe entoure l'ivoire, l'autre interne entoure une **tache noire** de cément (*fève*). Peu à peu la cavité centrale diminue progressivement et la fève finit par disparaître ; on dit que la dent est *rasée*.

Cette usure se manifeste naturellement suivant l'ordre d'apparition des dents. Les pinces de lait, les premières apparues, sont rasées avant les mitoyennes et celles-ci avant les coins. Les dents définitives remplacent les dents de lait successivement dans le même ordre et s'usent à leur tour. Lorsqu'elles sont toutes rasées, on dit que le cheval ne marque plus, et il devient alors plus difficile de reconnaître son âge. Cependant le changement de forme résultant de l'usure peut encore donner quelques renseignements. La table, d'abord ronde, prend peu à peu la forme d'un triangle, d'abord équilatéral, puis isocèle de plus en plus allongé.

C'est surtout la mâchoire inférieure que l'on consulte, parce qu'elle est plus facile à observer.

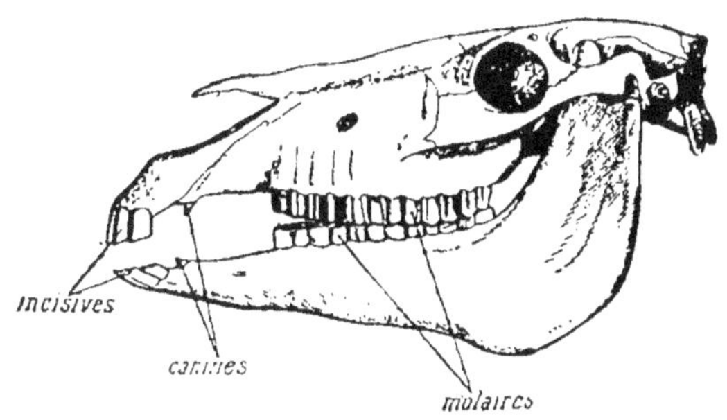

FIG. 686. — Crâne d'un Cheval.

Les **canines** sont **insignifiantes** chez les mâles (*fig.* 686) et **manquent** chez les femelles. Elles sont séparées des molaires par un espace libre, la *barre*, qui permet d'y glisser le *mors* pour guider le cheval.

Il y a **6 molaires** de chaque côté de la mâchoire ; elles sont construites de manière à **broyer** les grains et les herbes comme entre des meules.

La respiration ne peut se faire que par le nez, le larynx étant situé au-dessus du voile du palais.

Les deux espèces d'équidés les plus communes sont le **Cheval** et l'**Ane**.

Le *Mulet* et le *Bardot* sont intermédiaires entre le Cheval et l'Ane ; le premier résulte de l'accouplement de l'Ane et de la jument ; le second est un produit du Cheval et de l'Anesse ; les deux sont des *hybrides* généralement inféconds.

FIG. 687. — Zèbre (taille d'un Ane).

L'Hémione habite les hauts plateaux secs de la Haute-Asie et de la Mongolie ; sa robe, formée de poils un peu crépus, est d'un gris clair. Les Hémiones vivent en bandes ; souvent un mâle conduit une vingtaine de femelles et de jeunes.

L'Onagre est plus grand et plus fin de jambes que l'Ane. En Perse et en Arabie, on le domestique et on en fait de magnifiques Anes de selle.

Le **Zèbre** (*fig.* 687), au point de vue de l'aspect, est intermédiaire entre le Cheval et l'Ane, bien que se rapprochant plus de ce dernier. Il est remarquable par sa robe jaune clair couverte de bandes transversales du plus beau noir.

V. — Ordre des Proboscidiens

Les **Proboscidiens** (du latin *proboscis*, trompe) ou **Eléphants** (*fig.* 688) sont des **Mammifères volumineux** portés par des pattes massives terminées par **cinq doigts** pourvus chacun d'un sabot.

FIG 688. — Éléphant d'Asie.

Leur tête est volumineuse, avec des **yeux petits** et des **oreilles larges, aplaties** en éventail. Elle se prolonge en avant par une **trompe** caractéristique, qui doit être considérée comme un **nez allongé**. A l'intérieur de la trompe, il y a deux canaux parallèles représentant les narines. A l'extrémité libre, on voit les deux orifices de celles-ci et en avant **un petit appendice** en forme de doigt très mobile. C'est en rabattant cet appendice, au toucher très sensible, sur le bout de la trompe que les Éléphants prennent les aliments, qu'ils amènent ensuite jusqu'à leur bouche en recourbant leur trompe.

La bouche, relativement petite, présente **deux défenses** volumineuses en **ivoire**, qui font **saillie au dehors** et se recourbent légèrement vers le haut. Elles sont terminées par une pointe mousse et sont plus développées chez les mâles que chez les femelles. Ces défenses représentent les **incisives supérieures;** les inférieures manquent complètement.

Il n'y a pas de canines.

Les **molaires** sont, au total, au nombre de **quatre,** soit une seule pour chaque demi-mâchoire. Ce sont de véritables **pavés d'ivoire** pouvant atteindre 40 centimètres de long sur 10 centimètres de large. A leur surface, on remarque des **bandes d'émail**

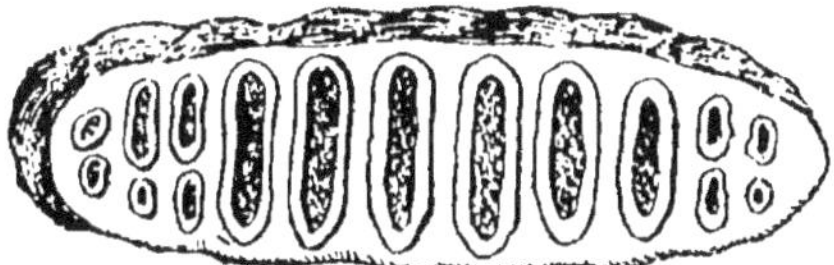

FIG. 689. — Molaire de l'Éléphant d'Asie.

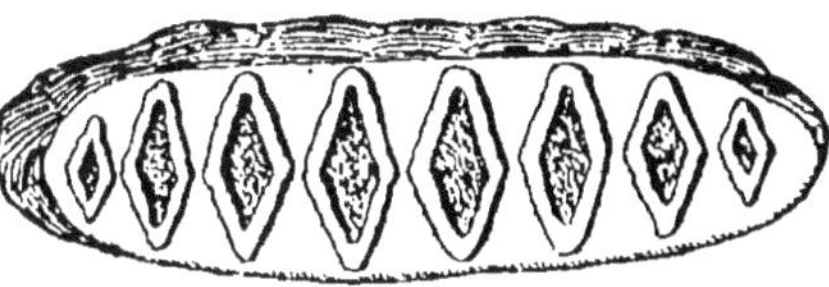

FIG. 690. — Molaire de l'Éléphant d'Afrique.

réunies entre elles par du cément. Ces bandes forment des **ovales** allongés chez l'**Éléphant d'Asie** (*fig.* 689) et des **losanges** chez l'**Éléphant d'Afrique** (*fig.* 690). Les **molaires** s'usent assez rapidement et **finissent par tomber ;** chacune d'elles est alors **remplacée** par une autre molaire qui s'était développée en arrière d'elle (*fig.* 691) pendant son usure, et qui la pousse alors en avant jusqu'à ce qu'elle lui cède la place. Cette deuxième molaire a, au bout de quelque temps, le sort de la première et se trouve remplacée par une troisième, et ainsi de suite jusqu'à cinq fois chez l'Éléphant d'Asie. Celui-ci a donc, pendant toute sa vie, vingt-quatre molaires, dont quatre seulement coexistent en même temps.

La **peau** des éléphants est **épaisse** et **presque nue** : il n'y a que de rares poils sur les flancs et le dos. Le jeune a les poils plus serrés et plus longs.

Les **os du crâne** sont creux, **volumineux** et ont parfois 50 centimètres d'épaisseur : quand on veut tuer un Éléphant, il ne faut

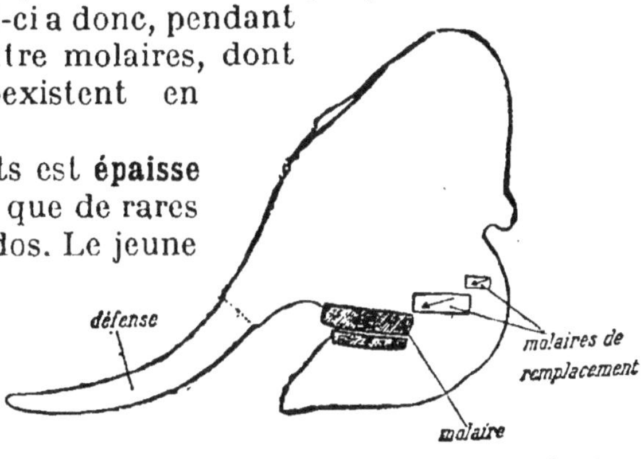

FIG. 691. — Schéma montrant comment chez l'Éléphant se fait le remplacement des molaires.

donc pas tirer à la tête, car la balle resterait dans les os ; il n'y a guère qu'à l'œil ou à l'articulation des jambes qu'il soit vulnérable ; encore faut-il employer des balles très pénétrantes.

L'Éléphant est un être **très intelligent.** Il se **nourrit de plantes.** De temps à autre il **barrit,** c'est-à-dire pousse un cri vibrant et spécial qui se rapproche un peu d'un grognement très sonore.

Il y en a deux espèces : l'*Éléphant d'Afrique* et l'*Éléphant d'Asie.*

L'Éléphant d'Afrique se reconnaît facilement à la grandeur de ses oreilles qui couvrent complètement les épaules et qu'il peut amener à être perpendiculaires à celles-ci. En outre, son front est plus bombé que celui de son congénère d'Asie, son œil plus gros ainsi que ses défenses. Sa trompe est terminée par deux appendices en forme de doigts. Les molaires portent des losanges d'émail (*fig.* 690).

L'Éléphant d'Asie ou *Éléphant de l'Inde* se distingue du précédent par sa tête plus haute et plus large, par ses défenses plus petites, ses molaires dont la surface masticatrice porte des ovales d'émail, ses oreilles petites, sa peau nue ne portant qu'une touffe de poils au bout de la queue (*fig.* 688).

Fig. 692. — Rhinocéros (taille d'un très gros Bœuf).

A côté des Éléphants, il faut citer deux animaux qui n'appartiennent pas aux véritables Proboscidiens, auxquels ils étaient réunis autrefois, ainsi que les Porcins et les Solipèdes, sous le nom, aujourd'hui presque abandonné, de *Pachydermes ;* on en fait actuellement deux ordres distincts. Ce sont les *Rhinocéros* et les *Tapirs.*

Les Rhinocéros (du grec *rhin*, nez, et *kéras*, corne) (*fig.* 692) sont des animaux épais, dont les pattes courtes sont terminées par trois doigts à sabots. Leur peau est particulièrement épaisse, coriace, presque entièrement privée de poils, avec de nombreuses rides, surtout au niveau des articulations. La tête est volumineuse et porte sur le nez une protubérance, simple ou double, cornée, placée sur la ligne médiane et non comparable par conséquent aux cornes des Ruminants ; leur poids peut atteindre 3.000 kilogrammes.

Les **Tapirs** sont caractérisés par 4 doigts à sabots aux pieds de devant et 3 doigts aux pattes de derrière, ainsi que par leur nez prolongé en une petite trompe mobile,

FIG. 693. — Tapir, variété à dos blanc (taille d'un Veau).

mais non préhensible comme celle de l'Éléphant. Il est noir, mais il en existe une variété exceptionnelle (*fig.* 693) dont le dos est blanc.

TABLEAU SYNOPTIQUE DES ONGULÉS IMPARIDIGITÉS

Classification
- 1 seul doigt............................ **Équidés.**
- 5 doigts .... **Proboscidiens.**

Équidés

Caractères généraux
- Ongulés à un seul doigt (Solipèdes).
- Formule dentaire $\frac{3}{3}$ I. $\frac{0}{0}$ C. $\frac{6}{6}$ M.

Types
- Cheval, Ane, Mulet (croisement de l'Ane et de la Jument).
- Bardot (croisement du Cheval et de l'Anesse). Zèbre.

Proboscidiens

Caractères généraux
- Ongulés à 5 doigts et à peau très épaisse (Pachydermes).
- Formule dentaire $\frac{1}{0}$ I. $\frac{0}{0}$ C. $\frac{1}{1}$ M.

Types
- Proboscidiens à trompe : Éléphant (incisives en défenses).
- Proboscidiens sans trompe : Rhinocéros, Tapir.

IV

MAMMIFÈRES ONGULÉS PARIDIGITÉS

VI. — Ordre des Ruminants

Les **Ruminants,** c'est-à-dire animaux qui « ruminent », sont quelquefois appelés « **animaux à pieds fourchus** », parce qu'à chaque patte (*fig.* 694) ils ne possèdent que **deux doigts** coiffés à l'extrémité par des **sabots.** Les métacarpiens et les métatarsiens de ces doigts sont respectivement soudés en un os unique, allongé, l'**os canon,** où l'on voit souvent au milieu un sillon longitudinal indiquant sa dualité primitive.

De part et d'autre de ces deux doigts, on trouve souvent un petit os indiquant par sa présence les os disparus.

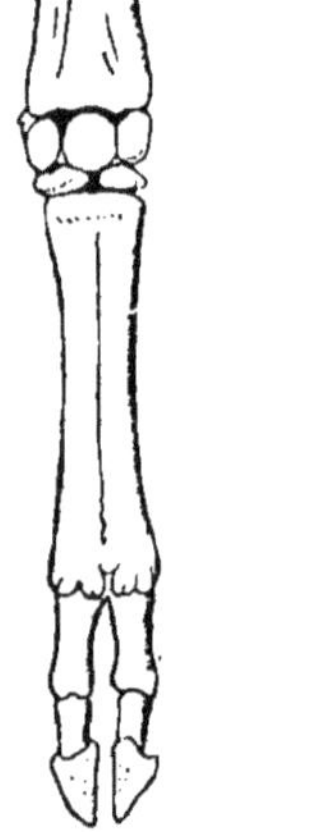

FIG. 694. — Squelette d'une patte de Ruminant.

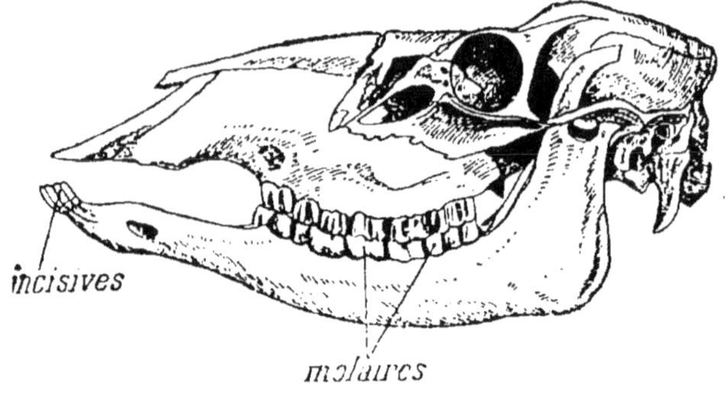

FIG. 695. — Crâne d'un Ruminant. — *Nota :* on n'a pas figuré les cornes.

Sur la tête on remarque des **cornes,** qui sont de plusieurs sortes. Les unes persistent toute la vie et sont recouvertes d'une gaine cornée : on trouve par exemple de ces **cornes persistantes** chez les bœufs. D'autres sont **caduques,** c'est-à-dire tombent tous les ans, et sont simplement constituées par un axe osseux plus ou moins ramifié : le Cerf en est un exemple bien connu.

Les **cornes manquent** cependant chez **le Chameau,** le Porte-musc commun, certaines races de Moutons.

La dentition présente des caractères bien spéciaux (*fig.* 695). Il n'y a d'**incisives** (au nombre de huit) **qu'à la mâchoire infé-**

rieure, sur laquelle elles sont insérées très obliquement ; à la mâchoire supérieure, elles sont remplacées par un bourrelet calleux.

Les **canines font défaut,** de sorte qu'il y a un espace vide — la **barre** — entre les incisives et les molaires.

Ces **molaires** sont **aplaties comme des meules,** et la surface de leur couronne est parcourue par des **replis d'émail** en forme de **croissants.** Elles peuvent agir à la manière d'une meule sur les aliments qu'elles broient.

La mâchoire inférieure se déplace latéralement, c'est-à-dire de droite à gauche, puis de gauche à droite, ce qui donne aux Ruminants en train de mastiquer une physionomie toute particulière.

Ces mouvements de latéralité de la mâchoire inférieure sont facilités par la *forme aplatie de ses condyles,* qui lui permet facilement de pivoter de côté.

L'**estomac** n'est pas moins caractéristique, en ce qu'il est **composé** (*fig.* 696). Il est formé de quatre poches :

a) La **panse,** qui est la poche la plus volumineuse et qui est tapissée à l'intérieur d'une muqueuse hérissée de papilles ;

b) Le **bonnet,** dont la surface intérieure présente des

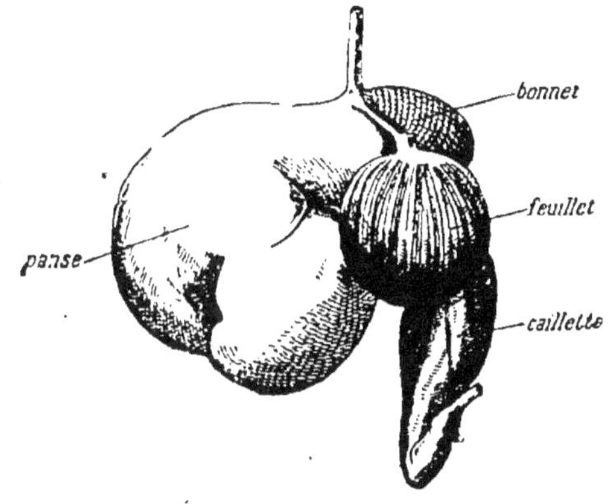

FIG. 696. — Estomac composé d'un Ruminant.

alvéoles formés par des lames s'entre-croisant ; son nom vient de ce qu'il semble coiffer la panse comme d'un bonnet ;

c) Le **feuillet,** qui est allongé et dont le nom vient de ce qu'il présente des lames intérieures comparables aux feuillets d'un livre ;

d) La **caillette,** qui est le véritable estomac chimique, car c'est elle qui sécrète le suc gastrique.

Signalons enfin, entre la panse et le feuillet, la présence d'une *gouttière œsophagienne,* dont le rôle, nous allons le voir, est important.

Cette complexité de l'estomac est en rapport avec la façon dont ces animaux se nourrissent, c'est-à-dire avec l'acte de la rumination, qui leur a valu leur nom.

Lorsque ces animaux sont au pâturage, ils **absorbent rapide-**

ment une grande quantité d'aliments, pour ainsi dire sans les mâcher, comme s'ils avaient peur — du moins les espèces sauvages — d'être surpris par quelque fauve.

Les **aliments** ainsi absorbés **s'amassent dans la panse** et dans le bonnet, qui communique avec la panse. Lorsque celle-ci est remplie, l'animal cesse de manger, cherche un refuge où il soit en sûreté et se met à **ruminer,** soit couché, soit debout.

Les **aliments remontent alors dans la bouche** par petites boules, que l'on voit fort bien passer le long du cou. **Arrivée dans la bouche,** cette **boulette** est **mastiquée** et **insalivée avec soin, puis avalée de nouveau.** Elle **passe** alors directement dans le feuillet, puis dans la **caillette** où elle subit **l'action du suc gastrique.**

Reste à expliquer pourquoi les aliments vont, la première fois dans la panse, et la deuxième fois dans le feuillet. La volonté de l'animal n'y est pour rien. C'est la disposition de la **gouttière œsophagienne** qui en est la cause. La première fois qu'ils sont avalés, les aliments grossièrement mâchés dilatent beaucoup l'œsophage. Lorsqu'ils arrivent vis-à-vis de la panse, ils écartent les bords de la gouttière œsophagienne et tombent ainsi dans la panse. La deuxième fois, les aliments forment une masse bien plus molle et dilatent beaucoup moins l'œsophage. Les bords de la gouttière œsophagienne ne s'écartent plus assez pour ouvrir la panse, et la masse alimentaire continue son chemin jusqu'au feuillet et à la caillette.

Comme chez tous les herbivores, l'**intestin** des Ruminants est **très long** : chez les Bœufs, il peut avoir 50 mètres, et chez les Moutons, il atteint vingt-huit fois la longueur de l'**animal.**

On peut diviser les Ruminants en quatre groupes, d'après l'existence et la disposition des cornes :

1º *Ruminants à cornes creuses ;*
2º *Ruminants à cornes pleines et persistantes ;*
3º *Ruminants à cornes pleines et caduques ;*
4º *Ruminants sans cornes.*

I. **Ruminants à cornes creuses.** — Ce groupe très important comprend trois familles : la famille du *Bœuf* ou *Bovidés,* la famille du *Mouton* ou *Ovidés* et la famille des *Antilopes* ou *Antilopidés.*

a) **Famille du Bœuf ou Bovidés.** — Les **Bovidés** ont le **corps lourd** et **trapu,** le **mufle large,** nu et humide, la **queue longue** et **mince, quatre mamelles** ou **pis, un seul petit.**

Leur tête porte des **cornes persistantes** (*fig.* 697), constituées par un os médian, le *cornillon,* venant se réunir solidement aux os du crâne, et tout autour par une gaine cornée, solide et épaisse

— l'*étui*, — s'accroissant avec l'âge. C'est de cet étui que l'on tire la *corne*, si employée pour divers objets ; pour cela, on la détache de l'os par l'action de l'eau bouillante, puis on l'étale après l'avoir fendue suivant la longueur.

Les **Bœufs** nous rendent d'énormes services, aussi bien les mâles (*Taureaux* et *Bœufs*) que les femelles (*Vaches*) ou les jeunes (*Veaux* et *Génisses*).

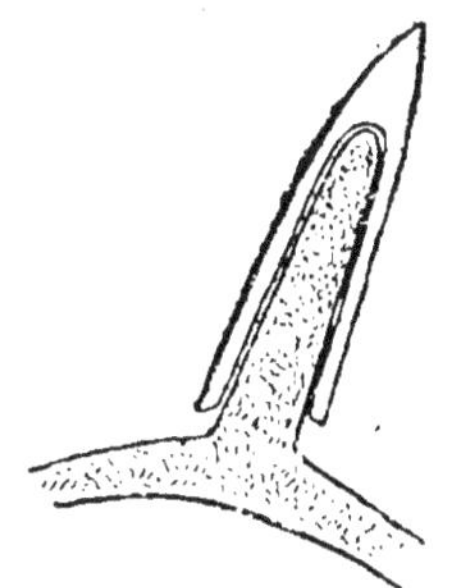

FIG. 697 — Schéma des cornes creuses : la partie pointillée représente l'os la partie claire, la gaine cornée.

Parmi les Bovidés exotiques, il faut citer particulièrement les suivants :

Le **Zébu** a sur le dos une bosse graisseuse. Il est domestiqué dans toute l'Asie et dans une partie de l'Afrique.

Le **Yack** a des cornes de même forme que celles des bœufs, mais son crâne est bombé comme celui des Bisons, et son allure rappelle celle du Cheval. Il est d'un noir uniforme, avec de longs poils pendants jusque sur le sol, et possède une crinière sur le dos. On le rencontre sur les hauts plateaux du Thibet.

Les **Bisons**, si curieux avec leur tête énorme, leurs petits yeux et leurs poils laineux. existaient autrefois en Europe ; ils en ont presque complètement disparu.

FIG. 698. — Buffle (taille d'un Bœuf).

Les **Buffles** (*fig.* 698) ressemblent un peu aux Taureaux, mais leurs cornes sont régulièrement comprimées à leur base et arrondies à la pointe, se touchant presque sur le front. C'est de leurs cornes que l'on retire la belle « corne de buffle » employée en tabletterie.

b) **Famille du Mouton ou Ovidés.** — Les **Ovidés** se reconnaissent à la forme de leurs **cornes,** qui sont généralement de **couleur foncée,** plus ou moins **comprimées** et portant des **anneaux en saillie.** Ces cornes, d'ailleurs, ont la même constitution que celles des Bovidés, c'est-à-dire qu'elles sont persistantes, à axe osseux et à étui corné. Il n'y a généralement que **deux mamelles.**

Les **Moutons** ne sont pas connus à l'état sauvage. Ils se distinguent facilement des autres Ruminants par leur pelage laineux enduit d'une matière grasse, le *suint*.

Les **Chèvres** (*fig.* 699) se distinguent des Moutons par leur pelage rude et la pré-

FIG. 699. — Chèvre.

sence d'une barbiche. Le mâle s'appelle le *Bouc*, et les petits, des *Cherreaux*, *Cabris* ou *Biquets*; ces derniers, fort gentils et très gais, font des sauts très amusants.

Parmi les Ovidés sauvages, citons les **Mouflons**, aux cornes volumineuses, et le

FIG. 700. — Chamois (taille d'une petite Chèvre).

Bouquetin des Alpes, dont les cornes sont à section triangulaire, avec des saillies très prononcées, animaux qui vivent dans les régions les plus arides des Alpes, où ils grimpent avec une agilité remarquable.

c) **Famille de l'Antilope ou Antilopidés.** — Les **Antilopidés** ont des cornes de même constitution que celles des Bovidés et des Ovidés. Leur définition n'a rien de précis : c'est un groupe un peu hétérogène où l'on met généralement tous les Ruminants « à cornes persistantes autres que les Bovidés et les Ovidés ».

Le **Chamois** (*fig.* 700) vit dans la plupart des montagnes et notamment dans les Alpes. Sa tête est remarquable par la présence de deux petites cornes

FIG. 701. — Antilope (taille d'une grande Chèvre).

pointues et un peu recourbées en arrière.

L'Isard, simple variété locale du Chamois, vit dans les Pyrénées.

Le **Gnou** a vaguement l'aspect d'un Cheval bas sur ses pattes, au corps large et fort et à la tête ornée de deux cornes pointues et très solides dirigées vers le bas. On le rencontre dans le Sud de l'Afrique, et notamment dans le pays des Hottentots.

Les **Antilopes** (*fig.* 701) forment de vastes troupeaux qui errent dans les immenses plaines de l'Afrique. Elles comprennent de nombreux genres et espèces, toutes très élégantes d'allures et aux cornes de longueur et de forme très variées ; les plus connues sont les *Gazelles*, qui s'étendent jusqu'en Asie et dont la légèreté est légendaire. A citer particulièrement les *Tétracères*, qui, seuls parmi les Ruminants, ont quatre cornes.

II. Ruminants à cornes pleines et persistantes.— Famille de la Girafe ou Giraffidés.

— Leurs **cornes**, toujours petites et ne tombant jamais, sont formées d'un **prolongement de l'os frontal recouvert d'une peau velue.**

La **Girafe** (*fig.* 702) est facilement reconnaissable à la longueur de son cou, de ses pattes de devant et de son échine inclinée en arrière. Elle vit en troupes dans l'Afrique centrale et méridionale.

FIG. 702. — Girafe (6 mètres de haut)

III. Ruminants à cornes pleines et caduques. — Famille des Cervidés.

— Les **Cervidés** possèdent des **cornes ramifiées**, appelées **bois**, caractérisées en ce qu'elles sont **caduques**, c'est-à-dire tombant tous les ans, et ne sont pas revêtues d'un **étui corné** ; **les mâles seuls en possèdent** (sauf chez les Rennes). Ce sont des *axes* de *nature osseuse*, pleins dans toute leur étendue et insérés sur le crâne, dont ils sont séparés par un cercle de tubérosités formant bourrelet et que les chasseurs appellent *meule* ou *cercle de pierrures*. Ces **cornes apparaissent** d'abord sur la tête sous la forme d'une **simple pointe** à laquelle on donne le nom de *dague ;* elles sont revêtues alors d'une enveloppe continue de peau un peu poilue. Elles **grandissent** ensuite et **se ramifient** (*fig.* 703 à 708) ; mais la peau ne suit pas cette extension ; elle sèche, craque et n'apparaît bientôt plus sur les cornes que comme des écailles irrégulières qui tombent rapidement comme les débris de l'écorce sur les platanes. Vers les mois de février à mai, ces bois se détachent à leur base et tombent. Puis, entre juin et août, ils re-

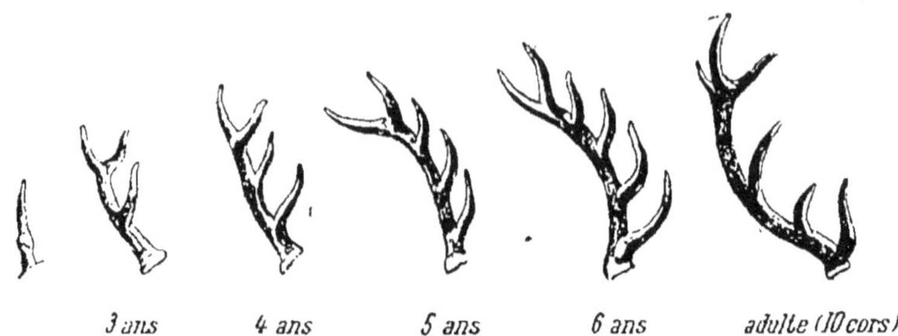

FIG. 703 à 708. — Les bois de Cerf à différents âges.

poussent. La première année, en général, ils sont simples. La deuxième année, ils ont un prolongement appelé *andouiller*. La troisième année, il y a deux andouillers, et ainsi de suite, à raison d'un andouiller par an, jusqu'à une certaine limite. En comptant le nombre des andouillers des cornes, on peut donc savoir, à peu près, l'âge d'un Cervidé.

FIG. 709. — Cerf élaphe (taille
d'un petit Ane).

FIF. 710. — Daim (taille
d'une Chèvre).

Le **Cerf élaphe** (*fig.* 709) est assez commun dans nos grands bois, où il vit en petites troupes comprenant un mâle et plusieurs femelles ou *Biches*.

C'est un animal prudent et timide. Sa chasse, qui se fait à cheval (*chasse à courre*), est un des sports les plus élégants.

Le **Daim** (*fig.* 710) a les bois aplatis sur le sommet, avec des andouillers sur les bords.

Le **Chevreuil** (*fig.* 711) est un élégant petit Cerf de nos pays. Le mâle a des bois pourvus de deux andouillers seulement. Sa chair est estimée.

L'**Elan**, qui vit dans les forêts du nord des deux continents, est une sorte de grand Cerf dont le mâle porte de grands bois aplatis et dentés sur les bords.

Le **Renne** est un Cervidé qui, autrefois répandu dans l'Europe entière, est aujourd'hui cantonné dans l'extrême nord des deux continents. Les bois, qui existent aussi chez la femelle, sont très développés. Il vit à l'état sauvage, mais s'apprivoise facilement et rend aux populations de ce pays les mêmes services que nos Chevaux et nos Vaches.

IV. Ruminants sans cornes. — Les Ruminants qui composent ce groupe se distinguent des autres par leur dentition. Ils ont, en effet, les trois sortes de dents aux deux mâchoires, avec des **canines assez développées,** comme si l'absence de cornes nécessitait une dentition plus complète.

FIG. 711. — Chevreuil (taille 'une Chèvre).

Famille du Porte-musc ou Moschidés. — Cette famille ne comprend guère que le genre **Porte-musc,** que l'on rattache quelquefois aux

FIG. 712. — Dromadaire.

Cervidés. Le mâle possède sous l'abdomen une petite poche contenant le *musc*, substance très odorante employée en parfumerie.

✿ Famille du Chameau ou Camélidés. — Les Camélidés ont les sabots petits, presque semblables à des ongles ; ils marchent sur une large semelle calleuse qui déborde les sabots.

Fig. 713. — Lama (taille d'un Ane).

Le **Dromadaire** (*fig.* 712), ou **Chameau à une bosse,** a été surnommé le *navire du désert* par les Arabes. Cet animal est un des mieux adaptés aux régions désertiques. Il lui est facile de porter 3 à 400 kilogrammes sur son dos en faisant 40 et 50 kilomètres par jour ; il peut rester plusieurs jours sans boire, grâce à une réserve d'eau qu'il porte dans son estomac. Sa bosse, qui est formée de graisse, constitue, quand elle est bien garnie, une réserve nutritive qui lui permet de se contenter pendant plusieurs jours d'une nourriture très peu abondante.

Le **Chameau de la Bactriane** ou *Chameau à deux bosses* remplace le Dromadaire en Asie. Comme son nom l'indique, il a deux bosses sur le dos. Il est utilisé comme animal domestique par les Tartares, les Mongols et les Chinois ; son poils épais lui permet de résister à un climat rigoureux.

Par son aspect, le **Lama** (*fig.* 713) ressemble à un petit Chameau sans bosse. On le rencontre sur les hauts plateaux du Pérou. Il porte les fardeaux comme le Dromadaire.

C'est une espèce voisine, l'**Alpaca,** dont la fine toison sert à fabriquer l'étoffe appelée alpaga.

VII. — Ordre des Porcins

Les **Porcins** sont des **ongulés,** c'est-à-dire possèdent des **sabots** cornés recouvrant l'extrémité des doigts.

A chaque patte, ils possèdent **quatre doigts** (*fig.* 714), mais **ne marchent que sur les deux du milieu ;** les autres sont plus petits et n'arrivent pas jusqu'au sol.

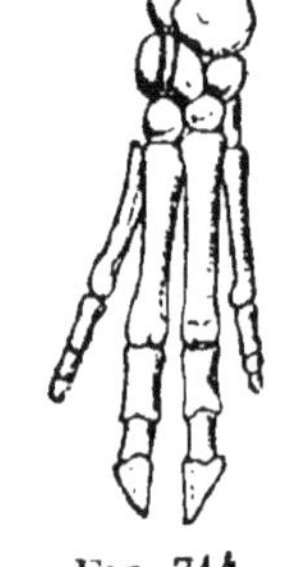

Fig. 714. Squelette d'une patte de Porc.

Leur **estomac** est **simple,** c'est-à-dire qu'ils ne ruminent pas.

Ce sont des *animaux lourds* et aux mœurs grossières. Ils ont la *peau épaisse* et font partie de l'ensemble appelé autrefois *Pachydermes* (du grec *pachus,* épais, et *derma,* peau).

Les **Porcs** ou **Cochons** sont des animaux domestiques très précieux. Ils ont la tête prolongée par un *groin*, des oreilles pendantes, un corps obèse, une queue courte, généralement enroulée en tire-bouchon, une peau couverte de *soies*.

Le **Sanglier** (*fig.* 715), dont dérive sans doute le Porc domestique, rappelle aussi celui-ci par son allure générale, mais il est aplati latéralement et possède une tête très volumineuse. Le corps est recouvert d'un poil rude et la tête est pourvue de défenses — ce sont les canines — se montrant au dehors et constituant pour lui des armes défensives.

Les **Pécaris** ressemblent à de petits Sangliers. Ils vivent en troupes nombreuses en Patagonie, où on les chasse pour leur chair. Ils s'apprivoisent très facilement. On en voit souvent dans les jardins zoologiques.

L'**Hippopotame** ou *Cheval de rivière* est un animal très laid, dont la tête est énorme, la lèvre supérieure boursouflée et pendante, le corps obèse, le ventre touchant le sol, la peau presque nue, marquée de plis profonds au cou et à la poitrine. L'animal peut peser 3.000 kilogrammes. Au

FIG. 715. — Sanglier (taille d'un Porc).

point de vue anatomique, il s'éloigne des autres Porcins par la présence de quatre doigts terminés par des sabots arrondis et appuyant tous sur le sol. La dentition est aussi particulière en ce que les incisives sont sans racines et à croissance constante ; les canines sont énormes, recourbées mousses à l'extrémité et peuvent peser de 2 à 3 kilogrammes avec une longueur de 0^m,60 ; ces dents, malgré leur longueur, sont cachées en grande partie par les lèvres. L'Hippopotame vit dans les grands fleuves de l'Afrique.

TABLEAU SYNOPTIQUE DES MAMMIFÈRES ONGULÉS PARIDIGITÉS

Classification
- 2 doigts visibles. Dentition souvent incomplète.. **Ruminants**
- 4 — Dentition complète .... **Porcins.**

Ruminants

Caractères généraux
- Ongulés à 2 doigts portés par un os *canon*, fusion de deux métacarpiens ou métatarsiens.
- Formule dentaire : $\frac{0}{4}$ I. $\frac{0}{0}$ C. $\frac{6}{6}$ M.
- Estomac composé (panse, bonnet, feuillet, caillette). Rumination.

Types
- *Ruminants à cornes creuses*
  - Bovidés : Bœuf, Yack, Bison, Buffle.
  - Ovidés : Mouton, Chèvre.
  - Antilopidés : Antilopes, Gazelle, Chamois.
- *Ruminants à cornes pleines et persistantes :* Girafe.
- *Ruminants à cornes pleines et caduques :* Cerf, Chevreuil, Renne.
- *Ruminants sans cornes et à dentition complète*
  - Moschidés : Porte-musc.
  - Camélidés : Chameau, Dromadaire.

Porcins

Caractères
- Ongulés à 4 doigts et à dentition complète. Estomac simple. Pas de rumination.

Types généraux
- Porcins dont 2 doigts seulement touchent le sol : Porc, Sanglier.
- Porcins dont les 4 doigts touchent le sol : Hippopotame.

V

MAMMIFÈRES ONGUICULÉS A DENTITION INCOMPLÈTE

VIII. — Ordre des Édentés

Les *Édentés* (de *é*, sans, et dents) sont des **Mammifères** étranges, auxquels ce nom a été mal donné, parce qu'il pourrait faire croire qu'ils sont dépourvus de dents. En réalité, si les Fourmiliers n'en ont pas, par contre il en est d'autres, comme le Tatou géant, qui en ont plus qu'aucun autre Mammifère terrestre. Mais ces **dents** sont généralement **toutes semblables** entre elles et sans racines, les Édentés devraient donc plutôt s'appeler *Maldentés*.

Tous ont des *griffes très développées*.

Les **Paresseux** (*fig.* 716) vivent

FIG. 716. — Paresseux
(taille d'un Chat).

FIG. 717. — Tatou (taille d'un Lapin).

sur les branches d'arbres auxquelles ils se suspendent par leurs griffes énormes, recourbées en crochet. Ils méritent bien leur nom, car ils ne se déplacent qu'avec une lenteur extrême.

Les **Tatous** (*fig.* 717) sont encore plus singuliers. La partie inférieure du corps est garnie de poils. La tête, le dos et les flancs sont recouverts d'une cuirasse très résistante formée d'anneaux durs s'emboîtant les uns dans les autres avec quelques poils clairsemés. Quand l'animal est effrayé, il se recourbe sur la face ventrale, comme le fait le Hérisson, et ressemble alors à une boule entièrement cuirassée à l'extérieur. Les Tatous vivent dans les régions découvertes et sablonneuses de l'Amérique du Sud.

Les **Fourmiliers** vivent aussi dans l'Amérique du Sud. Leur corps, très allongé, se termine par une queue abondamment touffue. Leur tête, petite, est privée de dents ; leur bouche est pourvue d'une langue très longue, grâce à laquelle l'animal peut plonger dans les fourmilières et manger les Fourmis qui y restent collées.

Les **Pangolins** habitent l'Afrique centrale, le sud de l'Asie et l'archipel Indien. Leur corps est entièrement revêtu de larges écailles qui s'imbriquent les unes sur les autres comme les tuiles d'un toit et qui recouvrent même la queue. Ils vivent de Fourmis, qu'ils capturent la nuit avec leur langue visqueuse. Attaqués, ils se roulent en boule.

IX. — Ordre des Rongeurs

L'ordre des **Rongeurs** (c'est-à-dire animaux « qui rongent ») est celui qui, de tous les Mammifères, renferme le plus grand nombre d'espèces. Comme aspect, les Rongeurs ressemblent un peu aux Insectivores, mais ils en diffèrent profondément par la dentition.

Les **incisives** (*fig.* 718)

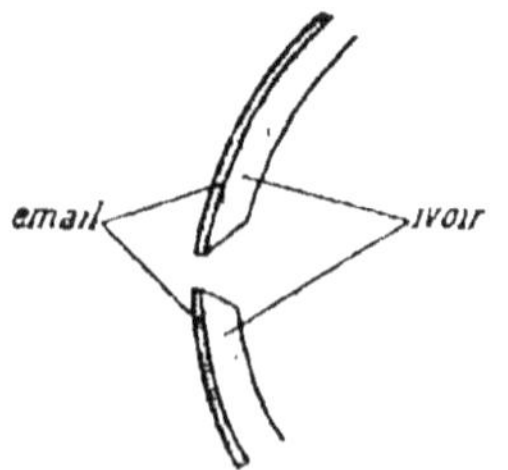

FIG. 718. — Coupes en long de deux incisives (supérieure et inférieure) du Lapin.

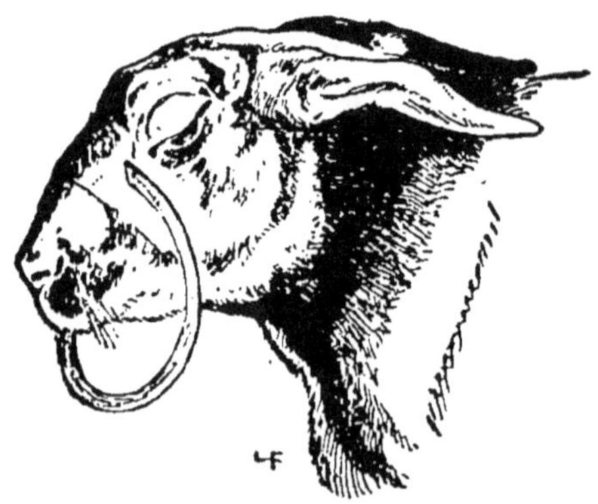

FIG. 719. — Tête d'un Lapin dont une des incisives avait pris un grand accroissement parce que celle à laquelle elle faisait vis-à-vis avait été accidentellement cassée

sont **longues, arquées, taillées en biseau** et à **accroissement continu.** Elles sont formées, *en avant*, d'une *solide lame d'émail* et, *en arrière*, d'une *partie moins résistante.* Lorsqu'ils rongent des matières nutritives, cette région postérieure s'use plus rapidement que la face antérieure : c'est ainsi que la forme en biseau est obtenue naturellement. Comme les Rongeurs se servent presque continuellement de leurs dents, elles diminuent rapidement de longueur, mais cette perte est sans cesse réparée par la partie enfoncée dans la gencive et qui s'accroît constamment, ce qui explique que les incisives, malgré leur usure, ont toujours la même longueur. Mais cet avantage devient un inconvénient quand une des incisives vient à se casser :

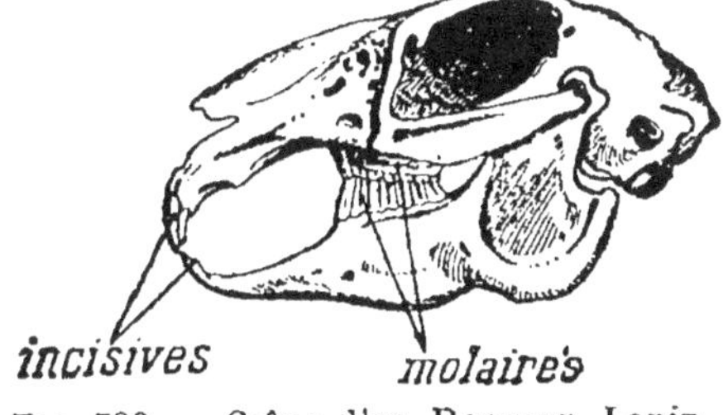

FIG. 720. — Crâne d'un Rongeur Lapin

celle qui lui est opposée, ne s'usant plus, continue à croître et, finalement, sort de la bouche en se recourbant plus ou moins (*fig.* 719) ; elle atteint quelquefois des dimensions telles que l'animal ne peut plus *fermer* la bouche et meurt de faim.

Les **canines font défaut** (*fig.* 720), de sorte que les incisives sont séparées des molaires par un espace appelé la **barre.**

FIG. 721. — Lapin de garenne.

Les **molaires** sont au nombre de **quatre à six,** ce dernier cas se rencontrant chez les Lièvres et les Lapins. Elles sont **toutes semblables.** Elles sont recouvertes de **plis d'émail** formant **une sorte de râpe.**

Pour faciliter le mouvement de mastication des Rongeurs, le *condyle* de la mâchoire inférieure est *allongé longitudinalement,* ce qui lui permet de glisser successivement d'arrière en avant et d'avant en arrière : les dents agissent alors *comme une lime.*

FIG. 722. — Lièvre (taille d'un Lapin).

Tous les Rongeurs **vivent de végétaux** et, de ce fait, sont d'autant plus nuisibles qu'ils ont en général **un grand nombre de petits**. Ils possèdent des **griffes** bien développées.

Nous citerons surtout les espèces européennes.

Le **lapin de garenne** (*fig.* 721) vit à l'état sauvage dans les champs et les endroits buissonneux ; le **Lapin domestique** en dérive.

Le **Lièvre** (*fig.* 722) se distingue du Lapin par ses oreilles et ses membres postérieurs plus longs, son arrière-train plus large, son pelage plus égal, sa chair rouge et la saveur de sa chair plus sauvage.

Le **Cobaye** ou **Cochon d'Inde**

FIG. 723. — Souris
(longueur 0^{m},08).

FIG. 724. — Lérot (taille d'un gros Rat).

est d'origine américaine. Il est aujourd'hui bien acclimaté chez nous. On l'élève comme le Lapin. Il est très employé pour les expériences de physiologie.

Les **Rats** sont des Rongeurs essentiellement désagréables, répandus surtout dans les caves

FIG. 725. — Marmotte
(taille d'un Lapin)

FIG. 726. — Écureuil (taille
d'un gros Rat).

et les greniers. On ne connaissait autrefois en France que le *Rat noir;* mais, au XVIIIe siècle, les navires importèrent d'Asie le *Rat surmulot*, qui se mit aussitôt à pulluler, chassant devant lui le Rat noir. C'est le Surmulot qui est souvent désigné sous le nom de *Rat d'égout*.

Les **Souris** (*fig.* 723), plus petites que les Rats, sont aussi très communes dans les maisons et très incommodes.

Les **Mulots** et les **Campagnols** sont de petits Rongeurs analogues aux Rats et aux Souris, qui vivent dans les champs. Ils

FIG. 727. — Castors construisant une digue.

causent quelquefois des dégâts importants aux récoltes lorsqu'ils deviennent trop nombreux. Le *Rat d'eau* est une espèce de Campagnol vivant au bord des eaux ; c'est un habile nageur.

Les **Loirs** et les **Lérots** (*fig.* 724), vivent dans les jardins fruitiers, où ils font souvent des dégâts importants. Ils s'endorment pendant l'hiver.

La **Marmotte** (*fig.* 725) est un Rongeur de 0^m,40 à 0^m,50 de long, que l'on trouve dans les hautes montagnes des Alpes et des Pyrénées : elle dort

FIG. 728. — Porc-épic (taille d'un gros Chat).

pendant les six à sept mois que dure l'hiver des régions qu'elle habite. On la prend facilement pendant ce sommeil et on peut l'apprivoiser.

L'**Ecureuil** (*fig.* 726) est un joli petit Rongeur des forêts, grimpeur très agile, à la queue touffue généralement relevée. Il vit de fruits, d'écorces d'arbres, dont il fait des provisions pour l'hiver, car son sommeil hibernal n'est pas ininterrompu comme celui de la Marmotte.

Certains Écureuils des pays du Nord sont recherchés sous le nom de *Petit-Gris* pour leur fourrure.

Le **Castor** (*fig.* 727) est l'un des plus gros Rongeurs. On en trouve encore quelques-uns en France dans la vallée du Rhône, en Camargue ; mais c'est surtout au Canada qu'on le chasse pour sa fourrure. Il est bien connu par les constructions qu'il fait sur les cours d'eau pour passer l'hiver et les barrages qu'il élève au travers des fleuves pour faire hausser le niveau de l'eau.

Parmi les Rongeurs exotiques, citons :

La **Gerboise** d'Afrique, qui est obligée de marcher par bonds, à cause de la longueur de ses pattes postérieures.

Le **Porc-Epic** (*fig.* 728), de l'Europe méridionale et de l'Afrique du Nord, l'un des plus gros Rongeurs, remarquable par les énormes piquants qui garnissent son dos et qu'il hérisse quand il est menacé.

Le **Chinchilla** du Pérou, dont la fourrure grise est très estimée.

TABLEAU SYNOPTIQUE DES ONGUICULÉS A DENTITION INCOMPLÈTE

Classification	Absence de dents ou dents toutes semblables : **Édentés.** Absence de canines : **Rongeurs.**	
Édentés	**Caractères généraux**	Dentition le plus souvent nulle. Griffes très développées.
	Types : Tatou, Fourmilier, Paresseux, Pangolin.	
Rongeurs	**Caractères généraux**	Dentition incomplète : $\frac{1}{1}$ I. $\frac{0}{0}$ C. $\frac{N}{N}$ M. Griffes très développées.
	Types : Lapin, Lièvre, Rat, Souris, Écureuil, Marmotte, Castor	

VI

MAMMIFÈRES ONGUICULÉS A DENTITION COMPLÈTE ET DÉPOURVUS DE MAINS

X. — Ordre des Chéiroptères

Les *Chéiroptères* (prononcer *kéye-rop-tères*, du grec *cheir*, main, et *pteron*, aile) ou *Chauves-Souris*, tout à fait **semblables aux Insectivores par leur dentition,** s'en distinguent en ce qu'ils sont **capables de voler,** grâce à une disposition très curieuse de leurs membres antérieurs (*fig.* 729).

Les **os du bras et de l'avant-bras** sont déjà **longs** par rapport aux os correspondants des membres postérieurs ; mais ce sont surtout **ceux de la main** qui sont **démesurément allongés, sauf le pouce** resté petit et terminé par une griffe. Ces longs doigts supportent la **membrane de l'aile,** double repli de la peau qui se continue jusqu'aux pattes de derrière et même souvent jusqu'à la queue. Grâce à ces **sortes d'ailes,** si *différentes* de celles de l'Oiseau, les Chauves-Souris peuvent se soutenir dans l'air.

FIG. 729. — Squelette d'une Chauve-Souris.

Elles *passent la journée dans des endroits obscurs,* grottes, fissures de rochers, où elles sont le plus souvent suspendues par leurs griffes. A la tombée de la nuit, elles sortent de leur retraite et se mettent en chasse.

Leurs yeux sont souvent peu développés, mais le sens du toucher l'est beaucoup. La membrane de l'aile, les oreilles quelquefois très longues et parfois des replis de la peau qui recouvrent le nez sont assez sensibles pour les avertir du voisinage d'un obstacle, de sorte qu'elles **volent facilement dans l'obscurité.**

Elles **détruisent** des quantités énormes d'**insectes nocturnes,** qui sont pour la plupart nuisibles. Ce sont donc des animaux très utiles à l'agriculture, et on doit combattre le préjugé qui les fait considérer dans les campagnes comme des animaux à détruire.

Les **Chauves-Souris** de nos pays sont de *petite taille* (environ celle d'un petit Oiseau) et toutes *insectivores*. Ce sont surtout le **Grand Fer à cheval**, ainsi nommé à cause d'un repli contourné que porte chaque narine, l'**Oreillard** (*fig.* 730), dont le

FIG. 730. — Oreillard (taille d'une Hirondelle)

nom fait allusion à la grandeur des oreilles, et le **Vespertilion**, très commun dans les villes et les villages.

Les Chauves-Souris exotiques sont de mœurs parfois différentes de celles des régions tempérées. Il convient de citer parmi elles les **Roussettes**, très communes dans les îles de l'archipel indien ; elles peuvent atteindre près d'un demi-mètre de la tête à la queue. Elles sont *frugivores*, c'est-à-dire se nourrissent de fruits.

FIG. 731. — Vampire (taille d'une Perruche).

Une autre Chauve-Souris exotique encore plus curieuse est le **Vampire** (*fig.* 731) qui se trouve dans l'Amérique centrale. En temps ordinaire, il se nourrit de fruits et d'Insectes ; mais, quand il est par trop affamé, il s'attaque à de gros animaux, par exemple au Cheval, et aux hommes endormis en plein air.

XI. — Ordre des Insectivores

Les **Insectivores** doivent leur nom à ce qu'ils **mangent beaucoup d'Insectes.** Ils ont les trois sortes de dents. Leurs **mo-**

laires (*fig.* 732), larges et **hérissées de 3 ou 4 pointes** aiguës, sont bien faites pour briser la carapace des Insectes.

Les plus connus sont : la *Taupe*, le *Hérisson*, la *Musaraigne* et le *Desman*.

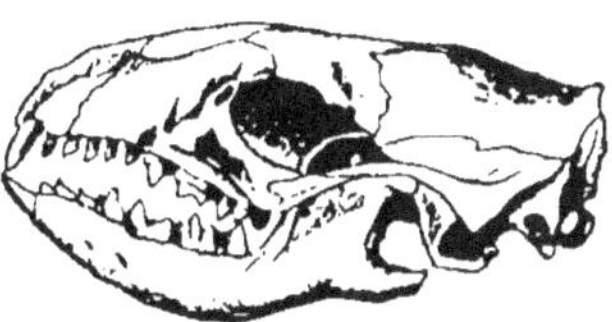

FIG. 732. — Crâne d'un Insectivore (Hérisson).

FIG 733. — Taupe (longueur 0ᵐ,15)

La **Taupe** (*fig.* 733), très commune dans nos champs et nos jardins, vit presque constamment sous terre.

Les pattes sont courtes. Celles de devant sont très fortes et terminées par une large main un peu tournée en dehors et en arrière. Les doigts portent de fortes griffes. C'est avec le museau et avec les pattes de devant que la Taupe creuse rapidement ses galeries (*fig.* 734) en rejetant la terre derrière elle. De place en place, elle rejette vers le haut la terre qui l'encombre en formant les petits monticules nommés *taupinières*.

Le **Hérisson** (*fig.* 735) est un Insectivore très utile à l'agriculture, car il mange énormément d'Insectes et de

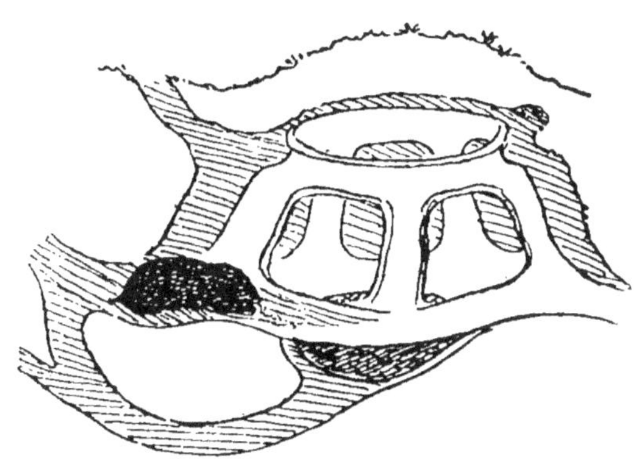

FIG. 734. — Centre des galeries de la Taupe.

Mollusques. Il n'hésite même pas à s'attaquer aux Reptiles comme la Vipère, dont le venin est sans action sur lui.

Le Hérisson est recouvert de piquants très pointus sur le dos et sur le flanc. Grâce à un puissant muscle qui se trouve sous la peau de la face ventrale (*muscle peaucier*), il peut s'enrouler en boule, de manière à cacher en même temps le ventre, les pattes et la tête ; il se présente alors sous forme d'une sphère toute hérissée de piquants.

La **Musaraigne** ressemble à une petite Souris, dont elle a le pelage et la taille, mais elle s'en distingue facilement par son museau allongé formant presque une petite trompe. Elle doit être *protégée*, parce qu'elle détruit beaucoup d'Insectes, d'Escargots et de Limaces. Elle répand une forte odeur de musc.

A citer encore le **Desman** (25 centimètres de long), animal rare chez nous, que l'on ne trouve que dans les Pyrénées, mais que l'on doit connaître à cause de sa petite trompe, mobile comme celle de l'Éléphant. Il vit au bord de l'eau et peut nager, grâce à ses pattes un peu palmées.

Fig. 735. — Hérisson (grosseur de la tête humaine).

XII. — Ordre des Amphibies ou Pinnipèdes

Les *Amphibies* ou *Pinnipèdes* (du latin *pinna*, nageoire, et *pes, pedis*, pied) sont des **Carnivores adaptés à la vie aquatique.**

Leur dentition rappelle celle des Carnivores par leurs puissantes canines, ces animaux étant des carnassiers.

Leur **tête** ordinairement **arrondie** a été peu modifiée par leur mode d'existence, mais leur **corps** s'est **allongé en fuseau,** tandis que les quatre pattes devenaient des **rames natatoires** (*fig.* 736).

Les os des membres sont construits néanmoins sur le plan général, sauf que la clavicule n'existe pas ; les **jambes** sont à peu près complètement **enclavées dans les chairs.**

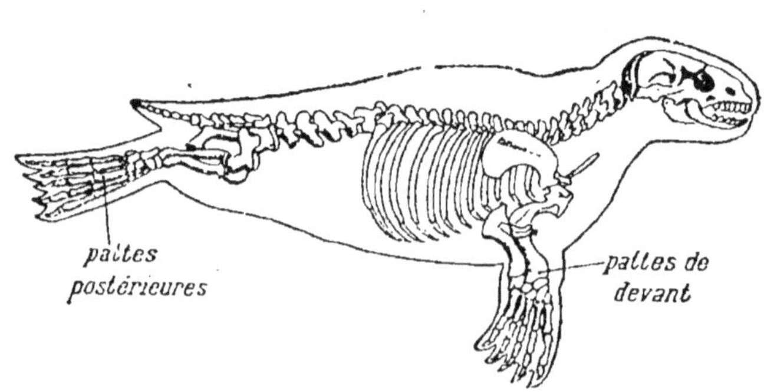

Fig. 736. — Squelette d'un Phoque.

Les **cinq doigts** sont **réunis** jusqu'à la dernière phalange **par des expansions tendineuses.** Les membres de devant sont assez dégagés du corps et plus latéraux, avec la paume tournée en dedans. Les **membres de derrière,** au contraire, **sont en continuité directe avec le corps,** ressemblent à une véritable queue, et ne servent que de **gouvernail** (*fig.* 739),

Les **doigts,** quoique non séparés les uns des autres, se terminent chacun par une **petite griffe.** Le corps est revêtu d'un **duvet court** et serré ; mais, quand l'animal sort de l'eau, le corps paraît nu, tant les poils sont collés à la peau (*fig.* 737.

En dessous de celle-ci se trouve une **couche de graisse** qui, en

FIG. 737. — Otaries.

même temps qu'elle allège leur corps, constitue la meilleure protection contre le froid.

Les Pinnipèdes vivent dans les **mers froides,** tantôt sur terre, tantôt nageant (d'où leur nom d'Amphibies), mais, naturellement, ayant toujours **besoin d'air pour vivre ; ils se nourrissent de Poissons.**

La plupart vivent en **bandes** comprenant plusieurs familles.

On leur faif une chasse active pour leur graisse, leur chair et leur peau, le tout très apprécié dans les régions désolées où ils vivent.

Les **Otaries** (*fig.* 737) se distinguent facilement par leurs petites oreilles et par la forme de leurs pattes, dont les doigts dirigés en avant peuvent servir à la locomotion terrestre.

Les **Phoques** ou *veaux marins* n'ont pas de pavillon de l'oreille ; ils habitent les régions froides des deux hémisphères.

Les **Morses** (*fig.* 738) se font remarquer par leurs deux énormes

FIG. 738. — Morse (près de 4 mètres de long).

canines supérieures qui font saillie hors de la bouche en se dirigeant vers le bas, atteignant parfois un poids de 4 kilogrammes et une longueur de 0^m,80. Ces défenses leur servent à se hisser sur la glace et aussi à se défendre quand ils sont attaqués par l'homme.

XIII. — Ordre des Carnivores

Les **Carnivores** (c'est-à-dire « mangeurs de chair ») comprennent les animaux que l'on a l'habitude de désigner sous le nom de **bêtes féroces**, ainsi que certains *animaux domestiques*, tels que le Chat et le Chien.

La plupart **se nourrissent de chair fraîche**, d'animaux vivants, dont ils doivent s'emparer après une lutte souvent acharnée. Aussi sont-ils la plupart, **grands**, **forts** et tout au moins d'une **grande agilité**.

Leur appareil dentaire sert non seulement à la mastication, mais aussi à l'attaque et à la défense. Sa constitution (*fig.* 739) est caractéristique. Il y a, à chaque mâchoire :

a) **Six incisives tranchantes ;**

b) **Deux canines puissantes,** dépassant de beaucoup les autres dents, et un peu courbées : on les appelle des *crocs ;* elles sont d'autant plus puissantes que l'animal est plus sanguinaire ;

c) Des **molaires,** qui, au lieu d'être aplaties en meules, comme chez les autres Mammifères, sont **tranchantes.** Parmi ces molaires, l'une d'elles se distingue

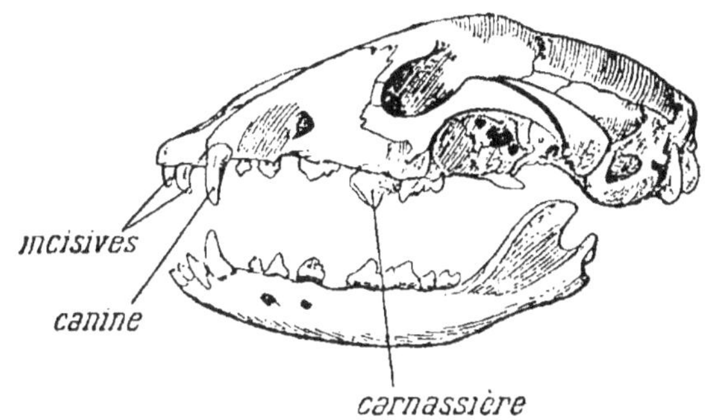

Fig. 739. — Crâne d'un Carnivore (Chien)

presque toujours par une taille **plus grande** que ses voisines et porte le nom de **carnassière.** Elle se croise avec celle de la mâchoire opposée, en formant comme les deux lames d'une paire de ciseaux.

Les *condyles* de la mâchoire inférieure sont transversaux et s'emboîtent exactement avec les cavités destinées à les recevoir. De cette façon les mouvements de haut en bas sont seuls rendus possibles et ont une grande précision et une grande force.

La plupart dégagent une odeur de **fauve** bien caractéristique que connaissent bien ceux qui ont visité une ménagerie.

Les doigts des pattes se terminent par des **griffes puissantes** qui, avec les dents, constituent la principale arme des Carnivores.

Tous ont de belles fourrures très recherchées.

Fig. 740 et 741. — Patte d'un Plantigrade.

On divisait **autrefois** les Carnivores en deux groupes :

a) Les **Plantigrades,** dont les pattes (*fig.* 740 et 741) reposent sur le sol par la *surface inférieure* — c'est-à-dire la « plante » — du pied. Exemple : Ours.

b) Les **Digitigrades,** dont les pattes (*fig.* 742 et 743) reposent sur le sol seulement par l'*extrémité* des doigts, ce qui augmente l'élasticité des pattes et favorise la rapidité de la course. Exemple : Chien.

Mais cette classification est aujourd'hui abandonnée, parce qu'il y a de nombreux types de

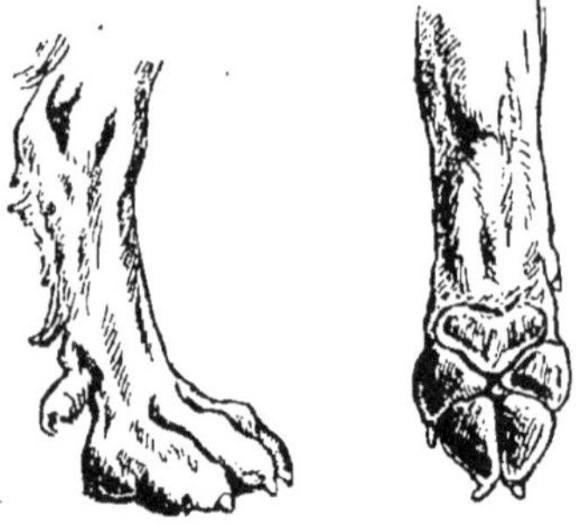

Fig. 742 et 743. — Patte
d'un Digitigrade.

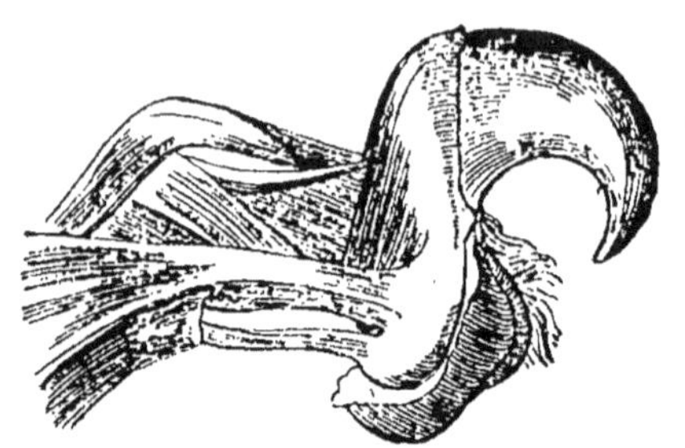

Fig. 743 *bis.* — Griffe rétractile
d'un Lion.

passage entre les deux, et on divise les carnivores en familles dont les principales sont les quatre suivantes :

I. Famille des Félidés ou Chats. — Les **Félidés** (du latin *felis,*

Fig. 744. — Tigre.

chat) ont un **corps souple** qui leur permet de se glisser sans bruit dans les forêts et leur donne une grande élégance, rehaussée encore par une belle tête au **crâne arrondi** et généralement une brillante fourrure.

Leurs membres, quoique courts leur permettent de **courir très vite** et, généralement, de **faire des bonds** prodigieux.

Ce qui les caractérise surtout, ce sont leurs **griffes très pointues,** qui, à l'état de repos, sont relevées vers le haut par l'action d'un ligament (*fig.* 743) pour se cacher entre les poils des doigts. A ce moment, on dit (chez les Chats) que l'animal fait *patte de velours.* Mais, lorsque le Félin veut s'en servir, il rabat ses griffes, de manière à présenter en avant leur pointe acérée. Cette disposition des **griffes rétractiles** est très avantageuse : l'animal ne les use pas en marchant.

Tous se nourrissent de **proies vivantes** sur lesquelles ils fondent à l'improviste.

Les principaux Félidés sont : le **Tigre** (*fig.* 744), le plus féroce et le plus sanguinaire des Félins. Sa robe fauve marquée de zébrures noires, avec le ventre blanc, est véritablement superbe. Le mâle est analogue à la femelle ; tous deux ressemblent à la Lionne par l'absence de la crinière ;

Le **Lion** (*fig.* 781) qui habite surtout l'Afrique, et dont le mâle porte une superbe crinière et une touffe poilue au bout de la queue. Il se nourrit aussi de proies vivantes, mais il ne tue que quand il a faim. Il attaque rarement l'homme ;

Le **Léopard d'Afrique** ou *Grande Panthère* (*fig.* 745), au pelage fauve parsemé de taches noires.

FIG. 745. — Léopard d'Afrique.

Excellent grimpeur, nageur au besoin, cet animal est aussi très féroce: Il s'attaque même aux Éléphants.

Le **Jaguar**, de l'Amérique du Sud, qui ressemble au Léopard et est le plus féroce des carnassiers américains, et l'*Ocelot,* sorte de Léopard plus petit ;

Le **Cougouar** ou *Puma* d'Amérique, assez semblable au Lion, mais dépourvu de crinière ;

Enfin, comme Félins de plus petite taille, le **Chat sauvage** des forêts montagneuses d'Europe, au pelage gris chez le mâle, jaunâtre chez la femelle, grand destructeur de petits Mammifères et s'attaquant même aux Chevreuils qu'il saigne au cou ;

Le **Chat domestique**, paraissant descendre du Chat sauvage (*fig.* 746), et dont il existe plusieurs races : *Angora* aux longs poils, *Chat de Man* dépourvu de queue, etc. Il fait une chasse active aux Rats et surtout aux Souris ;

Le **Lynx**, sorte de gros Chat sauvage, célèbre par la puissance de sa vue et remarquable par le pinceau de poils qui termine ses longues oreilles. Il se trouve surtout dans les forêts montagneuses de Norvège et de Russie.

Citons en dernier lieu le **Guépard** (*fig.* 747), d'Afrique, de mœurs assez douces, qui rappelle les Félins par sa tête et les Chiens par son corps. Il a les griffes à peine rétractiles.

Tous les **Félins**, sauf le Chat domestique, sont **nuisibles.** Ils ne nous fournissent que leurs *fourrures.*

FIG. 746. — Chat sauvage.

II. **Famille des Belettes ou Mustelidés.** — Dans cette famille prennent place une série de petits Carnivores au **corps allongé** et souple, aux **pattes courtes** et aux mœurs très carnassières. Ils détruisent beaucoup de gibier, petits Mammifères et Oiseaux, qu'ils saignent au

FIG. 747 — Guépard (taille d'un Lévrier).

FIG. 748. — Furet.

cou. Ils visitent souvent les **basses-cours.** Ils mangent aussi les œufs. Tous répandent une mauvaise odeur qui les a fait nommer **bêtes puantes.** Citons, parmi eux :

La **Belette,** le plus petit des Carnivores, et dont on reconnaît facilement la piste, le **Putois,** le **Furet** (*fig.* 748), domestiqué pour la chasse du Lapin au terrier, la **Fouine,** la **Martre,** l'**Hermine** (*fig.* 749) et la **Loutre** (*fig.* 784) ; cette dernière a des pieds palmés ; elle vit au bord des eaux et détruit beaucoup de Poissons.

On peut en rapprocher : le **Blaireau** (*fig.* 750), à demi plantigrade, qui se nourrit surtout d'Insectes, de Vers, de Limaces, et quelquefois de petits Mammifères.

Et la **Civette** (*fig.* 751) aux griffes longues, en partie rétractiles, qui vit en Afrique et à Java. où, malgré sa férocité, elle s'est laissé domestiquer.

FIG. 749. — Hermine (taille d'un Rat).

Elle fournit un produit odorant, la *Civette-parfum* ou *Viverreum,* qui s'amasse dans une poche spéciale située en dessous et en avant de l'anus et qui est employée en parfumerie.

Les animaux de cette famille sont plus nuisibles qu'utiles.

FIG. 750. — Blaireau (taille d'un Chien basset).

III. Famille des Chiens ou Canidés. —

Les Canidés sont les Carnivores **digitigrades** aux griffes non rétractiles, ayant généralement **5 doigts aux pattes de devant et 4 aux pattes de derrière.**

Ils ont le crâne allongé et leur dentition comporte **42 dents.**

Cette famille comprend le Chien domestique et quelques animaux sauvages comme le Loup, le Renard, le Chacal.

FIG. 751. — Civette (taille d'un Chat).

Le **Chien domestique** est l'un des premiers animaux qui ont été domestiqués par l'Homme.

On sait combien les races en sont variées : Chiens de chasse, Chiens de garde, Chiens de berger, etc.

FIG. 752. — Hyène (taille d'un grand Chien).

Le **Loup** (*fig.* 777), qui est peut-être la souche du Chien, diffère de celui-ci par son corps maigre, ses flancs rentrés, sa queue touffue et pendante, sa tête large, son museau relativement long et pointu, son front incliné, ses yeux à pupilles rondes, obliques et placés dans la direction du nez, ses oreilles droites, pointues et larges.

Le **Renard** (*fig.* 776) a le pelage abondant et la queue longue et touffue. Il vit solitaire et montre une grande habileté, soit pour chasser les oiseaux de basse-cour, soit pour deviner le danger, soit pour dépister le chasseur.

Le **Chacal** d'Afrique et d'Asie vit surtout d'animaux morts, de raisin et de détritus.

On peut rapprocher des Canidés la **Hyène** (*fig.* 752), aux pattes postérieures plus courtes que les antérieures, qui vit principalement en Afrique et se nourrit surtout d'animaux morts et de détritus, qu'elle recherche pendant la nuit jusque dans les villages. Elle déterre même les morts dans les cimetières.

IV. **Famille des Ours ou Ursidés.** — Les Ours sont certainement les moins carnassiers des

FIG. 753. — Ours brun.

Carnivores, puisque certains ne se nourrissent guère que de fruits. Ils sont **plantigrades.**

L'**Ours brun** (*fig.* 753) était autrefois très commun en Europe ; mais, aujourd'hui, on ne le trouve plus que dans les régions montagneuses, notamment dans les Pyrénées, en Suisse, etc. Ses pattes sont courtes, avec des ongles longs et puis-

FIG. 754. — Piste d'un Ours.

sants (*fig.* 754). Son alimentation est presque exclusivement herbivore. Ce n'est qu'en vieillissant qu'il devient carnassier.

L'**Ours blanc** (*fig.* 755) des régions polaires est plus grand que

FIG. 755. — Ours blancs, au milieu des glaces polaires.

l'Ours brun et beaucoup plus carnassier. Il nage et plonge avec beaucoup d'agilité et se nourrit de Poissons et de Phoques. C'est un adversaire redoutable pour l'homme.

TABLEAU SYNOPTIQUE DES MAMMIFÈRES ONGUICULÉS
A DENTITION COMPLÈTE ET DÉPOURVUS DE MAINS

Classification
- Régime insectivore / Molaires à pointes aiguës
  - Pourvus d'ailes ...... **Chéiroptères**
  - Dépourvus d'ailes.... **Insectivores.**
- Régime carnassier / Molaires tranchantes
  - Vie surtout aquatique. **Amphibies.**
  - Vie terrestre........ **Carnivores.**

Chéiroptères
- **Caractères généraux** : Mammifères volants, à membres antérieurs aliformes. Animaux nocturnes ayant les yeux petits et le sens du toucher développé.
- **Types** : Insectivores : Chauve-Souris, Oreillard, Vespertilion. Frugivores : Roussette, Vampire.

Insectivores
- **Caractères généraux** : Molaires hérissées de pointes.
- **Types** : Taupe, Hérisson, Musaraigne, Desman.

Amphibies
- **Caractères généraux** : Carnassiers marins à pattes transformées en nageoires
- **Types** : Otarie, Phoque, Morse.

Carnivores
- **Caractères généraux** : Carnassiers à longues canines et à molaires tranchantes. Doigts à griffes puissantes, digitigrades ou plantigrades.
- **Types** :
  - *Félidés* : Lion, Panthère, Tigre, Chat.
  - *Mustelidés* : Belette, Fouine, Putois, Furet, Martre, Loutre.
  - *Canidés* : Chien, Loup, Renard, Chacal.
  - *Ursidés* : Ours.

VII

MAMMIFÈRES A DENTITION COMPLÈTE POURVUS DE 2 OU 4 MAINS

XIV. — Ordre des Lémuriens

Les **Lémuriens** (du latin *lemures*, fantômes des morts) se rapprochent des Singes par leurs **quatre mains**, mais ils s'en éloignent par plusieurs caractères importants.

Ils ont un **museau allongé**. La forme de leurs **molaires à pointes aiguës** les rapproche plutôt des Insectivores. Leurs **incisives inférieures**, non coupantes, sont disposées comme les dents d'une **sorte de peigne**. Ils se nourrissent de fruits, mais aussi d'insectes, d'œufs et de petits animaux.

Leur corps est recouvert de longs **poils** souvent **laineux,** leurs **bras** sont **courts** et leurs doigts sont pourvus de **griffes,** sauf le pouce, qui a un ongle plat.

La plupart sont **nocturnes,** de mœurs douces, mais nonchalants et incapables de s'attacher, comme les Singes, à la personne qui les soigne.

On les trouve surtout à Madagascar et dans les îles de la Sonde.

Les plus connus sont :

Les **Propithèques,** répandus sur tout le pourtour de Madagascar, où ils vivent par bandes de six à huit. Ils dont diurnes et ont un régime végétal : jeunes pousses d'arbres, baies. Ils ont les bras courts et ne

FIG. 756. — Maki (taille d'un Chien).

peuvent guère marcher à quatre pattes.

Les **Makis** (*fig.* 756), très communs à Madagascar, sont doux, jolis et faciles à tenir en captivité. Ils mangent des fruits, des œufs, des lézards, des larves d'insectes, quelquefois même de petits oiseaux dont ils sucent la cervelle ; ils vivent en troupes nombreuses dans les forêts.

L'**Aye-Aye,** de Madagascar, ainsi nommé à cause de son cri, se rapproche des Rongeurs et des Insectivores. Il se

FIG. 757. — Galéopithèque.

nourrit surtout d'insectes qu'il fait sortir de dessous les écorces en frappant les arbres.

Les **Galéopithèques** (*fig.* 757), des îles de la Sonde, aussi appelés *Singes volants*, à cause de la membrane qui, agissant à la manière d'un parachute, leur permet de sauter facilement d'un arbre à l'autre.

XV. — Ordre des Primates

Les **Primates** (du latin *primus*, premier) comprennent l'**Homme** et les animaux qui s'en rapprochent le plus au point de vue anatomique, les **Singes.**

Ils sont surtout caractérisés par leur main, dans laquelle le **pouce** est **opposable** aux autres doigts, c'est-à-dire se met en face des autres doigts pour saisir les objets.

Leurs dents sont analogues — au nombre près — à celles de l'Homme.

Les **mamelles** sont placées **sur la poitrine.**

L'encéphale a la même disposition que chez l'Homme : le cerveau recouvre entièrement le **cervelet.**

On les divise en deux sous-ordres :

A. Les **Singes** ou **Quadrumanes** ;

B. Les **Hommes** ou **Bimanes.**

Nous allons les étudier successivement en insistant surtout sur les premiers, parce que l'étude des seconds constitue une science à part de la zoologie, l'*Anthropologie* (du grec *anthropos*, homme, et *logos*, discours).

A. **Les Singes ou Quadrumanes.** — Les Singes **se rapprochent de l'Homme** par de nombreux caractères, notamment par l'*attitude presque verticale* que présentent certains d'entre eux quand ils marchent, le Chimpanzé par exemple, par leurs *dents* qui sont construites à peu près de la même façon, par leurs yeux disposés **sur le devant** de leur face et non sur les côtés, ainsi qu'ils se présentent chez la plupart des autres Mammifères.

Ils en diffèrent par leur **corps** entièrement **couvert de poils,** l'attitude horizontale, c'est-à-dire « à quatre pattes », de la plupart d'entre eux, leurs **bras plus longs que leurs jambes,** leur *face* dont les mâchoires sont **prognathes,** c'est-à-dire s'avancent beaucoup en avant, leur **crâne** qui présente de fortes **crêtes osseuses.**

On les réunit sous le nom de **Quadrumanes** (c'est-à-dire animaux à **quatre mains**), parce qu'ils peuvent saisir les objets avec leurs quatre membres. Mais cela ne veut pas dire qu'ils ont quatre mains aussi parfaites que les nôtres ; loin de là.

Leur mains du membre supérieur possèdent un pouce pouvant à *la rigueur* toucher les autres doigts, c'est-à-dire être *opposable* à eux. Mais, en réalité, ce pouce est si petit (il manque même parfois) et si éloigné des autres doigts, que *jamais* il ne les touche. Tout au plus sert-il quand l'animal saisit une grosse branche pour compléter l'anneau qui enserre celle-ci. Mais, quand le Singe veut prendre un petit objet, un fruit par exemple, il n'utilise pour cela que les *quatre doigts* autres que le pouce et en pliant les phalangettes sur les phalanges ou sur la paume. Ces quatre doigts sont d'ailleurs *solidaires* les uns des autres : ils ne peuvent se mouvoir individuellement comme les nôtres, mais seulement se plier et se déplier tous les quatre ensemble. C'est donc une **main très imparfaite** (*fig.* 758).

FIG. 758. — Une main de Singe.

Quant à la main du membre inférieur, c'est **en réalité un pied** dont les os ont gardé une certaine mobilité et dont le pouce n'est pas aussi « à plat » que chez nous, ce qui lui permet d'être encore, moins cependant que pour la main supérieure, *opposable* aux autres doigts.

Grâce à leurs quatre mains pourvues d'ongles plats, les Singes sont d'**excellents grimpeurs** : ils se meuvent d'une branche à l'autre avec une facilité inouïe. Plusieurs sont aidés dans cette locomotion par leur **longue queue** (*fig.* 759) pouvant s'enrouler autour des branches — **prenante,** comme l'on dit — et faisant ainsi véritablement l'office *d'un cinquième membre.* Toutefois certains Singes ont une queue longue, mais non prenante ; d'autres même n'en ont pas trace, comme cela se voit, par exemple, chez les Cynocéphales.

FIG. 759. — Singe à queue prenante d'Amérique (Atèle).

Les Singes sont **frugivores,** c'est-à-dire se nourrissent de fruits. Grâce à leurs *puissantes canines,* ils peuvent casser les fruits les plus durs, les noix de coco par exemple. Certains possèdent des **abajoues** (*fig.* 760), c'est-à-dire des poches creusées dans les joues, et où ils s'empressent, lorsqu'ils sont à la maraude, d'accumuler les grains et les fruits pour les emporter au loin et alors les déguster tout à leur aise.

Les Singes sont **remarquables par leur intelligence,** qui cependant n'est, à vrai dire, qu'une caricature de celle de l'homme.

On divise les Singes en **Singes de l'ancien monde** et **Singes du nouveau monde,** qui diffèrent non seulement par l'endroit où ils vivent; mais aussi par leurs caractères anatomiques.

Les Singes de l'ancien monde. — Les Singes de l'ancien monde se trouvent en abondance en Afrique et en Asie : une seule espèce — le Magot — se trouve en Europe. Ils sont surtout caractérisés par :

a) Leurs **dents,** qui sont

FIG. 760. — Tête d'un Singe
pourvu d'abajoues.

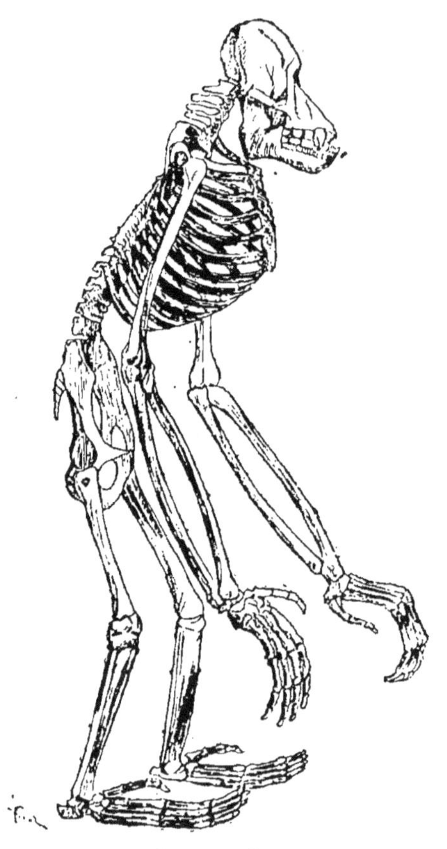

FIG. 761. — Squelette
de Gorille.

au nombre de **32,** comme chez l'Homme, et qui sont très fortes, surtout les canines. Certains genres sont pourvus d'abajoues ;

b) Leurs **narines,** qui sont **rapprochées** et séparées par une mince cloison ;

c) La **queue,** qui, lorsqu'elle existe, n'est **jamais prenante ;**

d) Leur région postérieure, qui est souvent rouge et revêtue d'une peau sèche et luisante, ce qu'on exprime en disant qu'ils sont pourvus de **callosités fessières.**

On les divise en plusieurs familles, parmi lesquelles nous citerons celle des *Anthropomorphes.*

Les Anthropomorphes. — Les Singes Anthropomorphes (du grec *anthropos*, homme, et *morphé*, forme) ou Anthropoïdes sont ainsi nommés parce qu'ils **rappellent** jusqu'à un certain point l'**Homme** par leur **attitude verticale** (*fig.* 761) qu'ils conservent quand ils marchent, ce qu'ils font d'ailleurs en s'inclinant légèrement en avant et en s'appuyant un peu sur leurs mains de devant.

La plupart ont un **aspect bestial** à cause de leurs épaisses **arcades sourcilières** qui dominent le dessus de leurs yeux et leurs

FIG. 762. — Tête de Gorille.   FIG. 763.—Chimpanzé(1^m.50).

énormes dents qui les feraient prendre pour des carnassiers assoiffés de sang, alors qu'en réalité cette forte dentition n'est utilisée que pour la mastication des fruits durs.

Les Antropomorphes n'ont **ni queue ni abajoues.**

Leur **intelligence** est souvent **remarquable.**

Ils comprennent quatre genres, dont deux vivent dans les forêts de l'Afrique équatoriale. Ce sont le *Gorille* et le *Chimpanzé.*

Le **Gorille** (*fig.* 762) est le plus grand ; il atteint quelquefois 1^m,80. Sa force est très grande et son caractère farouche, ce qui en fait un animal dangereux.

Le **Chimpanzé** (*fig.* 763) ne dépasse pas 1^m,50. Il est plus doux et paraît le plus intelligent des grands Singes.

Les deux autres genres sont :

L'Orang-Outan (*fig.* 764) de l'île de Bornéo. Il a 1^m,40 environ, et il est d'un caractère assez doux, du moins lorsqu'il est jeune ;

Et le **Gibbon,** des îles de la Sonde et de la presqu'île indo-chinoise. L'espèce la plus grande ne dépasse pas 1 mètre. Ces animaux sont plutôt craintifs.

Autres familles. — Dans les autres familles se trouvent des Singes de **plus petite taille**, qui ont la **queue** plus ou moins longue, et pour la plupart des **callosités fessières** et des **abajoues.** Nous citerons comme exemples :

Les **Nasiques,** de l'île de Bornéo, remarquables par leur nez, qui peut atteindre 10 centimètres de long et qui est mobile comme une petite trompe ;

Les nombreuses espèces de **Guenons,** de l'Afrique équatoriale, qui vivent en bandes nombreuses. Elles vont à la maraude dans les plantations et les jardins sous la conduite d'un vieux mâle qui fait le guet et donne le signal de la fuite en cas de danger ;

Les **Macaques,** qui habitent l'Asie et l'Afrique. Les uns ont la queue très longue. d'autres l'ont à peu près nulle. C'est dans le genre Macaque que se trouve l'espèce **Magot,** dépourvue de queue, qui habite l'Afrique du Nord. On en trouve même quelques-uns (*fig.* 765) sur les rochers de Gibraltar, où le gouvernement anglais les protège le plus possible comme une curiosité européenne.

Les **Cynocéphales** (du grec *kynos,* chien, et *képhalè,* tête), ainsi nommés parce que leur tête est, bien plus que chez les précédents, allongés en forme de museau, et que leur attitude rappelle celle du Chien.

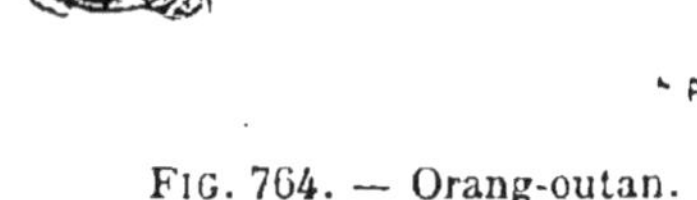

FIG. 764. — Orang-outan.

Singes du nouveau continent (*fig.* 759). — Les **Singes américains** diffèrent des précédents :

1º Par leurs **narines très écartées** et placées de côté ;

2º Par leur **dentition,** qui comprend quatre molaires de plus, soit **36** dents en tout ;

3º Par leur **queue prenante** et dépourvue de poils à l'extrémité

Leur intelligence est **moins vive,** mais leurs mœurs sont plus douces que celles de leurs congénères d'Asie et d'Afrique. Ils vivent en sociétés nombreuses dans les forêts. Citons parmi eux :

Les **Atèles** ou *Singes-Araignées*, de l'Amérique du Sud, ainsi nommés à cause de leurs membres démesurés et de leur longue queue (*fig.* 759) ;

Les **Hurleurs,** de l'Amérique centrale et méridionale, qui, au lever et au coucher du soleil, émettent des hurlements effroyables, grâce à une vaste poche qui dépend du larynx et qui renforce leurs cris ;

Les **Sapajous** ou *Capucins*, de l'Amérique du Sud, qui sont assez intelligents.

On y rattache aussi les **Ouistitis** (*fig.* 766) de l'embouchure de l'Amazone, qui se rapprochent un peu des Rongeurs. Ils ont des griffes au lieu d'ongles et rappellent assez les Écureuils.

Fig. 765. — Magot.

Les Hommes ou Bimanes. — Les *Hommes* se distinguent de tous les autres animaux par leur **attitude verticale** (c'est-à-dire leur corps droit), leur **langage articulé,** leur **intelligence.**

Ils se distinguent des Singes par leurs **pieds** qui servent exclusivement **à la marche** et non à la préhension, parce que le pouce n'y est pas opposable aux autres doigts. Ils ne possèdent donc que **deux mains,** ce qui fait souvent donner à leur groupe le nom de **Bimanes.**

Leur **face,** chez les races inférieures, est un peu **prognathe,** c'est-à-dire que les mâchoires sont légèrement proéminentes ; mais elle ne

Fig. 766. — Ouistiti (taille d'un Rat).

l'est jamais autant que chez les Singes. Cette **face,** d'ailleurs, est en partie *nue*, c'est-à-dire **dépourvue de longs poils,** sauf au niveau de la barbe, des moustaches et des sourcils.

Les *arcades sourcilières* sont peu développées.

On n'a pas encore résolu la question de savoir si, dans l'ensemble des Bimanes, on doit distinguer diverses *espèces*. Tout au plus y reconnaît-on quatre « races » principales, plus ou moins mal caractérisées (*fig.* 769 à 772). Ce sont :

a) La **race noire** ou *nègre*. Peau noire. Cheveux noirs crépus. Nez large et plat. Lèvres épaisses. Vit surtout en Afrique et en Australie ;

Race noire.   Race jaune   Race rouge.   Race blanche.

Fig 769 à 772. — Type des quatre Races humaines. Race noire   Race jaune
Race rouge. Race blanche.

b) La **race jaune** ou *mongolique*. Peau jaunâtre. Cheveux noirs et forts. Nez aplati. Pommettes saillantes. Yeux obliques et petits. Vit surtout en Asie ;

c) La **race rouge**. Peau cuivrée (ce qui leur a fait donner le nom de Peaux-Rouges). Cheveux noirs et raides. Nez saillant, aquilin. Lèvres minces. Vit surtout en Amérique ;

d) La **race blanche** ou *caucasique*. Peau blanche. Cheveux fins, noirs, blonds ou rouges. Nez mince. Pommettes non saillantes. Lèvres non épaisses. Vit surtout en Europe et a fondé maintenant des colonies dans toutes les parties du monde.

C'est là une classification ancienne, qui n'est exacte que dans ses grandes lignes.

TABLEAU SYNOPTIQUE DES MAMMIFÈRES A DENTITION COMPLÈTE POURVUS DE 2 OU 4 MAINS

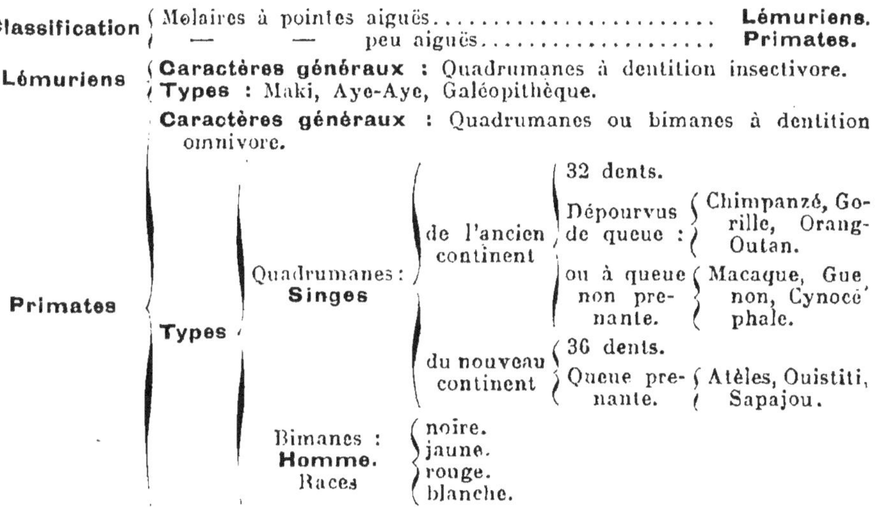

Classification
— Molaires à pointes aiguës...................... **Lémuriens.**
— — — peu aiguës.................. **Primates.**

Lémuriens
— **Caractères généraux :** Quadrumanes à dentition insectivore.
— **Types :** Maki, Aye-Aye, Galéopithèque.

Primates
— **Caractères généraux :** Quadrumanes ou bimanes à dentition omnivore.
— **Types**
  — Quadrumanes : **Singes**
    — de l'ancien continent
      — 32 dents.
      — Dépourvus de queue : Chimpanzé, Gorille, Orang-Outan.
      — ou à queue non prenante. Macaque, Guenon, Cynocéphale.
    — du nouveau continent
      — 36 dents.
      — Queue prenante. Atèles, Ouistiti, Sapajou.
  — Bimanes : **Homme.** Races
    — noire.
    — jaune.
    — rouge.
    — blanche.

TABLEAU SYNOPTIQUE DE LA CLASSIFICATION DES MAMMIFÈRES

Ordres — Exemple

Mammifères

- pourvus d'une poche abdominale
  - *Ovipares*, à bec corné et pourvus d'un cloaque — **Monotrèmes.** — *Échidné.*
  - *Vivipares*, à dents nombreuses et variées — **Marsupiaux.** — *Kangourou.*
- dépourvus de poche abdominale
  - 2 *membres* antérieurs seulement, transformés en nageoires — **Cétacés.** — *Baleine.*
  - 4 *membres* terminés
    - par des *sabots* (*Ongulés*)
      - nombre impair de doigts (*Imparidigités*)
        - 1 seul doigt — **Équidés.** — *Cheval.*
        - 5 doigts, trompe, défenses — **Proboscidiens.** — *Éléphant.*
      - nombre pair de doigts (*Paridigités*)
        - 2 doigts visibles, dentition souvent incomplète. — **Ruminants.** — *Bœuf.*
        - 4 doigts visibles, dentition complète — **Porcins.** — *Sanglier.*
    - par des *ongles* ou des *griffes* (*Onguiculés*)
      - Dentition incomplète
        - pas de dents ou dents toutes semblables — **Édentés.** — *Fourmilier.*
        - des *incisives* à croissance continue et des *molaires* — **Rongeurs.** — *Lapin.*
      - Dentition complète (3 sortes de dents)
        - dépourvus de mains
          - régime insectivore, molaires à pointes aiguës
            - pourvus d'ailes. — **Chéiroptères.** — *Chauve-Souris.*
            - dépourvus d'ailes. — **Insectivores.** — *Hérisson.*
          - régime carnassier, molaires tranchantes
            - vie surtout aquatique. — **Amphibies.** — *Phoque.*
            - vie terrestre. — **Carnivores.** — *Tigre.*
        - pourvus de 2 ou 4 mains
          - molaires à pointes aiguës — **Lémuriens.** — *Maki*
          - molaires à pointes peu aiguës — **Primates.** — *Chimpanzé. Homme.*

DIVISION DU RÈGNE ANIMAL EN EMBRANCHEMENTS ET EN CLASSES

Embranchements — Classes

Animaux

Unicellulaires .... **Protozoaires.**
- à corps non limité par une membrane
  - dépourvu de squelette........ *Amibes.*
  - à squelette : calcaire.......... *Foraminifères.*
  - à squelette : siliceux .... *Radiolaires.*
- à corps entouré d'une membrane
  - avec cils vibratiles .... *Infusoires.*
  - sans cils vibratiles .... *Sporozoaires.*

Pluricellulaires : Métazoaires

à symétrie axiale ou rayonnée — Phytozoaires
- Symétrie nulle ou axiale... **Spongiaires** ...... *Éponges.*
- Symétrie rayonnée
  - à cavité gastro-vasculaire... **Cœlentérés.**
    - Cavité gastro-vasculaire simple
      - vivant en *colonies fixées* d'où se détachent des Méduses ...... *Hydroméduses.*
      - vivant en colonies flottantes .. *Siphonophores.*
      - vivant à l'état de Méduses.... *Acalèphes.*
    - Cavité gastro-vasculaire divisée par des cloisons......... *Coralliaires.*
  - à tube digestif distinct. Peau hérissée de piquants. **Échinodermes.**
    - libres
      - de forme globuleuse........................... *Oursins.*
      - de forme aplatie
        - avec bras rayonnants contenant des prolongements du tube digestif... *Étoiles de mer.*
        - avec bras rayonnants ne contenant pas de prolongement du tube digestif... *Ophiures.*
      - forme allong. Couronne de tentacules autour de la bouche *Holothuries.*
    - fixés au moins pendant une partie de leur vie .... *Crinoïdes.*

à symétrie bilatérale — Artiozoaires
- Sans squelette intérieur
  - Corps annelé
    - Peau molle. Pas de pattes articulées .. **Vers.**
      - vivant en parasites.................... *Helminthes.*
      - vivant en liberté.................... *Annélides.*
    - Peau durcie. Pattes articulées. **Arthropodes.**
      - à tête non distincte du thorax (Céphalothorax). Respiration aquatique ou aérienne
        - Pattes au nombre de 5 paires ou plus. Respiration aquatique. *Crustacés.*
        - Pattes au nombre de 4 paires. Respiration aérienne........ *Arachnides.*
      - à tête distincte du thorax. Respiration aérienne
        - Pattes nombreuses .... *Myriapodes.*
        - Pattes au nombre de 3 paires. *Insectes.*
  - Corps non annelé, mou, souvent protégé par une coquille... **Mollusques.**
    - à coquille bivalve.................... *Lamellibranches.*
    - à coquille non bivalve
      - Pied large et plat. Coquille externe en hélice............ *Gastéropodes.*
      - Pied en couronne de tentacules. Coquille interne rudimentaire.. *Céphalopodes.*
- à squelette intérieur avec colonne vertébrale......... **Vertébrés.**
  - à température variable. Cœur à 2 ou 3 cavités
    - Respiration toujours branchiale. Corps couvert d'écailles dermiques... *Poissons.*
    - Respiration branchiale d'abord puis pulmonaire. Peau nue.. *Batraciens.*
    - Respiration toujours pulmonaire. Corps couvert d'écailles épidermiques... *Reptiles.*
  - à température constante. Cœur à 4 cavités
    - Ovipares. Corps couvert de plumes *Oiseaux.*
    - Vivipares, pourvus de mamelles. Corps couvert de poils...... *Mammifères.*

TRAVAUX PRATIQUES RELATIFS
AUX MAMMIFÈRES

a) Disséquer un *Lapin* (*fig.* 39), en le mettant sur le dos (les pattes étendues) et en fendant, en long, sur la ligne médiane, l'*abdomen* et la cage thoracique. Observer, en particulier :

1° Le *cœur* et les gros *vaisseaux* qui en partent ;

2° L'*appareil respiratoire* (*trachée, poumons, diaphragme*) ;

3° Les *reins* et la *vessie ;*

4° Le *tube digestif* (*œsophage ; estomac ; duodénum,* accompagné du *foie* et d'un *pancréas* diffus ; *intestin*) (*fig.* 703).

b) Disséquer un *Rat,* une *Souris* (*fig.* 773), un *Chat,* un *Chien,* etc., comme ci-dessus, et mettre en évidence leur tube digestif (*fig.* 773).

c) *Disséquer* une tête de *Lapin,* de *Chien,* de *Chat ;* de

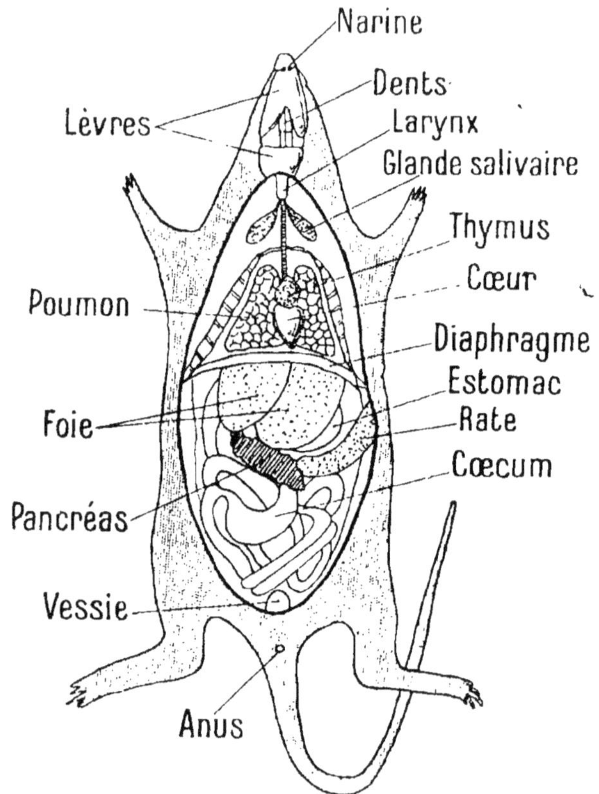

Fig. 773. — Dissection d'une Souris.

Mouton, de *Souris,* etc., de manière à isoler l'*encéphale* (*fig.* 284, 288, 774). On y arrive en brisant les os (avec un marteau tapant sur un ciseau à froid[1], ou en les sciant, deux opérations, d'ailleurs, assez difficiles (sauf pour le crâne de Souris qui peut s'enlever par fragments avec la pince forte).

---

1. Tout le long de la ligne où l'on veut que la cassure se fasse, percer de petits trous avec un appareil à fraiser, mais éviter que la « mèche » arrive jusqu'à la masse nerveuse (la paroi osseuse doit seule être entamée).

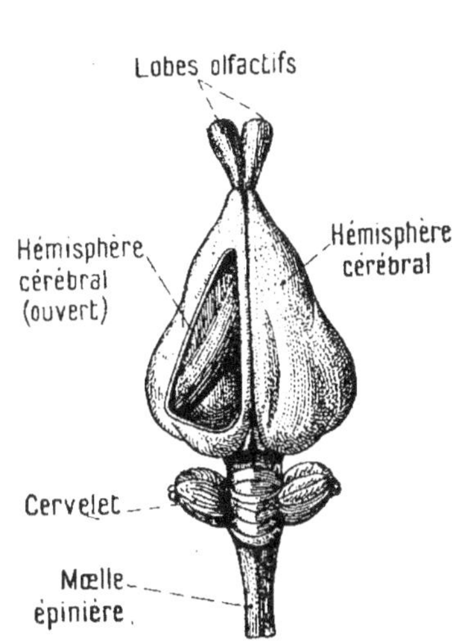

Fig. 774. — Encéphale d'un Lapin.

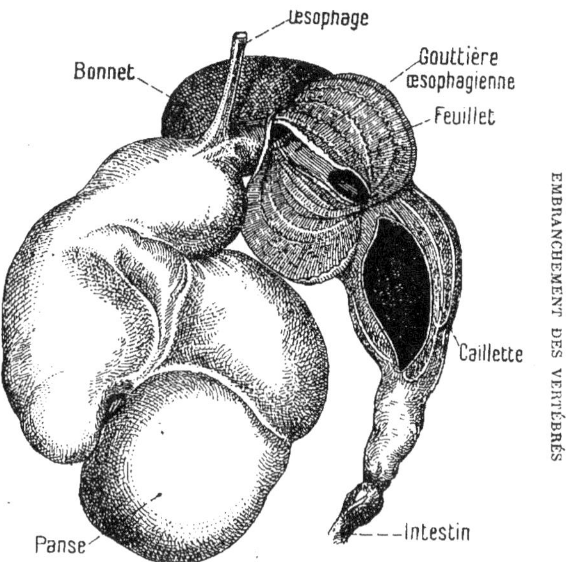

Fig. 775. — Estomac d'un Mouton.
Le *feuillet* et la *caillette* ont été ouverts.

d) Étudier l'estomac d'un *Mouton* (*fig.* 775) ou d'un *Bœuf* pris dans un abattoir. Remarquer le *feuillet*, la *caillette*, le *bonnet*, la *panse*, puis les sectionner pour voir la constitution de leur paroi interne.

e) Étudier, dans la collection ou sur des pièces confectionnées par soi-même, le *squelette* et, notamment, le *crâne* et les *dents* d'un *Cheval*, d'un *Ane*, d'un *Ruminant* quelconque (*Bœuf*, *Chèvre*, etc.), d'un *Porc*, d'un *Lapin*, d'une *Chauve-Souris*, d'une *Taupe*, d'un *Hérisson*, d'un *Chien*, d'un *Chat*, d'un *Loup*, d'un *Lion* ou d'un *Tigre*, d'un *Singe*, etc.

f) Regarder des *poils*, au microscope, en les mettant, simplement, entre lame et lamelle, dans une goutte d'eau.

g) Regarder, au microscope, une goutte de *lait* (*fig.* 184) étalée entre une lame et une lamelle.

h) Observer les mœurs des Mammifères de la région.

i) Visiter un jardin zoologique.

LIVRE III

LES ANIMAUX NUISIBLES ET LES ANIMAUX UTILES

I. — LES RAVAGEURS

Si on laissait à l'abandon nos campagnes et nos villes, elles ne tarderaient pas à être ravagées par une multitude d'animaux et, en peu d'années, elles seraient remplacées par un vaste désert où ne pousserait plus qu'une maigre végétation de laquelle nous ne pourrions rien tirer pour notre alimentation ou notre bien-être. Ce n'est que par une attention sans cesse en éveil que l'on arrive, sinon à détruire ces **ravageurs,** du moins à en diminuer le nombre et à réduire ainsi leurs dégâts.

Fig. 776. — Renard.

Il faudrait un très gros volume pour décrire tous les **animaux nuisibles** et faire connaître leurs mœurs ; aussi nous contenterons-nous d'énumérer quelques exemples. Nous renvoyons aux ouvrages spéciaux pour des détails plus circonstanciés et les procédés pour les détruire.

A. — Mammifères

a) **Mammifères dévorant les récoltes** : *Mulot, Campagnol.* Ils pullulent tellement qu'on n'arrive, pour ainsi dire, jamais à les détruire complètement : on a essayé de répandre, parmi eux, une maladie mortelle, mais il ne semble pas, jusqu'ici, que les résultats aient répondu à l'espoir que l'on avait escompté.

b) **Mammifères dévorant les animaux de basse-cour :** *Belette*

FIG. 777. — Loup.

et animaux voisins, qu'en raison de leur mauvaise odeur, on appelle, familièrement, « bêtes puantes ». On arrive à les capturer avec des pièges (*fig.* 778, 779) mais il faut une grande pratique pour bien réussir, de même que pour le *Renard* (*fig.* 776),

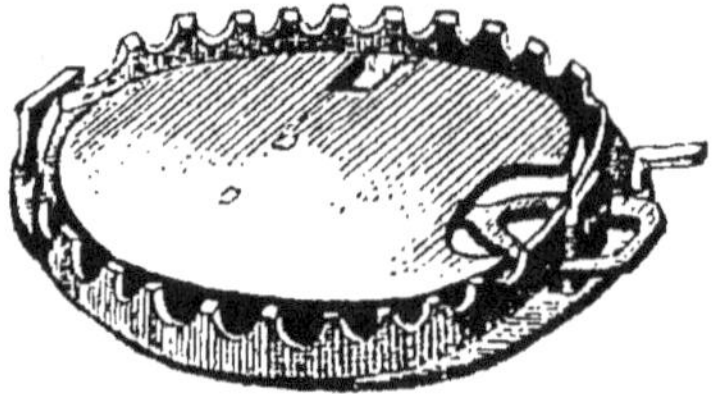

FIG. 778. — Piège amorcé avec un œuf.   FIG. 779. — Piège à palette.

si habile pour s'introduire dans les poulaillers. Il convient de poursuivre cet animal jusqu'à ses terriers et de le tuer au fusil quand les pièges ne donnent pas de résultats suffisants.

c) **Mammifères dévorant les bestiaux :** *Loup* (*fig.* 777). Pour sa destruction, les pièges (*fig.* 778 à 780) et le fusil donnent, parfois, de bons résultats, au point que, dans certaines localités, il est complètement disparu depuis longtemps.

d) **Mammifères mangeant les fruits des vergers** : *Loir, Lérot.* Des pièges bien placés sont très efficaces. Sinon, avoir recours au fusil.

e) **Mammifères bouleversant les jardins et les champs** : *Taupe.* Introduire, dans ses galeries, des appâts empoisonnés ou des pièges spéciaux.

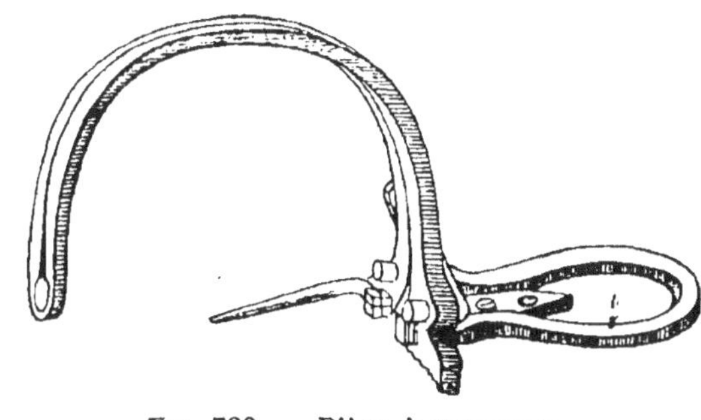

FIG. 780 — Piège à engrenage.

f) **Mammifères mangeant nos matières alimentaires** : *Souris, Rat.* On les capture avec des pièges ou en faisant appel au chat (souris) ou aux chiens ratiers (rats). L'emploi d'appâts empoisonnés (mort-aux-

FIG. 781. — Lion.

rats, etc.) n'est pas très recommandable parce que les animaux vont mourir dans les coins et dégagent une mauvaise odeur.

g) **Mammifères s'attaquant à l'homme** : *Lion (fig. 781), Tigre.*

On n'arrive à diminuer leur nombre qu'en les tuant au fusil ou en les faisant tomber dans des fosses dont l'ouverture est dissimulée par des branchages.

h) **Mammifères tuant les animaux de chasse** : *Fouine*. Des-

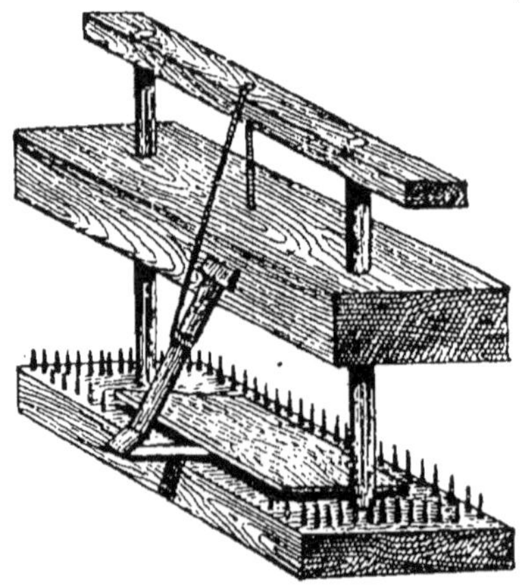

Fig. 782. — Assommoir massif.

Fig. 783. — Assommoir en quatre de chiffres.

truction — difficile — par le fusil et, surtout, à l'aide de pièges spéciaux appelés *assommoirs* (*fig.* 782 et 783).

Fig. 784. — Loutre (taille d'un gros Chat).

i) **Mammifères détruisant les forêts** : *Cerf, Écureuil*. Le fusil est, presque seul, efficace contre eux.

j) **Mammifères détruisant les poissons des eaux douces** : *Loutre* (*fig.* 784). On fabrique, contre elle, des pièges particuliers que l'on tend sur la rive ou même dans l'eau, mais qui ne donnent, généralement, que des résultats bien précaires. Le fusil est plus efficace, mais il faut une grande habileté.

k) **Mammifères détruisant les poissons marins et les filets de pêche** : *Marsouin*. La Marine organise des expéditions pour les tuer quand ils deviennent par trop nombreux.

B. — Oiseaux

a) **Oiseaux mangeant les graines des plantes utiles** : *Corbeaux* et beaucoup de petits oiseaux. Il est assez difficile de distinguer ces derniers des véritables Oiseaux insectivores. Outre les graines, ils se nourrissent parfois aussi d'Insectes, surtout au moment où ils élèvent leurs petits, de sorte, que, nuisibles à un moment de l'année, ils deviennent utiles à un autre.

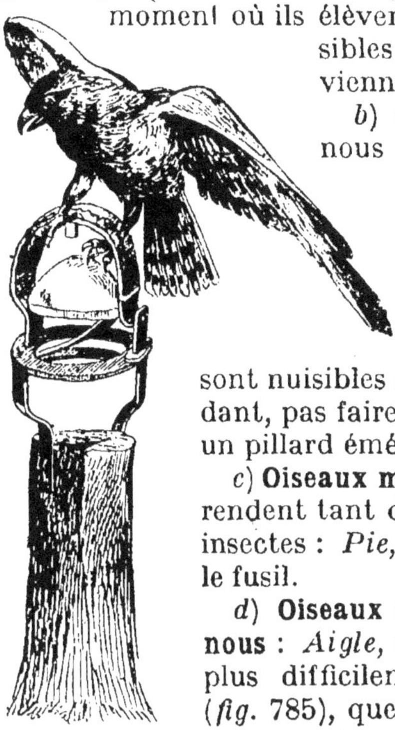

b) **Oiseaux mangeant les fruits** dont nous nous nourrissons : *Moineaux* et nombre d'Oiseaux chanteurs. Comme les précédents, ils détruisent aussi — pour eux ou leurs petits — beaucoup d'insectes, de sorte qu'on n'est pas toujours bien fixé sur la question de savoir, si, au total, ils sont nuisibles ou utiles ; la chose ne semble, cependant, pas faire de doute pour le Moineau, qui est un pillard émérite.

c) **Oiseaux mangeant les petits Oiseaux,** qui nous rendent tant de services dans le destruction des insectes : *Pie, Geai, Pie-Grièche.* Destruction par le fusil.

d) **Oiseaux s'attaquant aux animaux élevés par nous** : *Aigle*, etc. Destruction par le fusil ou — plus difficilement — par des *pièges à poteaux* (*fig.* 785), que l'on tend sur le sommet des hauts poteaux et sur lesquels les Rapaces viennent — quelquefois — se poser.

e) **Oiseaux mangeant les œufs des petits Oiseaux ou les détruisant** : *Busard, Épervier, Milan, Coucou.* Destruction par le fusil.

f) **Oiseaux mangeant les Poissons** : *Cormoran, Héron, Martin-pêcheur.* Destruction par le fusil.

Fig. 785.
Piège à poteau pour capturer les Rapaces.

C. — Reptiles

Les **Serpents** (*Vipère*) mangent beaucoup de petits animaux, qui pourraient nous être utiles, et s'attaquent aussi à l'homme.

Les **Crocodiles** ravagent les rivières des pays chauds.

D. — **Poissons**

Quelques Poissons se montrent de terribles ravageurs dans les eaux douces (*Brochets*) et les eaux salées (*Requins*). Il faut faire une pêche sans merci aux Brochets dans les pièces d'eau où l'on élève des poissons et une chasse sans merci — elle est loin d'être efficace — aux Requins dans la mer.

E. — **Mollusques**

Les **Tarets** sont des mollusques marins singuliers, dont le corps devient presque vermiforme. Ils creusent des galeries dans les pilotis enfoncés dans le mer et les minent à un tel point qu'ils finissent par s'écrouler. On ne peut parvenir à les détruire, mais on se met, juqu'à un certain point, à l'abri de leurs déprédations en utilisant des pilotis faits avec des bois spéciaux — la question n'est pas encore résolue — et, surtout, en les revêtant de certains ciments qui résistent à l'eau de mer et ne peuvent être percés par eux.

F. — **Insectes**

Les Insectes sont, de beaucoup, les ravageurs les plus terribles de nos champs, par suite de leur énorme fécondité. Chaque espèce est représentée par des centaines, des milliers, des milliards d'individus, qu'en raison de leur nombre et de leur petitesse, on ne peut que difficilement atteindre.

Sans insister sur eux — ce qui serait trop long et demanderait plusieurs volumes — on peut les grouper de la façon suivante d'après la classification.

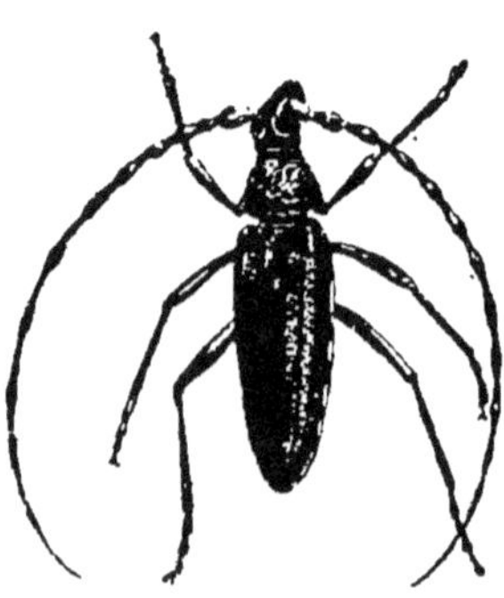

Fig. 786. — Capricorne (un peu réduit).

a) **Coléoptères.** — Les *Hannetons* dont les larves mangent les racines et les adultes, les feuilles des arbres ; les *Capricornes* (*fig.* 786), dont les larves se nomment xylophages, c'est-à-dire se creusent des galeries dans les branches et les troncs d'arbre ; les *Altises* ou Puces de terre qui nuisent aux plantes potagères ; les *Eumolpes* qui mangent les feuilles de vigne et sont connus sous le nom d'*écrivains de la vigne ;* les *Doryphora* qui mangent les feuilles et les pieds de pommes de terre ; les *Dermestes* qui mangent le lard, les fourrures et les cuirs ; les *Vrillettes* qui creusent des galeries dans les vieux bois ; les *Ténébrions* ou *Vers de farine* qui vivent à l'état de larves dans la farine ; les *Charançons* dont les larves mangent les graines des céréales, etc.

b) **Orthoptères.** — Les *Courtilières* qui détruisent les racines ; les *Sauterelles* qui se nourrissent de feuilles ; les *Criquets* qui s'abattent en troupes innombrables sur les champs et les dévastent (pluies de sauterelles) ; les *Blattes et les Cancrelats* qui dévorent les provisions et pullulent dans les cuisines mal tenues.

c) **Lépidoptères.** — Les *Chenilles* ou larves de papillons sont toutes nuisibles aux plantes, dont elles dévorent les feuilles ; les *Teignes* s'attaquent surtout aux fourrures.

d) **Hémiptères.** — Les *Cigales* s'attaquent aux feuilles de divers arbres ; le *Phylloxera*, pique les racines de la vigne et amène sa mort ; la *Punaise des lits* suce le sang de l'homme et provoque sur la peau des pustules douloureuses ; les *Poux* qui vivent en parasites sur le corps de l'homme et principalement sur les cheveux.

e) **Diptères.** — Les *Cousins* ou Culex qui sucent le sang de l'homme et peuvent lui inoculer le paludisme ; les *Taons* qui piquent l'homme et les animaux domestiques ; les *Œstres* dont les larves sont parasites du Cheval ; les *mouches charbonneuses* qui peuvent communiquer par inoculation la pustule maligne du charbon ; les *Puces* qui piquent l'homme et les animaux pour se nourrir de leur sang ; la *Puce chique* dont la femelle s'introduit sous la peau et détermine des accidents inflammatoires.

En résumé, comme on le voit, ce sont les Insectes qui renferment le plus grand nombre d'espèces nuisibles.

G. — Myriapodes

Les *Scolopendres*, les *Iules*, les *Blaniules* causent parfois des ravages dans les cultures.

H. — Arachnides

Parmi les Arachnides c'est dans le groupe des *Acariens* ou *Mites* qu'abondent les espèces nuisibles.

a) **Acariens nuisibles aux plantes.** — *Phytophtes*, en particulier le *Phytophtus vitis*, qui cause l'*Érinose de la vigne*, maladie, d'ailleurs, assez peu dangereuse.

b) **Acariens nuisibles aux animaux domestiques.** — *Trombidion, Ixodes, Sarcoptides* (qui produisent les diverses maladies de peau appelées *gales*).

c) **Acariens nuisibles aux substances alimentaires ou aux matières ouvrées** : *Tyroglyphe ciron, Glyciphage.*

TRAVAUX PRATIQUES RELATIFS
AUX RAVAGEURS

Mammifères. — *a*) Examiner les animaux nuisibles tués (ils n'ont, en général, pas de valeur et les chasseurs les donnent facilement) au point de vue de leurs caractères extérieurs.

b) Examiner les dégâts causés par les Ravageurs et, si possible, leurs mœurs.

c) Étudier le mécanisme des pièges et des divers dispositifs de capture.

d) Faire empailler ou empailler soi-même les espèces que l'on pourra se procurer et les mettre dans la collection de l'École normale.

Oiseaux. — *a*) *b*) *c*) *d*). Comme ci-dessus.

e) Ouvrir l'estomac des oiseaux tués et chercher à identifier les débris que l'on y rencontre et qui se devinent sans trop de difficulté. Faire, surtout, le bilan des insectes et des graines qui s'y trouvent. Noter avec soin la date exacte du jour où l'oiseau a été tué (sa nourriture varie avec les saisons).

Reptiles. — Mettre quelques espèces en collection (dans des bocaux remplis d'alcool).

Poissons. — Examiner le contenu de l'estomac des *Brochets* et des *Requins*.

Mollusques. — *a*) Examiner les dégâts causés par les tarets.

b) Chercher à isoler un de ceux-ci et le conserver à l'alcool.

c) Mettre en collection (à sec) des fragments d'un piloti percé par les tarets.

Insectes. — *a*) Mettre en collection (piqués avec une épingle) les espèces nuisibles que l'on rencontrera.

b) Examiner leurs dégâts.

c) Se familiariser avec leurs mœurs, soit en les examinant dans la nature, soit en les élevant en captivité.

d) Examiner les moyens de destruction employés dans la localité.

Myriapodes. — Conserver les espèces dans de l'alcool.

Acariens. — Conserver les Acariens, soit dans de petits tubes remplis d'alcool, soit — ce qui vaut mieux (car ils sont minuscules) — en préparations microscopiques.

II. — LES AUXILIAIRES

Les Insectes nuisibles, par leur nombre prodigieux, sont certainement ceux de nos ennemis qui nous causent les plus grands dommages et cela est d'autant plus regrettable que, vu leur petite taille, ils sont presque insaisissables. On a imaginé, pour les détruire, nombre de procédés dont le rendement, il faut bien le dire, est presque toujours bien médiocre, sinon nul. Mais, heureusement, nous avons dans la nature, nombre d'alliés, d'**auxiliaires,** qui se chargent très habilement de cette destruction, car elle constitue pour eux le seul moyen de pourvoir — eux et leurs petits — à leur nourriture : ce sont les **animaux insectivores,** dont il existe des représentants dans plusieurs groupes zoologiques. En dévorant des multitudes d'insectes (ou d'autres animaux nuisibles), ils nous rendent des services précieux et notre intérêt est de les respecter, les protéger, et, si possible, de favoriser leur multiplication.

Nous allons citer les principaux de ces précieux auxiliaires, que l'ignorance populaire méconnaît trop souvent : c'est surtout aux Instituteurs qu'il convient de combattre ces préjugés.

A. — Mammifères

De tous les Mammifères, ceux que nous pouvons le plus franchement considérer comme nos auxiliaires sont les *Chauves-souris.* Elles sortent à la tombée du jour ou pendant la nuit, et, volant de-ci de-là, engloutissent véritablement des milliers d'insectes ailés qu'elles capturent au vol avec une habileté extraordinaire. Malgré leur aspect singulier, il ne faut jamais les détruire, ainsi que le font, trop souvent, les ignorants.

L'utilité des autres Mammifères mangeurs d'insectes est souvent plus contestable. C'est ainsi que l'on peut reprocher : aux *Hérissons,* de manger aussi beaucoup d'œufs d'oiseaux nichant sur le sol ; aux *Taupes,* de bouleverser le sol et, notamment, dans les jardins, de détruire les plates-bandes.

De même, si les *Chats* domestiques sont nos auxiliaires dans la destruction des souris, ceux redevenus sauvages sont de grands destructeurs de petits oiseaux et de divers animaux de chasse.

B. — **Oiseaux**

Pour la destruction des animaux nuisibles — des Insectes en particulier — nous n'avons pas de plus précieux auxiliaires que la plupart des Oiseaux, qui en détruisent des multitudes, soit toute leur vie, soit au moment où ils élèvent leurs petits, ventres affamés, toujours insatiables. Comme l'écrit un ornithologiste, « quel est l'appareil qui serait capable de détruire, en quelques instants, des centaines de chenilles, larves, œufs, insectes, papillons, cachés sous les feuilles, glissant dans l'air ou blottis sous l'écorce? Par la vitesse de leurs mouvements et leur conformation suivant les diverses espèces, les oiseaux happent au vol les insectes, découvrent les œufs sous les feuilles, les larves sous l'écorce ou les chenilles au fond de leurs nids ».

L'*Hirondelle*, le *Martinet*, l'*Engoulevent*, le *Gobe-mouches* nous préservent des moustiques et d'une multitude d'autres insectes ailés. Le *Rossignol*, les *Fauvettes*, le *Rouge-gorge*, les *Pouillots*, le *Mouchet*, le *Troglodyte*, protègent nos jardins par une chasse inlassable aux chenilles, aux larves, aux pucerons, dont chaque femelle, en peu de temps, donne naissance à des millions d'individus. Le *Lulu*, la *Farlouse*, la *Bergeronnette* épurent les grands cultures et les prairies. Les *Traquets*, le *Linot*, l'*Alouette*, les *Bruants*, l'*Ortolan*, l'*Engoulevent*, n'ont pas leur pareil pour détruire la *Cochylis*, ce terrible ennemi de la vigne. Les forêts sont défendues par le *Coucou*, les *Pics*, les *Épeiches*, les *Sitelles*. Les *Mésanges*, la *Grive draine*, le *Pinson* combattent la teigne du pommier. Les différentes espèces de *Mésanges* se nourrissent presque exclusivement d'œufs d'insectes. La *Mésange bleue*, pour élever ses petits, détruit plus de 20.000 chenilles et autant d'insectes plus petits. Le *Roitelet*, chaque année, dévore 2 ou 3 millions d'insectes.

Ces immenses services sont, malheureusement, méconnus par nombre de personnes, voire même de paysans dont ce serait, pourtant, l'intérêt de les développer. Les gamins dénichent les nids et gobent les œufs ; les jeunes gens s'amusent à tirer les petits oiseaux à la carabine ; certains chasseurs se font un plaisir de les « canarder » et les braconniers d'en capturer des compagnies entières avec des filets et autres engins semblables.

Ces massacres sont tels que plusieurs espèces sont complètement anéanties chez nous et que d'autres sont réduites au point d'être devenues des raretés. Et cela aussi bien en France qu'à l'étranger, ce qui ne saurait étonner lorsqu'on saura que, par exemple, dans les Landes, les *Bergeronnelles* sont massacrées « par tombereaux » ; qu'en Italie on mobilise des villages entiers pour massacrer les *Pinsons* migrateurs ; que d'Espagne, on nous envoie des caisses entières de cadavres de minuscules *Cinis ;* qu'en Sicile, c'est une véritable industrie que le massacre des *Hirondelles.*

Pour favoriser la multiplication des Oiseaux, il faut trois conditions : 1° détruire leurs propres ennemis (par exemple les Aigles) ; 2° ne pas les tuer eux-mêmes, sous aucun prétexte ; 3° protéger leurs couvées en offrant aux parents des refuges pour établir leur nid. De ces trois conditions, la deuxième est, évidemment, la plus simple à mettre en œuvre et la plus efficace, mais, malheureusement, elle se heurte à l'ignorance du public — qui est incommensurable — et à l'avidité des chasseurs, qui ne pensent qu'à se régaler d'alouettes et d'ortolans, sans penser aux énormes pertes qu'indirectement ils causent aux champs et autres cultures.

Dans ce que nous venons de dire nous n'avons envisagé que les Oiseaux insectivores. Il en est d'autres qui, indirectement, aussi, nous sont utiles : c'est le cas, par exemple, des *Cigognes,* qui mangent des vipères, et des Rapaces nocturnes (*Hibous, Chouettes,* etc.), qui se nourrissent surtout de *mulots* et de *campagnols,* grands ravageurs des champs s'il en fut. Là, encore, l'ignorance règne en maîtresse et, sous prétexte que les *Hibous,* les *Chouettes,* etc., ont un aspect antipathique et quelque peu mystérieux, sans parler de leurs sorties exclusivement nocturnes, et de la légende qui les regarde comme des « oiseaux portant malheur », on les tue chaque fois qu'on en a l'occasion. Nombre de paysans sont fiers alors de les enclouer à leur porte pour « conjurer le sort », sans penser — et, peut-être, sans savoir — qu'ils nuisent ainsi à leurs propres intérêts.

C. — Reptiles

Les *Lézards* se nourrissent exclusivement d'insectes et de limaces et, à cet égard, doivent être respectés. Il en est de même de l'*Orvet,* dont l'alimentation est analogue et que l'on tue, inconsidérément, parce qu'il ressemble à un Serpent. Respecter aussi les *Couleuvres* qui non seulement ne sont pas venimeuses comme les *Vipères* auxquelles elles ressemblent un peu, mais encore mangent de gros insectes.

D. — Batraciens

Bien que les *Crapauds,* par leur marche lourdaude et les pustules qui recouvrent leur corps, aient un aspect franchement déplaisant, il ne faut pas les tuer, comme on le fait trop souvent. Ils ne mangent que des insectes et, par suite, on a tout avantage à les laisser errer tout à leur guise, dans les jardins et les champs.

E. — Insectes

Si presque tous les insectes sont nuisibles, ce n'est pas là une loi absolument générale, et il en est quelques-uns parmi eux qui détruisent d'autres insectes et sont, par suite, utiles. Ce sont particulièrement : les *Carabes* (le plus répandu est le *Carabe doré* ou *Jardinière*), qui, en possession de mandibules très aiguës, ont vite fait de tuer les insectes auxquels ils s'attaquent et dont certains, — comme le *Hanneton,* par exemple — sont plus gros qu'eux. A respecter aussi : les *Coccinelles* ou *Bêtes à bon Dieu,* qui, malgré leur aspect débonnaire, n'ont pas leurs pareilles pour manger les *Pucerons ;* le *Lampyre* ou *Ver luisant,* qui s'attaque aux escargots ; les *Nécrophores,* qui enterrent les cadavres et nous évitent leurs émanations putrides, tout en les mettant à l'abri de la ponte des mouches, qui en profiteraient pour se multiplier ; les *Dytiques* qui sont des carnassiers aquatiques ; les *Libellules* qui sont carnassières à l'état de larves et d'adultes ; les *Fourmilions* qui dévorent les fourmis ; les *Ichneumons* qui pondent dans le corps des fourmis que leurs larves dévorent et bon nombre d'autres qu'il serait trop long d'énumérer.

TRAVAUX PRATIQUES RELATIFS
AUX AUXILIAIRES

Observer les mœurs des Auxiliaires de la région et, si l'un d'eux vient à être tué par mégarde, examiner le contenu de son estomac (par exemple celui des *Taupes,* des *Hérissons,* des *Chauves-souris,* des petits *Oiseaux,* des *Lézards,* des *Crapauds,* etc.).

LIVRE IV

LES ANIMAUX DOMESTIQUES

Les animaux domestiques sont ceux que nous soignons et que nous élevons pour en tirer un certain parti. On peut les diviser en six catégories :

1º Les bestiaux (mouton, etc.) ;
2º Les animaux-moteurs (cheval, etc.) ;
3º Les animaux-gardiens (chien, etc.) ;
4º Les animaux de basse-cour (poules, etc.) ;
5º Les producteurs de miel (Abeilles) ;
6º Les producteurs de soie (Ver à soie).

1º Les Bestiaux

Les **bestiaux** sont de grands mammifères qui nous fournissent de la *viande*, du *lait* (dont on retire le beurre et le fromage), de la *laine* et des *peaux* (dont on fait le *cuir*). On n'en obtient de bons résultats qu'en veillant sans cesse sur leur alimentation et leur propreté. Il ne faut, d'autre part, élever que des races bien adaptées à la région et, de plus, chercher à les améliorer par la *sélection*, c'est-à-dire, en ne conservant, comme reproducteurs parmi les jeunes, que les plus valides, qui auront des chances de transmettre leurs qualités recommandables à leur postérité.

Les principaux bestiaux sont le *Bœuf* et la *Vache*, le *Mouton*, la *Chèvre*, le *Porc*.

Le **bœuf** est exploité surtout pour sa viande et, avant d'être livré à la boucherie, doit être engraissé ; cet engraissement est produit par la suralimentation. Il est fait, soit à l'*étable* (nord de la France, environs de Paris, Poitou, Limousin), soit au *pâturage* (Charolais, Nivernais, Normandie, Auvergne, Franche-Comté).

La **Vache** nous donne, en outre, son *lait* (dont on fait le beurre et le fromage). Toutes les races ne sont pas également bonnes laitières ; celles qui produisent le plus de lait sont les races *hollandaise, normande, comtoise, de Schwilz* ; on doit leur donner une alimentation riche en eau, comme l'herbe en été, et des racines et des tourteaux délayés dans de l'eau, en hiver.

Les **Moutons** nous donnent de la *viande* et de la *laine*. On les tond, une fois par an, en mai, quand les froids sont passés. Avant de les vendre pour la boucherie, on les engraisse au pâturage ou à la bergerie. Ce sont des animaux peu exigeants, sachant tirer parti de l'herbe courte que ne peuvent manger les bœufs. Les races les plus répandues sont les races *mérinos, southdown, dishley, berrichonne.* Les *brebis* sont les femelles ; les *béliers*, les mâles, et les *agneaux*, les jeunes.

La **chèvre,** peu difficile sous le rapport de la nourriture, peut être élevée là où les autres bestiaux ne pourraient vivre, ce qui l'a fait appeler, avec raison, la *vache du pauvre.* Avec son lait on fait d'excellents fromages et la chair des petits ou *chevreaux* est assez estimée. Son élevage se fait surtout dans les Cévennes, les Alpes, les Pyrénées, le Poitou.

Le **Porc** est très avantageux car, on peut le nourrir avec toutes sortes de résidus. De plus, toutes les parties de son corps peuvent être utilisées, aussi bien sa viande et son lard que son sang, avec lequel on fait du *boudin,* et que ses bas morceaux, que les charcutiers transforment en saucisses, saucissons, rillettes, etc. Avec ses soies on fait des brosses, des pinceaux, etc. Les principales races sont les races *craonaise, normande, périgourdine, anglaise.*

2° **Les animaux moteurs**

Bien qu'on utilise, assez souvent, les *bœufs* — et, parfois même la *vache* — pour tirer la charrue, on fait appel, le plus souvent, à la force des *chevaux,* des *mulets* et des *ânes* pour exécuter un certain travail.

Le *Cheval* est l'animal de trait par excellence, mais un peu exigeant quant à l'alimentation et aux soins. Sa production est particulièrement développée dans la *Normandie,* le *Perche,* l'*Artois,* la *Bretagne,* la *Vendée,* les *Hautes-Pyrénées.* Son crottin est précieux pour la fumure des jardins et des champs. On distingue, parmi les chevaux:

a) Le *cheval de selle,* dont les types sont le *cheval pur sang* et le *cheval arabe;*

b) Le *cheval d'attelage,* dont le type est le *cheval anglo-normand;*

c) Le *cheval de trait léger,* dont les types français sont les *chevaux du littoral de la Bretagne,* les *chevaux ardennais,* et, surtout les *Percherons ;*

d) Le *cheval de gros trait,* dont le type est le *cheval boulonnais.*

L'**Ane,** qui est plus petit que le cheval, est aussi moins fort ; s'il a l'inconvénient d'être un peu têtu, il a, par contre, l'avantage d'être rustique et très sobre.

Le **Mulet** est dû au croisement de l'âne avec la jument. Il a le tempérament et la rusticité de l'âne, en même temps qu'il est plus gros et plus fort. C'est un animal très recommandable, surtout dans les pays montagneux. L'élevage des Mulets, en France, a lieu dans le Poitou [1].

3° **Les animaux gardiens**

Sous ce titre rentrent les **Chiens** qui sont si employés pour garder les maisons (*Chiens de garde*) ou les troupeaux (*Chiens de berger*). Il en existe de nombreuses races, que l'on utilise de beaucoup d'autres façons (*Chiens de chasse, Chiens-ratiers, Chiens de cirque*, etc.), ou que l'on élève simplement pour le plaisir d'avoir un bon compagnon.

On peut reconnaître parmi les chiens, trois groupes :

a) Les **Mâtins**, à la tête allongée, au museau petit, aux oreilles droites ou tombantes seulement à la pointe, aux poils ras ou longs. C'est là que prennent place : le *Mâtin ordinaire*, le *Grand Danois*, le *Petit Danois*, le *Lévrier*, le *Chien de berger*, les *Chiens du Mont Saint-Bernard*, le *Chien des Alpes ;*

b) Les **Epagneuls,** aux poils longs, aux oreilles larges et pendantes. C'est là que se placent : l'*Épagneul français*, l'*Épagneul anglais*, le *Caniche*, le *Chien de Terre-Neuve*, le *Chien griffon*, le *Chien braque*, les *Bassets*.

c) Les **Dogues,** à tête large et ronde, au museau refoulé, à la queue recourbée en arc, au corps trapu. On y distingue : le *Grand Dogue*, le *Bouledogue*, le *Chien terrier* ou *renardier*.

Du Chien on peut rapprocher le *Chat*, qui est, comme lui, un Carnassier, mais, comme lui aussi, mange un peu toutes sortes d'aliments. On l'élève, tantôt pour sa gentillesse, tantôt pour son habileté à chasser les *souris*, que sa présence seule, souvent, met en fuite.

4° **Les animaux de basse-cour**

Dans la basse-cour on élève certains oiseaux (*Poule, Canard, Oie, Dindon, Pintade, Pigeon*) et un mammifère, le *Lapin*. Tous ces animaux sont précieux pour les petites exploitations, soit comme nourriture, soit pour tirer un certain bénéfice de leur vente. Leur élevage demande plus de soins et d'attention qu'on le croirait *a priori* lorsqu'on visite les poulaillers des particuliers, lesquels, d'ailleurs, dans bien des cas, sont mal tenus.

---

1. Le croisement du Cheval et de l'Anesse est le *bardot*

Les **Poules** ont le double avantage de nous donner une *chair* très délicate et des *œufs*, dont les applications sont presque innombrables et qu'elles commencent à pondre vers l'âge de huit à dix mois. Les races en sont très nombreuses (de *Crévecœur*, de *Bresse*, de *Houdan*, de *la Flèche*, du *Mans*, *Dorking*, *Cochinchinoise*, etc.) ; les unes sont recommandables pour leur chair, les autres pour leurs œufs (certaines en pondent plus de 250 par an), mais, pour éviter les aléas, il vaut mieux élever la race de la contrée où l'on se trouve et l'améliorer soi-même par *sélection*, tout en s'ingéniant à trouver une nourriture substantielle et bon marché.

Si l'on veut obtenir des poulets particulièrement recherchés pour la table (*chapons*, *poulardes*), il faut les suralimenter à l'obscurité et dans la presque immobilité.

Les **Canards,** ainsi que le montrent leurs pattes palmées, sont des oiseaux aquatiques ; mais, contrairement à ce que l'on pourrait croire, ceux que l'on élève dans les poulaillers sans aucune eau pour y barboter donnent un rendement plus grand que ceux que l'on élève dans les pièces d'eau. La chair est meilleure que celle des Poules, mais les œufs, que la *cane* commence à pondre dès la fin de février (un tous les deux jours) sont bien moins recommandables parce qu'ils ne peuvent être utilisés dans la pâtisserie et productions analogues. Les meilleurs canards sont ceux de *Rouen*, d'*Aylesbury*, de *Pékin*, du *Labrador*, de *Barbarie*. Ces derniers, par le croisement, donnent de gros canards appelés *mulards*, précieux pour faire d'excellents pâtés.

L'Oie, quoique palmipède, vit plutôt à terre. Elle nous donne ses *plumes* et sa *chair*, excellente surtout quand on l'engraisse. L'*Oie de Toulouse* est particulièrement recommandable. On élève les Oies par petites troupes que l'on conduit dans les champs pour paître l'herbe et manger les épis abandonnés après la récolte.

Le **Dindon** et sa femelle, la **Dinde** ont une chair exquise, mais, malheureusement, sont très délicats à élever pendant leur jeunesse (les *dindonneaux* sont particulièrement sensibles au froid et à l'humidité vers l'âge de deux mois).

Les **Pintades** sont assez peu répandues dans les poulaillers — malgré l'excellence de leur chair — parce qu'elles vivent en mauvaise intelligence avec les autres oiseaux de la basse-cour.

Le **Pigeon** s'élève, non dans le poulailler, mais dans un *pigeonnier* d'où il peut voler au loin pour aller chercher sa nourriture et où il se réfugie la nuit. Sa chair est très fine.

Le **Lapin** — que l'on élève dans des *clapiers* avec des herbes, du son, des pommes de terre, est d'un fort rendement, tant par sa *chair*, qui est copieuse, que par sa *peau*, dont on fait de belles fourrures.

5° **Les producteurs de miel**

L'apiculture est l'art d'élever les **Abeilles**. Cet élevage se fait dans des *ruches* plus ou moins compliquées. Autrefois on se servait exclusivement — et on s'en sert encore beaucoup — de *ruches à rayons fixes* simplement constituées par des cônes de paille (*fig.* 787) ou d'osier : elles présentent l'inconvénient d'obliger d'étouffer les Abeilles pour récolter le miel et de forcer les apiculteurs à casser les rayons pour l'extraire. Aujourd'hui, on se sert de plus en plus des *ruches à cadres mobiles* (*fig.* 788) : ce sont des cases cubiques, dans lesquelles sont disposés verticalement et parallèlement des cadres en bois. Ceux-ci sont généralement garnis de *cires gaufrées*, qui imitent absolument les rayons et que les Abeilles n'ont qu'à exhausser pour transformer en véritables gâteaux : de cette façon, elles peuvent

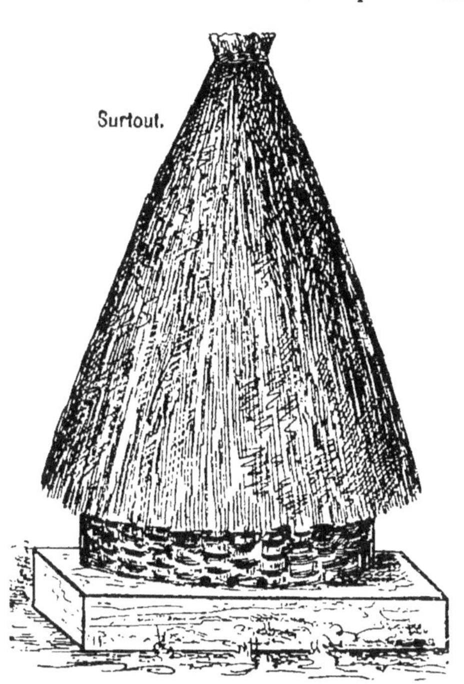

FIG. 787. — Ruche en paille.

employer à la fabrication du miel le temps précieux qu'elles auraient perdu à fabriquer ces derniers dans leur totalité. La disposition à cadres permet en outre d'enlever ceux-ci quand on le désire et, en tout cas, de vérifier sans cesse ce qui se passe à l'intérieur de la ruche. Enfin, les cadres retirés, il suffit de les soumettre dans un appareil spécial (centrifugeur) à la force centrifuge, le miel sort de lui-même des alvéoles et ceux-ci demeurent intacts, de manière à pouvoir servir à nouveau aux Abeilles.

Il faut, autant que possible, mettre les ruches à l'abri des bourrasques et des vents froids, éviter aussi de les placer en plein soleil ; l'exposition au levant est la meilleure. Les ruches sont placées sur des appuis en bois ou en pierre.

Quand les ruches sont prêtes, il faut chercher un *essaim*, c'est-à-dire un groupe d'Abeilles en quête d'un logement. Au cours de leur voyage, elles se reposent sur une branche d'arbre où elles forment une grappe. L'apiculteur place au-dessous de l'essaim une ruche renversée, puis, en secouant la branche, il fait tomber les Abeilles. On les force à rester dans la ruche en l'entourant de fumée, puis on recouvre celle-ci avec une toile et on la porte au rucher. On nourrit l'essaim avec un sirop de sucre ou du miel, jusqu'à ce qu'il puisse se suffire à lui-même. Si l'essaim recueilli est faible, on peut en réunir deux.

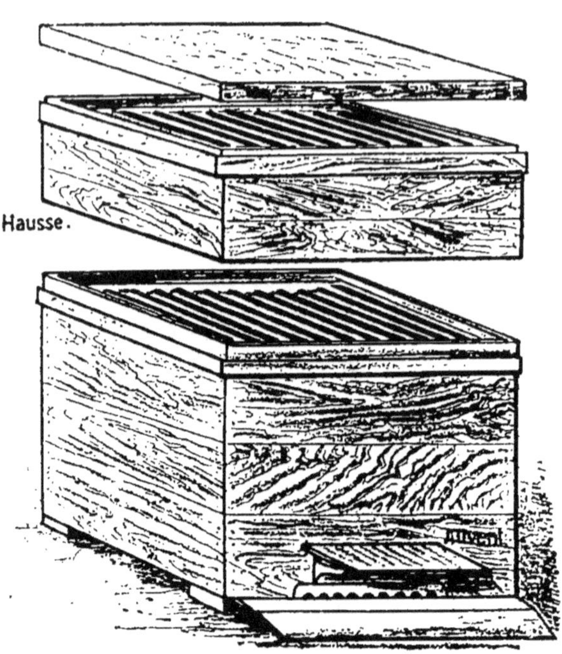

FIG. 788. — Ruche à cadres.

Pour extraire le miel des gâteaux qui le contiennent, on expose ceux-ci sur des claies au soleil. Il en découle un liquide sirupeux, de couleur presque blanche, susceptible de cristalliser, qu'on appelle *miel vierge.* En soumettant ensuite les gâteaux à la pression, on obtient une qualité de miel inférieure, plus colorée, moins agréable au goût et dont on ne peut faire usage qu'après décantation.

Les qualités du miel dépendent naturellement de celles du nectar et, par conséquent, des fleurs sur lesquelles il a été récolté. Le meilleur est celui qui a été puisé sur les fleurs des hautes montagnes : celui du mont Ida (en Crète) et celui de l'Hymète (Grèce) étaient célèbres dans l'antiquité ; de nos jours on recherche surtout le miel de Narbonne et des Alpes. Le miel récolté sur le sarrasin est brun et a un goût fort : c'est le cas de celui de Bretagne, que, pour cette raison, on n'emploie qu'à faire du pain d'épices.

Le miel sert non seulement à l'alimentation, mais encore en pharmacie. Conservé dans des pots, il devient peu à peu granuleux et opaque. Soumis à la fermentation, il donne une boisson alcoolique, l'*hydromel*, dont le goût rappelle un peu celui du madère.

La cire sert à différents usages, notamment à cirer les parquets, telle quelle ou dissoute dans de l'essence de térébenthine (encaustique).

En France, on compte environ 1.800.000 ruches, produisant 8 millions de kilogrammes de miel et 2 millions de kilogrammes de cire : elles pourraient être beaucoup plus nombreuses et constituer un revenu très important pour beaucoup de cultivateurs.

6° **Les producteurs de soie**

Ver à soie. — L'élevage des **Vers à soie** se fait dans des chambres appelées *magnaneries* [1], où l'on entretient une douce chaleur et où on les nourrit avec des feuilles de mûrier. Les « vers » — c'est-à-dire les chenilles — qui sortent des « graines » — c'est-à-dire les œufs —, mangent beaucoup et changent plusieurs fois de peau (*mue*). Après la quatrième peau, les Vers à soie ne mangent plus, grimpent aux branches de bruyère que l'on met à leur disposition (*montée des vers*) et, en trois ou quatre jours, filent le *cocon* dans lequel ils se transforment en chrysalides.

L'élevage complet du Ver à soie dure environ quarante jours ; pendant ce temps, ils sont exposés à contracter trois maladies terribles (*muscandine*, *pébrine*, *flacherie*) dont, grâce aux travaux de Pasteur, on est venu, en partie, à bout.

Aussitôt les cocons achevés, on les soumet à la vapeur d'eau bouillante, qui tue les chrysalides, puis on les vend aux manufacturiers, qui en dévident la soie.

En France, l'élevage des vers à soie est, particulièrement, développé dans le Gard, l'Ardèche, la Drôme, le Vaucluse, le Rhône.

Araignée de Madagascar. — A Madagascar, vivent des Araignées de grande taille, les **Halabes,** dont on peut utiliser la soie aux mêmes usages que celle du Ver à soie. On place les araignées, séparément, dans de petites cages mises côte à côte, mais où des barrières infranchissables ne leur permettent pas de se

---

1. Ce mot vient de *magnan* (gros mangeur), nom que l'on donne, dans le Midi, au Ver à soie.

dévorer entre elles, ainsi qu'elles ont tendance, à le faire. On immobilise leur corps, puis on enroule le fil de soie au fur et à mesure qu'il en sort (*fig.* 789). Une seule peut, en un mois, donner

Fig. 789. — Le dévidage de l'Araignée de Madagascar.

un fil de 12 kilomètres de long. Cette soie est d'un beau jaune d'or et permet d'obtenir des tissus remarquables autant par leur solidité que par leur moelleux extraordinaire.

TRAVAUX PRATIQUES RELATIFS AUX ANIMAUX DOMESTIQUES

a) Se rendre compte des diverses races de chevaux, de bœufs, de moutons, de chèvres, de chiens, de la région.

b) Visiter une ferme d'élevage.

c) Visiter un poulailler. Se rendre compte des diverses races des animaux de basse-cour de la région.

d) Visiter une ruche. Examiner des gâteaux de miel. Se rendre compte de la manière dont on utilise le miel dans la région.

e) Visiter une magnanerie et élever, soi-même, des vers à soie. Dévider des cocons.

LIVRE V

LES ANIMAUX ALIMENTAIRES

Presque tout l'azote dont nous avons besoin pour vivre provient de la chair des animaux, laquelle est surtout formée de matières albuminoïdes, et, pour une plus faible part des végétaux, chez lesquels ces matières sont beaucoup moins abondantes, ce qui oblige à faire des repas plus copieux.

Cette chair précieuse provient d'animaux de nature zoologique très variée. Pour se la procurer, il faut avoir recours, pour les animaux domestiques, à des élevages bien conduits ou, pour les animaux sauvages, à des pêches ou à des chasses, qui, toutes, nécessitent des engins spéciaux pour suppléer à l'insuffisance de nos forces, de notre vitesse ou de notre adresse.

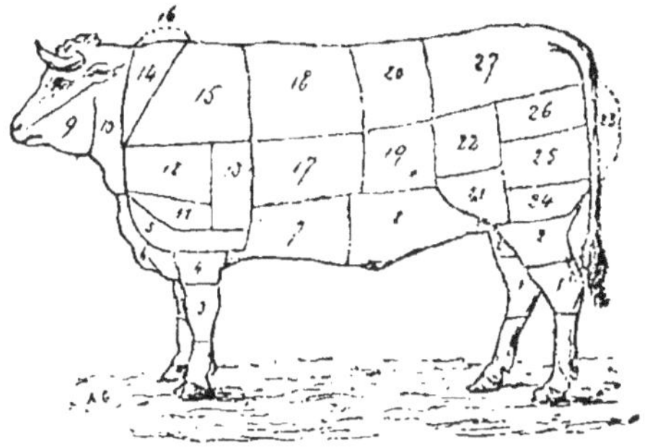

Nous allons énumérer les principaux de ces animaux alimentaires suivant l'ordre qu'ils occupent dans la classification zoologique, sans insister sur chacun d'eux, ce qui augmenterait beaucoup trop le volume de notre ouvrage.

Fig. 790. — Débit du bœuf à l'étal.

Viande de 1re *catégorie* : 20, aloyau avec filet ; 21, pièce ronde ; 22, tranche grasse ; 23, quasi ; 24, derrière de gîte à la noix ; 25, milieu de gîte à la noix ; 26, tranche au petit os ; 27, culotte. — 2e *catégorie* : 6, gros bout de poitrine ; 11, boîte moelle ; 12, milieu de macreuse dans le paleron : 13, bout de macreuse dans le paleron ; talon de collier ; 15, derrière de paleron ; 17, plates côtes ; 18, côtes couvertes ; bavette d'aloyau. — 3e *catégorie* : 1 crosse du gîte de derrière ; 2, gîte de derrière : 3 crosse du gîte de devant ; 4, gîte de devant : 5, queue de gîte ; 7, milieu de poitrine ; 8, flanchet ; 10, collier. — 4e *catégorie* : 9, plat de joue ; 15, surlonge.

A. — **Mammifères**

Les Mammifères alimentaires sont les uns, des animaux domestiques — ce sont eux qui donnent la **viande de boucherie**, — les autres, des animaux sauvages — ce sont eux qui constituent une partie du **gibier** (le *gibier-poil*) que l'on tue, à la chasse, au fusil.

Viande de boucherie. — La « viande » est constituée par les muscles d'un certain nombre d'animaux ; elle est plus ou moins accompagnée de graisse et d'os. D'un même animal les bouchers isolent diverses catégories de viandes, qui diffèrent les unes des

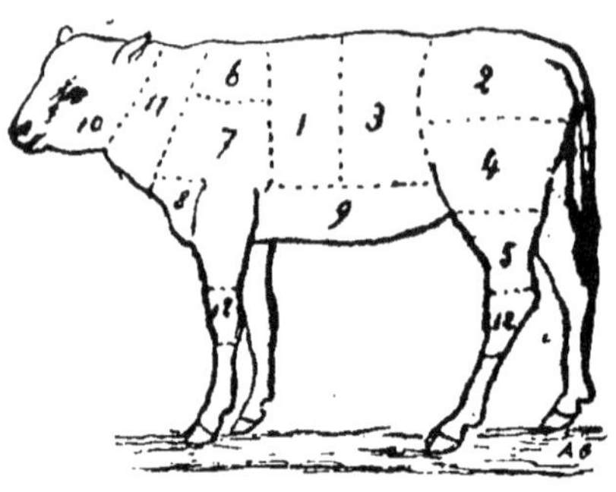

FIG. 791. — Débit du veau à l'étal.

Viande de 1re *catégorie :* 1, carré ; 2, quasi ; 3, rognon, et longe ; rouelle. — 2e *catégorie :* 5, talon de rouelle ; 6, bas de carré ; 7, épaule ; 8, grosse poitrine ; 9, poitrine ; 10, tête — 3e *catégorie :* 11, collet ; 12, crosse.

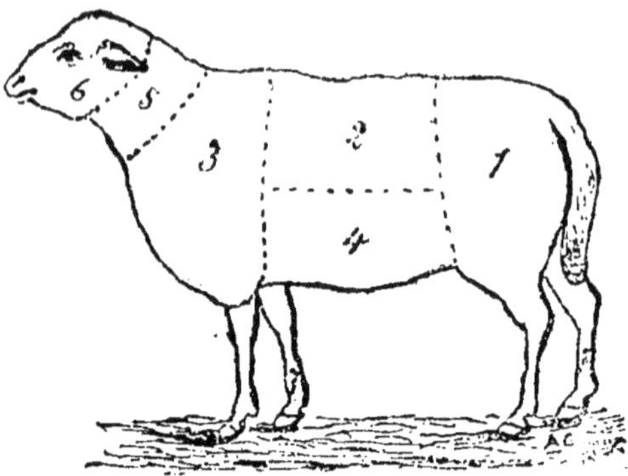

FIG. 792. — Débit du mouton à l'étal.

Viande de 1re *catégorie :* 1, gigot ; 2, carré. — 2e *catégorie :* 3, épaule ; 6, tête. — 3e *catégorie :* 4, poitrine ; 5, collet ; 7, pattes.

autres par la saveur et le prix de vente, mais dont la valeur alimentaire est à peu près la même.

En France, la viande de boucherie est, surtout, représentée par celle du *Bœuf* (*fig.* 790), du *Veau* (*fig.* 792), du *Mouton* (*fig.* 79z), du *Porc* (*fig.* 793), parfois des *Chevreaux* et des *Chevaux* (dans les boucheries hippophagiques) ; il s'y ajoute, depuis quelques années, de la « viande frigorifiée », que, de divers pays exotiques, on apporte jusque chez nous dans de la glace (par exemple, la viande du

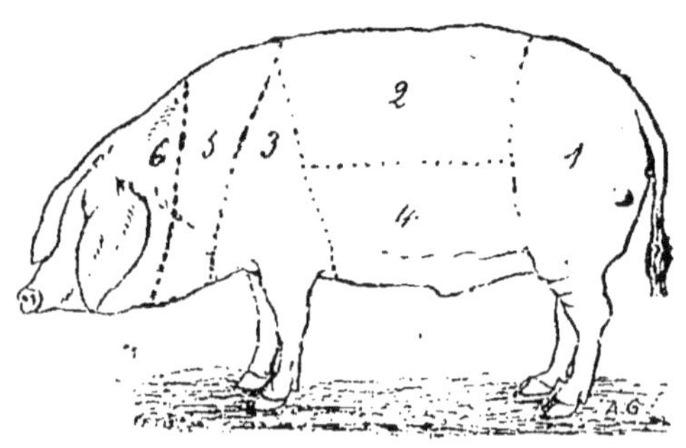

FIG. 793. — Débit du porc à l'étal.

1, jambon ; 2, côtelette ; 3, épaule ; 4, poitrine 5, collet ; 6, tête.

Zébu, de Madagascar). A la viande de boucherie on peut rattacher celle du *Lapin domestique*.

Dans les pays froids, on fait appel au *Renne*, et, dans les pays chauds, au *Chameau*.

Gibier-poil. — Il est représenté en France, surtout par :

le *Lapin de garenne*, le *Lièvre*, le *Sanglier*, le *Cerf*, le *Chevreuil*, le *Daim*, et, exceptionnellement, l'*Ours*, l'*Écureuil*, la *Marmotte*, le *Chamois*.

Dans les pays exotiques, on mange aussi : certains *Singes*, les *Tigres*, les *Lions*, les *Panthères*, les *Antilopes*, les *Éléphants*, le *Zèbre*, le *Kangourou*, la *Sarigue*, l'*Élan*, les *Phoques*, etc.

B. — Oiseaux

Les Oiseaux qui entrent dans notre alimentation sont les uns des animaux de basse-cour **(volailles)**, les autres des animaux sauvages — ce sont eux qui constituent une partie du **gibier** (le *gibier-plume*) que l'on tue, à la chasse, au fusil.

Volailles. — Les Volailles sont représentées, dans nos basses-cours, par les *Poulets*, les *Canards*, les *Oies*, les *Dindons*, les *Pigeons*, — parfois les *Paons*.

Gibier-plume. — Le « Gibier à plumes » est représenté, en France, par : le *Canard sauvage (Col-vert)*, les *Bécasses*, les *Bécassines*, les *Vanneaux*, les *Perdrix* (dont les jeunes s'appellent *Perdreaux*), les *Cailles*, les *Grives*, les *Faisans*, et, exceptionnellement, les *Poules d'eau*, les *Flamants roses*, les *Râles*. le *Coq de bruyères*, les *Lagopèdes*, etc.

C. — Reptiles

En France, on ne mange aucun reptile, mais il n'en est pas de même en Amérique où l'on chasse de gros Lézards, qui ont jusqu'à 1^m,30 de long, les *Iguanes*, dont la chair est excellente.

Avec certaines *Tortues* on fait des soupes appréciées.

D. — Batraciens

Les *Grenouilles* constituent un mets délicat après avoir été écorchées : on isole les cuisses et on les monte en brochettes avant de les faire cuire. Elles sont appréciées en France, mais non en Angleterre où ceux à qui cet aliment répugne nous appellent, par manière de dérision, des « mangeurs de grenouilles ».

E. — Poissons

Les Poissons constituent une bonne partie de notre alimentation et, forment presque la nourriture unique sur le littoral. La chair en est très nutritive — parfois un peu indigeste — et certaines personnes l'ont en haute estime, autant par son goût assez agréable que par son bon marché, relativement au prix de la viande de boucherie. La chair des Poissons se décompose, malheureusement, assez vite, et, pour les transporter du littoral jusque dans l'intérieur, il faut souvent, les mettre dans de la glace et les expédier sans tarder. Lorsque les installations frigorifiques deviendront plus nombreuses et les moyens de transport plus rapides, l'alimentation par les Poissons se répandra de plus en plus.

Les Poissons alimentaires se trouvent, les uns, dans l'eau douce et les autres dans la mer.

Poissons d'eau douce. — On les pêche à la ligne flottante ou à l'aide de filets ou de nasses. Ce sont, principalement, les *Perches*, les *Carpes*, les *Goujons*, la *Tanche*, la *Truite*, les *Saumons* (dont une partie de l'existence se passe dans la mer), le *Brochet*, les *Anguilles*, la *Lamproie* (que l'on trouve aussi dans la mer), le *Barbeau*, le *Gardon*, le *Chevaine*, le *Vairon*, la *Brême*, etc.

Poissons de mer. — Les Poissons de mer se capturent avec des lignes flottantes terminées par un gros hameçon, des filets ou des *chaluts*. On les récolte soit à peu de distance de nos côtes, soit très loin. Ces derniers, qui, comme la *Morue*, exigent des campagnes durant plusieurs mois, doivent, pour pouvoir être ramenés, être séchés et conservés dans le sel.

Les principaux Poissons de mer sont : les *Maquereaux*, le *Thon*, la *Morue*, le *Merlan*, le *Hareng*, la *Sardine*, les *Anchois*, les *Anguilles de mer*, le *Colin*, la *Sole*, le *Turbot*, les *Carrelets*, la *Plie*, les *Raies*, etc.

La Pisciculture. — La pisciculture est l'art de faire naître et d'élever les Poissons comestibles. Elle est pratiquée en Chine depuis une très haute antiquité. Les premiers essais en Europe remontent à l'année 1763, époque à laquelle un lieutenant autrichien, Jacobi, réussit la fécondation artificielle de la Truite et du Saumon. En 1844, deux pêcheurs des Vosges, Rémy et Jehin, obtinrent aussi de leur côté la fécondation artificielle de la Truite ; enfin, en 1853, parut le livre du professeur Coste où se trouvent formulées les règles de la pisciculture.

La *Pisciculture artificielle* consiste à recevoir les œufs des Poissons dans un vase et à nourrir les jeunes ou *alevins* jusqu'au moment où ils pourront vivre en liberté. Voici comment on procède. Au moment où la Truite, par exemple, s'apprête à frayer, on presse sur le ventre de la femelle pour en faire sortir les œufs que l'on reçoit dans de l'eau bien claire (*fig.* 794) ; on opère de même avec un mâle pour en extraire la laitance que l'on recueille dans le même vase. En agitant le mélange, la fécondation s'opère. Les œufs fécondés sont placés dans une série d'auges où l'eau se renouvelle constamment. Au bout de quelque temps, les jeunes sortent de la pellicule de l'œuf ; ils ont, fixée au ventre, une poche volumineuse, la vésicule ombi-licale, d'où ils tirent au début leur nour-riture. A ces jeunes Poissons on donne le nom d'*alevins*. La nourriture qui leur convient le mieux comprend des Crus-tacés très petits que l'on élève d'ail-leurs artificielle-ment (Crevettes d'eau douce, Daph-nies), de la viande de Bœuf ou de Che-val hachée très me-

FIG. 794. — Manière d'obtenir des œufs de Poissons.

nu, etc. Quand ils ont atteint un degré suffisant de développe-ment, on les jette dans les rivières.

Les œufs préparés dans les établissements de pisciculture peuvent être expédiés au loin ; dans ce cas, on retarde l'éclosion en entourant les vases par de la glace. En France, on s'occupe surtout de la culture des Truites.

La *Pisciculture naturelle* se propose de favoriser la multiplica-tion naturelle du Poisson. S'il s'agit d'un *étang* que l'on se pro-pose d'aménager, on commence par assurer un renouvellement d'eau continuel. L'espèce à élever dépend de la température et de la nature de l'eau et aussi de la nature du fond de l'étang. Ainsi, les Truites se plaisent dans une eau froide, renouvelée et sur un fond caillouteux : les Carpes préfèrent, au contraire, des eaux tièdes et stagnantes. On établit des *frayères* où les Poissons viendront déposer leurs œufs. Enfin, il faut introduire dans l'étang les espèces animales (Crustacés, Poissons) qui serviront d'aliments aux Poissons que l'on désire élever. Au début, les alevins sont nourris souvent avec des tourteaux, des graines bouillies, des pommes de terre râpées, etc. Dans les *rivières*, il faudra faciliter la montée des espèces migratrices (Saumon, Lamproie, Alose), aussi établit-on des *échelles* pour leur permettre de remonter le courant aux endroits où celui-ci arrêterait les efforts des Poissons. Les travaux de régularisation des cours d'eau, l'utilisation des rivières par un grand nombre d'usines qui y rejettent des produits dangereux, menacent de faire disparaître bien des espèces de Poissons d'eau douce.

Il existe aussi une *Pisciculture marine*. Sur les côtes, on aménage d'anciens marais salants (Arcachon sur l'Atlantique, Martigues sur la Méditerranée, etc.). En Corse, en Norvège, en Amérique, où les progrès de la pisciculture ont été plus rapides qu'en France, on élève les Turbots, les Morues, les Plies, les Soles.

Ennemis des Poissons. — Comme tous les animaux, les Poissons ont leurs ennemis, dont l'intervention a pour conséquence d'en diminuer le nombre, ce qui nous est préjudiciable. Les grands ennemis des Poissons de mer sont les *Requins* et les *Marsouins*, qui en engloutissent des quantités considérables ; ceux des Poissons d'eau douce sont les *Brochets* dont la large gueule, armée de puissantes dents, capture toutes sortes de Poissons (carpes, etc.) dont nous ferions très bien notre propre nourriture.

Les Poissons sont en butte aussi à diverses maladies causées par des parasites se développant dans leur corps ou sur leur peau (Sangsues, etc.). Le plus terrible de ces parasites est un champignon du groupe des Saprolégniées (*Saprolegnia ferax*), qui forme une sorte de mousse blanche sur la peau des Poissons d'eau douce et les fait dépérir, puis mourir. Ce champignon est particulièrement à redouter dans les établissements de pisciculture en eau douce.

F. — **Mollusques**

α) LAMELLIBRANCHES

A part les *Coques*, les *Palourdes*, les *Coquilles Saint-Jacques*, dont on ne fait pas une récolte organisée, les Lamellibranches comptent des espèces alimentaires très importantes : les **Huîtres** et les **Moules.**

L'élevage des *Huîtres* porte le nom d'**Ostréiculture** et celle des *Moules*, de **Mytiliculture.** Nous allons donner [1] quelques renseignements sur ces deux « élevages » si particuliers et si importants pour certaines parties de notre littoral.

L'Huître est extrêmement féconde, puisque chaque individu peut fournir deux millions d'embryons par an. Mais, de ce

1. En partie d'après M. Dautzenberg.

nombre colossal, il en est relativement peu qui échappent à de multiples causes de destruction : la plupart deviennent la proie des Poissons, des Crustacés ou d'autres animaux marins, et bien peu parviennent à l'âge adulte.

Ostréiculture. — **L'ostréiculture** a surtout pour objet la protection de ces jeunes Huîtres, en leur fournissant des abris et des matériaux sur lesquels elles puissent se fixer et se développer. Elle n'a pas toujours obtenu des résultats bien satisfaisants. La plupart des embryons étaient, en effet, constamment entraînés vers le large par les courants. Ce n'est que depuis une cinquantaine d'années qu'on est parvenu à résoudre la question en protégeant les bassins d'élevage au moyen de digues. Le *naissain* [nom donné aux embryons (*fig.* 795) venant de quitter leur mère pour nager dans l'eau] peut, grâce à ce moyen, se fixer sur les *appareils collecteurs.* Ceux-ci consistent, soit en fascines, soit en tuiles concaves, soit en planches enduites de goudron et garnies ensuite de fragments de coquilles. On emploie également avec succès un appareil composé d'un coffre renfermant plusieurs cadres superposés comme les compartiments d'une malle.

FIG. 795. — Embryons d'Huîtres (naissain) à divers états de développement (grossis).

Le fond de chaque cadre est garni d'un treillage à larges mailles sur lequel on dépose alternativement des Huîtres mères dans un cadre et des débris de coquilles dans le cadre suivant. Le naissain, bien à l'abri dans ces appareils, se fixe abondamment sur les fragments de coquilles.

Au bout de six mois, les Huîtres ont atteint une taille de 1 centimètre de diamètre environ ; on démonte alors les appareils et on transporte les jeunes Mollusques dans les parcs où ils continuent à s'accroître plus ou moins rapidement, suivant les conditions plus ou moins favorables du milieu où ils se trouvent.

Lorsque les jeunes Huîtres se sont développées sur des tuiles ou sur des planches enduites de ciment, il faut les en détacher avec précaution avant de les parquer ; cette opération a reçu le nom de *détroquage.*

Dans quelques localités, notamment dans la Charente-Inférieure, à l'embouchure de la Seudre, on pratique l'élevage des Huîtres en les parquant dans des fosses peu profondes, nommées *claires*, de manière à ce qu'elles soient seulement recouvertes de quelques centimètres d'une eau un peu saumâtre. Dans ces conditions, des algues microscopiques, d'un vert un peu bleuâtre, se développent avec abondance dans les claires lorsque le temps est beau, et les branchies des mollusques prennent la coloration vert bleuâtre bien connue de tous ceux qui ont mangé des Huîtres de Marennes.

Les huîtres vertes ont une saveur particulièrement délicate.

Ce n'est pas sans raison qu'on dit qu'il faut éviter de manger des Huîtres pendant les mois dont *les noms* ne renferment *pas d'r*, les « *mois sans r* », nom facile à retenir, (mai, juin, juillet, août). La période du frai (c'est-à-dire de la production des embryons) correspond, en effet, à celle comprise entre les mois de mai et d'août : les Huîtres sont alors remplies d'une matière blanchâtre, laiteuse, qui n'est autre qu'un amas d'embryons. En mangeant de ces Huîtres, on s'expose à un véritable empoisonnement qui, s'il n'est pas mortel, cause certains malaises.

Les Huîtres sont livrées à la consommation au bout de deux ou trois ans. Elles sont alors suffisamment grosses et sont dites *marchandes*.

Mytiliculture. — On peut élever les Moules et c'est ce que l'on appelle faire de la **mytiliculture** (Moule, en latin, se dit : *mytilus*). La Charente-Inférieure est, depuis le XIIIe siècle, la région où se pratique le plus en France l'élevage des Moules. On dispose à cet effet des pieux reliés entre eux par des branchages garnis de Fucus (algues marines) sur lesquels les Mollusques viennent s'attacher. L'ensemble de ces appareils, nommés *bouchots*, forme un triangle de plusieurs centaines de mètres d'étendue dont la base est tournée vers le rivage et le sommet vers la haute mer.

Les jeunes Moules se développent surtout vers la pointe du bouchot. Lorsqu'elles ont atteint une taille de 2 centimètres environ, on les détache et on les place dans des sacs en filet qu'on attache à une partie du bouchot moins avancée en mer. Au fur et à mesure de leur accroissement, on reprend les Moules pour les transporter plus près du rivage. C'est dans le haut du bouchot qu'on les récolte au fur et à mesure des besoins de la consommation. Il va sans dire que le travail ne peut se faire dans les bouchots que lorsque la mer s'est retirée. Comme le sol y est très vaseux, les ouvriers nommés bouchoteurs se servent, pour éviter de s'enfoncer, d'une sorte de barque à fond plat, nommée *acon*, qu'ils font progresser en passant une jambe par-dessus l'un des bords et en l'enfonçant dans la vase ; ils parviennent ainsi à se transporter rapidement, en glissant, d'un endroit à un autre du bouchot.

De même que les Huîtres, les Moules peuvent occasionner

dans certaines circonstances, des empoisonnements : il faut éviter d'en manger de mai jusqu'en août.

Bien souvent, au lieu de manger les Moules « cultivées », on se contente de récolter celles que l'on trouve sur les rochers et qui, sont généralement plus petites.

b) Gastéropodes

La plupart des Gastéropodes marins (*Bigorneaux, Patelles*) n'ont qu'une importance très relative pour l'alimentation.

Par contre, au même point de vue, certains Gastéropodes terrestres ne sont pas aussi négligeables. Ce sont les **Escargots**, qui sont si répandus dans la campagne, et qui, après qu'on les a laissé « dégorger » (c'est-à-dire vider leur intestin) pendant quelques jours, constituent un mets assez apprécié quand il est bien préparé. On mange surtout le « petit-gris » et l' « Escargot de Bourgogne », qui est sensiblement plus gros et a une plus grande valeur marchande. On les récolte en se promenant dans les champs, surtout le matin et après la pluie, moment où ils sortent de leur torpeur et se mettent à ramper. On commence à créer aussi des « parcs à escargots », où ils se multiplient et où, surtout, on conserve, vivants, ceux que l'on a cueillis, çà et là, dans les champs. Cette « escargotculture », encore peu répandue, ne semble pas donner des résultats très rémunérateurs, mais elle a l'avantage d'être à la portée de tout le monde.

c) Céphalopodes

Dans quelques localités de notre littoral, on mange les **Seiches** et **Poulpes** que ramènent les filets des pêcheurs. On les coupe en morceaux et on les fait cuire après les avoir assaisonnés de diverses façons, par exemple avec du safran. Ce mets semble bien médiocre.

G. — Crustacés

Les Crustacés comestibles habitent, les uns, l'eau douce (*Ecrevisse*), les autres, la mer (*Crabes, Homard, Langouste, Crevettes*).

L'**Ecrevisse**, autrefois très abondante en France, devient de plus en plus rare et a même complètement disparu de certaines localités. On la rencontre encore dans quelques rivières torrentueuses, où on la capture avec de petits filets spéciaux (balances) et où on l'attire en amorçant avec du foie.

Les **Crabes** se rencontrent en explorant les rochers marins, couverts d'Algues, ou sur les plages mêmes. Certains sont très gros et très bons à manger, comme le *Tourteau* et les *Maïas* ou *Araignées de mer* qui atteignent, parfois, la grosseur de la tête d'un petit enfant et ont des pattes paraissant démesurées.

Les **Homards** et les **Langoustes**, vivent dans la mer, sur les fonds rocheux. On les capture en y descendant des « casiers à homards » (*fig.* 728), où ils pénètrent et d'où ils ne peuvent sortir. On met ensuite les individus capturés dans des « parcs » spéciaux, d'où on les retire, bien vivants, au fur et à mesure des besoins. Leur chair est des plus délicate et constitue un mets de luxe. Les Homards et les Langoustes s'expédient facilement et arrivent, souvent, vivants, dans les grandes villes [1].

Les **Crevettes** sont de deux types : la *Crevette grise* et la *Crevette rose*, celle-ci beaucoup plus prisée que celle-là. On les récolte en promenant, sur le bord de la mer, des filets en forme de sac tendus par un cadre en bois ou en métal.

II. — Échinodermes

Les **Oursins**, que l'on trouve dans les rochers marins, peuvent se manger crus, après avoir brisé la carapace. Simple friandise appréciée seulement de quelques personnes.

TRAVAUX PRATIQUES RELATIFS
AUX ANIMAUX ALIMENTAIRES

Mammifères. — *a*) Se rendre compte des viandes de diverses qualités et de leur provenance.

b) Se rendre compte des caractères particuliers que doivent présenter les animaux qui sont élevés au point de vue de la production de la viande. Exemples :

Les qualités à rechercher chez les Bœufs sont : le cou et les membres courts ; la tête petite.

---

1. Depuis quelques années on vend des Langoustes provenant, non de nos côtes, mais des parages de l'Afrique (Mauritanie), où elles abondent ; comme goût, elles sont inférieures aux nôtres, mais, par contre, elles coûtent moins cher, du moins chez les marchands consciencieux, tandis que les autres les vendent comme des espèces indigènes, bien qu'il soit facile de les en distinguer

Pour les moutons, il faut préférer ceux au corps long, à la poitrine ample, aux cuisses bien développées, car les parties qui fournissent la meilleure viande sont : le *gigot*, l'*épaule* et les *côtes* (côtelettes).

Les Porcs qui fournissent le plus de viande sont ceux qui ont le corps le plus long et le plus épais, de forme cylindrique ; les membres doivent être courts et la tête petite.

c) Étudier les pièces du gibier-poil de la région.

Oiseaux. — *e*) Étudier les diverses races de volailles vivantes ou mortes — et même déplumées.

d) Examiner les pièces de gibier-plume de la région.

Poissons. — *e*) Examiner les poissons comestibles de la région.

f) Examiner les poissons vendus au marché.

g) Visiter un port de pêche.

h) Examiner les divers engins servant à la pêche.

i) Visiter, si possible, un aquarium et un établissement de pisciculture.

Mollusques. — *j*) Examiner les Mollusques comestibles de la région.

k) Visiter, si possible, des parcs à huîtres et des régions où l'on pratique la mytiliculture.

Crustacés. — *l*) Étudier les Crustacés comestibles de la région ou ceux vendus au marché.

m) Visiter, si possible, des parcs à homards ou à langoustes.

LIVRE VI

L'ÉVOLUTION DE LA VIE

Tout comme les substances chimiques obéissent aux lois de la **Chimie** et les phénomènes physiques aux lois de la **Physique,** les êtres vivants obéissent aux lois de la **Biologie,** science encore en formation et bien incomplète, sinon presque inexistante. En Physique et en Chimie on peut avoir recours à l'**expérimentation,** source indéfinie de documents, mais, dans les Sciences naturelles, on ne peut guère recourir qu'à l'**observation.** Les expériences sur les animaux et les végétaux sont, toujours, très longues et très difficiles, car certaines demandent à faire appel au facteur **Temps** — lequel se chiffre parfois par plusieurs siècles, — tandis que les expériences chimiques ou physiques ne demandent que quelques heures ou quelques jours, presque jamais la durée de la vie humaine ou de plusieurs générations.

Deux des questions qui ont le plus attiré l'attention des biologistes sont les suivantes : *Quelle est l'origine de la vie? Quelle est l'origine des diverses espèces qui peuplent la surface de la terre?*

Origine de la vie. — Pour cette question, la réponse est très nette : *on ne sait rien.* Ce qu'il y a de certain, c'est qu'à l'heure actuelle, on n'a jamais vu une substance vivante se former aux dépens de la matière. Pendant longtemps on a cru à cette **génération spontanée** des êtres vivants, mais cette croyance était basée sur des observations inexactes et **Pasteur** l'a réduite à néant.

Mais si cette *théorie des générations spontanées* est, manifestement, fausse dans les temps présents, en a-t-il été de même dans les temps géologiques et particulièrement au début des temps primaires, c'est-à-dire au moment de l'apparition de la vie sur la terre? On n'en sait absolument rien. Les uns simplifient la question en disant qu'elle n'a aucun intérêt et qu'il a bien pu se faire que les premiers germes fussent venus d'autres planètes. Les autres, plus hardis et plus rationnels, considérant que les êtres vivants ne sont, en résumé, qu'une combinaison d'Az, d'H, d'O et de C, disent qu'il n'y a rien d'impossible à ce que, dans les temps anciens, ces quatre corps simples se soient réunis dans les proportions voulues et aient créé un complexe qui a acquis les **propriétés de la matière vivante sous l'influence** de forces que nous connaissons bien (chaleur, lumière, électricité, magnétisme) ou que nous connaissons encore mal (radioactivité) ou que nous ne connaissons pas du tout.

Origine des espèces. — Quoi qu'il en soit de ces hypothèses, ce qu'il y a de certain, c'est que les êtres vivants existent et diffèrent les uns des autres par des caractères qui permettent d'y reconnaître des **espèces** bien distinctes. Chaque espèce donne des œufs (chez les animaux), des graines (chez les végétaux supérieurs), des spores (chez les végétaux inférieurs), qui, en se développant, donnent des individus rigoureusement semblables à elle. C'est du moins ce que nous constatons dans la pratique courante et ce qu'a constaté l'homme depuis qu'il s'occupe de sciences naturelles. Ces observations — qui ne s'étagent que sur un petit nombre d'années, quelques centaines environ — ont amené les naturalistes à considérer l'espèce comme immuable : cette **théorie de la fixité des espèces** a eu, autrefois, de chauds partisans dont le plus célèbre est **Cuvier**. Mais, bientôt, les naturalistes, sondant un peu plus la question, ne tardèrent pas à remarquer que les êtres qui vivaient à l'époque primaire, ainsi que le montrait l'étude des fossiles, étaient différents de ceux qui vécurent à l'époque secondaire et que ceux-ci, à leur tour, différaient des êtres vivants de l'époque tertiaire ou quaternaire et de l'époque actuelle. Si, actuellement, un loup, un hanneton, un escargot, un noisetier, un bouton d'or, etc., semblent immuables et destinés à créer toujours des loups, des hannetons, des escargots, des noisetiers, des boutons d'or, etc., il est manifeste que toutes ces espèces n'existaient pas aux époques primaire, secondaire et tertiaire, et l'on est amené à se demander *d'où elles viennent*. On peut, à cet égard, faire deux hypothèses.

Ou bien les dites espèces ont été créées de toutes pièces à une époque que nous ne pouvons préciser, de même que la faune et la flore primaires à l'époque primaire, la faune et la flore secondaires à l'époque secondaire, etc., en même temps qu'au fur et à mesure les faunes et les flores précédentes disparaissaient. C'est ce qu'admettent les partisans des causes finales.

Ou bien lesdites espèces proviennent d'autres espèces existant précédemment et qui se sont *transformées*, qui ont *évolué*, d'où le nom de **transformisme** et de **théorie de l'évolution** que l'on donne à cette hypothèse, aujourd'hui presque universellement reconnue par tous. Elle est, souvent, désignée sous le nom de **Darwinisme** parce que c'est surtout le célèbre naturaliste anglais **Darwin** qui l'a émise et développée avec une ampleur qui a atteint le grand public, alors que d'autres naturalistes — dont le célèbre zoologiste français **Lamarck** — l'avaient exprimée longtemps avant Darwin, mais dans des écrits ne s'adressant qu'à des spécialistes. En toute justice, la théorie de l'évolution devrait s'appeler le Lamarckisme et non le Darwinisme.

Les espèces diffèrent les unes des autres par des caractères souvent infimes et, *a priori*, il n'y a aucune difficulté à admettre qu'elles peuvent se transformer en d'autres espèces ou en des espèces voisines. Que les antennes d'un insecte viennent, pour une raison ou une autre, à se couvrir régulièrement de poils alors que précédemment elles n'en portaient pas et voilà une espèce créée. De même, si une Giroflée vient à posséder huit étamines au lieu de six, si un Pavot se met à avoir un fruit allongé au lieu d'être arrondi, si, chez un Mammifère, les pattes de derrière deviennent plus courtes que les pattes de devant, si un papillon, normalement bleu, devient à ailes noires, etc.

Mais, si ces transformations ne sont pas difficiles à imaginer, il n'en est pas de même des causes, qui, éventuellement, sont capables de les provoquer. Les hypothèses que l'on a émises à cet égard sont au nombre de trois :

1° **Théorie de la sélection naturelle.** — Elle a été surtout développée par **Darwin** et a eu, pendant quelque temps, de nombreux adeptes, mais ceux qui sont convaincus de sa véracité diminuent de plus en plus. Elle admet que l'espèce, en évoluant crée des individus, les uns bien armés, les autres mal armés. Par suite de la **lutte pour l'existence,** ces derniers succombent et disparaissent tandis que les premiers — **les plus aptes** — persistent et se mettent à évoluer à leur tour, accentuant et transformant aussi le caractère qui leur a donné une supériorité, d'où création de nombreuses espèces. C'est, en résumé, la nature elle-même qui opère une **sélection** parmi les individus et transforme l'espèce, de même que, nous-mêmes, par la sélection, nous arrivons à créer des **races,** véritables espèces, ayant de plus en plus le caractère que nous voulons développer en elle. Cette théorie est, sans doute, vraie, mais, telle qu'elle a été émise par Darwin, elle est trop exclusive ; elle explique bien que les espèces peuvent varier par la sélection de leurs moyens de défense [1] — on en connaît des exemples — mais elle n'explique pas pourquoi d'autres espèces ont varié par la sélection des caractères qui semblent n'avoir au-

---

1. Darwin a fait aussi entrer en jeu la *sélection sexuelle*, qui est encore plus artificielle, et dont nous n'avons pas à parler ici, le programme des Écoles normales ne comportant pas l'étude des *fonctions de reproduction*.

cun rapport avec ses moyens de défense, comme, par exemple, des ornements en relief ou en creux du corps ou des taches colorées diversement réparties.

2° **Théorie de l'influence du milieu.** — Elle est due, en grande partie, à **Lamarck,** et, sans cesse, gagne des adeptes nouveaux, au point qu'elle est reconnue par la presque unanimité des naturalistes. Elle admet que tout être vivant est **adapté** au milieu dans lequel il vit et que si ce milieu se transforme **lentement,** l'être vivant se transforme lui-même, d'où passage d'une espèce à une nouvelle. Ce n'est pas là une hypothèse ne reposant sur aucun fondement, car des transformations dues à cette **influence du milieu** ont été signalées à plusieurs reprises, comme, par exemple, le cas d'espèces d'eau douce qui ont pris les caractères d'espèces marines par suite de l'apport fortuit de sel dans les lagunes où elles vivaient. Cette influence du milieu a joué un rôle important dans l'évolution des êtres vivants à travers les âges. On peut s'en rendre compte par l'étude des couches géologiques, qui montrent qu'en un même point de la Terre, il a pu y avoir, au cours des siècles (l'âge de notre planète peut être représenté, comme nombre d'années, par 25 suivi de 256 zéros !), de l'eau douce ou de l'eau de mer, des limons siliceux ou calcaires, une température chaude ou une température froide, etc., et, sans doute, des éclairements différents suivant les années, sans parler de radiations dont le comportement nous est inconnu. Ces changements dans le milieu expliqueraient, jusqu'à un certain point, la transformation des faunes et des flores des époques primaire, secondaire, tertiaire et quaternaire, jusqu'à l'époque actuelle.

3° **Théorie des mutations.** — Elle est toute récente et due au botaniste hollandais **de Vries.** Tandis que, dans la théorie de Lamarck, les êtres vivants évoluent **lentement et progressivement** en même temps que le milieu se transforme, lui-même, lentement et progressivement, de Vries admet que les végétaux et les animaux sont capables de se transformer par **changements brusques** et les espèces de passer de l'une à une nouvelle par **mutations.** Ces mutations auraient joué un rôle dans les modifications des espèces au cours des âges géologiques et se manifesteraient encore à l'heure actuelle. On a donné — ou on a cru donner — des exemples de ces mutations actuelles, mais on ne peut s'empêcher de remarquer qu'elles sont peu nombreuses et assez peu convaincantes. Il semble que si les mutations ont joué un rôle dans l'origine des espèces, ce rôle a été bien restreint. La question est, d'ailleurs, à l'étude.

Quel que soit le bien-fondé de ces théories, il n'est plus personne aujourd'hui pour ne pas admettre que, depuis leur apparition sur la terre, les êtres vivants ont **évolué,** et les naturalistes s'ingénient à créer des **arbres généalogiques** résumant tout au moins dans ses grandes lignes, comment s'est faite cette **évolution.** Les données déjà recueillies permettent de jeter une *faible lueur* sur cette question, qui demandera encore de longues recherches.

Idée de l'évolution des végétaux. — Les renseignements que nous possédons sur la vie des plantes durant les temps géologiques sont bien incomplets, car les végétaux manquent, souvent, de consistance et se sont mal conservés dans les terrains. Certains même, comme les Algues, simples masses gélatineuses, ne se sont pas conservées du tout, de même que beaucoup de Champignons, de Mousses et d'Hépatiques. Les documents les plus copieux concernent les Cryptogames vasculaires (Fougères, Prêles, etc.) et les Phanérogames (plantes à fleurs). Ceux-ci sont représentés surtout par des arbres, dont les troncs rigides et les feuilles coriaces se sont mieux conservées que les tiges et les feuilles des plantes herbacées, qui ont presque entièrement disparu en ne laissant aucune trace ou ne laissant que des lambeaux de traces, où l'on a toutes les peines du monde à distinguer des détails.

Il est vraisemblable, cependant, de supposer que, au début de l'ère primaire, alors que la mer couvrait presque toute la surface du globe, les premiers végétaux apparus ont été les *Algues*. Celles-ci étaient, d'abord, submergées ; mais lorsque les continents commencèrent à émerger, certaines devinrent terrestres et se modifièrent peu à peu sous l'influence de ce nouveau genre de vie. Les unes perdirent leur chlorophylle et donnèrent des *Champignons*, dont certains, s'associant avec elles (symbiose), constituèrent les *Lichens*. Les autres, évoluant dans un autre sens, se transformèrent, d'abord, en *Hépatiques*, puis, certaines de celles-ci en *Mousses* (le *protonéma* des Mousses n'est-il pas une véritable algue filamenteuse ?). D'autres enfin, se compliquant beaucoup, donnèrent les ancêtres des *Cryptogames vasculaires,*, que nous ne connaissons guère.

Pendant cette évolution, nous arrivons à la fin de l'époque dévonienne et au début de l'époque carbonifère. A cette dernière époque, les Cryptogames vasculaires dominent presque : ce sont eux qui constituent la majeure partie de la *houille*. Ces végétaux étaient analogues aux *Fougères* (fig. 796), aux *Equisitacées* et aux *Lycopodiacées* actuelles, sauf que leur taille était gigantesque. Certains se sont propagés jusqu'à nous en se rabougrissant et en modifiant quelques détails de leur morphologie. D'autres ont évolué dans un autre sens. Ainsi, certaines Fougères possédèrent de véritables graines; ce sont les *Ptéridospermées*, dont la découverte est récente.

Ces Ptéridospermées évoluèrent à leur tour et n'eurent que peu à faire pour se transformer en *Gymnospermes*.

Nous arrivons ainsi à la fin de l'ère primaire, où ces dernières commencent à prédominer.

Enfin, durant l'époque secondaire, certaines Gymnsopermes se transformèrent en *Angiospermes*, lesquelles ne tardèrent pas à prédominer, durant les ères tertiaire et quaternaire, ainsi qu'à l'époque actuelle.

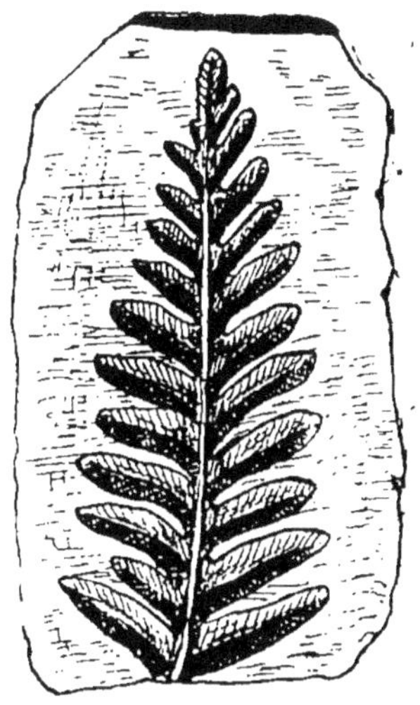

FIG. 796. — Fougère fossile.

Le schéma ci-dessous résume les grands traits de cette évolution.

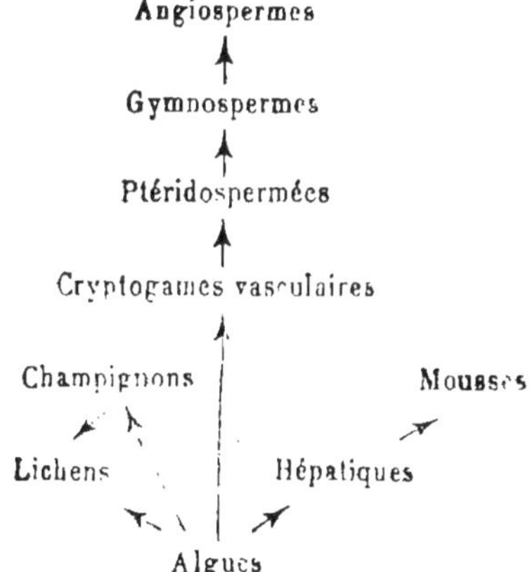

Idée de l'évolution des animaux. — Si l'on possédait les restes de tous les animaux qui vivaient aux époques géologiques, il ne serait pas difficile d'établir la marche qu'ils ont suivie pour évoluer et se transformer peu à peu. Malheureusement, il n'en est pas ainsi : les restes que l'on retrouve à l'état fossile n'en représentent qu'une quantité **infime,** et il y a tellement de lacunes que, dans l'étude de leur filiation, on marche véritablement à l'aveuglette et que les conclusions que l'on en tire sont, le plus souvent, hypothétiques et sujettes à caution.

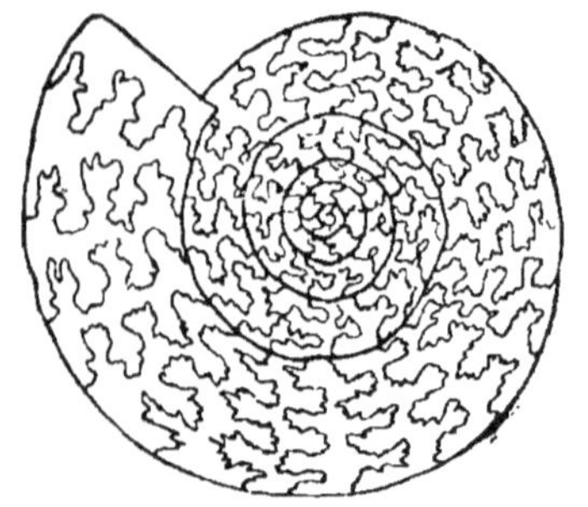

Fig. 797. — Ammonite (coquille fossile).

Pour certains groupes, cependant, ces données sont beaucoup plus complètes que pour d'autres. Ceux qui ont laissé, à l'état fossile, des **coquilles** (*fig.* 797), ou des **os** sont, naturellement, mieux connus que ceux, comme les Médu es, par exemple, dont nous ne retrouvons que de vagues traces. On a pu, en particulier, établir la filiation des Ammonites (*fig.* 798 à 801), des Chevaux (*fig.* 802 à 806), des Bœufs (*fig.* 807 à 811), des Eléphants, avec beauc up de détails.

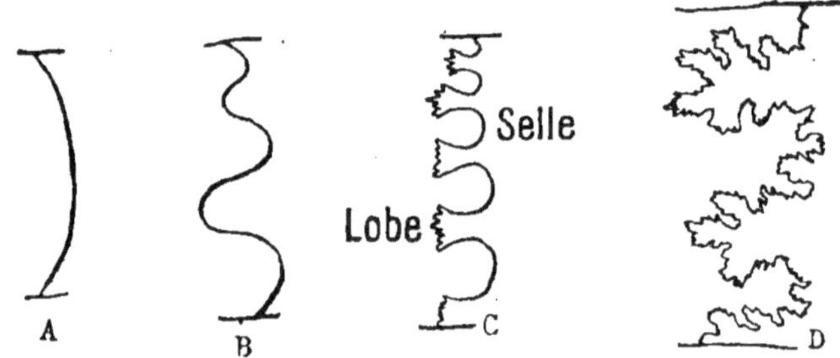

Fig. 798 à 801. — Évolution des cloisons chez quelques céphalopodes fossiles.
A. Nautil ; B, Goniatite ; C, Cératite ; D. Ammonite

En associant les **données paléontologiques** avec celles de l'**Anatomie comparée** et de l'**Embryologie**, on est arrivé à des conclusions assez satisfaisantes pour l'esprit.

L'**Anatomie comparée** fait voir, par exemple, des affinités manifestes entre certains animaux, alors que leurs formes extérieures semblent, au contraire, les éloigner les uns des autres. C'est ainsi qu'elles montrent que les Oiseaux sont très voisins des Reptiles, bien qu'à un examen superficiel ils ne se ressemblent nullement. Et, en effet, la **Paléontologie** fait voir que les premiers dérivent des seconds au point que, certains de ceux-ci, par exemple l'*Archéoptéryx*, possédait des plumes à l'instar des Oiseaux.

L'**embryologie** (on dit aussi : **embryogénie**) montre, d'autre part, que les diverses phases par lesquelles un animal passe pour arriver jusqu'à l'état adulte, rappellent — jusqu'à un certain point — celles que l'espèce a suivies, pendant les temps géolo-

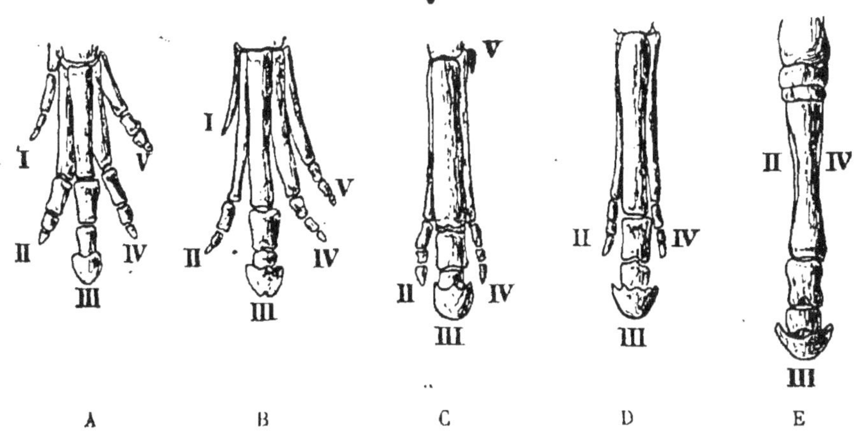

FIG. 802 à 806. — Évolution des membres des Imparidigités.
A, *Phénacodon* ; B, *Coryphodon* ; C. *Anchitherium* ; D. *Hipparion* ; E, cheval.

giques, pour évoluer, ce que l'on exprime en disant que, souvent, l'**ontogénie** (c'est-à-dire le développement de l'individu)

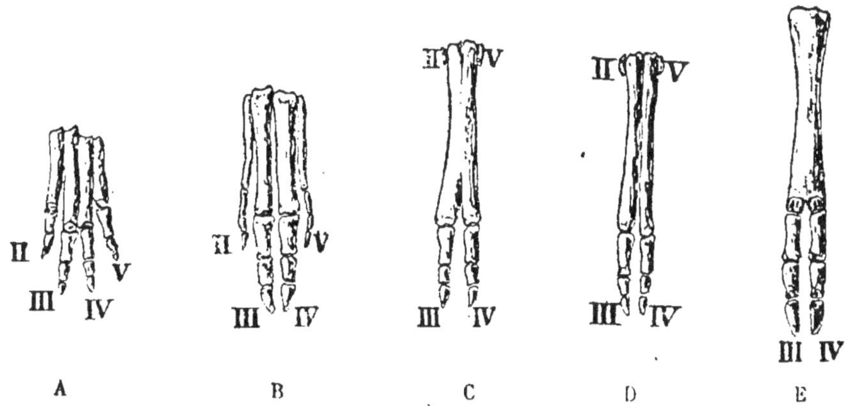

FIG. 807 à 811. — Évolution des membres des Paridigités.
A, *Anthracotherium* ; B, Porc ; C, *Xiphodon* ; D, Antilope ; E, Bœuf.

reproduit la phylogénie (c'est-à-dire le développement de l'espèce). Aux îles Moluques, par exemple, on rencontre de grands crustacés, les *Limules* (*fig.* 812), qui existaient déjà, aux temps primaires. Or, leurs larves sont presque absolument identiques à des *Trilobites* (*fig.* 813), êtres qui, depuis les temps primaires, n'existent plus sur la Terre. On en conclut que les *Trilobites* sont les ancêtres des *Limules*.

Les premiers animaux apparus à la surface du globe furent, vraisemblablement, les **Protozoaires,** êtres formés d'une seule cellule. En supposant que plusieurs Protozoaires, au lieu de se séparer par scissiparité, demeurèrent unis, il n'est pas difficile — en imagination — de passer, d'une part, aux **Spongiaires**, d'autre part, aux **Cœlentérés,** dont deux branches dérivées ont, peut-être donné naissance, l'une, aux **Echinodermes**[1], et, l'autre, aux **Vers.** Ceux-ci, en acquérant des pattes, ont, peut-être, donné les **Articulés,** évoluant, soit sur la terre (*Arachnides, Insectes, Myriapodes*), soit dans l'eau (*Crustacés*). Certains Vers, en se simplifiant, par exemple en se réduisant à leur tête, ont pu donner naissance aux **Mollusques,** desquels paraissent dériver les **Tu-**

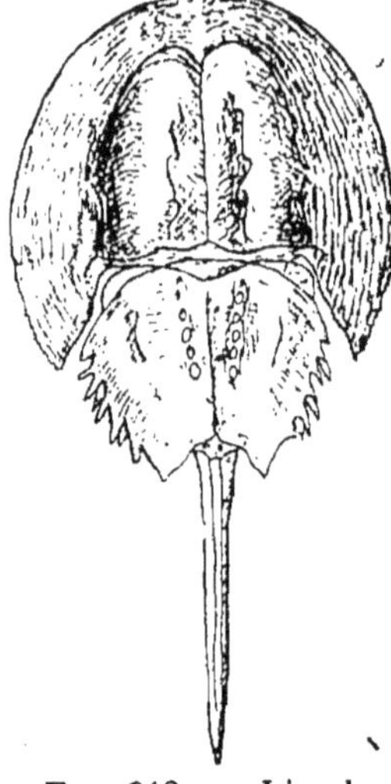

FIG. 812. — Limule (réduite au quart).

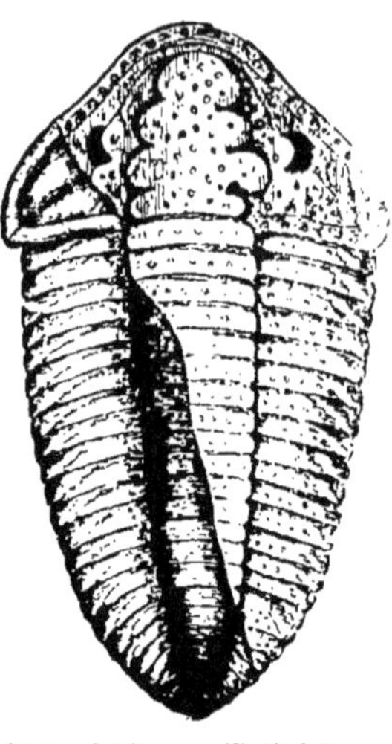

FIG. 813. — Trilobite (grandeur naturelle.)

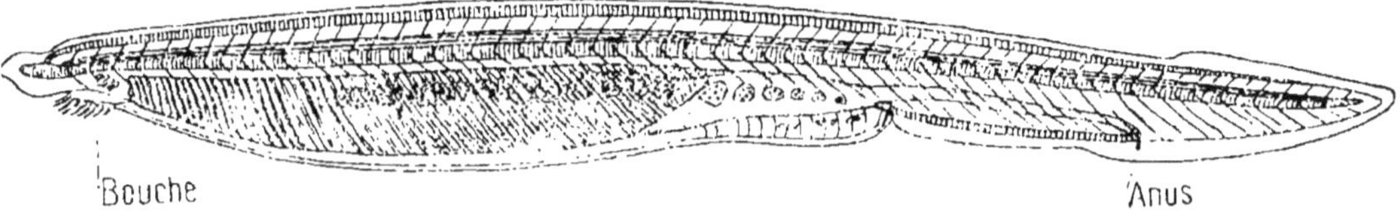

FIG. 814. — Amphioxus, vu de côté (grossi 2 fois).

niciers, et, par l'intermédiaire de ceux-ci, d'abord, et de l'*Amphioxus*[2] (*fig.* 814), ensuite, les **Vertébrés.** Pour ces derniers, la filiation est beaucoup mieux établie que pour les *Invertébrés*, peut-être parce qu'ils ont laissé plus de restes (*os*) à l'état fos-

1. Cette filiation est plus que douteuse.
2. L'*Amphioxus* est un petit poisson d'une grande simplicité, dont le squelette est réduit à « une corde dorsale », simple baguette cartilagineuse placée entre le tube digestif et le système nerveux et tout à fait semblable à celle des jeunes embryons des Vertébrés, ce qui a fait dire, avec un peu d'exagération, qu'il était notre ancêtre très éloigné.

sile. Ou passe, presque insensiblement, des **Poissons cartilagineux** aux **Poissons osseux,** puis aux **Dipneustes** (Poissons à deux respirations, l'une branchiale, l'autre pulmonaire), et, par eux, aux **Batraciens.** Ceux-ci, à leur tour, ont donné naissance aux **Reptiles,** dont il existait, jadis, des types gigantesques (*Iguanodon*), et, par ces derniers, aux **Oiseaux.** Quant aux **Mammifères,** ils semblent aussi provenir des Batraciens, ou, plutôt, de types de passage entre les Batraciens et les Reptiles et avoir passé, successivement, par la phase marsupiale (**Marsupiaux**), puis par la phase non marsupiale (Rongeurs, Carnassiers, etc.). L'**Homme** dériverait d'ancêtres communs à lui et aux Mammifères les plus élevés en organisation, les **Quadrumanes** ou **Singes,** question qui n'est pas encore résolue.

Cette filiation, **très hypothétique**, est résumée par le schéma ci-dessous :

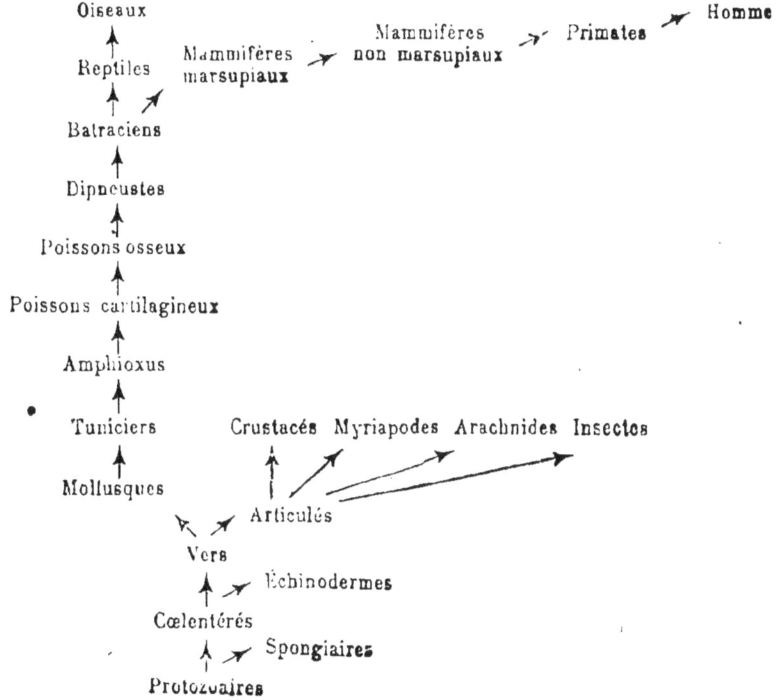

Ce tableau est réduit aux grands groupes. Si nous avions également indiqué la filiation des divers genres de ceux-ci, il serait, naturellement, plus compliqué et aurait ressemblé à un arbre, l'**arbre généalogique** des animaux, qui est encore très loin d'être bien établi.

TABLE DES MATIÈRES

LIVRE III

LES ANIMAUX NUISIBLES ET LES ANIMAUX UTILES

LIVRE IV

LES ANIMAUX DOMESTIQUES

LIVRE V

LES ANIMAUX ALIMENTAIRES

LIVRE VI

L'ÉVOLUTION DE LA VIE

TOURS. — IMP. R. ET P. DESLIS, 6, RUE GAMBETTA. — 7-10-1926.

www.ingramcontent.com/pod-product-compliance
Lightning Source LLC
LaVergne TN
LVHW010604180726
843502LV00001B/128